SketchUp Pro
入门与进阶学习手册

高力　欧艺伟　杨俊涛　王泽恺　编著

化学工业出版社
·北京·

内容简介

本书以零基础读者为对象，从软件及插件的安装、软件基础功能，到完整案例的建模操作，循序渐进地进行讲解，并详细地介绍了建筑、景观等模型的制作方法和技巧，可以帮助读者在实践中巩固前六章的内容，熟练运用软件的使用方法，真正做到理论与实际结合。同时，随书附赠配套视频和模型源文件，以帮助读者更好地理解操作技巧。

本书讲解全面，内容翔实，适合建筑学、城市规划、环境艺术、园林景观等专业的师生阅读，也可作为相关行业从业者的自学参考书。

图书在版编目（CIP）数据

SketchUp Pro 入门与进阶学习手册 / 高力等编著. —北京：化学工业出版社，2022.11

ISBN 978-7-122-42160-9

Ⅰ. ①S… Ⅱ. ①高… Ⅲ. ①建筑设计－计算机辅助设计－应用软件－手册 Ⅳ. ①TU201.4-62

中国版本图书馆 CIP 数据核字（2022）第 170295 号

责任编辑：吕梦瑶　　文字编辑：冯国庆
责任校对：赵懿桐　　装帧设计：卡古鸟

出版发行：化学工业出版社（北京市东城区青年湖南街 13 号　邮政编码 100011）
印　　装：河北京平诚乾印刷有限公司
787mm×1092mm　1/16　印张 17¼　字数 300 千字　2023 年 5 月北京第 1 版第 1 次印刷

购书咨询：010-64518888　　售后服务：010-64518899
网　　址：http://www.cip.com.cn
凡购买本书，如有缺损质量问题，本社销售中心负责调换。

定　　价：98.00 元

前言

SketchUp软件是一款帮助设计师建造设计草图模型的三维建模软件，中文名称为“草图大师”，其被广泛应用于建筑设计、城市规划、风景园林、环境设计等学科领域。SketchUp 软件的界面简洁，操作上手快，使用门槛低，设计师可以通过简单的指令快速建造模型，并且该软件与AutoCAD、3ds Max、Rhinoceros等建模绘图软件有良好的交互性，可实现不同软件之间的完美连接。同时，SketchUp 软件可以加载丰富多样的插件，以满足复杂建模的需求，弥补软件自身的不足，在一定程度上拓宽了SketchUp软件的应用场景，因此SketchUp软件迅速得到广大设计师的青睐。

SketchUp软件自创始起至今已有18个版本，本书将SketchUp软件最新版本“SketchUp Pro 2021”和插件“坯子插件库”融合在一起进行编写，包含软件及插件的安装、软件基础功能、工具详解、软件总结与实操等内容，由浅入深、层层递进，以满足不同学习阶段读者的使用需求。

为了进一步提高用户使用SketchUp软件进行建模的效率，笔者对“SketchUp Pro 2021”和“坯子插件库”中部分工具的快捷键进行了个性化设置，在本书“第1章SketchUp 软件介绍”中做了详细讲解，如需SketchUp 软件、插件、软件设置等文件，请关注公众号“卓越软件官微”，后台回复“SketchUp”即可获取。

本书涉及的知识内容较多，在编写过程中难免存在问题和不足之处，希望广大读者多提宝贵意见，读者的反馈将推动我们更好地修编这本书。

卓越软件课程研发中心

2022.8.26

目录

第1章 SketchUp软件介绍 1

1.1 软件概述 …… 2
1.1.1 版本简介 …… 2
1.1.2 功能特点 …… 2
1.2 配置要求 …… 2
1.2.1 安装 SketchUp 的操作系统要求 …… 2
1.2.2 安装 SketchUp 的计算机硬件要求 … 2
1.3 安装卸载 …… 3
1.3.1 SketchUp 的安装 …… 3
1.3.2 SketchUp 坯子插件库的安装 …… 4
1.4 基础设置 …… 6
1.4.1 界面设置 …… 6
1.4.2 系统设置 …… 7
1.4.3 模型信息设置 …… 8
1.4.4 样式面板设置 …… 8
1.4.5 自定义模板保存 …… 9
1.5 界面介绍 …… 9
1.5.1 标题栏 …… 9
1.5.2 菜单栏 …… 10
1.5.3 工具栏 …… 10
1.5.4 默认面板 …… 10
1.5.5 状态栏 …… 11
1.5.6 度量值框 …… 12
1.5.7 绘图区 …… 12
1.5.8 坯子插件库 …… 12

第2章 SketchUp软件入门 13

2.1 文件菜单 …… 14
2.1.1 新建 …… 14
2.1.2 打开 …… 14
2.1.3 保存 …… 14
2.1.4 另存为/副本另存为 …… 14
2.1.5 还原 …… 15
2.1.6 导入 …… 15
2.1.7 导出 …… 15
2.1.8 最近保存文件 …… 16
2.2 相机（入门） …… 17
2.2.1 环绕观察 …… 17
2.2.2 平移 …… 17
2.2.3 缩放（相机视野） …… 17
2.3 绘图（入门） …… 17
2.3.1 直线 …… 17
2.3.2 矩形 …… 18
2.3.3 圆 …… 18
2.3.4 两点圆弧 …… 18
2.4 使用入门 …… 19
2.4.1 选择 …… 19
2.4.2 橡皮擦 …… 20
2.4.3 移动 …… 20
2.4.4 旋转 …… 20
2.4.5 缩放 …… 21
2.4.6 推拉 …… 21
2.5 编辑菜单（入门） …… 22
2.5.1 撤销 / 重复 …… 22
2.5.2 复制 / 粘贴 / 剪切 / 定点粘贴 …… 22
2.5.3 删除 …… 23
2.5.4 群组 …… 23

第3章 相机与视图菜单 25

3.1 相机 …… 26
3.1.1 环绕观察 …… 26
3.1.2 平移 …… 26
3.1.3 重力悬浮 …… 26
3.1.4 缩放（相机视野） …… 26
3.1.5 透视模式 …… 28

3.1.6 视图撤销 …… 28
3.1.7 标准视图 …… 29
3.1.8 相机 …… 29

3.2 视图菜单 …… 30

3.2.1 工具栏 …… 30
3.2.2 剖切面 …… 30
3.2.3 边线类型 …… 35
3.2.4 表面类型 …… 36

第4章 编辑 39

4.1 编辑菜单 …… 40

4.1.1 撤销与重复 …… 40
4.1.2 复制与粘贴 …… 40
4.1.3 删除 …… 40
4.1.4 隐藏 …… 41
4.1.5 锁定 …… 43
4.1.6 群组 …… 43
4.1.7 组件编辑 …… 46

4.2 选择 …… 49

4.2.1 单击 / 双击 / 三击 …… 49
4.2.2 加选 / 减选 / 切换选 …… 50
4.2.3 窗口选择 / 交叉选择 …… 50
4.2.4 全选 / 全部不选 …… 51
4.2.5 反选 …… 51
4.2.6 增强选择 …… 51
4.2.7 S4U 选择 …… 52

4.3 移动 …… 56

4.3.1 简单移动 …… 56
4.3.2 参照移动 …… 57
4.3.3 视图移动 …… 57

4.4 旋转 …… 57

4.4.1 简单旋转 …… 58
4.4.2 移动旋转 …… 58

4.5 阵列 …… 59

4.5.1 一维 / 二维 / 三维阵列 …… 59
4.5.2 环形阵列 …… 60
4.5.3 路径阵列 …… 61
4.5.4 节点阵列 / 无间阵列 …… 61
4.5.5 记忆复制 / 生长阵列 …… 62

4.6 缩放 …… 64

4.6.1 简单缩放 …… 64
4.6.2 比例缩放 …… 65
4.6.3 数值缩放 …… 66
4.6.4 中心缩放 …… 66
4.6.5 自由缩放 …… 67
4.6.6 卷尺缩放 …… 67

4.7 镜像 …… 68

4.7.1 缩放镜像 …… 68
4.7.2 沿轴翻转 …… 69
4.7.3 物体镜像 …… 69

4.8 对齐 …… 71

4.8.1 快速对齐 …… 71
4.8.2 Z轴压平 …… 77

4.9 变形 …… 78

4.9.1 真实弯曲 …… 78
4.9.2 形体弯曲 …… 79
4.9.3 沿着曲面流动 …… 81
4.9.4 FFD自由变形 …… 81
4.9.5 曲线干扰 …… 85

4.10 橡皮擦 …… 86

4.10.1 删除图元 …… 86
4.10.2 隐藏图元 …… 86

4.11 柔化和平滑 …… 86

4.11.1 柔化和平滑图元 …… 87
4.11.2 柔化边线 …… 87

4.12 推/拉 …… 89

4.12.1 定距推拉 …… 89
4.12.2 参照推拉 …… 89
4.12.3 捕捉推拉 …… 90
4.12.4 重复推拉 …… 90
4.12.5 重新推拉 …… 90
4.12.6 批量推拉 …… 91
4.12.7 近似值推拉 …… 92

4.12.8 矢量推拉 …… 96
4.12.9 拉线成面 …… 97

4.13 偏移 …… 98

4.13.1 定距偏移 …… 98
4.13.2 捕捉偏移 …… 98
4.13.3 重复偏移 …… 99
4.13.4 多面偏移 …… 99

第5章 点、线、面与实体 103

5.1 点 …… 104

5.1.1 绘制点 …… 104
5.1.2 弧线圆心 …… 104
5.1.3 对象加点 …… 104
5.1.4 边线端点 …… 104
5.1.5 顶点编辑器 …… 104

5.2 线 …… 107

5.2.1 直线与多段线 …… 107
5.2.2 矩形 …… 108
5.2.3 多边形 …… 109
5.2.4 圆 …… 110
5.2.5 椭圆 …… 110
5.2.6 圆弧 …… 111
5.2.7 扇形 …… 113
5.2.8 曲线 …… 113
5.2.9 边界工具 …… 116
5.2.10 模型切割 …… 118

5.3 曲面 …… 120

5.3.1 贝兹曲面 …… 120
5.3.2 NZ曲面插件 …… 121
5.3.3 起泡泡 …… 123
5.3.4 放样 …… 124
5.3.5 沙箱 …… 133

5.4 实体 …… 136

5.4.1 基本实体 …… 136
5.4.2 路径跟随 …… 136
5.4.3 实体工具 …… 138
5.4.4 模型交错 …… 141
5.4.5 三维倒角 …… 141
5.4.6 切片工具 …… 142
5.4.7 实体检测 …… 143

第6章 建筑施工与面板 145

6.1 轴 …… 146

6.1.1 移动轴 …… 146
6.1.2 移至原点 …… 146

6.2 测量 …… 147

6.2.1 卷尺 …… 147
6.2.2 量角器 …… 149

6.3 标注 …… 150

6.3.1 尺寸标注 …… 150
6.3.2 直径/半径标注 …… 152
6.3.3 文字标注 …… 153

6.4 图元信息 …… 156

6.4.1 “点”图元 …… 156
6.4.2 “线”图元 …… 157
6.4.3 “面”图元 …… 158
6.4.4 “组”图元 …… 159

6.5 材质 …… 161

6.5.1 材质面板 …… 161
6.5.2 添加材质 …… 163
6.5.3 修改材质 …… 168
6.5.4 删除材质 …… 171
6.5.5 材质替换 …… 172

6.6 样式 …… 173

6.6.1 风格选择 …… 173
6.6.2 边线设置 …… 173
6.6.3 平面设置 …… 175
6.6.4 背景设置 …… 177
6.6.5 水印设置 …… 178

6.7 标记 …… 180

6.7.1 标记面板 …… 181

6.7.2 添加 / 删除标记 …… 182
6.7.3 添加 / 删除标记文件夹 …… 182
6.7.4 标记编辑 …… 183
6.7.5 切换标记 …… 183

6.8 场景 …… 184

6.8.1 场景面板 …… 184
6.8.2 添加场景 …… 186
6.8.3 删除场景 …… 186
6.8.4 移动场景 …… 187
6.8.5 更新场景 …… 187
6.8.6 动画 …… 187
6.8.7 场景导入/导出 …… 189

6.9 阴影 …… 189

6.9.1 阴影面板 …… 189
6.9.2 阴影开关 …… 190
6.9.3 阴影方位 …… 190
6.9.4 阴影设置 …… 191
6.9.5 快速调试阴影 …… 193

6.10 照片匹配 …… 194

6.10.1 照片匹配面板 …… 194
6.10.2 照片匹配方法 …… 194

第7章 总结与建模实操 197

7.1 CAD导入修复专题 …… 198

7.1.1 Z轴压平 …… 198
7.1.2 比例校正 …… 198
7.1.3 查找线头 …… 199
7.1.4 闭合所有边线开口 …… 199
7.1.5 快速封面 …… 200
7.1.6 清孤立线 …… 200
7.1.7 合理群组/批量推拉 …… 200
7.1.8 封面经验综述 …… 202

7.2 建模提速专题 …… 204

7.2.1 软件设置 …… 204
7.2.2 边线类型 / 表面类型 / 组件编辑 …… 204
7.2.3 模型瘦身 …… 205
7.2.4 建模工作流程 …… 206

7.3 建筑 / 室内建模实操 …… 208

7.3.1 导入并修复 CAD …… 209
7.3.2 CAD 整理 …… 209
7.3.3 绘制楼板 …… 213
7.3.4 绘制墙体 …… 215
7.3.5 绘制外立面钢架 …… 219
7.3.6 绘制穿孔板 …… 222
7.3.7 绘制门窗 …… 223
7.3.8 绘制楼梯 …… 234
7.3.9 其他 …… 242

7.4 景观/规划建模实操 …… 243

7.4.1 导入并修复CAD …… 244
7.4.2 区分地块 …… 244
7.4.3 绘制绿化 …… 246
7.4.4 岸线建模 …… 249
7.4.5 绘制车行道路 …… 260
7.4.6 细节完善 …… 267

附录 SketchUp自定义快捷键一览表 …… 268

第 1 章　SketchUp 软件介绍

1.1　软件概述

1.2　配置要求

1.3　安装卸载

1.4　基础设置

1.5　界面介绍

1.1 软件概述

SketchUp是一款三维绘图软件，中文名称为草图大师，它可以便捷地创建、观察与修改设计图纸。表面上它是一款极为简单的软件，事实上它却蕴含着强大的逻辑构架与建构生态。在应用范畴方面，SketchUp主要应用于建筑设计、城市规划、风景园林、景观设计与环境设计五大学科领域。

1.1.1 版本简介

SketchUp由Last Software公司于2000年创立，先后在2006年与2012年被Google公司与Trimble公司收购。截至2022年4月，版本迭代历经十八次，分别是Last Software 公司的SketchUp 1.0至SketchUp 5.0五个版本，Google 公司的SketchUp 6.0至SketchUp 8.0三个版本，Trimble公司的 SketchUp 2013 至SketchUp 2022十个版本。

1.1.2 功能特点

1.1.2.1 界面友好、易于上手

SketchUp的界面相较于其他三维建模软件，显得更加简洁友好，特别是工具图标的设计直观易懂，不管是院校学生还是职业设计师，甚至设计项目的甲方代表都可在简单学习后上手操作，浏览项目概况。

1.1.2.2 独特的建模逻辑框架

SketchUp的建模方法是目前三维建模软件中两大流行建模方法之一的多边形建模（另一个是曲面建模），多边形建模方法更擅长创建表面由直线组成的物体。而SketchUp借助多边形建模方法的优势，创造出“画线成面，推面成体”的极简操作流程，加之其耦合功能、分割功能、群组编辑功能与自动拾取工作平面功能，形成了SketchUp独树一帜的建模体系。

1.1.2.3 与其他软件高度兼容

市面上大多数三维设计软件的模型可直接导入SketchUp中，例如3DS MAX、Maya、C4D，Alias、Rhinoceros等。同时SketchUp也支持导出市面上大多数软件格式的三维模型与二维图像，导入和导出两者配合可让SketchUp基本兼容大多数设计软件。

1.2 配置要求

1.2.1 安装 SketchUp 的操作系统要求

系统版本：建议Windows10家庭普通版或MacOSX及以上版本。

运行库：.NETFramework4.0及以上版本。

显卡驱动：建议安装品牌官方网站原版独立显卡驱动安装包。

计算机用户名：用户名必须由非中文字符组成，例如Administrator123@。

1.2.2 安装 SketchUp 的计算机硬件要求

CPU：建议双核以上，主频2.0以上。

显卡：建议NVIDIA系列或AMD系列的独立显卡，显存2GB以上。

内存：建议4GB以上。

硬盘：建议采用存储量在64GB以上的固态硬盘。

鼠标：建议使用含滚轮的三键鼠标。

显示器：建议1920×1080及以上分辨率。

1.3　安装卸载

1.3.1　SketchUp 的安装

1.3.1.1　下载 SketchUp 安装包

在Trimble公司的SketchUp产品官网（https://www.sketchup.com/）下载SketchUp安装程序。

1.3.1.2　安装 SketchUp

步骤 01　双击从SketchUp产品官网下载的“SketchUp Pro 2021”安装程序，如图1-1所示。

图1-1　SketchUp安装程序

步骤 02　单击“安装”按钮，保持默认安装路径（插件安装需要），如图1-2所示。

图1-2　SketchUp初始安装

步骤 03　单击“完成”按钮，完成安装，如图 1-3所示。

图1-3　SketchUp完成安装

△ 提示

若安装过程中程序出错导致软件安装失败，可尝试以下几种解决方法：

① 重试安装“SketchUp”应用程序；

② 检查是否开启其他版本SketchUp应用程序，保持SketchUp软件处于关闭状态；

③ 检查并清理计算机C盘空间，保持C盘剩余空间2GB以上；

④ 安装DirectX修复工具并修复缺失运行库。

1.3.1.3　卸载 SketchUp

步骤 01　打开“控制面板”，或按“Windows+R”打开运行窗口并输入指令“Control”进行确定，如图 1-4 所示，打开控制面板后进入程序的子菜单“卸载程序”。

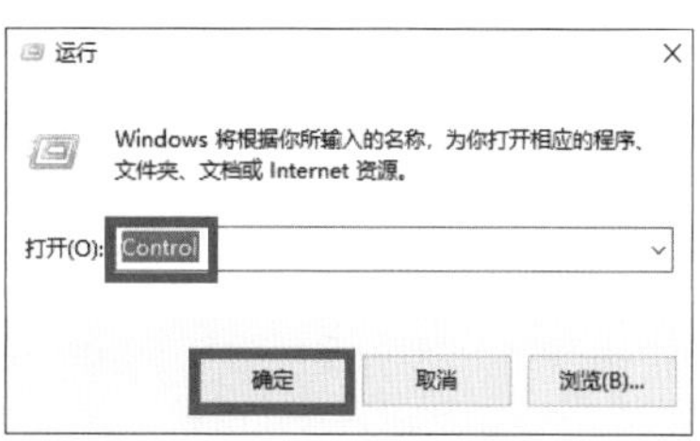

图1-4　打开“控制面板”

步骤 02　在程序列表中找到程序“SketchUp Pro 2021”并双击鼠标左键进行卸载即可，如图1-5所示。

图1-5　SketchUp卸载

1.3.2　SketchUp 坯子插件库的安装

1.3.2.1　下载坯子插件库安装包

扫描本书封底二维码进入“卓越软件官微”公众号，回复“软件安装包”，获取 SketchUp 坯子插件库安装包。

1.3.2.2　安装 SketchUp 坯子插件库

步骤 01　将坯子插件库安装包解压，双击“坯子插件库”安装程序，如图 1-6 所示。

图1-6　坯子插件库安装程序

步骤 02　选择所需的SketchUp版本并点击“下一步”按钮，如图1-7所示。

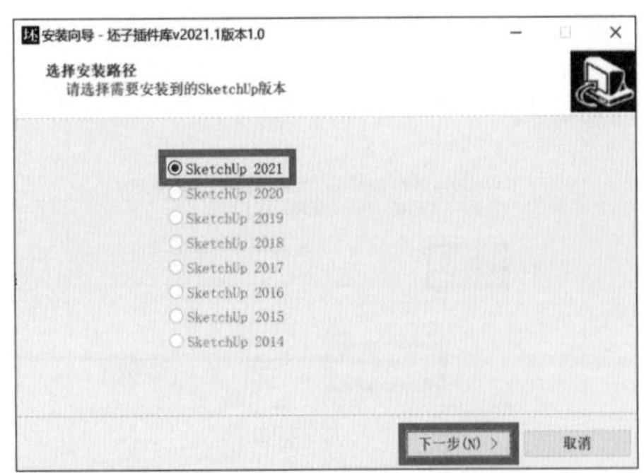

图1-7　选装所需的SketchUp版本

步骤 03　点击“安装”按钮，如图 1-8 所示。

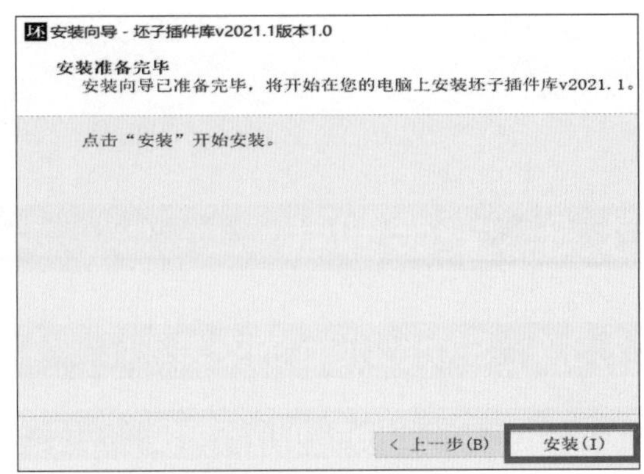

图1-8　坯子插件库安装

步骤 04　点击“结束”按钮，如图 1-9 所示。

图1-9　坯子插件库安装结束

步骤 05　双击桌面上的“SketchUp Pro 2021”图标，开启软件，如图 1-10 所示。

图1-10　开启SketchUp

步骤 06　勾选“我同意《SketchUp许可协议》”，并单击“继续”按钮，如图1-11所示。

图1-11　同意协议并继续

步骤 07　双击欢迎窗口中“简单-米”模板，进入SketchUp初始界面，如图1-12所示。

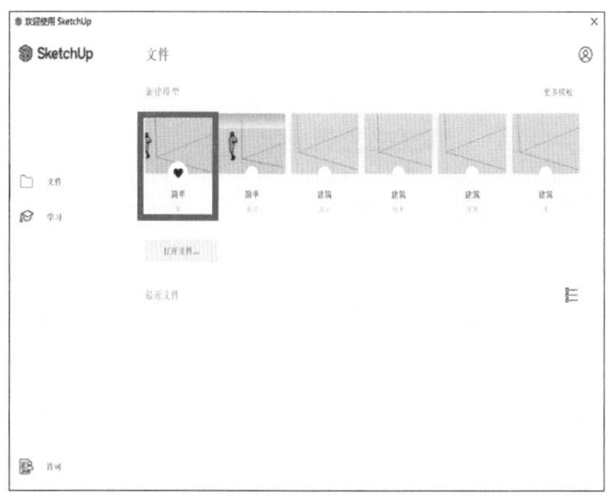

图1-12　选择“简单-米”模板

步骤 08　找到初始界面中“坯子库管理器”工具栏，并单击第一个“插件列表”按钮，如图 1-13所示。

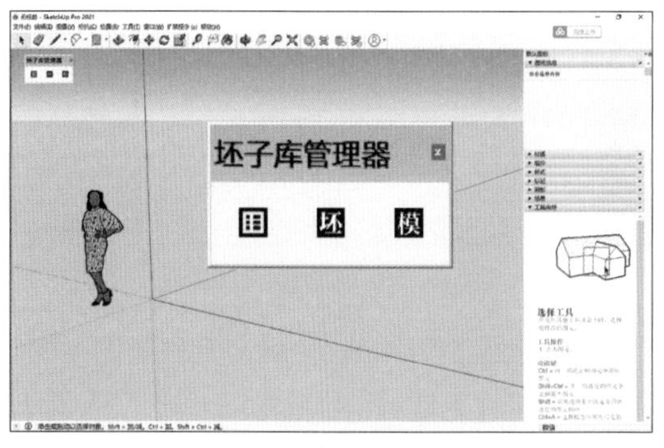

图1-13　打开插件列表

步骤 09　单击“插件列表”标签中“导入所有插件”，如图1-14所示。

图1-14　打开“导入所有插件”

步骤 10　双击之前下载的SketchUp坯子插件库安装包文件中“SketchUp插件集”文件，如图1-15所示。

图1-15　导入“SketchUp插件集”

步骤 11　“SketchUp插件集”导入完毕后会弹出“导入成功！”窗口，单击“确定”即导入成功。

注： 坯子插件库卸载方法与SketchUp相同。

1.4 基础设置

SketchUp 的基础设置旨在提高后期的建模工作效率，通过对界面、系统、模型信息与样式面板的设置以减轻软件对计算机 CPU 与显卡的负荷，调试出最符合用户的理想工作状态。

1.4.1 界面设置

步骤 01 执行“视图 > 工具栏”菜单指令，打开“工具栏”。

步骤 02 勾选工具栏中“标记、大工具集、坯子库管理器、坯子助手 1.60、沙箱、实体工具、阴影”七个选项，如图 1-16 和图 1-17 所示。

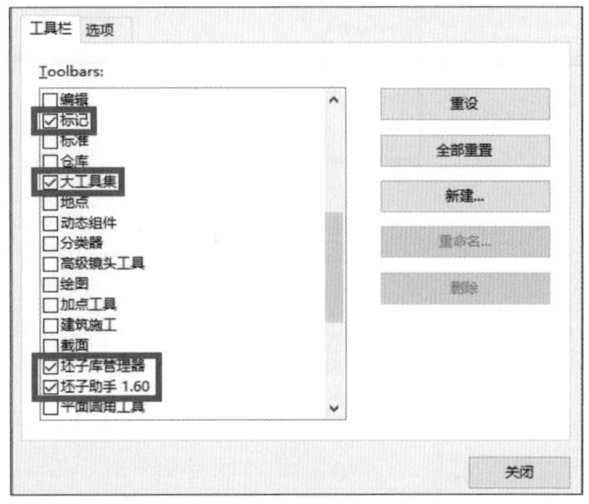

图 1-16　选择工具栏选项（一）

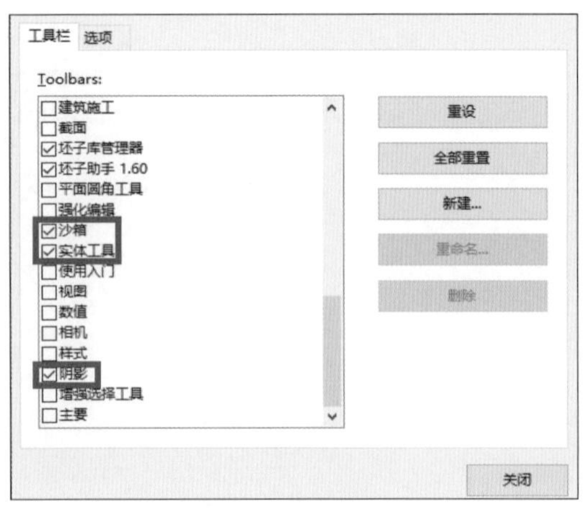

图 1-17　选择工具栏选项（二）

步骤 03 单击“坯子库管理器”中的“插件列表”按钮，如图 1-18 所示。

图 1-18　打开坯子库管理器插件列表

步骤 04 单击“设置”标签，并勾选第一、第三、第四个选项，如图 1-19 所示。

图 1-19　勾选设置选项

步骤 05 执行“窗口 > 默认面板”菜单指令，勾选默认面板中的“图元信息、材质、组件、样式、标记、场景、阴影、照片匹配、柔化边线、工具向导、管理目录”十一个选项并重启 SkecthUp，如图 1-20 所示。

图 1-20　勾选显示面板

步骤 06 重启 SketchUp 后按照图 1-21 中的布局对工具图标进行排布。

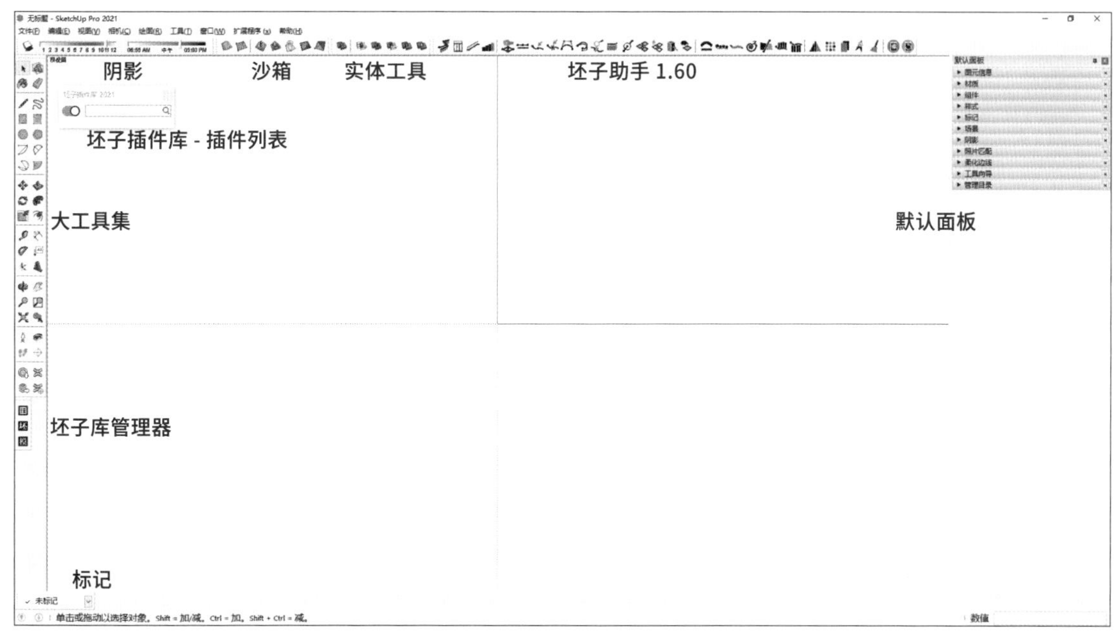

图1-21　SketchUp界面布局

1.4.2　系统设置

步骤 01　执行“窗口>系统设置”菜单指令，打开“系统设置”。

步骤 02　单击“OpenGL”标签，将“4x多级采样消除锯齿”改为“0x多级采样消除锯齿”，如图1-22所示。

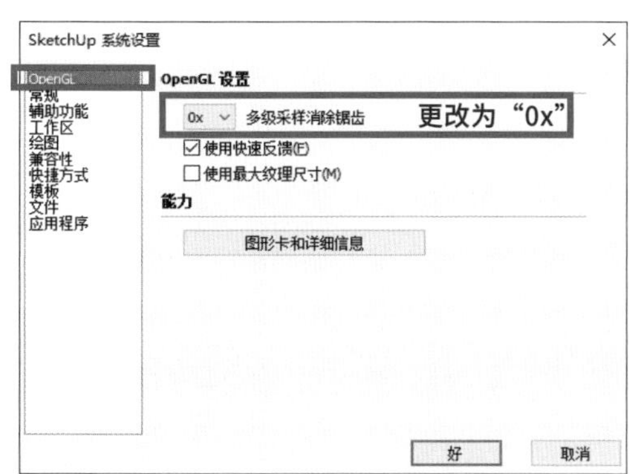

图1-22　OpenGL选项设置

步骤 03　单击“常规”标签，将“允许检查更新”与“显示欢迎窗口”取消勾选，如图1-23所示。

步骤 04　单击“工作区”标签，将“使用大工具按钮”取消勾选，如图1-24所示。

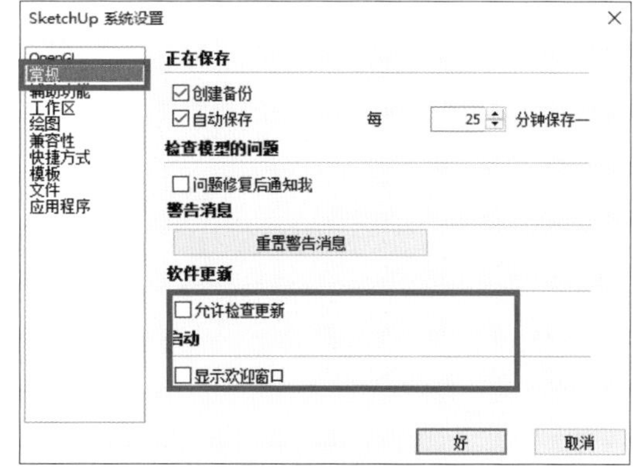

图1-23　常规选项设置

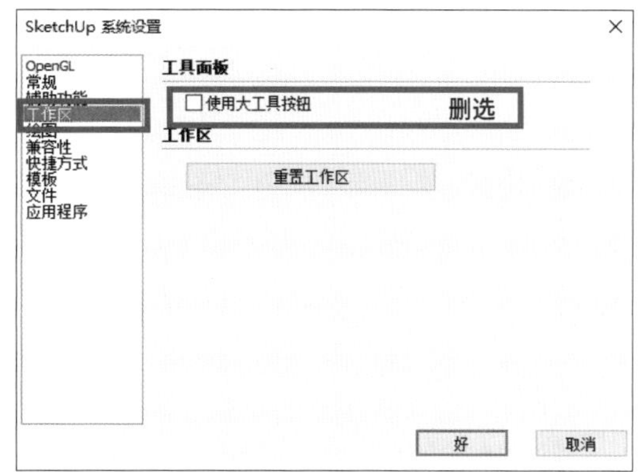

图1-24　工作区选项设置

步骤 05　单击“绘图”标签，勾选“显示十字准线”，如图1-25所示。

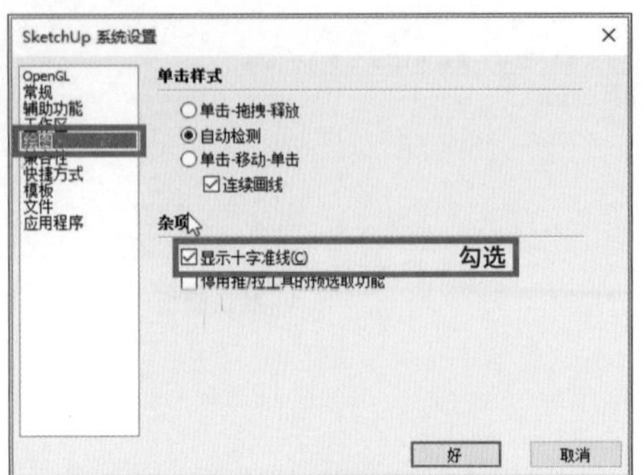

图1-25 绘图选项设置

步骤 06 单击“快捷方式”标签中“导入”按钮，点击选项，删选“文件位置”并确定，如图1-26和图1-27所示。

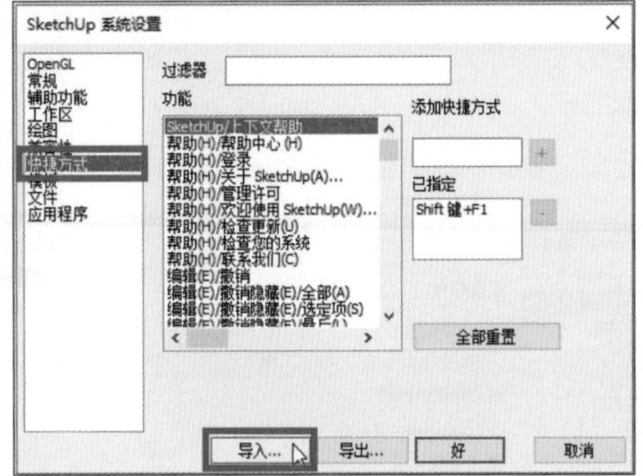

图1-26 快捷方式选项设置

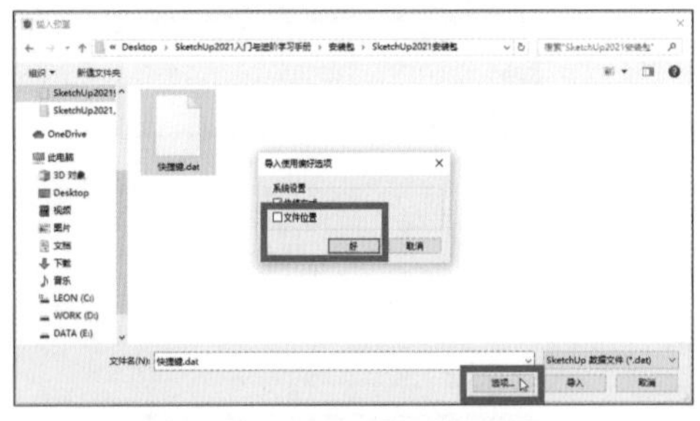
图1-27 导入使用偏好选项设置

步骤 07 选择安装包中“快捷键.dat”文件，单击“导入”按钮，提示重新指定新的快捷方式，单击“是”，如图1-28所示。

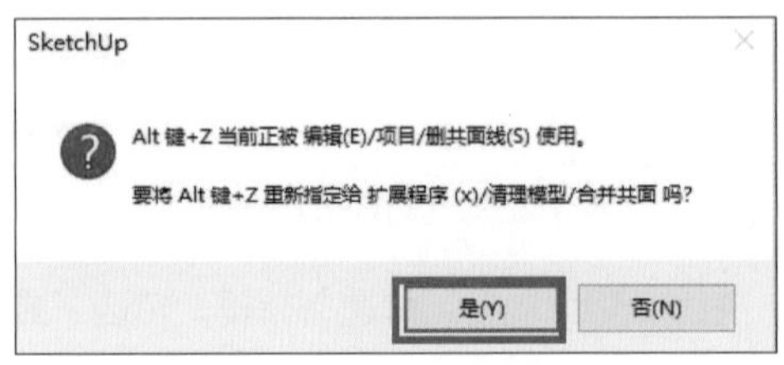

图1-28 重新指定快捷方式

步骤 08 单击“模板”标签，选择“平面图-单位：Millimeter”模板，设置完成后单击“好”，如图1-29所示。

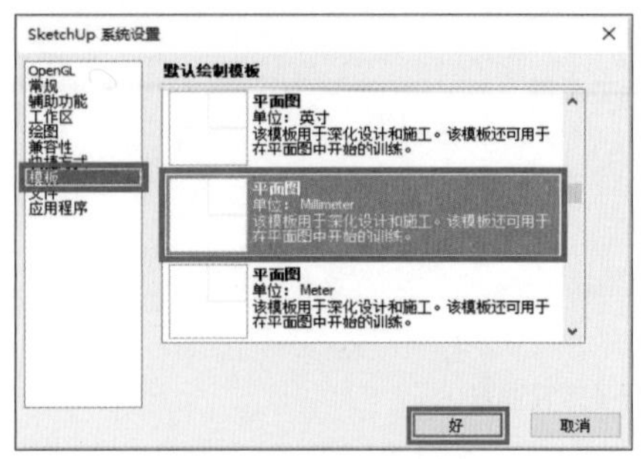

图1-29 模板选项设置

1.4.3 模型信息设置

步骤 01 执行“窗口 > 模型信息”菜单指令，打开“模型信息”。

步骤 02 单击“动画 ”标签，将“开启场景过度”取消勾选并关闭模型信息窗口，如图1-30 所示。

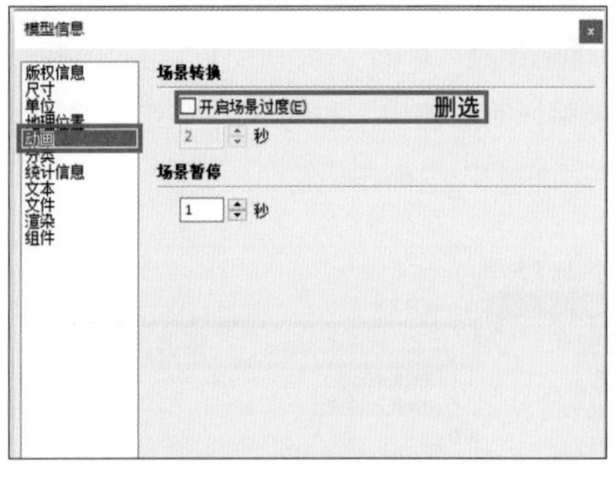

图1-30 动画选项设置

1.4.4 样式面板设置

单击样式面板中的编辑标签，将“轮廓线”与“短横”取消勾选，如图 1-31 所示。

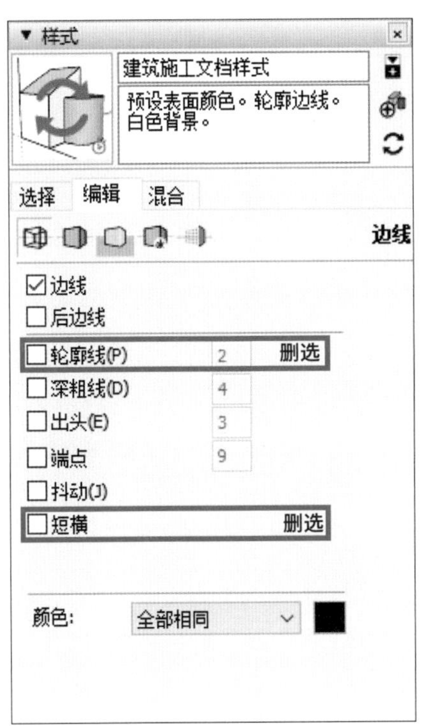

图 1-31 样式面板设置

1.4.5 自定义模板保存

步骤 01 完成以上一系列设置后，切勿关闭SketchUp，直接执行“文件 > 另存为模板”菜单指令，如图 1-32 所示。

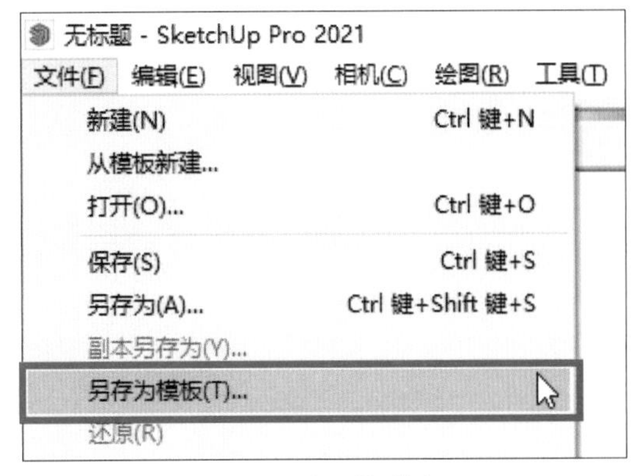

图 1-32 打开模型信息

步骤 02 在“名称”栏中自定义模板名称，单击“文件名”栏生成文件名并单击“保存”（确保“设为预设模板”为勾选状态），如图 1-33 所示。

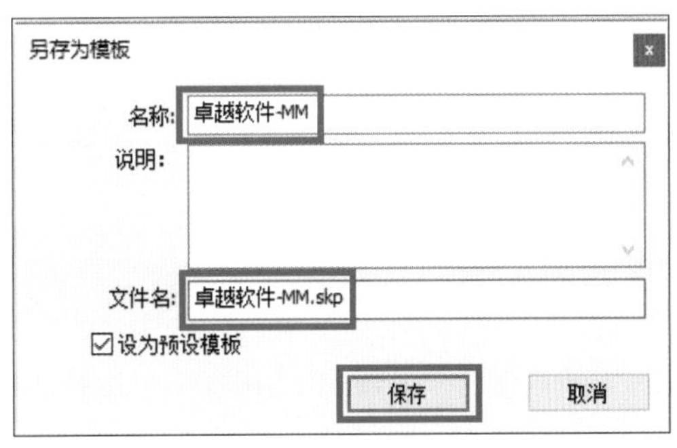

图 1-33 另存为模板

1.5 界面介绍

SketchUp 的软件界面由八个部分组成，分别是标题栏、菜单栏、工具栏、默认面板、状态栏、度量值框、绘图区与坯子插件库（场景标签栏只有在创建场景后呈现），如图 1-34 所示。其中状态栏包含地理位置按钮、归属按钮、提示栏。默认面板包含之前设置好的十一个面板。工具栏包含官方工具与扩展程序。本节将介绍每个界面组成部分的作用与显示或关闭的方法。

1.5.1 标题栏

标题栏包含 SketchUp 标识、当前打开的文件名、软件版本与窗口控件（最小化、最大化与关闭）四个部分组成。以“无标题 -SketchUp Pro 2021”为例，“Pro”代表专业版，“2021”代表年份，“无标题”代表当前文件未保存（已保存的文件名为“无标题”除外），一般情况是为了提醒操作者保存文件并修改文件名，如图 1-35 所示。

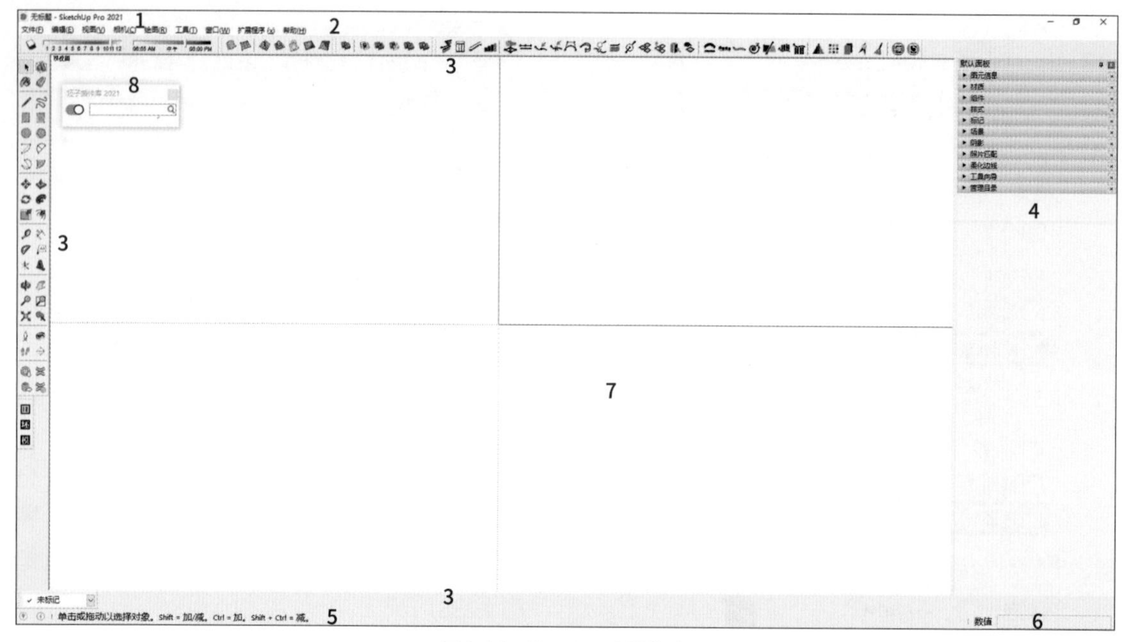

图1-34　SketchUp界面构成

1—标题栏；2—菜单栏；3—工具栏；4—默认面板；5—状态栏；6—度量值框；7—绘图区；8—坯子插件库

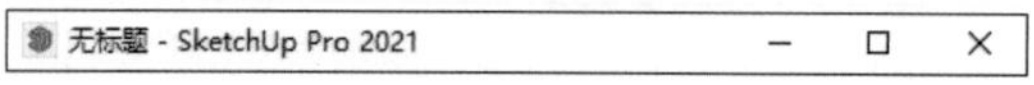

无标题 - SketchUp Pro 2021

图1-35　标题栏

1.5.2　菜单栏

菜单栏包含了大部分 SketchUp 工具、命令与设置。一共九个分类，分别为：文件、编辑、视图、相机、绘图、工具、窗口、扩展程序与帮助，如图 1-36 所示。

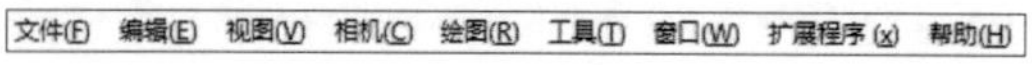

文件(F)　编辑(E)　视图(V)　相机(C)　绘图(R)　工具(T)　窗口(W)　扩展程序(x)　帮助(H)

图1-36　菜单栏

1.5.3　工具栏

SketchUp中工具栏众多，一般情况下，如官方工具栏或扩展程序未显示在界面中，可通过执行“视图>工具栏”菜单指令打开“工具栏”，在列表中勾选需要显示的工具即可呈现（具体方法详见本书 1.4.1 小节 步骤 01 和 步骤 02 ）。

1.5.4　默认面板

默认面板一共有十二个，常用的有十个（“面板的显示或关闭”详见本书 1.4.1 小节的 步骤 05 ）。整个默认面板的显示或关闭可通过执行“窗口>默认面板>显示面板”菜单指令打开或关闭“显示面板”，也可通过“显示面板”下的“更名面板”为默认面板更名，如图 1-37 所示。

“默认面板”的位置可以移动，用鼠标左键按住“默认面板”右侧的蓝色区域并拖拽，即可将“默认面板”移动至“上/下/左/右”四个位置并吸附固定，如图 1-38 所示。

双击“默认面板”右侧的蓝色区域，“默认面板”将自动吸附固定在绘图区右侧。

“默认面板”可通过单击“Auto Hide”的“黑色钉子”进行自动隐藏，如图 1-39 所示。

钉子朝下，表示“默认面板”位置固定且不隐藏。

钉子朝左，表示“默认面板”自动隐藏，将鼠标放到“默认面板”标签上即可弹出默认面板。

图 1-37　“显示面板”与“更名面板”

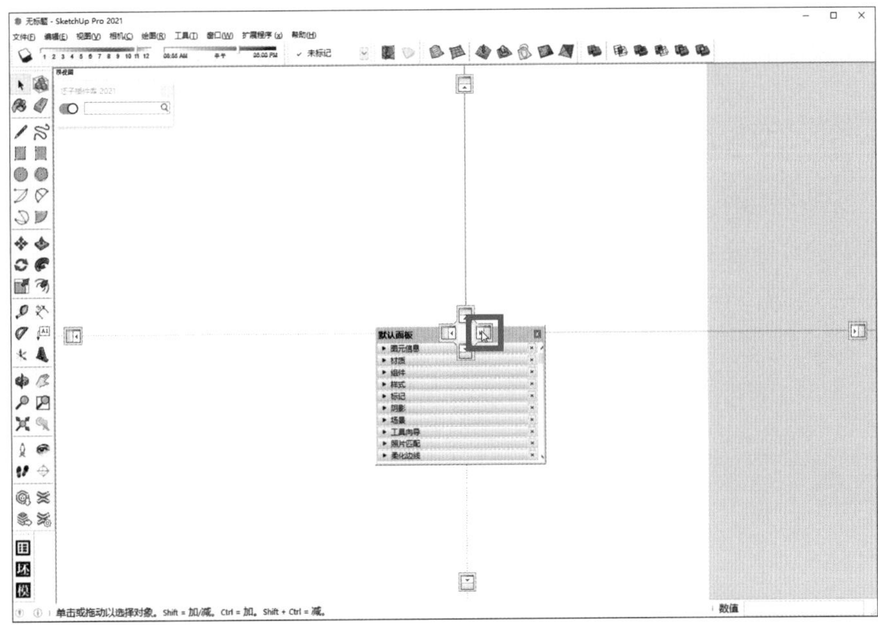

图 1-38　移动“默认面板”

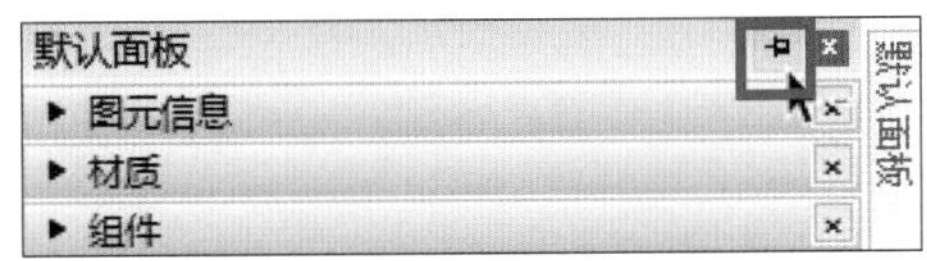

图 1-39　自动隐藏“默认面板”

1.5.5　状态栏

状态栏包含地理位置按钮、归属按钮与提示栏三个部分。地理位置按钮与归属按钮属于模型信息范畴。其中提示栏功能强大，可提示大部分工具的使用方法，例如在绘制圆形时会提示“选择中心点，使用Ctrl‘+’或Ctrl‘-’更改段数”，初学者可借助提示栏快速入门学习使用基础工具。

状态栏的地理位置按钮、归属按钮与提示栏的显示或关闭可直接通过界面最下方的工具条操作，右击并勾选需要显示的按钮即可，如图 1-40 所示。

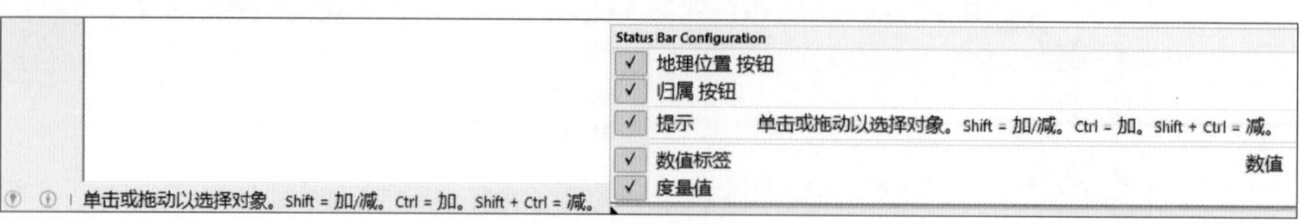

图1-40　状态栏及其显示或关闭

1.5.6　度量值框

度量值框包含数值标签与数值框两个部分，主要用于观察或输入参数来完成定量编辑。其显示或关闭方法同“状态栏”，如图1-41所示。

数值

图1-41　度量值框

1.5.7　绘图区

绘图区包含空间坐标轴，分别为X/Y/Z三个轴，分别对应红绿蓝（R/G/B）三种颜色。勾选“菜单栏>视图>坐标轴”即可显示坐标轴；反之，取消勾选则关闭显示坐标轴。

1.5.8　坯子插件库

坯子插件库为扩展程序箱，包含SketchUp的所有扩展程序，可通过“插件库搜索栏”检索所需插件。其优势鲜明，可快速导入或导出扩展程序集。坯子插件库的显示或关闭可通过单击坯子库管理器工具栏中的“插件列表开关”控制，如图1-42所示。

图1-42　坯子插件库

第 2 章　SketchUp 软件入门

2.1　文件菜单

2.2　相机（入门）

2.3　绘图（入门）

2.4　使用入门

2.5　编辑菜单（入门）

2.1 文件菜单

文件菜单主要用于处理SketchUp文件，如新建、打开、保存、另存为等。

2.1.1 新建

新建：创建一个空白的SketchUp文件。

操作方法

方法 01 执行“文件>新建”菜单指令，如图2-1所示。

方法 02 执行“新建”的快捷键“Ctrl键+N”（“N”指“New”）。

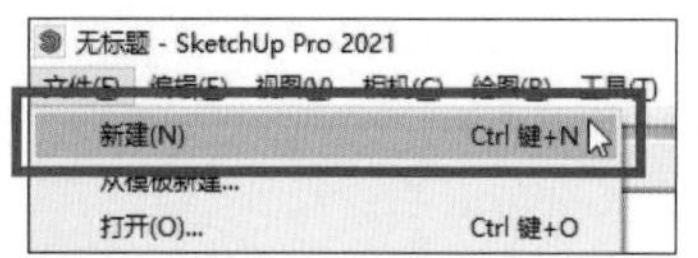

图2-1 新建文件

2.1.2 打开

打开：打开计算机中的SketchUp文件。

操作方法

方法 01 直接在计算机中双击SketchUp文件即可打开。

方法 02 执行“文件>打开”菜单指令，找到SketchUp文件“打开”即可，如图2-2所示。

方法 03 执行“打开”的快捷键“Ctrl键+O”（“O”指“Open”），找到SketchUp文件“打开”即可。

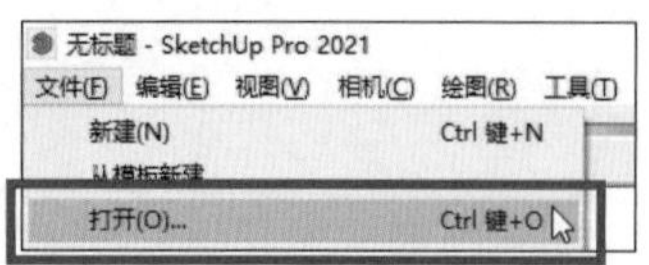

图2-2 打开文件

2.1.3 保存

打开：保存已打开的SketchUp文件。

保存文件尤为重要，优秀的设计师都有良好的自主保存文件的习惯，而不是依赖软件的自动保存功能（SketchUp软件每隔一定时间自动保存一次文件）。

操作方法

方法 01 执行“文件>保存”菜单指令，如图2-3所示。

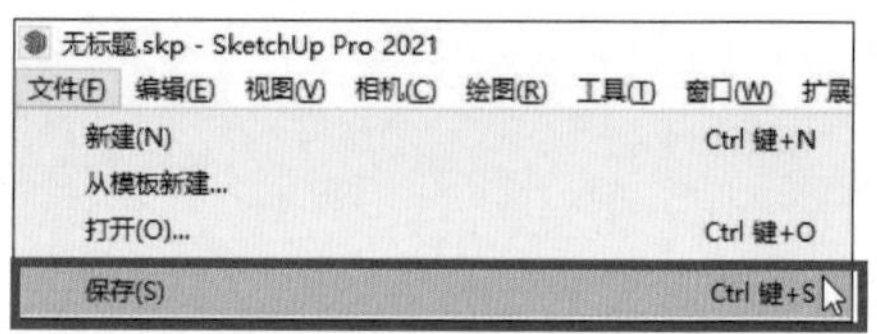

图2-3 保存文件

方法 02 执行“保存”的快捷键“Ctrl键+S”（“S”指“Save”）。

△ 提示

① 用户第一次保存文件时，需要选择“保存类型”和“存储位置”，并输入“文件名”。

② 用户手动保存文件后，SketchUp软件才能每隔一定时间自动保存一次文件；否则，软件将不能自动保存文件。

2.1.4 另存为 / 副本另存为

2.1.4.1 另存为

另存为：把当前文件另外保存。即将当前文件复制，并打开复制文件（同时保存并关闭原文件）。

操作方法 以文件 A 为例。

步骤 01 执行“另存为”的快捷键“Ctrl键+Shift键+S”或者执行“文件>另存为”菜单指令，如图2-4所示。

步骤 02 选择“保存类型”和“存储位

置”，并输入文件名“B”，则软件自动保存并关闭“文件A”，同时打开“文件B”。

2.1.4.2　副本另存为

副本另存为： 把当前文件的复制文件另外保存，即将当前文件复制，并将复制文件另外保存。

操作方法　以文件 A 为例。

步骤 01　执行“文件 > 副本另存为”菜单指令，如图 2-4 所示。

步骤 02　选择“保存类型”和“存储位置”，并输入文件名“B”，即可在存储位置生成“文件B”，软件仍打开“文件 A”。

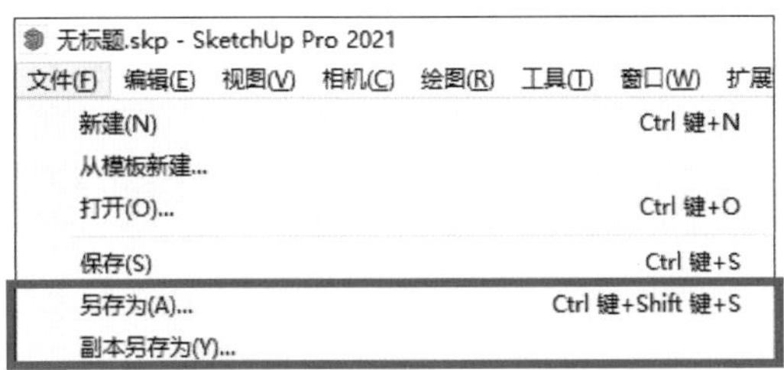

图2-4　另存为/副本另存为

2.1.5　还原

还原文件： 将文件还原至文件上次保存的状态。

操作方法

方法 01　执行“文件>还原”菜单指令，如图2-5所示。

方法 02　执行“还原”的快捷键“F12”（自定义）。

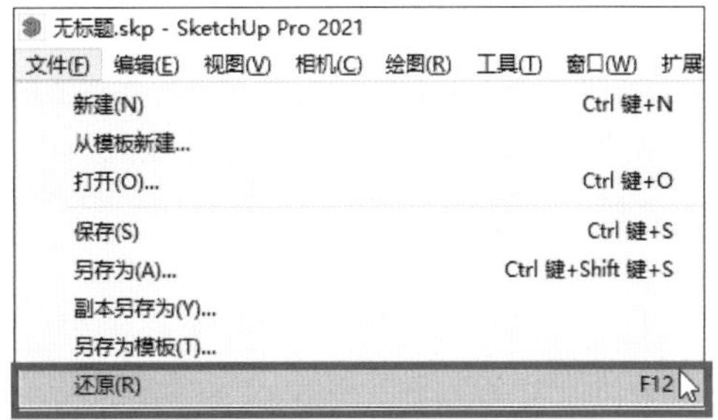

图2-5　还原文件

2.1.6　导入

导入： 将外部模型、图片或图纸等文件加载到当前模型中。

SketchUp文件可导入市面上80%的软件绘制的模型、图片或图纸，常用的三维模型的格式有skp、dwg、3ds等，二维图像的格式有jpg、png、tif 等，如图2-6所示（“导入二维图像”详见本书6.5和6.10节）。

操作方法

步骤 01　执行“导入”的快捷键“Alt键加+”（自定义）或者执行“文件>导入”菜单指令。

步骤 02　在弹出的“导入”窗口中，选择所需的“文件格式”和“文件”，并单击“导入”即可。

2.1.7　导出

导出： 将当前模型导出为模型、图片、图纸或动画等文件。SketchUp 可导出三维模型、

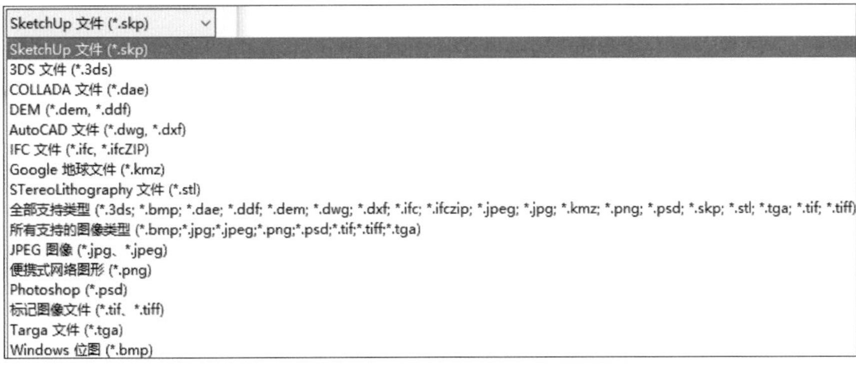

图2-6　导入文件

二维图形、剖面、动画等（导出“剖面”和“动画”详见本书3.2.2.3和6.8.6小节）。

2.1.7.1 导出三维模型

导出三维模型：把当前模型导出为其他软件支持的三维模型或二维图纸。

操作方法

步骤 01 执行“导出三维模型”的快捷键“Alt键+S”或者执行“文件>导出>三维模型”菜单指令。

步骤 02 在弹出的“输出模型”窗口中，选择所需的“文件格式”和“存储位置”，输入“文件名”并单击“导出”即可。

2.1.7.2 导出二维图形

导出二维图形：把当前相机视图（用户视图）导出为其他软件支持的图片或二维图纸。

操作方法

步骤 01 执行“导出二维图形”的快捷键“Ctrl键+Alt键+S”或者执行“文件>导出>二维图形”菜单指令。

步骤 02 在弹出的“输出模型”窗口中，单击“选项”按钮可设置图片分辨率，如图2-7和图2-8所示。

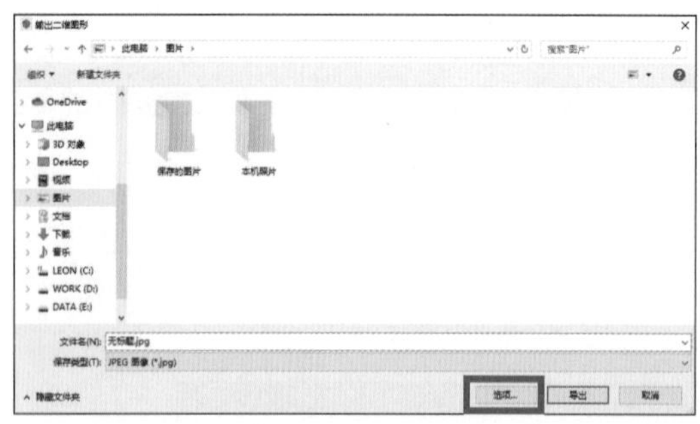

图2-7 导出二维图形

其中，“使用视图大小”表示导出的图片大小等于用户计算机上SketchUp软件当前绘图区的大小。取消勾选，用户即可自定义图片分辨率大小，宽度最高可设置为9999。

“透明背景”表示在导出的图片中，空白区域（无模型区域）为透明。取消勾选，则空白区域为绘图区背景的颜色。

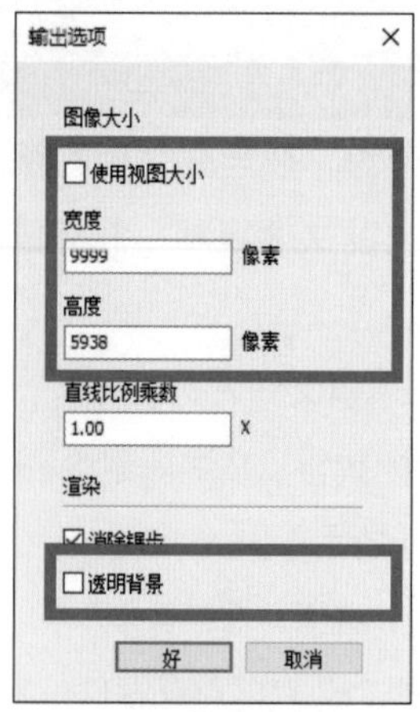

图2-8 导出选项

步骤 03 选择所需的“文件格式”和“存储位置”，输入“文件名”并单击“导出”即可。

2.1.8 最近保存文件

最近保存文件：显示用户最近几次保存过的SketchUp文件，可快速打开前几次保存的文件。

操作方法

步骤 01 执行“文件”菜单指令，列表下方即可显示用户最近几次保存过的SketchUp文件。

步骤 02 单击需要打开的SketchUp文件即可，如图2-9所示。

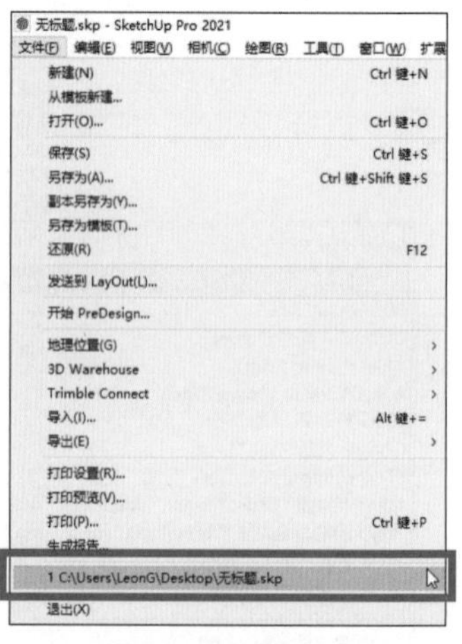

图2-9 最近保存文件

2.2 相机（入门）

本节主要讲解绘图区观察模型的三个基本方法，分别是环绕视察、平移与缩放（相机视野）。

2.2.1 环绕观察

环绕观察： 转动视角以观察模型的其他角度。

操作方法

步骤 01　按住鼠标滚轮，光标自动变化为“”，向任意方向移动光标。

步骤 02　单击“环绕观察”工具的图标“”，按住鼠标左键，向任意方向移动光标。

2.2.2 平移

平移： 垂直或者水平移动视角以观察模型的其他部分。

操作方法

方法 01　同时按住鼠标滚轮和“Shift”键，光标自动变化为“ ”，向任意方向移动光标。

方法 02　单击“平移”工具的图标“ ”，按住鼠标左键，向任意方向移动光标。

2.2.2 缩放（相机视野）

缩放视野： 将相机（即用户的视角）推近或者拉远，以观察到不同大小范围的模型（“缩放”详见本书 3.1.4 小节）。

操作方法

方法 01　滚动鼠标滚轮。

方法 02　执行“缩放”工具的快捷键“Alt 键 +A”（自定义）或者单击“缩放”工具的图标“ ”，按住鼠标左键，上下移动光标（方法 02 的缩放过程比 方法 01 更平滑）。

2.3 绘图（入门）

本节主要讲解常用的四种二维图形的绘制，分别是直线、矩形、圆与两点圆弧。

2.3.1 直线

直线： 在绘图区用“两点”绘制一条直线，快捷键为“A”（自定义），图标为“ ”（“直线”工具详见本书5.2.1小节）。

操作方法

步骤 01　执行“直线”工具的快捷键“A”（自定义）或者单击“直线”工具的图标“ ”。

步骤 02　在绘图区任意一点单击鼠标左键以确定“直线起点”。

步骤 03　将光标移至“直线终点”，单击鼠标左键即可完成直线的绘制。

如需绘制定距直线：

步骤 04　将光标移至“直线终点”方向，在“度量值框”输入直线长度，按“回车”键确认即可完成直线的绘制，如图2-10所示。

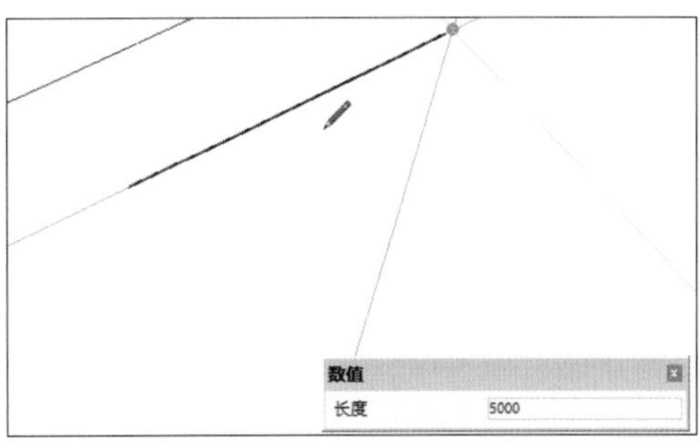

图2-10　绘制直线

如需更改直线长度，可在按“回车”键确认之后，立刻输入新的长度并确认（“数值输入”办法详见本书3.1.4小节）。

步骤 05 按“Esc”键即可退出该直线的绘制。

2.3.2 矩形

矩形：在绘图区用“两个对角点”绘制一个矩形，快捷键为“B”（自定义），图标为“■”（“矩形”工具详见本书5.2.2小节）。

操作方法

步骤 01 执行“矩形”工具的快捷键“B”（自定义）或者单击“矩形”工具的图标“■”。

步骤 02 在绘图区任意一点单击鼠标左键以确定“矩形的一个对角点”。

步骤 03 将光标移至“矩形的另一个对角点”，单击鼠标左键即可完成矩形的绘制。

如需绘制参数矩形：

步骤 04 将光标移至“矩形的另一个对角点”方向，在“度量值框”输入矩形的长度（x）和宽度（y）（格式为“x，y”），按“回车”键确认即可完成矩形的绘制，如图2-11所示。

如需更改矩形的尺寸，可在按“回车”键确认之后，立刻输入新的尺寸并确认。

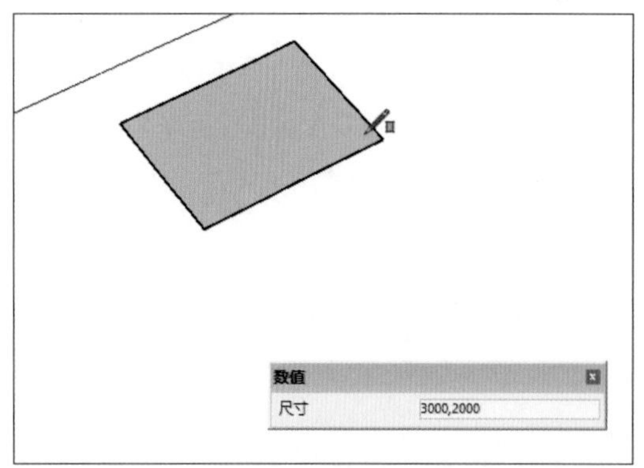

图2-11 绘制矩形

2.3.3 圆

圆：在绘图区用“圆心”和“半径”绘制一个圆，快捷键为“C”（“C”指“Circle”），图标为“◉”（“圆”工具详见本书5.2.4小节）。

操作方法

① 简单圆：

步骤 01 执行“圆”工具的快捷键“C”或者单击“圆”工具的图标“◉”；

步骤 02 在绘图区任意一点单击鼠标左键以确定“圆心”；

步骤 03 移动光标（移动距离等于半径），再次单击鼠标左键即可完成圆的绘制。

② 参数圆：

步骤 01 执行“圆”工具的快捷键“C”或者单击“圆”工具的图标“◉”；

步骤 02 在“度量值框”输入“圆”的段数并按“回车”键确认（可跳过本步骤，则默认段数为“24”），如需更改圆的段数，可在按“回车”键确认之后，立刻输入新的段数并确认；

步骤 03 在绘图区任意一点单击鼠标左键以确定“圆心”；

步骤 04 移动光标，在“度量值框”输入半径值，按“回车”键确认即可完成圆的绘制，如图2-12所示。

如需更改圆的尺寸，可在按“回车”键确认之后，立刻输入新的半径值并确认。

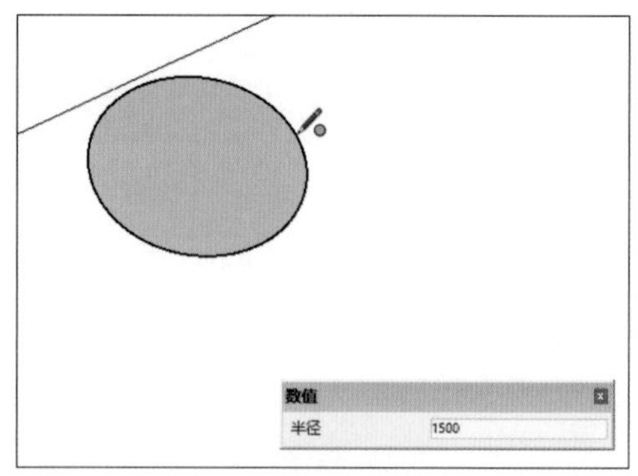

图2-12 绘制圆

2.3.4 两点圆弧

两点圆弧：在绘图区用“两点圆弧”和“弧高”绘制一个圆弧，图标为“◌”（“两点圆弧”工具详见本书5.2.6.1小节）。

操作方法

① 简单两点圆弧：

步骤 01　单击“两点圆弧”工具的图标“⌀”；

步骤 02　在绘图区任意一点单击鼠标左键以确定“圆弧起点”；

步骤 03　将光标移至“圆弧终点”，单击鼠标左键；

步骤 04　移动光标（移动距离等于弧高），再次单击鼠标左键即可完成圆弧的绘制。

② 参数两点圆弧：

步骤 01　单击“两点圆弧”工具的图标“⌀”。

步骤 02　在“度量值框”输入“圆弧”的段数并按“回车”键确认（可跳过本步骤，则默认段数为“12”），如需更改圆弧的段数，可在按“回车”键确认之后，立刻输入新的段数并确认；

步骤 03　在绘图区任意一点单击鼠标左键以确定“圆弧起点”；

步骤 04　将光标移至“圆弧终点”方向，在“度量值框”输入弦长并按“回车”键确认（弦长不能更改）；

步骤 05　移动光标，在“度量值框”输入弧高，按“回车”键确认即可完成圆弧的绘制，如图 2-13 所示。

如需更改弧高，可在按“回车”键确认之后，立刻输入新的弧高并确认。

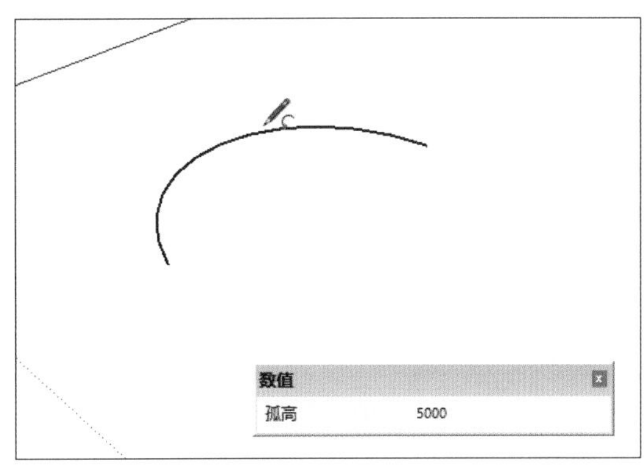

图 2-13　绘制两点圆弧

2.4　使用入门

本节主要讲解使用入门工具栏中的选择、橡皮擦、移动、旋转、缩放、推拉六个工具。

2.4.1　选择

选择，即选择要用其他工具或命令修改的图元，快捷键为“Q”（自定义），图标为“↖”（“选择”工具详见本书 4.2 节）。

2.4.1.1　单击 / 双击 / 三击

单击：使用“选择”工具（快捷键“Q”），单击鼠标左键，即可选中光标触碰到的图元。

双击：使用“选择”工具（快捷键“Q”），连续双击鼠标左键，以快速选择几何图形。

操作方法　用鼠标左键连续双击一根线，能选中该线以及与它直接相连的平面；用鼠标左键连续双击一个面，能选中该面以及它的边线。其他特殊情况另做介绍。

三击：使用“选择”工具（快捷键“Q”），连续三击鼠标左键，以快速选择几何图形。

操作方法　用鼠标左键连续三击一根线或者一个面，能选中所有与之相触碰的线和面（不包括组、参考线、剖切面等图元）。其他特殊情况另做介绍。

2.4.1.2　加选 / 减选 / 切换选

加选：在现有选择的基础上，加上未被选择的物体。

操作方法　使用“选择”工具（快捷键“Q”），按住“Ctrl”键，光标变化为“↖+”，鼠标左键单击待加选对象，即可完成加选。

减选：在现有选择的基础上，减去已被选择的物体。

操作方法 使用“选择”工具（快捷键“Q”），同时按住“Ctrl”键和“Shift”键，光标变化为“↖-”，用鼠标左键单击待减选对象，即可完成减选。

切换选： 即切换加选和减选，指在现有选择的基础上，加选未被选择的对象，或者减选已被选择的对象。

操作方法 使用“选择”工具（快捷键“Q”），按住“Shift”键，光标变化为“↖±”，用鼠标左键单击待加选对象来实现加选，或者用鼠标左键单击待减选对象来实现减选。

2.4.1.3 窗口选择 / 交叉选择

窗口选择： 通过“选择”工具，创建出一个实线矩形选择框，只有完全处于选择框内部的图元，才会被选中。

操作方法 使用“选择”工具（快捷键“Q”），按住鼠标左键向右拖拽，创建出一个实线矩形选择框，释放鼠标即可选中完全处于该选择框内部的图元。

交叉选择： 通过“选择”工具，创建出一个虚线矩形选择框，完全处于选择框内部或者与选择框交叉的图元，都会被选中。

操作方法 使用“选择”工具（快捷键“Q”），按住鼠标左键向左拖拽，创建出一个虚线矩形选择框，释放鼠标即可选中完全处于选择框内部或者与选择框交叉的图元。

2.4.2 橡皮擦

橡皮擦： 将图元从模型空间中删除，快捷键为“S”（自定义），图标为“橡皮擦图标”（“橡皮擦”工具详见本书4.10节）。

操作方法

方法 01 执行“橡皮擦”工具的快捷键“S”（自定义）或者单击“橡皮擦”工具的图标“橡皮擦图标”，单击要删除的图元，即可删除。

方法 02 执行“橡皮擦”工具的快捷键“S”（自定义）或者单击“橡皮擦”工具的图标“橡皮擦图标”，按住鼠标左键在图元上拖动，松开鼠标左键后，即可删除图元。

> △ 提示
>
> 橡皮擦工具不仅能删除“面”，还可通过删除边线从而删除“面”。

2.4.3 移动

移动： 移动图元或者图元的一部分位置，快捷键为“W”（自定义），图标为“✥”（“移动”工具详见本书4.3节）。

操作方法

步骤 01 使用“选择”工具（快捷键“Q”），选择要移动的一个或多个对象。

步骤 02 执行“移动”工具的快捷键“W”（自定义），在绘图区任意一点单击鼠标左键以确定“移动起始点”，被移动的对象会吸附到光标上。

步骤 03 将光标移至“移动目标点”（移动距离在“度量值框”中动态显示），单击鼠标左键确定即可。

如需进行参数移动：

步骤 04 将光标移至“移动目标方向”，在“度量值框”输入移动距离，按“回车”键确认即可完成移动。

如需更改移动距离，可在按“回车”键确认之后，立刻输入新的距离并确认。

> △ 提示
>
> 在选择“移动起始点”时，如果选择模型的一个角或者顶点作为起始点，则移动会更容易。

2.4.4 旋转

旋转： 旋转图元或者图元的一部分位置，快捷键为“E”（自定义），图标为“旋转图标”（“旋转”工具详见本书4.4节）。

操作方法

步骤01　使用“选择”工具（快捷键“Q”），选择要旋转的一个或多个对象。

步骤02　执行“旋转”工具的快捷键“E”（自定义），出现旋转工具的量角器形光标，移动光标，直到光标位于目标旋转平面上（如果要锁定平面，请按住“Shift”键，下一次单击鼠标左键后即可松开“Shift”键），单击鼠标左键确定旋转顶点。

步骤03　单击鼠标左键确定旋转起始边上的一点。

步骤04　将光标移动至“旋转目标角度或目标点”，单击鼠标左键完成旋转。

如需进行参数旋转：

步骤05　将光标移动至“旋转目标角度或目标点”，在“度量值框”输入旋转角度，按“回车”键确认即可完成旋转。如需更改旋转角度，可在按“回车”键确认之后，立刻输入新的角度并确认。

2.4.5　缩放

缩放：调整模型的大小和比例，快捷键为“R”（自定义），图标为“”（“缩放”工具详见本书4.6节）。

操作方法

步骤01　使用“选择”工具（快捷键“Q”），选择要缩放的一个或多个对象，如图2-14所示。

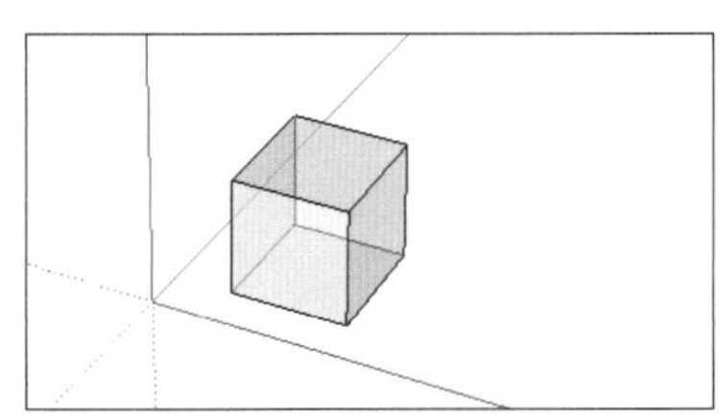

图2-14　正方体

步骤02　执行“缩放”工具的快捷键“R”（自定义），此时出现黄色边框，几何体的6个面的中心、12条棱的中点和8个顶点处，一共出现26个绿色的“缩放夹点”，如图2-15所示。

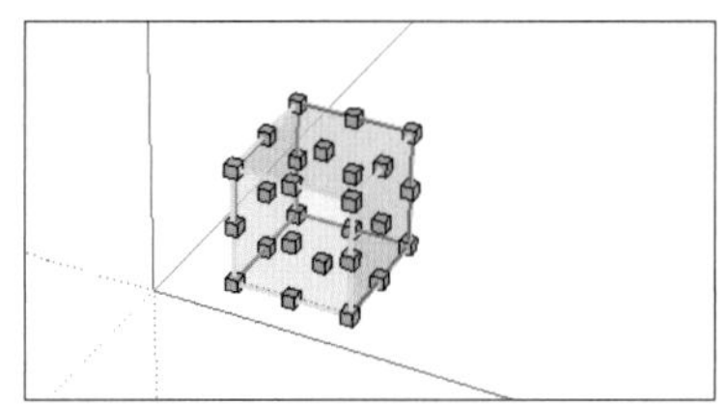

图2-15　缩放夹点

步骤03　单击缩放夹点，选定的夹点和对角点的缩放夹点都将变成红色，如图2-16所示（“缩放比例”在“度量值框”中动态显示，按“Esc”键可重新开始）。

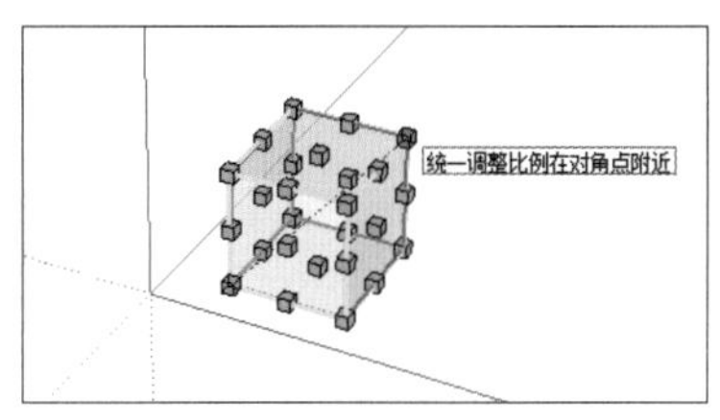

图2-16　单击缩放夹点

步骤04　移动光标（对角点的缩放夹点位置不变），再次单击鼠标左键，即可完成缩放。

① 一维缩放（单轴缩放）：单击面中心的缩放夹点，可沿着“红轴”“绿轴”或“蓝轴”进行单轴缩放，即仅在一个方向上发生缩放变化。

② 二维缩放（双轴缩放）：单击棱中点的缩放夹点，可沿着“红＋蓝轴”“红＋绿轴”或“蓝＋绿轴”进行双轴缩放，即在两个方向上同时发生缩放变化。

③ 三维缩放（三轴缩放）：单击顶点的缩放夹点，可在三个方向上发生等比缩放变化。

2.4.6　推拉

推拉：通过推拉平面，从而创建三维模型，增加或减少三维模型的体积，快捷键为“空格”键（自定义），图标为“”（“推/拉”工具详见本书4.12节）。

操作方法

步骤01　使用“选择”工具（快捷键

"Q"），选择一个要推拉的平面。

步骤 02 使用"推 / 拉"工具（快捷键"空格"键），在平面上单击鼠标左键以确定"推拉起始点"，移动光标即可创建三维模型，增加或减少三维模型的体积。

步骤 03 将光标移至"推拉目标点"（推拉距离在"度量值框"中动态显示），单击鼠标左键即可完成推拉。

如需进行定距推拉：

步骤 04 将光标移至"推拉目标方向"，在"度量值框"输入推拉距离，按"回车"键确认即可完成推拉。

如需更改推拉距离，可在按"回车"键之后，立刻输入新的距离并确认。

△ 提示

推拉过程结束前，按"Esc"键可以取消推拉。

2.5 编辑菜单（入门）

本节主要讲解编辑菜单中的撤销、重复、复制、粘贴、剪切、定点粘贴、删除、群组八个指令。

2.5.1 撤销 / 重复

撤销： 返回上一步，即撤销最后一步操作或者指令，可以连续撤销多次。

操作方法 执行"撤销"的快捷键为"Ctrl键+Z"，再次执行"Ctr键+Z"即可连续撤销。

重复： 又叫"重做"，指在撤销操作或者指令之后，将被撤销的操作或者指令重做出来，可以连续重做多次。

操作方法 执行"重复"的快捷键为"Ctrl键+Y"，再次执行"Ctrl键+Y"即可连续重做。

2.5.2 复制 / 粘贴 / 剪切 / 定点粘贴

复制： 在不破坏原物体的基础上，提取出一个完全相同的物体，暂存在计算机的剪切板中，再将其粘贴到所要粘贴的位置，提取物体的过程称为"复制"。

操作方法 选中需要被复制的物体，执行"复制"的快捷键"Ctr键+C"。

剪切： 在不破坏原物体的基础上，将物体裁切下来，暂存在计算机的剪切板中，再将其粘贴到所要粘贴的位置，裁切物体的过程称为"剪切"。

操作方法 选中需要被剪切的物体，执行"剪切"的快捷键"Ctrl键+X"。

粘贴： 对某物体进行"复制"或者"剪切"之后，将剪切板中的该物体放置到目标位置的过程称为"粘贴"。

操作方法

步骤 01 选中某物体，执行快捷键"Ctr键+C"进行"复制"或者执行快捷键"Ctrl键+X"进行"剪切"。

步骤 02 执行"粘贴"的快捷键"Ctrl键+V"，光标上方会吸附着被复制或剪切的物体。

步骤 03 将光标移动到粘贴的目标位置，单击鼠标左键即可。

定点粘贴： 又叫"原位粘贴"，是将被"复制"或"剪切"的物体，粘贴到原位置的一种粘贴方式。

操作方法

步骤 01 选中某物体，执行快捷键"Ctrl键+C"进行"复制"或者执行快捷键"Ctrl键+X"进行"剪切"。

步骤 02 执行"定点粘贴"的快捷键"Ctrl键+Shift键+V"，该物体即可被粘贴到本文件或者其他SketchUp文件的原位置。

△ 提示

① 被复制或者剪切的物体，既可以在本文件中粘贴，也可以在其他SketchUp文件中粘贴。

② 剪切板中只保存最后一次被复制或剪切的物体，之前的被复制或剪切的物体被清除，无法被粘贴。

2.5.3　删除

删除：去掉不要的物体。

操作方法　选中需要被删除的物体，执行“删除”的快捷键“D”或者点击键盘“Delete”键。

2.5.4　群组

“群组”可以将多个物体打包成一个组，即将多个图元打包成为一个整体，快捷键为“G”（自定义）（“群组”工具详见本书4.1.6节）。

2.5.4.1　创建群组

创建群组：把选中的图元打包，以形成一个“组”。

操作方法　选中需要包含在“组”内部的图元，执行“创建群组”的快捷键“G”（自定义）或者执行“鼠标右键>创建群组”的指令。

2.5.4.2　编辑群组

编辑群组：即进入“组”，对群组内部图元进行编辑，就像在主模型空间中处理SketchUp模型一样，图元的编辑方法相同。

被打开的“组”用虚线边界框标识，表示用户可以编辑。编辑“组”时，模型的其余部分会淡化。如需更改外部模型，需要先退出“组”。

操作方法　使用“选择”工具（快捷键“Q”），双击需要编辑的“组”。

2.5.4.3　退出群组

退出群组：又叫“关闭群组”，即退出对“组”的编辑状态。

操作方法　保持鼠标为“选择”工具（快捷键“Q”），点击键盘上的“Esc”键。

2.5.4.4　炸开模型

炸开模型：将“组”分解为相应组成对象，即恢复成创建“组”之前的图元。

操作方法　使用“选择”工具（快捷键“Q”）选中待分解的“组”，执行“炸开模型”的快捷键“Ctrl键+Alt键 +G”（自定义），或者执行“鼠标右键>炸开模型”的指令。

第 3 章　相机与视图菜单

3.1　相机

3.2　视图菜单

3.1 相机

相机，即用户的视角，本节包含与用户视角相关的工具、指令等内容。

3.1.1 环绕观察

环绕观察：转动视角以观察模型的其他角度。

操作方法

方法 01　按住鼠标滚轮，光标自动变化为"⊕"，向任意方向移动光标。

方法 02　单击"环绕观察"工具的图标"⊕"，按住鼠标左键，向任意方向移动光标。

3.1.2 平移

平移：垂直或者水平移动视角以观察模型的其他部分。

操作方法

方法 01　同时按住鼠标滚轮和"Shift"键，光标自动变化为"✋"，向任意方向移动光标。

方法 02　单击"平移"工具的图标"✋"，按住鼠标左键，向任意方向移动光标。

3.1.3 重力悬浮

重力悬浮：在环绕观察模型的时候，使相机侧倾，即地平线不再水平。

操作方法　同时按住鼠标滚轮和"Ctrl"键，光标自动变化为"⊕"，向任意方向移动光标。释放"Ctrl"键，如果再次进行环绕观察，地平线会自动跳转为水平状态。

3.1.4 缩放（相机视野）

3.1.4.1 缩放

缩放：缩放工具有以下两个功能。

① 将相机（即用户的视角）推近或者拉远，以观察到不同大小范围的模型。

操作方法

方法 01　滚动"鼠标滚轮"。

方法 02　执行"缩放"工具的快捷键"Alt键+A"（自定义）或者单击"缩放"工具的图标"🔍"，按住鼠标左键，上下移动光标（方法 02 的缩放过程，比 方法 01 更平滑）。

② 更改视野的大小。视野是指在人的头部固定不动的情况下，眼睛观看正前方物体时所看到的空间范围。SketchUp中默认的视野大小为35°（视野大小在"度量值框"中动态显示）。

操作方法

方法 01　执行"缩放"工具的快捷键"Alt键+A"（自定义）或者单击"缩放"工具的图标"🔍"，按住"Shift"键，同时按住鼠标左键，上下移动光标。

方法 02　执行"缩放"工具的快捷键"Alt键+A"（自定义）或者单击"缩放"工具的图标"🔍"，手动输入视野的角度。

方法 03　执行"两点透视图"的快捷键"Alt键+V"（自定义）或者执行"相机>两点透视图"菜单指令，光标自动切换为"✋"，滚动"鼠标滚轮"。取消"两点透视图"后，视野值恢复正常。

> △ 提示
>
> SketchUp中度量值（即数值）的输入方法如下。
>
> SketchUp中的度量值包含数字、长度、角度、比例等多种数值和单位。

输入方法

① 直接用键盘输入并按"回车"键确认，

无需用鼠标在“度量值框”中单击以确认光标位置。

② 输入数值和单位后，可以立即重新输入新的数值和单位（不用删除，不要切换其他工具）。

③“度量值框”中输入的内容，必须是英文字符。

3.1.4.2　缩放窗口

缩放窗口：缩放相机视野以最大化显示选定窗口内的模型，即放大屏幕的特定区域。

操作方法　执行“缩放窗口”的快捷键“Ctrl键+W”（自定义）或者单击“缩放窗口”工具的图标“🔍”，在绘图区单击，按住鼠标左键并移动光标，形成一个矩形窗口，如图3-1所示，释放鼠标左键，窗口内的区域会被最大化显示，如图3-2所示。

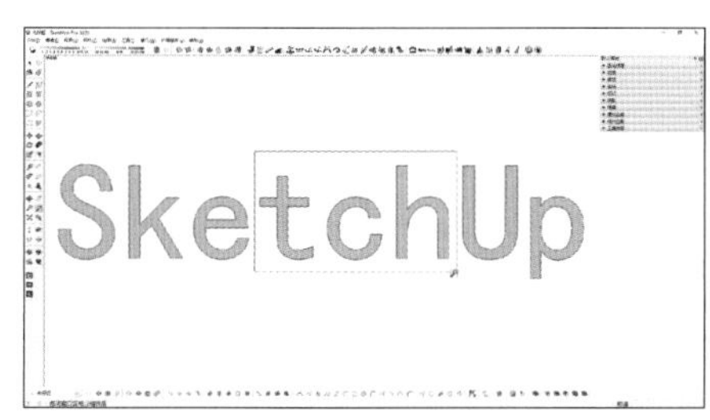

图3-1　缩放窗口（绘制矩形窗口）

图3-2　缩放窗口（执行后）

3.1.4.3　缩放选择

缩放选择：缩放相机视野以显示被选中的模型。

操作方法　使用“选择”工具（快捷键“Q”）选中物体，执行“缩放选择”的快捷键“N”（自定义）或者执行“鼠标右键>缩放选择”菜单指令，被选中的物体会被最大化显示，如图3-3和图3-4所示。

图3-3　缩放选择（选择物体）

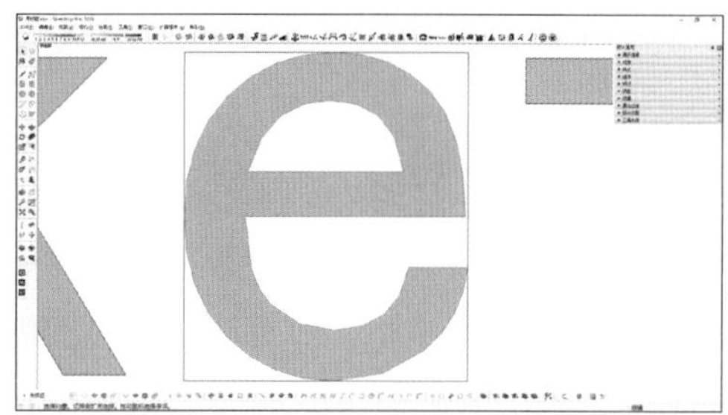

图3-4　缩放选择（执行后）

3.1.4.4　缩放范围（充满视窗）

缩放范围（充满视窗）：缩放相机视野以最大化显示全部模型。

操作方法　执行“充满视窗”的快捷键“Z”（自定义）或者单击“充满视窗”工具的图标“✕”，全部模型会被最大化显示（充满视窗），如图3-5和图3-6所示。

图3-5　充满视窗（执行前）

图3-6　充满视窗（执行后）

3.1.5 透视模式

3.1.5.1 透视显示

透视显示：“透视显示”模式下，观察到的是模型的透视投影，其基本特点是近大远小，符合人们的视觉印象。

操作方法 执行“透视显示”的快捷键“V”或者执行“相机>透视显示”菜单指令。快捷键“V”可以切换“透视显示”和“平行投影”，如图3-7和图3-8所示。

3.1.5.2 平行投影

平行投影：“平行投影”模式下，观察到的是模型的轴测图，它能同时反映立体的正面、侧面和水平面的形状。

操作方法 执行“平行投影”的快捷键“V”或者执行“相机>平行投影”菜单指令。快捷键“V”可以切换“透视显示”和“平行投影”，如图3-7和图3-8所示。

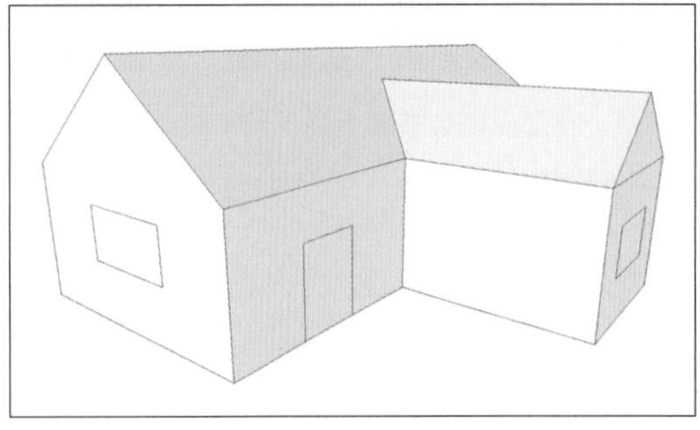

图3-7 透视显示

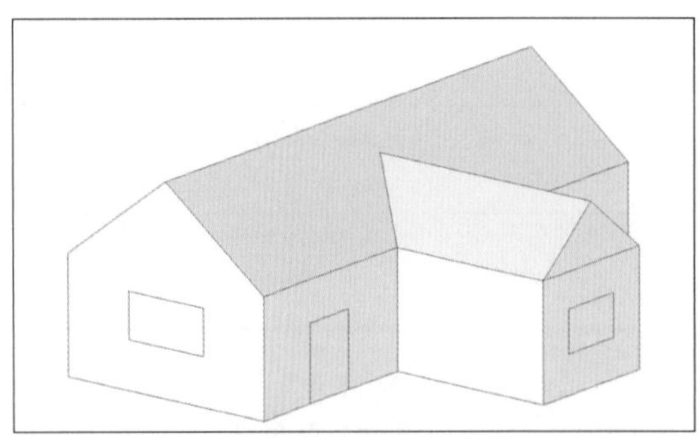

图3-8 平行投影

3.1.5.3 两点透视

两点透视：“两点透视”模式下，观察到的是模型的两点透视图，即只有模型的铅垂线与画面平行，而另外两组水平的线，均与画面成斜角，于是在画面中形成了两个消失点。

操作方法 执行“两点透视图”的快捷键“Alt键+V”或者执行“相机>两点透视图”菜单指令，光标自动变化为“ ”，按住鼠标左键可以平移相机，如图3-9所示。按下鼠标滚轮可以切换为“透视显示”，如图3-10所示。

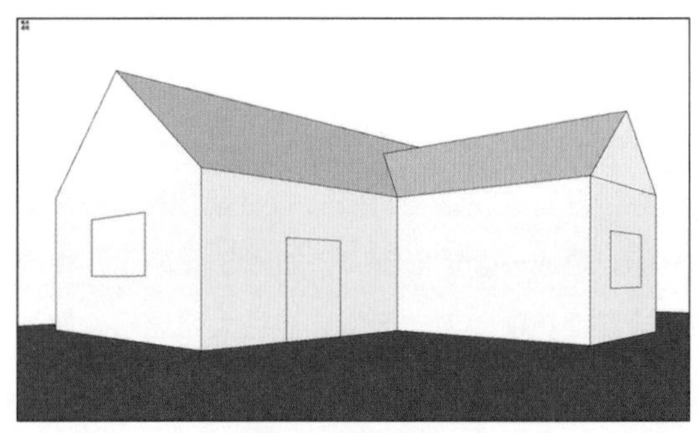

图3-9 两点透视图

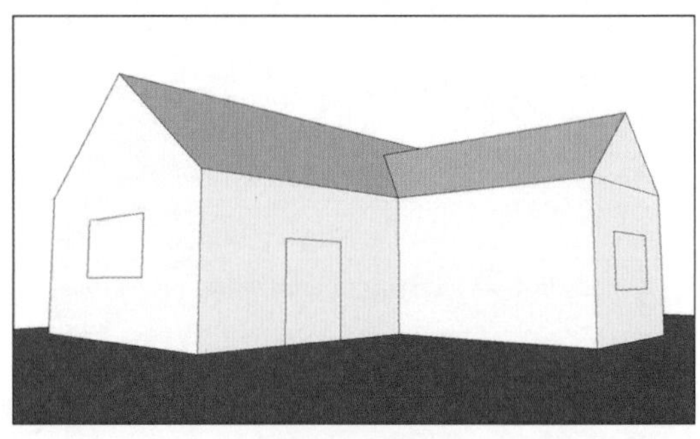

图3-10 透视显示

3.1.6 视图撤销

3.1.6.1 上一视图

上一视图：上一个相机视角。

操作方法 执行“上一视图”的快捷键“Ctrl键+Alt键+Z”或者执行“相机>上一视图”菜单指令。

3.1.6.2 下一视图

下一视图：下一个相机视角。

操作方法 执行“下一视图”的快捷键“Ctrl键+Alt键+Y”或者执行“相机>下一视图”菜单指令。

3.1.7　标准视图

标准视图包含顶视图（俯视图）、底视图、前视图、后视图、左视图、右视图和等轴视图等，“等轴视图”模式下，观察到的是模型的正等轴测图。

① **顶视图：**执行“顶视图”的快捷键“T”或者单击“俯视图”工具的图标“”。

② **底视图：**执行“底视图”的快捷键“Alt键+T”或者执行“相机>标准视图>底视图”菜单指令。

③ **前视图：**执行“前视图”的快捷键“F”或者单击“前视图”工具的图标“”。

④ **后视图：**执行“后视图”的快捷键“Alt键+F”或者单击“后视图”工具的图标“”。

⑤ **左视图：**执行“左视图”的快捷键“L”或者单击“左视图”工具的图标“”。

⑥ **右视图：**执行“右视图”的快捷键“Alt键+L”或者单击“右视图”工具的图标“”。

⑦ **等轴视图：**执行“相机>标准视图>等轴视图”或者单击“等轴视图”工具的图标“”。

△ 提示

“平行投影”模式下的“标准视图”是二维平面图，即没有透视的平面图。

3.1.8　相机

3.1.8.1　定位相机

定位相机：按照具体的位置、视点高度和方向定位相机，即将用户的视角置于特定的视点高度以查看模型或者在模型中漫游。

操作方法　单击“定位相机”工具的图标“”或者执行“相机>定位相机”菜单指令，光标自动切换为“”，在绘图区单击即可。

相机将处于一般人眼所在的高度上（默认视点高度约为1.68m），同时光标自动切换为“”，用户进入“绕轴旋转”工具中，可以在“度量值框”中输入新的视点高度。

3.1.8.2　绕轴旋转

绕轴旋转：以固定点为中心转动相机。

操作方法　单击“绕轴旋转”工具的图标“”或者执行“相机 > 观察”菜单指令，光标切换为“”，按住鼠标左键向任意方向移动光标（可以在“度量值框”中输入新的视点高度）。

3.1.8.3　漫游

漫游：以相机为视角在模型中行走。

操作方法

方法 01　单击“漫游”工具的图标“”或者执行“相机>漫游”菜单指令，光标切换为“”，在绘图区中任意一处单击并按住鼠标左键，该位置会显示一个小加号（十字准线）。

方法 02　通过上移光标（向前）、下移光标（向后）、左移光标（左转）或者右移光标（右转）进行漫游。离十字准线越远，漫游得越快。

△ 提示

①“漫游”工具仅在透视视图中可用。

② 在“漫游”工具中，按住“Shift”键，漫游为上下移动（改变视点高度），而不是前后移动。

③ 在“漫游”工具中，按住“Ctrl”键，漫游为“跑动”，而不是“步行”。

④ 在“漫游”工具中，按住“Alt”键，漫游可以穿过模型（例如墙体），否则不可以穿过模型。

3.2 视图菜单

3.2.1 工具栏

工具栏：在工具栏中可以增减SketchUp的工具图标，调整工具图标的大小等。

操作方法 执行“视图>工具栏”菜单指令，在工具栏对话框的“工具栏”中，被勾选的工具图标会在SketchUp的界面上显示，如图3-11所示。在工具栏对话框的“选项”中，用户可以选择图标显示的大小，如图3-12所示。

图3-11 工具栏

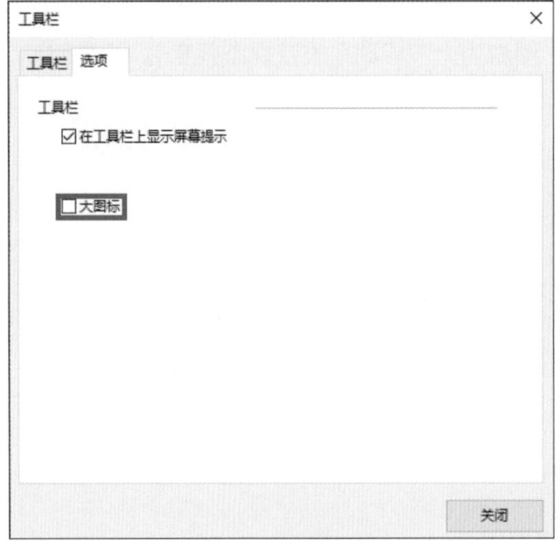

图3-12 选项

3.2.2 剖切面

3.2.2.1 创建剖切面

剖切面：剖切面工具可以沿某一个平面将模型切开形成剖切面，以便观察模型的内部。

操作方法 单击“剖切面”工具的图标“⊕”或者执行“工具>剖切面”菜单指令，光标上会出现一个截平面，如图3-13所示，单击一个面以创建剖切面。

放置截平面后弹出“命名剖切面”对话框，可输入剖切面的“名称”和“符号”，如图3-14所示，箭头方向表示切割方向，圆圈内的符号表示剖切符号。

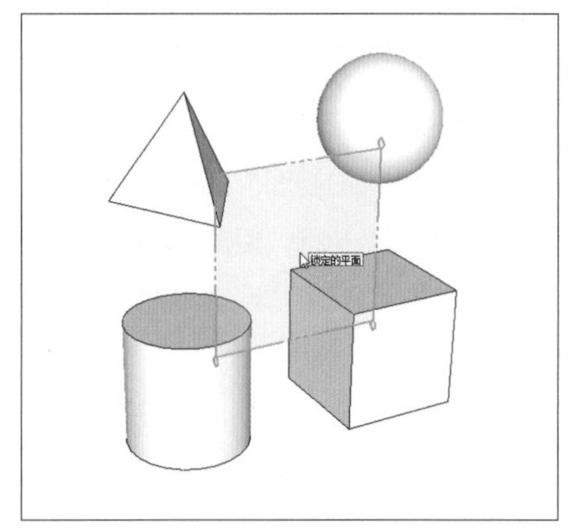

图3-13 选择截平面

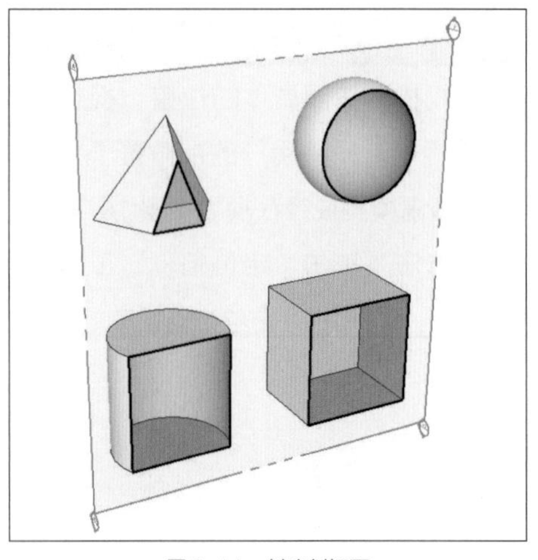

图3-14 创建剖切面

剖切面的创建技巧：在创建剖切面时，可以利用SketchUp的“捕捉”和“锁定”，来选择合适的截平面。

操作方法　以蓝轴方向剖切面为例。

步骤 01　单击“剖切面”工具的图标“⟐”，如图3-15所示。

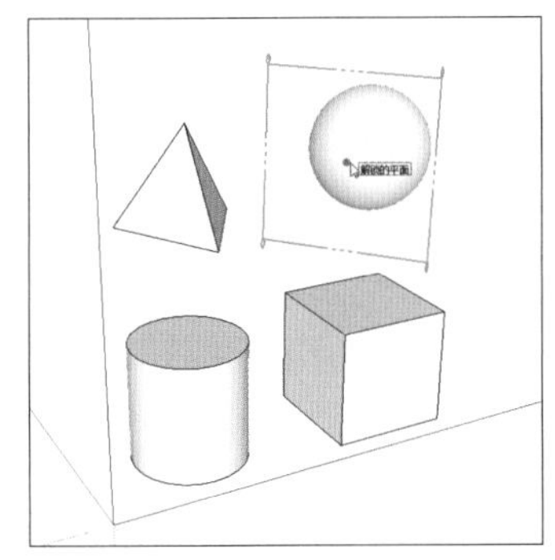

图3-15　选择截平面

步骤 02　点击键盘“上”方向键，截面平面变成蓝色，表示截平面始终与蓝轴垂直，如图3-16所示。

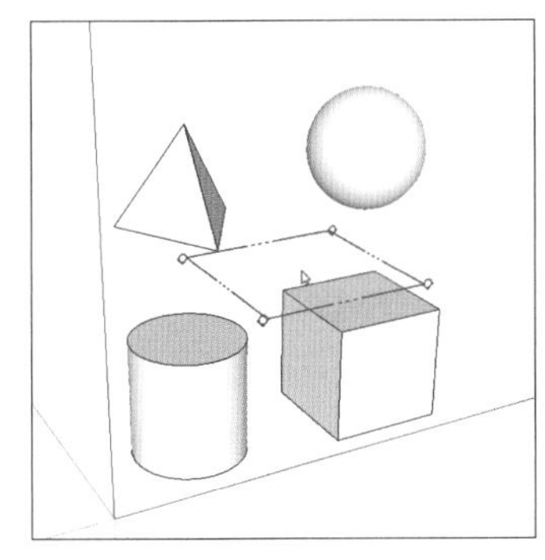

图3-16　锁定截平面方向

步骤 03　选择合适的位置，放置剖切面，如图3-17所示。

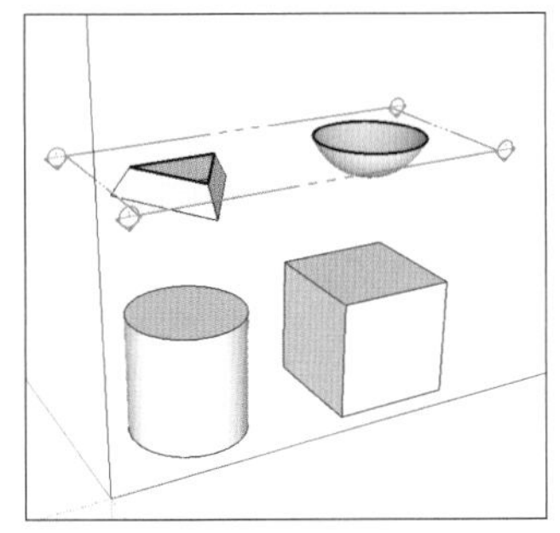

图3-17　确定截平面位置

> △ 提示
>
> ① 法线：法线是指始终垂直于某平面的直线。
>
> ② 捕捉：SketchUp中的捕捉可以分为点捕捉、线捕捉、面捕捉、长度捕捉和角度捕捉等。
>
> 点捕捉：在SketchUp中进行绘图、移动、复制等一系列的操作时，可以自动捕捉已有直线的端点和中点、已有圆和圆弧的圆心、已有规则多边形的中心点等。
>
> 线捕捉：在SketchUp中进行绘图、移动、复制等一系列的操作时，可以自动捕捉红轴、绿轴、蓝轴、已有直线的平行线、垂直线和切线。
>
> 以绘制直线为例，直线变为红色，表示捕捉到红轴，绘制的直线与红轴平行；直线变为绿色，表示与绿轴平行；直线变为蓝色，表示与蓝轴平行；直线变为洋红色，表示与某一直线平行、垂直或相切。
>
> 面捕捉：在SketchUp中进行绘图、旋转、剖切等一系列的操作时，可以自动捕捉红、绿、蓝轴三个轴的垂直面、已有平面的平行面。
>
> 以绘制圆圈为例，圆圈变为红色，表示捕捉到红轴，绘制的圆圈与红轴垂直；圆圈变为绿色，表示与绿轴垂直；圆圈变为蓝色，表示与蓝轴垂直；圆圈变为洋红色，表示与某一平面平行。
>
> 长度捕捉和角度捕捉：SketchUp的“窗口 >模型信息>单位”设置中，默认启用长度捕捉和角度捕捉。
>
> 在SketchUp中进行移动、旋转等一系列的操作时，当自动捕捉到特定的长度和角度，光标会自动吸附。
>
> ③ 锁定：SketchUp 中的捕捉可以进行锁定，以固定操作方向，分为锁定轴和锁定面。

在SketchUp 中进行绘图、移动、旋转等一系列操作时，点击键盘“上/下/左/右”方向键可以锁定红、绿、蓝轴或者某一线段的方向。锁定某方向后，再次单击该方向键即可解锁。

锁定轴：以直线为例，在绘制过程中，点击“上”方向键，表示锁定蓝轴，绘制的直线始终与蓝轴平行；点击“左”方向键，表示锁定绿轴；点击“右”方向键，表示锁定红轴；点击“下”方向键或者按住“Shift”键，表示锁定某一直线，绘制的直线始终与该直线平行或垂直。

锁定面：以圆圈为例，在绘制过程中，点击“上”方向键，表示锁定蓝轴，绘制的圆圈始终与蓝轴垂直；点击“左”方向键，表示锁定绿轴，绘制的圆圈始终与绿轴垂直；点击“右”方向键，表示锁定红轴，绘制的圆圈始终与红轴垂直；点击“下”方向键，表示锁定某一平面，绘制的圆圈始终与该平面平行。

3.2.2.2 显示剖切面

显示剖切面：打开和关闭剖切面。

操作方法

方法 01 显示或关闭所有剖切面。单击“显示剖切面”工具“ ”或者执行“视图>显示剖切”菜单指令，即可控制剖切面的显示和关闭，如图3-18和图3-19所示。方法 01 同时控制所有剖切面的显示与关闭。

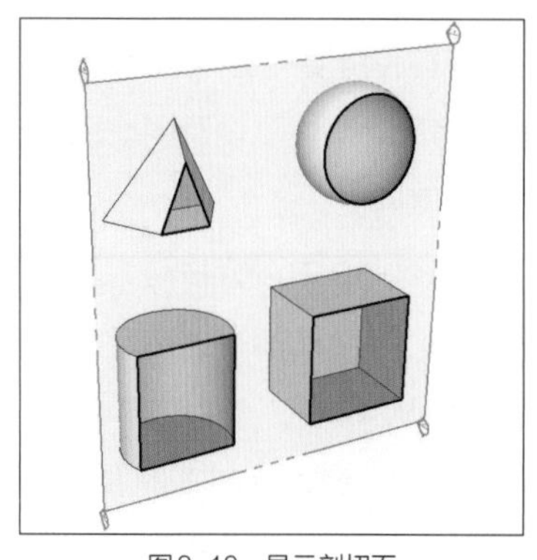

图3-18 显示剖切面

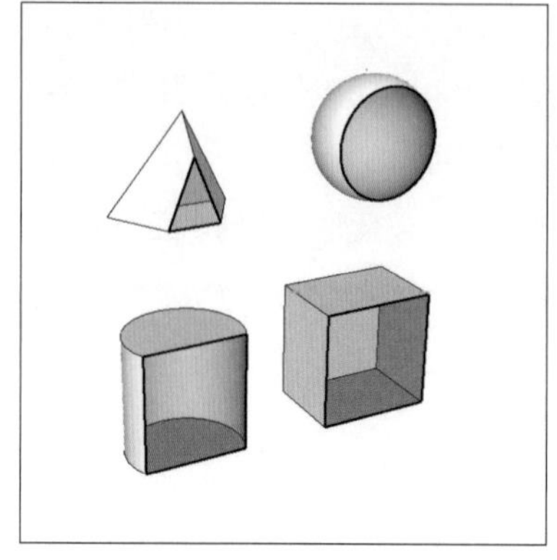

图3-19 关闭剖切面

方法 02 隐藏或显示部分剖切面。选中需要关闭显示的剖切面，执行“隐藏”的快捷键“H”或者执行“编辑>隐藏”菜单指令，即可隐藏被选中的剖切面。

如果需要显示被隐藏的剖切面，执行“撤销隐藏”的快捷键“X”或者执行“编辑 > 撤销隐藏 > 全部”菜单指令，即可显示所有被隐藏的图元（“隐藏”与“撤销隐藏”内容详见本书 4.1.4小节）。

△ 提示

方法 01 只能隐藏被选中的剖切面，且两种方法不相同。

显示剖面切割：打开和关闭剖面切割。

操作方法 在剖切面的空白区域双击鼠标左键，或者单击“显示剖面切割”工具的图标“ ”，即可控制剖面切割的显示和关闭，如图3-20和图3-21所示。

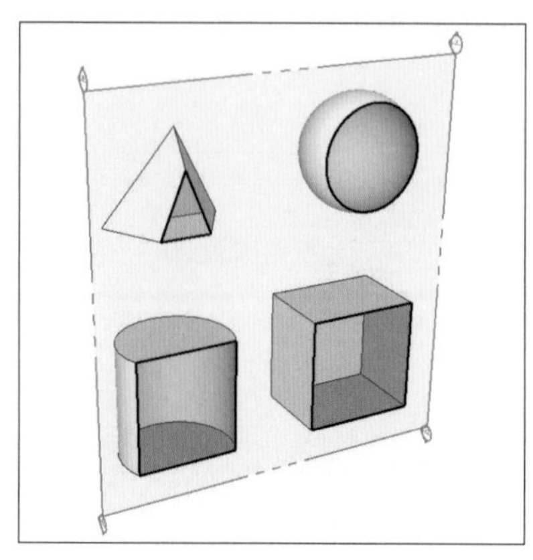

图3-20 显示剖面切割

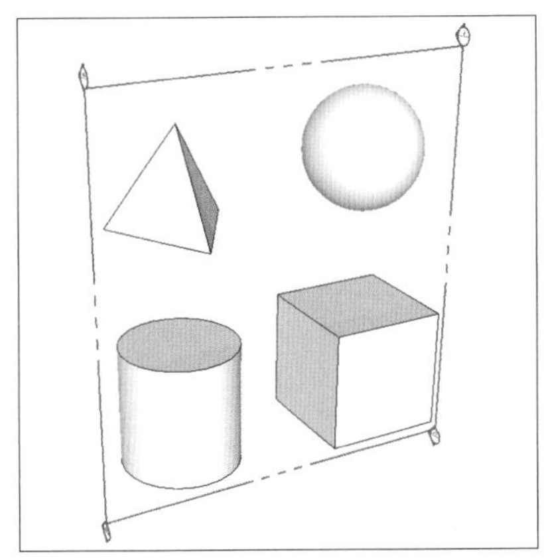

图3-21　关闭剖面切割

显示剖面填充：打开和关闭剖面填充。

操作方法　单击“显示剖面填充”工具的图标“ ”或者执行“视图>剖面填充”菜单指令，即可用深灰色填充实体材料的切口；反之显示实体材料的切口，如图3-22和图3-23所示。

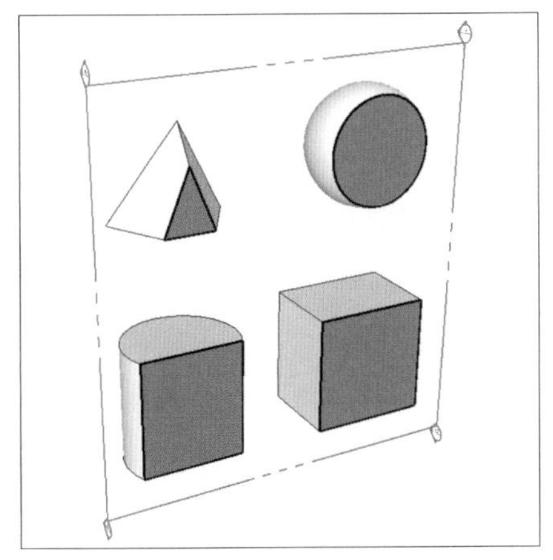

图3-22　显示剖面填充

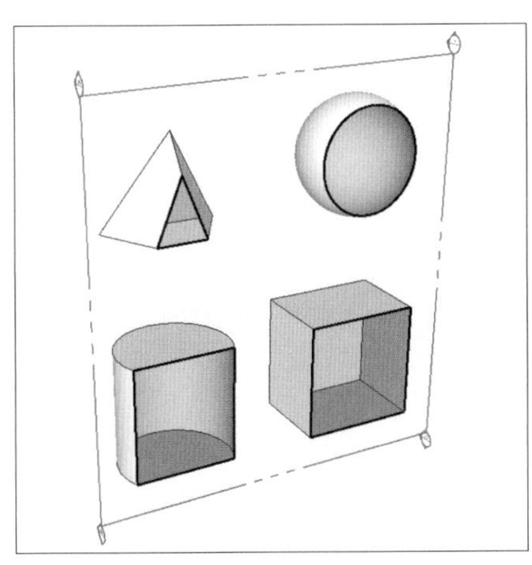

图3-23　关闭剖面填充

3.2.2.3　编辑剖切面

注意事项

① 在SketchUp中创建的剖切面，可以进行移动、旋转和复制（“移动、旋转和复制”内容详见本书第 4 章）。

② SketchUp 可以创建多个剖切面，但是在同一个组内每次只能显示一个剖面切割。被显示的剖面切割为橙色，被关闭的剖面切割为灰色，而被选中的剖切面为蓝色，如图3-24 所示。

③ SketchUp创建的剖面，会切割到同一平面的所有模型，如图 3-24所示。

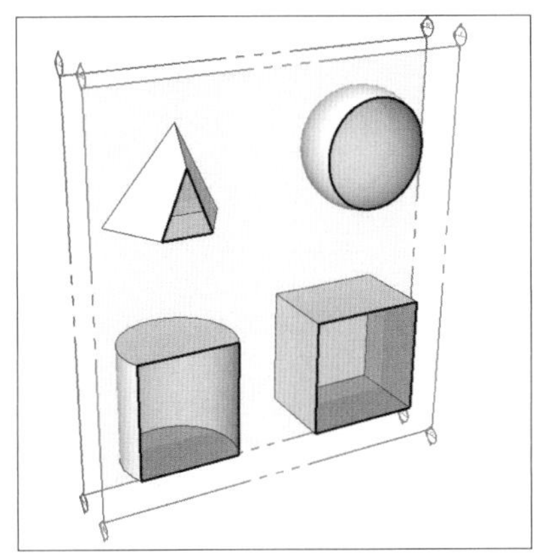

图3-24　剖切面是否显示

通过创建“组”或者“组件”，可以在“组”或者“组件”内单独创建剖切面，该“组”或者“组件”内的剖切面，与外部其他剖切面互不影响（“组”或者“组件”内容详见本书4.1.6小节），如图 3-25所示。

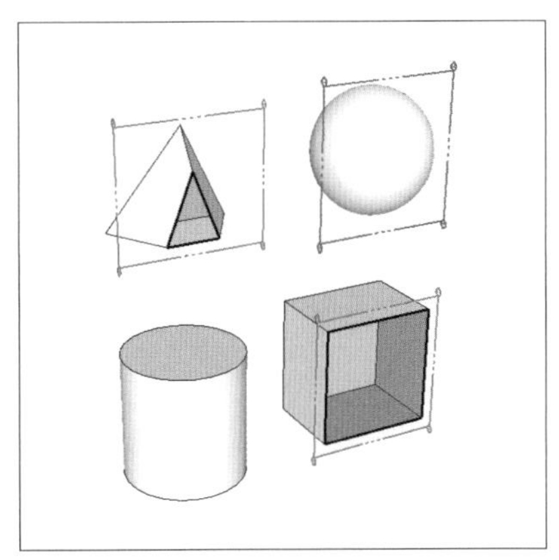

图3-25　不同“群组”内的剖切面互不影响

④ **翻转：**翻转切割方向。

操作方法 使用“选择”工具（快捷键“Q”）选中剖切面，执行“鼠标右键>翻转”的指令，如图3-26所示。

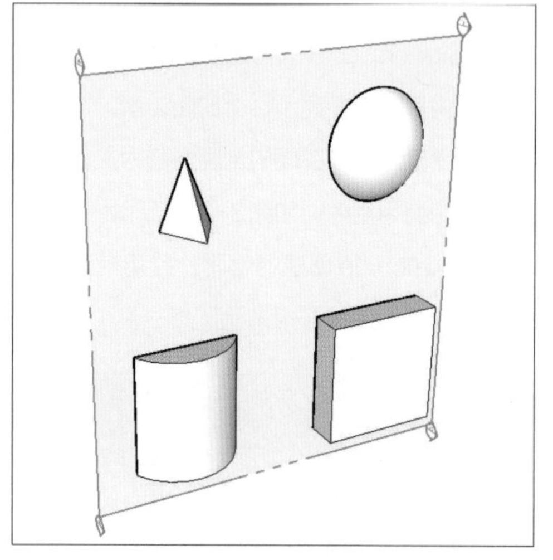

图3-26 翻转

⑤ **对齐视图：**将选定的剖面与视图对齐，即被选中的剖切面正对相机。

操作方法 使用“选择”工具（快捷键“Q”）选中剖切面，执行“鼠标右键>对齐视图”的指令，如图3-27所示。

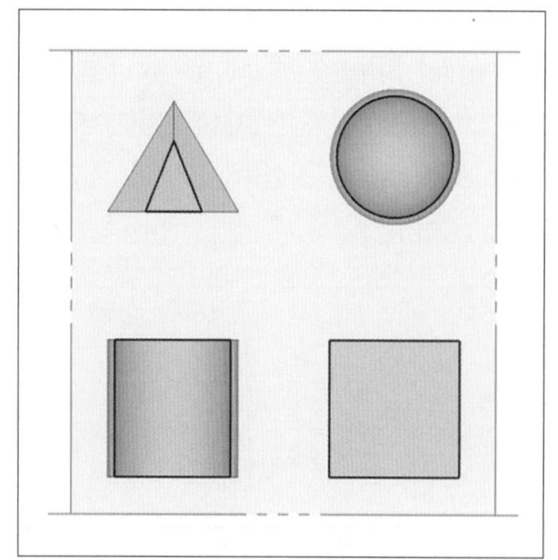

图3-27 对齐视图

⑥ **从剖面创建组：**根据当前剖面上的几何图形创建组。

操作方法 使用“选择”工具（快捷键“Q”）选中剖切面，执行“鼠标右键>从剖面创建组”的指令，即可在剖切面原位置创建出一个组，为方便读者观察，将组移出，如图3-28所示。

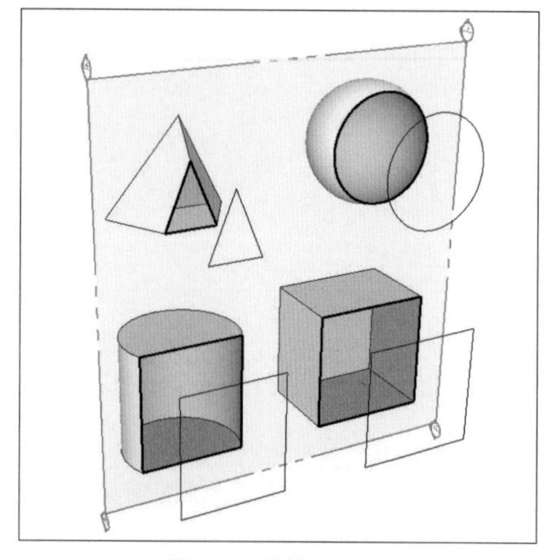

图3-28 从剖面创建组

⑦ **导出剖面：**导出被选中的剖面。

操作方法 使用“选择”工具（快捷键“Q”）选中剖切面，执行“文件>导出>剖面”的菜单指令，弹出“输出二维剖面”对话框，用户可以选择文件“输出位置”和“保存类型”，并输入“文件名称”。

导出的文件类型为“AutoCAD DWG 文件”或者“AutoCAD DXF 文件”，都可以用“Autodesk AutoCAD”这款软件打开，如图3-29所示。

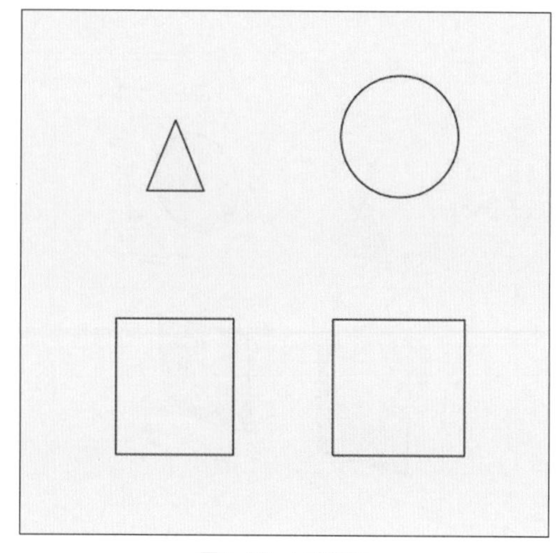

图3-29 导出剖面

3.2.3　边线类型

“边线类型”可以控制模型边线的显示与关闭、边线显示的样式等。不仅如此，在SketchUp的“默认面板>样式>编辑>边线设置”中，还可以调整边线显示样式的参数等（详见本书6.6.2小节）。本小节仅讲述“菜单栏>视图>边线类型”的内容。

边线：物体的边缘线、边框线。SketchUp中的“边线”默认开启，如图3-30所示，关闭则无法显示物体的边缘线或者边框线。

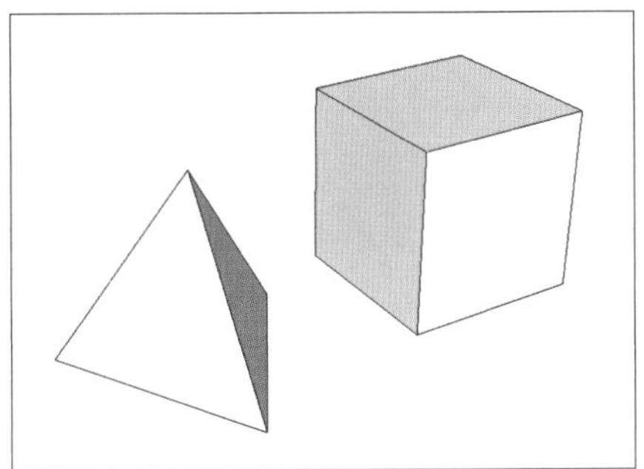

图3-30　显示“边线”

操作方法　执行“视图>边线类型”菜单指令，取消勾选“边线”，即可关闭边线显示，如图3-31所示；反之，勾选“边线”即可显示物体边线。

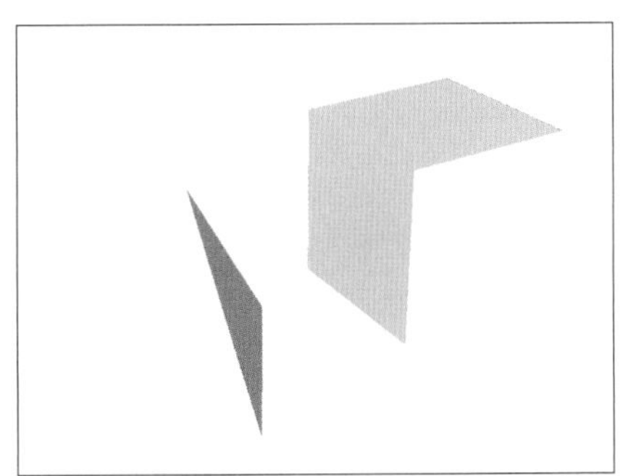

图3-31　关闭显示“边线”

后边线：被物体遮挡的边缘线、边框线。SketchUp中“后边线”默认关闭，如果打开，后边线用虚线表示。

操作方法　执行“后边线”的快捷键“F6”，或者执行“视图>边线类型”菜单指令，勾选“后边线”，即可显示后边线，如图3-32所示。

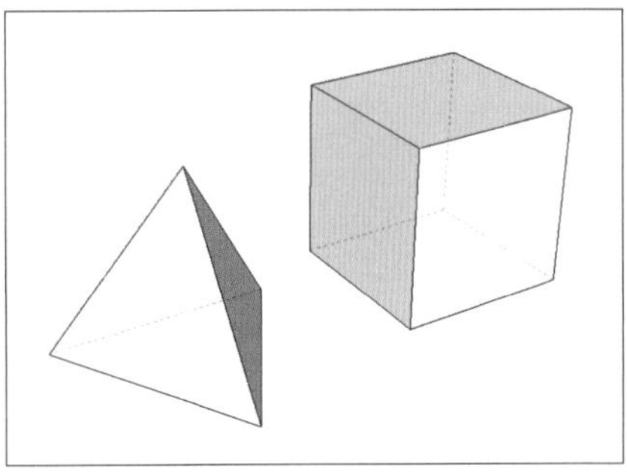

图3-32　显示“后边线”

如果需要关闭显示后边线，再次执行“后边线”的快捷键“F6”，或者执行“视图>边线类型”菜单指令，取消勾选“后边线”，即可关闭显示后边线。

轮廓线：又叫“外部线条”，是物体的外边缘界线。每个物体的外形轮廓都不同，即使是同一个物体，从不同角度看，也有不同的轮廓形状。

操作方法　执行“视图>边线类型”菜单指令，勾选“轮廓线”，即可显示轮廓线，如图3-33所示；反之，取消勾选“轮廓线”，即可关闭显示轮廓线。

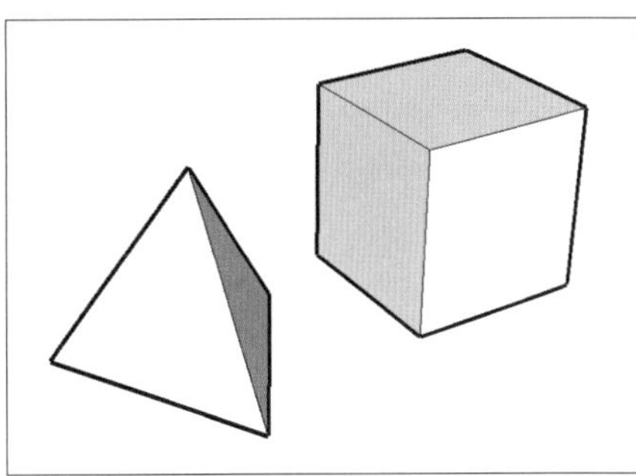

图3-33　显示“轮廓线”

深粗线：把物体的边线加粗，并且距离用户视角越近的线条越粗。

操作方法　执行“视图>边线类型”菜单指令，勾选“深粗线”，即可加粗物体的边线，如图3-34所示；反之，取消勾选“深粗线”，即可取消加粗边线。

扩展程序：即边线出头。

操作方法　执行“视图>边线类型”菜单指令，勾选“扩展程序”，即可显示“边线出头”，如图3-35所示；反之，取消勾选“扩展程序”，即可取消边线出头。

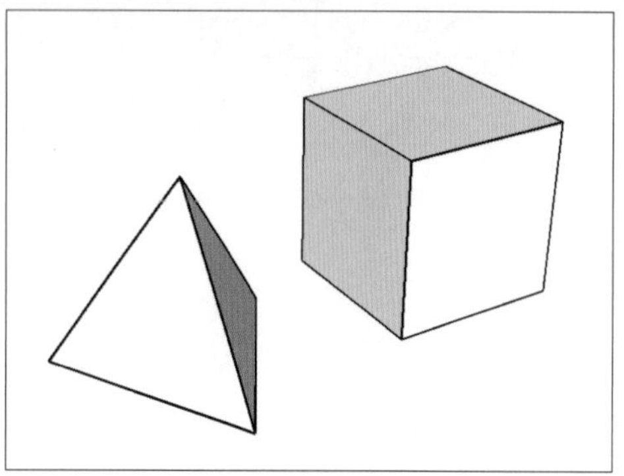

图3-34　显示“深粗线”

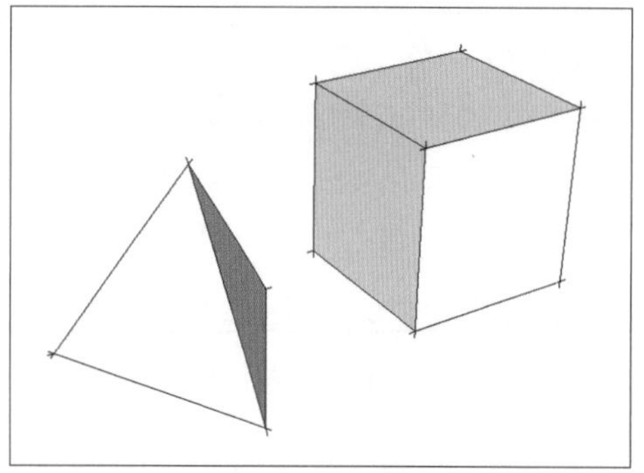

图3-35　显示“边线出头”

3.2.4　表面类型

“表面类型”可以控制模型表面显示的样式。除此之外，在SketchUp的“默认面板>样式>编辑>平面设置”中，还可以调整正面和背面颜色、控制表面显示样式的质量等（详见本书6.6.3小节）。本小节仅讲述“菜单栏>视图>表面类型”的内容（本小节内容涉及的“贴图”内容，详见本书6.5节）。

贴图：显示带有纹理面的模型。SketchUp中的“表面类型”默认为“贴图”模式，“贴图”模式可以显示模型表面的颜色、纹理等。

操作方法　执行“贴图”模式的快捷键“F4”（自定义）或者执行“视图>表面类型”菜单指令，勾选“贴图”，即可启用“贴图”模式，如图3-36所示。

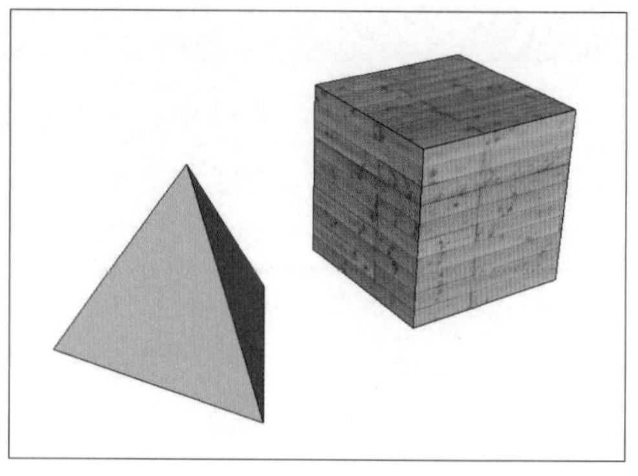

图3-36　“贴图”模式

X射线透视模式：显示带全透明表面的模型。

操作方法　执行“X射线透视模式”模式的快捷键“Ctrl键+Alt键+X”（自定义）或者执行“视图>表面类型”菜单指令，勾选“X射线透视模式”，即可启用“X射线透视模式”，如图3-37所示。

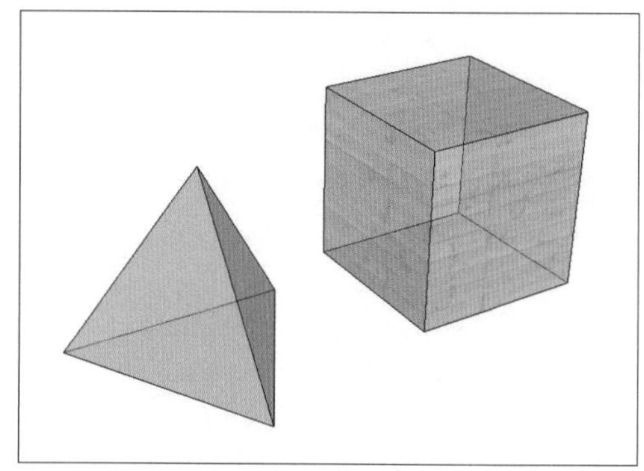

图3-37　X射线透视模式

如果需要关闭“X射线透视模式”，再次执行“X射线透视模式”的快捷键“Ctrl键+Alt键+X”（自定义）或者执行“视图>表面类型”菜单指令，取消勾选“X射线透视模式”，即可关闭“X射线透视模式”。

线框显示：只显示模型中的边，“线框显示”模式无法显示模型的表面。

操作方法　执行“线框显示”模式的快捷键“F3”（自定义）或者执行“视图>表面类型”菜单指令，勾选“线框显示”，即可启用“线框显示”模式，如图3-38所示。

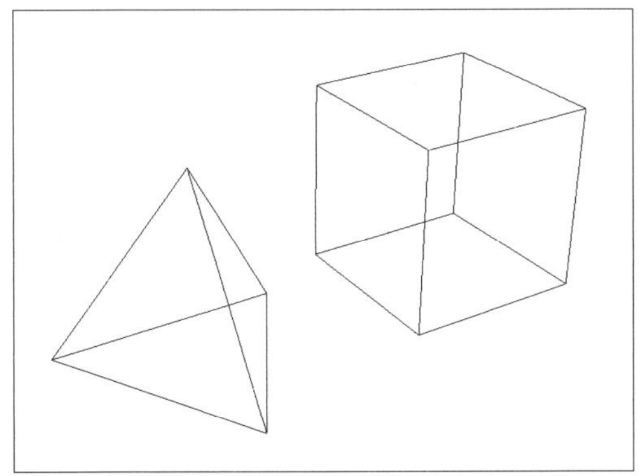

图3-38 “线框显示”模式

如果需要关闭“线框显示”模式，可以执行“贴图”模式的快捷键“F4”（自定义）切换到默认的“贴图”模式。

消隐： 隐藏模型中所有背面的边和平面颜色，并且“消隐”模式不显示模型平面的明暗关系。

操作方法　执行“消隐”模式的快捷键“F2”（自定义）或者执行“视图>表面类型”菜单指令，勾选“线框显示”，即可启用“消隐”模式，如图3-39所示。

如果需要关闭“消隐”模式，可以执行“贴图”模式的快捷键“F4”（自定义）切换到默认的“贴图”模式。

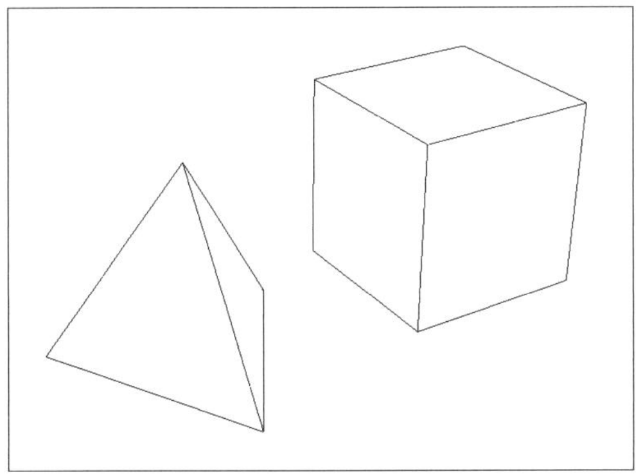

图3-39 “消隐”模式

着色显示： 显示带纯色表面的模型，“着色显示”模式可以显示出贴图的主体颜色，不显示纹理。

操作方法　执行“着色显示”模式的快捷键“Ctrl键+Alt键+C”（自定义）或者执行“视图>表面类型”菜单指令，勾选“着色显示”，即可启用“着色显示”模式，如图3-40所示。

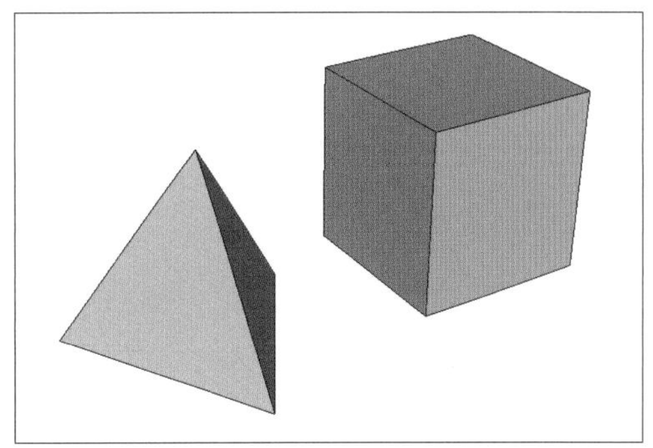

图3-40 “着色显示”模式

如果需要关闭“着色显示”模式，可以执行“贴图”模式的快捷键“F4”（自定义）切换到默认的“贴图”模式。

单色显示： 显示只带正面和背面颜色的模型，“单色显示”模式不显示贴图的颜色和纹理，但是显示模型平面的明暗关系。

操作方法　执行“单色显示”模式的快捷键“F5”（自定义）或者执行“视图>表面类型”菜单指令，勾选“单色显示”，即可启用“单色显示”模式，如图3-41所示。

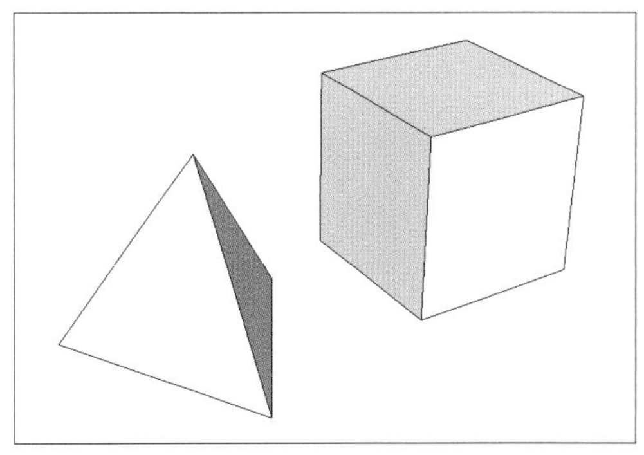

图3-41 “单色显示”模式

如果需要关闭“单色显示”模式，可以执行“贴图”模式的快捷键“F4”（自定义）切换到默认的“贴图”模式。

第 4 章　编辑

4.1　编辑菜单

4.2　选择

4.3　移动

4.4　旋转

4.5　阵列

4.6　缩放

4.7　镜像

4.8　对齐

4.9　变形

4.10　橡皮擦

4.11　柔化和平滑

4.12　推 / 拉

4.13　偏移

4.1 编辑菜单

编辑，是对已经创建出的物体进行修改、整理等再加工，本节所介绍的内容包含与编辑相关的工具、指令等。

4.1.1 撤销与重复

撤销：返回上一步，即撤销最后一步操作或者指令，可以连续撤销多次。

操作方法 执行“撤销”的快捷键“Ctrl键+Z”，再次执行“Ctrl键+Z”即可连续撤销。

重复：又叫“重做”，指在撤销操作或者指令之后，将被撤销的操作或者指令重做出来，可以连续重做多次。

操作方法 执行“重复”的快捷键“Ctrl键+Y”，再次执行“Ctrl键+Y”即可连续重做。

4.1.2 复制与粘贴

复制：在不破坏原物体的基础上，提取出一个完全相同的物体，暂存在计算机的剪切板中，再粘贴到所要粘贴的位置，提取物体的过程称为“复制”。

操作方法 选中需要被复制的物体，执行“复制”的快捷键“Ctrl键+C”。

剪切：在不破坏原物体的基础上，将物体裁切下来，暂存在计算机的剪切板中，再粘贴到所要粘贴的位置，裁切物体的过程称为“剪切”。

操作方法 选中需要被剪切的物体，执行“剪切”的快捷键“Ctrl键+X”。

粘贴：对某物体进行“复制”或者“剪切”之后，将剪切板中的该物体放置到目标位置的过程称为“粘贴”。

操作方法

步骤 01 选中某物体，执行快捷键“Ctrl键+C”进行“复制”或者执行快捷键“Ctrl键+X”进行“剪切”。

步骤 02 执行“粘贴”的快捷键“Ctrl键+V”，光标上方会吸附着被复制或剪切的物体。

步骤 03 将光标移动到粘贴的目标位置，单击鼠标左键即可。

定点粘贴：又叫“原位粘贴”，是将被“复制”或“剪切”的物体，粘贴到原位置的一种粘贴方式。

操作方法

步骤 01 选中某物体，执行快捷键“Ctrl键+C”进行“复制”或者执行快捷键“Ctrl键+X”进行“剪切”。

步骤 02 执行“定点粘贴”的快捷键“Ctrl键+Shift键+V”，该物体即可被粘贴到本文件中或者其他SketchUp文件的原位置。

△ 提示

① 被复制或者剪切的物体，既可以在本文件中粘贴，也可以在其他SketchUp文件中粘贴。

② 剪切板中只保存最后一次被复制或剪切的物体，之前的被复制或剪切的物体被清除，无法被粘贴。

4.1.3 删除

4.1.3.1 删除对象

删除：去掉不要的东西。

操作方法 选中需要被删除的物体，执行“删除”的快捷键“D”或者点击“Delete”键。

4.1.3.2 删除参考线

删除参考线：参考线是一种精确对齐物体的辅助线（“参考线”内容详见本书6.2.1小

节），删除参考线即去掉不需要的参考线。

操作方法

方法01 选中需要被删除的参考线，执行“删除”的快捷键“D”或者点击“Delete”键。该方法可以保留一部分参考线，只删除被选中的参考线。

方法02 执行“删除参考线”的快捷键“Alt键+D”（自定义）或者执行“编辑>删除参考线”的菜单指令。该方法可以一次性删除所有参考线。

4.1.3.3　删除共面线

删除共面线：共面，即处于相同平面。共面线是指与某一个平面共面的线。

“删除共面线”可以删除以下两种线条：

①“被选中，并且没有构成平面”的线，包括单独的线和围合的线；

②“被选中，并且位于某一个平面内部”的线。

操作方法　选中需要删除共面线的范围内的所有图元，执行“删除共面线”的快捷键“Alt键+Z”（自定义）或者执行“鼠标右键 > 删除共面线”的指令，如图4-1和图4-2所示。

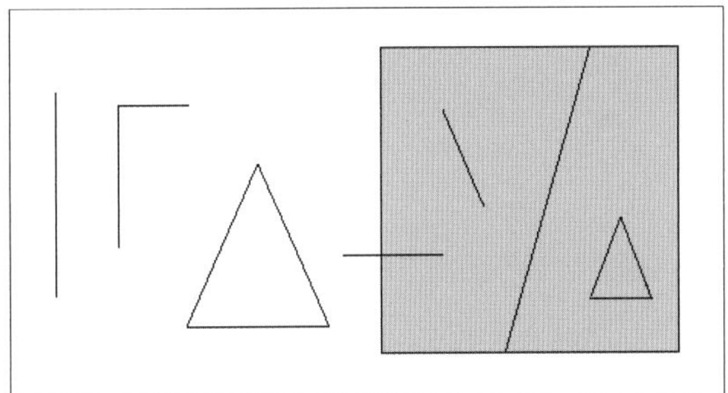

图4-1　删除共面线前

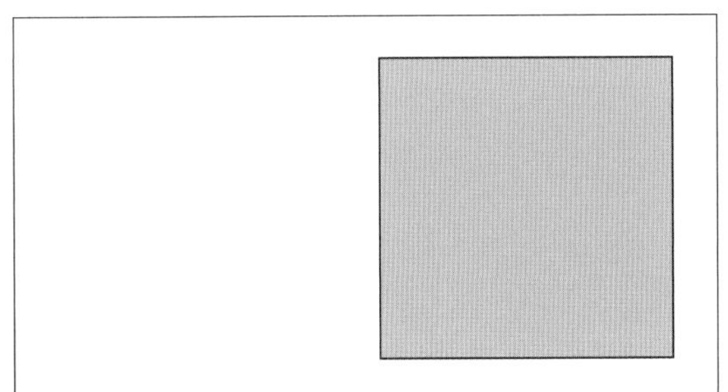

图4-2　删除共面线后

4.1.3.4　清除孤立线

清除孤立线：孤立线是指没有构成平面的线。“清除孤立线”可以删除“被选中，并且没有构成平面”的线，包括单独的线和围合的线。

操作方法　选中需要清除孤立线的范围内的所有图元，执行“清除孤立线”的快捷键“Alt键+E”（自定义）或者执行“鼠标右键>清除孤立线”的指令，如图4-3和图4-4所示。

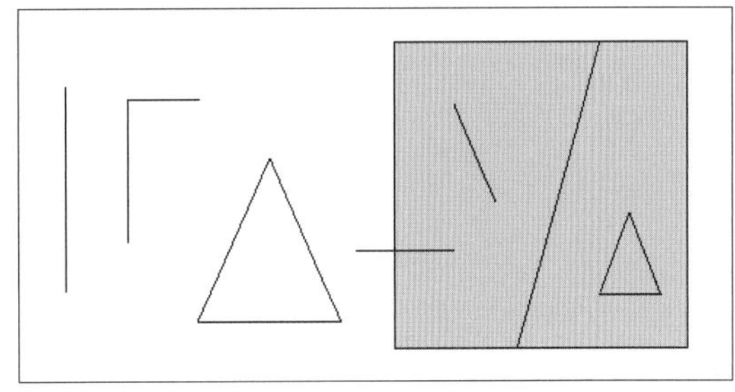

图4-3　清除孤立线前

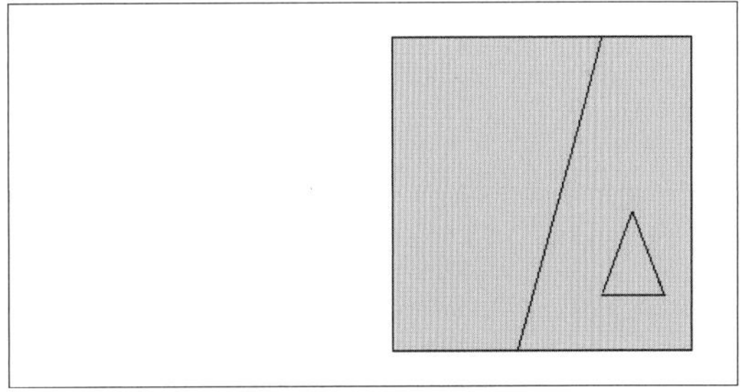

图4-4　清除孤立线后

4.1.4　隐藏

“隐藏”是指隐藏选定的图元（包括被选中的物体或者对象），使其在用户的视野中消失，但该图元仍在原位置存在。

△ 提示

在本小节中，“图元”包含“物体”和“对象”，“物体”是指没有被“群组”的图元，“对象”是指被“群组”的图元（“群组”内容详见本书4.1.6小节）。

在本书其他章节，不特意区分“图元”“物体”“对象”之间的关系，三者可视为同等概念，即模型空间中的一个东西。

4.1.4.1 隐藏图元

隐藏图元：隐藏选定的图元。被隐藏的图元无法被看见，且无法被选中。

操作方法 选中需要被隐藏的图元，执行“隐藏”的快捷键“H”或者执行“鼠标右键>隐藏”的指令。

4.1.4.2 隐藏其他

隐藏其他：又叫“孤立隐藏”，是指隐藏被选定的图元以外的其他图元。

操作方法 选中不需要被隐藏的图元，执行“隐藏其他”的快捷键“Ctrl键+H”（自定义）或者执行“鼠标右键>孤立隐藏”的指令（一般需要重复两次才能隐藏其他）。

4.1.4.3 显示隐藏图元

显示隐藏图元：被隐藏的图元可以被临时显示，其中，线以虚线的形式呈现，面以网格的形式呈现。此时被隐藏的图元既可以被看见，也可以被选中。

“显示隐藏图元”包括显示“隐藏物体”和显示“隐藏的对象”。如图4-5~图4-7所示，其中，左侧的三角形面没有被“群组”，右侧的正方体被“群组”。

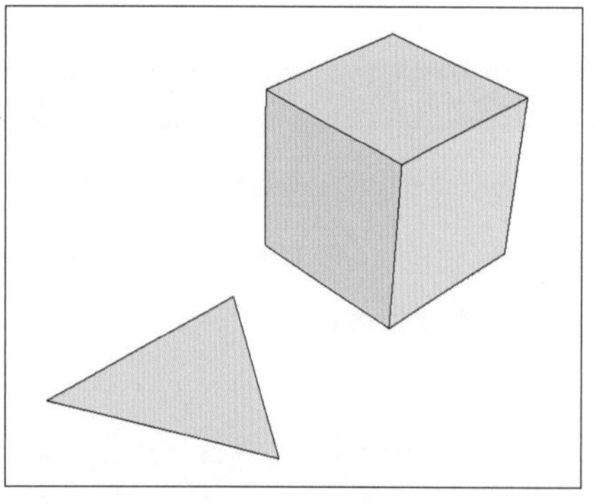

图4-5 隐藏图元前

操作方法

① 显示“隐藏物体”：如图4-6所示，左侧的三角形面被隐藏，勾选“视图>隐藏物体”的菜单指令，三角形面以虚线和网格的形式呈现；反之，取消勾选则无法显示被隐藏的三角形面。

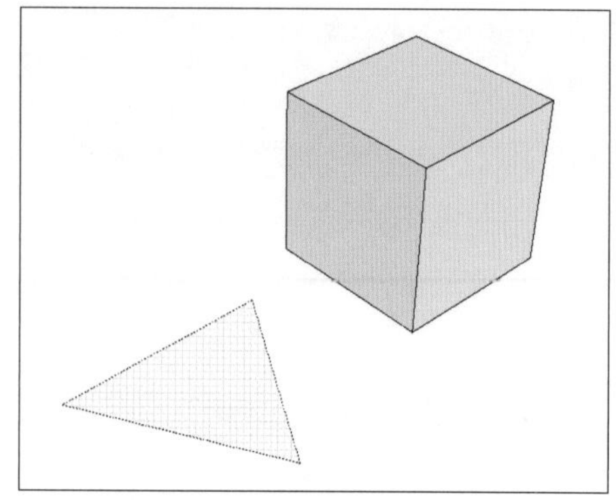

图4-6 显示“隐藏物体”（三角形面）

② 显示“隐藏的对象”：如图4-7所示，右侧的正方体被隐藏，执行“视图>隐藏的对象”的菜单指令，正方体以虚线和网格的形式呈现；反之，取消勾选则无法显示被隐藏的正方体。

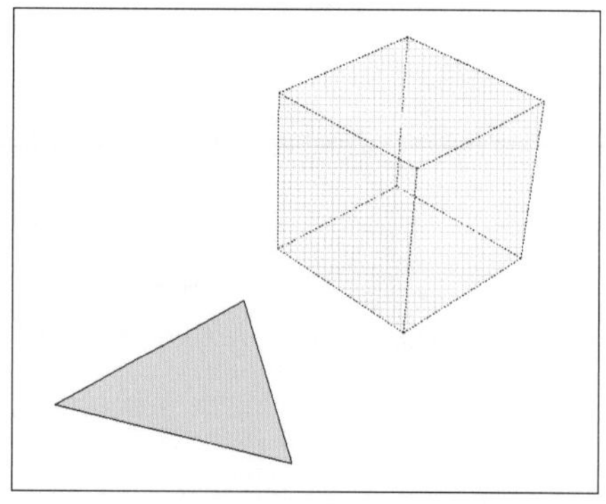

图4-7 显示“隐藏的对象”（正方体群组）

4.1.4.4 撤销隐藏

“撤销隐藏”是指显示出被隐藏的图元。“撤销隐藏”包括“撤销选定图元的隐藏”“撤销最后隐藏的图元”和“撤销所有隐藏的图元”。

撤销选定图元的隐藏：仅显示被选中的隐藏图元。只有被临时显示的隐藏图元，才能被选中，从而撤销隐藏。

操作方法 选中被临时显示的隐藏图元，执行“编辑>撤销隐藏>选中项”的菜单指令。

撤销最后隐藏的图元：仅显示最后一次被隐藏的图元。假如两次隐藏之间没有切换其他工具，则都被视为“最后一次隐藏”。

操作方法 执行“编辑>撤销隐藏>最后”的菜单指令。

撤销所有隐藏的图元：显示所有被隐藏的图元。

操作方法　执行“编辑>撤销隐藏>全部”的菜单指令。

4.1.5　锁定

4.1.5.1　执行锁定

执行锁定：把被选中的图元锁定。被锁定的图元可以被选中，但是无法被编辑。锁定图元被选中后用红色边界框标识，未锁定图元被选中后用蓝色边界框标识，如图 4-8 和图 4-9 所示。

操作方法　选中需要被锁定的图元，执行“锁定”的快捷键“Ctrl键+L”或者执行“鼠标右键>锁定”的指令。

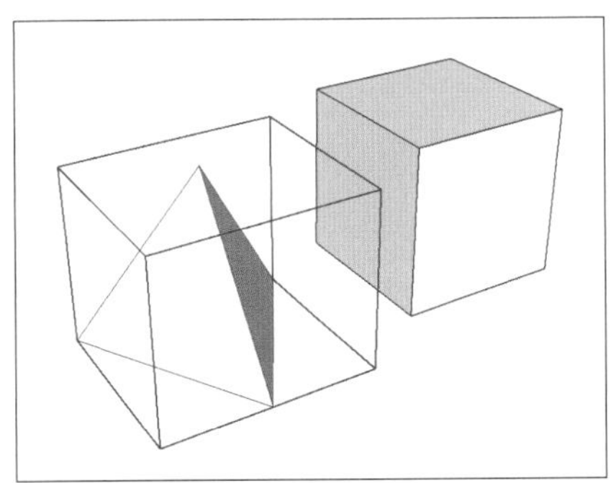

图4-8　选中三棱锥

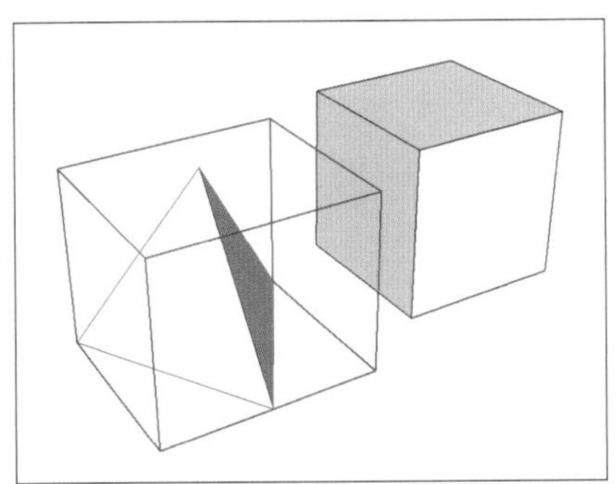

图4-9　锁定三棱锥

4.1.5.2　取消锁定

取消锁定：把锁定的图元解锁。“取消锁定”包括“取消被选中图元的锁定”和“取消所有图元的锁定”。

操作方法

① 取消被选中图元的锁定：选中需要取消锁定的图元，执行“编辑>取消锁定>选定项”的菜单指令。

② 取消所有图元的锁定：执行“取消锁定”的快捷键“Ctrl键+Alt键+L”（自定义）或者执行“编辑>取消锁定>全部”的菜单指令。

4.1.6　群组

在SketchUp中，有两种类型的对象（群组）：“组”和“组件”，这两种对象（群组）可以帮助用户合理组织模型。“组”和“组件”具有以下特点。

①“组”或“组件”内部可以放置其他图元，“组”和“组件”仿佛一个透明的盒子，将内部图元打包成为一个整体。“组”和“组件”被选中后会用蓝色边界框标识。

②“组”或“组件”内部的图元不能被直接编辑。如需编辑，需要先进入“组”或“组件”的内部，进入之后，就像在主模型空间中处理SketchUp模型一样，图元的编辑方法相同。被打开的“组”或“组件”用虚线边界框标识。

③“组”或“组件”内部的图元即使相互堆叠，也不会与外部的图元相互粘连。

④“组”或“组件”的内部可以嵌套其他“组”或“组件”，形成多个层级。

△ 提示

“组件”是一种特殊的“组”，“组件”的特殊性在于，当某一个“组件”被复制后，复制得来的所有组件，与“源组件”相互之间保持高度一致（不区分父代和子代），即相互之间具有关联性。

例如，用户创建了“组件A”，并对“组件 A”进行了复制，此时“组件A”有许多相同的个体。当用户打开“组件A”中任意一个体并且对该个体进行编辑，模型空间中“组件A”的所有个体会同时发生相同变化。

4.1.6.1 创建群组

创建群组：把选中的图元打包以形成一个“组”。

操作方法 选中需要包含在“组”内部的图元，执行“创建群组”的快捷键“G”（自定义）或者执行“鼠标右键>创建群组”的指令。

△ 提示

创建“组”的一般规律。

①不同材质的对象，需放置在不同群组中。

②不同构件的对象，需放置在不同群组中。

③统一整体的对象，需放置在一个群组中。

④“组”内嵌套“组”或“组件”，一般不超过4层。

4.1.6.2 创建组件

创建组件：把选中的图元打包以形成一个“组件”。“源组件”与复制得到的各个个体，相互之间具有关联性。

△ 提示

创建“组件”的一般规律。

① 当对象需要被复制时，先创建组件，再进行复制。

② 当对象需要被镜像时，先创建组件，再进行镜像。

操作方法

① 基础部分：

步骤 01 选中需要包含在“组件”内部的图元；

步骤 02 执行“创建组件”的快捷键“Ctrl键+G”或者执行“鼠标右键>创建组件”的指令；

步骤 03 在弹出的“创建组件”对话框中，点击“创建”即可。

② 高级部分：

步骤 01 选中需要包含在“组件”内部的图元；

步骤 02 执行“创建组件”的快捷键“Ctrl键+G”或者执行“鼠标右键>创建组件”的指令；

步骤 03 在弹出的“创建组件”对话框中，可设置以下内容。

a.“定义”——可输入组件名称（一般不用设置）。

b.“设置组件轴”——可设置该组件的轴原点（“轴”工具详见本书6.1小节）。

“设置组件轴”的步骤：

步骤 01 单击“设置组件轴”按钮，光标变成“轴”工具；

步骤 02 将光标移动至目标轴原点，单击鼠标左键确定轴原点，如图4-10所示；

步骤 03 将光标移至红轴方向，单击鼠标左键确定组件轴的红轴，如图4-11所示；

步骤 04 将光标移至绿轴方向，单击鼠标左键确定组件轴的绿轴，如图4-12所示，再次弹出“创建组件”对话框，表示组件轴设置成功。

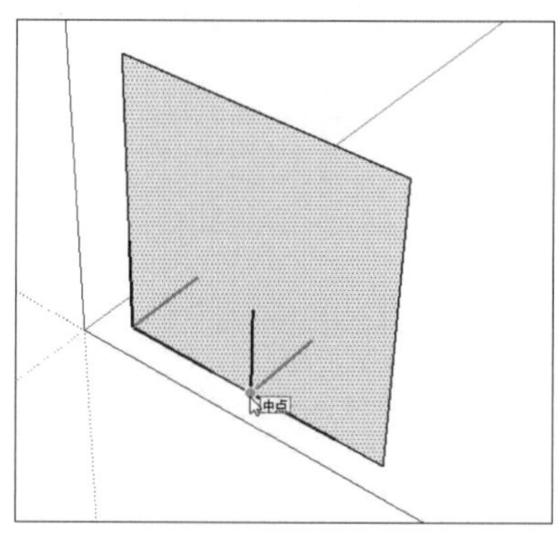

图4-10 确定轴原点

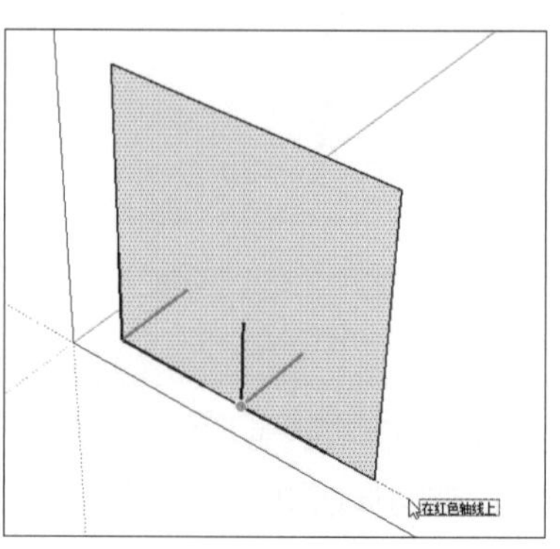

图4-11 确定组件轴红轴

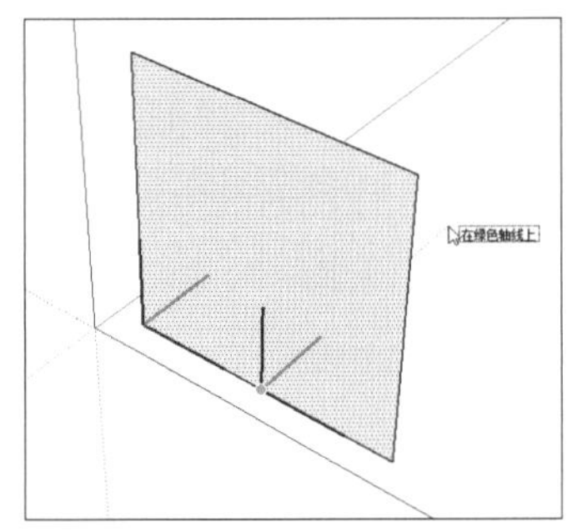

图4-12　确定组件轴绿轴

c.“总是朝向相机”——勾选后，组件内原图元的前视图角度将会始终朝向相机（组件随着相机的转动而自动旋转），组件的旋转中心为组件的轴原点；取消勾选，组件不会自动旋转。

如果使用“总是朝向相机”选项，请将组件的轴原点放置在组件的底部中心以获得最佳效果。

“总是朝向相机”勾选后，“阴影朝向太阳”选择框被激活（“阴影”内容详见本书6.9节）。

d.“阴影朝向太阳”——勾选后，当组件旋转以面向相机时，阴影形状不会发生变化；取消勾选后，当组件旋转以面向相机时，阴影形状会随之发生变化。

e.“用组件替换选择内容”——保持“勾选”即可。

△ 提示

如图4-13所示，所有矩形参数均相同，仅设置不同颜色以示区分。

① 将“白色矩形”创建为组件，不重新“设置组件轴”，不勾选“总是朝向相机”。

② 将“红色矩形”创建为组件，不重新“设置组件轴”，勾选“总是朝向相机”，勾选“阴影朝向太阳”并转动相机。

③ 将“绿色矩形”创建为组件，重新“设置组件轴”（将矩形底边中点设置为轴原点），勾选“总是朝向相机”，勾选“阴影朝向太阳”并转动相机。

④ 将“蓝色矩形”创建为组件，重新“设置组件轴”（将矩形底边中点设置为轴原点），勾选“总是朝向相机”，不勾选“阴影朝向太阳”并转动相机。

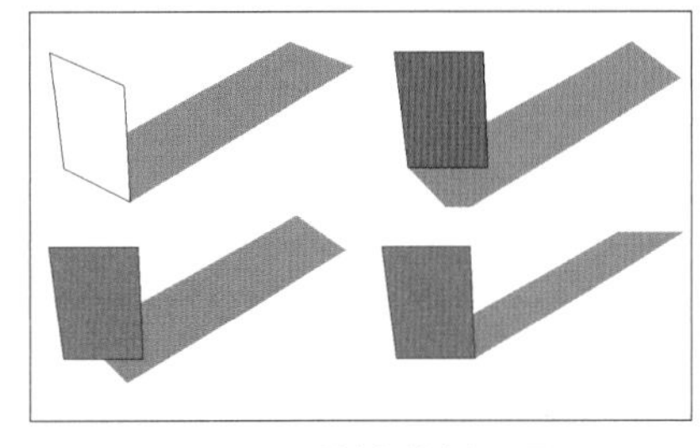

图4-13　创建组件高级设置

4.1.6.3 编辑组

编辑组：即进入“组”或“组件”，对群组内部图元进行编辑，就像在主模型空间中处理SketchUp模型一样，图元的编辑方法相同，如图 4-14所示。

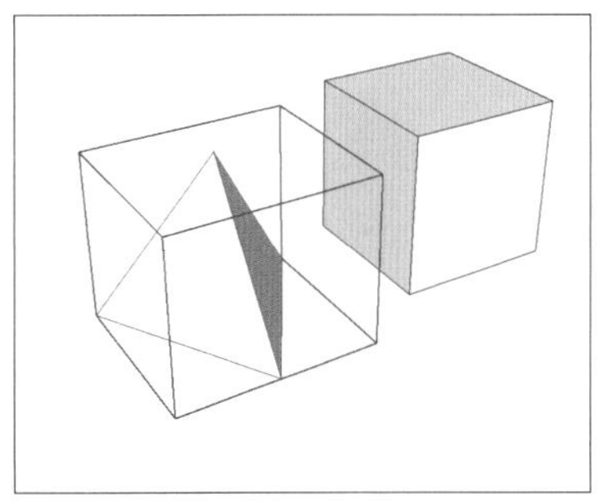

图4-14　选中群组

被打开的“组”或“组件”用虚线边界框标识，表示用户可以编辑。编辑“组”或“组件”时，外部的模型会被淡化显示，如图4-15所示。如需更改外部模型，需要先退出“组”或“组件”。

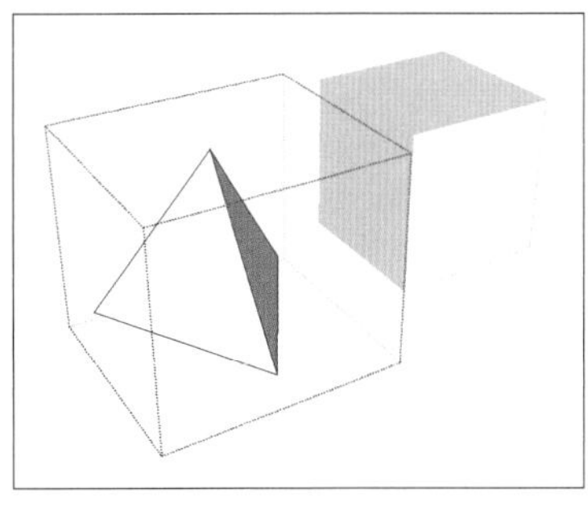

图4-15　进入群组

操作方法

方法 01　使用“选择”工具（快捷键“Q”）双击需要编辑的“组”或“组件”。

方法 02　使用“选择”工具（快捷键“Q”）选择需要编辑的“组”或“组件”，执行“鼠标右键 > 编辑组”的指令。

4.1.6.4　退出组

退出群组 / 组件： 又叫“关闭群组 / 组件”，即退出对“组”或“组件”的编辑状态。

操作方法

方法 01　保持鼠标为“选择”工具（快捷键“Q”），点击键盘上的“Esc”键，该方法每次只能退出一层“组”。

方法 02　保持鼠标为“选择”工具（快捷键“Q”），在群组或组件的虚线边界框外，单击鼠标左键，该方法每次只能退出一层“组”。

方法 03　执行“编辑 > 关闭群组 / 组件”的菜单指令，该方法每次只能退出一层“组”。

方法 04　将光标放置到组内某图元上，执行“鼠标右键 > 超级退出”，该方法可以一次性退出多层嵌套的“组”，退出至最外层的主模型空间。

4.1.6.5　炸开模型

炸开模型： 将“组”或“组件”分解为相应组成对象，即恢复成为创建“组”或“组件”之前的图元。

操作方法　使用“选择”工具（快捷键“Q”）选中待分解的“组”或“组件”，执行“炸开模型”快捷键“Ctrl 键 +Alt 键 +G”（自定义）或者执行“鼠标右键 > 炸开模型”的指令。

4.1.7　组件编辑

4.1.7.1　设定为唯一

设定为唯一： 如 4.1.6 小节所述，同一个组件的所有个体，相互之间具有关联性，假如用户只想编辑其中一个个体，需要将这个个体“设定为唯一”。“设定为唯一”的个体与原组件不再具有关联性，相当于在原始模型的基础上创建了一个新组件，而原组件保持不变。

同理，用户可以同时选中原组件的多个个体，并将其“设定为唯一”，则这些被“设定为唯一”的多个个体，相互之间具有关联性，成为与原组件失去关联性的新组件。

操作方法

① 单个个体设定为唯一：使用“选择”工具（快捷键“Q”）选中单个个体，执行“鼠标右键 > 设定为唯一”的指令。

② 多个个体设定为唯一：使用“选择”工具（快捷键“Q”）同时选中多个个体，执行“鼠标右键 > 设定为唯一”的指令。

4.1.7.2　批转组件

批转组件： 将各类图元批量转换为某组件。

① **线转组件：** 选择一个组件和一条或多条线，执行“线转组件”指令后，将根据线生成以该组件为样本的多个组件。生成的组件与原组件具有关联性。

操作方法

如图 4-16 所示，左侧圆柱为组件，右侧为三条孤立的线。

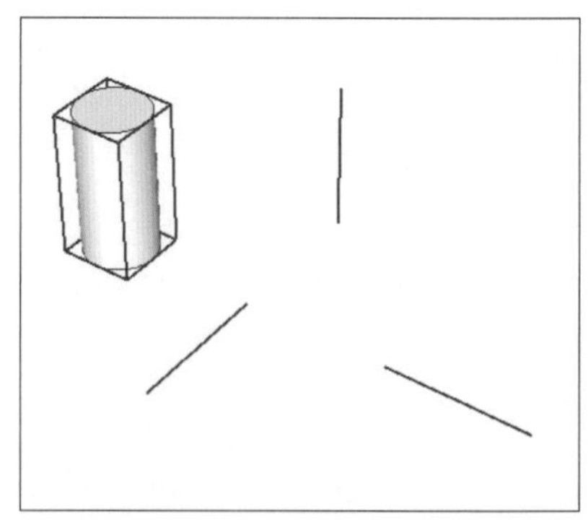

图 4-16　选中“圆柱组件”和所有的线

步骤 01　使用“选择”工具（快捷键“Q”）同时选中“圆柱组件”和所有的线。

步骤 02　单击“线转组件”工具的图标“ ”即可，如图 4-17 所示。

② **面转组件：** 选择一个组件和一个或多个

面，执行“面转组件”指令后，用鼠标左键更改坐标轴，按“回车”键确认后将根据面生成以该组件为样本的多个组件。生成的组件与原组件具有关联性。

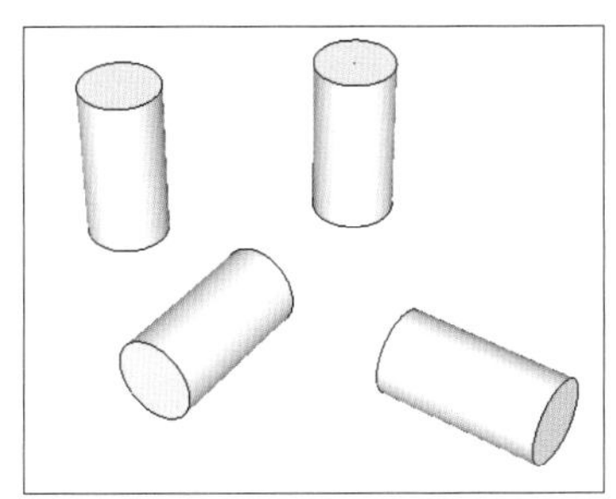

图4-17 “线转组件”结果

操作方法

如图4-18所示，左侧圆柱为组件，右侧为三个孤立的面。

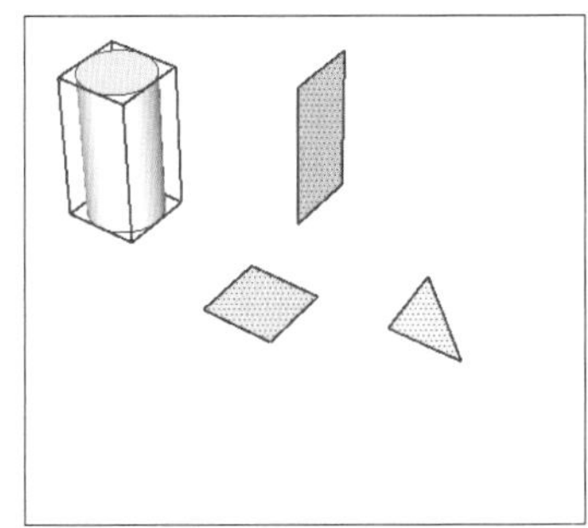

图4-18 选中“圆柱组件”和所有的面

步骤 01 使用“选择”工具（快捷键“Q”）同时选中“圆柱组件”和所有的面。

步骤 02 单击“面转组件”工具的图标“ ”。

步骤 03 单击键盘上的“Enter”键确定即可，如图4-19所示。

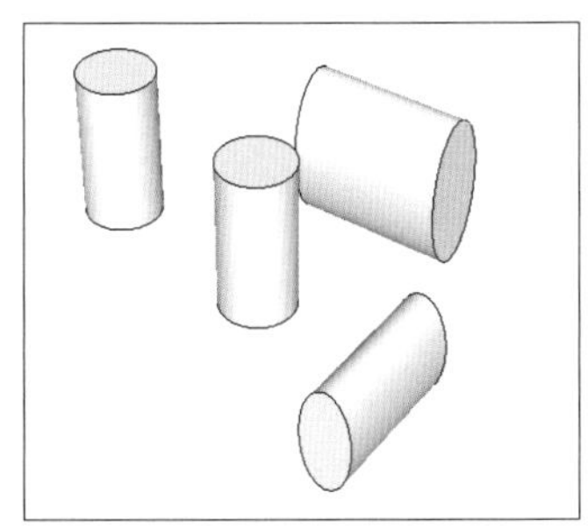

图4-19 “面转组件”结果

③ **群组转组件：**选择一个组件和一个或多个群组，执行“群组转组件”指令后，将根据群组生成以该组件为样本的多个组件。生成的组件与原组件具有关联性。

操作方法

如图4-20所示，左侧圆柱为组件，右侧为三个群组。

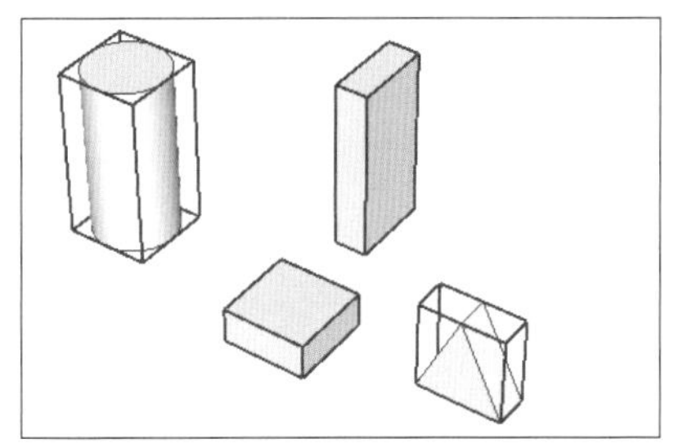

图4-20 选中“圆柱组件”和所有的群组

步骤 01 使用“选择”工具（快捷键“Q”）同时选中“圆柱组件”和所有的群组。

步骤 02 单击“群组转组件”工具的图标“ ”即可，如图4-21所示。

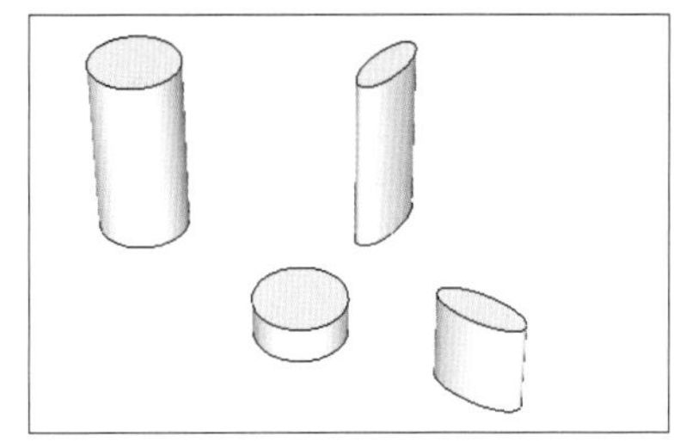

图4-21 “群组转组件”结果

④ **替换组件：**选择一个或多个“待替换组件”，执行“替换组件”指令后，再选择一个“替换用组件”。生成的组件与原“替换用组件”具有关联性。

操作方法

如图4-22所示，左侧圆柱为“替换用组件”，右侧四个为“待替换组件”。

步骤 01 使用“选择”工具（快捷键“Q”）同时选中所有“待替换组件”。

步骤 02 单击“替换组件”工具的图标“ ”。

步骤 03 用鼠标左键点击“替换用组件”即可，如图 4-23 所示。

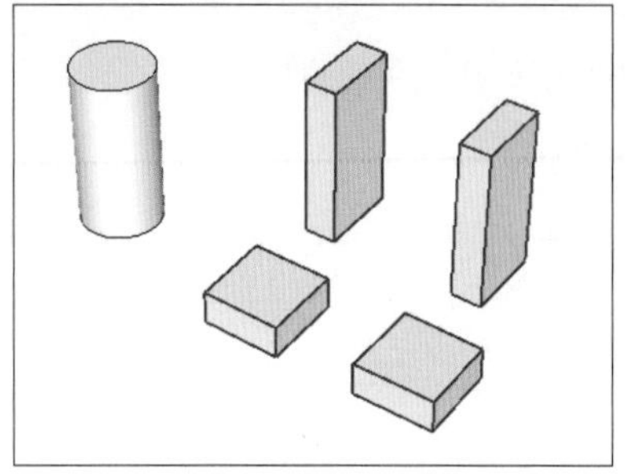

图4-22 选中所有“待替换组件”

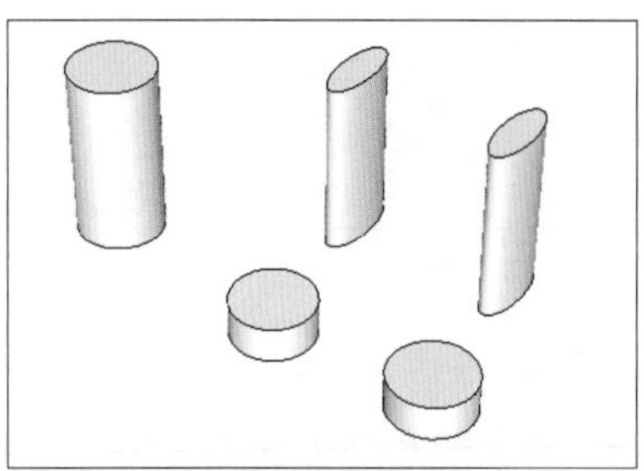

图4-23 “替换组件”结果

4.1.7.3 隐藏剩余模型

隐藏剩余模型：当用户进入“组”或“组件”时，不再显示“组”或“组件”外的模型。但是当用户进入“组件”时，仍然显示模型空间中的。其他相同组件，即只隐藏其他模型，不隐藏相同组件。

操作方法

执行“视图>组件编辑”的菜单指令，勾选“隐藏剩余模型”。

如图4-24所示，“圆柱”和“球”为两个不同群组，两个“正方体”为同一个组件的不同个体。

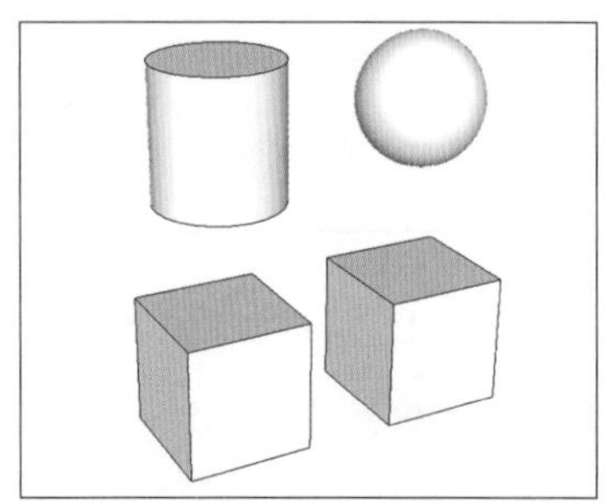

图4-24 两个“组”和一个“组件”

如图4-25所示，不勾选“隐藏剩余模型”，并编辑“圆柱”群组，则不隐藏任何模型。

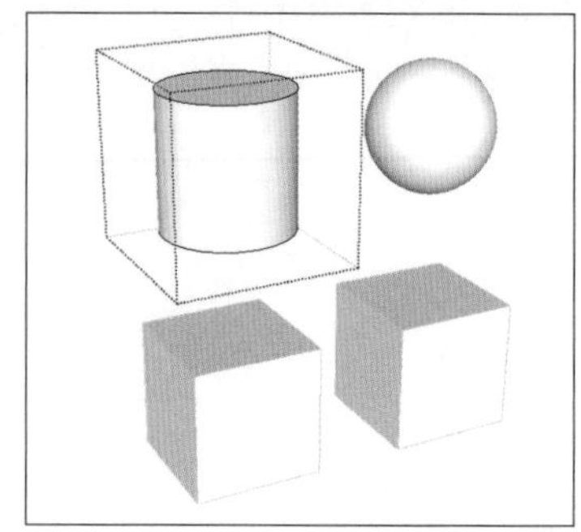

图4-25 不勾选“隐藏剩余模型”

如图4-26所示，勾选“隐藏剩余模型”，并编辑“圆柱”群组，则隐藏其他所有模型。

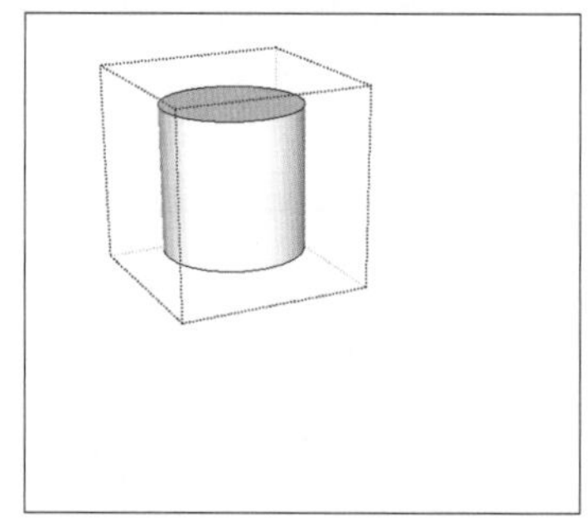

图4-26 勾选“隐藏剩余模型”

如图4-27所示，勾选“隐藏剩余模型”，并编辑“正方体”组件，则只隐藏其他模型，不隐藏相同的组件。

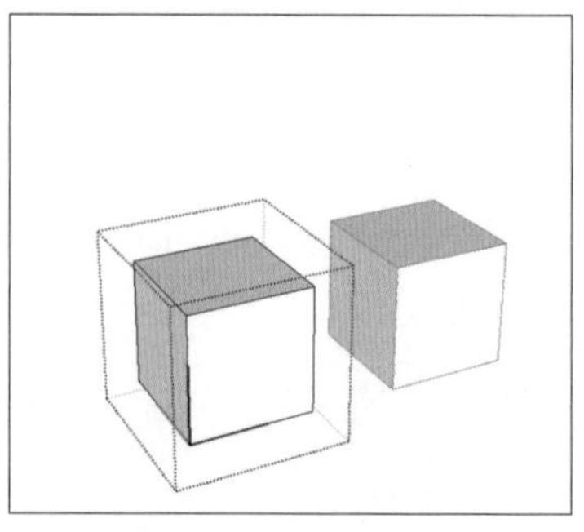

图4-27 勾选“隐藏剩余模型”

4.1.7.4 隐藏类似的组件

隐藏类似的组件：当用户进入“组件”时，不再显示相同组件的其他个体。如选择正常显示其他模型，即只隐藏相同组件，不隐藏其他模型。

操作方法

执行“视图＞组件编辑”的菜单指令，勾选“隐藏类似的组件”。

如图4-28所示，“圆柱”和“球”为两个不同群组，两个“正方体”为同一个组件的不同个体。

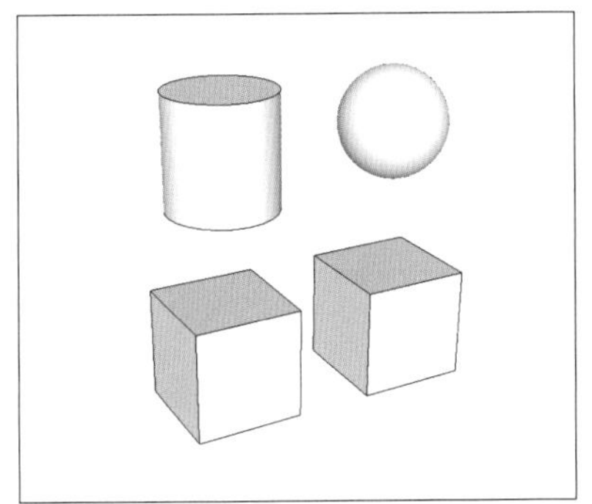

图4-28 两个“组”和一个“组件”

如图4-29所示，不勾选“隐藏类似的组件”，并且不勾选“隐藏剩余模型”，编辑“正方体”组件，则不隐藏任何模型。

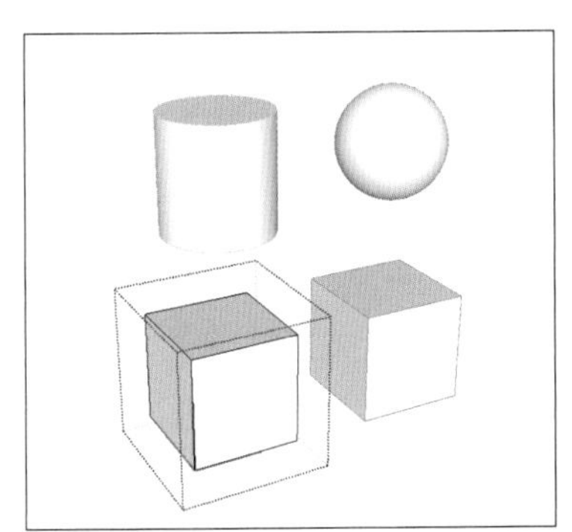

图4-29 不勾选“隐藏类似的组件”和“隐藏剩余模型”

如图4-30所示，勾选“隐藏类似的组件”，并且不勾选“隐藏剩余模型”，编辑“正方体”组件，则只隐藏相同的组件，不隐藏其他模型。

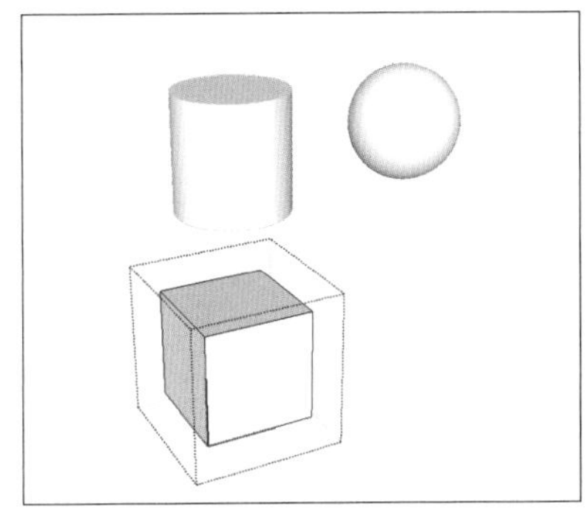

图4-30 勾选“隐藏类似的组件”而不勾选“隐藏剩余模型”

如图4-31所示，勾选“隐藏类似的组件”，并且勾选“隐藏剩余模型”，编辑“正方体”组件，则隐藏相同的组件和其他所有模型。

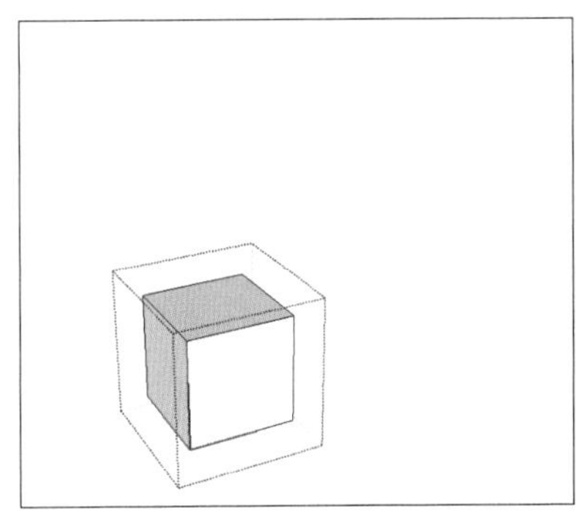

图4-31 勾选“隐藏类似的组件”和“隐藏剩余模型”

4.2 选择

选择，即选择要用其他工具或命令修改的图元，快捷键为“Q”（自定义），图标为“↖”。

4.2.1 单击 / 双击 / 三击

单击：使用“选择”工具（快捷键“Q”），单击鼠标左键，即可选中光标触碰到的图元。

操作方法 用鼠标左键单击一根线，被选中的直线会用蓝色标识；用鼠标左键单击一个面，被选中的面会用蓝色小点标识；用鼠标左键单击一个组，被选中的组会用蓝色边界框标识，如图4-32所示；其他特殊情况另做介绍。

双击：使用“选择”工具（快捷键“Q”），连续双击鼠标左键，以快速选择几何图形。

操作方法 用鼠标左键连续双击一根线，能选中该线以及与它直接相连的平面；用鼠标左键连续双击一个面，能选中该面以及它的边界边线，如

图4-33所示。其他特殊情况另做介绍。

三击：使用“选择”工具（快捷键“Q”），连续三击鼠标左键，以快速选择几何图形。

操作方法 用鼠标左键连续三击一根线或者一个面，能选中所有与之相触碰的线和面（不包括组、参考线、剖切面等图元），如图4-33所示。其他特殊情况另做介绍。

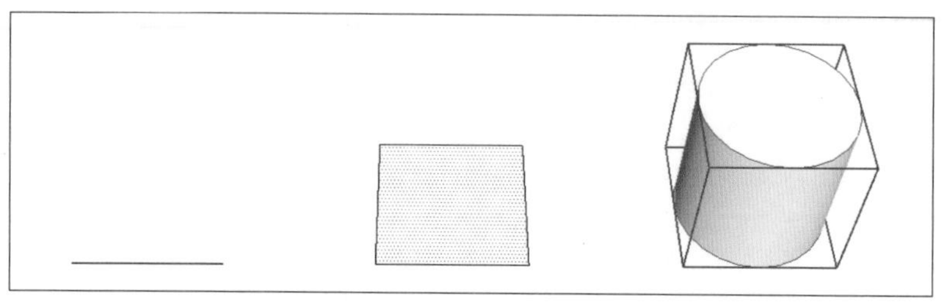

图4-32 从左至右依次是单击线、单击面、单击组

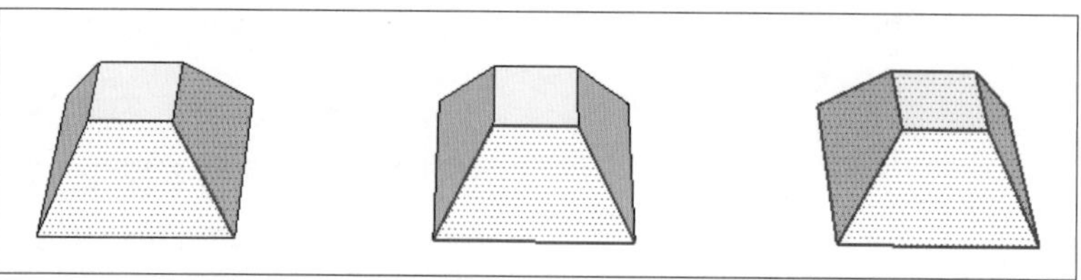

图4-33 从左至右依次是双击线、双击面、三击线或面

4.2.2 加选 / 减选 / 切换选

加选：在现有选择的基础上，加上未被选择的物体。

操作方法 使用“选择”工具（快捷键“Q”），按住“Ctrl”键，光标变化为“↖+”，用鼠标左键单击待加选对象，即可完成加选。

减选：在现有选择的基础上，减去已被选择的物体。

操作方法 使用“选择”工具（快捷键“Q”），同时按住“Ctrl”键和“Shift”键，光标变化为“↖-”，用鼠标左键单击待减选对象，即可完成减选。

切换选：即切换加选和减选，指在现有选择的基础上，加选未被选择的对象，或者减选已被选择的对象。

操作方法 使用“选择”工具（快捷键“Q”），按住“Shift”键，光标变化为“↖±”，用鼠标左键单击待加选对象来实现加选，或者用鼠标左键单击待减选对象来实现减选。

4.2.3 窗口选择 / 交叉选择

窗口选择：在“选择”工具下，创建出一个实线矩形选择框，只有完全处于选择框内部的图元才会被选中，如图4-34和图4-35所示。

操作方法 使用“选择”工具（快捷键“Q”），按住鼠标左键向右拖拽，创建出一个实线矩形选择框，释放鼠标即可选中完全处于该选择框内部的图元。

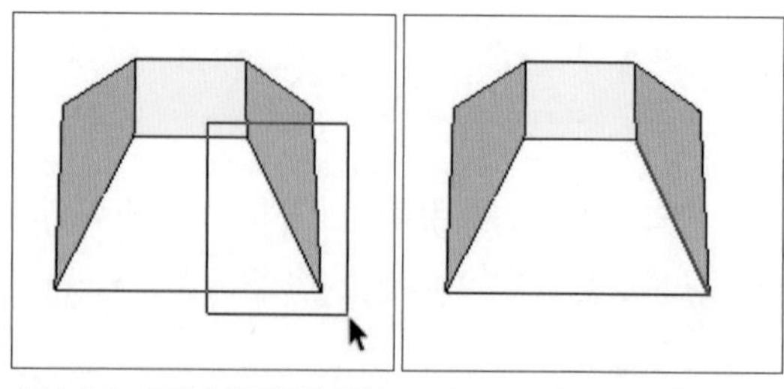

图4-34 创建实线矩形选择框　图4-35 “窗口选择”结果

交叉选择：在“选择”工具下，创建出一个虚线矩形选择框，完全处于选择框内部和与选择框交叉的图元都会被选中，如图4-36和图4-37所示。

操作方法　使用“选择”工具（快捷键“Q”），按住鼠标左键向左拖拽，创建出一个虚线矩形选择框，释放鼠标即可选中完全处于选择框内部和与选择框交叉的图元。

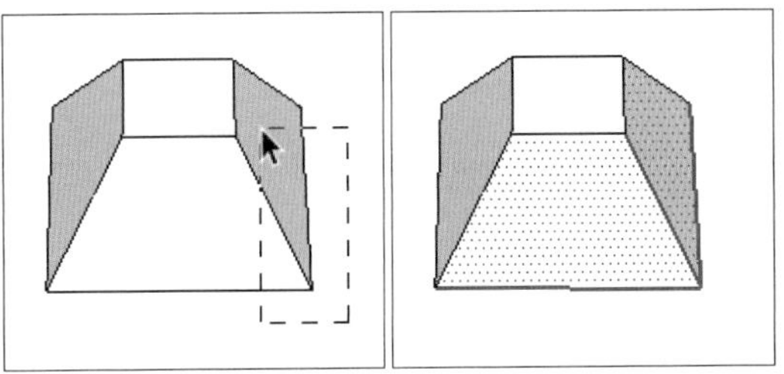

图4-36　创建虚线矩形选择框　图4-37　“交叉选择”结果

4.2.4　全选 / 全部不选

全选：选择全部可见的物体。

操作方法　执行“全选”的快捷键“Ctrl键+A”或者执行“编辑>全选”的菜单指令。

全部不选：清空选择集，即什么都不选。

操作方法

方法 01　使用“选择”工具（快捷键“Q”），在空白处单击即可。

方法 02　执行“全部不选”的快捷键“Ctrl键+T”（自定义）或者执行“编辑>全部不选”的菜单指令。

4.2.5　反选

反选：反选所选内容，即选择当前未被选中的物体。

操作方法　执行“反选”的快捷键“Ctrl键+I”或者执行“编辑>反选所选内容”的菜单指令。

4.2.6　增强选择

增强选择：“选择”工具的强化工具，类似过滤器，可筛选并选择或去除特定类型的图元。

操作方法　如图4-38所示，图①和图②为两条孤立的直线，图③和图④为两个孤立的面，图⑤和图⑥为两个不同的群组，图⑦和图⑧为同一个组件的两个个体。

① **边线（绿色）：**只选择选中范围内的所有边线。

操作方法　全选范围内所有图元，单击“边线”工具的图标“ ◇ ”即可，如图4-39所示。

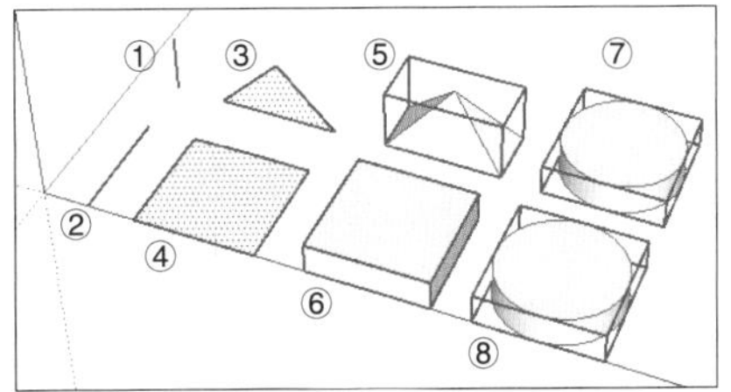

图4-38　全选所有图元

图4-39　执行“边线”（绿色）指令

② **面域（绿色）：**只选择选中范围内的所有面域。

操作方法　全选范围内所有图元，单击“面域”工具的图标“ ◆ ”即可，如图4-40所示。

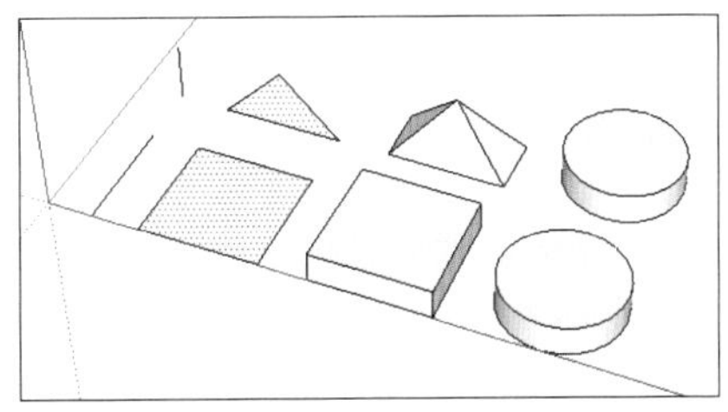

图4-40　执行“面域”（绿色）指令

③ **群组（绿色）：**只选择选中范围内的所有群组。

操作方法　全选范围内所有图元，单击“群组”工具的图标“ ”即可，如图4-41所示。

④ **组件（绿色）：**只选择选中范围内的所有组件。

操作方法　全选范围内所有图元，单击“组件”工具的图标“ ”即可，如图4-42所示。

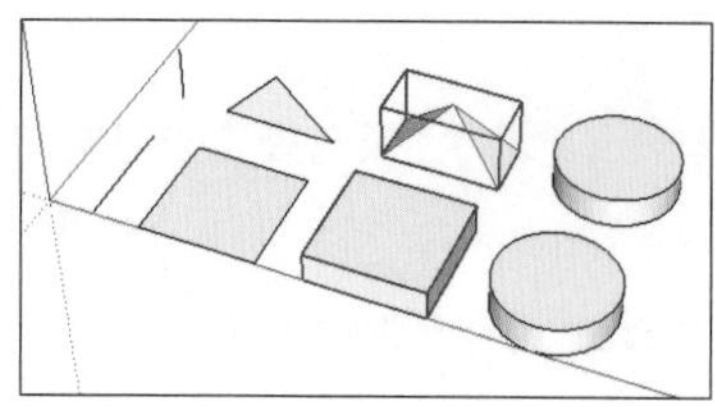

图4-41　执行“群组”（绿色）指令

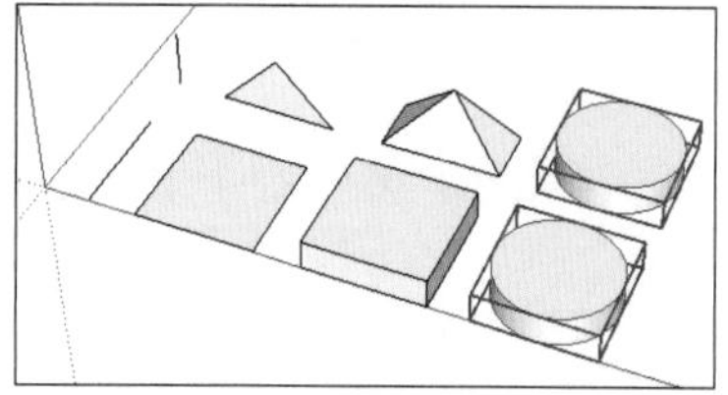

图4-42　执行“组件”（绿色）指令

⑤ **边线（红色）：** 取消选择选中范围内的所有边线。

操作方法　全选范围内所有图元，单击“边线”工具的图标“◇”即可，如图4-44所示。

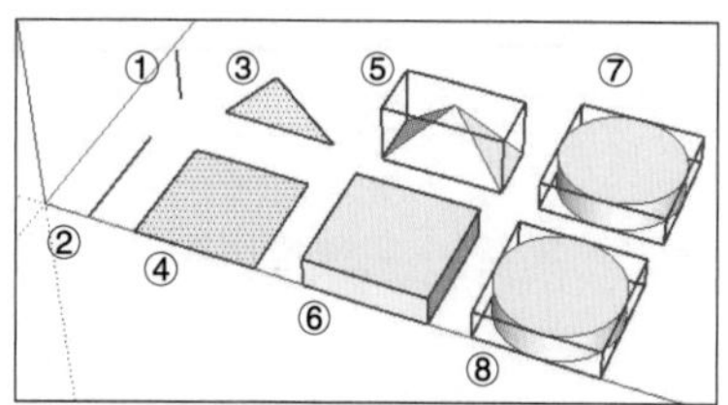

图4-43　全选所有图元

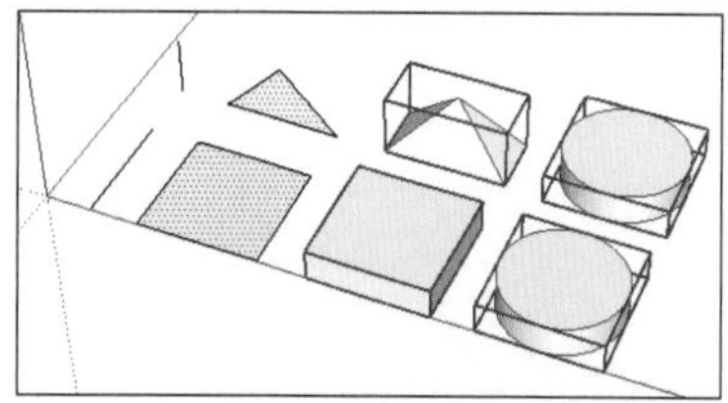

图4-44　执行“边线”（红色）指令

⑥ **面域（红色）：** 取消选择选中范围内的所有面域。

操作方法　全选范围内所有图元，单击“面域”工具的图标“◆”即可，如图4-45所示。

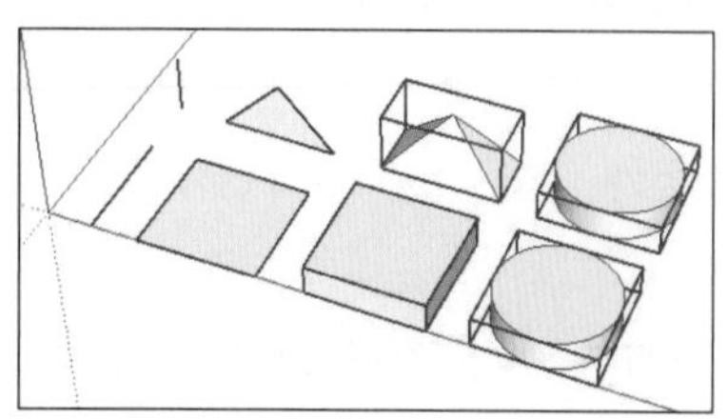

图4-45　执行“面域”（红色）指令

⑦ **群组（红色）：** 取消选择选中范围内的所有群组。

操作方法　全选范围内所有图元，单击“群组”工具的图标“⊗”即可，如图4-46所示。

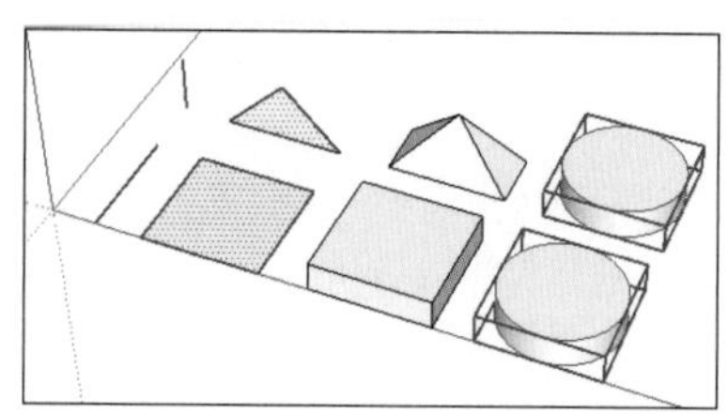

图4-46　执行“群组”（红色）指令

⑧ **组件（红色）：** 取消选择选中范围内的所有组件。

操作方法　全选范围内所有图元，单击“组件”工具的图标“⊗”即可，如图4-47所示。

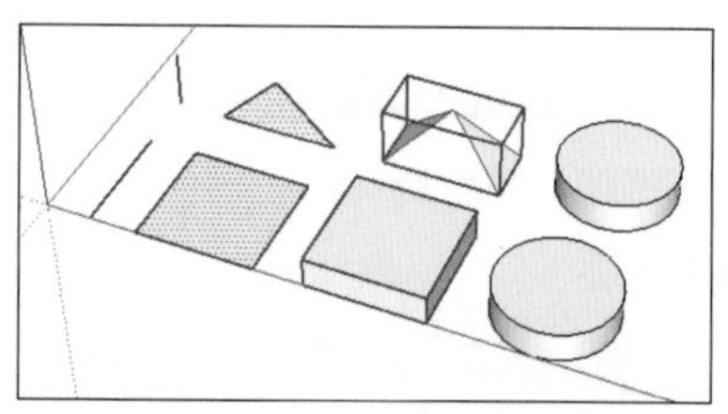

图4-47　执行“组件”（红色）指令

4.2.7　S4U 选择

S4U选择：“选择”工具的强化工具，类似过滤器，可筛选并选择出特定类型、特定条件的图元。

4.2.7.1　无参照选线

无参照选线操作方法

如图4-48所示，线①竖直，长1m；线②竖直，长2m；线③水平，长1m；线④水平，长2m；线⑤与XY平面的夹角为30°，长1m；线⑥与XY平面的夹角为60°，长2m。

① **选择竖直边线：** 选择一定范围内的所有竖直的边线。

操作方法　使用“选择”工具（快捷键“Q”），选中所需范围内的所有图元，单击“选择竖直边线”工具的图标“ ¦ ”，即可选中该范围内所有竖直的边线，如图 4-49 所示，线①和线②被选中。

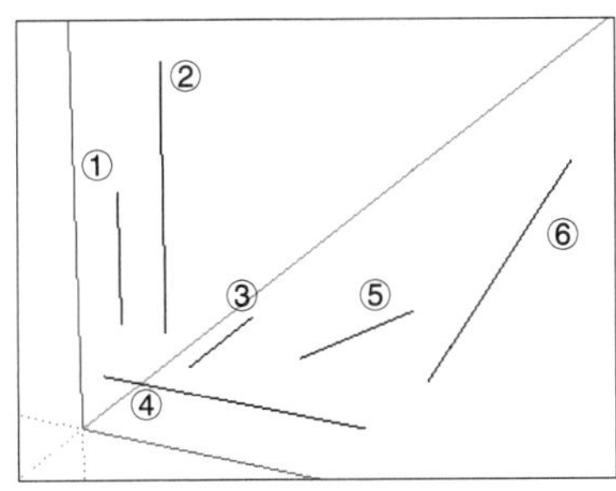

图4-48 六条孤立的线

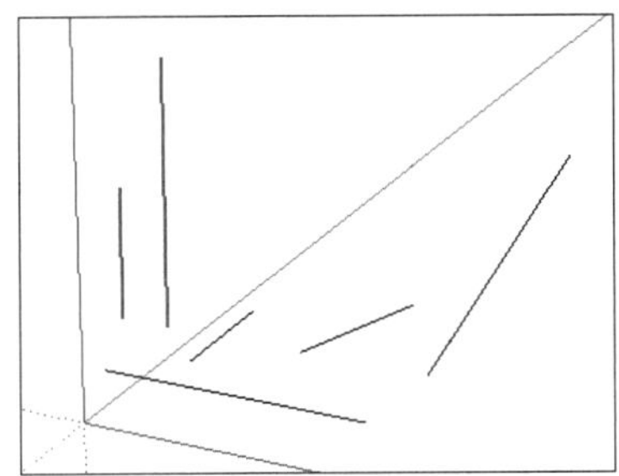
图4-49 执行“选择竖直边线”指令

② **选择水平边线：**选择一定范围内所有水平的边线。

操作方法 使用“选择”工具（快捷键“Q”），选中所需范围内的所有图元，单击“选择水平边线”工具的图标“ ”，即可选中该范围内所有水平的边线，如图4-50所示，线③和线④被选中。

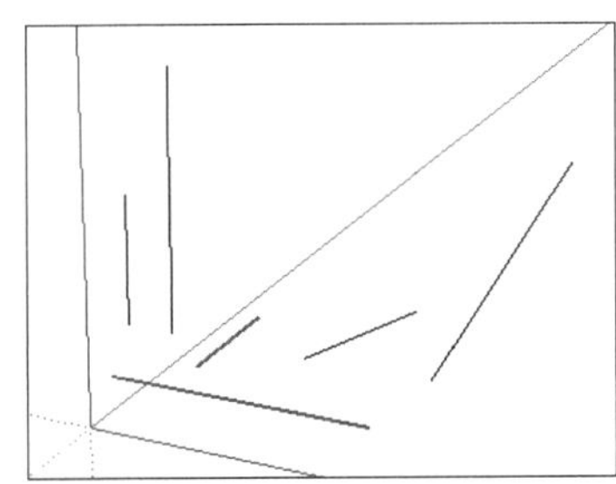
图4-50 执行“选择水平边线”指令

③ **选择倾斜边线：**用户需输入边线与 XY 平面的角度范围，“选择倾斜边线”可以选择一定模型空间中所有介于该角度范围内的边线。

操作方法

步骤 01 使用“选择”工具（快捷键“Q”），选中所需范围内的所有图元，单击“选择倾斜边线”工具的图标“ ”。

步骤 02 弹出“输入角度”对话框，输入“最小角度”为“10”，“最大角度”为“80”（举例，角度范围为 10° ~80° ），单击“好”，确定角度范围即可，如图4-51所示，线⑤和线⑥被选中。

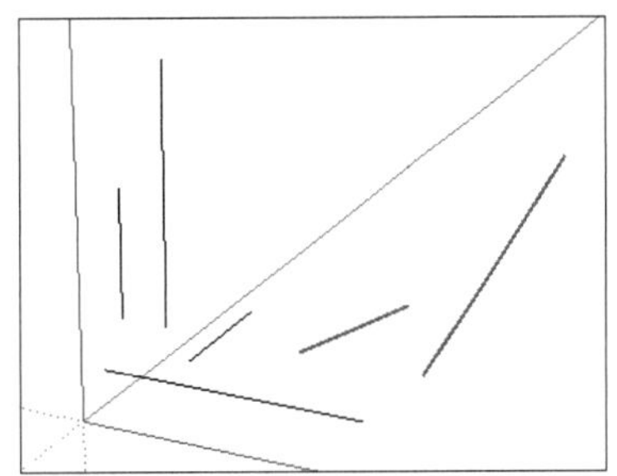
图4-51 执行“选择倾斜边线”指令

④ **按长度选择边线：**用户需输入边线的长度范围，“按长度选择边线”可以选择一定模型空间中所有介于该长度范围内的边线。

操作方法

步骤 01 使用“选择”工具（快捷键“Q”），选中所需范围内的所有图元，单击“按长度选择边线”工具的图标“ ”。

步骤 02 弹出“输入长度”对话框，输入“最小长度”为“0m”，“最大长度”为“1m”（举例，长度范围为0~1m），单击“好”，确定长度范围即可，如图4-52所示，线①、线③和线⑤被选中。

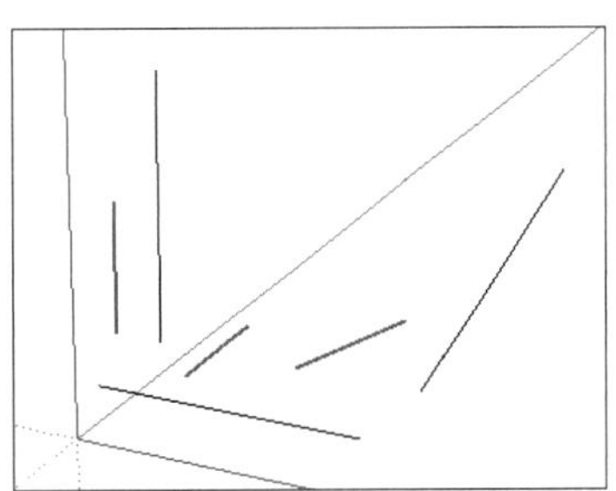
图4-52 执行“按长度选择边线”指令

4.2.7.2 无参照选面

无参照选面操作方法

如图 4-53 所示，面①三角形竖直，面积 0.5m^2；面②正方形的法线方向与Z轴方向的角度为 45°，面积 1m^2；面③五边形水平，面积0.59m^2。

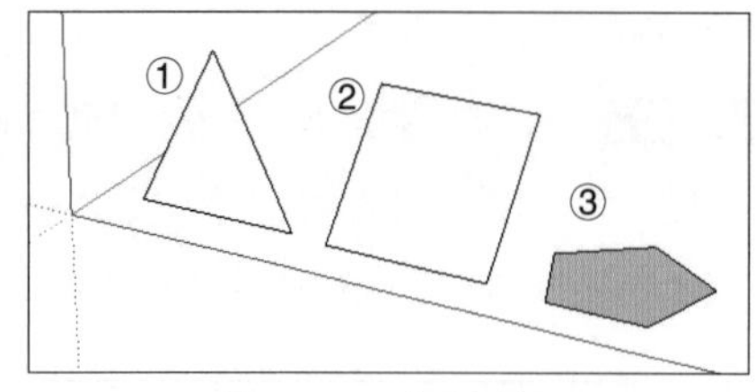

图4-53　三个孤立的面

① **选择竖直面：**选择一定范围内的所有竖直的面。

操作方法　使用“选择”工具（快捷键“Q”），选中所需范围内的所有图元，单击“选择竖直面”工具的图标“”，可选中该范围内所有竖直的面，如图4-54所示，面①被选中。

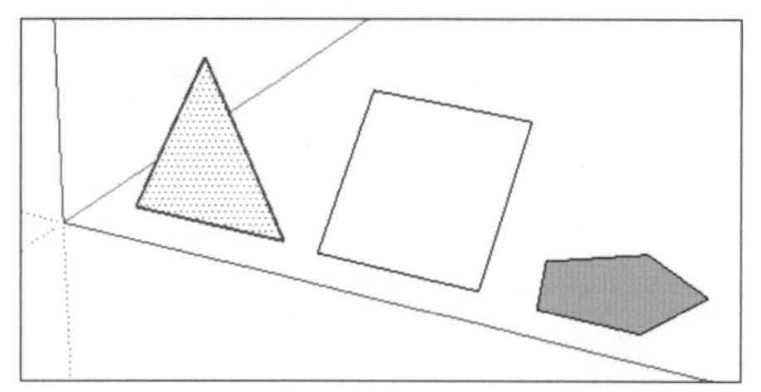

图4-54　执行“选择竖直面”指令

② **选择水平面：**选择一定范围内的所有水平的面。

操作方法　使用“选择”工具（快捷键“Q”），选中所需范围 内的所有图元，单击“选择水平面”工具的图标“ ”，可选中该范围内所有水平的面，如图4-55所示，面③被选中。

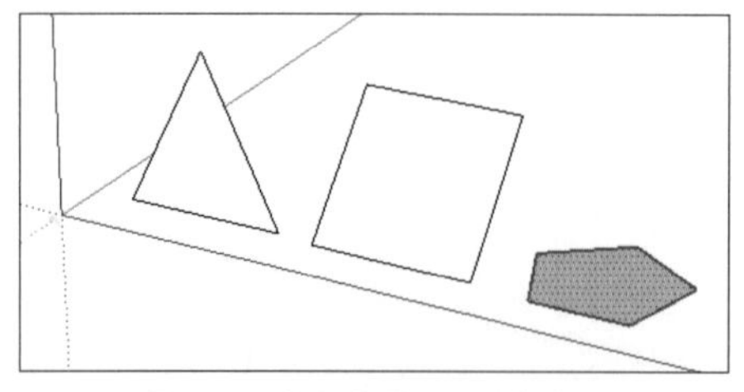

图4-55　执行“选择水平面”指令

③ **选择倾斜面：**用户需输入面的法线方向与Z轴方向的角度范围，“选择倾斜面”可以选择一定模型空间中所有介于该角度范围内的面。

操作方法

步骤 01　使用“选择”工具（快捷键“Q”），选中所需范围内的所有图元，单击“选择倾斜面”工具的图标“”。

步骤 02　弹出“输入角度”对话框，输入“最小角度”为“10”，“最大角度”为“80”（举例，角度范围为10°~80°），单击“好”，确定角度范围即可，如图4-56所示，面②被选中。

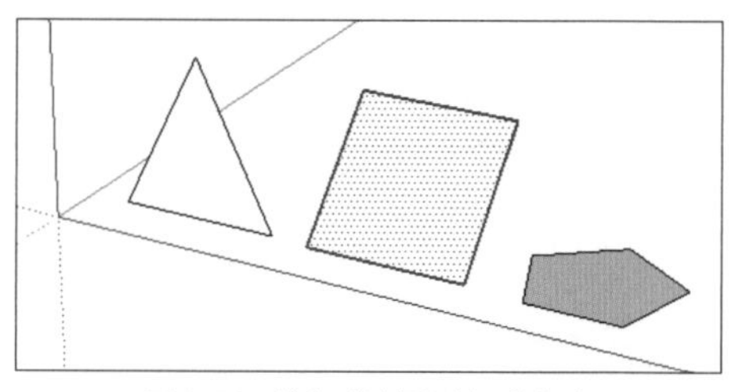

图4-56　执行“选择倾斜面”指令

④ **按边数选择面：**用户需输入边线数，“按边数选择面”可以选择一定模型空间中的边线数量与输入数值相同的面。

操作方法

步骤 01　使用“选择”工具（快捷键“Q”），选中所需范围内的所有图元，单击“按边数选择面”工具的图标“□”。

步骤 02　弹出“输入边数”对话框，输入“边线数量”为“3”（举例，边线数量需大于或等于3），单击“好”，确定边线数量即可，如图4-57所示，面①三角形被选中。

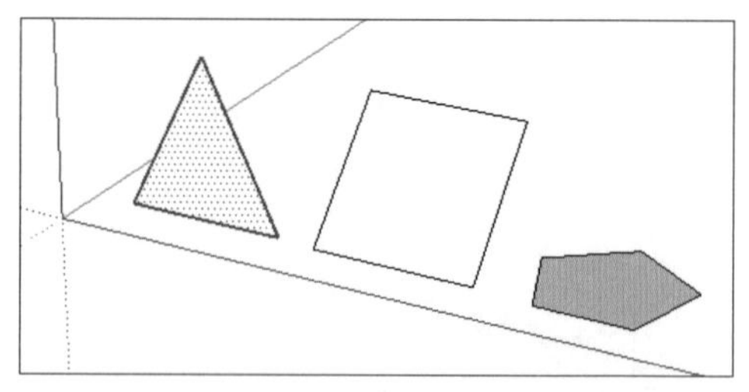

图4-57　执行“按边数选择面”指令

⑤ **按面积选择面：**用户需输入面的面积大小范围，“按面积选择面”可以选择一定模型空间中所有介于该面积范围内的面。

操作方法

步骤 01　使用“选择”工具（快捷键“Q”），选中所需范围内的所有图元，单击“按面积选择面”工具的图标“”。

步骤 02　弹出“输入面积”对话框，输入“最小面积”为“$0m^2$”，“最大面积”为“$0.8m^2$”（举例，面积范围为0~$0.8m^2$），单击“好”，确定面积范围即可，如图4-58所示，面①和面③被选中。

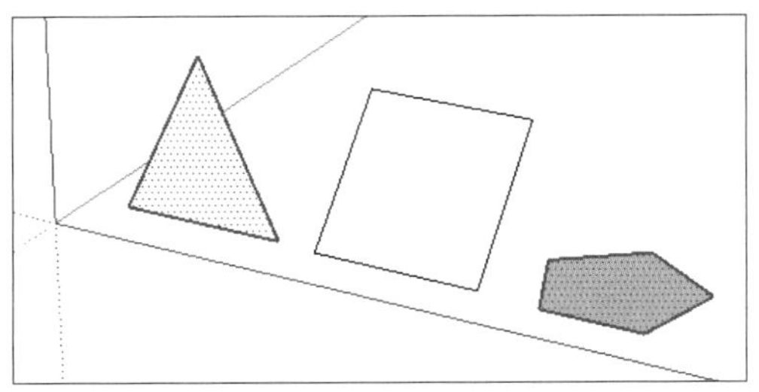

图4-58　执行“按面积选择面”指令

4.2.7.3　参照选线 / 面

参照选线 / 面操作方法

① **选择等长边线：**选择模型空间中所有与“目标线段”长度相等的边线。

如图 4-59 所示，线①、线③和线⑤长1m，线②、线④和线⑥长2m。

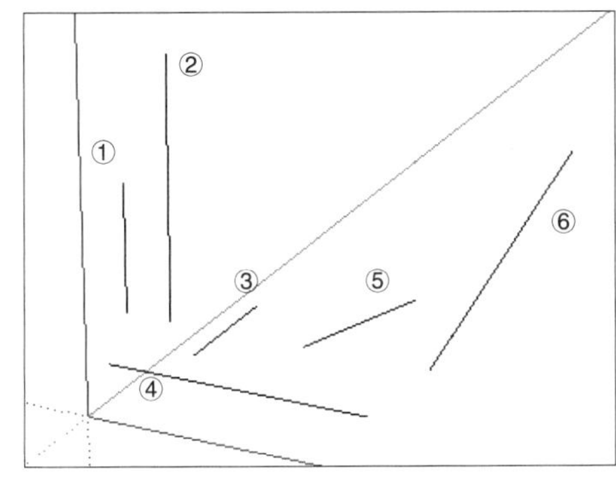

图4-59　六条孤立的线

操作方法　使用“选择”工具（快捷键“Q”），选中目标线段“线①”，单击“选择等长边线”工具的图标“⤡”，可选中模型空间中所有与“线①”长度相等的边线，如图4-60和图4-61所示，线①、线③和线⑤被选中。

② **选择相同面积表面：**选择模型空间中所有与“目标面”面积相等的面。

如图4-62所示，面①正方形垂直，面积$1m^2$；面②三角形垂直，面积$0.5m^2$，且面①与面②平行；面③正方形的法线方向与Z轴方向的角度为45°，面积$1m^2$；面④三角形的法线方向与Z轴方向的角度为45°，面积$0.5m^2$，面③与面④平行。

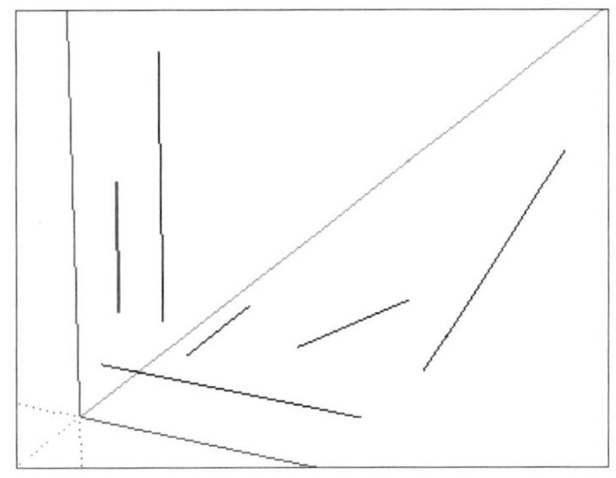

图4-60　选中“线①”

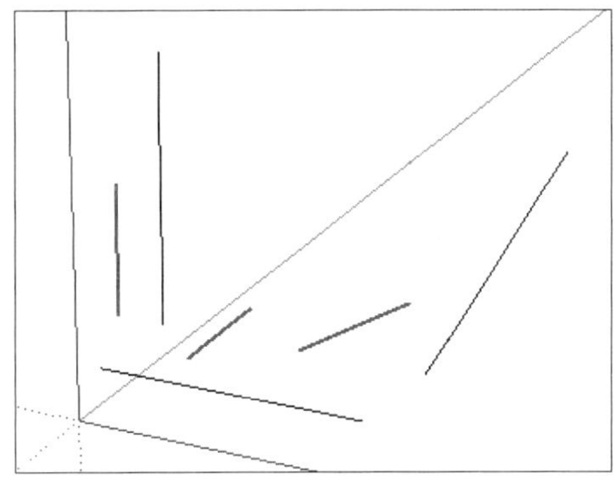

图4-61　执行“选择等长边线”指令

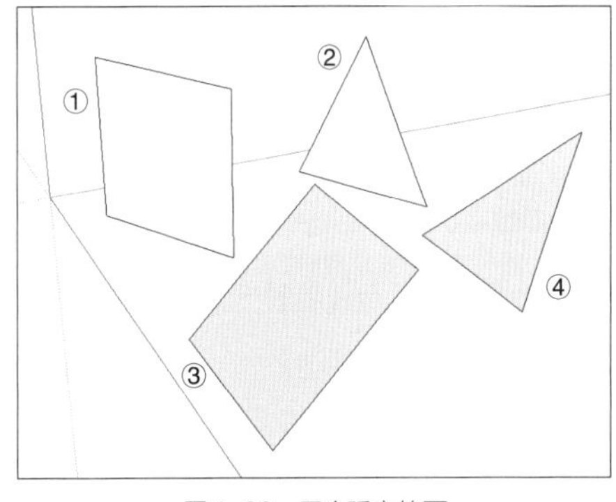

图4-62　四个孤立的面

操作方法

使用“选择”工具（快捷键“Q”），选中目标面“面①”，单击“选择相同面积表面”工具的图标“■”，可选中模型空间中所有与“面①”面积相等的面，如图4-63和图4-64所示，面①和面③被选中。

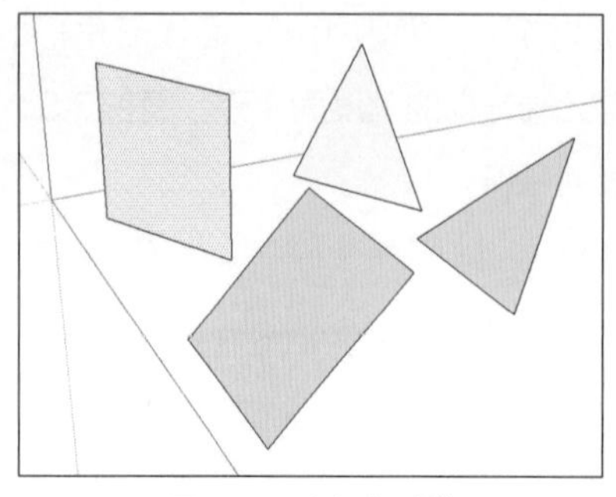

图4-63　选中“面①”

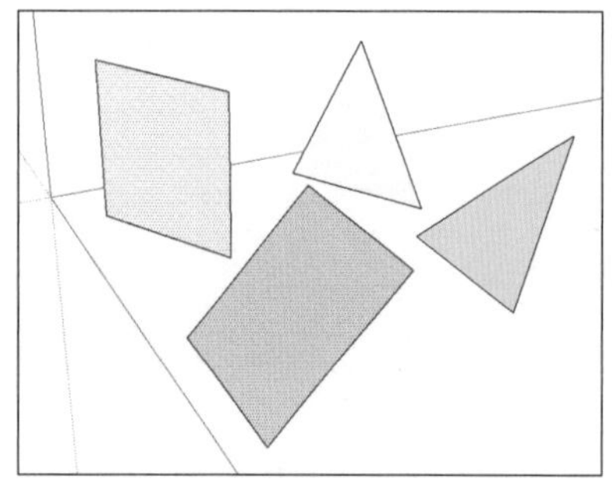

图4-64　执行“选择相同面积表面”指令

③ **选择平行面：**选择模型空间中所有与“已被选面”平行的面。

操作方法　使用“选择”工具（快捷键“Q”），选中目标面“面①”，单击“选择平行面”工具的图标“◈”，可选中模型空间中所有与“面①”平行的面，如图4-63和图4-65所示，面①和面②被选中。

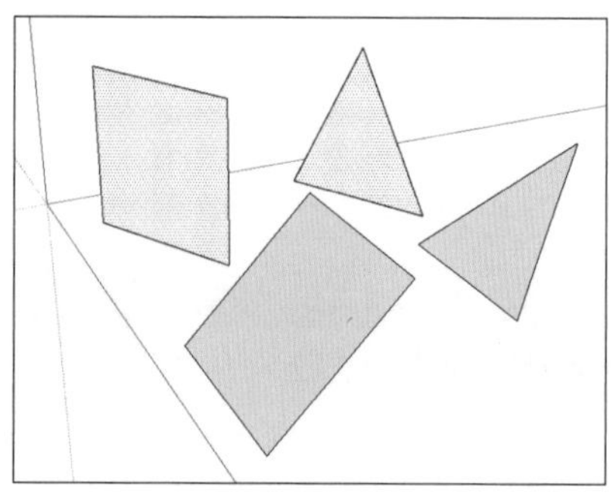

图4-65　执行“选择平行面”指令

4.3　移动

“移动”工具可移动、拉伸或复制图元，快捷键为“W”（自定义），图标为“✥”。移动图元只是“移动”工具最基础的功能，除此之外，“移动”工具还具有拉伸几何体、复制、旋转等功能。本节仅讲述移动功能，其他功能另做介绍。

4.3.1　简单移动

移动：移动图元或者图元的一部分的位置，包括简单移动和参数移动。

操作方法

① **简单移动：**

步骤 01　使用“选择”工具（快捷键“Q”），选择要移动的一个或多个对象；

步骤 02　使用“移动”工具（快捷键“W”），在绘图区任意一点单击鼠标左键以确定“移动起始点”，被移动的对象会吸附到光标上；

步骤 03　将光标移至“移动目标点”（移动距离在“度量值框”中动态显示），单击鼠标左键确定即可。

② **定向定距移动：**

步骤 01　使用“选择”工具（快捷键“Q”），选择要移动的一个或多个对象；

步骤 02　使用“移动”工具（快捷键“W”），在绘图区任意一点单击鼠标左键以确定“移动起始点”，被移动的对象会吸附到光标上；

步骤 03　将光标移至“移动目标方向”，在“度量值框”输入移动距离，按“回车”键确认即可完成移动。如需更改移动距离，可在按“回车”键确认之后，立刻输入新的距离并确认。

△ 提示

① 在选择“移动起始点”时，如果选择模型的一个角或者顶点作为起始点，则移动会更容易。

② 在移动时如果要锁定到某个坐标轴，

可点击键盘“上/左/右”键，将移动方向锁定到“蓝轴/绿轴/红轴”。

③ 在移动时如果要锁定到某直线，可在移动方向与该直线平行或垂直的时候（此时该直线显示为洋红色），点击键盘“下”键或者按住“Shift”键，将移动方向锁定到该直线（“锁定”办法详见本书3.2.2小节）。

4.3.2 参照移动

参照移动：在移动过程中，依托某一个参照物进行移动。“参照移动”可简化“确定移动方向、输入移动距离”等操作。

操作方法 如图4-66所示，将圆形向上移动，移动高度和立方体的高度相同，移动过程等价于从“A点”到“B点”。

步骤01 使用“选择”工具（快捷键“Q”），选择圆形，如图4-66所示。

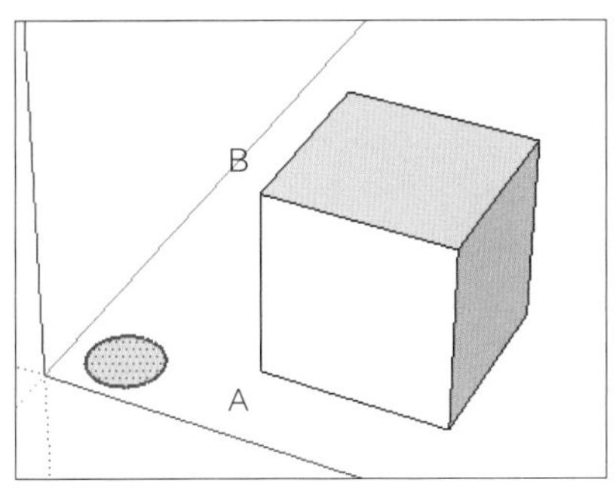

图4-66 选择“圆形”

步骤02 使用“移动”工具（快捷键“W”），在立方体“A点”单击鼠标左键以确定“移动起始点”，如图4-67所示。

步骤03 将光标移至“B点”，单击鼠标左键确定即可，如图4-68所示。

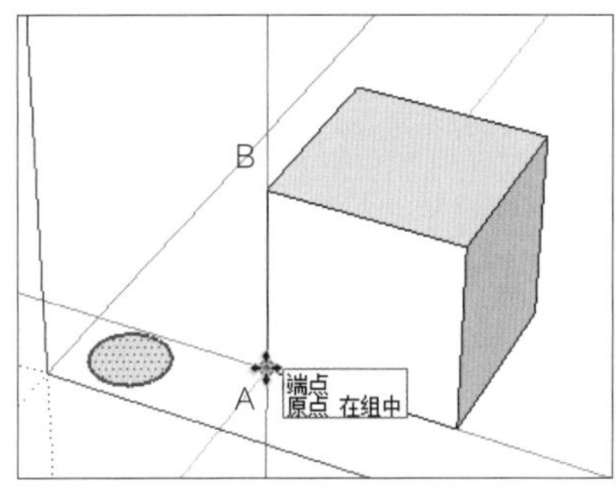

图4-67 确定“移动起始点”

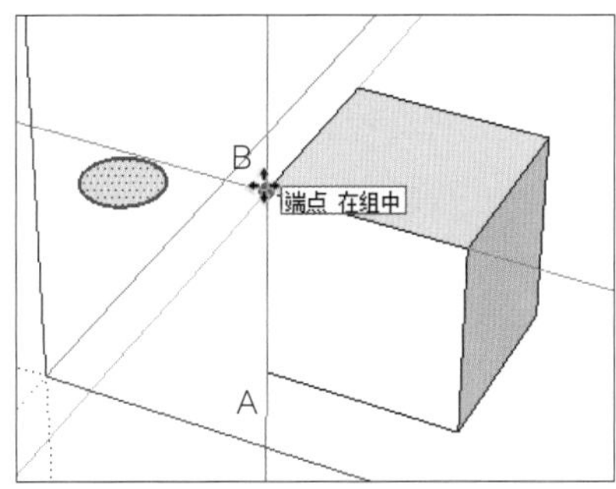

图4-68 确定“移动结束点”

4.3.3 视图移动

视图移动：在三维模型空间中进行移动，由于视觉误差，容易造成捕捉失误，从而导致移动失败。因此，在移动时可以切换至“标准视图（六视图）”并且取消透视，使相机视图成为二维平面，可使移动更加快捷精准，即“视图移动”（“标准视图”内容详见本书3.1.7小节）。

操作方法 在移动过程中，可随时切换至“顶视图”（快捷键“T”）、“底视图”（快捷键“Alt键+T”）、“前视图”（快捷键“F”）、“后视图”（快捷键“Alt键+F”）、“左视图”（快捷键“L”）、“右视图”（快捷键“Alt键+L”）等，并且使用快捷键“V”取消透视，相机视图成为二维平面，移动方法不变。

4.4 旋转

“旋转”工具，可沿着圆形路径旋转、拉伸、扭曲或复制图元，快捷键为“E”（自定义），图标为“⟳”。旋转图元只是“旋转”工具最基础的功能，除此之外，“旋转”工具还具有拉伸、扭曲几何体、复制等功能。本节仅讲述旋转功能，其他功能另做介绍。

4.4.1 简单旋转

旋转：旋转图元或者图元的一部分的位置，包括简单旋转和参数旋转。

操作方法

① 简单旋转：

步骤 01 使用“选择”工具（快捷键“Q”），选择要旋转的一个或多个对象；

步骤 02 使用“旋转”工具（快捷键“E”），出现旋转工具的量角器形光标，移动光标，直到光标位于目标旋转平面上（如果要锁定平面，请按住“Shift”键，下一次单击鼠标左键后即可松开“Shift”键），单击鼠标左键确定旋转顶点；

步骤 03 单击鼠标左键确定旋转起始边上的一点；

步骤 04 将光标移动至“旋转目标角度或目标点”，单击鼠标左键完成旋转。

② 参数旋转：

步骤 01 使用“选择”工具（快捷键“Q”），选择要旋转的一个或多个对象；

步骤 02 使用“旋转”工具（快捷键“E”），出现旋转工具的量角器形光标，移动光标，直到光标位于目标旋转平面上（如果要锁定平面，请按住“Shift”键，下一次单击鼠标左键后即可松开“Shift”键），单击鼠标左键确定旋转顶点；

步骤 03 单击鼠标左键确定旋转起始边上的一点；

步骤 04 将光标移动至“旋转目标角度或目标点”，在“度量值框”输入旋转角度，按“回车”键确认即可完成旋转。如需更改旋转角度，可在按“回车”键确认之后，立刻输入新的角度并确认。

△ 提示

① 在旋转时如果要锁定到与坐标轴垂直的面，可点击键盘“上/左/右”键，将旋转方向锁定到与“蓝轴/绿轴/红轴”垂直的面。

② 在旋转时如果要锁定到某平面，可在旋转平面与该平面平行的时候（此时该平面显示为洋红色），点击键盘“下”键或者按住“Shift”键，将旋转方向锁定到该平面。

4.4.2 移动旋转

“移动”工具不仅可以移动图元，还具有拉伸几何体、复制、旋转等功能。本小节仅讲述“移动”工具的旋转方法，其他功能另做介绍。

操作方法

前提条件：“移动旋转”只能旋转“群组”或“组件”。

步骤 01 使用“选择”工具（快捷键“Q”），选择要旋转的一个或多个“组”。

步骤 02 使用“移动”工具（快捷键“W”），将光标移动至“组”上，在“组”的每个面上会出现四个“红色小加号”，如图4-69所示。

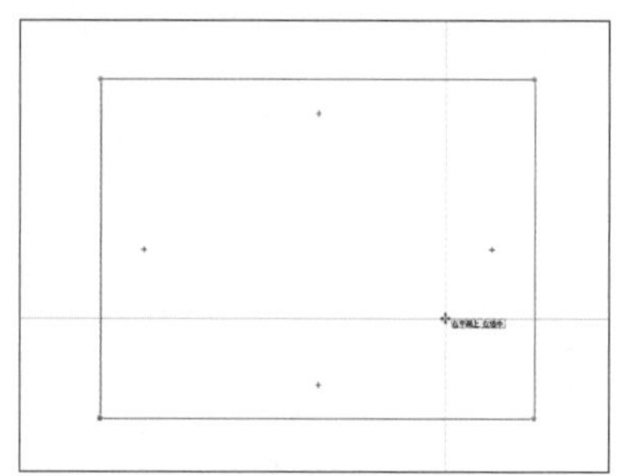

图4-69 执行“移动”指令

步骤 03 将光标移动至“红色小加号”上，此时出现旋转工具的量角器形图标，且默认旋转顶点为中心点，如图4-70所示。

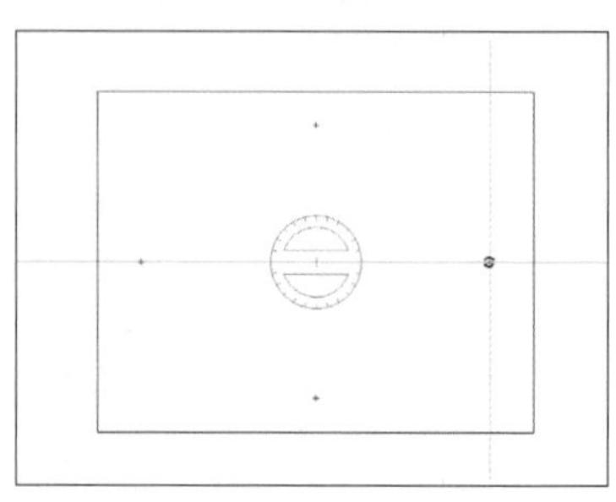

图4-70 移动光标至红色小加号

步骤 04 单击鼠标左键确定旋转起始边上的一点。

步骤 05 将光标移动至“旋转目标角度或目标点”，单击鼠标左键确定旋转终点，或者在“度量值框”输入旋转角度，即可完成旋转，如图4-71所示。

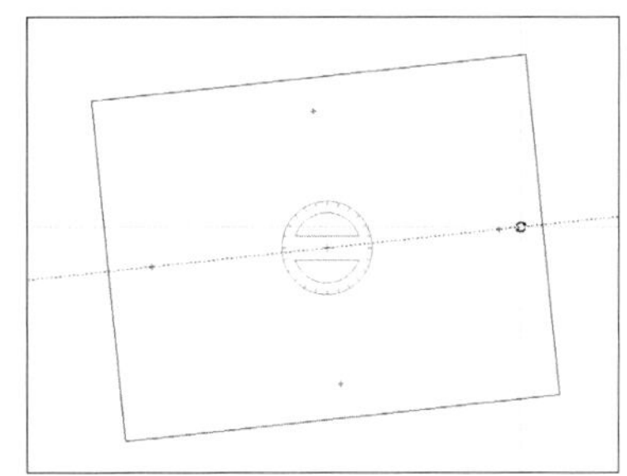

图4-71 旋转过程

4.5 阵列

阵列，即阵列复制，是一种批量复制的方式，主要有矩形阵列、环形阵列和路径阵列等。

4.5.1 一维 / 二维 / 三维阵列

“移动”工具，不仅可以移动图元，还具有拉伸几何体、复制、旋转等功能。SketchUp中的一维/二维 / 三维阵列复制，都是沿着直线进行批量移动复制，需要通过“移动复制”来完成。

① **移动复制：**

步骤 01 使用“选择”工具（快捷键“Q”），选择要复制的一个或多个对象；

步骤 02 使用“移动”工具（快捷键“W”），单击“Ctrl”键，光标右下角出现一个黑色小加号，表示可以复制被选对象（再次单击“Ctrl”键，可取消复制），如图4-72所示；

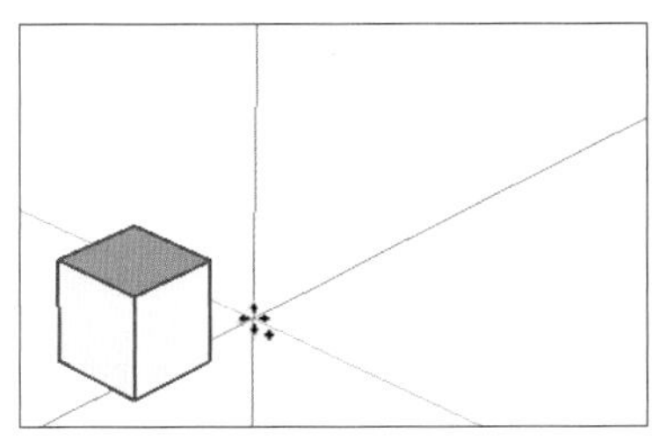

图4-72 移动复制

步骤 03 在绘图区任意一点单击鼠标左键以确定“移动复制起始点”，被复制的对象会吸附到光标上；

步骤 04 将光标移至“移动目标方向”，在“度量值框”输入移动距离，按“回车”键确认即可完成移动复制（移动距离可反复输入），如图4-73所示；

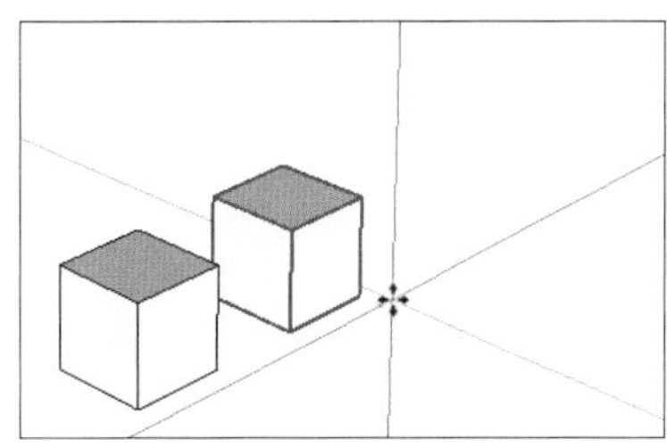

图4-73 移动复制单个副本

步骤 05 在创建副本后，可立即输入“一个数字（副本数量）和X（乘法）”，以创建出多个副本，即可完成线性阵列复制（“副本数量和X”可反复输入），如图4-74所示。

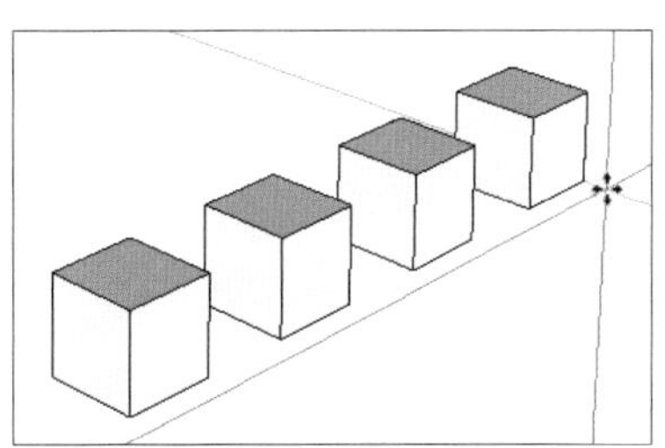

图4-74 移动复制多个副本

△ 提示

① 上文 步骤 05 中，输入“副本数量和X（乘法）”，表示等距复制多个副本；输入“副本数量和/（除法）”，表示等分复制多个

副本，即这些副本会在原对象和第一个副本之间均匀间隔分布。

② 移动距离和副本数量可以反复输入，直到切换其他工具为止。

② 一维 / 二维 / 三维阵列：

a. 一维阵列：按任意行进行批量移动复制，选中“待阵列物体”进行移动复制即可，如图4-75所示。

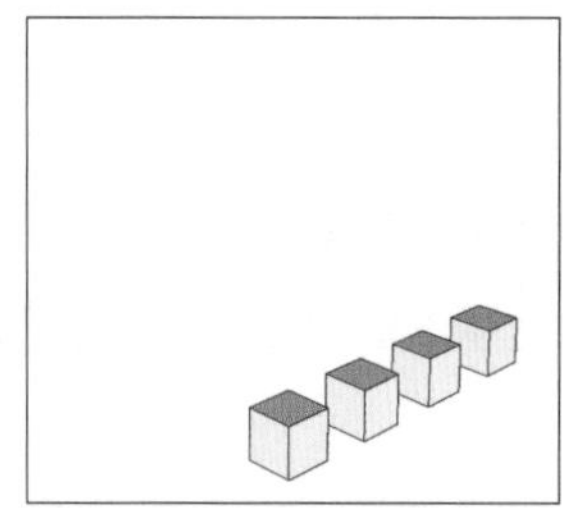

图4-75 一维阵列

b. 二维阵列：按任意列进行批量移动复制，选中“一维阵列得到的所有物体”进行移动复制即可，如图 4-76 所示。

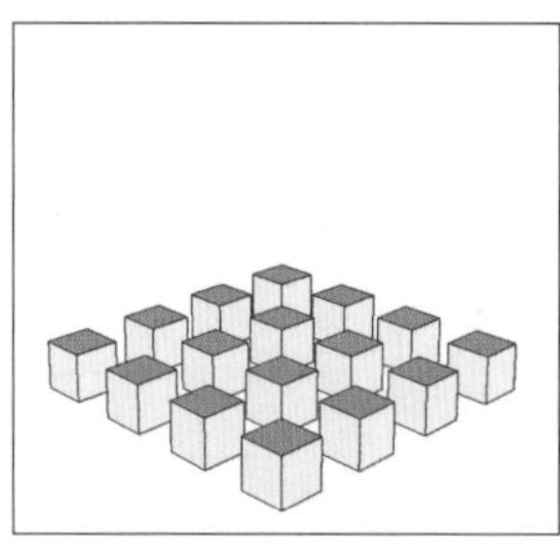

图4-76 二维阵列

c. 三维阵列：按任意层级进行批量移动复制，选中“二维阵列得到的所有物体”进行移动复制即可，如图4-77所示。

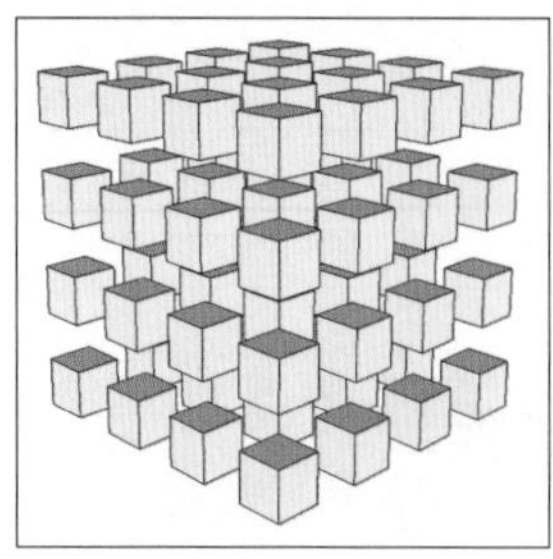

图4-77 三维阵列

4.5.2 环形阵列

环形阵列是围绕指定的中心点进行批量旋转复制。“旋转”工具不仅可以旋转图元，还具有拉伸、扭曲几何体、复制等功能。SketchUp中的环形阵列，需要通过“旋转复制”来完成。

环形阵列（即旋转复制）：

步骤 01 使用“选择”工具（快捷键“Q”），选择要阵列的一个或多个对象；

步骤 02 使用“旋转”工具（快捷键“E”），出现旋转工具的量角器形光标，点击“Ctrl”键，光标右下角出现一个黑色小加号，表示可以复制被选对象（再次点击“Ctrl”键，可取消复制），如图4-78所示；

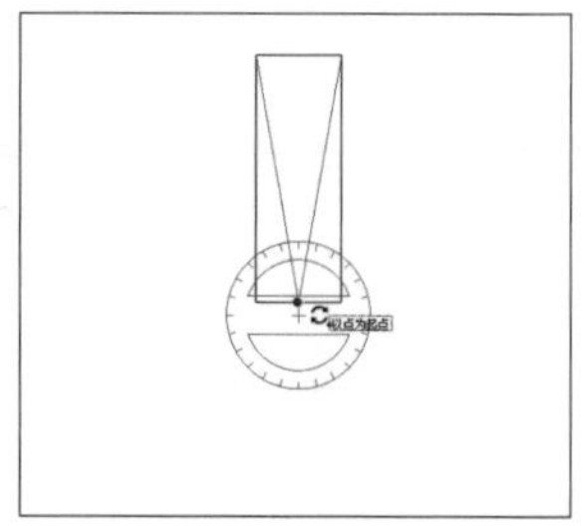

图4-78 旋转复制

步骤 03 移动光标，直到光标位于目标旋转平面上（如果要锁定平面，请按住“Shift”键，直到单击鼠标左键），单击鼠标左键确定旋转顶点；

步骤 04 单击鼠标左键确定旋转起始边上的一点；

步骤 05 将光标移动至“旋转目标角度或目标点”，在“度量值框”输入旋转角度，按“回车”键确认即可完成旋转复制（旋转角度可反复输入），如图4-79所示；

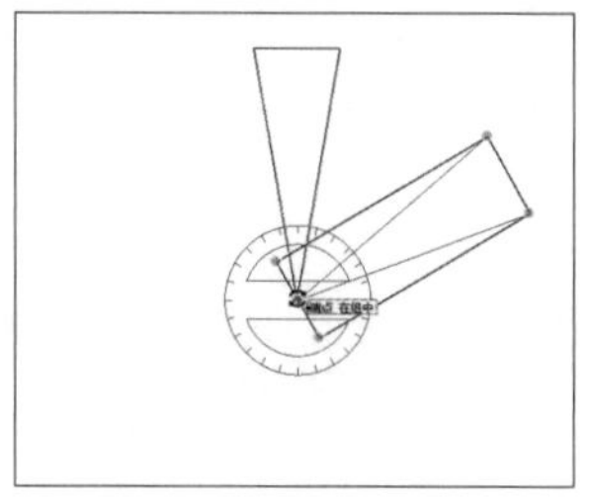

图4-79 旋转复制单个副本

步骤 06　在创建副本后，可立即输入“一个数字（副本数量）和 X（乘法）”，以创建出多个副本，即可完成环形阵列复制（“副本数量和X”可反复输入），如图4-80所示。

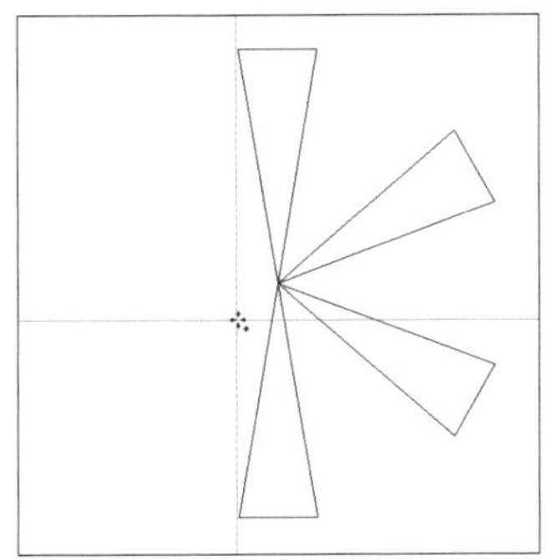

图4-80　旋转复制多个副本

> △ 提示
>
> ① 上文**步骤 02**~**步骤 05**中按“回车”键确认前，都可以按“Ctrl”键进行复制（或者再次按“Ctrl”键取消复制）。
>
> ② 上文**步骤 06**中，输入“副本数量和X（乘法）”，表示等角旋转复制多个副本；输入“副本数量和 /（除法）”，表示等分复制多个副本，即这些副本会在原对象和第一个副本之间均匀间隔分布。
>
> ③ 旋转角度和副本数量可以反复输入，直到切换其他工具为止。

4.5.3　路径阵列

路径阵列：将群组或组件按照指定路径阵列，图标为“⋯”，即沿着某路径以相等的间距平均分布对象副本，路径可以是直线、曲线、圆弧等（SketchUp中的“曲线、多段线”内容详见本书5.2.8小节）。

如图4-81所示，正方形为群组（默认轴原点在左下角），圆弧为曲线；如图4-82所示，正方形为组件（将中心点设置为组件轴原点，组件轴原点将被视为组件阵列的拾取点），圆弧为曲线。

图4-81　正方形群组

图4-82　正方形组件

操作方法

步骤 01　单击“路径阵列”工具的图标“⋯”。

步骤 02　单击选择路径。

步骤 03　单击选择需要阵列的群组或者组件，即可完成路径阵列。正方形群组“路径阵列”结果如图4-83所示（群组轴原点默认在左下角），正方形组件“路径阵列”结果如图4-84所示（组件轴原点设置在中心点）。

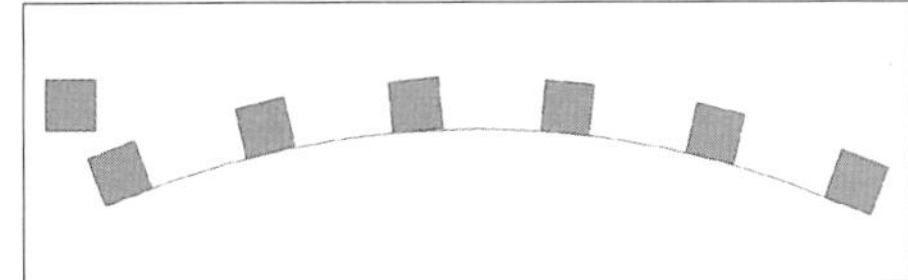

图4-83　正方形群组“路径阵列”结果

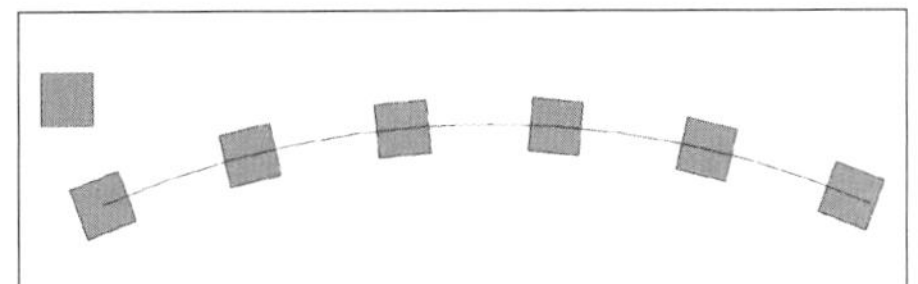

图4-84　正方形组件“路径阵列”结果

> △ 提示
>
> 在路径阵列的过程中，可随时反复输入副本间距，直至切换其他工具或者进行下一次阵列。

4.5.4　节点阵列 / 无间阵列

如图4-85所示，正方形为群组（默认轴原点在左下角），圆弧为曲线；如图4-86所示，正方形为组件（将中心点设置为组件轴原点，组件轴原点将被视为组件阵列的拾取点），圆弧为曲线。

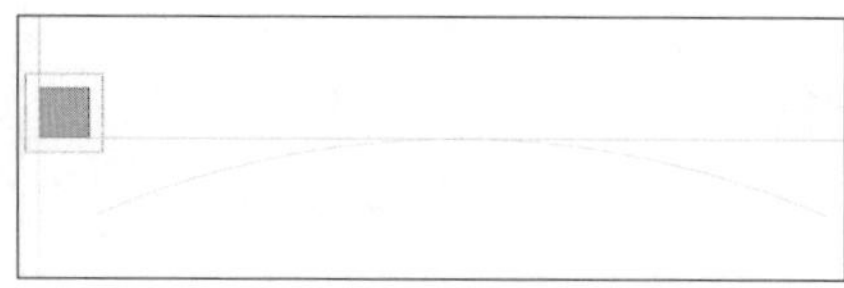

图4-85 正方形群组

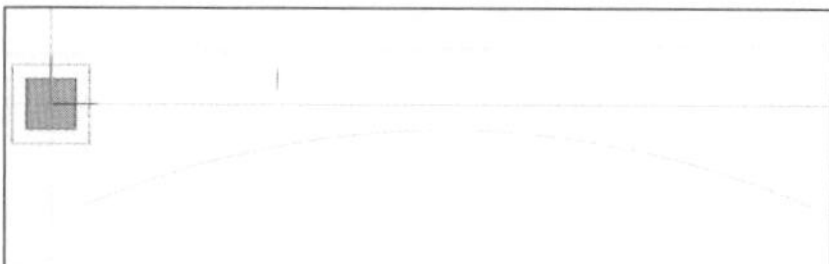

图4-86 正方形组件

4.5.4.1 节点阵列

节点阵列： 一种特殊的路径阵列方式，将群组或组件沿着曲线的节点进行阵列复制，路径可以是直线、曲线、圆弧等（SketchUp中的“曲线、多段线、直线”内容详见本书5.2.8小节）。

操作方法

步骤 01 执行“扩展程序 > 超级阵列 > 节点阵列”的菜单指令。

步骤 02 单击选择路径。

步骤 03 单击选择需要阵列的群组或者组件，即可完成节点阵列。正方形群组“节点阵列”结果如图4-87所示（群组默认轴原点在左下角），正方形组件“节点阵列”结果如图4-88所示（组件轴原点设置在中心点）。

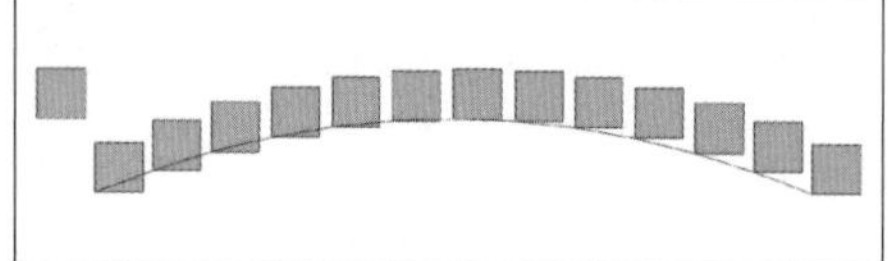

图4-87 正方形群组“节点阵列”结果

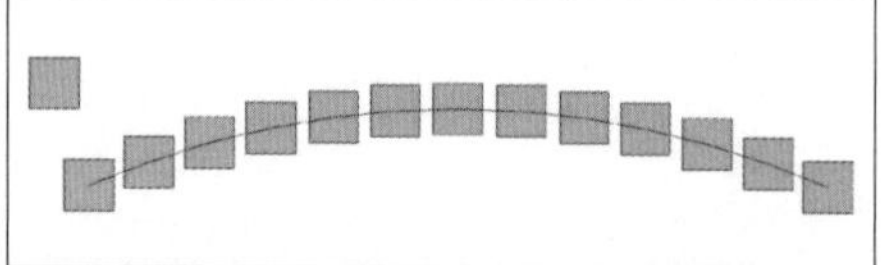

图4-88 正方形组件“节点阵列”结果

4.5.4.2 无间阵列

无间阵列： 一种特殊的路径阵列方式，将群组或组件沿着某路径进行零间距阵列复制，路径可以是曲线、圆弧等（SketchUp中的“曲线、多段线”内容详见本书 5.2.8小节）。

操作方法

步骤 01 执行“扩展程序>超级阵列>无间阵列”的菜单指令。

步骤 02 单击选择路径。

步骤 03 单击选择需要阵列的群组或者组件，即可完成无间阵列（阵列复制的副本形状会发生变化）。正方形群组“无间阵列”结果如图 4-89所示（群组轴原点默认在左下角），正方形组件“无间阵列”结果如图4-90所示（组件轴原点设置在中心点）。

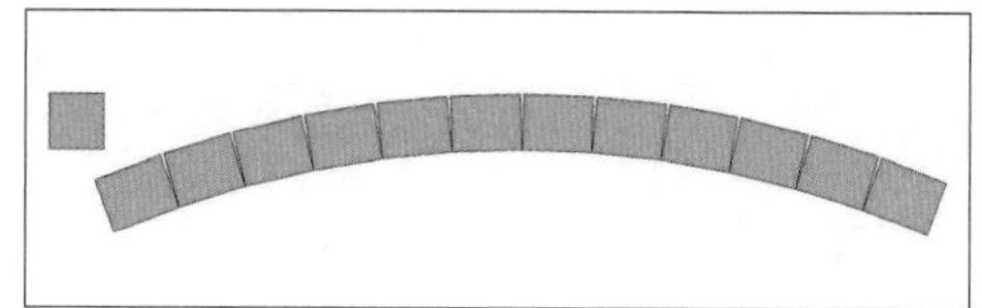

图4-89 正方形群组“无间阵列”结果

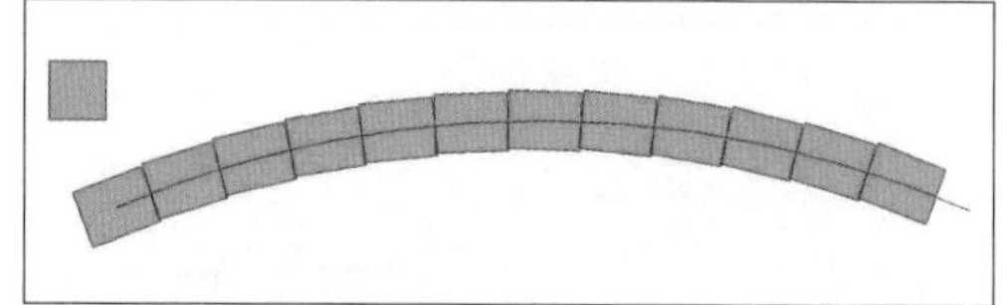

图4-90 正方形组件“无间阵列”结果

4.5.5 记忆复制 / 生长阵列

4.5.5.1 记忆复制

记忆复制： 将同一组件的两个个体在模型空间中的相对位置“记忆”下来，并参照其相对位置复制出新的个体，图标为“”。

操作方法 必须是同一组件的两个个体。

如图4-91所示，楼梯台阶A和B是同一个组件的两个个体。

步骤 01 使用“选择”工具（快捷键“Q”），选择个体A。

步骤 02 单击“记忆复制”工具的图标“”。

步骤 03 单击个体B，会自动生成C，如图4-92所示；继续单击个体B，会依次自动生成个体D~F等，如图4-93所示，以此类推。

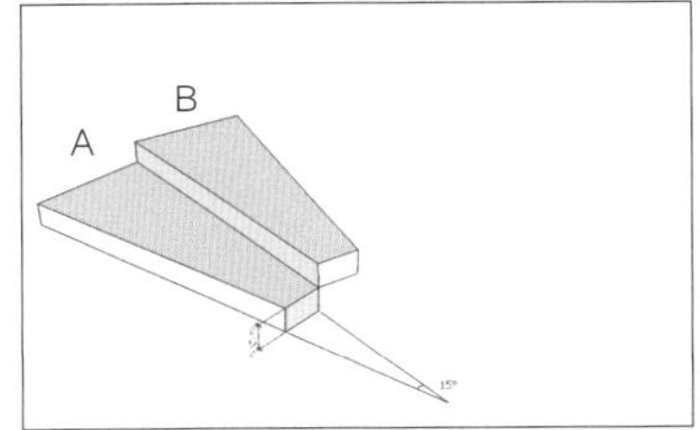

图4-91　同一组件的两个个体

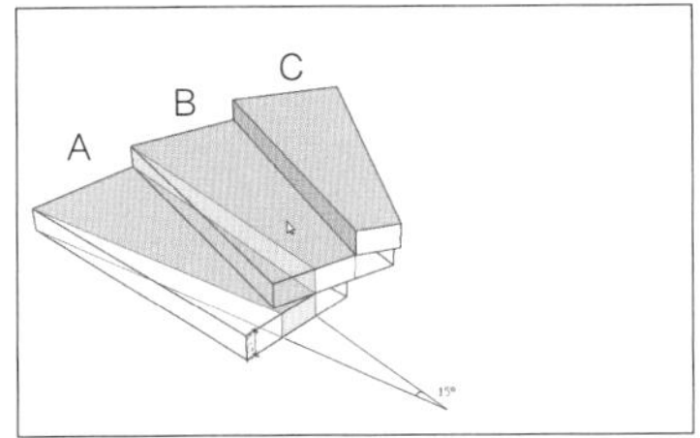

图4-92　单击“个体B”后

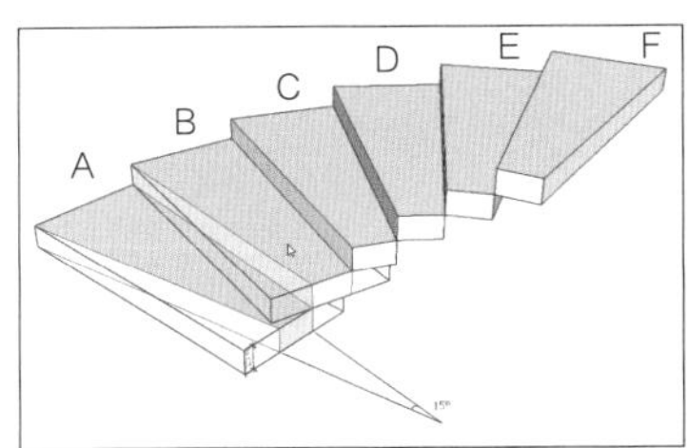

图4-93　持续单击“个体B”后

△ 提示

在上述过程中，个体A为“基准对象”，“记忆复制”工具会“记忆”A和B的相对位置，并以B为新的基准对象，按照同样的相对位置关系，自动生成新的个体。以此类推，每一个新的个体都以前一个个体为基准对象。

4.5.5.2　生长阵列

生长阵列：将一个群组或者组件，按照某种特定的变动方式（包括移动、旋转、缩放）进行批量复制，图标为“”。

操作方法　必须是群组或组件。

如图4-94所示，楼梯台阶是一个群组，“点O”是圆心，即旋转中心点。其中，台阶高0.15m，角度为15°。

步骤 01　使用“选择”工具（快捷键“Q”），选择需要阵列的台阶群组，并以此群组为参考。

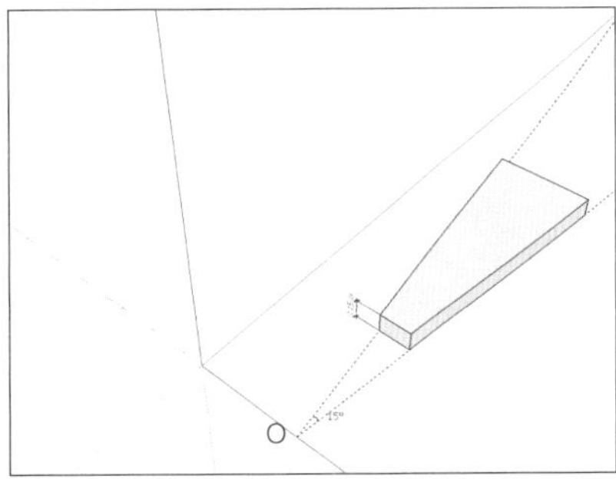

图4-94　台阶群组

步骤 02　单击“生长阵列”工具的图标“”，单击确定“生长阵列点”（“生长阵列点”是群组进行变动复制的参考点），如图4-95所示。

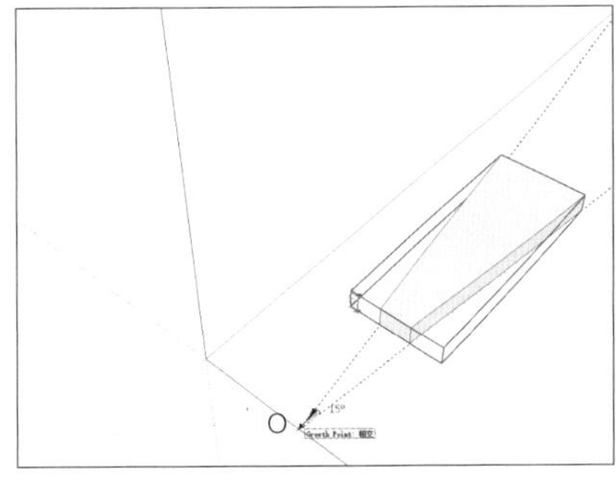

图4-95　确定“生长阵列点”

步骤 03　弹出“生长阵列参数对话框”，如图 4-96 所示，原群组将按照各项参数进行变动复制，其中：

副本数量——表示生长阵列出的副本的数量；

X轴间距（m）——沿红轴移动的距离（正数表示向正方向移动）；

Y轴间距（m）——沿绿轴移动的距离（正数表示向正方向移动）；

Z轴间距（m）——沿蓝轴移动的距离（正数表示向正方向移动）；

X轴旋转“m”——沿红轴垂直面旋转的角度（正数表示逆时针旋转角度）；

Y轴旋转“m”——沿绿轴垂直面旋转的角度（正数表示逆时针旋转角度）；

Z轴旋转“m”——沿蓝轴垂直面旋转的角度（正数表示逆时针旋转角度）；

使用缩放？——是否缩放群组（Yes表示缩

放，No表示不缩放）。

示例参数：副本数量（5）、Z轴间距（0.15m）、Z 轴旋转（15°），如图4-96所示。

步骤 04　弹出“操作顺序对话框”，如图4-97所示，其中：

操作顺序——可以选择“移动”“旋转”和“缩放”的变动顺序；

旋转顺序——可以选择“X”“Y”和“Z”轴的旋转顺序。

示例顺序：操作顺序（移动、旋转、缩放）、旋转顺序（X、Y、Z），如图4-97所示。

点击“好”即可完成生长阵列，如图4-98所示。

△ 提示

与“记忆复制”工具类似，在上述过程中，每一个新的副本（群组）都以前一个副本（群组）为参考对象，按照“生长阵列参数”和“操作顺序”进行变动复制得到。

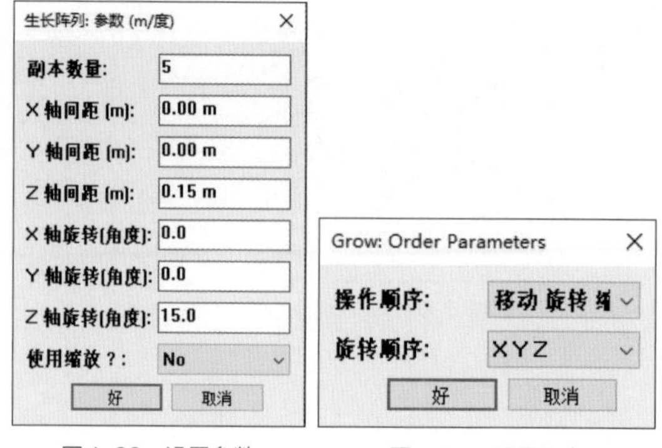

图4-96　设置参数　　图4-97　设置顺序

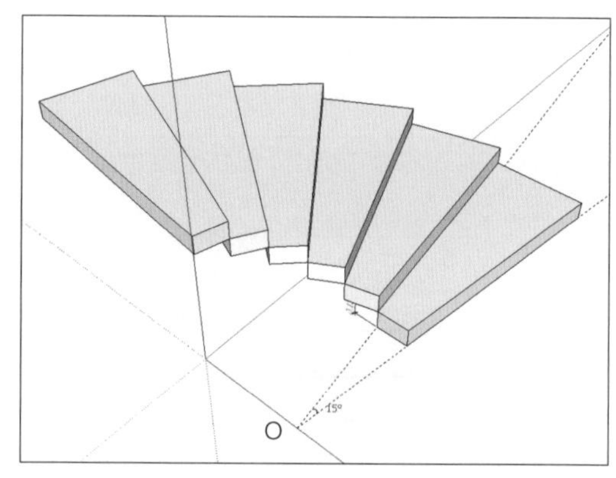

图4-98　生长阵列结果

4.6　缩放

“缩放”工具可调整模型的大小和比例，快捷键为“R”（自定义），图标为“■”。

4.6.1　简单缩放

简单缩放：以空间中的体块为例，可以实现一维/二维/三维缩放，即单轴/双轴/三轴缩放。

如图4-99所示，模型空间中有一个正方体群组（X射线透视模式），棱长为1m。

操作方法

步骤 01　使用“选择”工具（快捷键“Q”），选择要缩放的一个或多个对象。

步骤 02　使用“缩放”工具（快捷键“R”），此时出现黄色边框，群组（均为方块形）的6个面的中心、12条棱的中点和8个顶点处，一共出现26个绿色的“缩放夹点”，如图4-100所示。

步骤 03　单击缩放夹点，选定的夹点和对角点的缩放夹点都将变成红色，如图4-101所示（“缩放比例”在“度量值框”中动态显示，按“Esc”键可重新开始）。

步骤 04　移动光标（对角点的缩放夹点位置不变），再次单击鼠标左键，即可完成缩放。

① **一维缩放（单轴缩放）：**单击6个面中心的缩放夹点，可沿着“红轴”“绿轴”或“蓝轴”进行单轴缩放，即仅在一个方向上发生缩放变化。

② **二维缩放（双轴缩放）：**单击 12 条棱中点的缩放夹点，可沿着“红+蓝轴”“红+绿轴”或“蓝+绿轴”进行双轴缩放，即在两个方向上同时发生缩放变化。

③ 三维缩放（三轴缩放）：单击8个顶点的缩放夹点，可在三个方向上发生等比缩放变化。

△ 提示

① 当“一根直线或一个平面”位于坐标轴平面（XOY、XOZ和YOZ）时，使用“缩放”工具，则只会出现8个绿色的“缩放夹点”和黄色边框。

② 当一根直线与坐标轴平行或垂直时，直线不能被缩放；直线被旋转后，仍可被缩放。

③ 当一根直线与坐标轴平行或垂直时，将该直线进行群组，直线和群组都不能被缩放；群组被旋转后，仍然都不能被缩放；进入群组并且将直线旋转后，直线和群组都可以被缩放。

④ 当一个平面与坐标轴平面（XOY、XOZ和YOZ）平行或垂直时，平面不能三维缩放；平面被适当旋转后，可以三维缩放。

⑤ 当一个平面与坐标轴平面（XOY、XOZ和YOZ）平行或垂直时，将该平面进行群组，平面和群组都不能三维缩放；群组被旋转后，仍然都不能三维缩放；进入群组并且将平面适当旋转后，平面和群组都可以三维缩放。

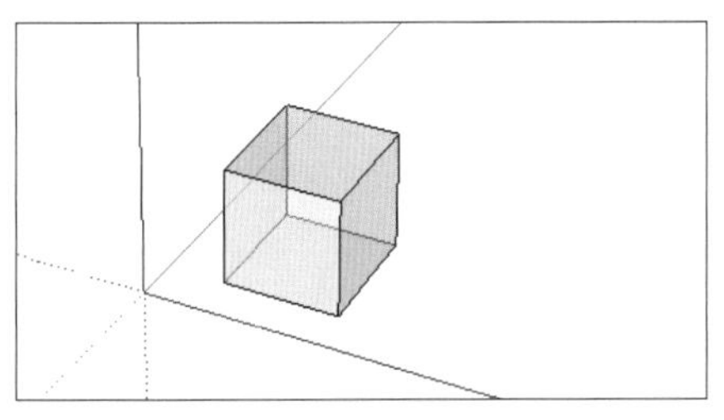

图4-99 正方体群组

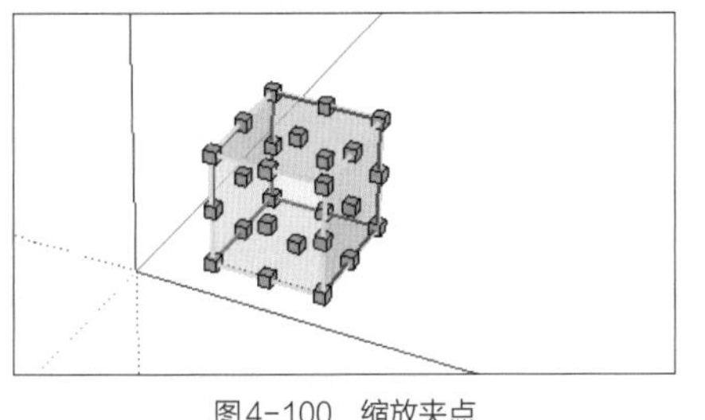

图4-100 缩放夹点

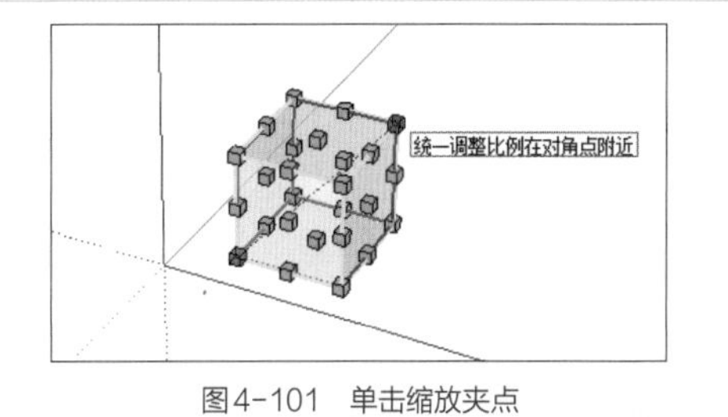

图4-101 单击缩放夹点

4.6.2 比例缩放

比例缩放：按照比例缩放模型的大小。

如图4-99所示，模型空间中有一个正方体群组（X射线透视模式），棱长为1m。

操作方法

① **一维缩放（单轴缩放）：**

步骤01 使用“选择”工具（快捷键“Q”），选择要缩放的一个或多个对象；

步骤02 使用“缩放”工具（快捷键“R”），单击面中心的缩放夹点，如图4-102所示；

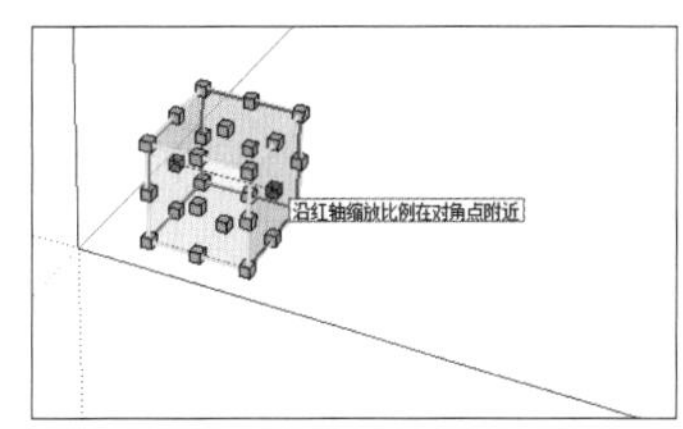

图4-102 选中面中心的缩放夹点

步骤03 键入“4”并按“回车”键确认，即可将正方体沿红轴方向放大至4倍，如图4-103所示。

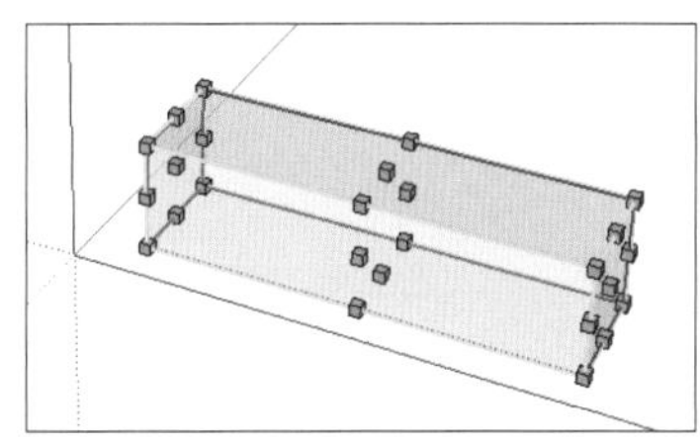

图4-103 沿红轴比例缩放

② **二维缩放（双轴缩放）：**

步骤01 使用“选择”工具（快捷键“Q”），选择要缩放的一个或多个对象；

步骤02 使用“缩放”工具（快捷键

“R”)，单击棱中点的缩放夹点，如图4-104所示；

步骤 03 键入“4,3”并按“回车”键确认，即可将正方体沿红轴方向放大至4倍，沿绿轴方向放大至3倍，如图4-105所示。

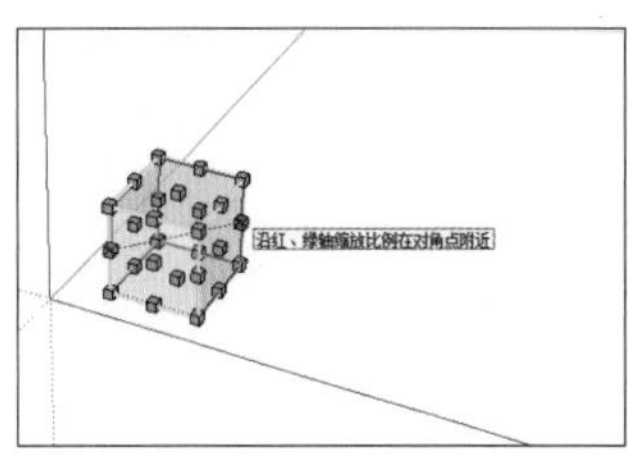

图4-104 选中棱中点的缩放夹点

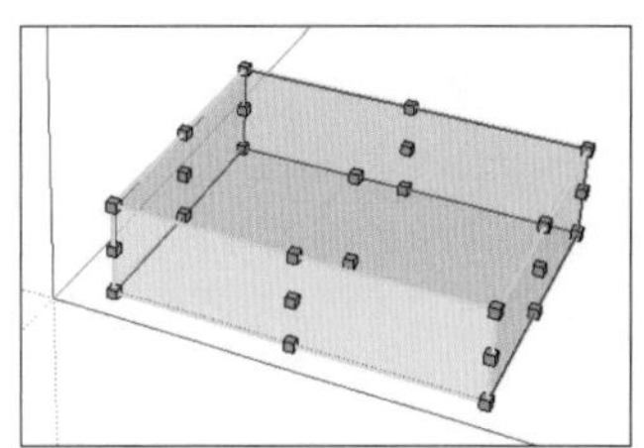

图4-105 沿红轴和绿轴比例缩放

③三维缩放（三轴缩放）:

步骤 01 使用“选择”工具（快捷键“Q”），选择要缩放的一个或多个对象；

步骤 02 使用“缩放”工具（快捷键“R”），单击顶点的缩放夹点，如图4-106所示；

步骤 03 键入“4,3,2”并按“回车”键确认，即可将正方体沿红轴方向放大至4倍，沿绿轴方向放大至3倍，沿蓝轴方向放大至2倍，如图4-107所示。

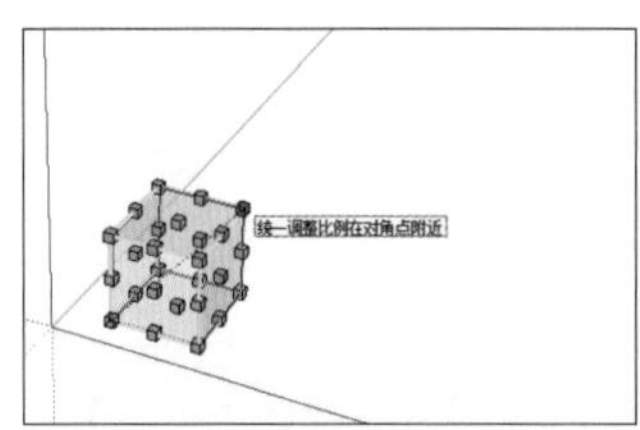

图4-106 选中顶点的缩放夹点

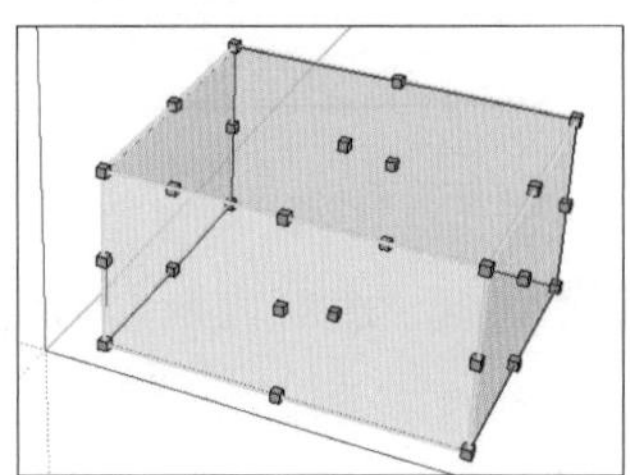

图4-107 沿红绿蓝三轴比例缩放

4.6.3 数值缩放

数值缩放：按照特定的数值大小来缩放模型。

如图4-99所示，模型空间中有一个正方体群组（X射线透视模式），棱长为1m。

操作方法

① 一维缩放（单轴缩放）:

步骤 01 使用“选择”工具（快捷键“Q”），选择要缩放的一个或多个对象；

步骤 02 使用“缩放”工具（快捷键“R”），单击面中心的缩放夹点，如图4-102所示；

步骤 03 键入“4m”并按“回车”键确认，即可将正方体沿红轴方向缩放至4m，与图4-103结果一致。

② 二维缩放（双轴缩放）:

步骤 01 使用“选择”工具（快捷键“Q”），选择要缩放的一个或多个对象；

步骤 02 使用“缩放”工具（快捷键“R”），单击棱中点的缩放夹点，如图4-104所示；

步骤 03 键入“4m,3m”并按“回车”键确认，即可将正方体沿红轴方向缩放至4m，沿绿轴方向缩放至3m，与图4-105结果一致。

③ 三维缩放（三轴缩放）:

步骤 01 使用“选择”工具（快捷键“Q”），选择要缩放的一个或多个对象；

步骤 02 使用“缩放”工具（快捷键“R”），单击顶点的缩放夹点，如图 4-106所示；

步骤 03 键入“4m,3m,2m”并按“回车”键确认，即可将正方体沿红轴方向缩放至4m，沿绿轴方向缩放至3m，沿蓝轴方向缩放至2m，与图4-107结果一致。

4.6.4 中心缩放

中心缩放：以群组的中心点为定点，进行缩放。

如图4-99所示，模型空间中有一个正方体群组（X 射线透视模式），棱长为 1m。

操作方法

步骤 01　使用“选择”工具（快捷键“Q”），选择要缩放的一个或多个对象。

步骤 02　使用“缩放”工具（快捷键“R”），按住“Ctrl”键表示以中心点为定点（中心点出现“红色缩放夹点”），如图4-108所示。

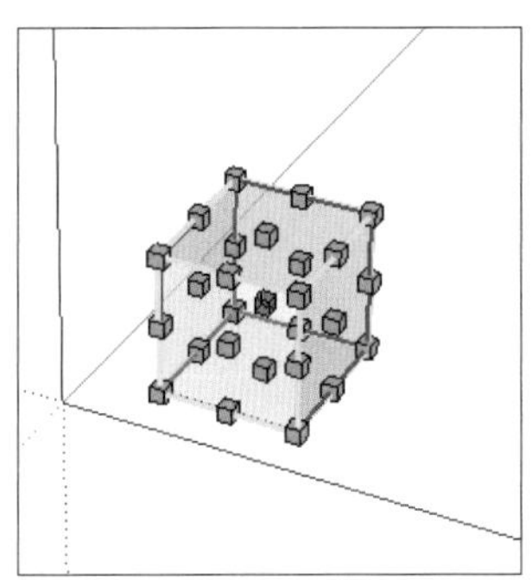

图4-108　按住“Ctrl”键

步骤 03　单击缩放夹点，移动光标（中心点的缩放夹点位置不变），如图4-109所示，再次单击鼠标左键，即可完成缩放。

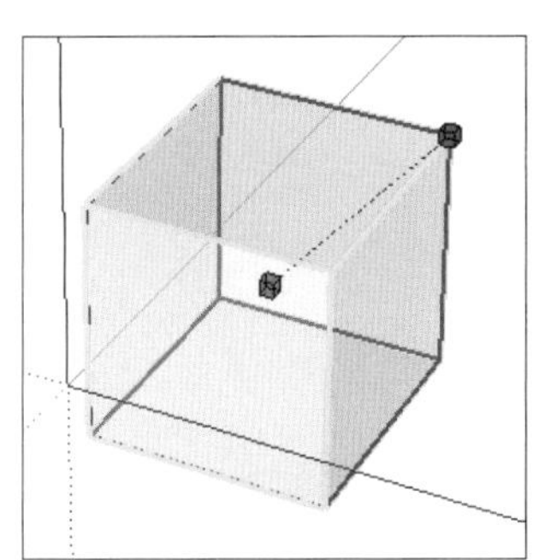

图4-109　中心缩放

4.6.5　自由缩放

自由缩放：与等比例缩放相反，自由缩放是指各维度不等比例的缩放，即非等比例缩放。

操作方法　在缩放过程中按住“Shift”键即可切换“等比例缩放”和“自由缩放”。

① **“自由缩放”转换为“等比例缩放”：**“单轴缩放”和“双轴缩放”默认为非等比例缩放，在缩放过程中按住“Shift”键即可切换至“等比例缩放”。

② **“等比例缩放”转换为“自由缩放”：**“三轴缩放”默认为等比例缩放，在缩放过程中按住“Shift”键即可切换至“非等比例缩放”，即“自由缩放”。

△ 提示

“中心缩放”和“自由缩放”可组合使用，即“Ctrl”键和“Shift”键可组合使用。

4.6.6　卷尺缩放

“卷尺”工具，可以测量距离、创建参考线和参考点或者调整模型大小（比例不变），快捷键为“J”（自定义），图标为“🔎”。本小节仅讲述如何测量距离和调整模型大小，其他功能另做介绍。

4.6.6.1　测量距离

测量距离：测量直线的长度或者空间中两点之间的距离。

操作方法

步骤 01　使用“卷尺”工具（快捷键“J”）或者单击“卷尺”工具的图标“🔎”。

步骤 02　用鼠标左键单击点A，移动光标再次单击点B，即可完成测量，测量结果显示在“度量值框”中。

4.6.6.2　卷尺缩放

卷尺缩放：即调整模型大小，比例不变。

操作方法　如图4-110所示，模型空间中有一个正方体群组（棱长为 1m）和一个球体群组（直径为 1m）。

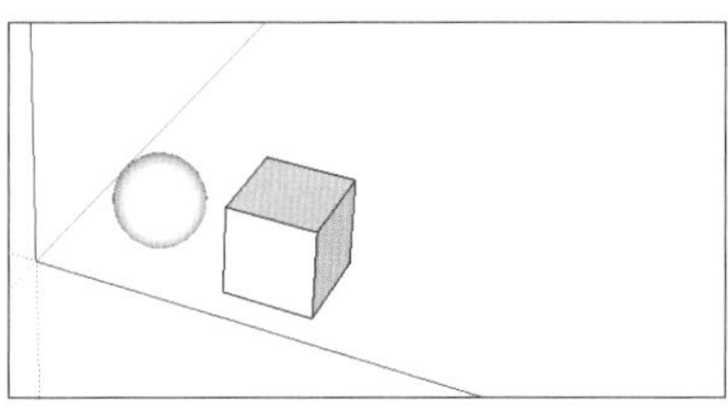

图4-110　正方体群组和球体群组

① **缩放全部模型：**

步骤 01　使用“卷尺”工具（快捷键“J”），

测量正方体的棱长，“度量值框”显示为“1m”；

步骤 02 不执行其他任何操作，立刻输入“2m”并按“回车”键确认；

步骤 03 弹出“SketchUp对话框”，提示“您要调整模型的大小吗？”，如图4-111所示，点击“是”，即可将正方体缩放至棱长为2m（步骤 01 中测量的距离被缩放），与此同时，所有模型的大小同时发生相同变化，如图4-112所示。

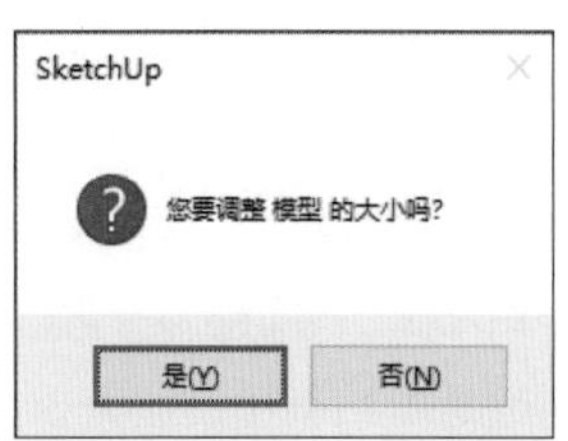

图4-111 SketchUp对话框

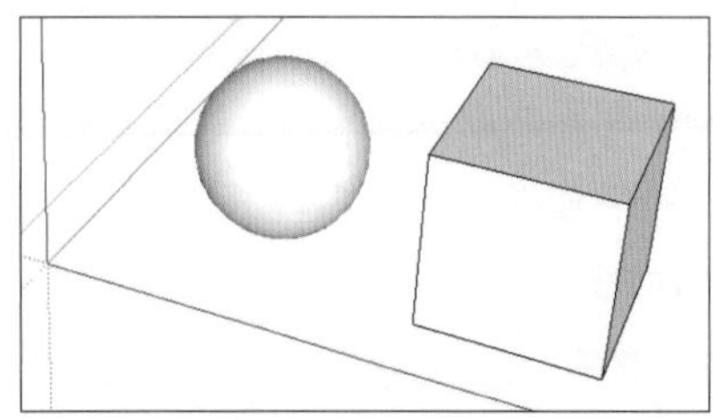
图4-112 缩放完成

② 缩放部分模型（以缩放正方体群组为例）：

步骤 01 双击进入正方体群组（编辑正方体群组），使用“卷尺”工具（快捷键“J”），测量正方体的棱长，“度量值框”显示为“1m”，如图4-113所示；

步骤 02 不执行其他任何操作，立刻输入“2m”并按“回车”键确认；

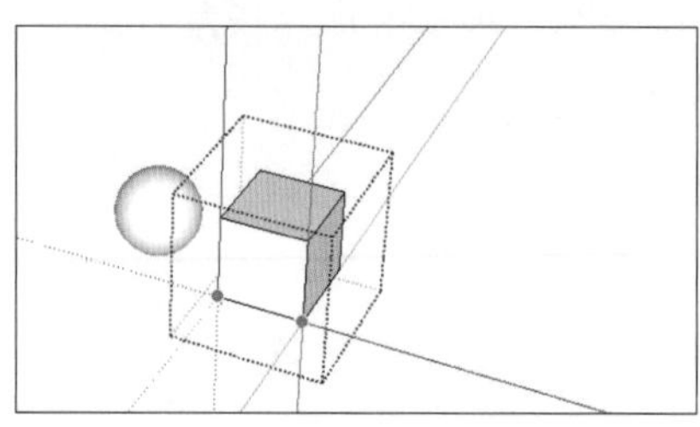
图4-113 双击进入正方体群组

步骤 03 弹出“SketchUp对话框”，提示“您要调整激活组或组件的大小吗？”，如图4-114所示，点击“是”，即可将正方体缩放至棱长为2m（步骤 01 中测量的距离被缩放），与此同时，本群组内的所有模型的大小同时发生相同变化，但是群组外部的模型的大小不发生变化，如图4-115所示。

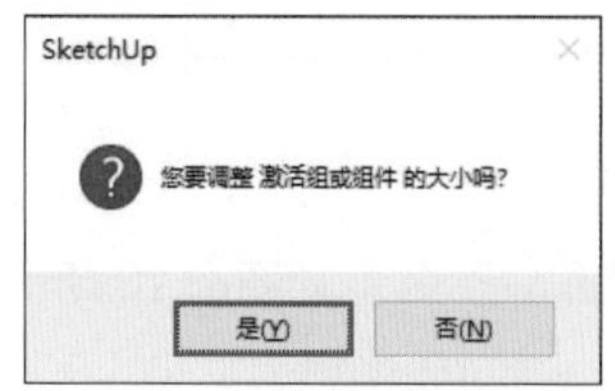

图4-114 SketchUp对话框

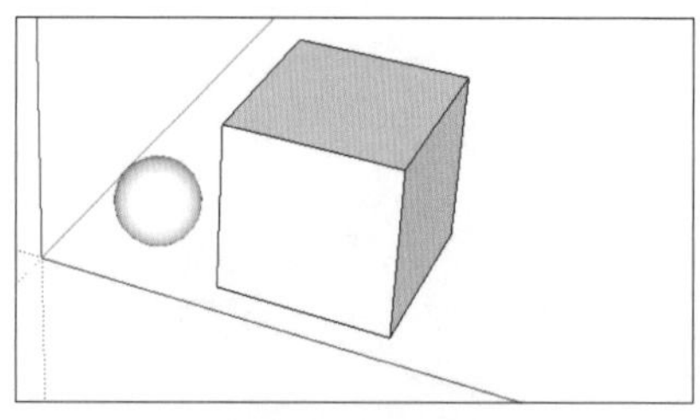
图4-115 缩放完成

4.7 镜像

镜像，可将物体沿着一个点、一根线或一个面进行对称翻转，或者创建镜像副本。

4.7.1 缩放镜像

缩放镜像： 缩放过程中，在数值框中输入“负值”，表示向相反方向缩放的倍数或者数值。

如图4-116所示，模型空间中有一个三角形（未群组）和一个正方形（未群组）。

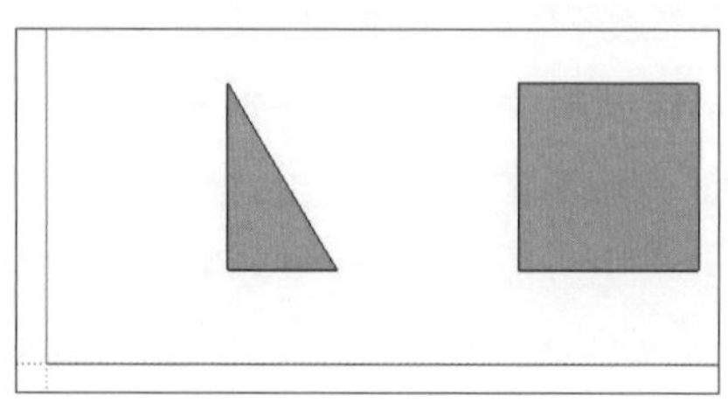
图4-116 三角形和正方形

操作方法

步骤01 使用“选择”工具（快捷键“Q”），选择要缩放的一个或多个对象（以三角形为例）。

步骤02 使用“缩放”工具（快捷键“R”），单击四个边中心的缩放夹点，如图4-117所示。

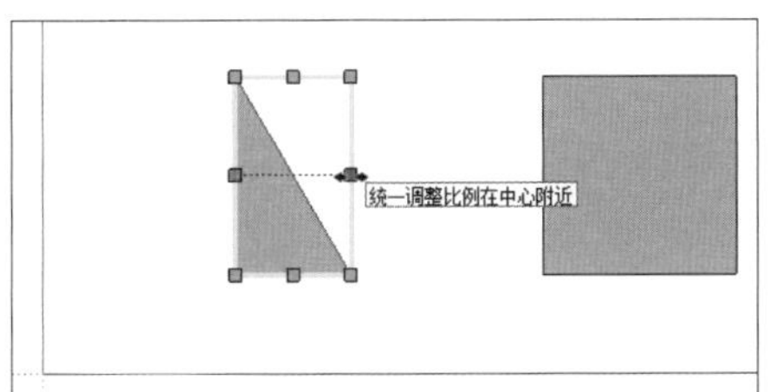

图4-117 单击缩放夹点

步骤03 输入“-1”并按“回车”键确认，即可将三角形沿红轴方向镜像翻转（即反方向缩放1倍），如图4-118所示。

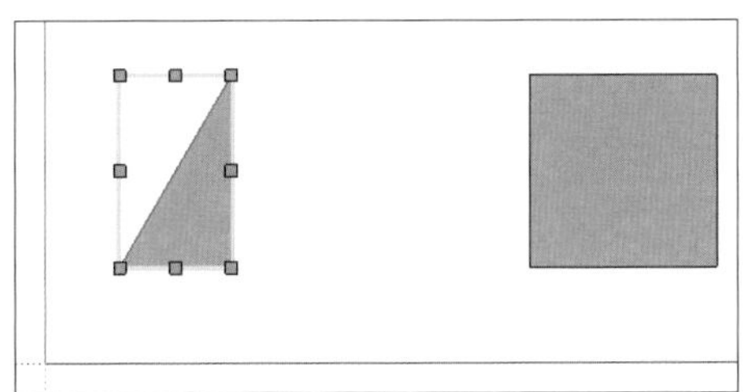

图4-118 缩放“-1”倍

4.7.2 沿轴翻转

沿轴翻转： 将物体沿着红轴、绿轴或蓝轴方向（即平面YOZ、XOZ或XOY），以中心点为基点，进行镜像翻转。

如图4-116所示，模型空间中有一个三角形（未群组）和一个正方形（未群组）。

操作方法

步骤01 使用“选择”工具（快捷键“Q”），选择要镜像的一个或多个对象（以三角形为例）。

步骤02 执行“右键>翻转方向>红轴方向/绿轴方向/蓝轴方向”的指令，即可将三角形沿着“红轴方向/绿轴方向/蓝轴方向”进行镜像翻转，如图4-119~图4-121所示。

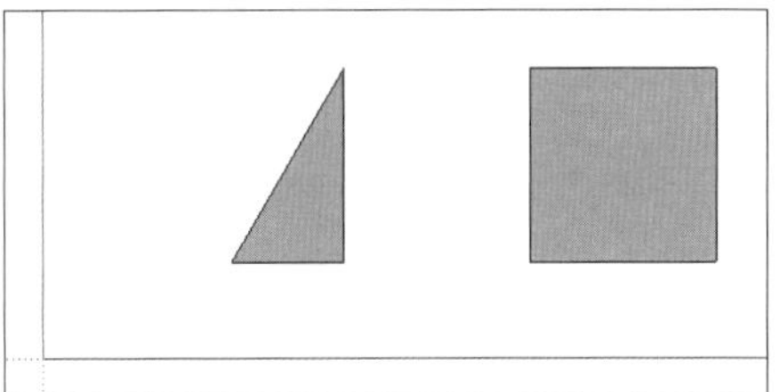

图4-119 沿红轴方向翻转

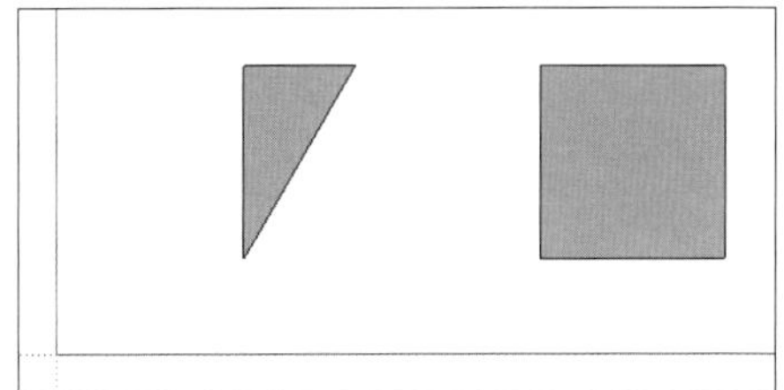

图4-120 沿绿轴方向翻转

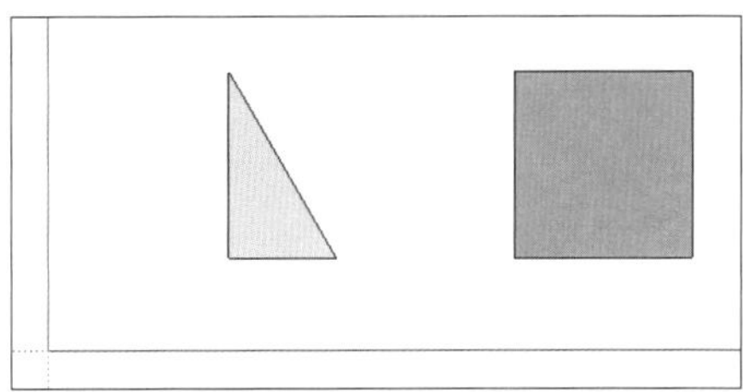

图4-121 沿蓝轴方向翻转

△ 提示

如果选中“群组”或“组件”，步骤02 变化为执行“右键>翻转方向>组的红轴/组的绿轴/组的蓝轴”，物体将沿着群组自身的红轴/绿轴/蓝轴进行翻转。

4.7.3 物体镜像

物体镜像： 以点、线、面为参考对象，对选择的物体进行镜像，快捷键为“Ctrl键+M”（自定义），图标为“ ”。

4.7.3.1 点对称镜像

点对称镜像： 根据一个点，创建物体的对称镜像副本。

如图4-122所示，模型空间中有一个三角形（未群组）。

操作方法

步骤01 使用“选择”工具（快捷键“Q”），

选择要镜像的一个或多个对象（以三角形为例）。

步骤 02 执行“物体镜像”的快捷键“Ctrl键+M”（自定义）或者单击“物体镜像”工具“▲”。

步骤 03 在模型空间中单击一个点确认“对称点”，如图4-123所示，并按“回车”键确认，即可完成“点对称镜像”，如图4-124 所示。

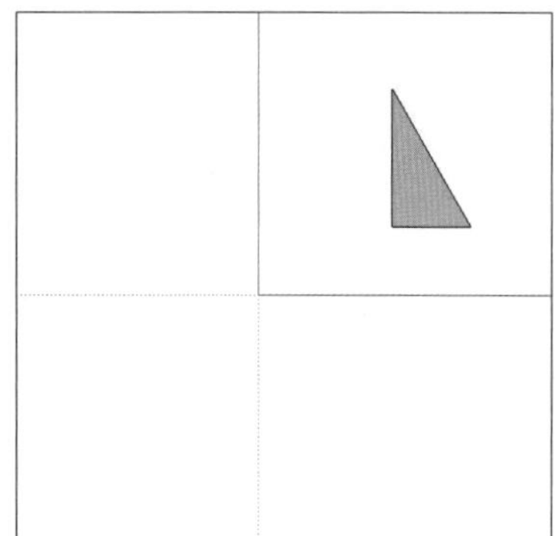

图4-122 三角形（未群组）

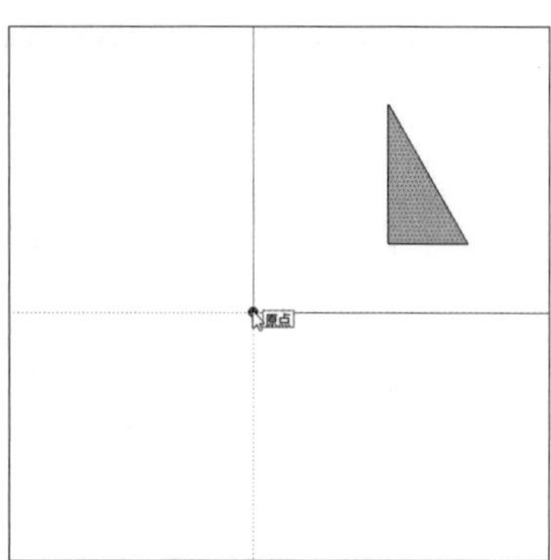

图4-123 单击确定“对称点”

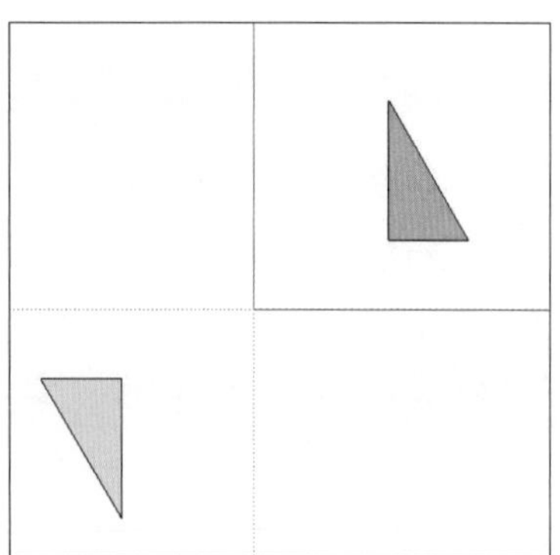

图4-124 点对称镜像结果

4.7.3.2 线对称镜像

线对称镜像：根据一根线，创建物体的对称镜像副本。

如图4-122所示，模型空间中有一个三角形（未群组）。

操作方法

步骤 01 使用“选择”工具（快捷键“Q”），选择要镜像的一个或多个对象（以三角形为例）。

步骤 02 执行“物体镜像”的快捷键“Ctrl键+M”（自定义）或者单击“物体镜像”工具“▲”。

步骤 03 在模型空间中单击两个点确认“对称轴”（点A和点B构成一条对称线），如图4-125所示，并按“回车”键确认，即可完成“线对称镜像”，如图4-126所示。

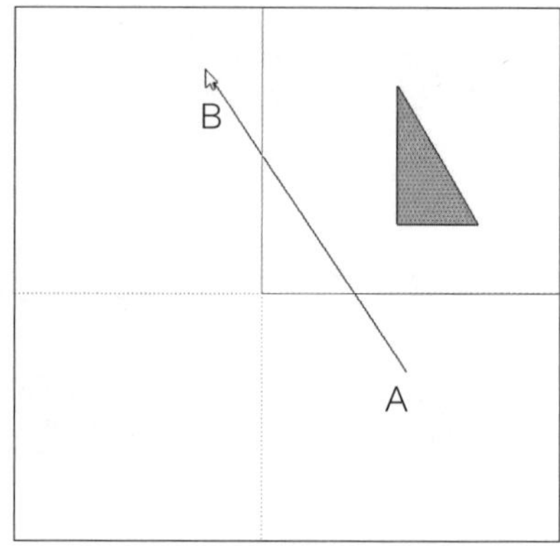

图4-125 单击两点确定“对称轴”

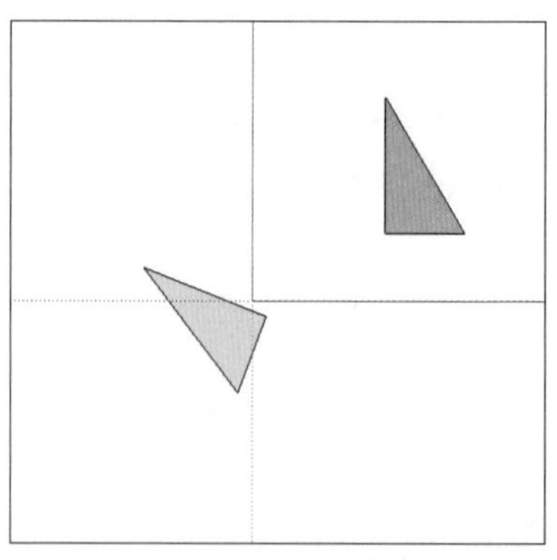

图4-126 线对称镜像结果

4.7.3.3 面对称镜像

面对称镜像：根据一个面，创建物体的对称镜像副本。

如图4-127所示，模型空间中有一个三角形（未群组）和一个矩形平面（仅用作镜像参考，实际应用中无需绘制）。

操作方法

步骤 01 使用“选择”工具（快捷键“Q”），选择要镜像的一个或多个对象（以三角形为例）。

步骤 02 执行“物体镜像”的快捷键“Ctrl键+M”（自定义）或者单击“物体镜像”工具“▲”。

步骤 03 在模型空间中单击三个点确认“对称面”（点A、点B和点C形成一个对称面），如图4-128所示，即可完成“面对称镜像”，如图4-129所示。

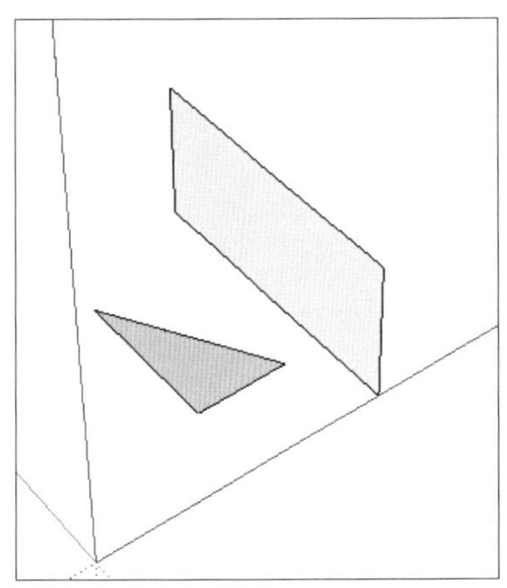

图4-127 三角形和矩形平面

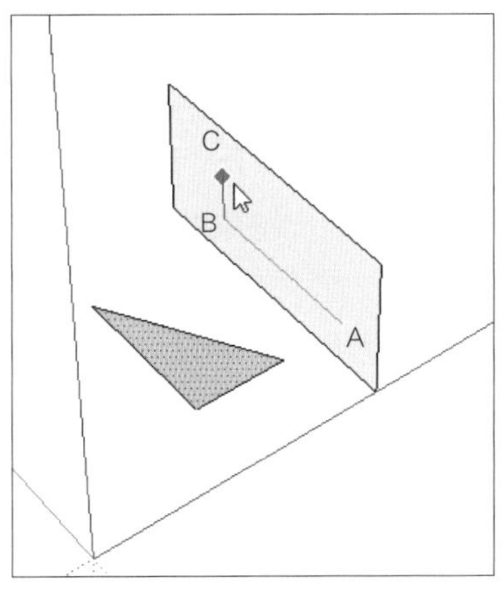

图4-128 单击三点确定“对称面”

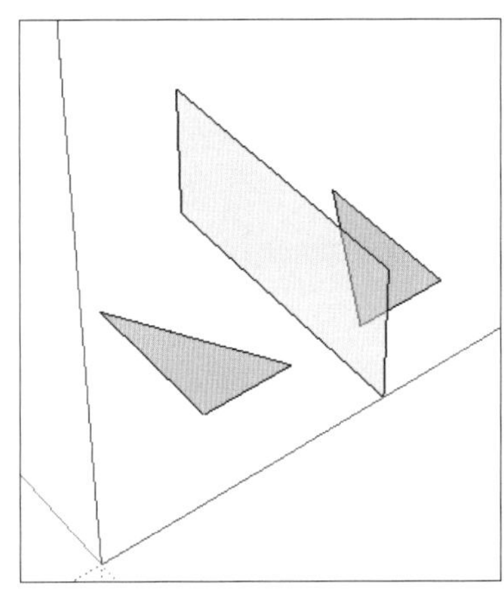

图4-129 面对称镜像结果

4.8 对齐

对齐，是指将两个或两个以上的物体，在某个方向上使其坐标对照整齐。

4.8.1 快速对齐

快速对齐，是指将两个或两个以上的物体，在红轴、绿轴或蓝轴方向上对齐到特定的平面。

4.8.1.1 未群组物体对齐

未群组物体，即裸露的线、面和体块，使用“快速对齐”都可以被压平至特定的平面（“裸露体块”的实质是“线+面”，“裸露的线”和“裸露的面”的实质是无数个点组成的）。裸露的线能够被压平为一个点（特定方向）或一根线（特定方向），裸露的面能够压平为一根线（特定方向）或一个面（特定方向），裸露的体块能够被压平为一个面（特定方向）。

“快速对齐”工具包含9个子工具，应用于裸露物体时，其中：

① “红轴方向对齐-最小值”，图标为“▙”——一个或多个对象在红轴方向上压平，并且将所选对象压平至“X坐标最小点”所在的平面；

② “红轴方向对齐-居中”，图标为“✚”——一个或多个对象在红轴方向上压平，并且将所选对象压平至“X坐标中心点”所在的

平面；

③“红轴方向对齐－最大值”，图标为“”——一个或多个对象在红轴方向上压平，并且将所选对象压平至“X坐标最大点”所在的平面；

④“绿轴方向对齐－最小值”，图标为“”——一个或多个对象在绿轴方向上压平，并且将所选对象压平至“Y坐标最小点”所在的平面；

⑤“绿轴方向对齐－居中”，图标为“”——一个或多个对象在绿轴方向上压平，并且将所选对象压平至“Y坐标中心点”所在的平面；

⑥“绿轴方向对齐－最大值”，图标为“”——一个或多个对象在绿轴方向上压平，并且将所选对象压平至“Y坐标最大点”所在的平面；

⑦“蓝轴方向对齐－最小值”，图标为“”——一个或多个对象在蓝轴方向上压平，并且将所选对象压平至“Z坐标最小点”所在的平面；

⑧“蓝轴方向对齐－居中”，图标为“”——一个或多个对象在蓝轴方向上压平，并且将所选对象压平至“Z坐标中心点”所在的平面；

⑨“蓝轴方向对齐－最大值”，图标为“”——一个或多个对象在蓝轴方向上压平，并且将所选对象压平至“Z坐标最大点”所在的平面。坐标轴实线方向为正方向，虚线方向为负方向，“轴”内容详见本书6.1小节。

如图4-130所示，模型空间中有一根线、一个矩形面和一个球体（均未群组），图4-131为顶视图，图4-132为前视图。

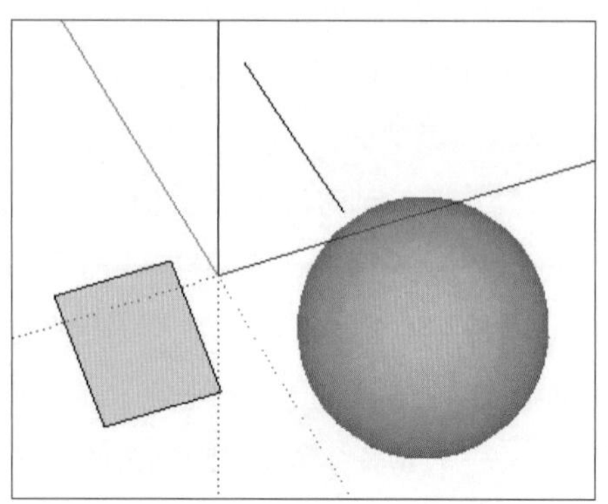

图4-130　轴测图（未群组）

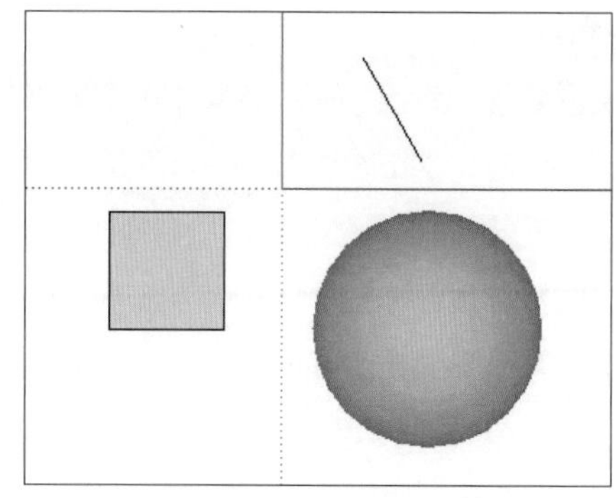

图4-131　顶视图（未群组）

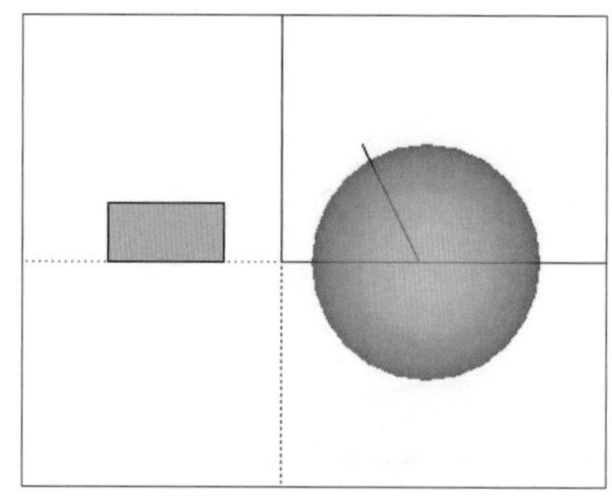

图4-132　前视图（未群组）

操作方法

① **线快速对齐：**以红轴/绿轴/蓝轴三个方向的最小值对齐为例。

以图4-130中的直线为例，图4-133~图4-135中的红色虚线为直线原位置，实际应用过程中没有此虚线。

“红轴方向对齐－最小值”操作方法

步骤 01　使用“选择”工具（快捷键“Q”），选择要对齐的一个或多个对象（选择图 4-130中的“直线”）。

步骤 02　单击“红轴方向对齐－最小值”工具的图标“”，即可完成快速对齐，如图4-133所示。

“绿轴方向对齐－最小值”操作方法

步骤 01　使用“选择”工具（快捷键“Q”），选择要对齐的一个或多个对象（选择图4-130中的“直线”）。

步骤 02　单击“绿轴方向对齐－最小值”工具的图标“”，即可完成快速对齐，如图4-134所示。

"蓝轴方向对齐-最小值"操作方法

步骤 01 使用"选择"工具(快捷键"Q"),选择要对齐的一个或多个对象(选择图4-130中的"直线")。

步骤 02 单击"蓝轴方向对齐-最小值"工具的图标"❖",即可完成快速对齐,如图4-135所示。

其他6种对齐类型的操作方法与上述3种对齐类型一致。

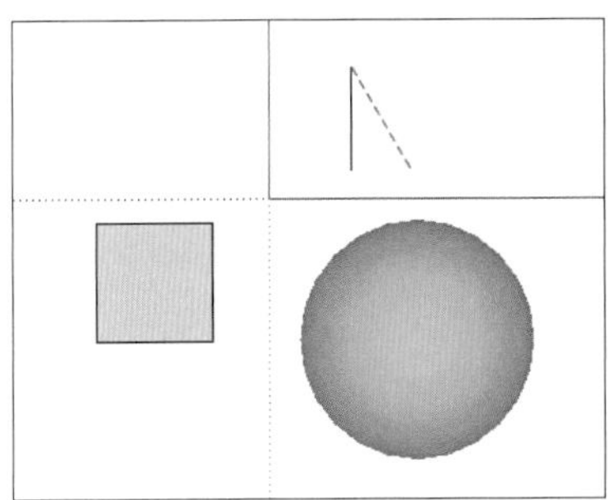

图4-133 "红轴方向对齐-最小值"顶视图

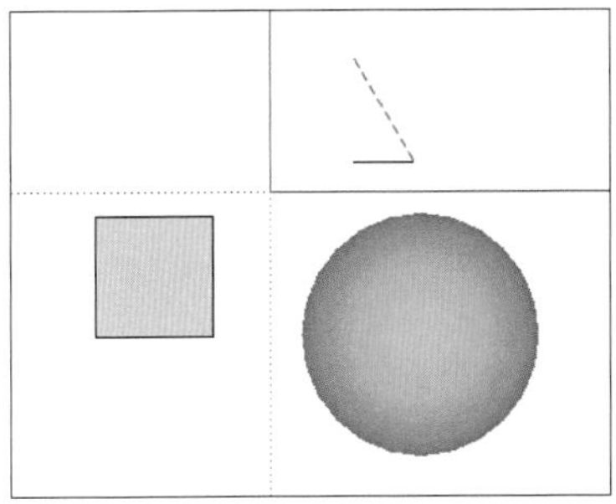

图4-134 "绿轴方向对齐-最小值"顶视图

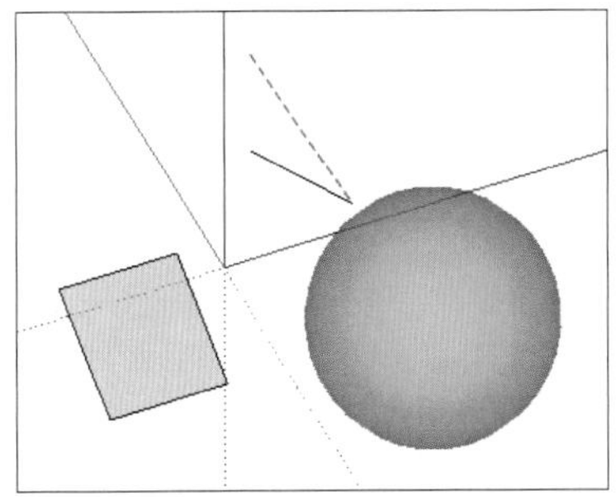

图4-135 "蓝轴方向对齐-最小值"轴测图

② **面快速对齐:**以红轴/绿轴/蓝轴三个方向的居中对齐为例。

以图4-130中的矩形面为例,图4-136~图4-138中的红色虚线为矩形面原位置,实际应用过程中没有此虚线。

"红轴方向对齐-居中"操作方法

步骤 01 使用"选择"工具(快捷键"Q"),选择要对齐的一个或多个对象(选择图 4-130中的"矩形面")。

步骤 02 单击"红轴方向对齐-居中"工具的图标"✚",即可完成快速对齐,如图4-136所示。

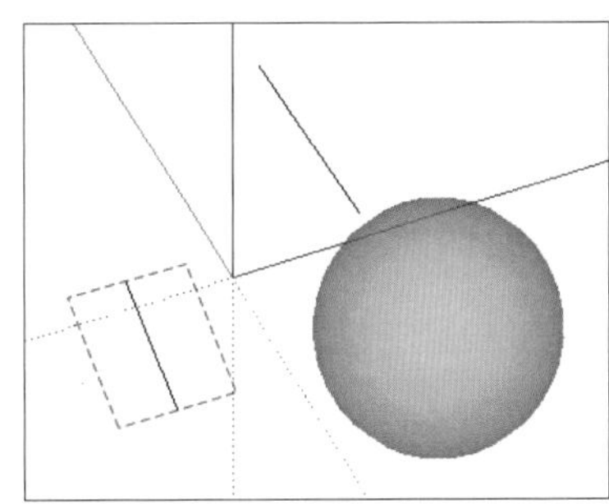

图4-136 "红轴方向对齐-居中"轴测图

"绿轴方向对齐-居中"操作方法

步骤 01 使用"选择"工具(快捷键"Q"),选择要对齐的一个或多个对象(选择图4-130中的"矩形面")。

步骤 02 单击"绿轴方向对齐-居中"工具的图标"✚",即可完成快速对齐,如图4-137所示。

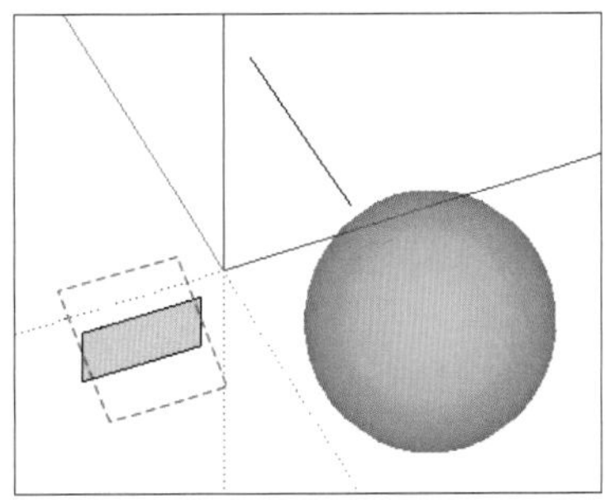

图4-137 "绿轴方向对齐-居中"轴测图

"蓝轴方向对齐-居中"操作方法

步骤 01 使用"选择"工具(快捷键"Q"),选择要对齐的一个或多个对象(选择图4-130中的"矩形面")。

步骤 02 单击"蓝轴方向对齐-居中"工具的图标"✖",即可完成快速对齐,如图4-138所示。

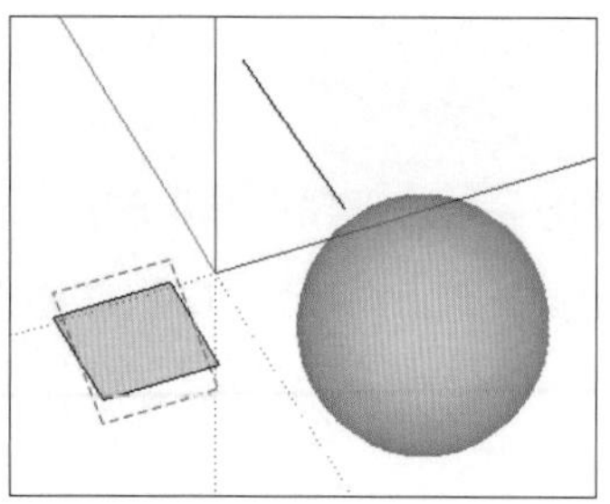

图4-138 “蓝轴方向对齐-居中”轴测图

其他6种对齐类型的操作方法与上述3种对齐类型一致。

③ **体块快速对齐：**以红轴/绿轴/蓝轴三个方向的最大值对齐为例。

以图4-130中的球体为例，图4-139~图4-141中的红色虚线为球体原位置，实际应用过程中没有此虚线。

“红轴方向对齐-最大值”操作方法

步骤 01 使用“选择”工具（快捷键“Q”），选择要对齐的一个或多个对象（选择图4-130中的“球体”）。

步骤 02 单击“红轴方向对齐-最大值”工具的图标“”，即可完成快速对齐，如图4-139所示。

“绿轴方向对齐-最大值”操作方法

步骤 01 使用“选择”工具（快捷键“Q”），选择要对齐的一个或多个对象（选择图4-130中的“球体”）。

步骤 02 单击“绿轴方向对齐-最大值”工具的图标“”，即可完成快速对齐，如图4-140所示。

“蓝轴方向对齐-最大值”操作方法

步骤 01 使用“选择”工具（快捷键“Q”），选择要对齐的一个或多个对象（选择图4-130中的“球体”）。

步骤 02 单击“蓝轴方向对齐-最大值”工具的图标“”，即可完成快速对齐，如图4-141所示。

其他6种对齐类型的操作方法与上述3种对齐类型一致。

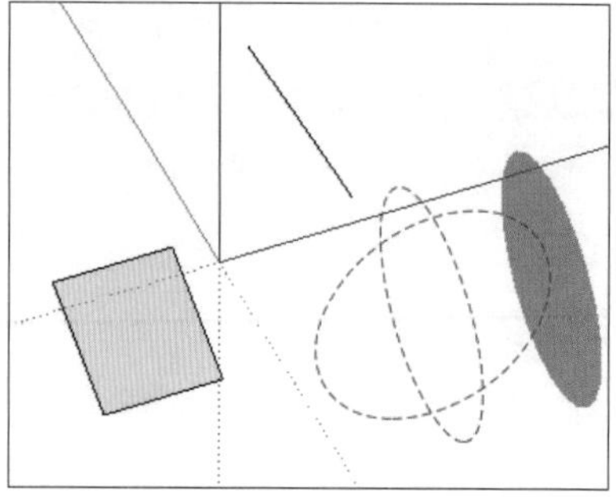

图4-139 “红轴方向对齐-最大值”轴测图

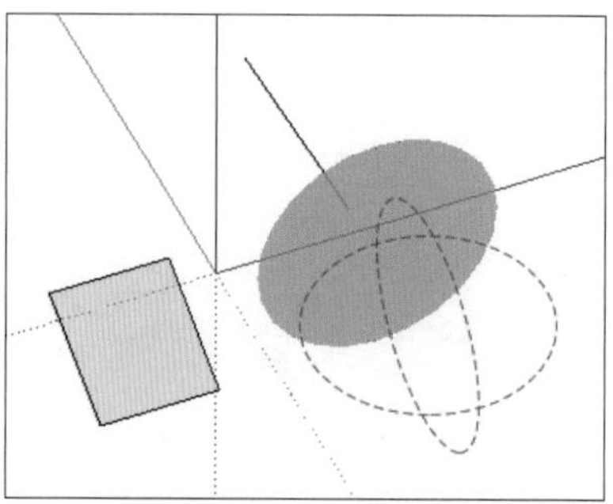

图4-140 “绿轴方向对齐-最大值”轴测图

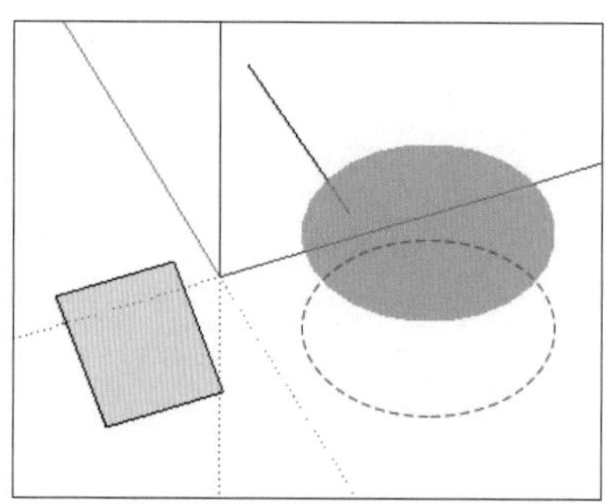

图4-141 “蓝轴方向对齐-最大值”轴测图

4.8.1.2 群组对齐

已群组的物体，使用“快速对齐”可以将两个或两个以上的“群组”或“组件”，在红轴、绿轴或蓝轴方向上对齐到特定的平面（“组”不会被压平，仅改变位置）。

“快速对齐”工具包含9个子工具，应用于“组”时，其中：

①“红轴方向对齐-最小值”，图标为“”——两个或两个以上的“组”的“X坐标最小点”在红轴方向上对齐，并且对齐至“所选对象的X坐标最小点”所在的平面；

②“红轴方向对齐-居中”，图标为

“▪”——两个或两个以上的“组”的“X坐标中心点”在红轴方向上对齐，并且对齐至“所选对象的X坐标中心点”所在的平面；

③“红轴方向对齐－最大值”，图标为“▪”——两个或两个以上的“组”的“X坐标最大点”在红轴方向上对齐，并且对齐至“所选对象的X坐标最大点”所在的平面；

④“绿轴方向对齐－最小值”，图标为“▪”——两个或两个以上的“组”的“Y坐标最小点”在绿轴方向上对齐，并且对齐至“所选对象的Y坐标最小点”所在的平面；

⑤“绿轴方向对齐－居中”，图标为“▪”——两个或两个以上的“组”的“Y坐标中心点”在绿轴方向上对齐，并且对齐至“所选对象的Y坐标中心点”所在的平面；

⑥“绿轴方向对齐－最大值”，图标为“▪”——两个或两个以上的“组”的“Y坐标最大点”在绿轴方向上对齐，并且对齐至“所选对象的Y坐标最大点”所在的平面；

⑦“蓝轴方向对齐－最小值”，图标为“▪”——两个或两个以上的“组”的“Z坐标最小点”在蓝轴方向上对齐，并且对齐至“所选对象的Z坐标最小点”所在的平面；

⑧“蓝轴方向对齐－居中”，图标为“▪”——两个或两个以上的“组”的“Z坐标中心点”在蓝轴方向上对齐，并且对齐至“所选对象的Z坐标中心点”所在的平面；

⑨“蓝轴方向对齐－最大值”，图标为“▪”——两个或两个以上的“组”的“Z坐标最大点”在蓝轴方向上对齐，并且对齐至“所选对象的Z坐标最大点”所在的平面。

坐标轴实线方向为正方向，虚线方向为负方向。

如图4-142所示，模型空间中有一个线群组、一个矩形面群组和一个球体群组（均被群组），图4-143为顶视图，图4-144为前视图。

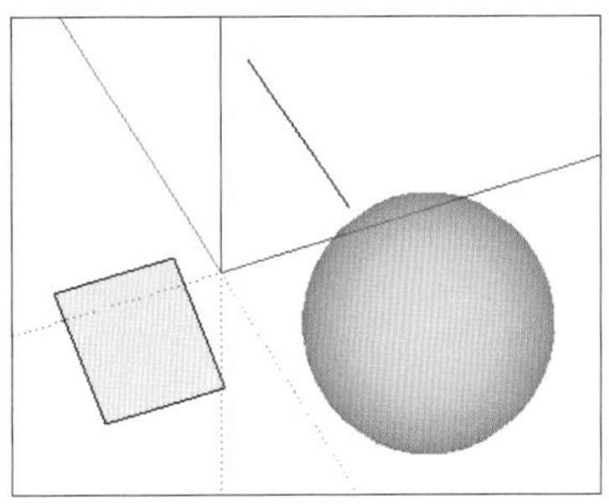

图4-142 轴测图（已群组）

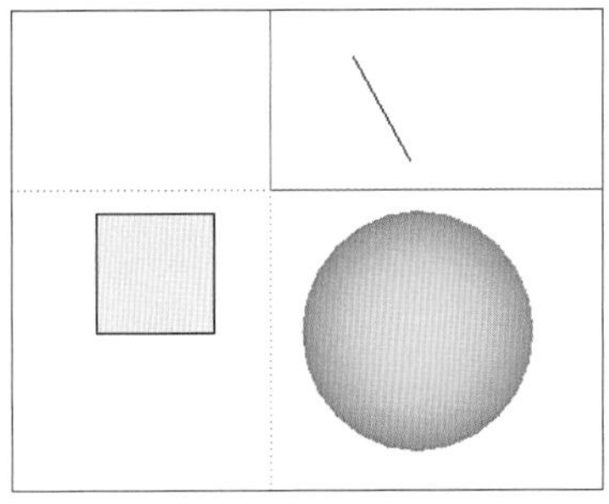

图4-143 顶视图（已群组）

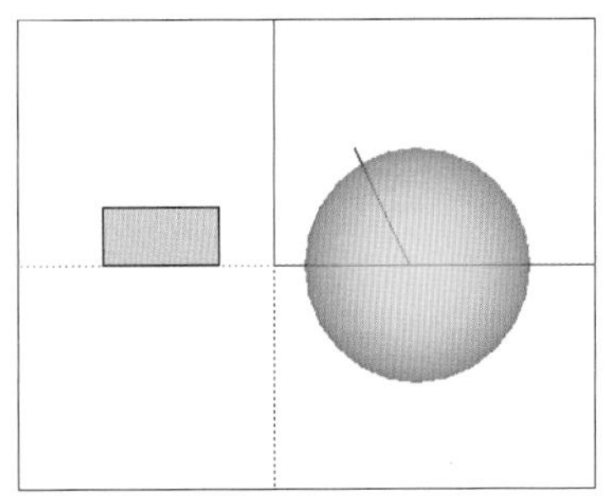

图4-144 前视图（已群组）

操作方法

①**红轴方向对齐：**以图4-142中的三个群组为例。

“红轴方向对齐－最小值”操作方法

步骤01 使用“选择”工具（快捷键“Q”），选择要对齐的两个或两个以上的“群组”或“组件”（选择图4-142中的三个群组）。

步骤02 单击“红轴方向对齐－最小值”工具的图标“▪”，即可完成快速对齐，如图4-145所示。

“红轴方向对齐－居中”操作方法

步骤01 使用“选择”工具（快捷键“Q”），选择要对齐的两个或两个以上的“群组”或“组件”（选择图4-142中的三个群组）。

步骤02 单击“红轴方向对齐-居中”工具的图标“✚”，即可完成快速对齐，如图4-146所示。

“红轴方向对齐-最大值”操作方法

步骤01 使用“选择”工具（快捷键“Q”），选择要对齐的两个或两个以上的“群组”或“组件”（选择图4-142中的三个群组）。

步骤02 单击“红轴方向对齐-最大值”工具的图标“▪”，即可完成快速对齐，如图4-147所示。

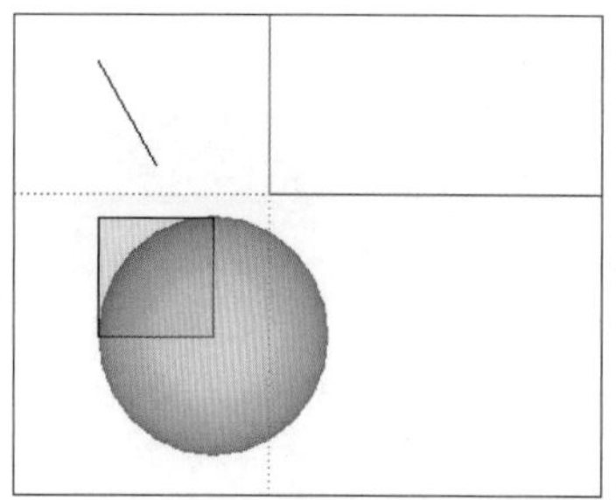
图4-145 “红轴方向对齐-最小值”顶视图

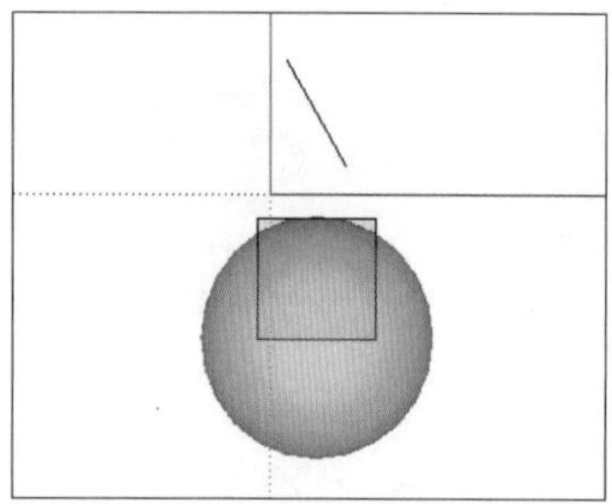
图4-146 “红轴方向对齐-居中”顶视图

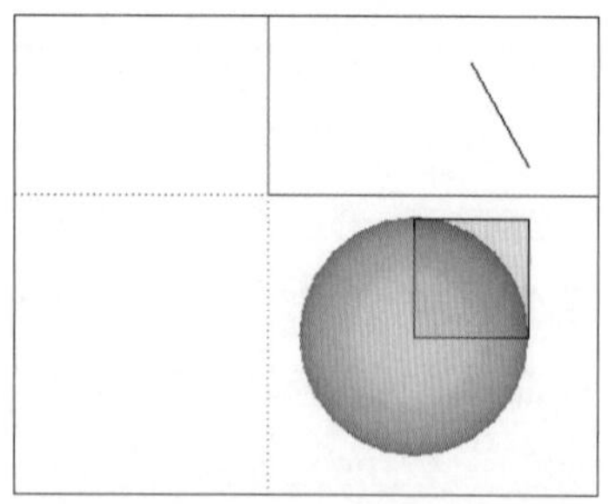
图4-147 “红轴方向对齐-最大值”顶视图

② **绿轴方向对齐**（以图4-142中的三个群组为例）。

“绿轴方向对齐-最小值”操作方法

步骤01 使用“选择”工具（快捷键“Q”），选择要对齐的两个或两个以上的“群组”或“组件”（选择图4-142中的三个群组）。

步骤02 单击“绿轴方向对齐-最小值”工具的图标“▪”，即可完成快速对齐，如图4-148所示。

“绿轴方向对齐-居中”操作方法

步骤01 使用“选择”工具（快捷键“Q”），选择要对齐的两个或两个以上的“群组”或“组件”（选择图4-142中的三个群组）。

步骤02 单击“绿轴方向对齐-居中”工具的图标“✚”，即可完成快速对齐，如图4-149所示。

“绿轴方向对齐-最大值”操作方法

步骤01 使用“选择”工具（快捷键“Q”），选择要对齐的两个或两个以上的“群组”或“组件”（选择图4-142中的三个群组）。

步骤02 单击“绿轴方向对齐-最大值”工具的图标“▪”，即可完成快速对齐，如图4-150所示。

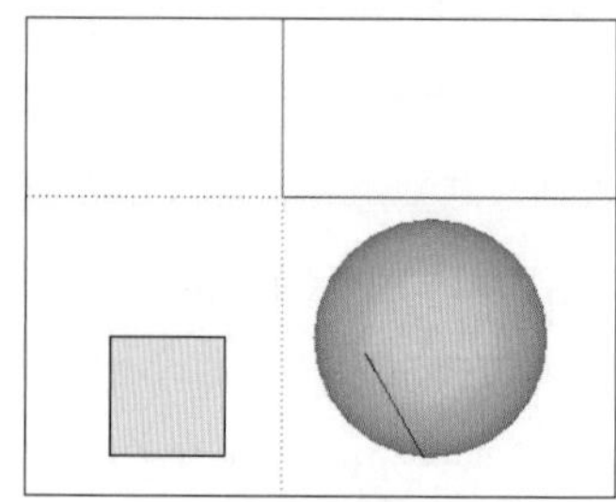
图4-148 “绿轴方向对齐-最小值”顶视图

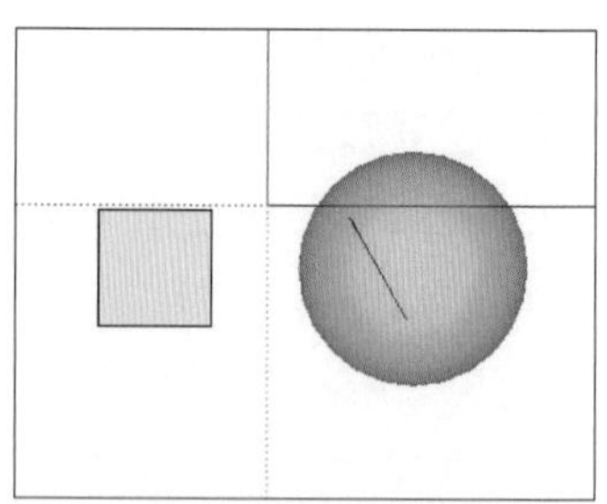
图4-149 “绿轴方向对齐-居中”顶视图

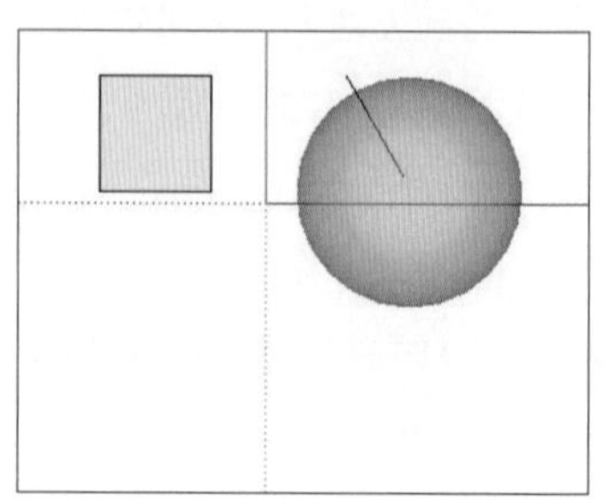
图4-150 “绿轴方向对齐-最大值”顶视图

③ **蓝轴方向对齐**（以图4-142中的三个群组为例）。

"蓝轴方向对齐-最小值"操作方法

步骤 01 使用"选择"工具（快捷键"Q"），选择要对齐的两个或两个以上的"群组"或"组件"（选择图4-142中的三个群组）。

步骤 02 单击"蓝轴方向对齐-最小值"工具的图标"❖"，即可完成快速对齐，如图4-151所示。

"蓝轴方向对齐-居中"操作方法

步骤 01 使用"选择"工具（快捷键"Q"），选择要对齐的两个或两个以上的"群组"或"组件"（选择图4-142中的三个群组）。

步骤 02 单击"蓝轴方向对齐-居中"工具的图标"✖"，即可完成快速对齐，如图4-152所示。

"蓝轴方向对齐-最大值"操作方法

步骤 01 使用"选择"工具（快捷键"Q"），选择要对齐的两个或两个以上的"群组"或"组件"（选择图4-142中的三个群组）。

步骤 02 单击"蓝轴方向对齐-最大值"工具的图标"❖"，即可完成快速对齐，如图4-153所示。

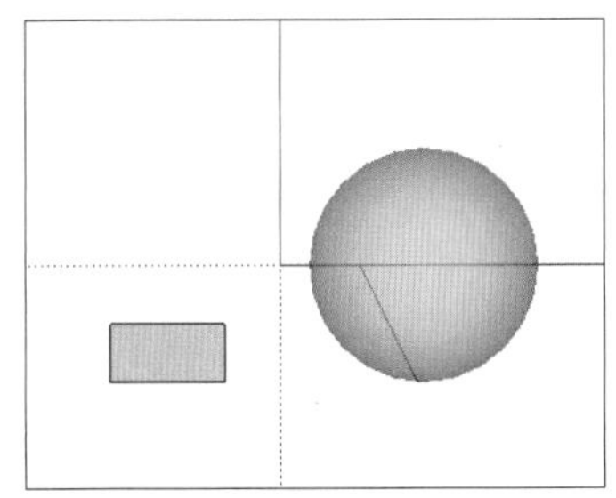

图4-151 "蓝轴方向对齐-最小值"前视图

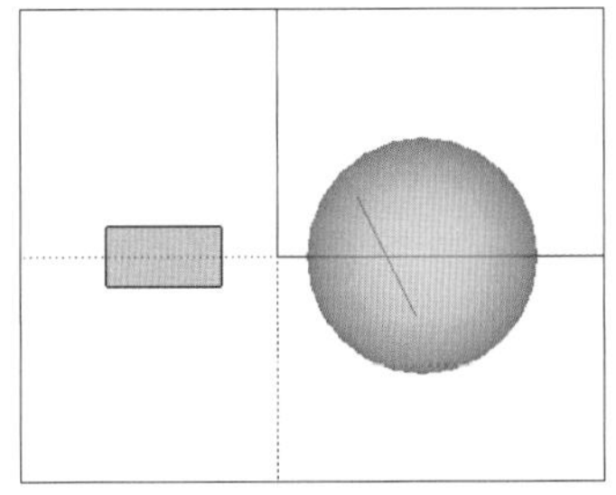

图4-152 "蓝轴方向对齐-居中"前视图

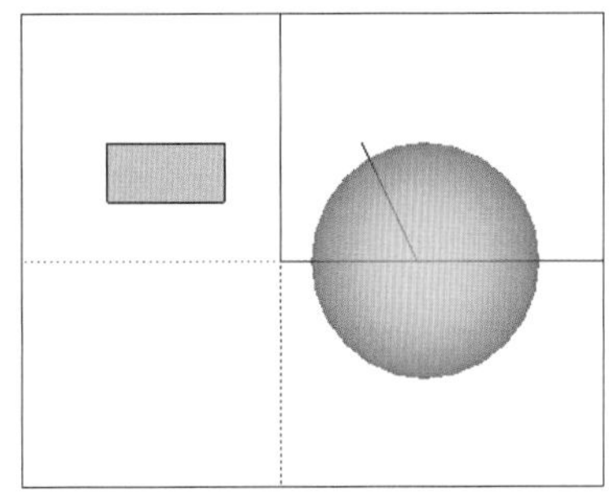

图4-153 "蓝轴方向对齐-最大值"前视图

△ 提示

"群组"必须要选中两个或两个以上，才能使用"快速对齐"，但是"未群组的物体"仅选中一个，也可使用"快速对齐"。

4.8.2 Z轴压平

Z轴压平：将一个或多个对象在蓝轴方向上压平，并且将所选对象压平至"Z轴为零"的平面上，快捷键为"Ctrl键+0"（自定义），图标为"⚲"（群组也会被压平）。

操作方法

步骤 01 使用"选择"工具（快捷键"Q"），选择要压平的一个或多个对象（选择图4-142中的三个群组）。

步骤 02 使用"Z轴压平"工具（快捷键"Ctrl键+0"）或者单击"Z轴压平"工具的图标"⚲"，即可完成Z轴压平，如图4-154所示。

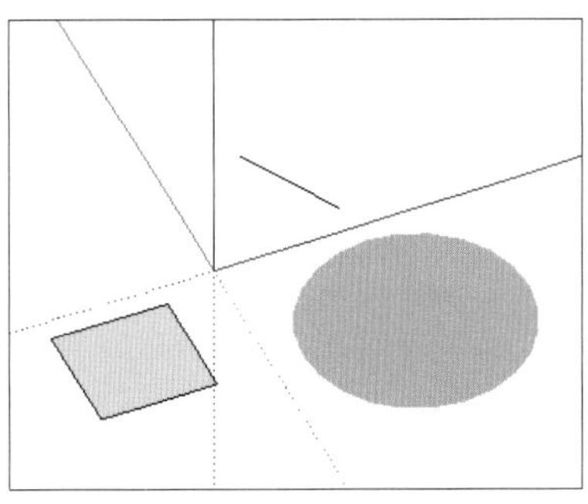

图4-154 Z轴压平

4.9 变形

4.9.1 真实弯曲

真实弯曲：将单个“群组”或“组件”弯曲到给定的程度，图标为“”。

操作方法 如图4-155所示，模型空间中有一个楼梯群组。

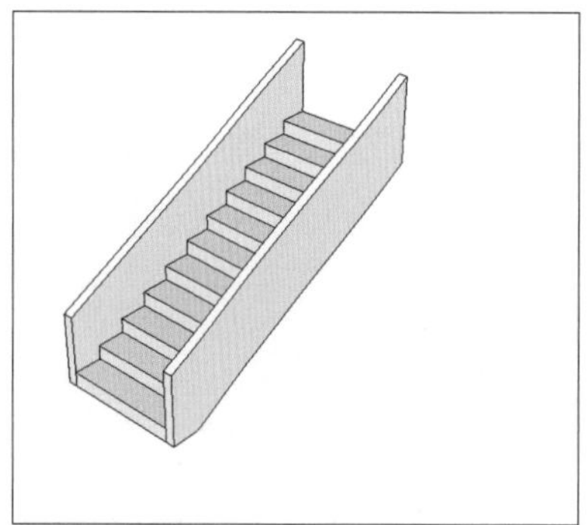

图4-155 楼梯群组

步骤 01 使用“选择”工具（快捷键“Q”），选择要弯曲的一个“群组”或“组件”（选择图4-155中的楼梯群组）。

步骤 02 单击“真实弯曲”工具的图标“”，会出现“真实弯曲”工具的控制手柄，如图4-156所示，红色短直线为“控制手柄”，绿色短线表示“分段”（默认分段为24段）。

步骤 03 拖动控制手柄，即可开始弯曲所选对象，可以实时预览弯曲结果，包括“弯曲角度”“弯曲半径”和“弯曲距离”，如图4-157所示。

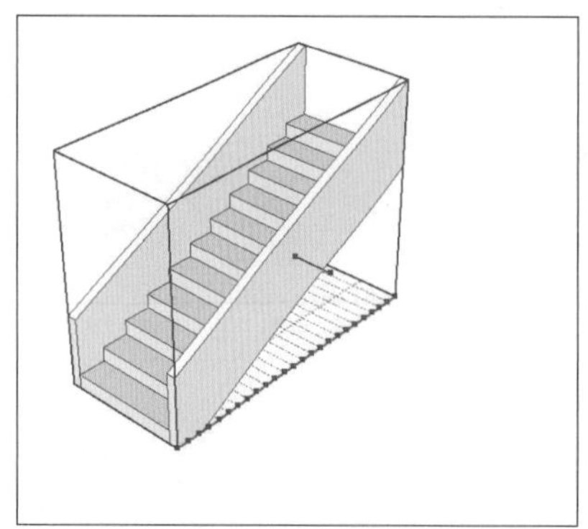

图4-156 使用“真实弯曲”

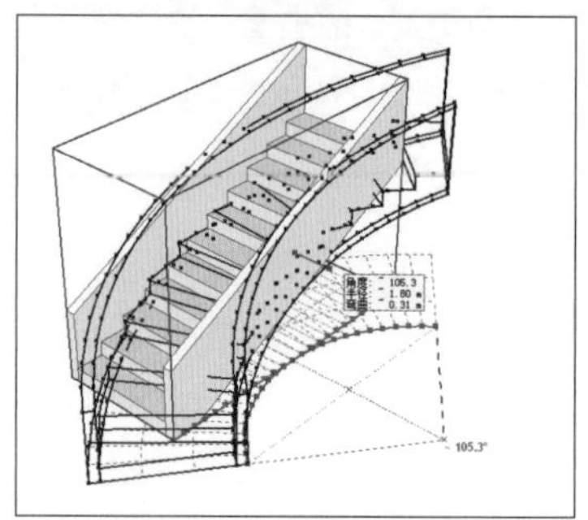

图4-157 拖动“控制手柄”

步骤 04

① **如果无需定量控制弯曲的参数：**按“回车”键确认或执行“右键>提交”的指令，即可完成真实弯曲，如图4-158所示。

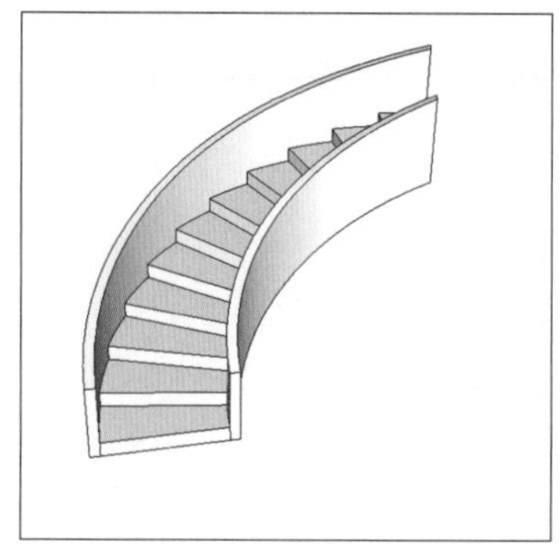

图4-158 弯曲结果

② **如果需要定量控制弯曲的参数：**可以输入“弯曲角度”“弯曲距离”和“分段数量”来控制弯曲结果，其中：

“数字 +deg”——表示“弯曲角度”；

“数字 +m/mm”——表示“弯曲距离”（“弯曲角度”和“弯曲距离”互相影响，设置两者其一即可）；

“数字 +s”——表示“分段数量”。

如图4-159所示，输入“180deg”表示将楼梯群组弯曲180°（默认分段为24段）。

如图4-160所示，输入“180deg”并按“回车”键确认后，再次输入“4s”，表示将楼梯群组弯曲180°，并且将群组分成4段。

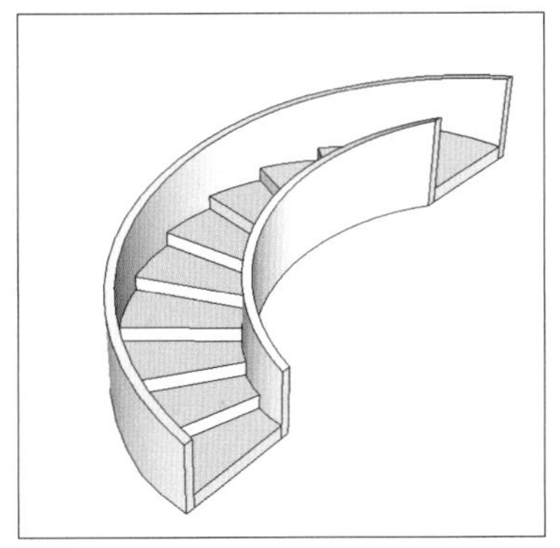

图4-159 弯曲180°

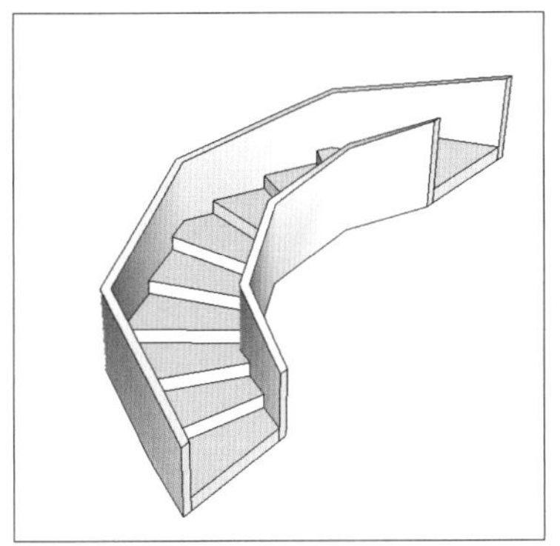

图4-160 弯曲180°（分4段）

③ **如果需要恢复到原始状态：**执行“右键>取消”的指令，即可恢复到原始状态。

“分段”与“柔化/平滑细分”：使用“真实弯曲”工具，可以控制“弯曲是否分段”和“是否柔化/平滑细分”（“柔化和平滑”内容详见本书4.11节）。

如图4-161~图4-163所示，楼梯群组的弯曲参数均为“180deg”和“3s”。

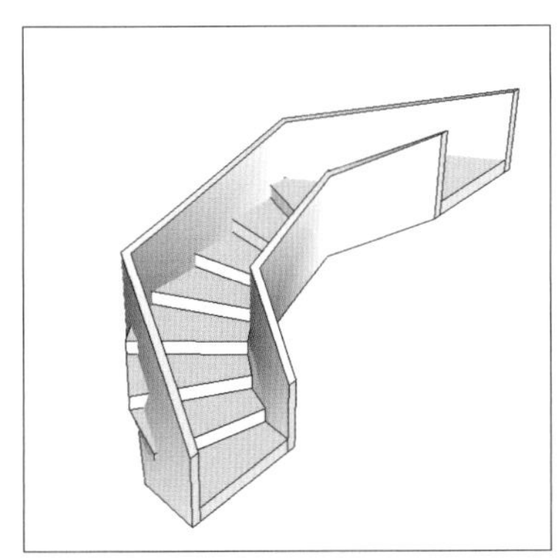

图4-161 取消勾选“分段”

操作方法

① “分段”：执行“右键”的指令，默认勾选“分段”；当群组内包含其他群组时，若取消勾选“分段”，容易产生误差，如图4-161所示。

② “柔化/平滑细分”：执行“右键”的指令，默认勾选“柔化/平滑细分”，如图4-162所示；若取消勾选“柔化/平滑细分”，则曲面不再平滑，如图4-163所示。

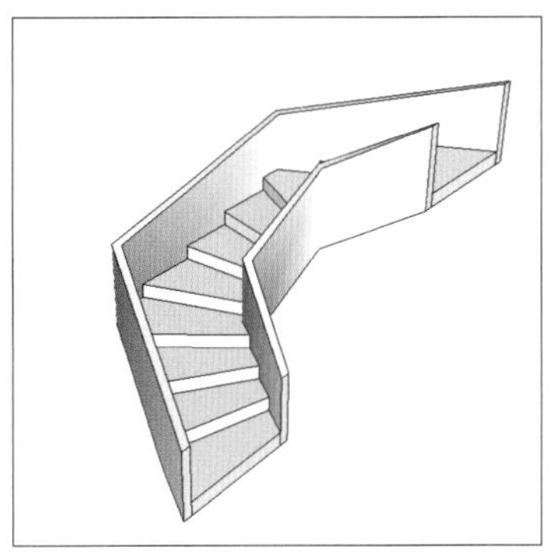

图4-162 勾选“柔化/平滑细分”

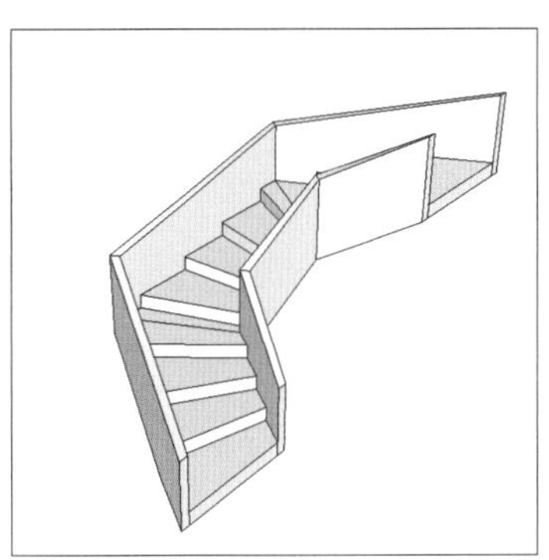

图4-163 取消勾选“柔化/平滑细分”

4.9.2 形体弯曲

形体弯曲：将“群组”或“组件”以基准直线为参照，沿着目标曲线弯曲变形，图标为“⌓”。

如图4-164所示，使用“形体弯曲”工具，需要一个“待弯曲群组”（栏杆群组）、一根“沿红轴方向的直线”和一根“组件弯曲的曲线”，其中：

① “待弯曲群组”——需要被弯曲的物体，

必须群组；

②“沿红轴方向的直线”——群组弯曲的“基准直线”，不能群组；

③“组件弯曲的曲线”——群组弯曲的“目标曲线”，不能群组。

弯曲逻辑：“基准直线”到“目标曲线”的变化过程，假设为“映射A”，计算机用“映射A”将“待弯曲群组”变化成为“目标群组”。即“待弯曲群组”到“目标群组”的变化过程，与“基准直线”到“目标曲线”的变化过程是一致的。同时，“待弯曲群组”和“基准直线”的相对位置，与“目标群组”和“目标曲线”的相对位置，是一致的。

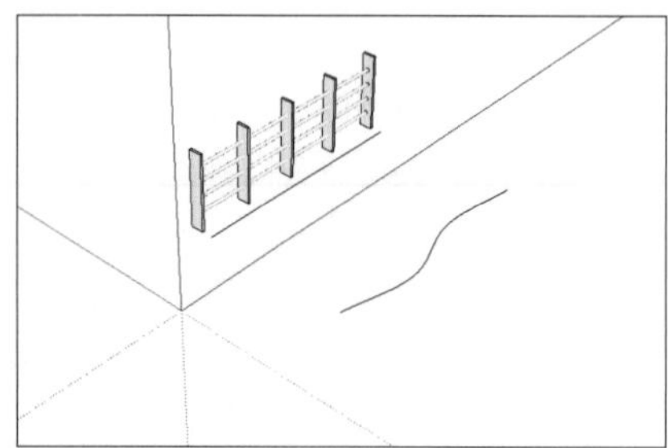

图4-164　待弯曲群组、直线、曲线

操作方法

步骤 01　使用“选择”工具（快捷键“Q”），选择要弯曲的“群组”或“组件”（选择图4-164中的栏杆群组）。

步骤 02　单击“形体弯曲”工具的图标“⌓”，选择“基准直线”，如图 4-165所示。

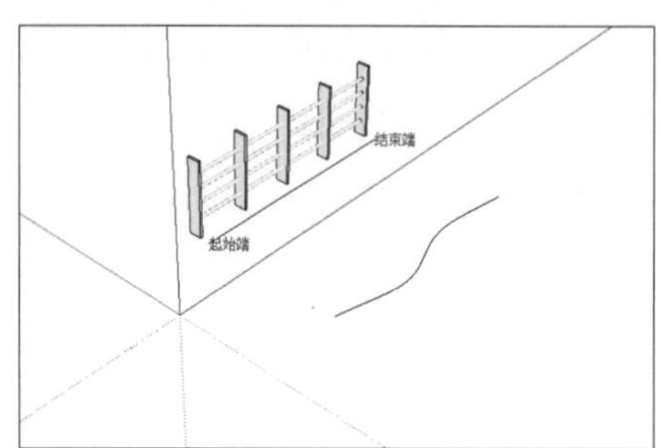

图4-165　选择“基准直线”

步骤 03　选择“目标曲线”，如图4-166所示，出现“目标群组”的预览模型。

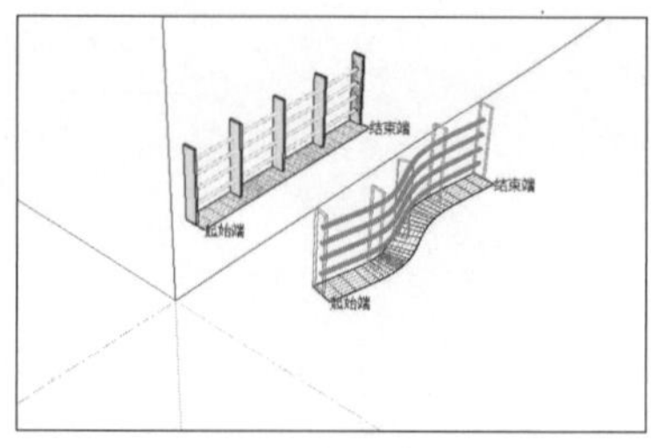

图4-166　选择“目标曲线”

① **无需调整**　按“回车”键确认即可完成形体弯曲，如图 4-167所示。

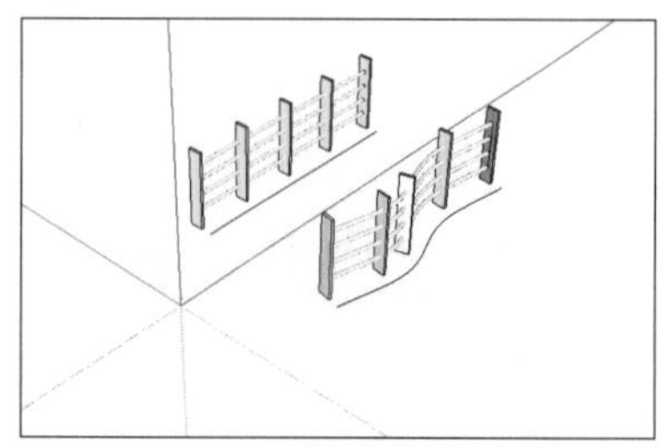

图4-167　“形体弯曲”完成

② **需要调整**　点击“上”方向键或“Home”键可以切换“基准直线”的“起始点”，如图4-168所示。

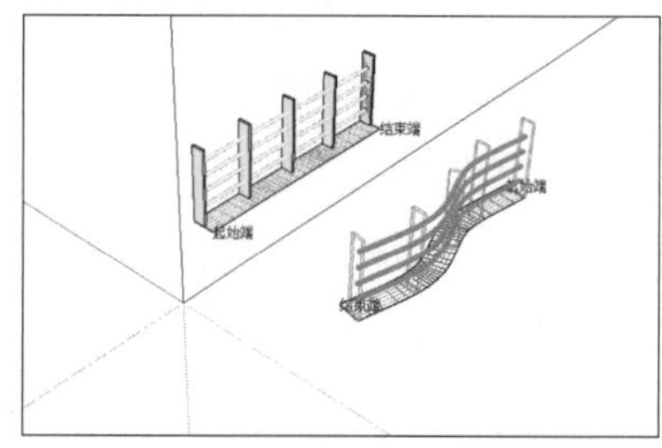

图4-168　切换“基准直线”的“起始点”

点击“下”方向键或“End”键可以切换“目标曲线”的“起始点”，如图4-169所示。

调整完毕后，按“回车”键确认，即可完成形体弯曲。

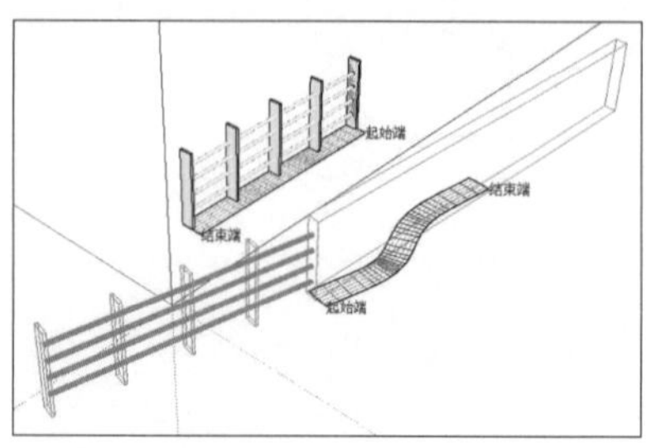

图4-169　切换“目标曲线”的“起始点”

4.9.3 沿着曲面流动

沿着曲面流动：将“群组”或“组件”以基准平面为参照，沿着目标曲面产生弯曲变形，达到曲面包裹的效果，图标为“ ”。

如图4-170所示，使用“沿着曲面流动”工具，需要两个群组，即一个“待流动群组”（6个圆柱为一个群组）和一个“流动用群组”，其中“流动用群组”包含三个子群组，分别是“基准平面群组”“流动路径群组”和“目标曲面群组”。

①“待流动群组”——需要被流动的物体，必须群组。

②“基准平面群组”——群组流动的“基准平面”，必须群组。

③“流动路径群组”——两根直线，每根直线连接“基准平面”和“目标曲面”对应的顶点，并且将两根直线群组。

④“目标曲面群组”——群组流动的“目标曲面”，必须群组。

⑤将“基准平面群组”“流动路径群组”和“目标曲面群组”合并群组为“流动用群组”。

流动逻辑

“基准平面”到“目标曲面”的变化过程，假设为“映射B”，计算机用“映射B”将“待流动群组”变化成为“流动后群组”。即“待流动群组”到“流动后群组”的变化过程，与“基准平面”到“目标曲面”的变化过程是一致的。同时，“待流动群组”和“基准平面”的相对位置，与“流动后群组”和“目标曲面”的相对位置，是一致的。

操作方法

步骤01 使用“选择”工具（快捷键“Q”），选择所有群组，即选中“待流动群组”和“流动用群组”（选择图4-170中的所有群组）。

步骤02 单击“沿着曲面流动”工具的图标“ ”即可完成流动，如图4-171所示。

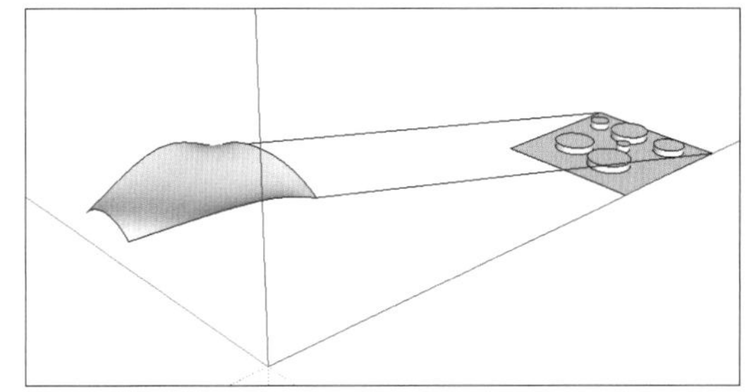

图4-170 “待流动群组”和“流动用群组”

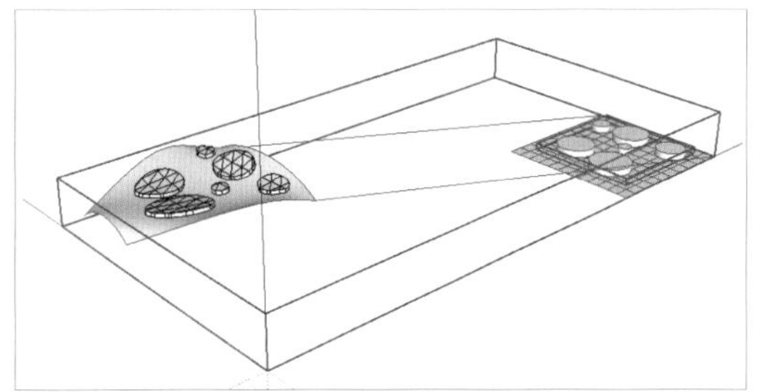

图4-171 “沿着曲面流动”完成

4.9.4 FFD自由变形

FFD自由变形：为所选“待变形群组”添加控制点，并且可以通过改变控制点，对应地修改“待变形群组”形状。

“FFD自由变形”工具栏有5个图标，分别是：

① 自由变形（3×3），图标为“ ”——生成3×3×3个数量的控制点；

② 自由变形（N×N），图标为“ ”——生成N×N×N个数量的控制点；

③ 锁定边线，图标为“ ”——将一条（或多条）边进行锁定，锁定后FFD的控制点就不能再控制这条边线；

④ 解锁边线，图标为“ ”——将一条（或多条）边进行解锁，解锁后FFD的控制点可以继续对这条边线进行控制；

⑤ 创建参考面，图标为“ ”——创建相应参数的FFD面片。

4.9.4.1 自由变形（N×N）

自由变形（N×N），图标为“ ”，在所选“待变形群组”周边生成N×N×N个数量的控制点，并且可以使用“移动”“旋转”“缩放”

等工具调整控制点的位置，来相应调整“待变形群组”的形状。

细分——如果一个面没有细分网格，则只有该面的边线会被控制点控制，面的中间不会被控制点控制。

操作方法 如图4-172所示，模型空间中有一个圆柱群组。

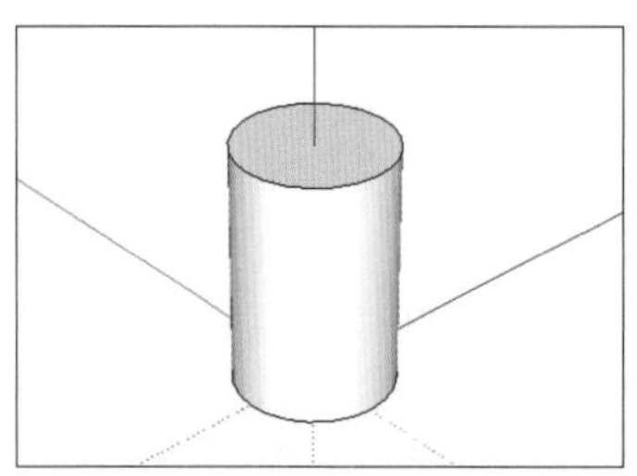

图4-172 圆柱群组

步骤 01 使用“选择”工具（快捷键“Q”），选择需要变形的一个或多个群组（选择图4-172中的圆柱群组）。

步骤 02 单击“自由变形（N×N）”工具的图标“▦”，弹出对话框“设置选项”，如图4-173所示，其中：

图4-173 “设置选项”

①“红轴分段”——表示在红轴方向上，生成若干列控制点；

②“绿轴分段”——表示在绿轴方向上，生成若干行控制点；

③“蓝轴分段”——表示在蓝轴方向上，生成若干层控制点；

④“细分”——是否生成细分网格。

如果一个面没有细分网格，则只有面的边线会被控制点控制，面的中间不会被控制点控制。

如无“细分”，以设置“3，3，3，否”为例，如图4-174所示，共生成27（3×3×3）个控制点，并且不生成细分网格。

步骤 03 进入“控制点群组”，使用“移动”“旋转”“缩放”等工具调整控制点的位置，即可相应调整“待变形群组”的形状。

如图4-175所示，选择上层9个控制点，并进行缩放，可调整模型形状。

如图4-176所示，选择中间层9个控制点，并进行缩放，无法调整模型形状。

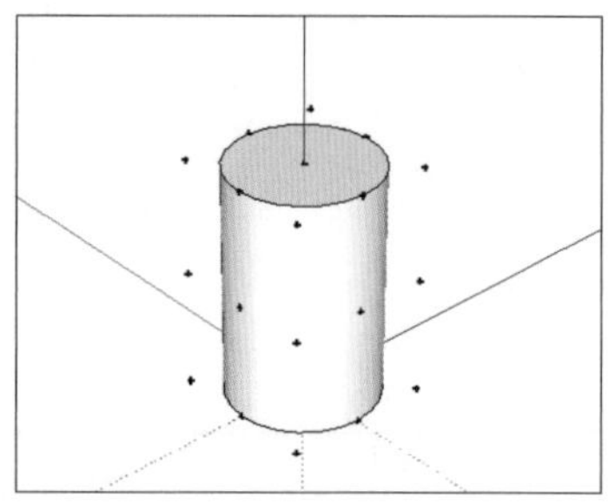

图4-174 “3×3×3，无细分”

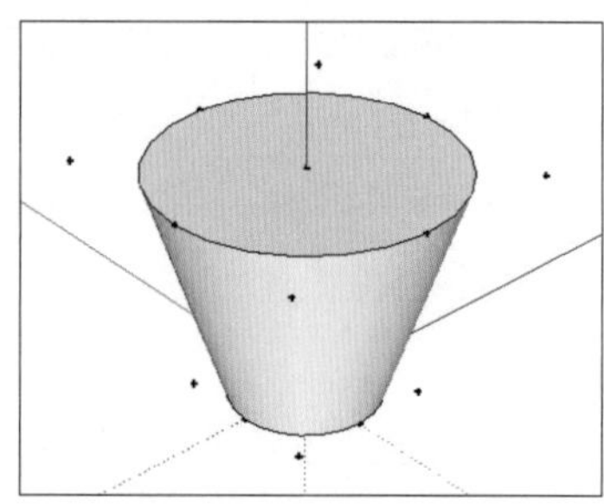

图4-175 缩放上层控制点

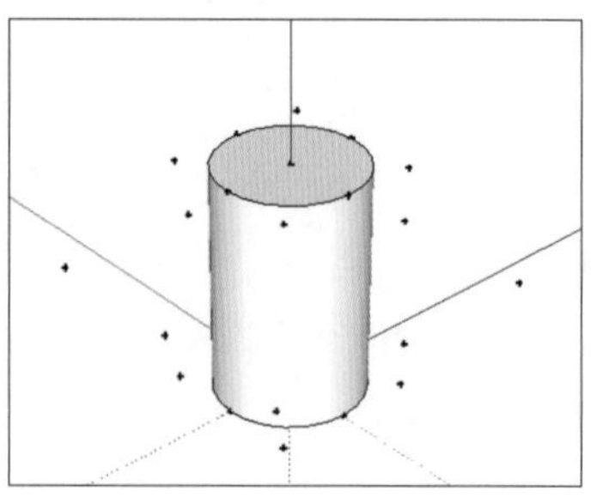

图4-176 缩放中间层控制点

如有“细分”，以设置“3，3，3，是”为例，如图4-177所示，共生成27（3×3×3）个控制点，并且生成细分网格。

步骤 04 进入“控制点群组”，使用“移动”“旋转”“缩放”等工具调整控制点的位置，即可相应调整“待变形群组”的形状。

如图4-178所示，选择上层9个控制点，并进行缩放，可调整模型形状。

如图4-179所示，选择中间层9个控制点，并进行缩放，可调整模型形状。

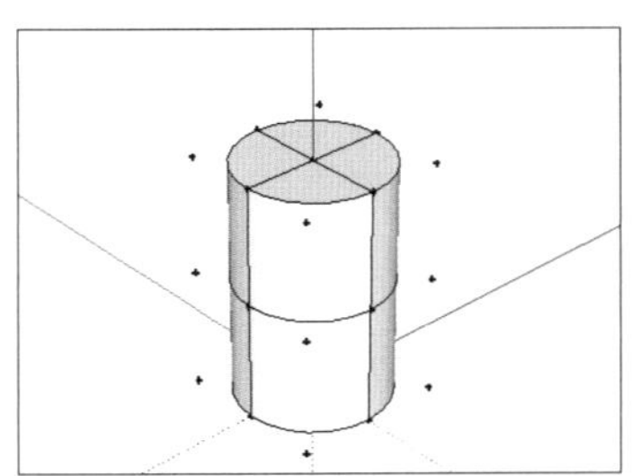

图4-177　“3×3×3，有细分”

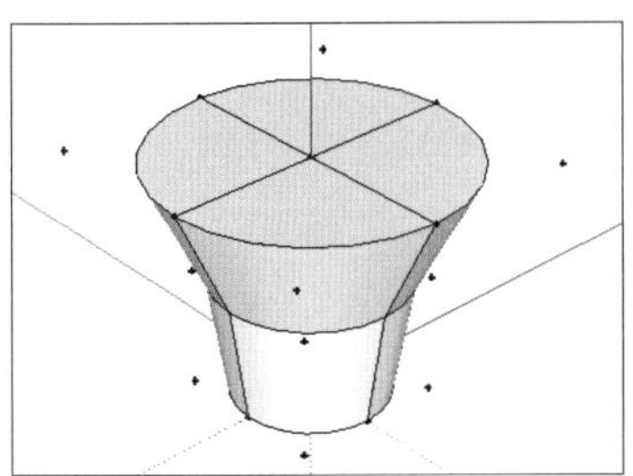

图4-178　缩放上层控制点

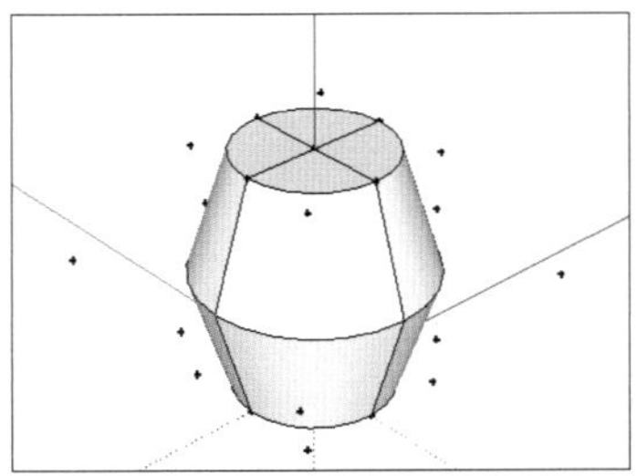

图4-179　缩放中间层控制点

4.9.4.2　自由变形（3x3）

自由变形（3×3），图标为“▣”，在“群组”周边生成3×3×3个数量的控制点，并且可以使用“移动”“旋转”“缩放”等工具调整控制点的位置，来相应调整“待变形群组”的形状，但是不会生成细分网格。

即“自由变形（3×3）”，是“自由变形（N×N）”的一种特殊情况，等价于将“自由变形（N×N）”设置为“3，3，3，否”。

操作方法

步骤01　使用“选择”工具（快捷键“Q”），选择需要变形的一个或多个群组。

步骤02　单击“自由变形（3×3）”工具的图标“▣”，即可在“待变形群组”周边生成27（3×3×3）个控制点。

步骤03　进入“控制点群组”，使用“移动”“旋转”“缩放”等工具调整控制点的位置，即可相应调整“待变形群组”的形状。

4.9.4.3　锁定边线

锁定边线，图标为“▣”，将一条（或多条）边进行锁定，锁定后FFD的控制点就不能再控制这条边线。

操作方法　如图4-172所示，模型空间中有一个圆柱群组。

步骤01　使用“选择”工具（快捷键“Q”），选择需要变形的一个或多个群组。

步骤02　单击“自由变形（3×3）”工具的图标“▣”，即可在“待变形群组”周边生成27（3×3×3）个控制点，如图4-180所示。

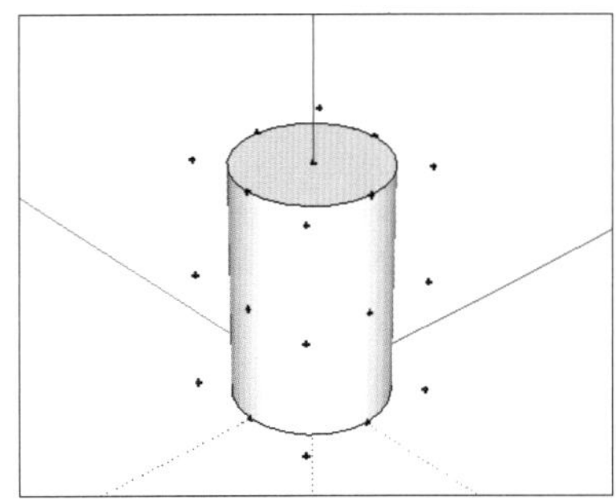

图4-180　“3×3×3，无细分”

步骤03　使用“选择”工具（快捷键“Q”），选择需要被锁定的一条（或多条）边线，单击“锁定边线”工具的图标“▣”即可锁定边线。

如图4-181所示，进入圆柱群组，选择圆柱顶面的圆，并锁定边线。

步骤04　如图4-182所示，进入“控制点群组”，选择上层9个控制点，并进行缩放，不能调整顶面圆的形状。

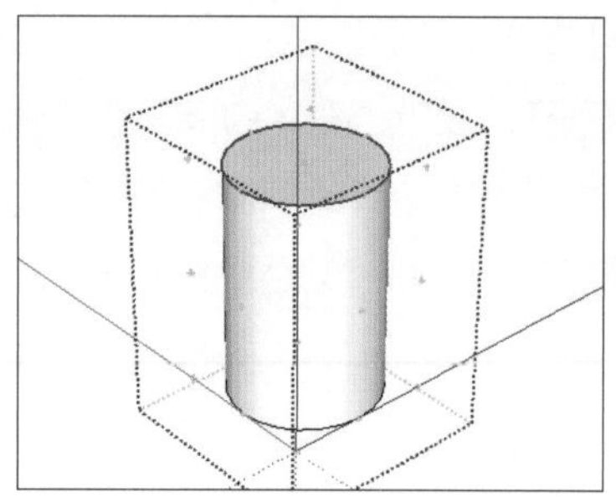
图4-181　锁定顶面圆

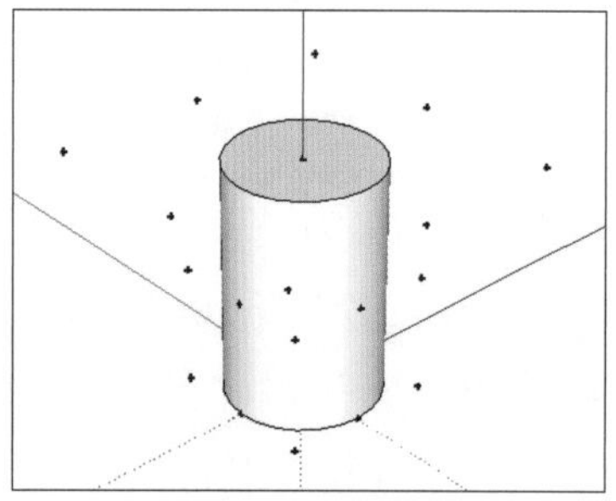
图4-182　锁定边线后

4.9.4.4　解锁边线

解锁边线：图标为" "，将一条（或多条）边进行解锁，解锁后FFD的控制点可以继续对这条边线进行控制。

操作方法　使用"选择"工具（快捷键"Q"），选择需要被解锁的一条（或多条）边线，单击"解锁边线"工具的图标" "，即可继续对边线进行控制。

4.9.4.5　创建参考面

创建参考面：图标为" "，生成一个FFD能编辑的面，由两部分组成，一个是FFD控制点，另外一个是网格。

操作方法

步骤 01　单击"创建参考面"工具的图标" "，弹出"创建参考面"的参数对话框，如图4-183所示，其中：

①"红轴边数"——表示生成的网格线，在红轴方向上的数量（需≥2，红轴方向上的网格线数量与控制点数量一致）；

②"绿轴边数"——表示生成的网格线，在绿轴方向上的数量（需≥2，绿轴方向上的网格线数量与控制点数量一致）；

③"单元宽度mm"——表示生成的网格单元格，在红轴方向的宽度；

④"单元深度 mm"——表示生成的网格单元格，在绿轴方向的宽度；

以"6，6，1000mm，1000mm"为例，表示生成的网格参考面，有36（6×6）个控制点、25（5×5）个单元格、单元格的宽度和深度均为1000mm，如图4-184所示。

步骤 02　进入"控制点群组"，使用"移动""旋转""缩放"等工具调整控制点的位置，即可相应调整"网格参考面"的形状。

如图4-185所示，向上移动边缘6个控制点，即可调整"网格参考面"的形状。

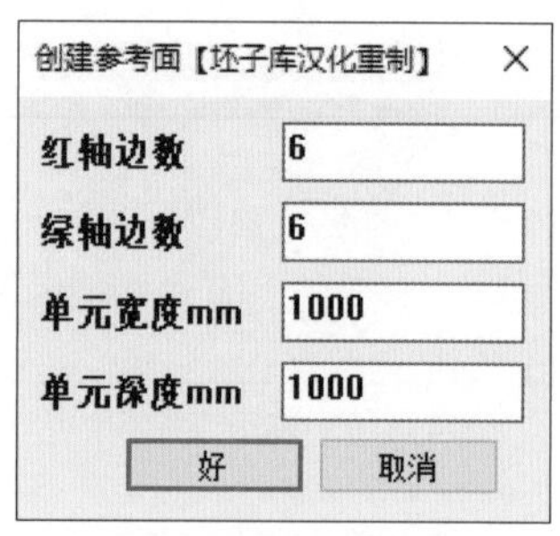

图4-183　"创建参考面"参数设置

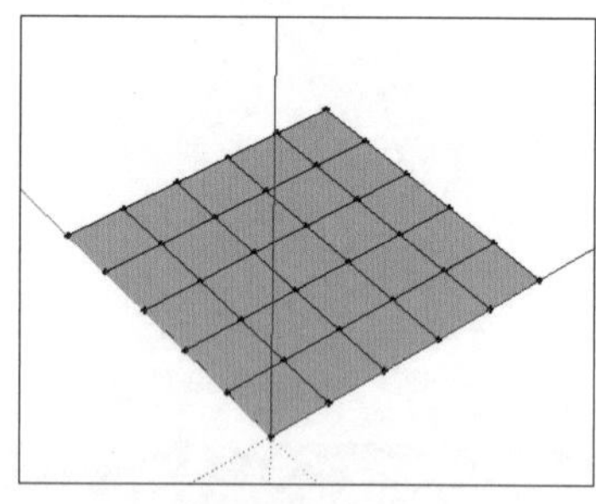
图4-184　参考面

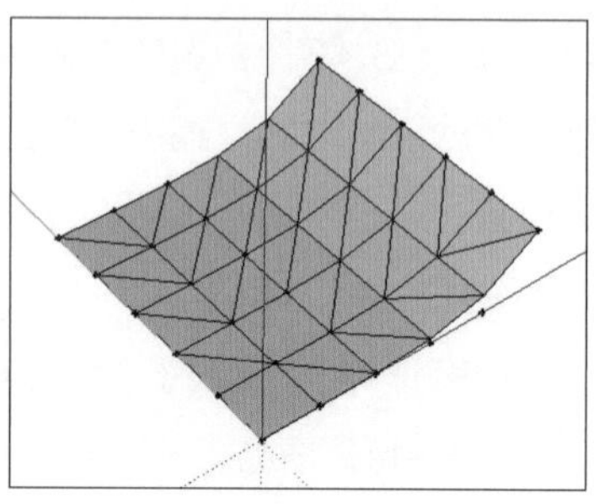
图4-185　移动控制点

4.9.5 曲线干扰

曲线干扰：使被选中的“群组或组件”依据“点、直线或曲线”的形态进行渐变，渐变包括“大小渐变”和“角度渐变”。

“曲线干扰”工具有9项参数来控制“组”的渐变，如图4-186所示。

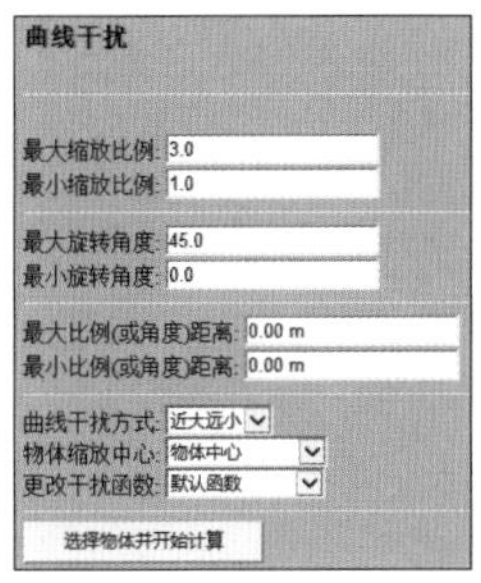

图4-186 “曲线干扰”对话框

①“最大缩放比例”——“组”的缩放比例最大值。

②“最小缩放比例”——“组”的缩放比例最小值。

③“最大旋转角度”——“组”的旋转角度最大值。

④“最小旋转角度”——“组”的旋转角度最小值。

⑤“最大比例（或角度）距离”（假设为M）——与“点、直线或曲线”的距离为M处，缩放比例最大或旋转角度最大。

⑥“最小比例（或角度）距离”（假设为N）——与“点、直线或曲线”的距离为N处，缩放比例最小或旋转角度最小。

⑦“曲线干扰方式”——2种模式，分别是：

“近大远小”——“组”的缩放比例或旋转角度，由大到小渐变变化；

“近小远大”——“组”的缩放比例或旋转角度，由小到大渐变变化。

⑧“物体缩放中心”——4种模式，分别是：

“物体中心”——以“组”的中心为基点进行缩放或旋转；

“物体底部中心”——以“组”的底部中心为基点进行缩放或旋转；

“组件坐标轴”——以“组”的坐标轴原点为基点进行缩放或旋转；

“世界坐标轴轴心”——以世界坐标轴原点为基点进行缩放或旋转。

⑨“更改干扰函数”——以“组”到“点、直线或曲线”的距离为x值，以“干扰函数”为运算法则，求得的y值即为“组”缩放或旋转的数值。

操作方法　如图4-187所示，模型空间中有大量正方形群组、一条曲线和一条直线。

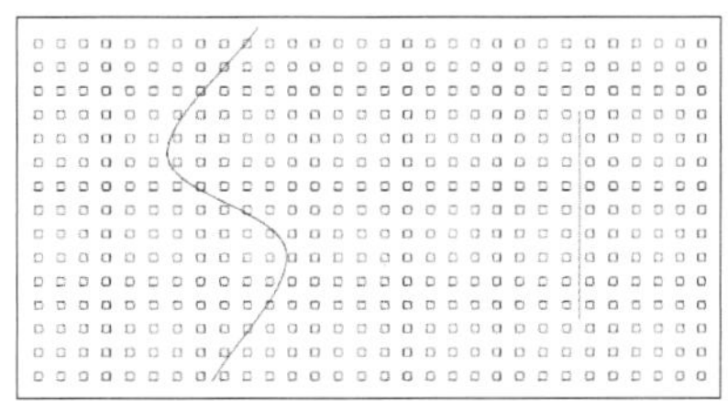

图4-187 “待干扰群组”和“干扰曲线”

步骤 01　执行“扩展程序>三维体量>曲线干扰”菜单指令，弹出“曲线干扰”对话框，如图4-187所示，根据需要设置相应参数。

步骤 02　同时选中“干扰曲线”“干扰直线”和“待干扰群组”，点击“选择物体并开始计算”，即可完成曲线干扰。

如图4-188所示，曲线干扰设置参数为：最大缩放比例（3）；最小缩放比例（1）；最大旋转角度（45）；最小旋转角度（0）；最大比例（或角度）距离（0m）；最小比例（或角度）距离（0m）；曲线干扰方式（近大远小）；物体缩放中心（物体中心）；更改干扰函数（默认函数）。

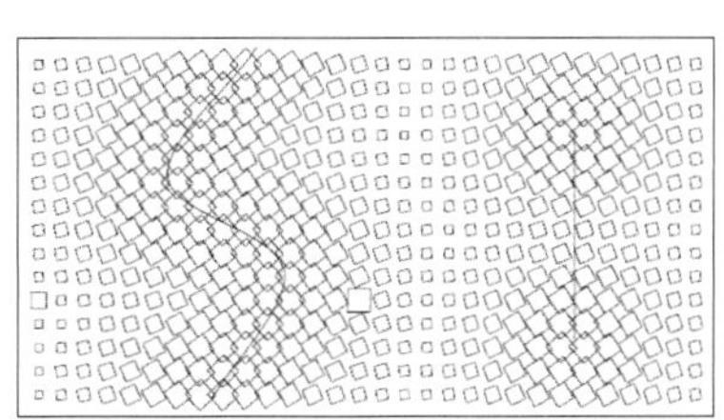

图4-188 “曲线干扰”结果

4.10 橡皮擦

“橡皮擦”工具可删除、隐藏、柔化和平滑、取消柔化及平滑图元，快捷键为“S”（自定义），图标为“”。本节仅讲述“删除”和“隐藏”功能，其他功能另做论述。

4.10.1 删除图元

删除图元：将图元从模型空间中删除。

操作方法

方法 01 使用“橡皮擦”工具（快捷键“S”）或者单击“橡皮擦”工具的图标“”，单击要删除的图元，即可删除图元。

方法 02 使用“橡皮擦”工具（快捷键“S”）或者单击“橡皮擦”工具的图标“”，按住鼠标左键在图元上拖动，松开鼠标左键后，即可删除图元。

△ 提示

橡皮擦工具不能仅删除“面”，还可通过删除边线从而删除面。

4.10.2 隐藏图元

隐藏图元：隐藏选定的图元，使其在用户的视野中消失，但该图元仍存在原位置（“隐藏”内容详见本书4.1.4小节）。

操作方法

方法 01 选中需要被隐藏的图元，执行“隐藏”的快捷键“H”。

方法 02 使用“橡皮擦”工具（快捷键“S”），按住“Shift”键，单击要隐藏的图元。

方法 03 使用“橡皮擦”工具（快捷键“S”），按住“Shift”键，同时按住鼠标左键在图元上拖动，松开鼠标左键后即可隐藏图元。

4.11 柔化和平滑

柔化和平滑功能，可以更改边缘的可见性，使几何体看起来更平滑，从而让模型看起来更逼真，且柔化边线并不会损害模型的结构完整性。

△ 提示

“隐藏”和“柔化”的区别。

如图4-189所示，立方体的顶面和底面是正24边形，侧面由24个矩形组成。

“共同点”——“隐藏”和“柔化”都可以使边线不可见，如图4-190和图4-191所示。

“不同点”——①“隐藏边线”仅使边线不可见，不改变几何体的阴影关系，如图4-190 所示。

“柔化边线”不仅使边线不可见，同时更改几何体的阴影关系，使模型看起来更平滑，如图4-191所示。

②“隐藏边线”之后，几何体的面不发生变化，仍然可选中单个平面，如图4-192所示。

“柔化边线”之后，边线被柔化的面会变成曲面；如果两个平面的共用边被柔化，则这两个平面会组合形成一个曲面，如图4-193所示。

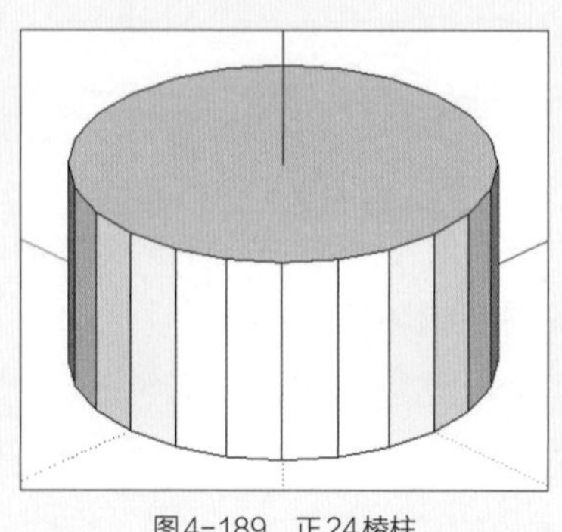

图4-189 正24棱柱

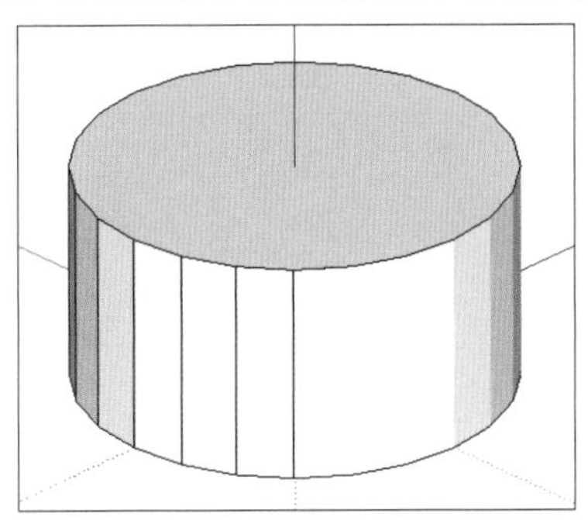
图4-190 “隐藏”部分边线

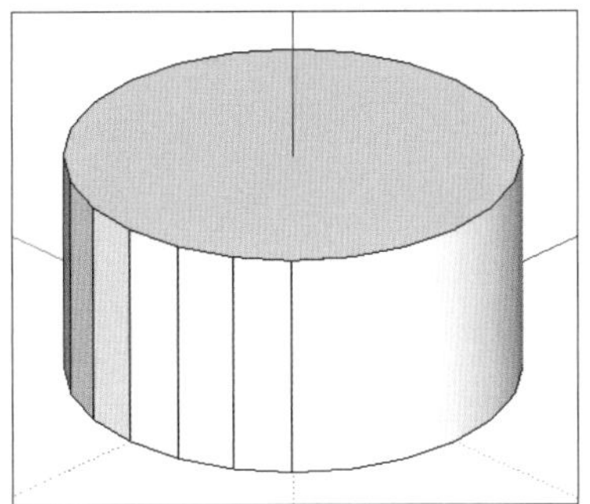
图4-191 “柔化”部分边线

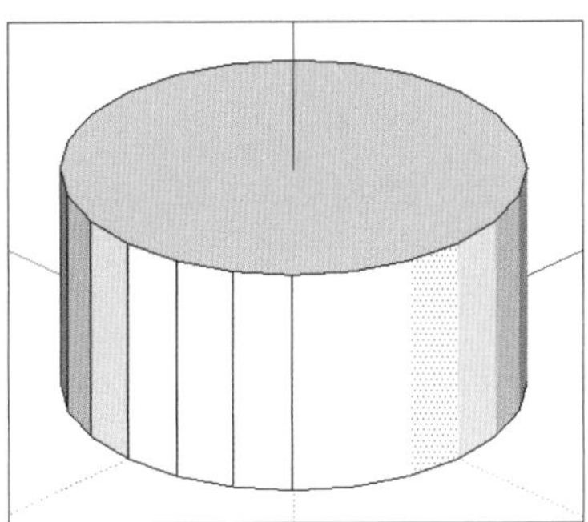
图4-192 “隐藏”后选面

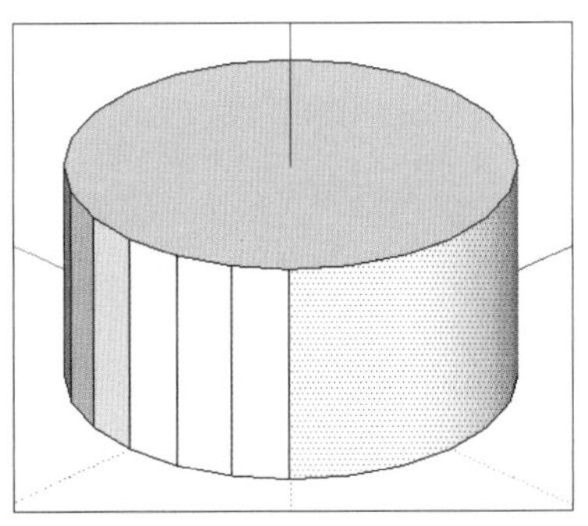
图4-193 “柔化”后选面

4.11.1 柔化和平滑图元

柔化和平滑图元：“橡皮擦”工具不仅可以删除、隐藏图元，还可以柔化和平滑、取消柔化和平滑图元。

“柔化边线”操作方法

方法01 使用“橡皮擦”工具（快捷键“S”），按住“Ctrl”键，单击要柔化的边线。

方法02 使用“橡皮擦”工具（快捷键“S”），按住“Ctrl”键，同时按住鼠标左键在边线上拖动，松开鼠标左键后即可柔化边线。

“取消柔化边线”操作方法

方法01 使用“橡皮擦”工具（快捷键“S”），按住“Ctrl+Shift”键，单击要取消柔化的边线。

方法02 使用“橡皮擦”工具（快捷键“S”），按住“Ctrl+Shift”键，同时按住鼠标左键在被柔化的边线上拖动，松开鼠标左键后即可取消柔化边线。

方法03

步骤01 使用“选择”工具（快捷键“Q”），全选（三击鼠标左键）柔化后的几何体，直至被柔化的边线呈现为虚线，如图4-194所示。

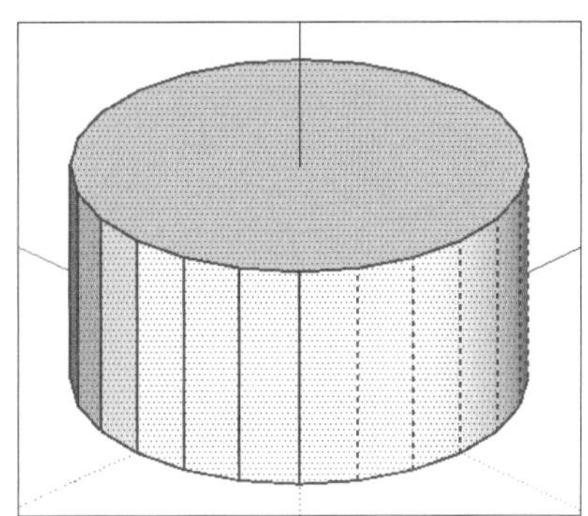
图4-194 “柔化”后全选几何体

步骤02 使用“橡皮擦”工具（快捷键“S”），按住“Ctrl+Shift”键，同时按住鼠标左键在虚线上拖动，松开鼠标左键后即可取消柔化边线。

4.11.2 柔化边线

柔化边线：SketchUp的默认面板中有“柔化边线”面板，可以批量柔化几何体的边线，如图4-195所示，其中：

①“法线之间的角度”——通过滑杆控制柔化范围；

②“平滑法线”——是否更改柔化后几何体的阴影，以使几何体看起来更平滑；

③“软化共面”——是否柔化共面线。

法线：是指始终垂直于某平面的直线。

如图4-196所示，模型空间中有3组平面，它们的面夹角分别是160°、135°、90°。

如图4-197所示，虚线为平面的法线，3组法线的夹角分别是20°、45°、90°。

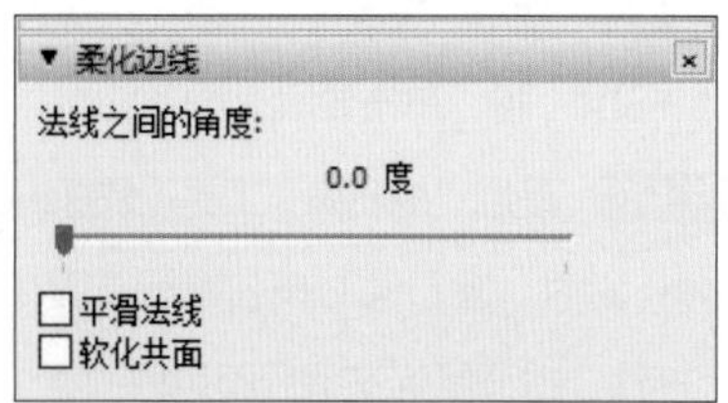

图4-195 “柔化边线”面板

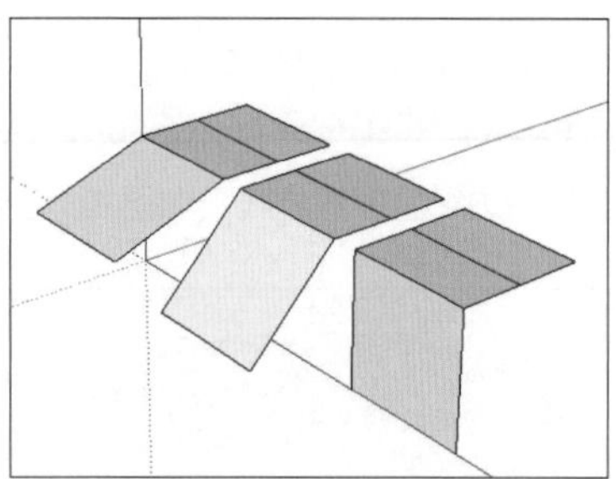

图4-196 三组平面

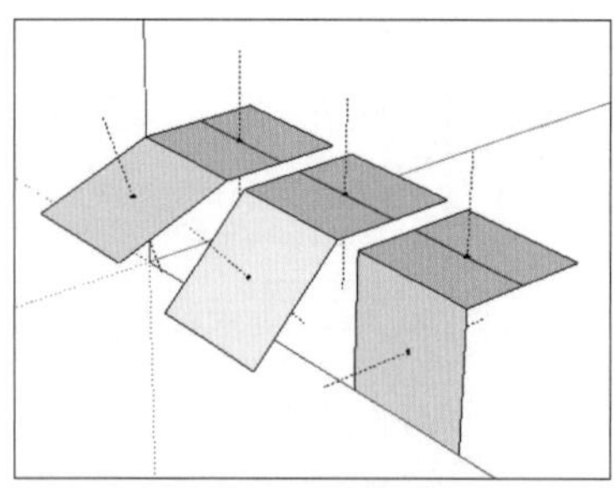

图4-197 三组平面的法线

① **法线之间的角度：**通过滑杆控制柔化范围。

如图4-198所示，当滑杆滑动至60°时，只有法线之间的角度小于等于60°的平面的共用边会被柔化。

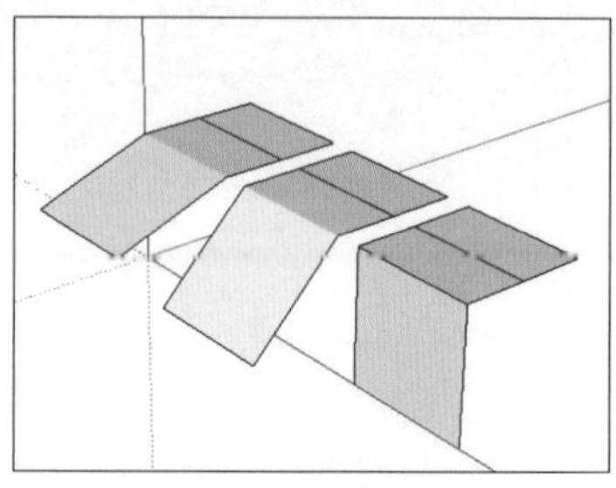

图4-198 不勾选“平滑法线”“软化共面”

② **平滑法线：**更改柔化后几何体的阴影，使几何体看起来更平滑；取消勾选则不更改阴影关系。

如图4-199所示，滑杆值为60°，并且勾选“平滑法线”。

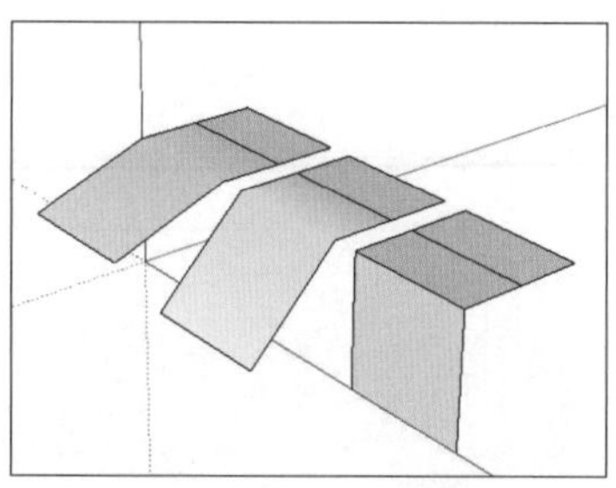

图4-199 勾选“平滑法线”

③ **软化共面：**柔化共面的线，柔化后该平面转变为曲面；取消勾选则不柔化共面线。

如图4-200所示，滑杆值为60°，勾选“平滑法线”，并且勾选“软化共面”。

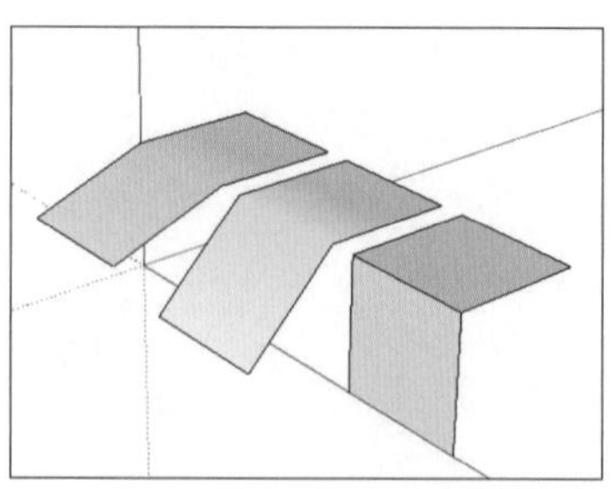

图4-200 勾选“软化共面”

4.12 推/拉

“推/拉”工具可以通过推或拉平面图元以雕刻三维模型，即通过推拉平面图元，从而创建三维模型，增加或减少三维模型的体积，快捷键为“空格键”（自定义），图标为“◆”。

4.12.1 定距推拉

推/拉：通过推拉平面，从而创建三维模型，增加或减少三维模型的体积。

操作方法

① **简单推/拉：**

步骤01 使用“选择”工具（快捷键“Q”），选择一个要推拉的平面；

步骤02 使用“推/拉”工具（快捷键“空格”键），在平面上单击鼠标左键以确定“推拉起始点”，移动光标即可创建三维模型，增加或减少三维模型的体积；

步骤03 将光标移至“推拉目标点”（推拉距离在“度量值框”中动态显示），单击鼠标左键即可完成推拉。

② **定距推拉：**

步骤01 使用“选择”工具（快捷键“Q”），选择一个要推拉的平面；

步骤02 使用“推/拉”工具（快捷键“空格”键），在平面上单击鼠标左键以确定“推拉起始点”；

步骤03 将光标移至“推拉目标方向”，在“度量值框”输入推拉距离，按“回车”键确认即可完成推拉。如需更改推拉距离，可在按“回车”键确认之后，立刻输入新的距离并确认。

△ **提示**

① “推/拉”工具每次只能推拉“一个平面”，不能推拉“多个平面”或者“曲面”。

② 如果将一个三维体块推拉成一个平面，则该平面会被删除。

③ 推拉过程结束前，点击“Esc”键可以取消推拉。

④ 使用“推/拉”工具时，可以省略上文**步骤01**（即省去“选择”过程），直接使用“推/拉”工具，将光标“◆”移至“待推拉平面”，平面会临时呈现选中状态，单击即可确定“推拉起始点”。

4.12.2 参照推拉

参照推拉：在推拉过程中，依托某一个参照物进行推拉。

操作方法 如图4-201所示，将圆向上推拉，推拉高度和立方体的高度相同，推拉距离等价于从“A点”到“B点”的距离。

步骤01 使用“选择”工具（快捷键“Q”），选择圆形，如图4-201所示。

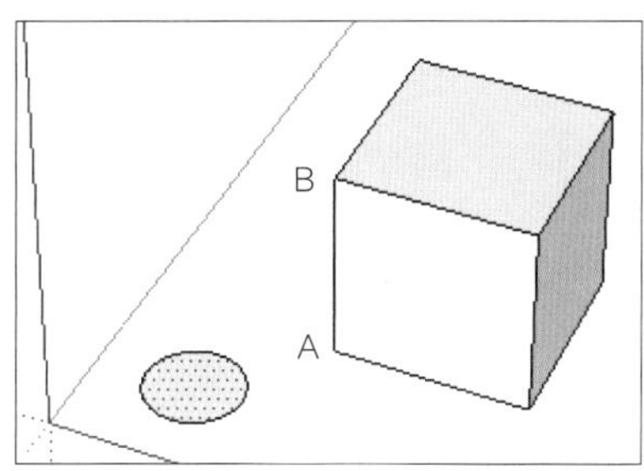

图4-201 选择“圆形”

步骤02 使用“推/拉”工具（快捷键“空格”键），在立方体“A点”单击鼠标左键以确定“推拉起始点”，如图4-202所示。

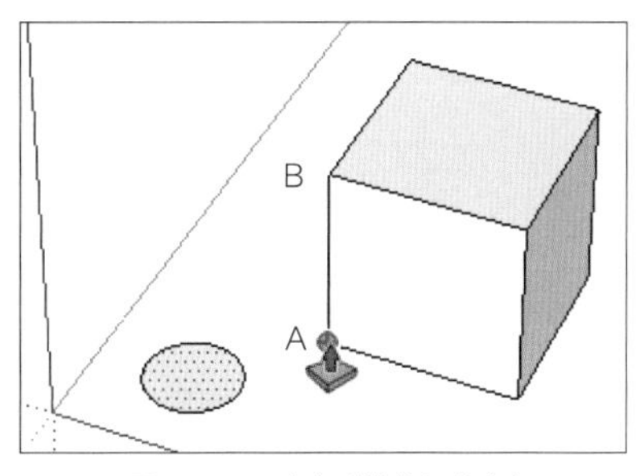

图4-202 确定“推拉起始点”

步骤 03　将光标移至“B点”，单击鼠标左键确定即可，如图4-203所示。

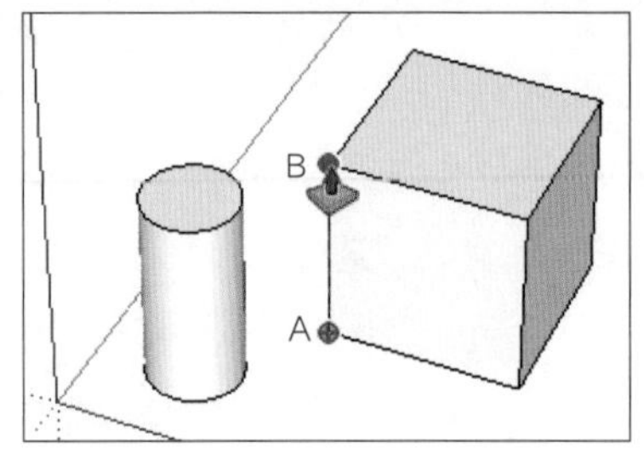

图4-203　确定“推拉结束点”

4.12.3　捕捉推拉

捕捉推拉：在推拉过程中，捕捉到其他图元来确定“推拉结束点”。

操作方法　如图4-204所示，将圆形向上推拉，推拉高度和立方体的高度相同。

步骤 01　使用“选择”工具（快捷键“Q”），选择圆形，如图4-204所示。

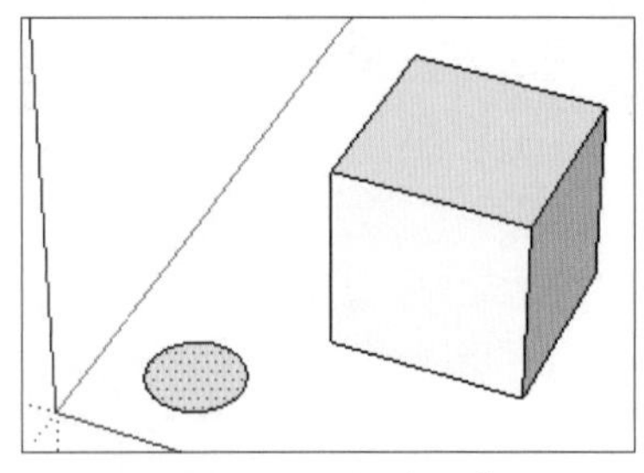

图4-204　选择“圆形”

步骤 02　使用“推/拉”工具（快捷键“空格”键），在圆形上单击确定“推拉起始点”，如图4-205所示。

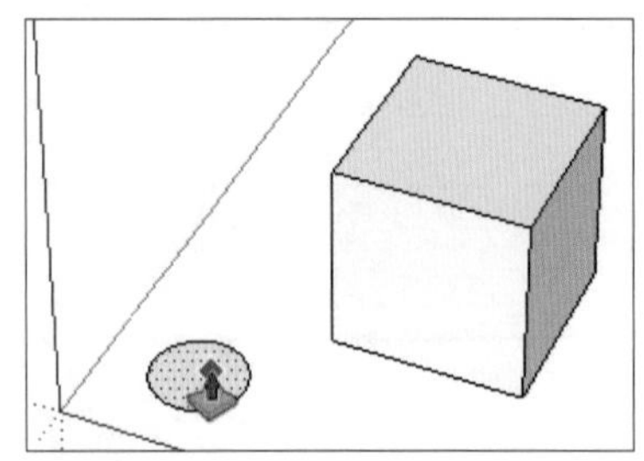

图4-205　确定“推拉起始点”

步骤 03　将光标移至（捕捉）立方体的顶面，单击鼠标左键确定即可，如图4-206所示。

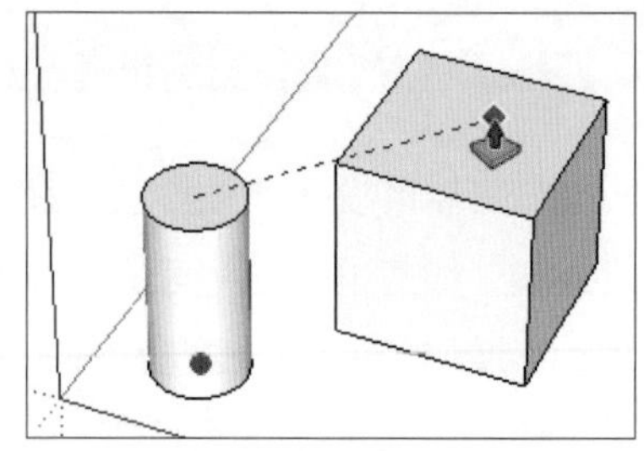

图4-206　确定“推拉结束点”

4.12.4　重复推拉

重复推拉：计算机会存储上一次推拉的数据，用于之后的推拉，即重复上一次推拉。

操作方法

方法 01　使用“推/拉”工具（快捷键“空格”键），在“待推拉平面”上双击鼠标左键，即可完成重复推拉。

方法 02

步骤 01　使用“选择”工具（快捷键“Q”），选择一个要推拉的平面。

步骤 02　使用“推/拉”工具（快捷键“空格”键），在模型空间中任意一点双击鼠标左键，即可完成重复推拉。

4.12.5　重新推拉

重新推拉：对三维体块的面进行推拉，往往会将该面移出。重新推拉可以在该面的基础上，复制一个新的平面并移出，保留原始平面。

操作方法　如图4-207所示，模型空间中有一个正方体（未群组）。

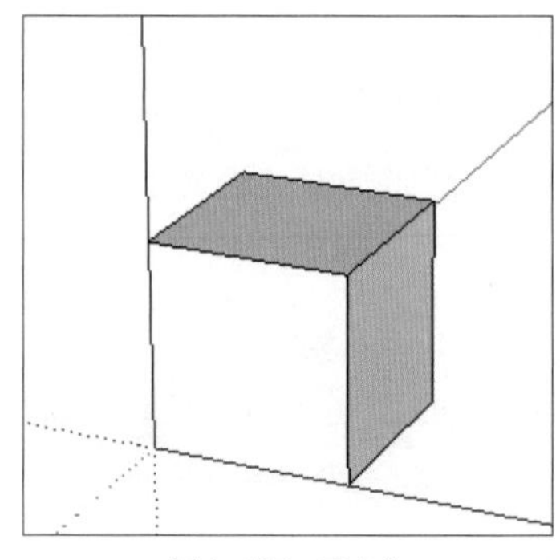

图4-207　正方体

步骤 01　使用“选择”工具（快捷键“Q”），选择“正方体”的顶面。

步骤 02　使用“推/拉”工具（快捷键“空格”键），按“Ctrl”键，光标右下角出现一个黑色小加号，表示可以复制平面（再次按“Ctrl”键，可取消复制）。

步骤 03　在平面上单击一下鼠标左键以确定“推拉起始点”，移动光标，再次单击鼠标左键即可完成重新推拉，如图4-208所示。

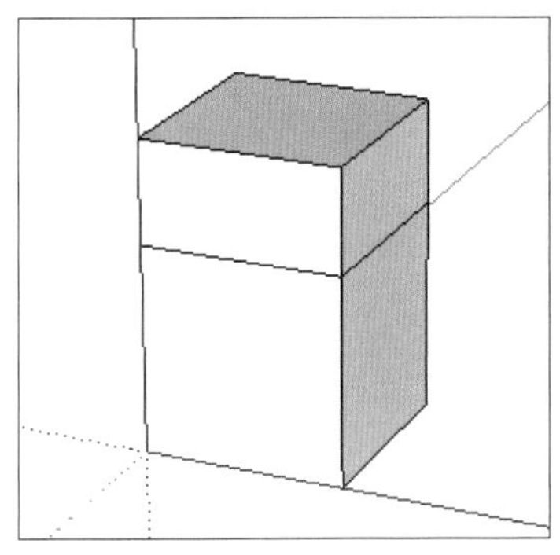

图4-208　重新推拉

△ 提示

在推拉过程中，按“Ctrl”键可以切换“重新推拉”和“普通推拉”，如图4-209所示，为普通推拉。

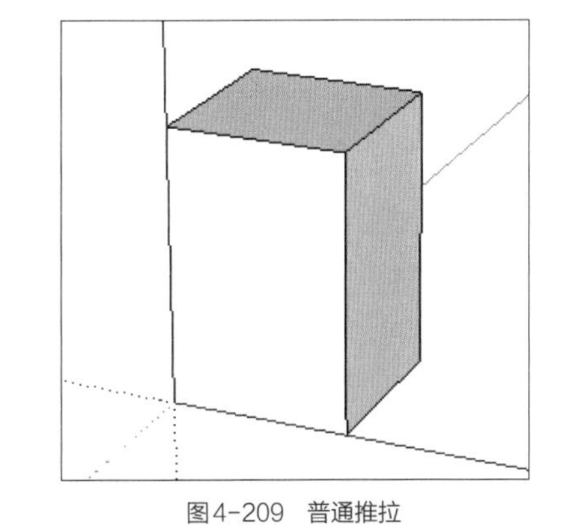

图4-209　普通推拉

4.12.6　批量推拉

批量推拉： 同时推拉多个平面，快捷键为“Alt+空格”键（自定义），图标为“⚘”。批量推拉可以“自由方向推拉”，即推拉方向可与平面不垂直，所有平面的推拉方向相同。

操作方法　如图4-210所示，模型空间中有一个圆和正方形面。

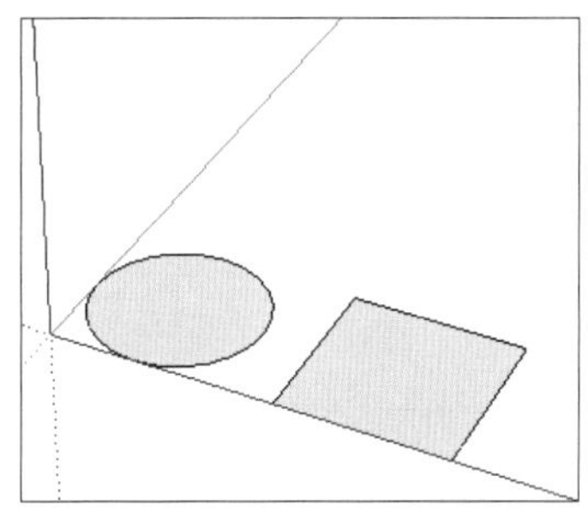

图4-210　圆和正方体面

步骤 01　使用“选择”工具（快捷键“Q”），选择要批量推拉的一个或多个面（选择图4-210中的圆和正方形面）。

步骤 02　使用“批量推拉”工具（快捷键“Alt+空格”键），在模型空间中单击鼠标左键以确定“推拉起始点”，移动光标即可自由方向推拉，如图4-211所示。

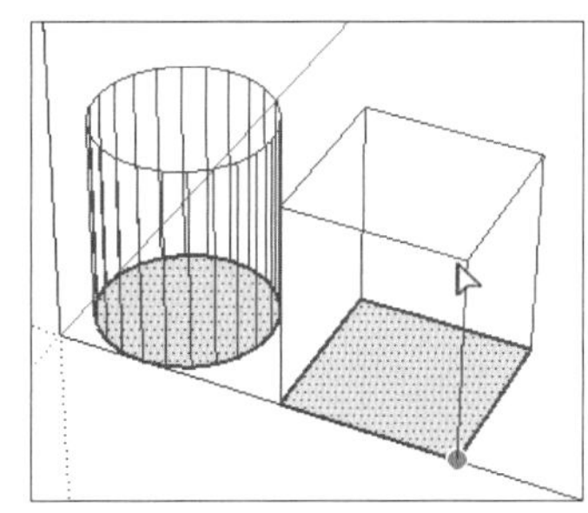

图4-211　确定推拉方向

步骤 03　在平面上单击鼠标左键以确定“推拉终点”（或者在“度量值框”输入推拉距离并按“回车”键），即可完成批量推拉，如图4-212所示。

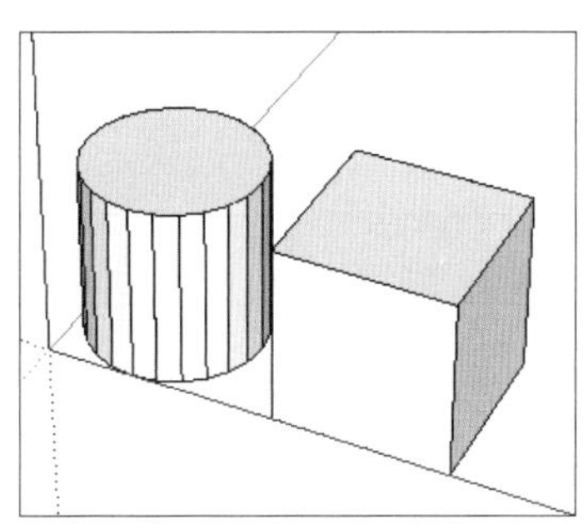

图4-212　批量推拉结果

△ 提示

① 当批量推拉的方向捕捉到“红轴/绿轴/蓝轴”，按住“Shift”键可锁定方向。

②“批量推拉”的距离，不能重复输入，确认后不可更改。

③“批量推拉”过程中，单击“Tab”键可以切换“普通推拉”和“自由方向推拉”。在“普通推拉”模式下，仅能沿着正面方向，且与正面垂直的方向推拉。

④“批量推拉”过程中，按“Ctrl”键可以切换“推拉结果是否群组”。如果群组，则推拉形成的几何体自动成群组。

4.12.7 近似值推拉

近似值推拉：可以同时推拉多个平面或曲面（曲面的实质是多个平面），图标为“”。

近似值推拉可以“自由方向推拉”，也可以将每个平面沿着各自的法线进行推拉。

两相邻平面，在沿着各自的法线进行推拉后，会产生裂隙，“近似值推拉”可以用圆滑的曲面，将推拉得到的两个平面相连。

△ 提示

勾选“视图>显示隐藏的几何图形”，可以将曲面的结构线用虚线显示出来，即用虚线显示出组成曲面的多个平面的边线，如图4-213和图4-214所示。

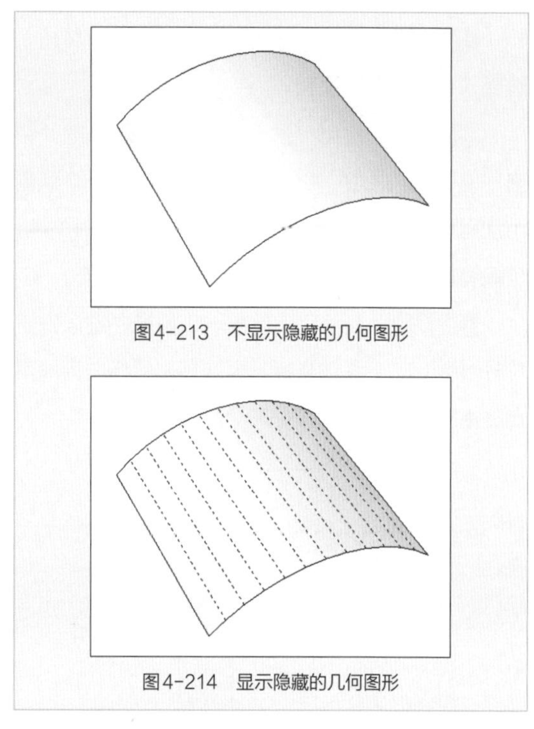

图4-213　不显示隐藏的几何图形

图4-214　显示隐藏的几何图形

如图4-215所示，是近似值推拉的“选项设置栏”，内容如下。

① **参数设置：**

图标为“”——插件“联合推拉”的参数设置。

② **面板设置：**

a. 面板拓展/收缩，图标为“>>>”——切换“选项设置栏”为“高级模式”或“简单模式”，如图4-215和图4-216所示；

b. 面板位置，图标为“”——切换“选项设置栏”在绘图区的位置，有“左上/左下/右上/右下”四个位置可供选择。

③ **选择面：**

a. 清除所有选择，图标为“”——取消选择“被选中的面”；

图4-215 “近似值推拉”的“选项设置栏”（高级模式）

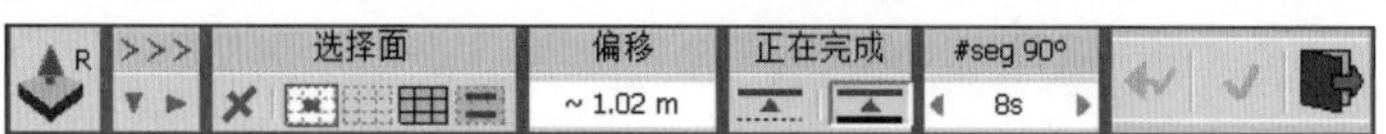

图4-216 “近似值推拉”的“选项设置栏”（简单模式）

b. 面对面，图标为“ ”——不“显示结构线”使用“ ”，单击选中整个曲面或平面，如图4-217所示；

“显示结构线”使用“ ”，单击只能选中组成曲面的多个平面中的一个，如图4-218所示；

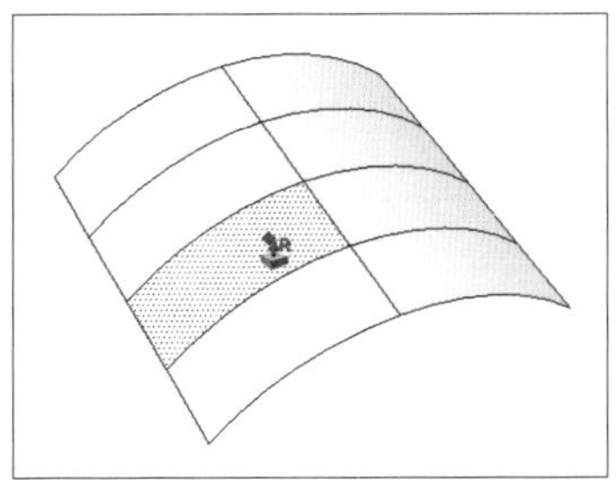

图4-217 “面对面”不显示结构线

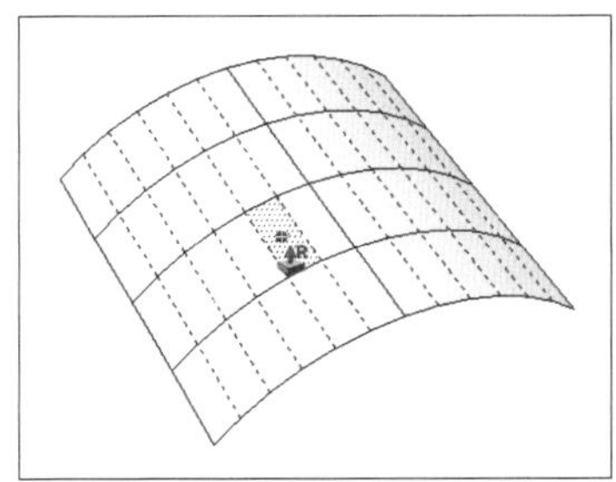

图4-218 “面对面”显示结构线

c. 表面，图标为“ ”——单击选中整个曲面或平面（无视结构线的影响），如图4-219所示；

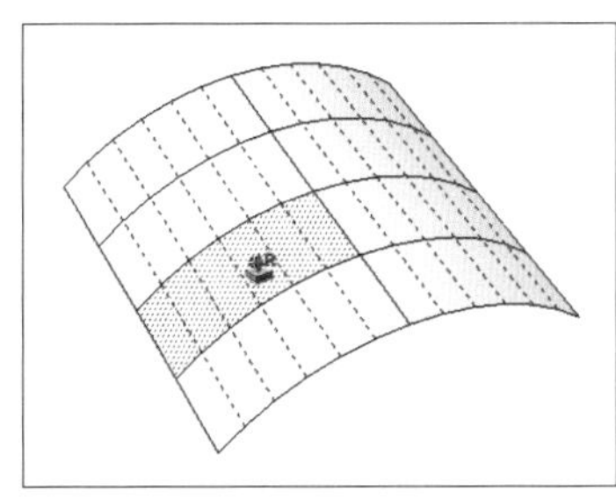

图4-219 “表面”无视结构线

d. 所有已连接面，图标为“ ”——单击选中所有与“拾取点”相连接的面（无视结构线的影响），如图4-220所示；

e. 所有相邻的面，相同材质，图标为“ ”——单击选中所有与“拾取点”相连接，并且材质相同的面（无视结构线的影响），如图4-221所示。

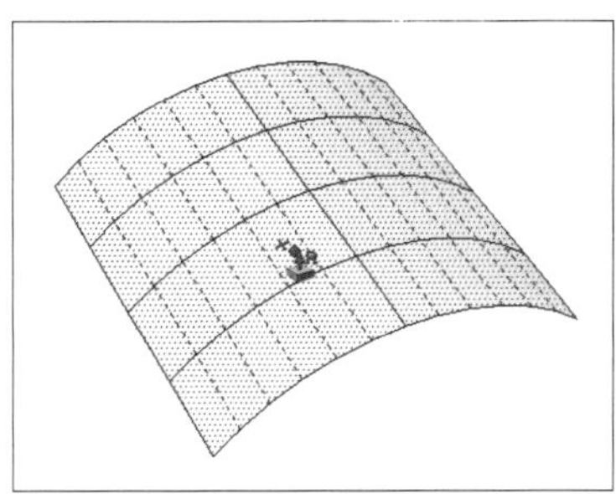

图4-220 “所有已连接面”

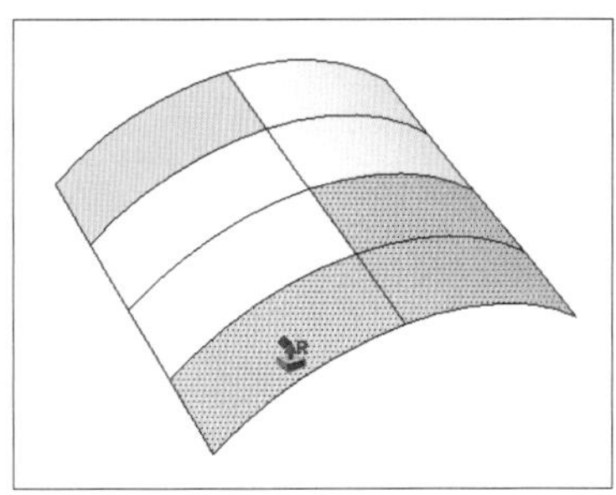

图4-221 “所有相邻的面，相同材质”

△ 提示

选择平面有两种方式：

方法 01 先使用“选择”工具（快捷键“Q”），选择要推拉的一个或多个面，再使用“近似值推拉”；

方法 02 在“近似值推拉”工具下，按住“Shift”键，被鼠标划过的平面会被选中。

如果需要取消选择，将鼠标放置在“被选中平面”上，按“Shift”键即可取消选择。

④ 偏移：

指定推拉的数值，可单击“偏移数据框”输入数值，或者在推拉后输入推拉数值（可反复输入）。

⑤ 正在完成：

如图4-222所示，模型空间中有一个曲面。

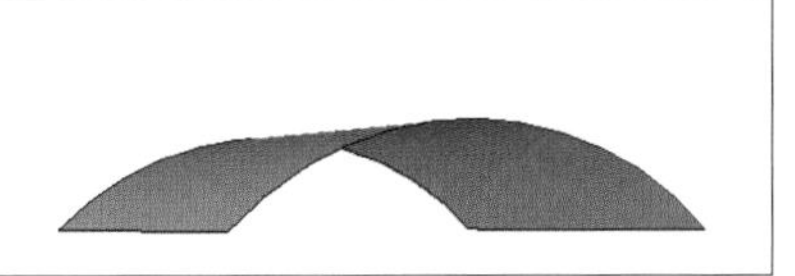

图4-222 曲面

a. 推拉： 删除原始面（经典推拉），图标为“ ”——推拉完成后，删除原始面，如图4-223所示；

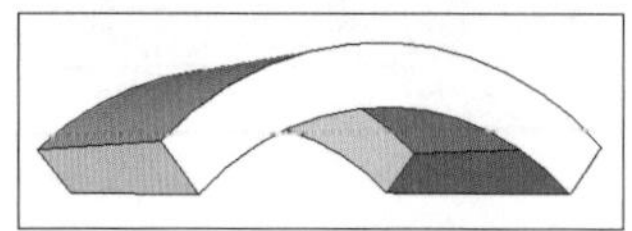
图4-223　删除原始面

b. 加厚： 保持原始面并翻转，图标为“ ”——推拉完成后，保留原始面，如图4-224所示。

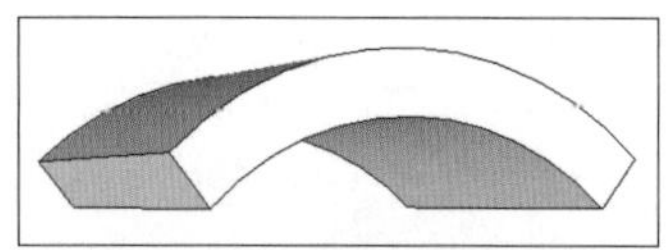
图4-224　保留原始面，并翻转

⑥ # seg90°（近似段数）：

两相邻平面，在沿着各自的法线进行推拉后，会产生裂隙，“近似值推拉”可以用圆滑的曲面，将推拉得到的两个平面相连。

seg90°，即近似段数（基于90°）——该选项可设置圆滑曲面的段数（s），建议段数为偶数。

如图4-225所示，模型空间中有两个相邻平面，夹角为90°；将“# seg90°”分别设置为“4s”和“8s”，推拉结果如图4-226和图4-227所示。

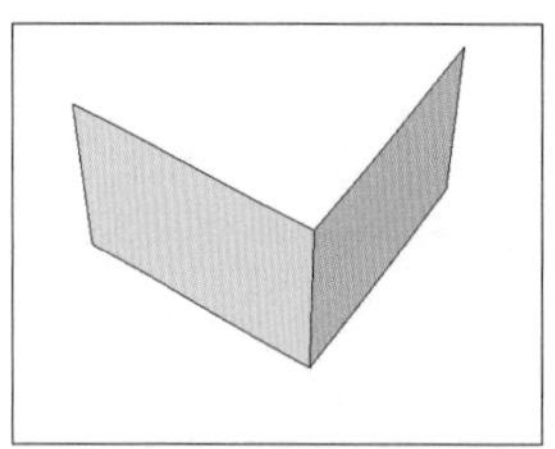
图4-225　两相邻平面

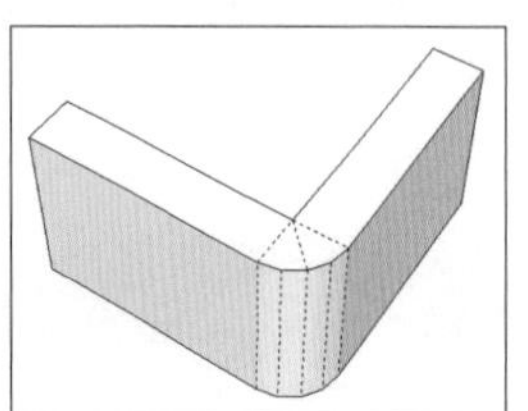
图4-226　# seg90° 为4段

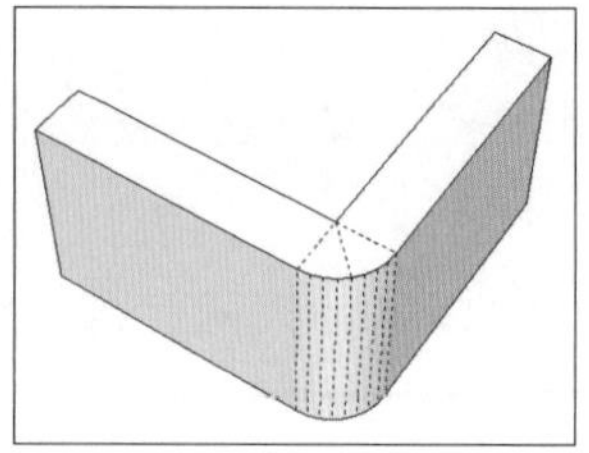
图4-227　# seg90° 为8段

⑦ 平面（推拉方向）：

平面，即平面固定，用于设置推拉方向——

a. NO——没有特殊平面，即每个平面沿着各自的法线进行推拉；

b. X——垂直YZ 平面（红色），即所有平面沿着红轴方向推拉，使用“右方向键”可以锁定红轴方向；

c. Y——垂直XZ 平面（绿色），即所有平面沿着绿轴方向推拉，使用“左方向键”可以锁定绿轴方向；

d. Z——垂直XY 平面（蓝色），即所有平面沿着蓝轴方向推拉，使用“上方向键”可以锁定蓝轴方向；

e. Local——基于组或组件的坐标轴，来确定 X/Y/Z方向；否则以整个模型空间的坐标轴，来确定X/Y/Z方向；

f. Custom——自定义平面，推拉方向与该平面法线一致，可设置任意方向进行推拉，所有平面推拉方向一致；

Custom右侧的“？”为“自定义平面选择器”，可以选取平面或边缘（垂直平面）。

⑧ 联合角度：

两相邻平面在沿着各自的法线进行推拉后会产生裂隙，“近似值推拉”可以用圆滑的曲面，将推拉得到的两个平面相连。

联合角度——该选项可设置圆滑的最小角度，“联合角度数值框”可输入范围为“0°~60°”。

如果两相邻平面的“法线的夹角”大于“联合角度”，则这两平面推拉后可以用圆滑的曲面相连。

如果两相邻平面的“法线的夹角”小于或等于“联合角度”，则这两个平面推拉后不能用圆滑的曲面相连。

如图4-228所示，模型空间中有两个相邻平面，法线夹角为45°：

将联合角度设置为“20°”，“法线夹角>联合角度”，则推拉后平面可以用圆滑的曲面相连，如图4-229所示；

将联合角度设置为“60°”，“法线夹角<联合角度”，则推拉后平面不可以用圆滑的曲面相连，如图4-230所示。

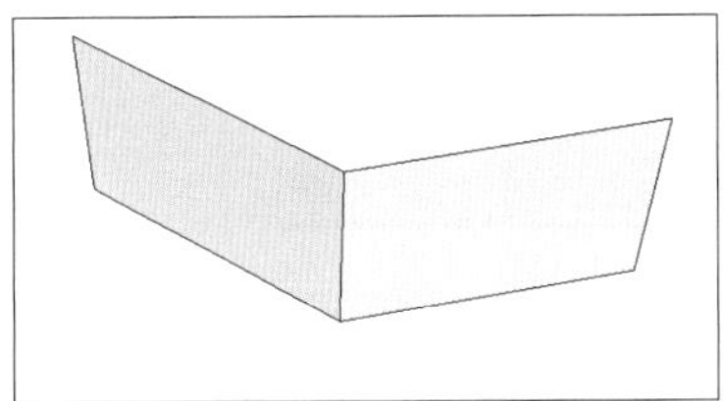

图4-228　两相邻平面的法线夹角45°

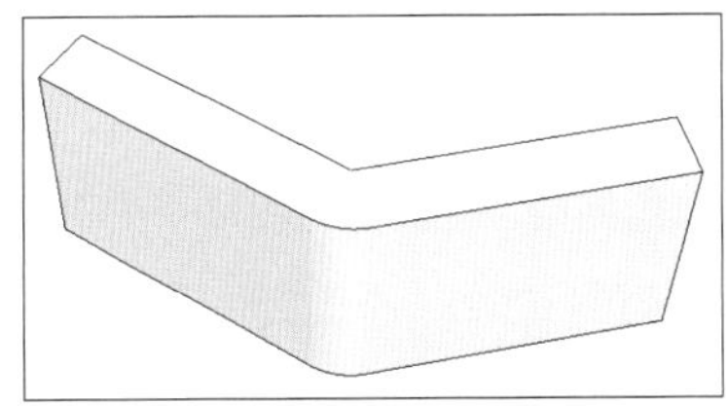

图4-229　联合角度为20°

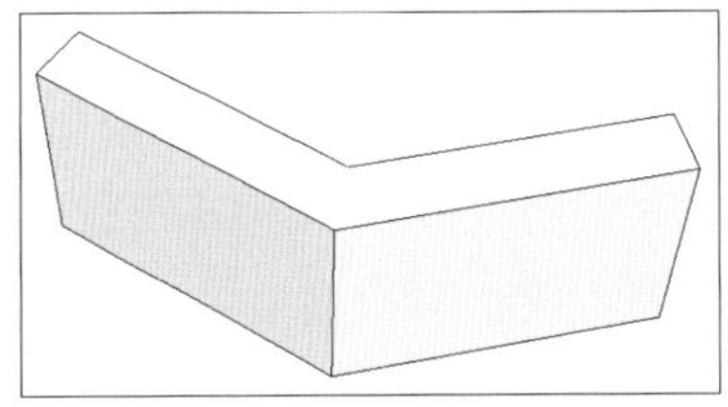

图4-230　联合角度为60°

⑨ **边框（生成边界选项）：**

a. Contour——轮廓，类似普通推拉，生成几何体块，如图4-231所示；

b. Grid——网格，类似普通推拉，但是将“推拉所得的体块”的每一个平面都单独生成边界，如图4-232所示；

c.None——无，不生成侧面，只将原平面或曲面推拉出来，如图4-233所示。

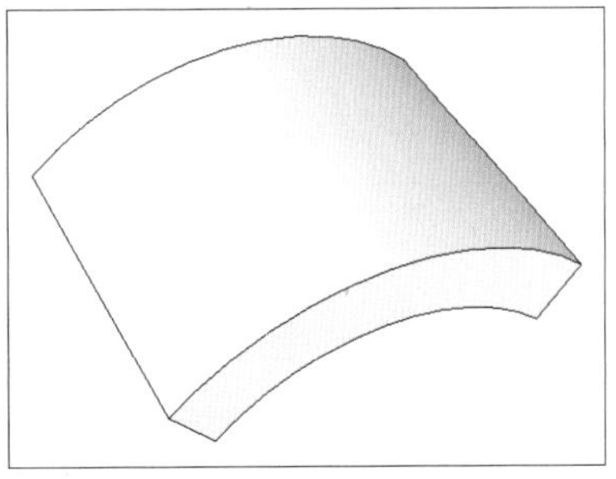

图4-231　Contour（轮廓）

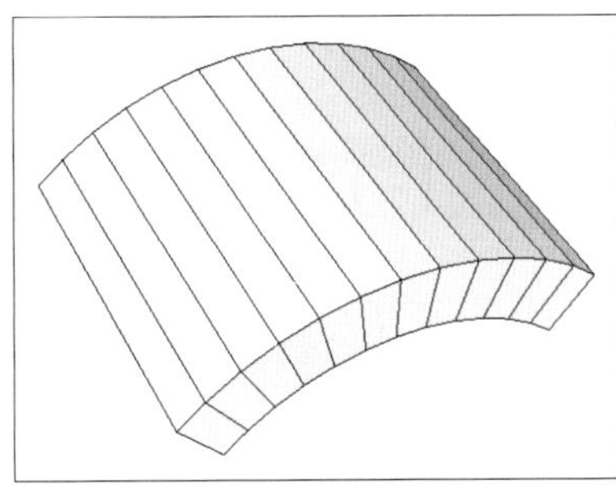

图4-232　Grid（网格）

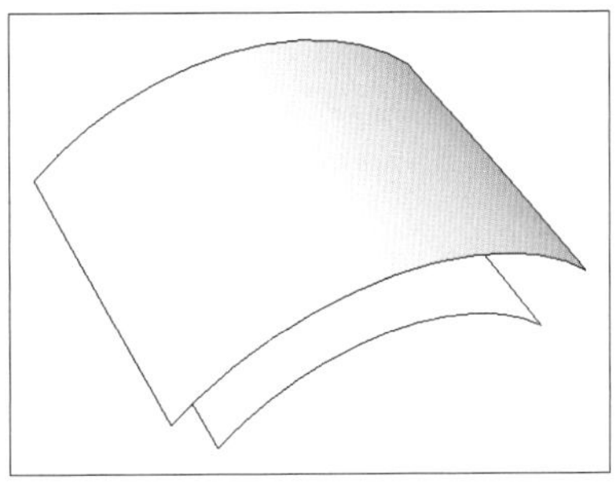

图4-233　None（无侧面）

⑩ **Misc（其他选项）：**

群组结果，图标为“○”——将推拉得到的几何体块进行群组（不包含原平面或曲面）。

⑪ **其他：**

a.撤销，图标为“↩”——撤销“近似值推拉”生成的几何体块，只能撤销最后一次推拉；

b.确认，图标为“✔”——在生成几何体块预览后，单击该按钮、在绘图区单击鼠标左键或者按“回车”键，即可生成几何体块；

c.退出，图标为“■”——单击该按钮，即可退出“近似值推拉”工具。

4.12.8 矢量推拉

① **矢量推拉：** 可以同时推拉多个平面或曲面（曲面的实质是多个平面），图标为“ ”。

矢量推拉可以“自由方向推拉”，并且所有平面或曲面的推拉方向相同。

△ 提示

勾选“视图>显示隐藏的几何图形”，可以将曲面的结构线用虚线显示出来，即用虚线显示组成曲面的多个平面的边线，如图4-213和图4-214所示。

② **参数设置：**

图标为“ ”——插件“联合推拉”的参数设置。

③ **面板设置：**

a. 面板拓展/收缩，图标为“ >>> ”——切换“选项设置栏”为“高级模式”或“简单模式”，如图4-234和图4-235所示；

b. 面板位置，图标为“ ”——同“近似值推拉”。

④ **选择面：** 同“近似值推拉”。

⑤ **偏移：** 同“近似值推拉”。

图4-234 “矢量推拉”的“选项设置栏”（高级模式）

图4-235 “矢量推拉”的“选项设置栏”（简单模式）

⑥ **正在完成：** 同“近似值推拉”。

⑦ **矢量（矢量固定）：** 矢量，即矢量固定，用于设置推拉方向。

a. NO——没有特殊方向，即所有平面沿着同一方向进行推拉。

b. X——X轴（红色），即所有平面沿着红轴方向推拉，使用“右方向键”可以锁定红轴方向；

c. Y——Y轴（绿色），即所有平面沿着绿轴方向推拉，使用“左方向键”可以锁定绿轴方向；

d. Z——Z轴（蓝色），即所有平面沿着蓝轴方向推拉，使用“上方向键”可以锁定蓝轴方向；

e. Local——基于组或组件的坐标轴，来确定X/Y/Z方向；否则以整个模型空间的坐标轴，来确定X/Y/Z方向；

f. Custom——自定义方向，推拉方向与该方向一致，可设置任意方向进行推拉，所有平面推拉方向一致；

Custom右侧的“？”为“自定义方向选择器”，可以选取任意平面（法线）或边缘（方向）。

⑧ **边框（生成边界选项）：** 同“近似值推拉”。

⑨ **Misc（其他选项）：**

a. 群组结果，图标为“ ”——将推拉得到的几何体块进行群组（不包含原平面或曲面）。

b. 压平推拉曲面，图标为“ ”——将推拉得到的面压平成平面（不包含侧面）。

如图4-236所示，模型空间中有一个曲面；使用“矢量推拉”将曲面推拉形成几何体块，不压平推拉得到的曲面，如图4-237所示；压平推拉得到的曲面，如图4-238所示。

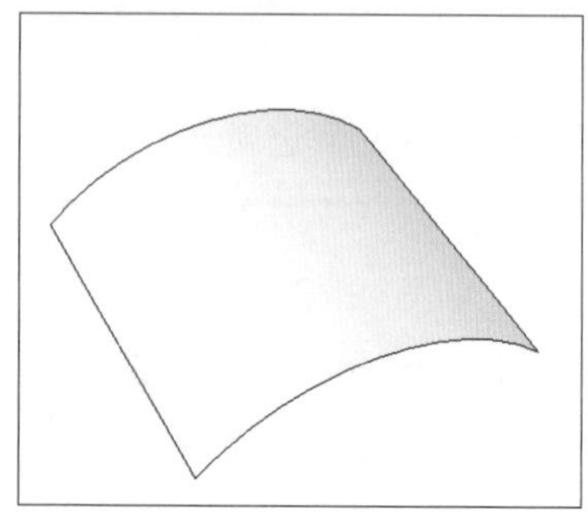

图4-236 曲面

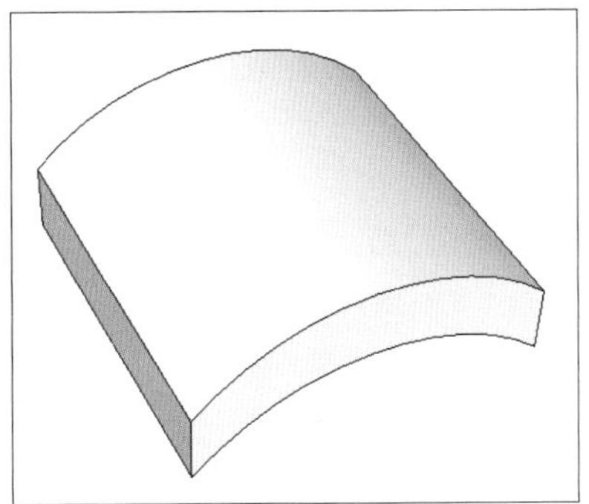
图4-237　“矢量推拉”不压平推拉曲面

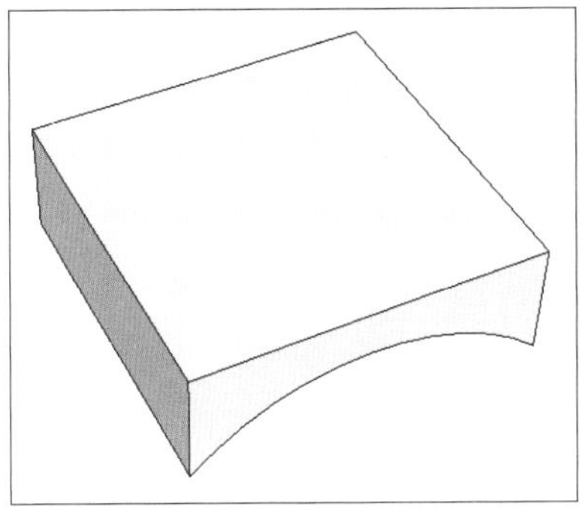
图4-238　“矢量推拉”压平推拉曲面

⑩ **其他：**同“近似值推拉”。

4.12.9　拉线成面

拉线成面：将线按指定方向、长度拉伸成平面，图标为“”。

操作方法

步骤 01　使用“选择”工具（快捷键“Q”），选择要拉伸的一根或多根线（如图4-239所示，选择模型空间中的曲线）。

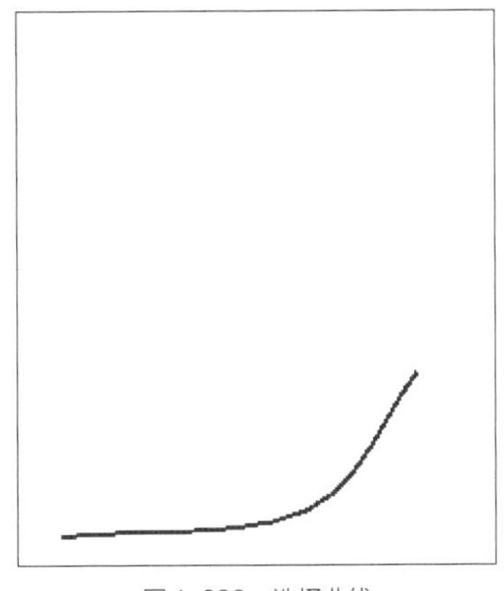
图4-239　选择曲线

步骤 02　单击“拉线成面”工具的图标“”，在模型空间中单击鼠标左键以确定“拉伸起始点”，移动光标即可自由方向拉伸，如图4-240所示。

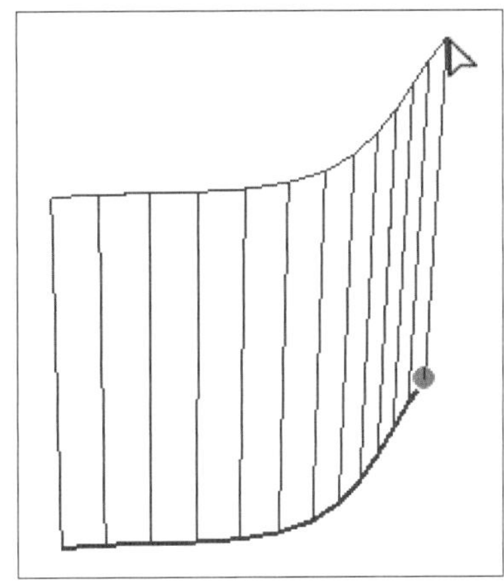
图4-240　确定拉伸方向

步骤 03　在平面上单击鼠标左键以确定“拉伸终点”（或者在“度量值框”输入拉伸距离并按“回车”键），即可完成拉线成面，如图4-241所示。

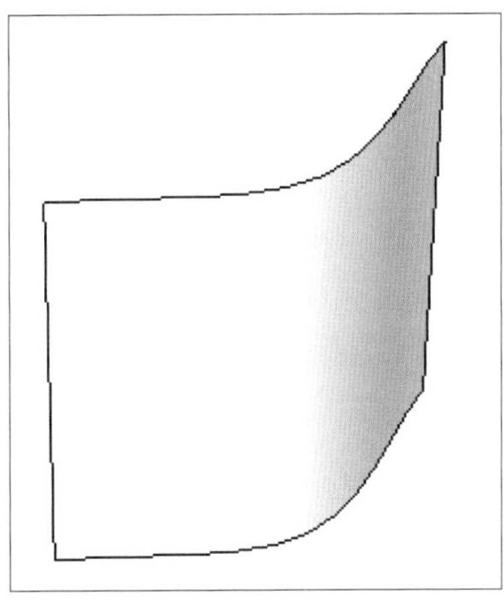
图4-241　拉线成面结果

△ 提示

① 当拉伸的方向捕捉到“红轴/绿轴/蓝轴”时，按住“Shift”键可锁定方向。

② 在拉伸过程中，按“上/左/右方向键”，可以分别锁定至“蓝轴/绿轴/红轴”；按“下方向键”，取消锁定。

③“拉线成面”的距离，不能重复输入，确认后不可更改。

4.13 偏移

“偏移”工具可以偏移平面上的所选边线，即在与原边线等距的位置创建边线副本，快捷键为“O”（自定义），图标为“ ”。

△ 提示

① “偏移”工具可以偏移“多段线”（多段线需位于同一平面）、“曲线”（构成曲线的多段线需位于同一平面）、“平面”（偏移对象实质是平面的边线）。

② 一根直线无法被偏移，曲面无法被偏移。

③ “偏移”工具每次只能偏移“一段连续的多段线”“一根曲线”“一个平面”，不能同时推拉“不连续的多段线”“多根曲线”“多个平面”（“直线”“曲线”和“多段线”的区别，详见本书5.2.8小节）。

4.13.1 定距偏移

操作方法

① 简单偏移：

步骤 01 使用“选择”工具（快捷键“Q”），选择一个要偏移的“多段线”“曲线”或“平面”；

步骤 02 使用“偏移”工具（快捷键“O”）或者单击“偏移”工具的图标“ ”，在待偏移的“多段线”“曲线”或“平面的边线”上单击鼠标左键以确定“偏移起始点”，移动光标即可偏移所选对象；

步骤 03 将光标移至“偏移目标点”（偏移距离在“度量值框”中动态显示），单击鼠标左键即可完成偏移。

② 定距偏移：

步骤 01 使用“选择”工具（快捷键“Q”），选择一个要偏移的“多段线”“曲线”或“平面”；

步骤 02 使用“偏移”工具（快捷键“O”）或者单击“偏移”工具的图标“ ”，在待偏移的“多段线”“曲线”或“平面的边线”上单击鼠标左键以确定“偏移起始点”；

步骤 03 将光标移至“偏移目标方向”，在“度量值框”输入偏移距离，按“回车”键确认即可完成偏移。如需更改偏移距离，可在按“回车”键确认之后，立刻输入新的距离并确认。

△ 提示

① 偏移过程结束前，点击“Esc”键可以取消偏移。

② 偏移“曲线”和“平面”时，可以省略上文 步骤 01（即省去“选择”过程），直接使用“偏移”工具，将光标“ ”移至“待偏移曲线”或“待偏移平面”，曲线或平面会临时呈现选中状态，单击即可确定“偏移起始点”。该方法不适用于多段线的偏移。

4.13.2 捕捉偏移

捕捉偏移： 在偏移过程中，捕捉到其他图元来确定“偏移结束点”。

操作方法 如图4-242所示，将正方形向外偏移，使得正方形的边与立方体底面的边对齐。

步骤 01 使用“选择”工具（快捷键“Q”），选择正方形，如图4-242所示。

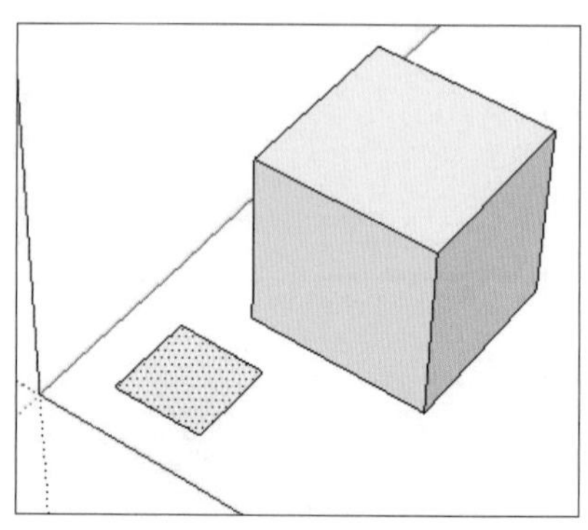

图4-242 选择“正方形”

步骤 02　使用“偏移”工具（快捷键“O”），在正方形的边上单击确定“偏移起始点”，如图4-243所示。

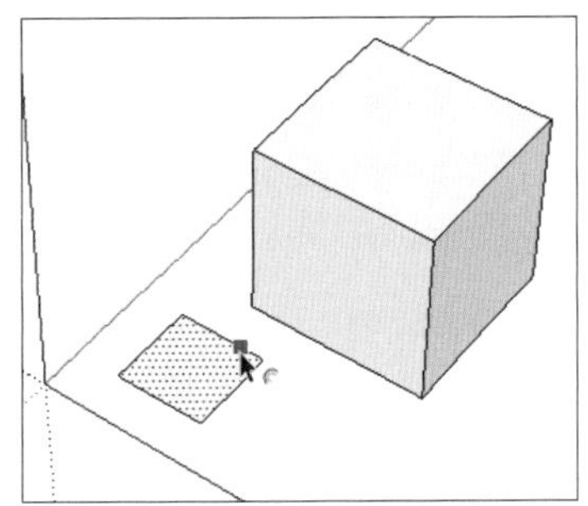

图4-243　确定“偏移起始点”

步骤 03　将光标移至（捕捉）立方体底面的边，单击鼠标左键确定即可，如图4-244所示。

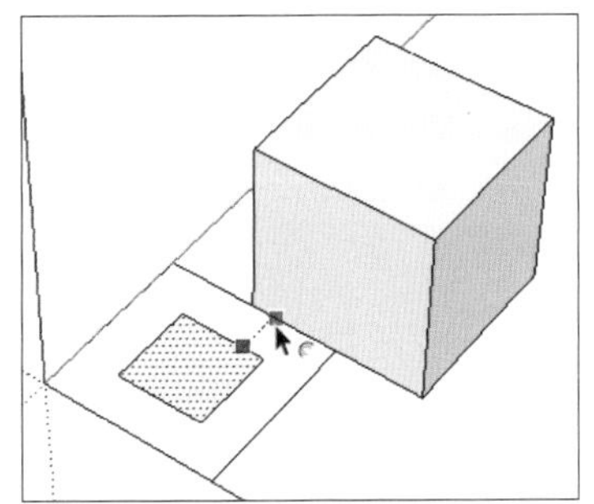

图4-244　确定“偏移结束点”

4.13.3　重复偏移

重复偏移：计算机会存储上一次偏移的数据，用于之后的偏移，即重复上一次偏移。

操作方法

方法 01　使用“偏移”工具（快捷键“O”），在“待偏移曲线”或“待偏移平面”上双击鼠标左键，即可完成重复偏移。该方法不适用于多段线的偏移。

方法 02

步骤 01　使用“选择”工具（快捷键“Q”），选择一个要偏移的“多段线”“曲线”或“平面”。

步骤 02　使用“偏移”工具（快捷键“O”），在模型空间中任意一点双击鼠标左键，即可完成重复偏移。

4.13.4　多面偏移

多面偏移：同时偏移多个平面，并且可以自动偏移多次，快捷键为“Alt键+O”（自定义），图标为“ ”。该功能不能批量偏移多段线和曲线。

4.13.4.1　常规多面偏移

常规多面偏移：以相同的距离，进行多面、多次偏移。每一次的偏移都以上一次偏移得到的边线为基准线。

操作方法　如图4-245所示，模型空间中有一个圆（直径1m）和正方形面（边长1m）。

图4-245　圆和正方体面

步骤 01　使用“选择”工具（快捷键“Q”），选择要多面偏移的一个或多个面（选择图4-245中的圆和正方形面）。

步骤 02　使用“多面偏移”工具（快捷键“Alt键+O”），弹出“多面偏移”对话框，如图4-246所示。

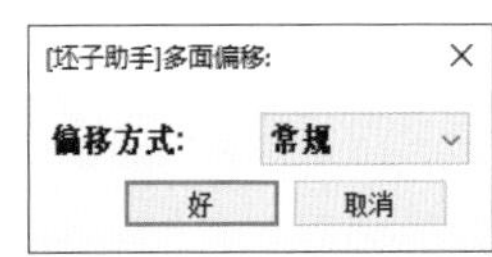

图4-246　“多面偏移”对话框

步骤 03　在“偏移方式”中选择“常规”并确认，弹出“常规偏移设置”对话框，如图4-247所示，内容如下。

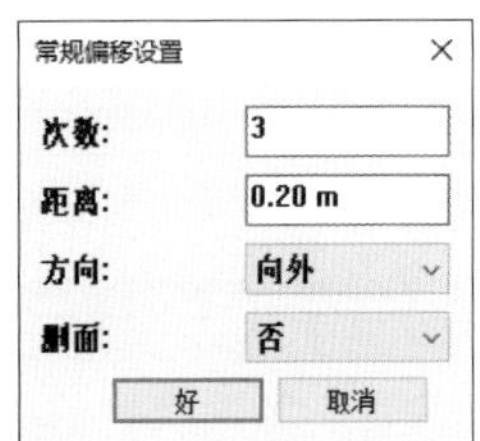

图4-247　“常规偏移设置”对话框

①“次数”——偏移的次数。

②“距离”——每次偏移的距离。

③“方向”——偏移的方向，有“向外”“向内”和“内外”三种选择:

a.“向内”——向内部偏移;

b.“向外”——向外部偏移;

c.“内外”——向内部和外部同时偏移。

④“删面”——是否删除面:

a.“是”——删除原始面和偏移得到的面;

b.“否”——不删除任何面。

设置完成后，单击“好”即可完成常规多面偏移。

如图4-248所示，常规偏移设置为“次数(1); 距离(0.2m); 方向(向内); 删面(否)”。

如图4-249所示，常规偏移设置为“次数(2); 距离(0.2m); 方向(向外); 删面(否)”。

如图4-250所示，常规偏移设置为“次数(2); 距离(0.2m); 方向(内外); 删面(是)”。

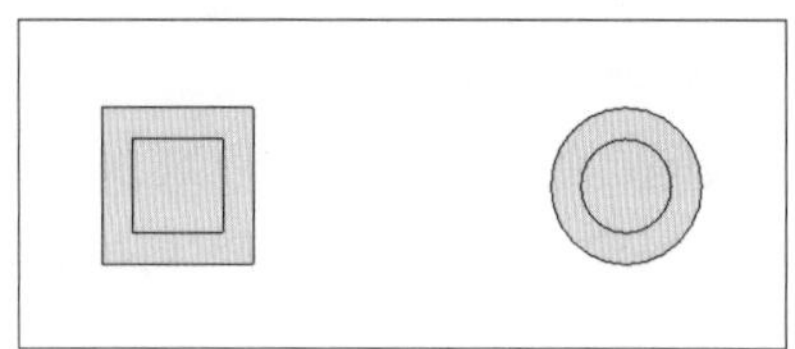

图4-248 “向内，1次，不删面”

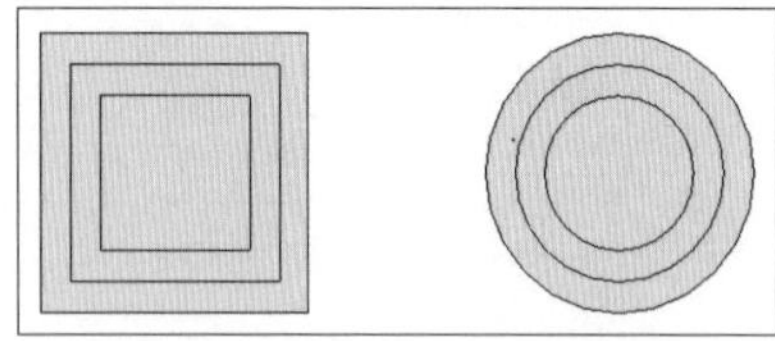

图4-249 “向外，2次，不删面”

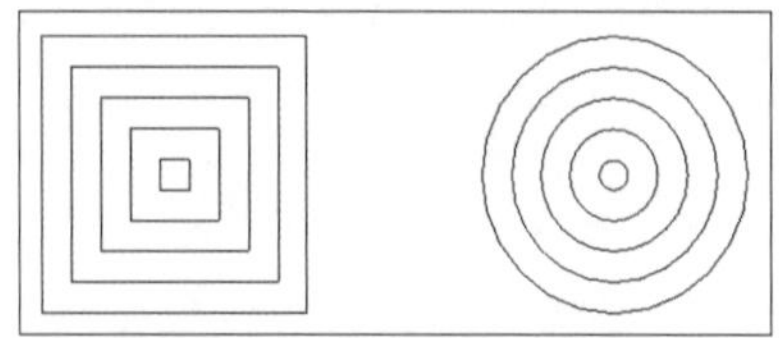

图4-250 “内外，2次，删面”

4.13.4.2 叠加多面偏移

叠加多面偏移: 每一次的偏移都以原平面的边线为基准线。

第一次偏移，按照“偏移距离”进行多面偏移；从第二次偏移开始，偏移距离在上一次偏移距离的基础上，按照“叠加距离”和某种“算法”逐次增加。

操作方法 如图4-245所示，模型空间中有一个圆(直径1m)和正方形面(边长1m)。

步骤 01 使用“选择”工具(快捷键“Q”)，选择要多面偏移的一个或多个面(选择图4-245中的圆和正方形面)。

步骤 02 使用“多面偏移”工具(快捷键“Alt键+O”)，弹出“多面偏移”对话框，如图4-246所示。

步骤 03 在“偏移方式”中选择“叠加”并确认，弹出“叠加偏移设置”对话框，如图4-251所示，其中:

①“次数”“距离”“方向”“删面”——同“常规多面偏移”;

②“算法”——首次偏移后，后续偏移距离的运算法则有“加”和“乘”两种选择:

“+”——从第二次偏移开始，偏移距离在上一次偏移距离的基础上，按照“叠加距离”逐次增加;

“×”——该功能暂时存在漏洞，略。

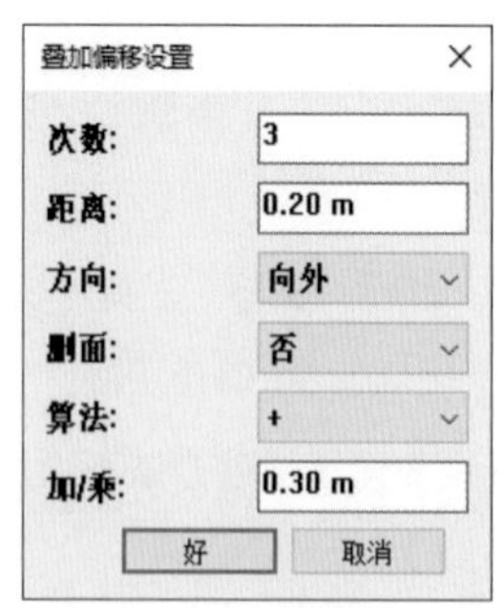

图4-251 “叠加偏移设置”对话框

③“加/乘”——叠加距离。

设置完成后，单击“好”即可完成叠加多面偏移。

如图4-252所示，叠加偏移设置为“次数(3); 距离(0.2m); 方向(向外); 删面(否);

算法（+）；加/乘（0.3m）”，则偏移距离分别为AB（0.2m）、AC（0.5m）、AD（0.8m）。

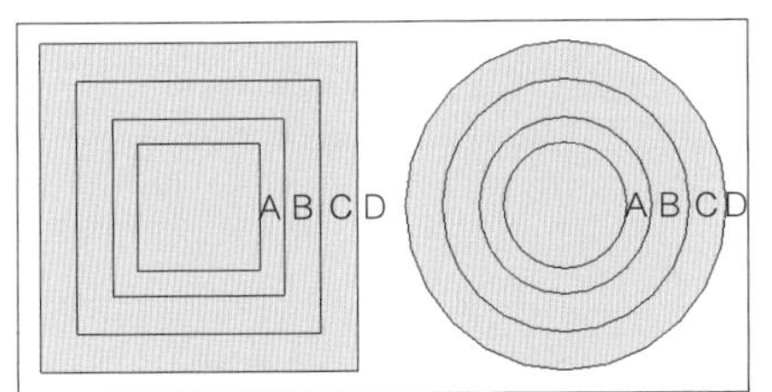

图4-252 “叠加距离0.3m”

4.13.4.3 序列多面偏移

序列多面偏移：按照“距离序列”设置，进行多面、多次偏移。

操作方法 如图4-245所示，模型空间中有一个圆形面（直径1m）和正方形面（边长1m）。

步骤01 使用“选择”工具（快捷键“Q”），选择要多面偏移的一个或多个面（选择图4-245中的圆形面和正方形面）。

步骤02 使用“多面偏移”工具（快捷键“Alt键+O”），弹出“多面偏移”对话框，如图4-246所示。

步骤03 在“偏移方式”中选择“序列”并确认，弹出“序列偏移设置”对话框，如图4-253所示，其中：

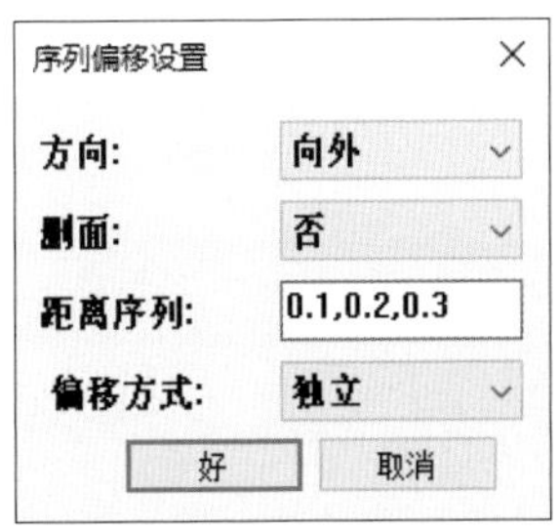

图4-253 “序列偏移设置”

① “方向”“删面”——同“常规多面偏移”；

② “距离序列”——输入“距离1，距离2，距离3，距离4……”，则按照上述数据依次进行偏移；

③ “偏移方式”——选择下一次偏移的基准线，有“独立”和“增量”两种选择：

“独立”——每一次偏移，都以原平面边线为基准线；

“增量”——每一次偏移，都以上一次偏移得到的平面边线为基准线。

设置完成后，单击“好”即可完成序列多面偏移。

如图4-254所示，序列偏移设置为“方向（向外）；删面（否）；距离序列（0.1，0.2，0.3）；偏移方式（独立）”，则偏移距离分别为AB（0.1m）、AC（0.2m）、AD（0.3m）。

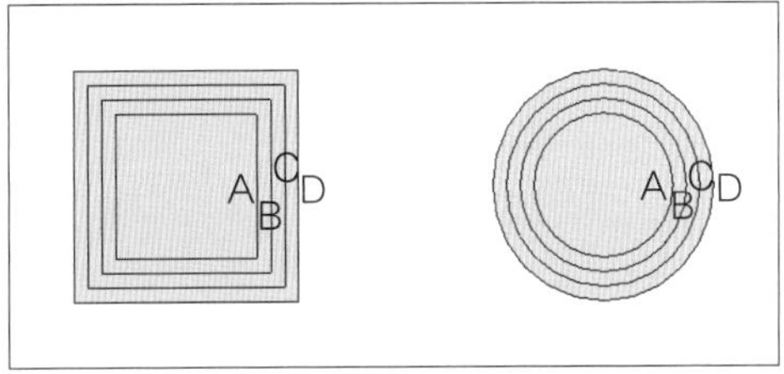

图4-254 偏移方式“独立”

如图4-255所示，序列偏移设置为“方向（向外）；删面（否）；距离序列（0.1，0.2，0.3）；偏移方式（增量）”，则偏移距离分别为AB（0.1m）、BC（0.2m）、CD（0.3m）。

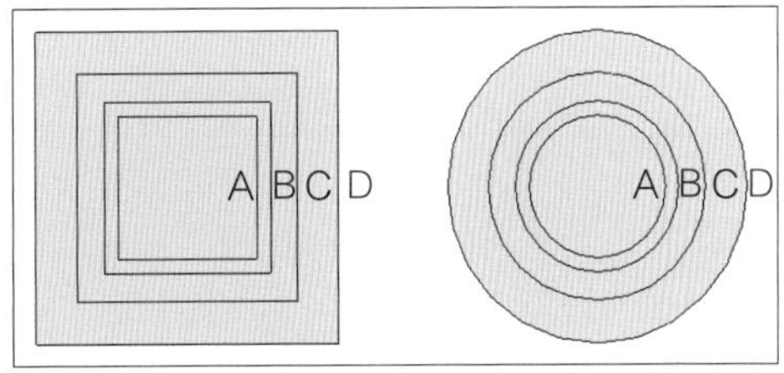

图4-255 偏移方式“增量”

第 5 章　点、线、面与实体

5.1　点

5.2　线

5.3　曲面

5.4　实体

5.1 点

SketchUp中的“点”工具有较多不足，以致无法满足用户的基本需求。为弥补这一空缺，引入“加点工具”插件与“顶点编辑器”插件，使SketchUp提供更为完善的“点”工具。

5.1.1 绘制点

点：用“卷尺”工具从端点或交点处引出一个点（包含一段虚线），SketchUp 官方工具中只有这一种办法可以绘制“点”。

操作方法

步骤 01 使用“卷尺”工具（快捷键“J”），在模型的端点或交点处单击鼠标左键。

步骤 02 移动光标，在目标点再次单击鼠标左键，即可绘制一个点（包含一段虚线）。

5.1.2 弧线圆心

弧线圆心：绘制出圆弧（包含圆）的圆心。

操作方法

步骤 01 使用“选择”工具（快捷键“Q”），选择需要绘制圆心的圆弧。

步骤 02 在坯子插件库搜索框中输入“弧线圆心”指令，单击“弧线圆心”工具的图标“ ”，即可绘制出被选中圆弧的圆心。

5.1.3 对象加点

对象加点：在坐标轴、边线、平面或其他对象上添加参考点。

操作方法

步骤 01 在坯子插件库搜索框中输入“对象加点”指令，单击“对象加点”工具的图标“ ”。

步骤 02 在坐标轴、边线、平面或其他对象上单击鼠标左键，即可添加参考点，如图5-1所示。

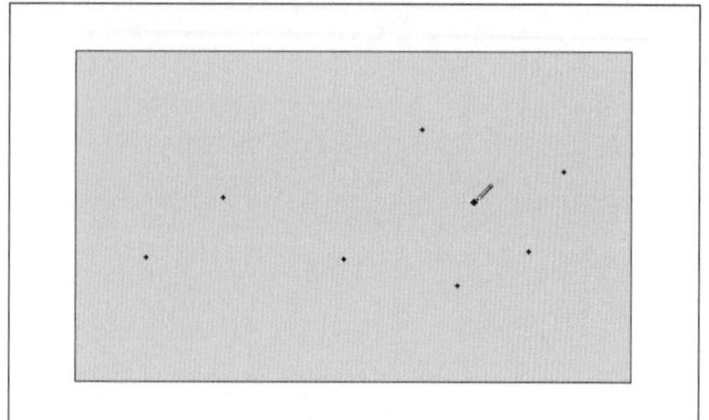

图5-1 对象加点

△ 提示

“对象加点”工具不能在空白处绘制参考点。

5.1.4 边线端点

边线端点：绘制出直线、多段线、圆弧、曲线等线条的端点（SketchUp中“多段线”与“曲线”概念详见本书5.2.8小节）。

操作方法

步骤 01 使用“选择”工具（快捷键“Q”），选择需要绘制端点的线。

步骤 02 在坯子插件库搜索框中输入“边线端点”指令，单击“边线端点”工具的图标“ ”，即可绘制出被选中线条的端点，如图 5-2 所示。

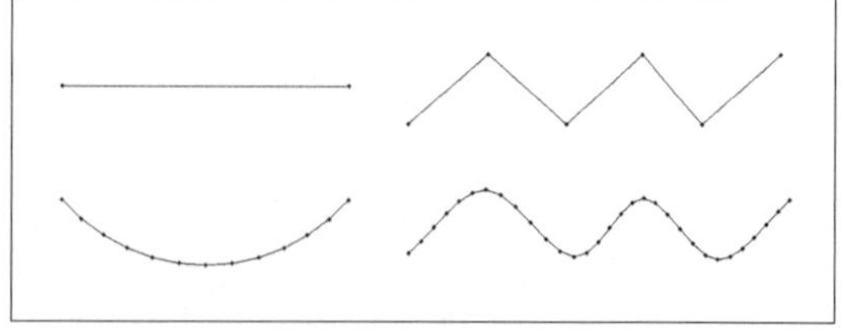

图5-2 边线端点

5.1.5 顶点编辑器

顶点编辑器：对线或面的结构点进行编辑，包括选择、移动、旋转、缩放、插入顶点、自动共面、合并点等子工具。“顶点编辑器”工具的快捷键为“Ctr键+E”（自定义），图标为“ ”。

操作方法

① “顶点编辑器”的“选择”工具：

步骤 01 使用“选择”工具（快捷键“Q”），选择需要编辑结构点的线或面；

步骤 02 执行“顶点编辑器”工具的快捷键“Ctrl键+E”，所有结构点显示为蓝色，如图5-3所示；

步骤 03 单击“顶点编辑器”工具栏中的“选择”工具，图标为“ ”；

步骤 04 用鼠标左键单击或框选需要编辑的结构点，被完全选中的结构点显示为红色，没有被选中的结构点仍然为蓝色。

如果“软选择”半径不为0，则衰减范围内的结构点显示为黄色、绿色等渐变色，表示不完全被选中，如图5-3所示。

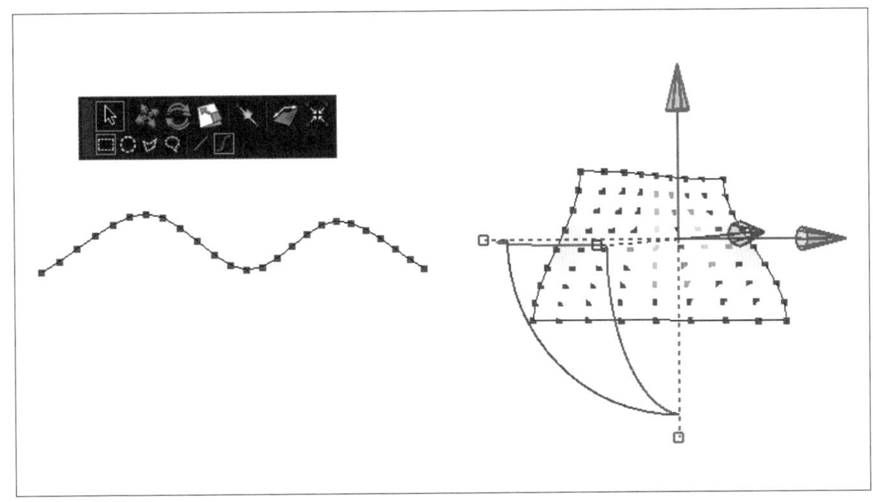

图5-3　顶点编辑器

△ 提示

① 选区：“顶点编辑器”的“选择”工具可以通过单击或者框选来选择结构点，并且“加选/减选/切换选”的方法与SketchUp官方“选择”工具中的方法相同（“加选/减选/切换选”方法详见本书4.2.2小节）。

框选时有4种不同形状的选区，分别是矩形选区、圆形选区、多边形选区、手绘选区。

② 软选择：即不完全选择。通过软选择半径来确定衰减范围，点的变动效果随距离增加而衰减。

以“点A”为例，半径设置为“10m”：选中“点A”，则“点A”显示为红色；与“点A”距离10m范围内的点也会被选中（不完全选中），显示为黄色、绿色等渐变色，距离越远，变动越小；与“点A”距离10m范围外的点不会被选中，显示为蓝色，如图5-4所示。

软选择半径为0，表示没有衰减范围，如图5-5所示。

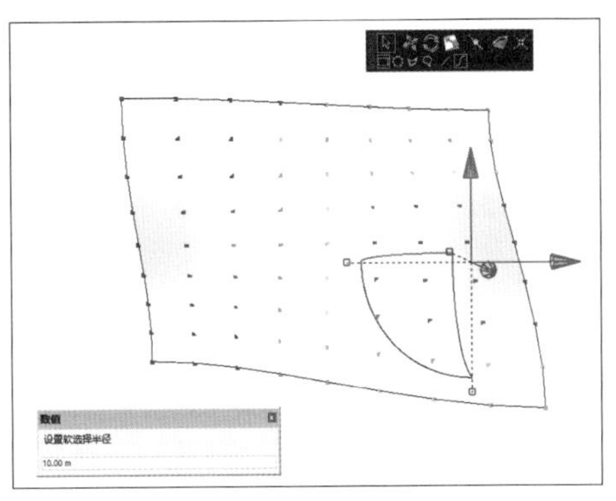

图5-4　软选择半径为10

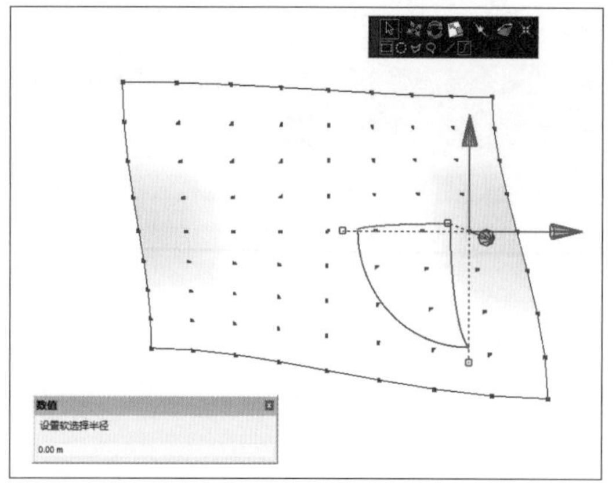

图5-5　软选择半径为0

②“顶点编辑器”的“移动”“旋转”“缩放”工具。

方法 01　如图5-6所示，选中结构点后，会出现一个红色/绿色/蓝色操作轴，包含箭头、矩形面、圆弧、虚线和方点等。

“移动”——鼠标左键拖动箭头，红色/绿色/蓝色箭头表示沿着红轴/绿轴/蓝轴移动。

或者用鼠标左键拖动矩形面，红色/绿色/蓝色平面表示沿着红轴/绿轴/蓝轴的垂直面移动。

“旋转”——鼠标左键拖动圆弧，红色/绿色/蓝色圆弧表示沿着红轴/绿轴/蓝轴的垂直面旋转。

“缩放”——鼠标左键拖动虚线或方点，红色/绿色/蓝色虚线或方点表示沿着红轴/绿轴/蓝轴缩放。

方法 02　“顶点编辑器”的“移动”“旋转”“缩放”工具的快捷键和使用方法与SketchUp官方工具相同。

③“顶点编辑器”的“插入顶点”工具：为进行局部细化操作，在边线或面上插入新的点。

步骤 01　使用“选择”工具（快捷键“Q”），选择需要编辑结构点的线或面。

步骤 02　执行“顶点编辑器”工具的快捷键“Ctrl键+E”。

步骤 03　单击“顶点编辑器”工具栏中的“插入顶点”工具，图标为“”。

步骤 04　用鼠标左键单击需要添加结构点的位置，即可插入新的点，如图5-7所示。

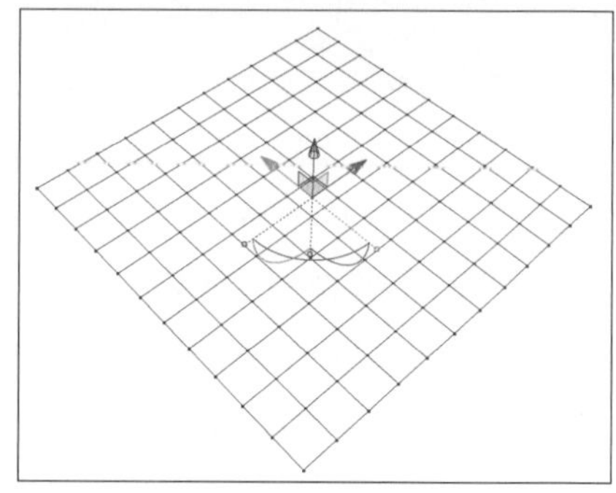

图5-6　红色/绿色/蓝色操作轴

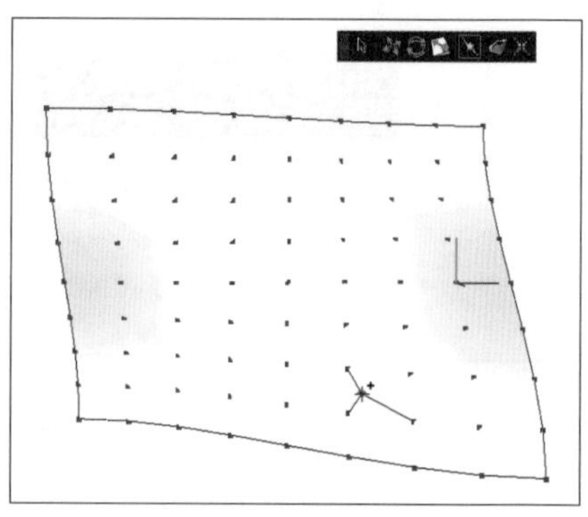

图5-7　插入顶点

④“顶点编辑器”的“自动共面”工具：将多个结构点压平至同一平面。

步骤 01　使用“选择”工具（快捷键“Q”），选择需要编辑结构点的线或面。

步骤 02　执行“顶点编辑器”工具的快捷键“Ctrl键+E”。

步骤 03　选择需要共面的结构点。

步骤 04　单击“顶点编辑器”工具栏中的“自动共面”工具，图标为“”，即可将结构点共面，如图5-8所示。

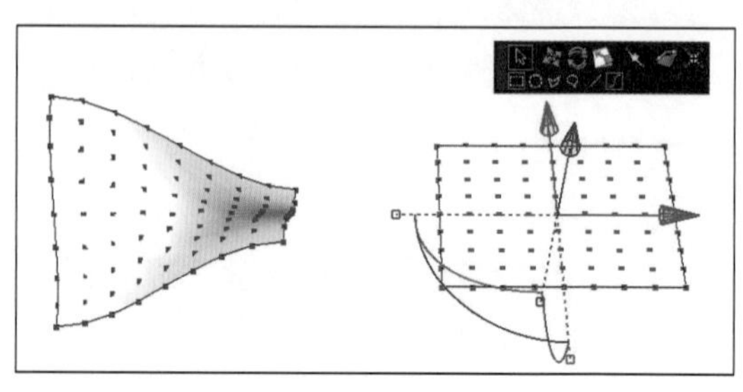

图5-8　自动共面

⑤ **“顶点编辑器”的“合并点”工具**：将多个结构点合并为一个点。

步骤 01　使用“选择”工具（快捷键“Q”），选择需要编辑结构点的线或面。

步骤 02　执行“顶点编辑器”工具的快捷键“Ctrl键+E”。

步骤 03　选择需要合并的结构点。

步骤 04　单击“顶点编辑器”工具栏中的“合并点”工具，图标为“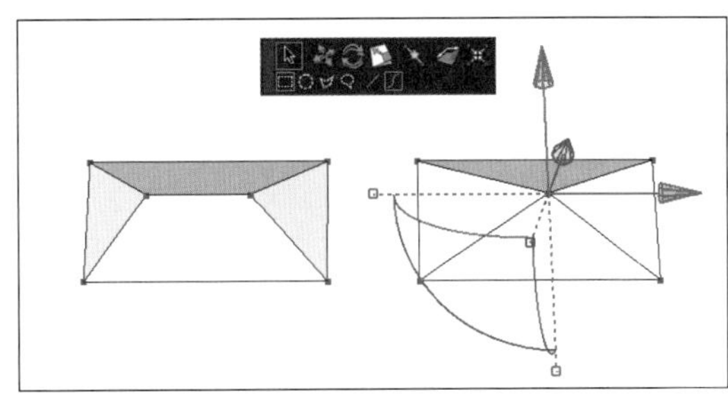”，即可将结构点合并，如图5-9所示。

图5-9　合并点

5.2　线

“线”图元在SketchUp中的含义十分丰富，但有关“曲线”的绘制及编辑工具却较为匮乏。为弥补这一空缺，引入部分插件，使SketchUp提供更为完善的“曲线”编辑工具，本节介绍基本几何图形的绘制、曲线的绘制与优化、边界工具与模型分割工具等。

5.2.1　直线与多段线

5.2.1.1　直线

直线：在绘图区用“两点”绘制一条直线，快捷键为“A”（自定义），图标为“✏”，包括简单直线和参数直线。

操作方法

① **简单直线：**

步骤 01　执行“直线”工具的快捷键“A”（自定义）或者单击“直线”工具的图标“✏”；

步骤 02　在绘图区任意一点单击鼠标左键以确定“直线起点”；

步骤 03　将光标移至“直线终点”，单击鼠标左键即可完成直线的绘制；

步骤 04　单击“Esc”键即可退出该直线的绘制。

② **参数直线（定距定向直线）：**

步骤 01　执行“直线”工具的快捷键“A”（自定义）或者单击“直线”工具的图标“✏”；

步骤 02　在绘图区任意一点单击鼠标左键以确定“直线起点”；

步骤 03　将光标移至“直线终点”方向，在“度量值框”输入直线长度，按“回车”键确认即可完成直线的绘制；

如需更改直线长度，可在按“回车”键确认之后，立刻输入新的长度并确认；

步骤 04　单击“Esc”键即可退出该直线的绘制。

△ 提示

① 在绘制直线时，如果要锁定到某个坐标轴，可点击键盘“上/左/右”键，将直线方向锁定到“蓝轴/绿轴/红轴”。

② 在绘制直线l时，如果要锁定到某直线a，可在直线l的方向与直线a平行或垂直的时候（此时直线l和直线a均显示为洋红色），点击键盘“下”键或者按住“Shift”键，将直线l的方向锁定。

5.2.1.2　多段线

多段线：首尾相接的多条直线。

操作方法

步骤 01　执行“直线”工具的快捷键“A”

（自定义）或者单击“直线”工具的图标“✎”。

步骤 02　在绘图区连续不断地绘制多条直线，即可完成多段线的绘制。

步骤 03　单击“Esc”键即可退出多段线的绘制。

5.2.2 矩形

在SketchUp 中创建矩形有三种方式，分别是矩形、旋转矩形和三点矩形。

5.2.2.1 矩形

矩形：在绘图区用“两个对角点”绘制一个矩形，快捷键为“B”（自定义），图标为“■”，包括简单矩形和参数矩形。

操作方法

① 简单矩形：

步骤 01　执行“矩形”工具的快捷键“B”（自定义）或者单击“矩形”工具的图标“■”；

步骤 02　在绘图区任意一点单击鼠标左键以确定“矩形的一个对角点”；

步骤 03　将光标移至“矩形的另一个对角点”，单击鼠标左键即可完成矩形的绘制。

② 参数矩形：

步骤 01　执行“矩形”工具的快捷键“B”（自定义）或者单击“矩形”工具的图标“■”；

步骤 02　在绘图区任意一点单击鼠标左键以确定“矩形的一个对角点”；

步骤 03　将光标移至“矩形的另一个对角点”方向，在“度量值框”输入矩形的长度（x）和宽度（y）（格式为“x,y”），按“回车”键确认即可完成矩形的绘制。

如需更改矩形的尺寸，可在按“回车”键确认之后，立刻输入新的尺寸并确认。

△ 提示

① 在绘制矩形时，矩形平面会自动捕捉至模型中已有的平面。

② 在绘制矩形时，如果要使矩形平面锁定到某个坐标轴，可按键盘“上/左/右”键，使矩形平面与“蓝轴/绿轴/红轴”垂直。

③ 在绘制矩形平面 α 时，如果要锁定到某平面 β，可在矩形平面 α 与平面 β 平行的时候，按键盘“下”键或者按住“Shift”键（此时矩形平面 α 和平面 β 均显示为洋红色），将矩形平面 α 的方向锁定。

④ 在绘制矩形时，移动第二个对角点，可捕捉到“正方向”和“黄金分割矩形”（矩形对角线显示出虚线），此时按住“Shift”键，可锁定该比例以绘制“正方形”或“黄金分割矩形”。

5.2.2.2 旋转矩形

旋转矩形：借助“基准线”在绘图区用“两条邻边”绘制一个矩形，图标为“■”，包括简单旋转矩形和参数旋转矩形。

操作方法　假设矩形的两条邻边分别为“a”和“b”。

① 简单旋转矩形：

步骤 01　单击“旋转矩形”工具的图标“■”；

步骤 02　在绘图区任意一点单击鼠标左键以确定“矩形边a的起点”；

步骤 03　移动光标至“边a的终点”（即“边b的起点”），单击鼠标左键完成“边a”的绘制；

步骤 04　移动光标至“边b的终点”，单击鼠标左键完成“边b”的绘制，即可完成旋转矩形的绘制。

② 参数旋转矩形：

步骤 01　单击“旋转矩形”工具的图标“■”；

步骤 02　在绘图区任意一点单击鼠标左键以确定“矩形边a的起点”；

步骤 03　执行“Alt”键可锁定量角器平面，并确定“基准线m”（“基准线m”为红色虚线），如需更改“基准线m”的位置，可在移动光标后，再次按“Alt”键；

步骤04　将光标移至“边a的终点”（即“边b的起点”）方向，在“度量值框”输入“边a”的长度（x）和“边a与线m的角度”（y）（格式为“x,y”），按“回车”键确认即可完成“边a”的绘制；

步骤05　执行“Alt”键可设置“基准线n”（“基准线n”为红色虚线），如需更改“基准线m”的位置，可移动光标后，再次按“Alt”键；

步骤06　将光标移至“边b的终点”方向，在“度量值框”输入“边b”的长度（x）和“边b与线n的角度”（y）（格式为“x,y”），按“回车”键确认完成“边b”的绘制，即可完成旋转矩形的绘制。

如需更改矩形的尺寸，可在按“回车”键确认之后，立刻输入新的“长”和“宽”并确认。

△ 提示

在确定起点前，如果要使量角器平面锁定到某个坐标轴或某个平面，可按键盘“上/左/右”键，将量角器平面与“蓝轴/绿轴/红轴”垂直；或者按键盘“下”键，将量角器平面锁定至与该平面平行。

5.2.2.3　三点矩形

三点矩形：在绘图区用“三个点”绘制“两条邻边”来创建矩形，快捷键为“Ctrl键+B”（自定义），图标为“”，包括简单三点矩形和参数三点矩形。

操作方法　假设矩形的两条邻边分别为“a”和“b”。

① **简单三点矩形：**

步骤01　执行“三点矩形”工具的快捷键“Ctrl键+B”（自定义）或者单击“三点矩形”工具的图标“”；

步骤02　在绘图区任意一点单击鼠标左键以确定“矩形边a的起点”；

步骤03　移动光标至“边a的终点”（即“边b的起点”），单击鼠标左键完成“边a”的绘制；

步骤04　移动光标至“边b的终点”，单击鼠标左键完成“边b”的绘制，即可完成三点矩形的绘制。

② **参数三点矩形：**

步骤01　执行“三点矩形”工具的快捷键“Ctrl键+B”（自定义）或者单击“三点矩形”工具的图标“”；

步骤02　在绘图区任意一点单击鼠标左键以确定“矩形边a的起点”；

步骤03　将光标移至“边a的终点”（即“边b的起点”）方向，在“度量值框”输入“边a”的长度，按“回车”键确认即可完成“边a”的绘制；

步骤04　将光标移至“边b的终点”方向，在“度量值框”输入“边b”的长度，按“回车”键确认完成“边b”的绘制，即可完成三点矩形的绘制。

5.2.3　多边形

多边形：在绘图区用正多边形的“外接或内切圆”的“圆心”和“半径”来绘制正多边形，快捷键为“Alt键+P”（自定义，“P”指“Polygon”），图标为“”。

操作方法

步骤01　执行“多边形”工具的快捷键“Alt键+P”或者单击“多边形”工具的图标“”。

步骤02　在“度量值框”输入“多边形”的边数并按“回车”键确认（默认为“正五边形”）。

如需更改多边形的边数，可在按“回车”键确认之后，立刻输入新的边数并确认。

步骤03　在绘图区任意一点单击鼠标左键以确定“中心点”（即多边形“外接或内切圆的圆心”）。

步骤04　移动光标（移动距离等于半径），按“Ctrl”键可以切换“外接圆”或“内切圆”，以切换半径为“外接圆半径”或“内切圆半径”。

步骤 05 在半径终点单击鼠标左键即可完成多边形的绘制。

或者直接输入半径值，按“回车”键确认即可完成多边形的绘制。

如需更改多边形的大小，可在按“回车”键确认之后，直接输入新的半径值并确认。

△ 提示

更改多边形边数的三种办法：

① 在确定中心点之前，直接在“度量值框”输入多边形的边数；

② 在绘制多边形过程中，执行快捷键“Ctrl键和+”或“Ctrl键和-”可以“增加”或“减少”多边形的边数；

③ 在绘制多边形后，选中多边形的“边线”（选中多边形的“面”则无效），在“默认面板>图元信息>段”中直接修改多边形的边数（“图元信息”内容详见本书6.4节）。

5.2.4 圆

圆：在绘图区用“圆心”和“半径”绘制一个圆，快捷键为“C”（“C”指“Circle”），图标为“●”，包括简单圆和参数圆。

操作方法

① 简单圆：

步骤 01 执行“圆”工具的快捷键“C”或者单击“圆”工具的图标“●”；

步骤 02 在绘图区任意一点单击鼠标左键以确定“圆心”；

步骤 03 移动光标（移动距离等于半径），再次单击鼠标左键即可完成圆的绘制。

② 参数圆：

步骤 01 执行“圆”工具的快捷键“C”或者单击“圆”工具的图标“●”；

步骤 02 在“度量值框”输入“圆”的段数并按“回车”键确认（可跳过本步骤，则默认段数为“24”），如需更改圆的段数，可在按“回车”键确认之后，立刻输入新的段数并确认；

步骤 03 在绘图区任意一点单击鼠标左键以确定“圆心”；

步骤 04 移动光标，在“度量值框”输入半径值，按“回车”键确认即可完成圆的绘制。

如需更改圆的尺寸，可在按“回车”键确认之后，立刻输入新的半径值并确认。

△ 提示

更改圆段数的三种办法：

① 在确定圆心之前，直接在“度量值框”输入圆的段数；

② 在绘制圆的过程中，执行快捷键“Ctrl键加+”或“Ctrl键加-”可以“增加”或“减少”圆的段数；

③ 在绘制圆之后，选中圆的“边线”（选中圆的“面”则无效），在“默认面板>图元信息>段”中直接修改圆的段数（“图元信息”内容详见本书6.4节）。

5.2.5 椭圆

椭圆：在绘图区用“长轴、短轴、椭圆张力和椭圆段数”绘制一个椭圆。

操作方法

步骤 01 在坯子插件库搜索框中输入“参数椭圆”指令，点击“参数椭圆”字样，弹出“张力椭圆”的参数窗口。

步骤 02 在参数窗口中输入“X轴长度、Y轴宽度、椭圆张力、椭圆段数”并点击“好”，即可完成参数椭圆的绘制。

△ 提示

① X轴长度——椭圆在红轴方向上的长度。

② Y轴长度——椭圆在绿轴方向上的长度。

③ 椭圆张力——椭圆四等分后的四条曲

线受椭圆中心的力影响的程度。

如图5-10所示，从左至右三个椭圆的椭圆张力分别为99、0、-99。

④ 椭圆段数——椭圆边线的段数。

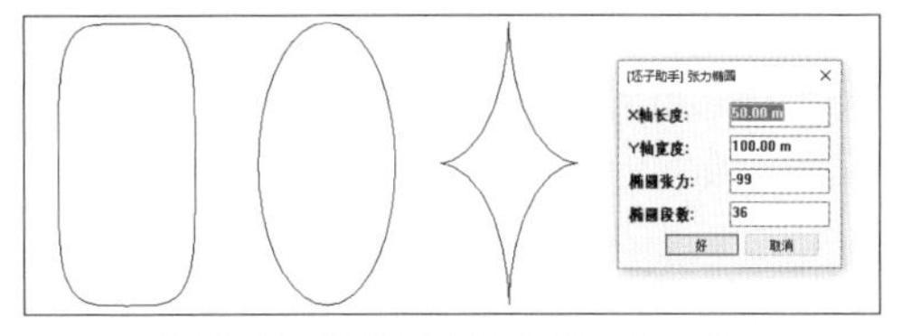

图5-10　椭圆张力分别为99、0、-99

5.2.6　圆弧

在SketchUp官方工具中创建圆弧有三种方式，分别是两点圆弧、三点圆弧和中心两点圆弧。

5.2.6.1　两点圆弧

两点圆弧：在绘图区用“圆弧上两个点”和“弧高”绘制一个圆弧，图标为“$\measuredangle$”，包括简单两点圆弧、参数两点圆弧和圆弧倒角。

操作方法　假设圆弧上两点为“A”和“B”，则“线段AB”为圆的一根弦。

① 简单两点圆弧：

步骤01　单击“两点圆弧”工具的图标“$\measuredangle$”；

步骤02　在绘图区任意一点单击鼠标左键以确定“圆弧起点A”；

步骤03　移动光标（移动距离等于“弦AB”的长），单击鼠标左键确定“圆弧终点B”；

步骤04　移动光标（移动距离等于弧高），再次单击鼠标左键确定弧高，即可完成两点圆弧的绘制。

② 参数两点圆弧：

步骤01　单击“两点圆弧”工具的图标“$\measuredangle$”；

步骤02　在“度量值框”输入“圆弧”的段数并按“回车”键确认（可跳过本步骤，则默认段数为“12”），如需更改圆弧的段数，可按“回车”键确认之后，立刻输入新的段数并确认；

步骤03　在绘图区任意一点单击鼠标左键以确定“圆弧起点A”；

步骤04　移动光标至“点B”方向，在“度量值框”输入“弦AB”的长，按“回车”键确定“圆弧终点B”；

步骤05　移动光标，在“度量值框”输入弧高，按“回车”键确认即可完成两点圆弧的绘制。

如需更改弧高，可在按“回车”键确认之后，立刻输入新的弧高并确认。

③ 圆弧倒角（两点圆弧可将“折角”快速修剪为“圆角”）：

步骤01　单击“两点圆弧”工具的图标“$\measuredangle$”；

步骤02　如图5-11（a）所示，在折角的一条边上单击鼠标左键，确定圆弧起点；

步骤03　移动光标至折角的另一条边，当圆弧变为洋红色，表示此时圆弧与折角的两条边相切，双击鼠标左键，即可将折角修剪为圆角，如图5-11（b）所示。

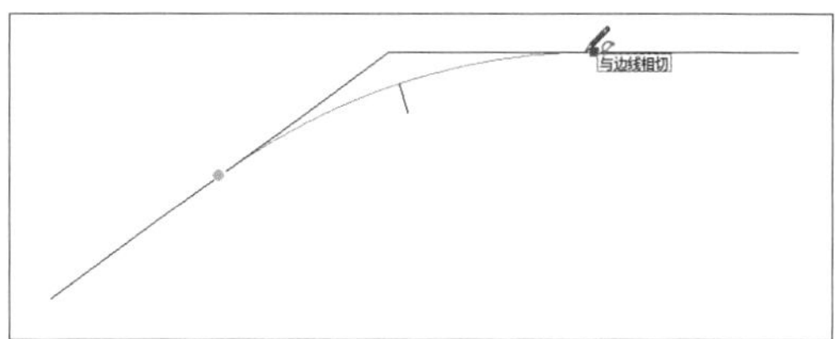

（a）“两点圆弧”切线捕捉

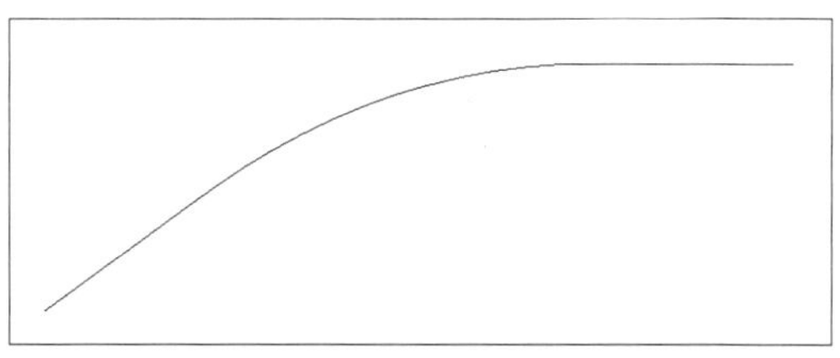

（b）“两点圆弧”切线捕捉修剪后效果

图5-11　“两点圆弧”切线捕捉及其修剪后效果

△ 提示

更改圆弧段数的三种办法：

① 在确定圆弧起点之前，直接在“度量值框”输入圆弧的段数；

② 在绘制圆弧的过程中，执行快捷键

"Ctrl键加+"或"Ctrl键加-"可以"增加"或"减少"圆弧的段数；

③ 在绘制圆弧之后，选中圆弧，在"默认面板>图元信息>段"中直接修改圆弧的段数（"图元信息"内容详见本书6.4节）。

5.2.6.2 三点圆弧

两点圆弧：在绘图区用"圆弧上三个点"绘制一个圆弧，图标为"◌"，包括简单三点圆弧和参数三点圆弧。

操作方法

假设圆弧上三点为"A""B"和"C"，则"线段AB"为"圆O"的一根弦。

① **简单三点圆弧：**

步骤 01　单击"三点圆弧"工具的图标"◌"；

步骤 02　在绘图区任意一点单击鼠标左键以确定"圆弧起点A"；

步骤 03　移动光标（移动距离等于"弦AB"的长），单击鼠标左键确定"圆弧第二点B"；

步骤 04　移动光标，再次单击鼠标左键确定"圆弧第三点C"，即可完成三点圆弧的绘制。

② **参数三点圆弧：**

步骤 01　单击"三点圆弧"工具的图标"◌"；

步骤 02　在"度量值框"输入"圆弧"的段数并按"回车"键确认（可跳过本步骤，则默认段数为"12"），如需更改圆弧的段数，可在按"回车"键确认之后，立刻输入新的段数并确认；

步骤 03　在绘图区任意一点单击鼠标左键以确定"圆弧起点A"；

步骤 04　移动光标至"点B"方向，在"度量值框"输入"弦AB"的长，按"回车"键确定"圆弧第二点B"；

步骤 05　移动光标至"点C"方向，在"度量值框"输入角度（圆心角∠AOC），按"回车"键确定"圆弧终点C"，即可完成三点圆弧的绘制。

如需更改圆心角的大小，可在按"回车"键确认之后，立刻输入新的圆心角并确认。

5.2.6.3 中心两点圆弧

中心两点圆弧：在绘图区用"圆心和圆弧上两个点"绘制一个圆弧，图标为"◌"，包括简单中心两点圆弧和参数中心两点圆弧。

操作方法　假设圆弧上两点为"A"和"B"，圆心为"O"。

① **简单中心两点圆弧：**

步骤 01　单击"中心两点圆弧"工具的图标"◌"；

步骤 02　在绘图区任意一点单击鼠标左键以确定"圆心O"；

步骤 03　移动光标（移动距离等于半径），单击鼠标左键确定"圆弧起点A"；

步骤 04　移动光标，再次单击鼠标左键确定"圆弧终点B"，即可完成中心两点圆弧的绘制。

② **参数中心两点圆弧：**

步骤 01　单击"中心两点圆弧"工具的图标"◌"；

步骤 02　在"度量值框"输入"圆弧"的段数并按"回车"键确认（可跳过本步骤，则默认段数为"12"），如需更改圆弧的段数，可在按"回车"键确认之后，立刻输入新的段数并确认；

步骤 03　在绘图区任意一点单击鼠标左键以确定"圆心O"；

步骤 04　移动光标，在"度量值框"输入半径值，按"回车"键确定"圆弧起点A"；

步骤 05　移动光标至"点B"方向，在"度量值框"输入角度（圆心角∠AOB），按"回车"键确定"圆弧终点B"，即可完成中心两点圆弧的绘制。

如需更改圆心角的大小，可在按"回车"键确认之后，立刻输入新的圆心角并确认。

5.2.7 扇形

扇形：在绘图区用“圆心和圆弧上两个点”绘制一个扇形，图标为“ ”。

操作方法　同“中心两点圆弧”，详见本书5.2.6.3小节。

△ 提示

“中心两点圆弧”与“扇形”的区别在于，“中心两点圆弧”的绘制结果是圆弧，“扇形”的绘制结果是“两条半径+圆弧”组成的扇形平面。

5.2.8 曲线

在SketchUp中，用户凭借肉眼无法分辨“曲线”与“多段线”，因为SketchUp中的曲线也是由若干直线段组成的，但组成曲线的这些直线段是一个整体。

SketchUp官方工具中对“曲线”的绘制及编辑工具却较为匮乏，因此引入部分插件以丰富曲线的种类，本小节介绍均匀B样条曲线、细分样条线、螺旋曲线、螺旋线、圆角多段线、等高线、线导圆角七种曲线的区别以及曲线向导工具的使用方法。

曲线：由若干直线段首尾相连组成，这些直线段是一个整体。

多段线：首尾相连的多段直线，这些直线段是相互独立的个体。

如图5-12所示，单击选择“曲线”上任一点，即可选中整个曲线。如图5-13所示，单击选择“多段线”上一点，仅能选中某一段直线；如需选中整个多段线，三击鼠标左键选择任一点，即可选中整个多段线。

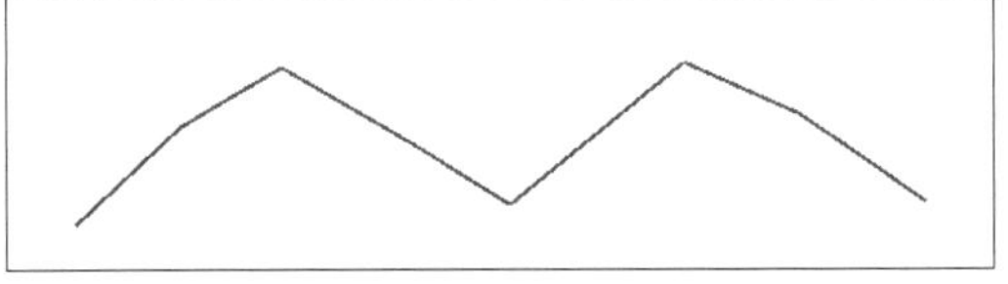

图5-12　单击“曲线”的状态

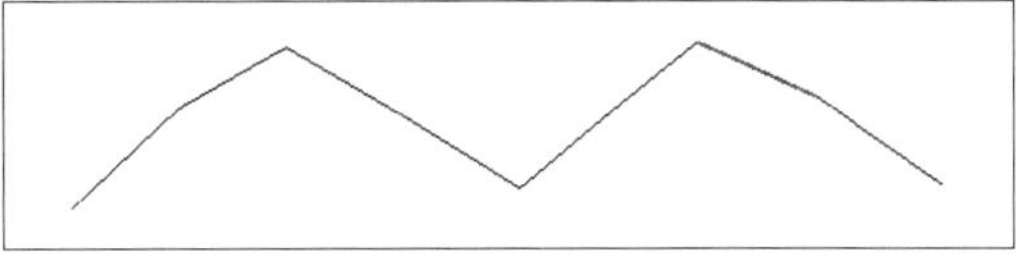

图5-13　单击“多段线”的状态

“曲线”与“多段线”可以相互转化。

①“曲线”转为“多段线”——使用“分解曲线”工具。

操作方法

步骤01　使用选择工具（快捷键“Q”），选择需要分解的“曲线”。

步骤02　执行“鼠标右键>分解曲线”指令，即可将曲线转换为多段线。

②“多段线”转为“曲线”——使用“焊接线条”工具，快捷键为“Ctrl键+2”（自定义），图标为“ ”。

操作方法

步骤01　使用选择工具（快捷键“Q”），选择需要焊接的“多段线”。

步骤02　执行“焊接线条”工具的快捷键“Ctrl键+2”或者单击“焊接线条”工具的图标“ ”，即可将多段线转换为一段完整的曲线。

5.2.8.1 细分样条曲线

细分样条曲线：在绘图区绘制一组“控制点”得到的一条曲线，且曲线穿过这些控制点，也叫内插点曲线，快捷键为“U”（自定义），图标为“ ”。

操作方法

步骤01　执行“细分样条曲线”工具的快捷键“U”（自定义）或者在坯子插件库搜索框中输入“贝兹曲线”指令，并单击“细分样条曲线”工具的图标“ ”。

步骤02　在“度量值框”输入段数并按“回车”键确认（段数格式：“数字+s”，s指Segment，可跳过本步骤，则默认段数为7s）。

如需更改段数，可在按“回车”键确认之后，立刻输入新的段数并确认。

步骤 03 在绘图区连读单击鼠标左键以确定多个“控制点”（内插点），双击鼠标左键可结束绘制。

步骤 04 结束绘制后，“细分样条曲线”仍然处于可编辑状态。

按住鼠标左键拖动“控制点”或“控制杆”（两个控制点之间的橙色线段），可以移动“控制点”或“控制杆”。

在“控制点”上双击鼠标左键，可以删除该“控制点”。

在“控制杆”上双击鼠标左键，可以添加“控制点”。

步骤 05 在绘图区空白处单击鼠标左键，即可完成“细分样条曲线”的绘制。

△ 提示

①“细分样条曲线”的段数设置实际上是两个相邻控制点之间曲线的段数，并非整条曲线段数。

②“细分样条曲线”的段数最高可设置“30s”。

③ 如果需要绘制闭合的“细分样条曲线”，可在单击最后一个控制点后，执行“鼠标右键>平滑封面曲线”指令，在绘图区双击鼠标左键，即可完成“细分样条曲线”的绘制。

④“细分样条曲线”绘制完成后，如需修改，可单击贝兹曲线“编辑”工具的图标“ ”，即可修改“细分样条曲线”的形状、段数等参数。

5.2.8.2 均匀 B 样条曲线

均匀B样条曲线：在绘图区绘制一组“控制点”得到的一条曲线，曲线不穿过这些控制点，但是曲线的形状受这些点控制，也叫控制点曲线，快捷键为“Ctrl键+U”（自定义），图标为“ ”。

操作方法 同“细分样条曲线”，详见本书5.2.8.1小节。

△ 提示

① 执行“均匀B样条曲线”工具的快捷键“Ctr键+U”（自定义）或者在坯子插件库搜索框中输入“贝兹曲线”指令，并单击“均匀B样条曲线”的图标“ ”后，会弹出“均匀B样条曲线参数”窗口，一般保持默认参数“0”即可。

②“均匀B样条曲线”的段数最高可设置“400s”。

5.2.8.3 螺旋曲线

螺旋曲线：在绘图区绘制一组“控制点”得到的一条曲线，曲线穿过这些控制点，并且相邻两个控制点之间的曲线都是圆弧，相邻两个控制点之间的线段是该圆弧的弦，图标为“ ”。

操作方法 同“细分样条曲线”，详见本书5.2.8.1小节。

△ 提示

“螺旋曲线”的段数最高可设置“90s”。

5.2.8.4 螺旋线

螺旋线：一种空间立体曲线，形状类似于弹簧（两端半径可不一致），图标为“ ”。

操作方法

步骤 01 在坯子插件库搜索框中输入“画螺旋线”指令，点击“画螺旋线”工具的图标“ ”。

步骤 02 在弹出的参数设置窗口中分别输入顶端半径、底端半径、半圈高度、半圈个数、半圈段数五个参数并单击“好”，即可完成螺旋线的绘制。

△ 提示

如需绘制“弹簧线”，顶端半径与底端半径参数需要保持一致。

5.2.8.5 圆角多段线

圆角多段线：在绘图区绘制一组“内插点”

得到的一条形似“多段线”的曲线，可通过设置“圆角半径”将折角转变为圆弧，图标为“ ”。

当“圆角半径”为“0”——曲线的形状同“多段线”。

当“圆角半径”不为“0”——曲线折角处转变为圆弧。

操作方法

步骤 01 在坯子插件库搜索框中输入“贝兹曲线”指令，单击“圆角多段线”工具的图标“ ”。

步骤 02 弹出“圆角多段线参数”窗口，设置“圆角半径”(默认值为0)，单击“好”即可。

步骤 03 其他步骤同“细分样条曲线”，详见本书5.2.8.1小节。

△ 提示

“圆角多段线”的段数最高可设置“120s”。

5.2.8.6 线导圆角

线导(倒)圆角：将直线夹角(折角)转换为圆弧曲线，快捷键为“Ctr键+F”(自定义，“F”指“Fillet”)，图标为“ ”。

操作方法

步骤 01 使用选择工具(快捷键“Q”)，选择需要倒圆角且由直线交叉形成的角。

步骤 02 执行“线导圆角”工具的快捷键“Ctrl键+F”或者在坯子插件库搜索框中输入“线导圆角”指令，点击“线导圆角”工具的图标“ ”。

步骤 03 执行快捷键“Ctrl”键，弹出“倒角参数设置面板”，输入圆角段数并单击“好”(可跳过本步骤，则默认段数为“12”)。

步骤 04 在“度量值框”输入圆角半径并按“回车”键确认，即可完成线导圆角。

5.2.8.7 生等高线

生等高线：按固定数量或固定间距沿竖直方向为地形曲面创建等高线。

操作方法

步骤 01 使用选择工具(快捷键“Q”)，选择需要创建等高线的地形曲面。

步骤 02 在坯子插件库搜索框中输入“生等高线”指令，点击“生等高线”字样，弹出“生等高线”参数窗口。

步骤 03 在“生等高线”窗口中选择“类型”并输入“数值”后单击“好”，即可生成等高线，如图5-14~图5-16所示。

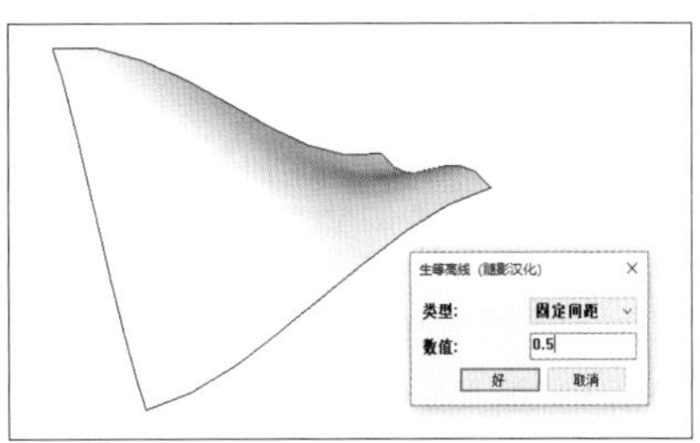

图5-14　固定间距生等高线

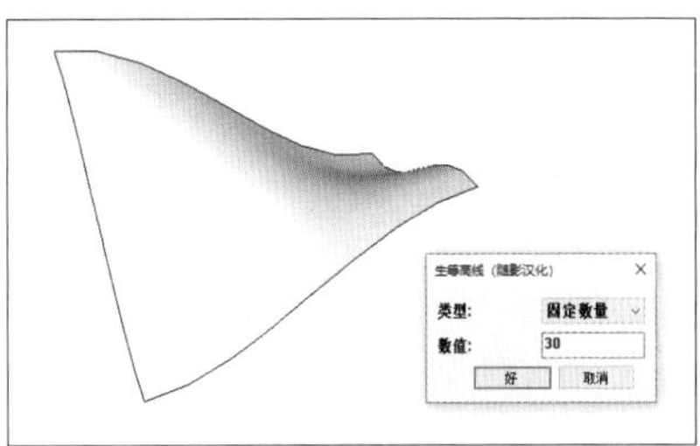

图5-15　固定数量生等高线

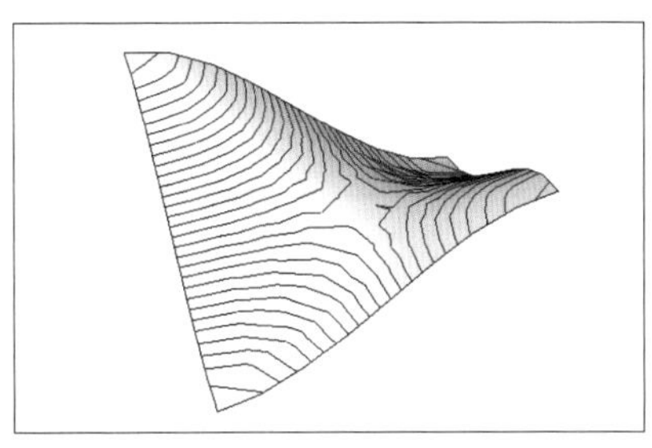
图5-16　生成等高线

△ 提示

① 裸露或已被群组的地形曲面均可以生成等高线。

② 固定间距——指相邻两个等高线在Z轴方向的间距，间距单位为系统单位。

③ 固定数量——指生成的等高线总数量。

5.2.8.8 曲线优化

曲线优化：对曲线的形状进行调整，主要功能为修改曲线的段数，快捷键为“Alt键+U”（自定义）。

操作方法

步骤 01 使用选择工具（快捷键“Q”），选择需要调整的曲线。

步骤 02 执行“曲线优化”工具的快捷键“Alt键+U”或者在坯子插件库搜索框中输入“曲线优化”指令，点击“曲线优化”字样。

步骤 03 在“曲线优化”工具栏中点击“角度”数字框，输入“夹角值”并点击“好”，如图5-17所示。

或者单击“角度”数字框左右两侧的小三角形修改“夹角值”（左递减，右递增）。

步骤 04 单击绘图区空白处，即可完成曲线优化。

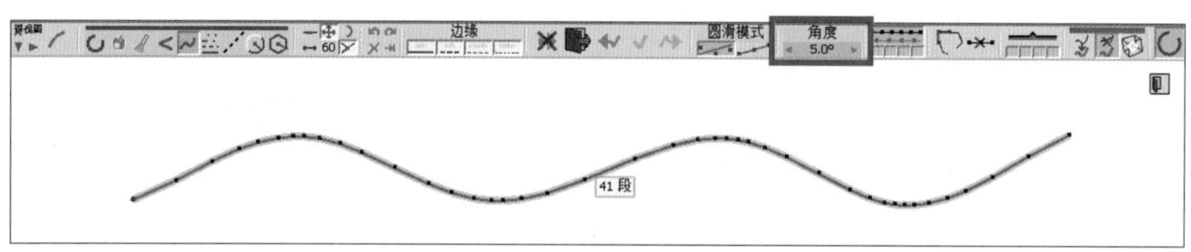

图5-17 曲线优化夹角值

> △ 提示
>
> ①“曲线优化”的夹角值越大，曲线段数越少，夹角值范围为0°~45°。
>
> ② 一般情况需要开启“曲线优化”工具栏中的“删除原始线”选项，图标为“ ”；且开启“生成曲线”选项，图标为“ ”。
>
> ②“曲线优化”的功能冗杂，修改曲线段数功能为最大亮点，其余功能与其他插件功能类似，一般情况不建议用户无序操作。

5.2.9 边界工具

本小节主要介绍边线处理工具。主要功能有：将面划分为多块、检查并闭合边线开口、闭合所有边线开口、删除孤立曲线、简化所选曲线。

5.2.9.1 将面划分为多块

将面划分为多块：将面的边界线偏移，把面划分为多个块。

操作方法

步骤 01 在坯子插件库搜索框中输入“将面划分为多块”指令，点击“将面划分为多块”工具的图标“ ”。

步骤 02 单击绘图区需要“将面划分为多块”的平面边界线。

步骤 03 移动鼠标选择偏移方向。

步骤 04 在终点单击鼠标左键，或者在“度量值框”中输入偏移距离并按“回车”键确定，如图5-18所示。

如需更改偏移距离，可在按“回车”键确定之后，立刻输入新的距离并确认。

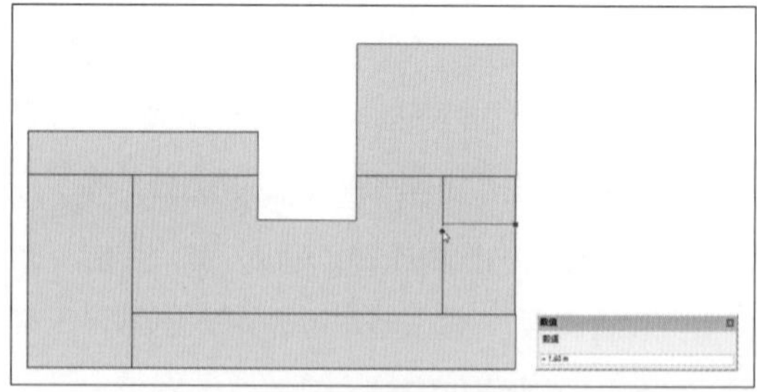

图5-18 将面划分为多块

5.2.9.2 检查并闭合边线开口

检查并闭合边线开口：检查绘图区中所有未闭合的线的开口和线头的数量，并通过设置“最大距离”来快速闭合开口或删除线头。

操作方法

步骤 01 在坯子插件库搜索框中输入“检查并闭合边线开口”指令，点击“检查并闭合边线开口”工具的图标“ ”，线的开口和线头处会被蓝色圆圈标识。

步骤 02 将鼠标放置到蓝色圆圈上，通过左上角的“预计到顶点、预计到边线、最近连线”三组数据进行判断，并筛选出所有开口或线头的距离中最大的一个。

步骤 03 在“度量值框”中输入一个大于或等于最大开口或线头的“数值a”并按“回车”键确定。

步骤 04 单击蓝色圆圈，即可将小于或等于**步骤 03**中“数值a”的开口闭合或线头删除，如图5-19所示。

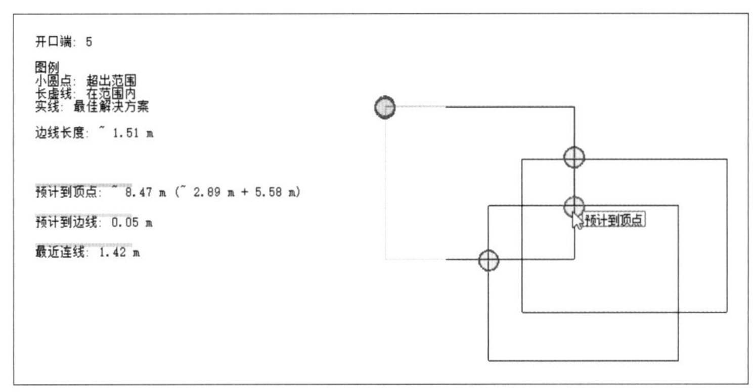

图5-19　检查并闭合边线开口

> △ 提示
>
> ①“检查并闭合边线开口”一般用于修复导入SketchUp的CAD图纸，“检查并闭合边线开口”可快速解决CAD图纸中存在大量边线缺口而无法成面的问题。
>
> ② **步骤 02** 中的最大距离的筛选，一般选择一个大于大部分缺口或线头的大概数值即可。

5.2.9.3　闭合所有边线开口

闭合所有边线开口：快速闭合绘图区中所有线的开口或删除端点线段。

操作方法

步骤 01 在坯子插件库搜索框中输入“闭合所有边线开口”指令，点击“闭合所有边线开口”工具的图标“ ”，弹出“闭合开口并移除端点线段”参数窗口。

步骤 02 在“闭合开口并移除端点线段”窗口中输入“容差数值”，选择“是/否”删除端头线段后单击“好”，如图5-20和图5-21所示。

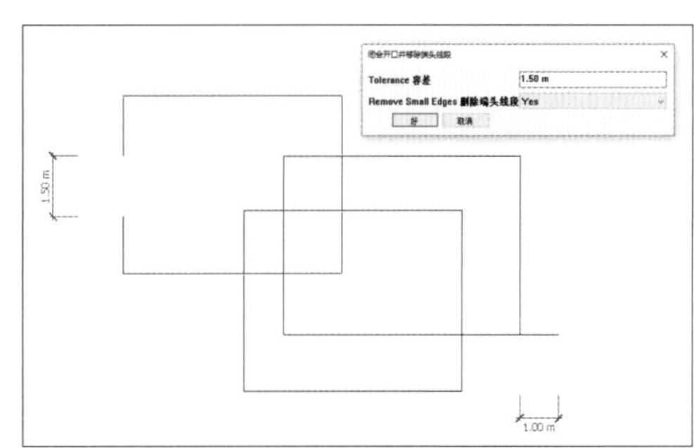

图5-20　闭合所有边线开口设置

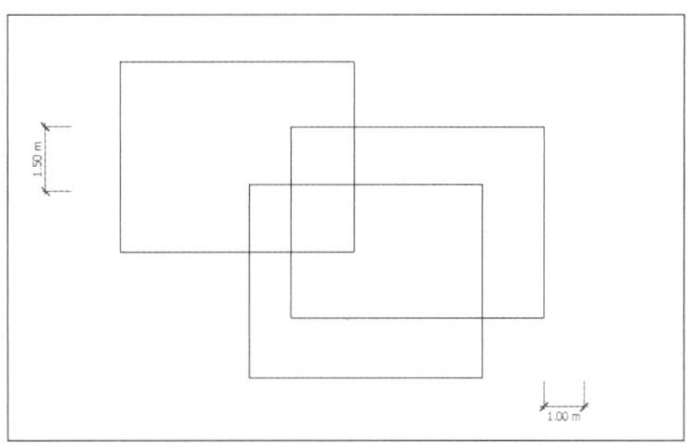

图5-21　闭合所有边线开口效果

△ 提示

“容差数值”一定大于边线开口或端头线段的距离，通常情况下可不删除端头线段。

5.2.9.4 删除孤立曲线

删除孤立直线：删除绘图区中未构成面的孤立的线。

操作方法 在坯子插件库搜索框中输入“删除孤立曲线”指令，点击“删除孤立曲线”工具的图标“ ”，单击“确定”即可，如图5-22和图5-23所示。

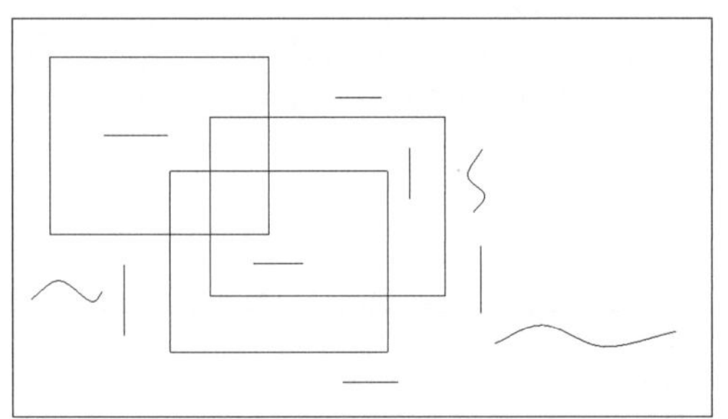

图5-22 未删除孤立曲线效果

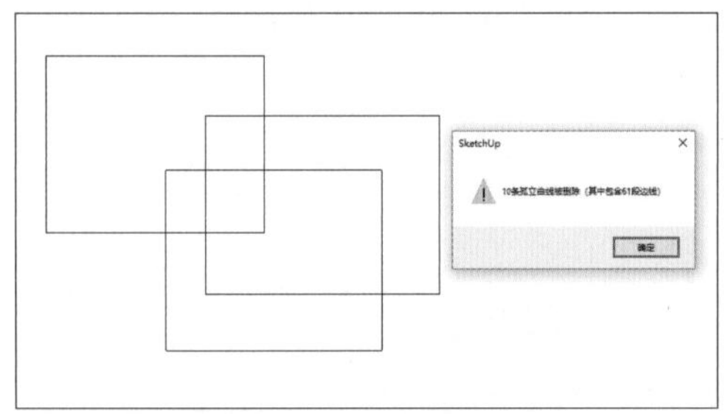

图5-23 删除孤立曲线效果

5.2.9.5 简化所选曲线

简化所选曲线：修改曲线段数。

操作方法

步骤01 使用选择工具（快捷键“Q”），选择需要“简化所选曲线”的曲线。

步骤02 在坯子插件库搜索框中输入“简化所选曲线”指令，点击“简化所选曲线”图标“ ”，弹出“简化曲线”参数窗口。

步骤03 在“简化曲线”窗口中输入最大偏差数值后单击“好”，如图5-24和图5-25所示。

△ 提示

最大偏差数值越大，简化后的曲线段数越少。

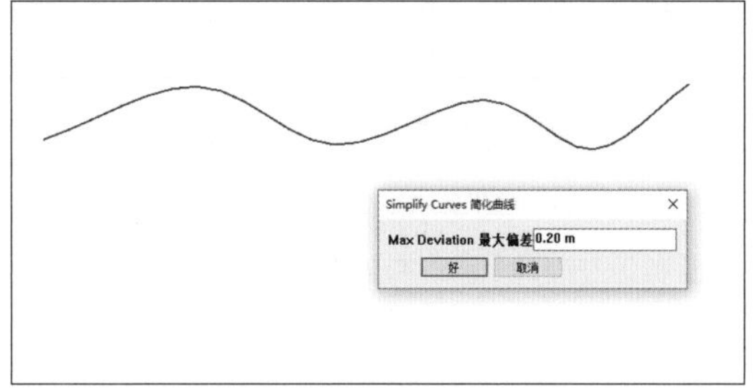

图5-24 未简化所选曲线效果

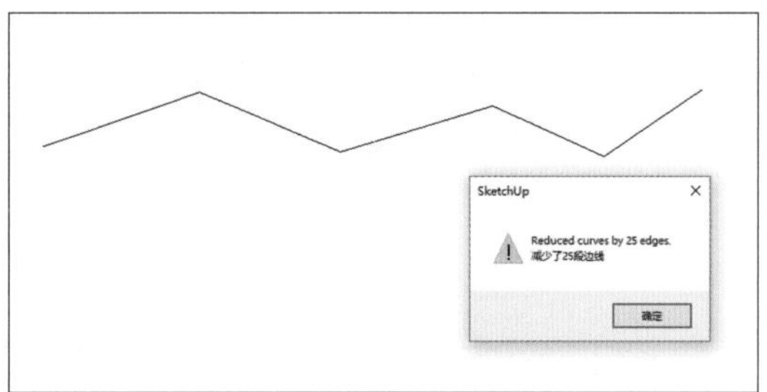

图5-25 简化所选曲线效果

5.2.10 模型切割

模型切割：绘制两个点（切割线）或三个点（切割面）来切割物体（裸露的面或群组均可），快捷键为“Alt键+B”（自定义，“B”指“Break”），图标为“ ”。

操作方法

步骤01 使用选择工具（快捷键“Q”），选择需要“模型切割”的物体。

步骤02 执行“模型切割”工具的快捷键“Alt键+B”或者在坯子插件库搜索框中输入“模型切割”指令，点击“模型切割”工具的图标“ ”。

步骤03 依据不同的切割方式创建切割线或切割面。

“两点切割”——单击鼠标左键两次，两点确定一条切割线来切割模型。

“三点切割”——单击鼠标左键三次，三点确定一个切割面来切割模型。

△ 提示

① 如果没有选中任何物体，“模型切割”工具可切割整个所有模型。如果选中某些物体，“模型切割”工具则只切割被选中物体。

② 使用“模型切割”工具时，点击鼠标右键可设置模型切割选项，分别是切割类型、是否穿透、切割方式、是否添加剖面，如图5-26所示。

图5-26 模型切割选项

a. 切割类型：

“切线”——只在切割痕迹处生成切割线，如图5-27和图5-28所示；

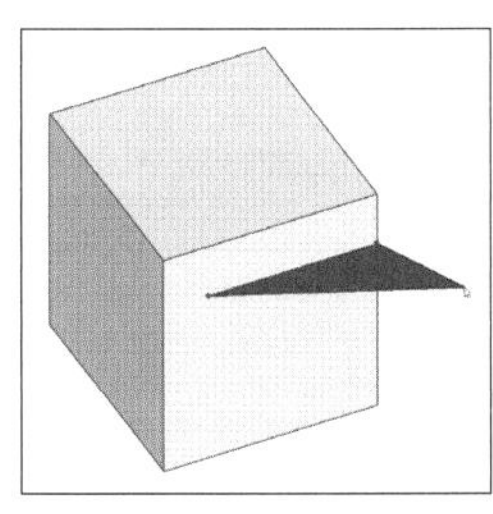

图5-27 三点切线 图5-28 三点切线效果

“切除”——删除被切割的部分，如图5-29和图5-30所示；

“分隔”——将单个群组分隔为两部分，如图5-31和图5-32所示，对裸露的面进行“分隔”等同于“切线”；

“剖面”——在切割痕迹处生成切割线，将切割线成面（剖面），并将剖面单独成组，如图5-33和图5-34所示。

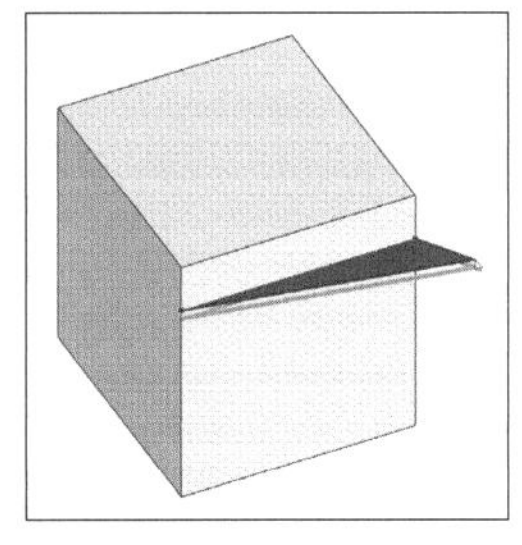

图5-29 三点切除 图5-30 三点切除效果

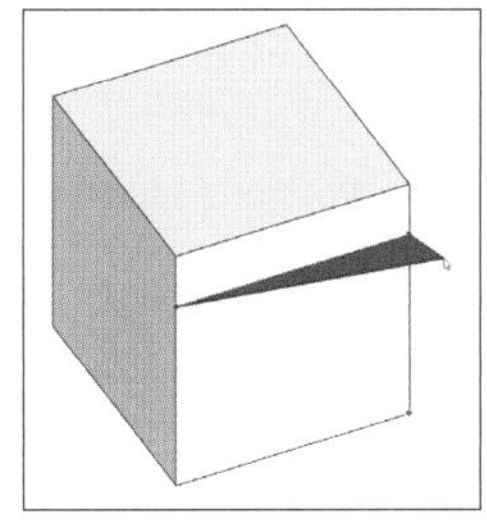

图5-31 三点分隔

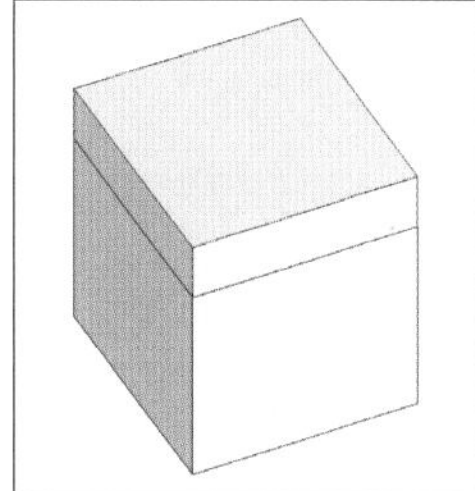

图5-32 三点分隔效果

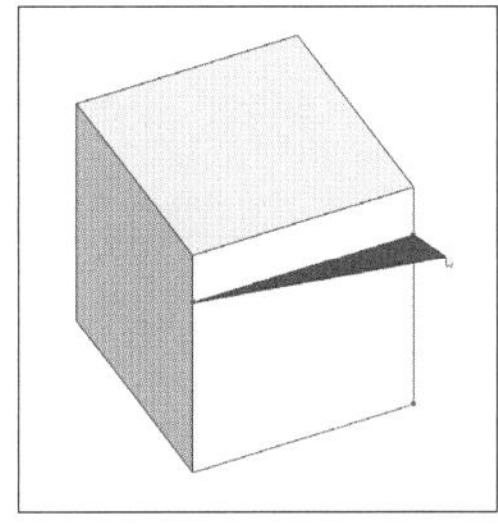

图5-33 三点剖面

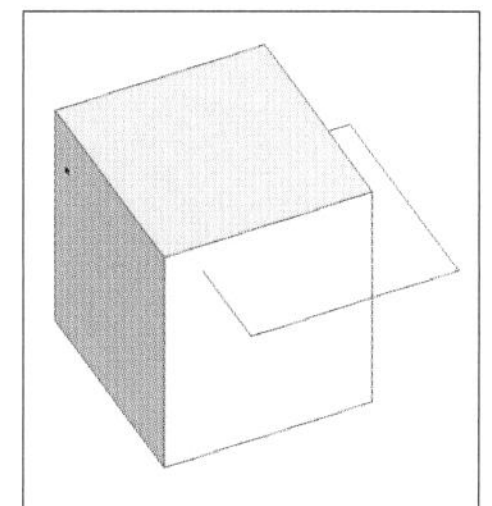

图5-34 三点剖面效果

b. 是否穿透：

“不穿透”——切割群组时，无法穿透，即不能切割群组，切割裸露的面时无影响；

“穿透”——切割群组或裸露的面时，都可以穿透。

c. 切割方式：

“2 点设置平面”——单击两个点确定一条切割线来切割物体；

“3 点设置平面”——单击三个点确定一个切割面来切割物体。

d. 是否添加剖面：

“不添加剖面”——只在切割痕迹处生成切割线，不生成剖面；

“添加剖面”——在切割痕迹处生成切割线，并生成剖面；

“添加剖面（群组）”——在切割痕迹处生成切割线，生成剖面，并将剖面单独群组。

5.3 曲面

SketchUp中的“曲面”：如果一个平面的一条或多条线被柔化，则这个面将被定义为“曲面”，“曲面”实质上是由若干平面组成的。

“曲面”一般有U/V轴两个方向，通过U/V轴将“曲面”上每一个点精确对应到曲面上，例如一个球面，“曲面”纬线就是它的U轴，经线就是它的V轴。通常情况下只要描绘出“曲面”的U/V轴的结构线，就可以生成“曲面”，这是创建“曲面”的核心逻辑。

创建“曲面”一般有两种方式，分别为通过点创建“曲面”与通过线创建“曲面”。

本节主要介绍通过点创建“曲面”的贝兹曲面、NZ曲面插件；通过线创建“曲面”的起泡泡工具、放样工具。

5.3.1 贝兹曲面

贝兹曲面：绘制两个对角点创建一个特殊矩形，移动矩形的顶点创建曲面，图标为“ ”。

操作方法

步骤 01 在坯子插件库搜索框中输入“贝兹曲面”指令，点击“贝兹曲面”工具的图标“ ”。

步骤 02 在绘图区单击鼠标左键确定“贝兹曲面矩形”的两个对角点。

步骤 03 使用选择工具（快捷键“Q”），双击进入“贝兹曲面”群组。

步骤 04 选择需要编辑的“贝兹曲面”点。

步骤 05 对“贝兹曲面”点进行移动、旋转、缩放。

步骤 06 执行选择工具的快捷键“Q”，即可退出“贝兹曲面”的群组，退出编辑状态。

△ 提示

① 选中贝兹曲面的面或者点时，会出现“红色/绿色/蓝色操作轴”，包含箭头、圆弧、虚线和方点等，如图5-35所示，可通过操作轴对面或者点进行移动、旋转、缩放。

“移动”——鼠标左键拖动箭头，红色/绿色/蓝色箭头表示沿着红轴/绿轴/蓝轴移动。

“旋转”——鼠标左键拖动圆弧，红色/绿色/蓝色圆弧表示沿着红轴/绿轴/蓝轴的垂直面旋转。

“缩放”——鼠标左键拖动虚线或方点，红色/绿色/蓝色虚线或方点表示沿着红轴/绿轴/蓝轴缩放。

② 选中贝兹曲面的面或者点时，曲面顶点上会出现两个“绿色直线+圆点”，如图5-35所示。

拖动“圆点”，即可调整贝兹曲面结构线的形状，从而调整曲面的形状。

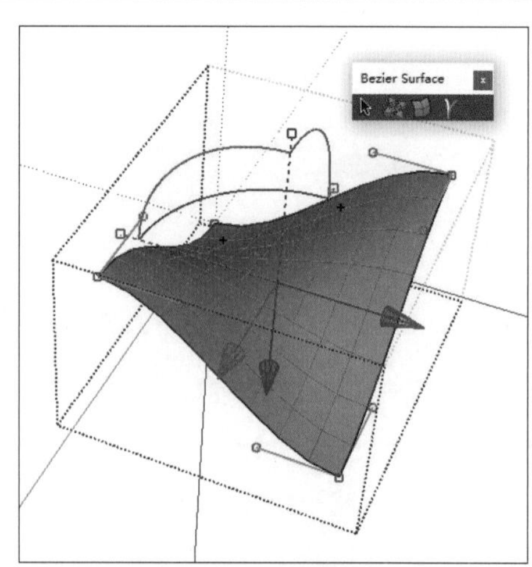

图5-35 编辑贝兹曲面

5.3.2 NZ 曲面插件

NZ 曲面插件：通过若干个点快速绘制一个曲面。

操作方法

步骤 01 在坯子插件库搜索框中输入“NZ曲面插件”指令，单击“NZ曲面插件”字样。

步骤 02 根据点数量选择“NZ曲面插件”工具栏中的工具图标。

例如通过六个点创建曲面，则单击“6-point”工具图标“6”。

步骤 03 在绘图区点击六下确定曲面的六个角点，即可完成曲面创建，如图5-36所示。

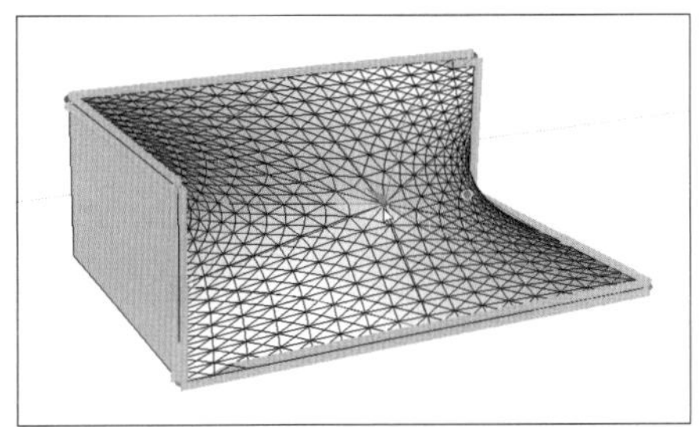

图5-36　NZ曲面插件

5.3.2.1 NZ 曲面插件设置

单击“Settings：User”的图标“⚙”，即可打开“NZ面插件”的设置窗口，如图5-37所示。

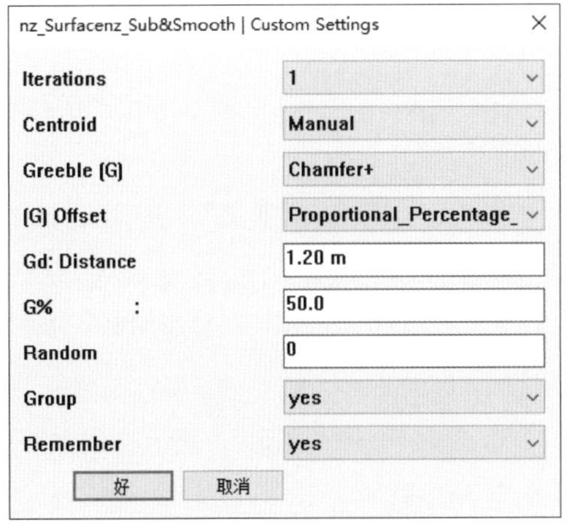

图5-37　NZ曲面插件设置窗口

主要设置参数如下。

① **“Iterations”**：意为“迭代”，数值区间在1~4，一定程度上代表着曲面的细分度，数值越大，曲面细分度越高，如图5-38所示。

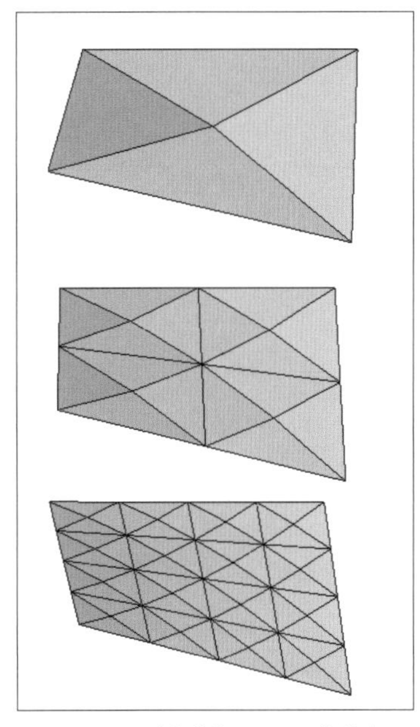

图5-38　迭代值为1、2、3的状态

② **“Centroid”**：意为“矩心”，控制曲面生成的最后一点（矩心）。

“Natural”——意为“自动”，即曲面生成的最后一点的“矩心”为自动生成，如图5-39（a）所示。

“Manual”——意为“手动”，即曲面生成的最后一点的“矩心”为手动生成，如图5-39（b）所示。

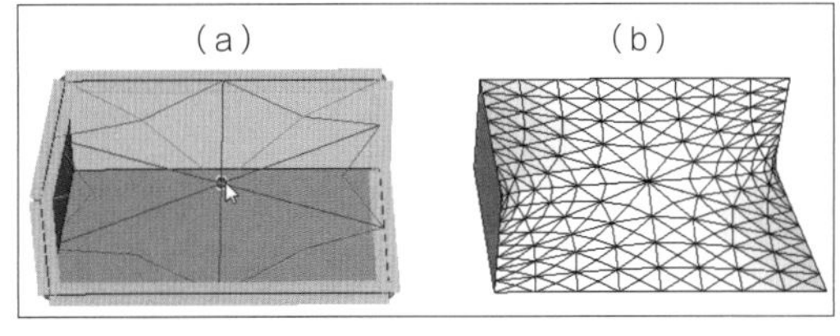

图5-39　手动矩心（a）与自动矩心（b）

③ **“Greeble”**：意为“生成曲面的模式”，控制曲面生成的样式。

“Smooth”——平滑，如图5-40（a）所示。

“Adaptation”——“适应”，如图5-40（b）所示。

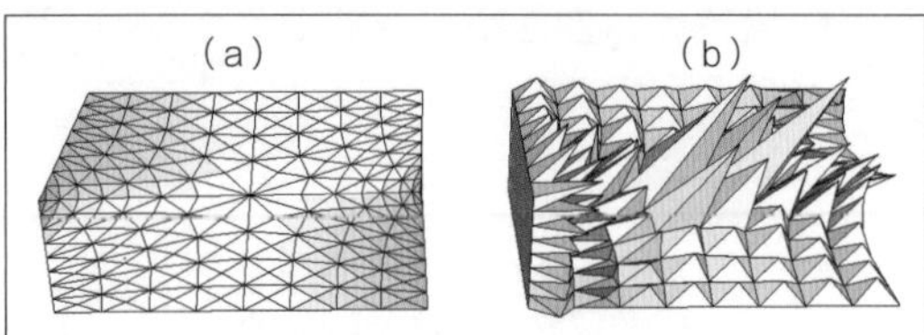

图5-40 平滑（a）与适应（b）

④ **“Group”：** 意为“群组”，控制生成的曲面是否群组。

△ 提示

设置窗口中，剩余“Offset、Distance、G%、Random、Remember”五个选项一般不做修改，参数保持默认状态即可，如图5-37所示。

5.3.2.2 NZ 曲面与可膨胀 NZ 曲面

“NZ曲面插件”工具生成曲面有两种方式，分别为固定膨胀值NZ曲面与手动膨胀值NZ曲面。

固定膨胀值NZ曲面——“nz_Surface”工具栏，根据点数量选择对应工具图标，即可自动创建曲面，如图5-41所示。

图5-41 nz_Surface工具栏

手动膨胀值NZ曲面——“nz_Surface-Inflatables”工具栏，根据点数量选择对应工具图标，修改相应参数创建曲面，如图5-42所示。

图5-42 nz_Surface-Inflatables工具栏

“nz_Surface-Inflatables”手动膨胀值NZ

创建曲面操作方法

步骤 01 在坯子插件库搜索框中输入“NZ曲面插件”指令，点击“NZ曲面插件”字样，弹出“nz_Surface”和“nz_Surface-Inflatables”工具栏。

步骤 02 根据点数量单击“nz_Surface-Inflatables”工具栏中对应工具的图标，例如通过六个点创建曲面，则单击“6-point”工具图标“6”。

步骤 03 在绘图区点击六下确定“曲面的六个角点”，弹出“Forced Form”参数窗口。

步骤 04 在“Forced Form”窗口中调试参数，单击“done”即可完成绘制，如图5-43所示。

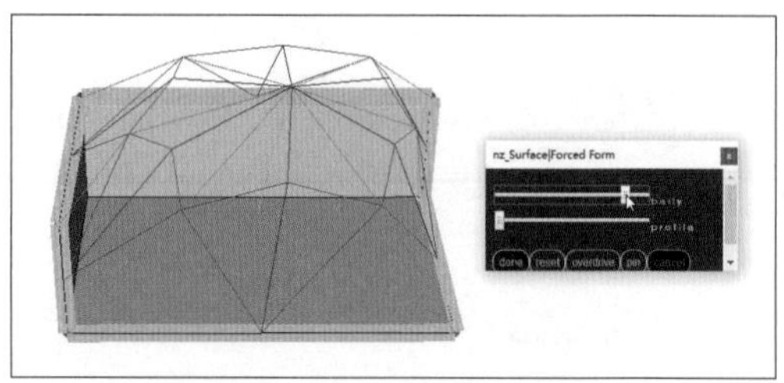
图5-43 Forced Form窗口参数预览

△ 提示

“Forced Form”窗口参数为：

①“belly”——“腹部”，滑杆左滑曲面正方向膨胀，反之则反向膨胀；

②“profile”——“轮廓”，滑杆左滑与右滑代表着两种轮廓类型；

③“done”——“完成”，表示确定当前参数；

④“reset”——“重置”，表示修改后的参数恢复到初始状态；

⑤“overdrive”——“过度加重”，表示固定加大曲面膨胀程度；

⑥“pin”——“固定”，表示曲面结构顶点固定到边界；

⑦“cancel”——“取消”，表示取消创建曲面。

5.3.3 起泡泡

起泡泡：通过若干条线快速创建一个曲面（又叫“泡泡皮肤”），并且可以调整曲面的膨胀值。

操作方法

① 生成曲面（泡泡皮肤）：

步骤 01 在坯子插件库搜索框中输入“起泡泡”指令，点击“起泡泡”字样；

步骤 02 使用选择工具（快捷键“Q”），选择需要生成曲面的曲线，如图 5-44 所示；

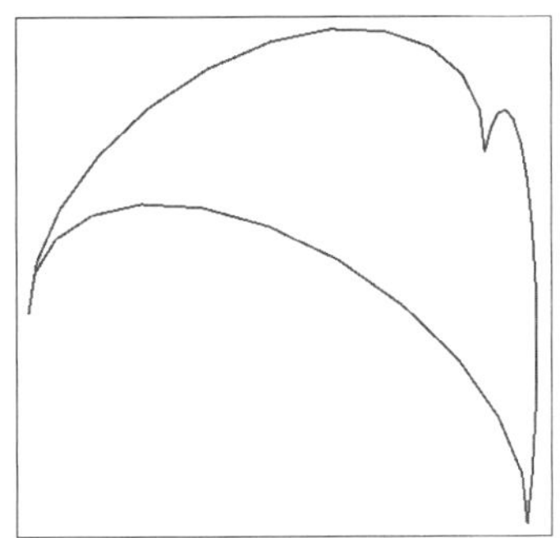

图5-44 选择曲线

步骤 03 单击“起泡泡”工具栏中“生成泡泡皮肤”工具的图标“Skin”；

步骤 04 在“度量值框”中输入分格数，按“回车”键确认即可生成分格网平面，如图 5-45 所示，如需修改分格数，可在按“回车”键确认之后，立刻输入新的分格数并确认；

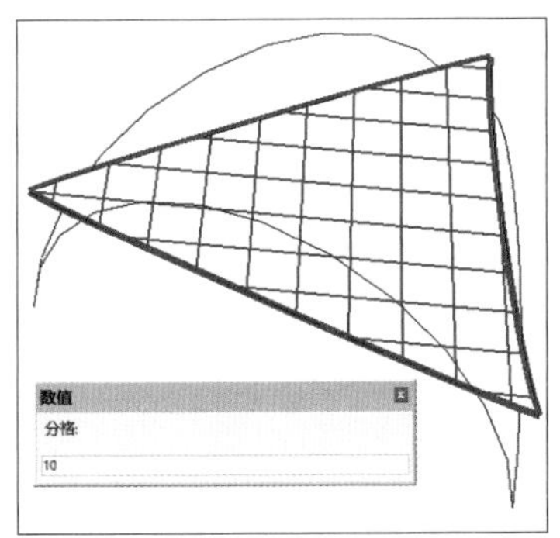

图5-45 生成分格网平面

步骤 05 再次按“回车”键，即可生成曲面（泡泡皮肤），曲面自动群组，如图 5-46 所示。

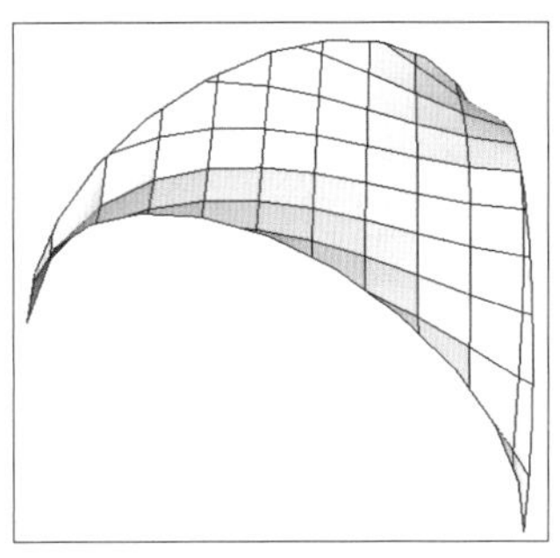

图5-46 生成曲面（泡泡皮肤）

② 修改起泡泡比例：

步骤 01 使用选择工具（快捷键“Q”），选择需要修改的曲面群组，如图 5-47 所示；

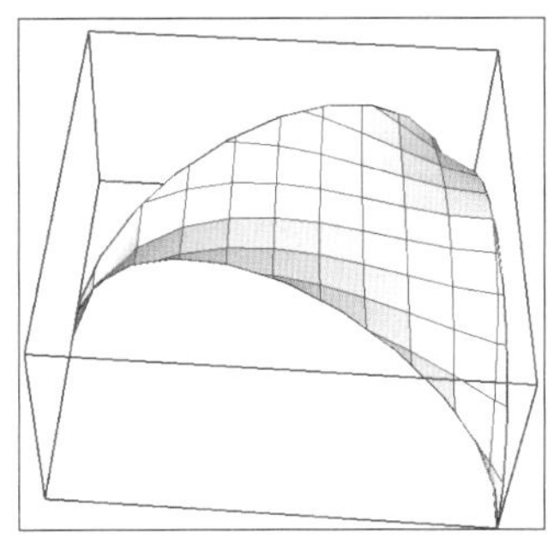

图5-47 选择曲面

步骤 02 单击“起泡泡”工具栏中“修改起泡泡比例”工具的图标“X/Y”；

步骤 03 在“度量值框”中输入应力比例值（X/Y），按“回车”键确认即可修改起泡泡比例。

应力比例值（X/Y）范围为：0.01~100，数值越小曲面越贴合 Y 轴（绿轴），数值越大曲面越贴合 X 轴（红轴），如图 5-48 和图 5-49 所示。

如需修改应力比例值（X/Y），可在按“回车”键确认之后，立刻输入新的比值并确认。

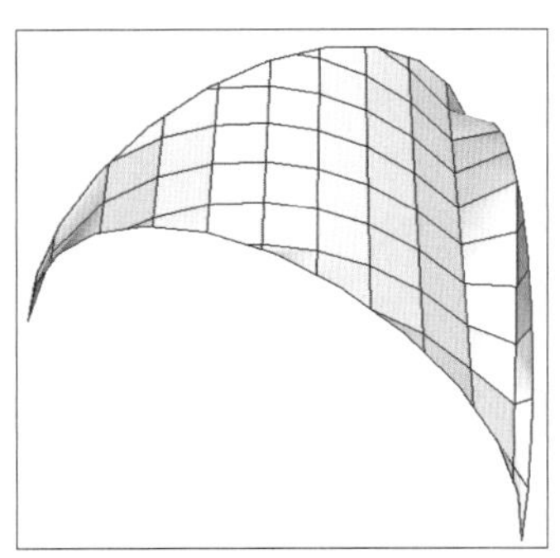

图5-48 比例值0.01状态

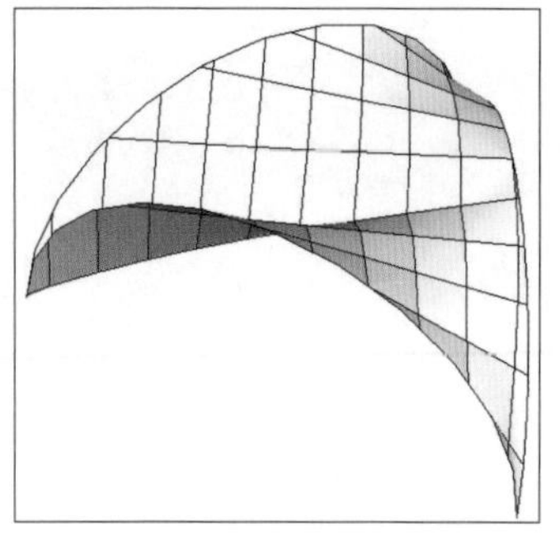

图5-49　比例值100状态

③ **修改起泡泡压力值：**

步骤 01　使用选择工具（快捷键“Q”），选择需要修改的曲面群组，如图5-50所示；

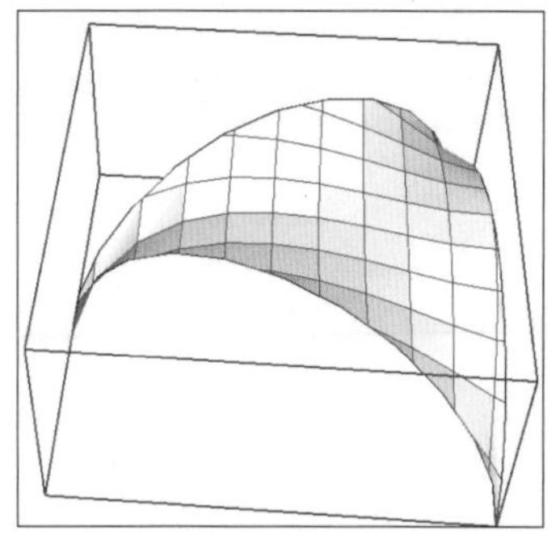

图5-50　选择曲面

步骤 02　单击“起泡泡”工具栏中“生成泡泡”工具的图标“ ”；

步骤 03　在“度量值框”中输入压力值，按“回车”键确认即可修改泡泡压力值，即曲面的膨胀程度。

压力值为正，曲面向正面膨胀；压力值为负，曲面向反面膨胀；压力值的绝对值越大，曲面膨胀程度越大，如图5-51和图5-52所示。

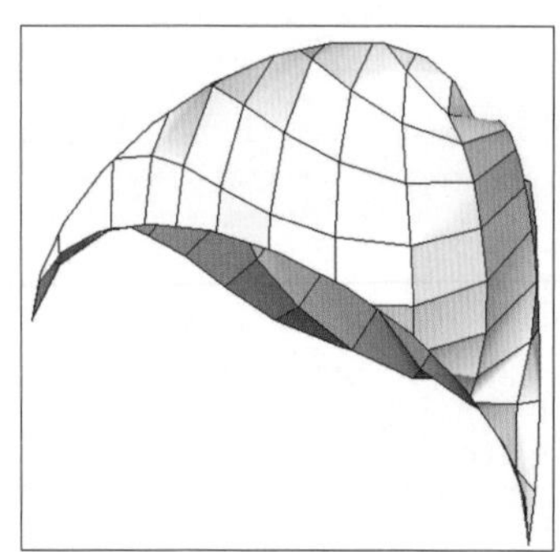

图5-51　压力值–50状态

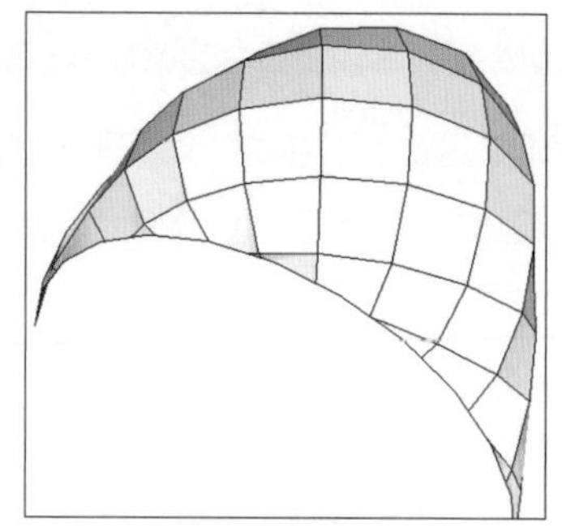

图5-52　压力值50状态

如需修改压力值，可在按“回车”键确认之后，立刻输入新的压力值并确认。

④ **停止动画：**当曲面的压力值的绝对值过大时，泡泡皮肤（曲面）会一直处于膨胀动态，单击“停止动画”工具的图标“ ”，即可暂定曲面的膨胀动态，保留暂停时刻的曲面状态。

⑤ **重新查找自由表格：**即重新播放动画，单击“重新查找自由表格”工具的图标“ ”，即可重启泡泡皮肤（曲面）的膨胀动态，以寻找更合适的曲面状态。

5.3.4　放样

“放样”——将一条或多条轮廓线，沿着一条或多条路径运动（放样），轮廓线的运动轨迹即为面。

通常情况下，如果要创建一个曲面，需要根据曲面形状绘制其U/V轴结构线。一般可以绘制出U/V轴方向的关键节点结构线，通过“放样”工具产生U/V轴方向上的其他结构线，并根据结构线生成曲面。

本小节介绍“单轨放样”“双轨放样”“样条线放样”等六个“放样”工具，以应对U/V轴方向上有不同数量的结构线时的各种情况。

5.3.4.1　单轨放样

单轨放样：使一条轮廓线沿着一条路径运动（放样），从而形成面，图标为“ ”。

适用于U轴和V轴各有一条结构线的情况，两条结构线中一条视为轮廓线，另一条视为路径。

△ 提示

①“单轨放样”工具要求U/V轴上的结构线都单独群组。

②“单轨放样”工具生成的面，与结构线的位置不对应（插件漏洞），可手动移动至原位置。

操作方法

步骤 01　使用“选择”工具（快捷键“Q”），选择需要生成曲面的两个曲线群组。

步骤 02　在坯子插件库搜索框中输入“单轨放样”指令，单击“单轨放样”工具的图标“ ”，即可生成预览曲面。

步骤 03　弹出对话框“是否统一面的方向？”，如图5-53所示。

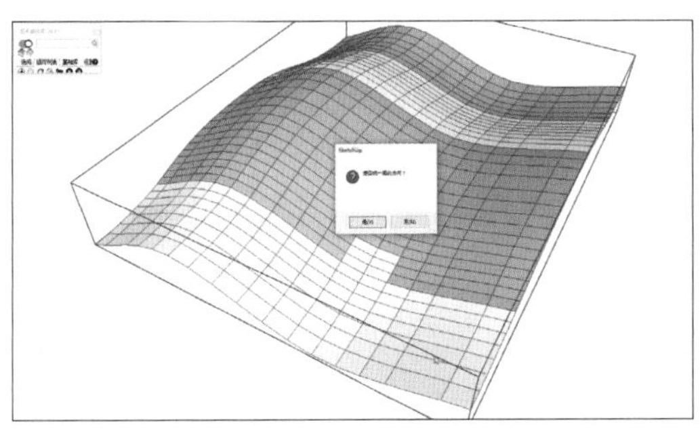

图5-53　统一面的方向

“是”——统一面的方向。

“否”——不统一面的方向，保持预览状态。

一般选择“是”，统一面的方向。

步骤 04　弹出对话框“是否翻转面？”，如图5-54所示。

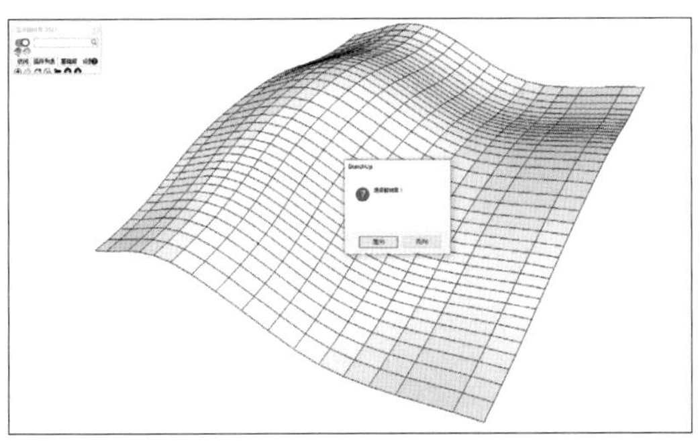

图5-54　是否翻转面

“是”——翻转面的方向。

“否”——不翻转面的方向，保持预览状态。

一般保持正面朝上，根据实际情况选择“是”或“否”即可。

步骤 05　弹出对话框“是否模型交错？”，如图5-55所示。

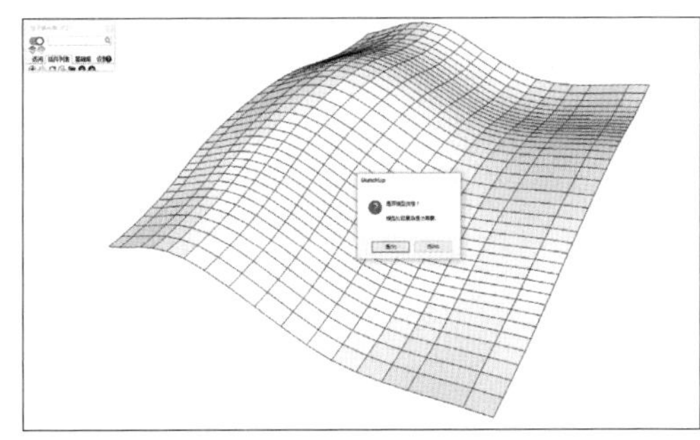

图5-55　是否模型交错

“是”——如果模型比较复杂，曲面发生交错，点击“是”即可修复。

“否”——不进行模型交错，保持预览状态。

一般保持曲面无交错，根据实际情况选择“是”或“否”即可。

步骤 06　弹出对话框“删除共面线？”，如图5-56所示。

“是”——删除共面线。

“否”——不删除共面线。

一般选择“是”，删除共面线。

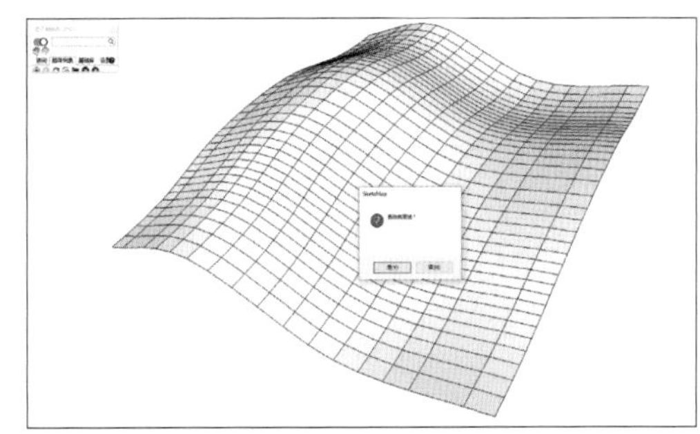

图5-56　删除共面线

步骤 07　弹出对话框“是否细分三角面？”，如图5-57所示，曲面由若干矩形平面（四边面）组成，转化为三角面可将四边面细化为三角形平面。

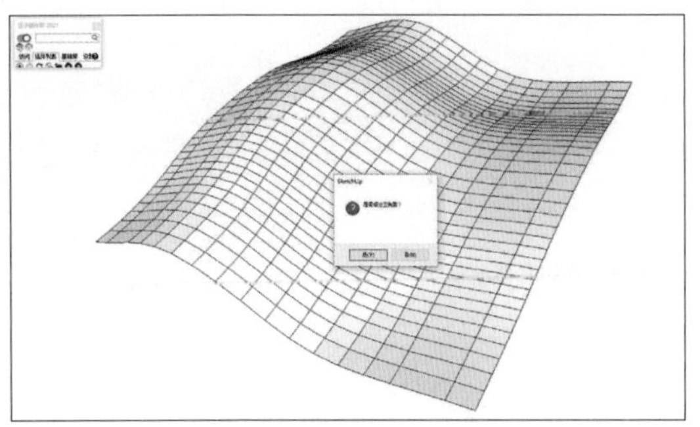

图5-57　是否细分三角面

“是”——将矩形平面细分为三角形平面。

“否”——不细分三角面，保持预览状态。

根据用户所需选择“是”或“否”即可。

步骤 08　弹出对话框“是否删除原有群组？”，如图5-58所示。

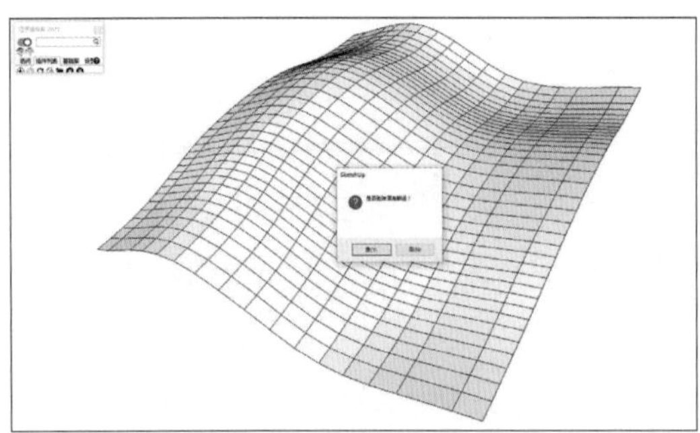

图5-58　是否删除原有群组

“是”——删除原有的两个曲线群组。

“否”——不删除原有的两个曲线群组。

一般选择“否”，保留原有的两个曲线群组，即可完成曲面的创建（曲面自动成组）。

步骤 09　使用“选择”工具（快捷键“Q”），选中曲面群组并“移动”（快捷键“W”）至原位置。

步骤 10　使用“选择”工具（快捷键“Q”），双击鼠标左键进入曲面群组，并三击鼠标左键全选曲面。

步骤 11　执行“右键>柔化/平滑边线”指令，在“柔化边线”面板中，将“法线角度”调试至适当角度，并勾选“软化共面”，即可完成曲面柔化，如图5-59和图5-60所示。

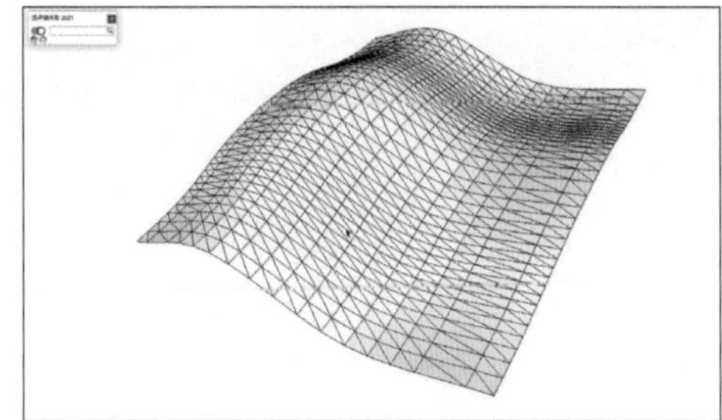

图5-59　柔化曲面前

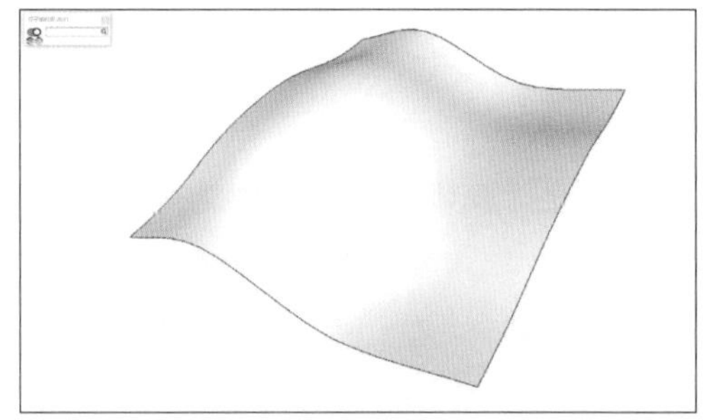

图5-60　柔化曲面后

5.3.4.2　双轨放样

双轨放样：使两条轮廓线沿着两条路径运动（放样），从而形成曲面，图标为“ ”。

适用于U轴和V轴各有两条结构线的情况，四条结构线中不相接的两条视为轮廓线，另外两条视为路径。

△ 提示

“双轨放样”工具要求U/V轴上的结构线都必须裸露，或者进入组内使用该工具。

操作方法

步骤 01　在坯子插件库搜索框中输入“双轨放样”指令，单击“双轨放样”工具的图标“ ”。

步骤 02　依序选择四条曲线，顺序为“开始轮廓线-路径1-路径2-结束轮廓线”，即可生成预览曲面。

步骤 03　弹出对话框“是否翻转路径1方向？”，如图5-61所示。

“是”——如果曲面产生扭曲，点击“是”翻转路径1方向即可修复。

“否”——不翻转路径1的方向，保持预览状态。

一般保持曲面无扭曲，根据实际情况选择“是”或“否”即可。

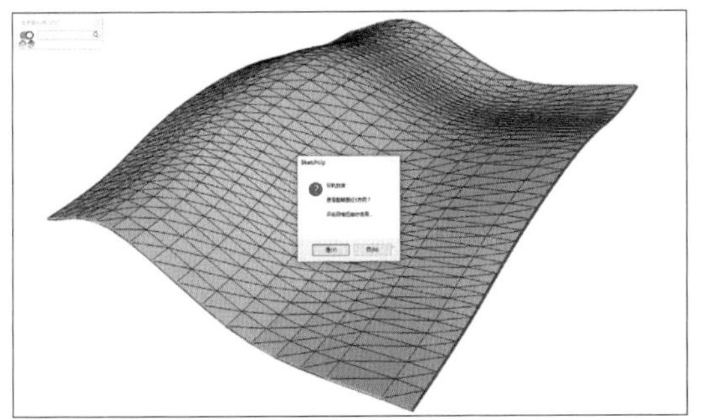

图5-61　是否翻转路径1方向

步骤04　弹出对话框“是否翻转面？”，如图5-62所示。

“是”——翻转面的方向。

“否”——不翻转面的方向，保持预览状态。

一般保持正面朝上，根据实际情况选择“是”或“否”即可。

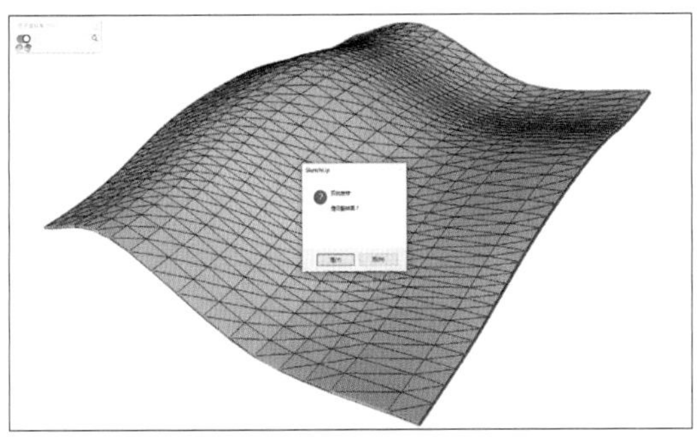

图5-62　是否翻转面

步骤05　弹出对话框“QuadFaces？”，即“是否转化为四边面”，如图5-63所示，曲面由若干三角形平面组成，转化为四边面可将三角形平面转化为矩形平面。

“是”——将三角形平面转化为四边面。

“否”——不转化为四边面，保持预览状态。

根据用户所需选择“是”或“否”即可。

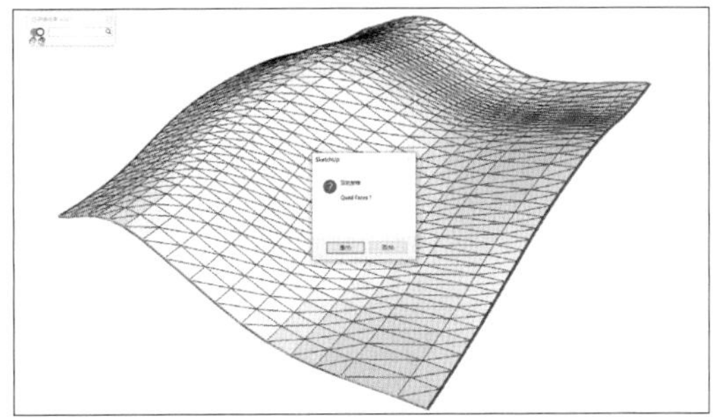

图5-63　Quad Faces

步骤06　弹出对话框“是否生成共面线？”，如图5-64所示。

“是”——生成共面线。

“否”——不生成共面线。

一般选择“否”，不生成共面线。

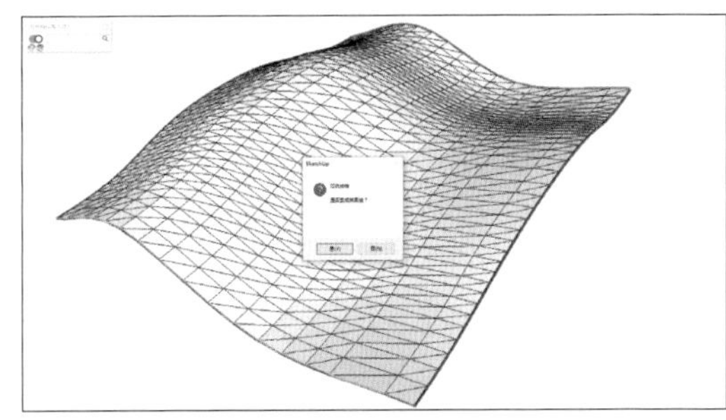

图5-64　是否生成共面线

步骤07　弹出对话框“是否模型交错？”，如图5-65所示。

“是”——如果模型比较复杂，曲面发生交错，点击“是”即可修复。

“否”——不进行模型交错，保持预览状态。

一般保持曲面无交错，根据实际情况选择“是”或“否”即可。

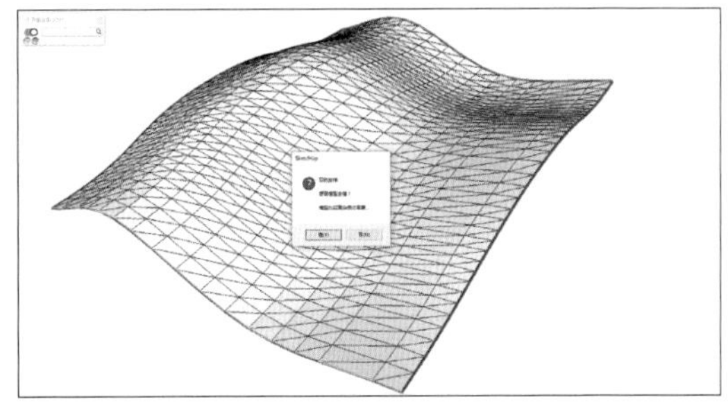

图5-65　是否模型交错

步骤08　弹出对话框“是否柔滑边线？”，

如图5-66所示。

“是”——柔滑边线，使曲面变光滑。

“否”——不柔滑边线，保持预览状态。

一般选择“是”，柔滑边线将曲面变光滑。

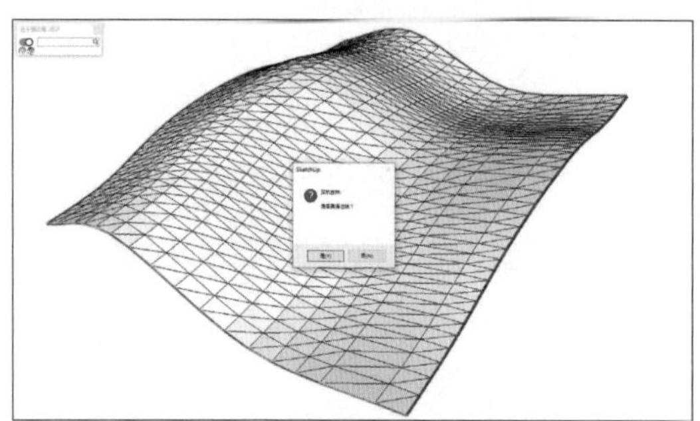

图5-66　是否柔滑边线

步骤 09　弹出对话框“是否删除原有曲线？”，如图5-67所示。

“是”——删除原有的四条曲线。

“否”——不删除原有的四条曲线。

一般选择“否”，保留原有的四条曲线，即可完成曲面的创建（曲面自动成组）。

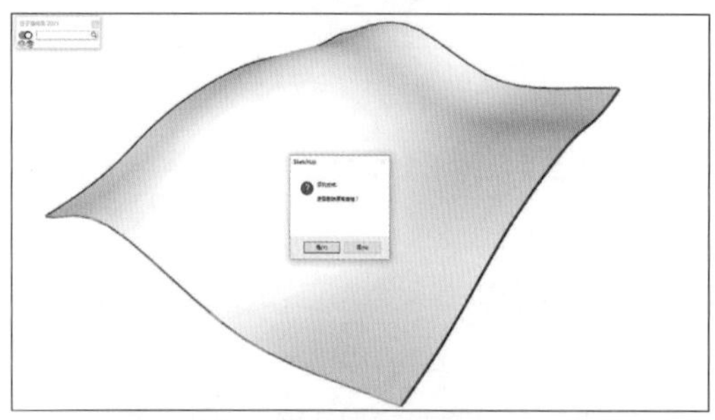

图5-67　是否删除原有曲线

5.3.4.3　样条线放样

样条线放样：英文为“loft by spline”，用样条线（曲线）连接一组结构线，形成结构线网络，从而形成曲面，图标为“ ”。

适用于U轴或V轴有两条及以上结构线的情况，软件自动生成一组样条线，来连接原有结构线，形成结构线网络，从而形成曲面。

操作方法

步骤 01　在坯子插件库搜索框中输入“放样”指令，单击“loft by spline”工具的图标“ ”。

步骤 02　依序选择需要放样的曲线，如图5-68所示。

步骤 03　按“回车”键确认进入“loft by spline”工具的“参数栏”。

步骤 04　修改参数并双击绘图区空白处即可完成放样，如图5-69所示。

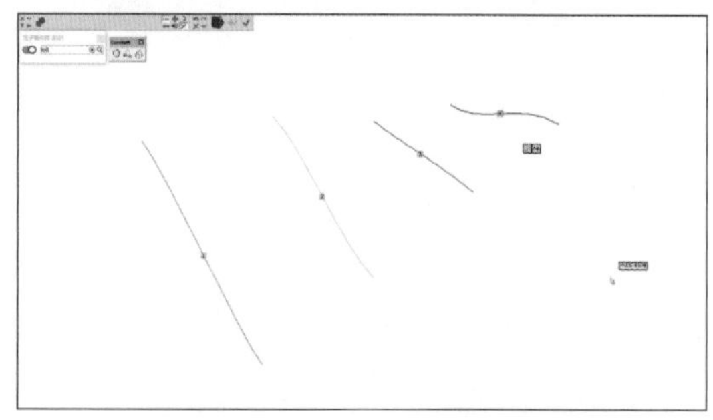

图5-68　依序选择需要放样的曲线

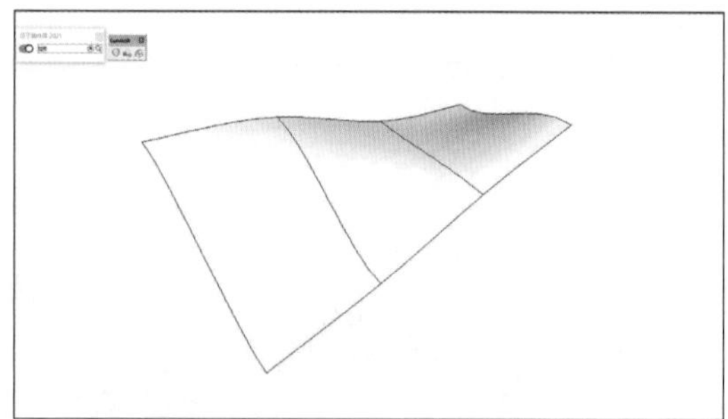

图5-69　完成放样

△ 提示

“loft by spline”工具的参数如下。

①“close all contours into a loop”：图标为“ ”，意为“将所有轮廓线闭环”。

开启此选项后第一条放样曲线将与最后一条放样曲线连接成面，如图5-70和图5-71所示。

②“Spline Mthod”：图标为“ ”，意为“样条线方式”，常用的有五种方式，如下所示。

“Junction by connected lines”：图标为“ ”，意为“轮廓线直接相连”。

表示软件自动生成“直线”来连接原有结构线，从而形成曲面，如图5-72所示。

“Junction by orthogonal elliptic curves”：图标为“ ”，意为“正交椭圆曲线连接”。

表示软件自动生成“椭圆曲线”来连接原有结构线，从而形成曲面，如图5-73所示。

“Smooth junction by a single cubic biezer curve”：图标为“ ”，意为“三次贝兹曲线平滑连接”。

表示软件自动生成“三次贝兹曲线”来连接原有结构线，从而形成曲面，如图5-74所示，该方式使用频率最高。

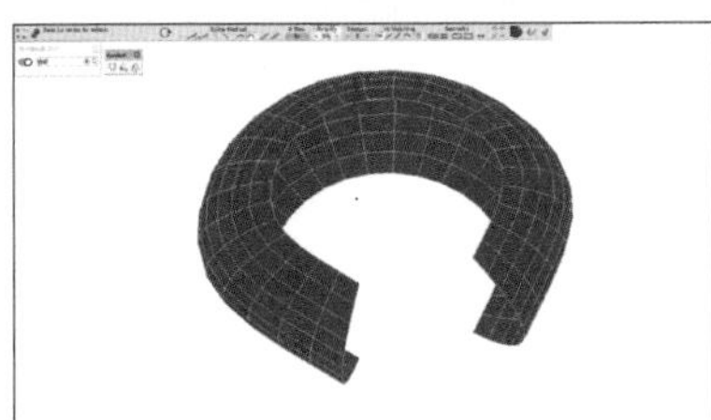

图5-70 未开启闭合状态

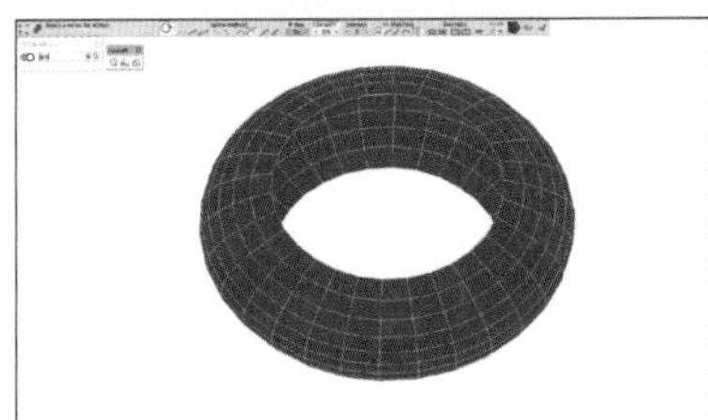

图5-71 开启闭合状态

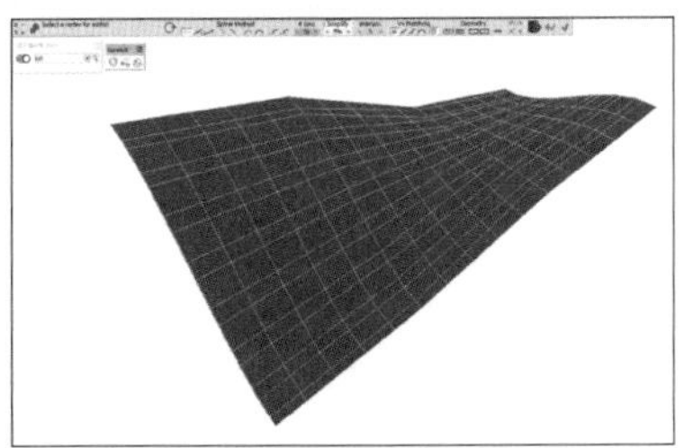

图5-72 轮廓线直接相连

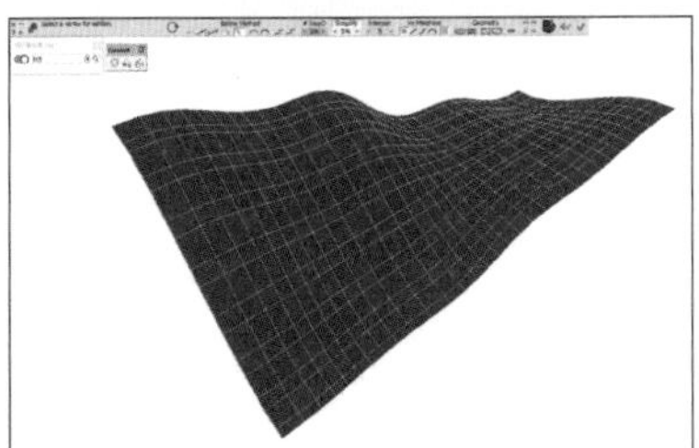

图5-73 正交椭圆曲线连接

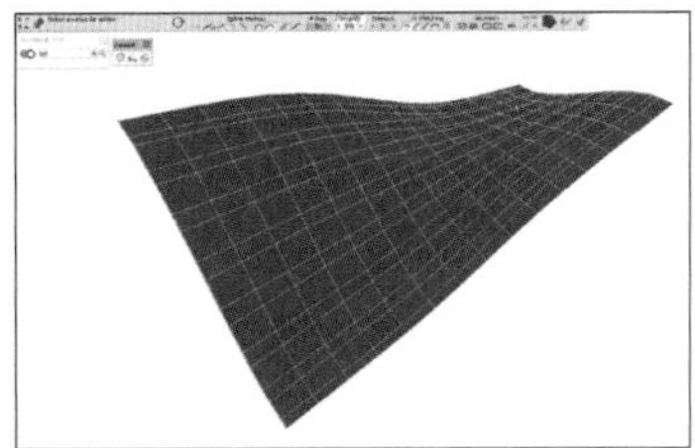

图5-74 三次贝兹曲线平滑连接

“Smooth global junction by a single F-spline curve”：图标为“ ”，意为“单F样条曲线的全局平滑连接”。

表示软件自动生成“单F样条曲线”来连接原有结构线，从而形成曲面，如图5-75所示。

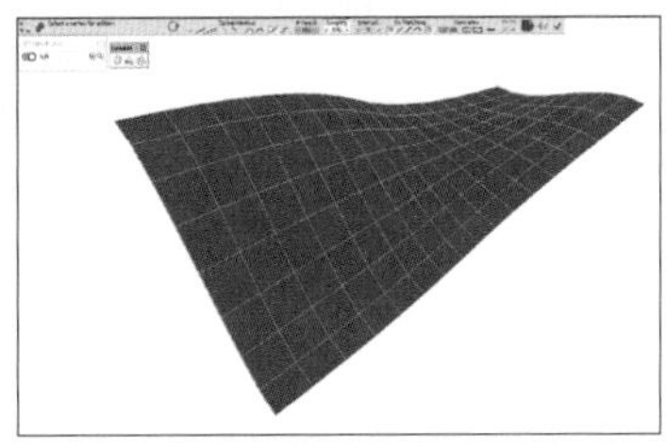

图5-75 单F样条曲线的全局平滑连接

“单F样条曲线”类似于5.2.8.1小节所介绍的“内插点曲线”，“单F样条曲线”比“三次贝兹曲线”更加紧绷，且生成的曲面结构线分布更加均匀。

“Smooth global junction by a single B-spline curve”：图标为“ ”，意为“单B样条曲线的全局平滑连接”。

表示软件自动生成“单B样条曲线”来连接原有结构线，从而形成曲面，如图5-76所示。

“单B样条曲线”类似于5.2.8.2小节所介绍的“控制点曲线”，“单B样条曲线”生成的曲面起伏更小，与原结构线不完全吻合。

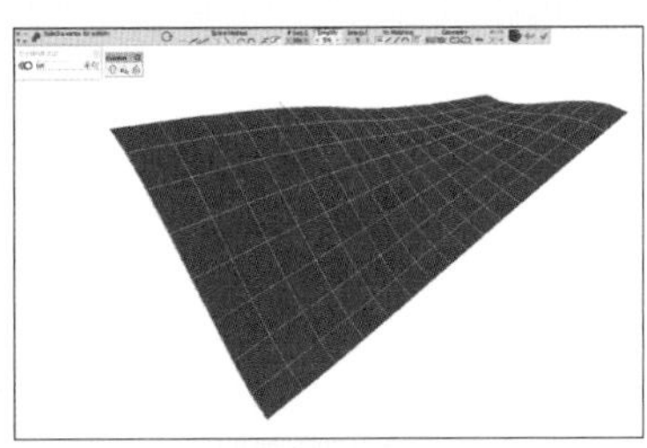

图5-76 单B样条曲线的全局平滑连接

③“Number of segments across all sections”：图标为“ 15s ”，意为“所有截面的分段数”。

“15s”表示软件自动生成的结构线为15段，“s”指“Segment”。单击按钮可在弹出窗口中输入新的段数。

④“Method for matching vertices between 2 contours”：图标为“ ”，意为“两条轮廓线之间顶点匹配方法”。

常用的有三种方式，如下所示。

“Match vertex to vertex”：图标为“ ”，意为“顶点到顶点匹配”。此匹配方法使用率最高，在没有特殊需求情况下可以作为默认选择。

“Non linear vertex matching（spline type）”：图标为“ ”，意为“非线性顶点匹配（样条曲线类型）”，以样条曲线非线性连接方式形成曲面结构。

“Non linear vertex matching（bezier type）”：图标为“ ”，意为“非线性顶点匹配（贝兹曲线类型）”，以贝兹曲线非线性连接方式形成曲面结构。

⑤“Options for generation of geometry”：图标为“ ”，意为“几何图形生成选项”。

该选项用以生成不同方向和不同类型的曲面结构线或曲面（假设原结构线方向为U轴方向），共五种方式，如下所示。

“Generate the junction edges（no face）”：图标为“ ”，意为“生成连接边（无面）”。

仅生成V轴方向结构线（连接用的结构线），不生成面，如图5-77所示。

“Generate the intermediate edges（no face）”：图标为“ ”，意为“生成中间边（无面）”。

仅生成U轴方向的中间结构线，不生成面，如图5-78所示。

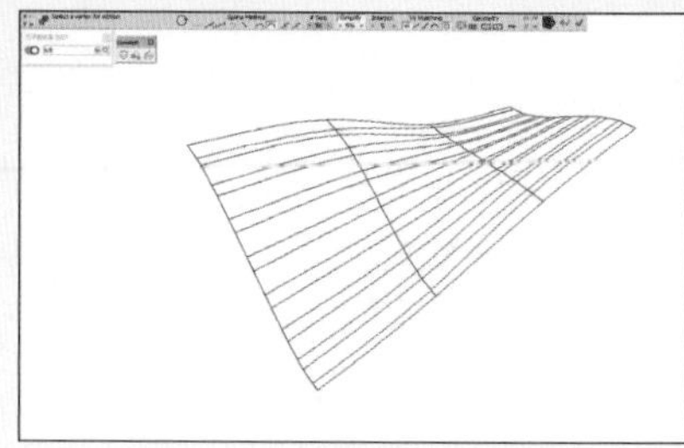

图5-77　生成连接边（无面）

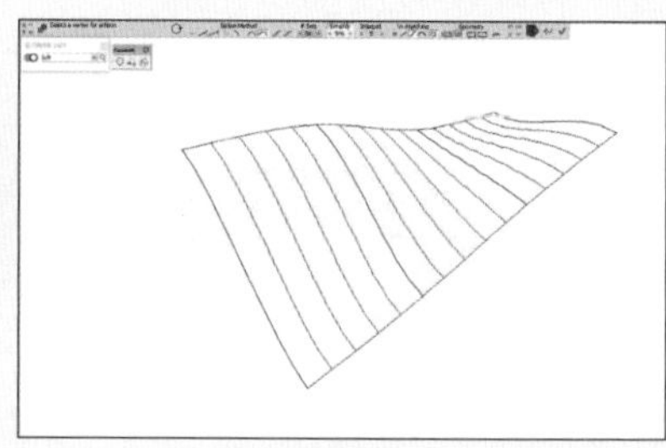

图5-78　生成中间边（无面）

“Generate the surfaces with pseudo quads”：图标为“ ”，意为“生成具有三角面的曲面”。

生成由三角面构成的曲面，两个选项生成的是不同方向对角线的曲面，如图5-79和图5-80所示。

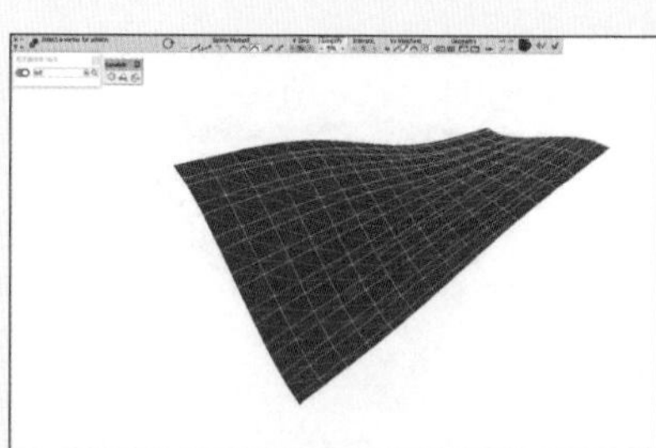

图5-79　不同方向角线的曲面A

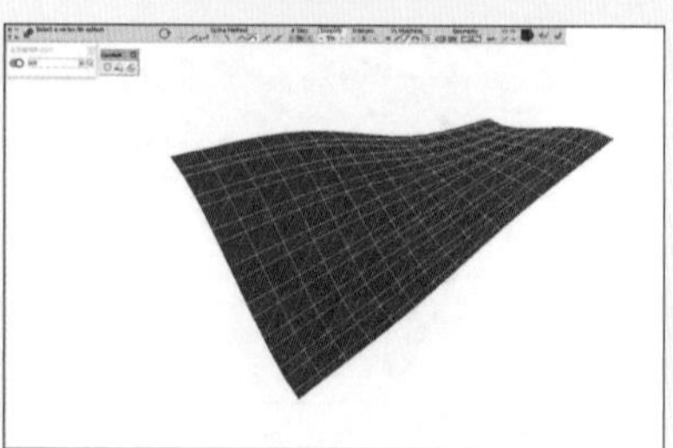

图5-80　不同方向角线的曲面B

“Generate the junction as su curves（for interactive deformation）”：图标为“ ”，意为“将连接生成为su曲线（用于交互变形）”。

生成的曲面结构线均为SketchUp曲线，而不是非焊接状态的多段线。

⑥“撤销、重做、清除所有选择、恢复所有选择”：图标为“ ”。

在放样过程中，单击图标“ ”表示“撤销/重做”；单击图标“ ”表示“清除/恢复所有选择”。

⑦“Exit tool”：图标为“ ”，意为“退出工具”。

⑧“Go back to contour selection”：图标为“ ”，意为“回到轮廓线”。

⑨“Finish and generate geometry”：图标为“ ”，意为“完成并生成几何图形”。

5.3.4.4　皮肤轮廓

Skin contours：意为“皮肤轮廓”，根据U/V轴的结构线网络自动生成曲面，图标为“ ”。适用于U轴和V轴各有两条及以上结构线的情况，软件自动生成曲面。

操作方法

步骤01　使用“选择”工具（快捷键“Q”），选择需要放样的曲线，如图5-81所示。

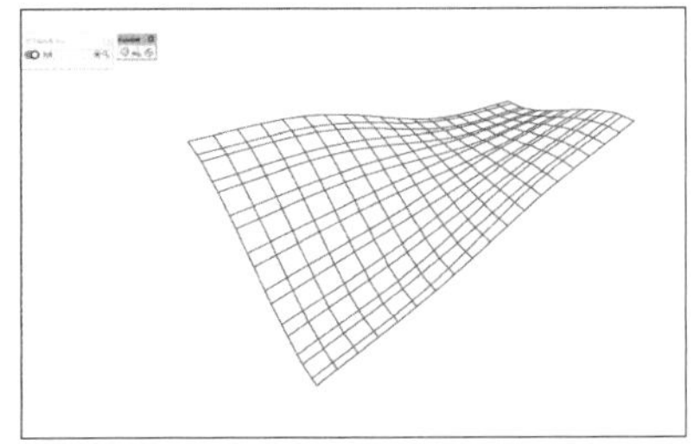

图5-81　皮肤轮廓前状态

步骤02　在坯子插件库搜索框中输入“放样”指令，单击“skin contours”工具图标“ ”，即可生成预览曲面，如图5-82所示。

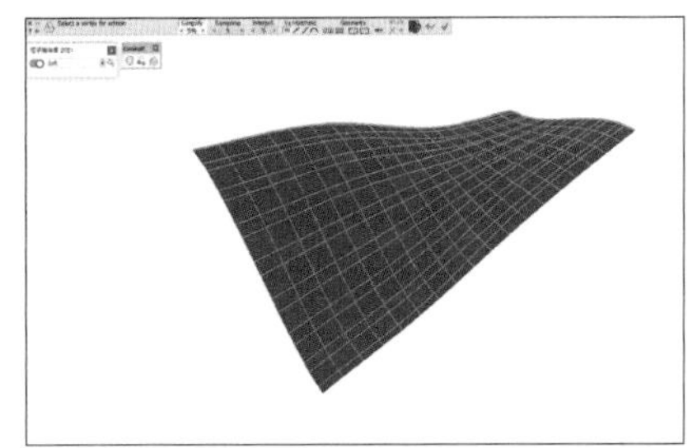

图5-82　皮肤轮廓后状态

步骤03　在绘图区空白处，单击鼠标左键两次，即可完成皮肤轮廓（曲面）的创建。

5.3.4.5　沿路径放样（多截面放样）

沿着路径放样：英文为“Loft along path”，将若干条结构线（同一方向）沿着一条路径运动（放样），从而形成面，图标为“ ”。

适用于U轴有若干条（一组）结构线，V轴有一条结构线的情况（反之同理）。

操作方法

步骤01　使用“选择”工具（快捷键“Q”），选择需要放样的曲线，如图5-83所示。

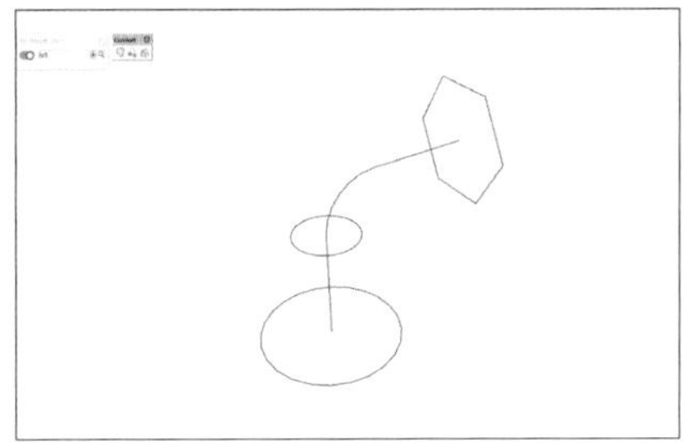

图5-83　沿着路径放样前状态

步骤02　在坯子插件库搜索框中输入“放样”指令，单击“loft along path”工具的图标“ ”，即可生成预览曲面，如图5-84所示。

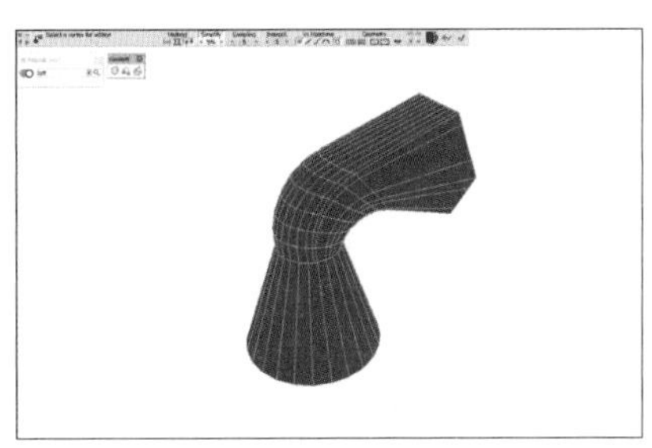

图5-84　沿着路径放样后状态

步骤 03 在绘图区空白处，单击鼠标左键两次，即可完成沿路径放样（曲面）。

5.3.4.6 旋转放样（车削/旋转成型）

旋转放样：将一条结构线绕着一个轴旋转一定的角度，从而形成曲面，图标为"🔘"。

该方法适用于创建中心轴对称的曲面，例如花瓶、水杯等。

操作方法

步骤 01 使用"选择"工具（快捷键"Q"），选择需要旋转放样的曲线，如图5-85所示。

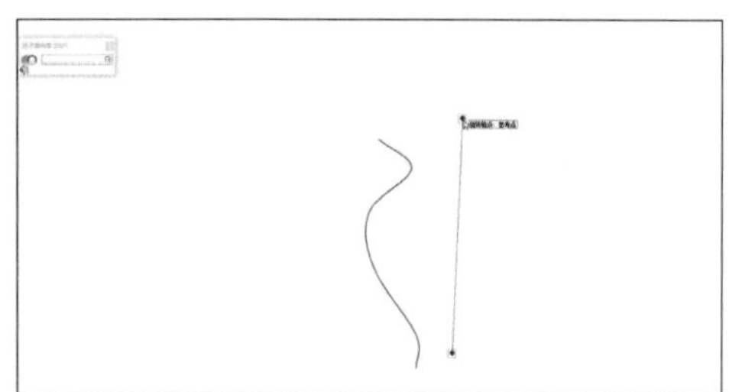

图5-85 选择旋转放样曲线

步骤 02 在坯子插件库搜索框中输入"旋转放样"指令，单击"旋转放样"工具的图标"🔘"。

步骤 03 单击两个点作为旋转轴的两端。

步骤 04 在"度量值框"中输入"旋转角度"，例如"360"，并按"回车"键确认，如图5-86所示。

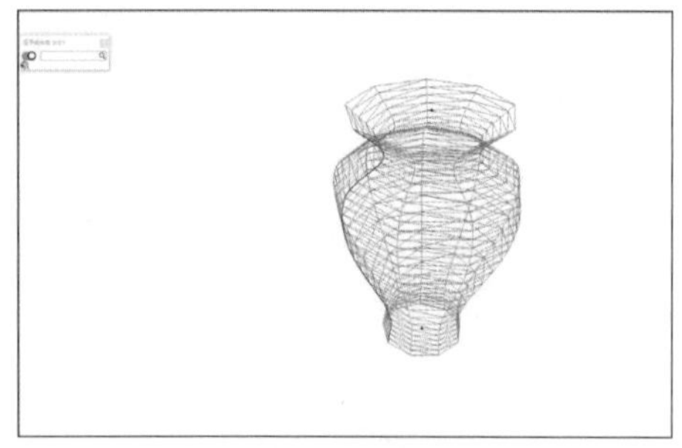

图5-86 输入旋转放样角度值

如需更改旋转角度，可在按"回车"键确认后立刻输入新的角度并确认。

步骤 05 在"度量值框"中输入放样"段数"（数字+s），例如"80s"，并按"回车"键确认，如图5-87所示。

如需更改放样段数，可在按"回车"键确认后立刻输入新的段数并确认。

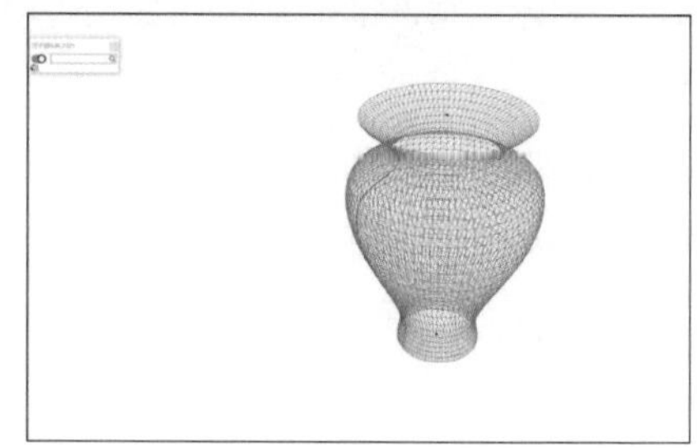

图5-87 输入放样分段数

步骤 06 双击鼠标左键，即可通过计算生成预览曲面。

步骤 07 弹出对话框"是否删除共面的边线？"，如图5-88所示。

"是"——删除共面的边线。

"否"——不删除共面的边线，保持预览状态。

一般选择"是"，删除共面的边线。

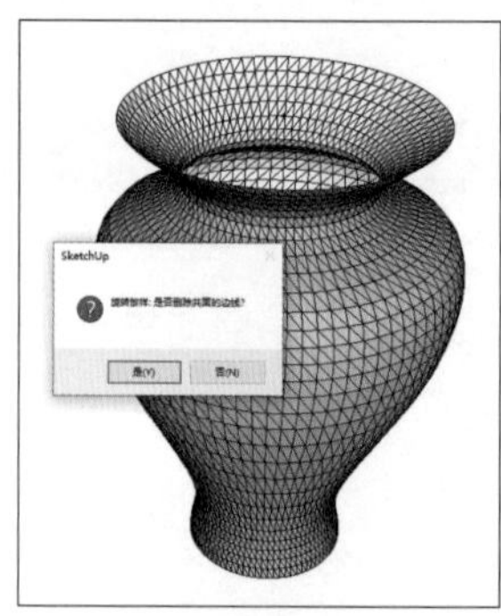

图5-88 删除共面的边线

步骤 08 弹出对话框"翻转表面吗？"，如图5-89所示。

"是"——翻转表面。

"否"——不翻转表面，保持预览状态。

一般保持正面朝外，根据实际情况选择"是"或"否"即可。

步骤 09 弹出对话框"是否光滑边界？"，如图5-90所示。

"是"——光滑边界，使曲面变光滑。

"否"——不光滑边界，保持预览状态。

一般选择"是"，光滑边界将曲面变光滑。

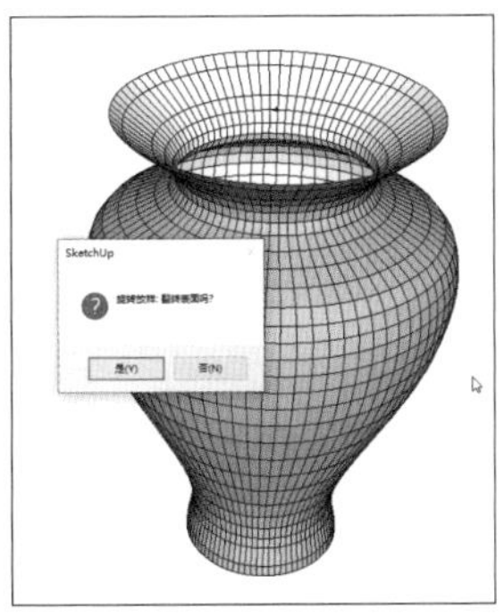

图5-89 “翻转表面吗？”

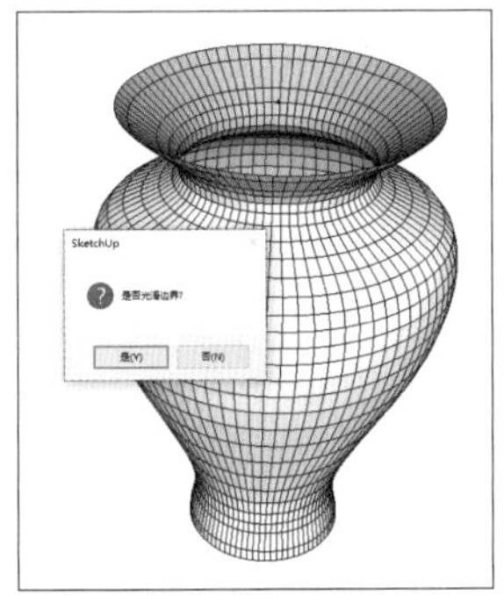

图5-90 “是否光滑边界？”

步骤 10 弹出对话框“炸开自动生成的组吗？”，如图5-91所示。

“是”——炸开自动生成的组。

“否”——不炸开自动生成的组。

一般选择“否”，保留自动生成的组，即可完成旋转放样。

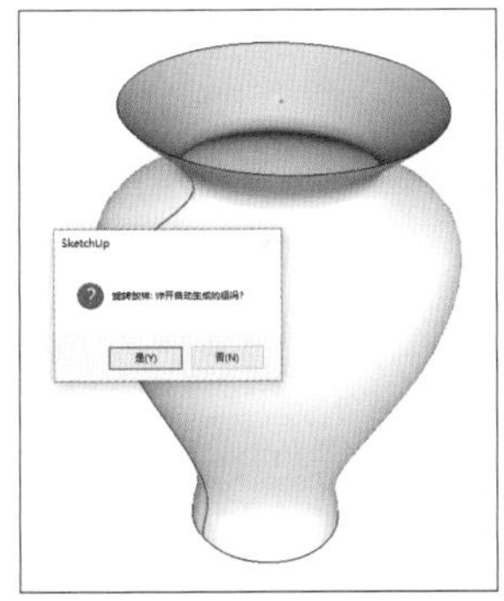

图5-91 “炸开自动生成的组吗？”

5.3.5 沙箱

“沙箱”工具主要功能为创建地形曲面，共有七个子工具，分别为根据等高线创建、根据网格创建、曲面起伏、曲面平整、曲面投射、添加细部与对调角线。

5.3.5.1 根据等高线创建

根据等高线创建：根据现有的等高线曲线生成地形曲面，图标“”。

操作方法

步骤 01 使用“选择”工具（快捷键“Q”），选择需要生成曲面的等高线曲线，如图5-92所示。

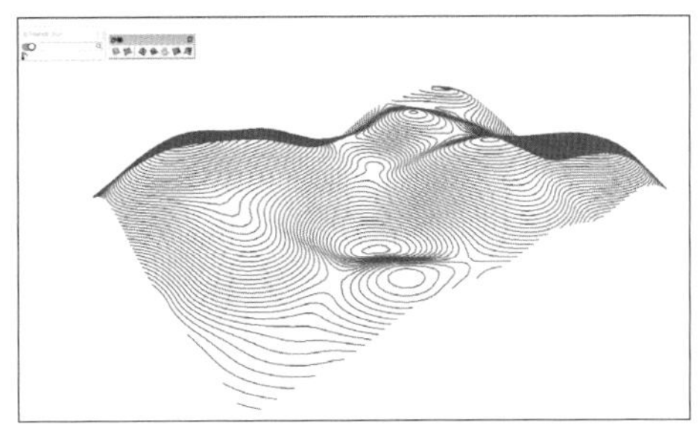

图5-92 等高线曲线

步骤 02 单击“沙箱”工具栏中“根据等高线创建”工具的图标“”，如图5-93所示。

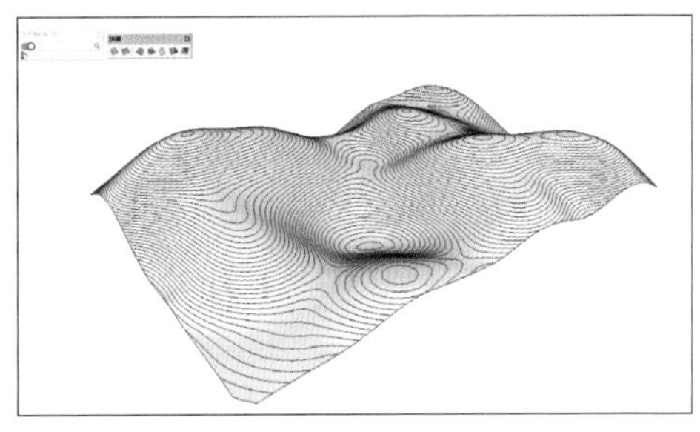

图5-93 根据等高线创建曲面

5.3.5.2 根据网格创建

根据网格创建：绘制平面矩形网格，以便于后续创建出地形曲面，图标为“”。

操作方法

步骤 01 单击“沙箱”工具栏中“根据网格创建”工具的图标“”，如图5-94所示。

步骤 02 在“度量值框”中输入“栅格间距”并按“回车”键确认（“栅格”指构成平面的最小单元格）。

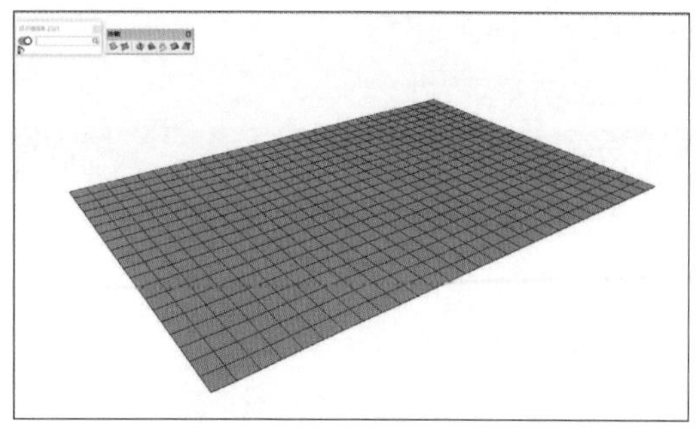

图5-94　根据网格创建

如需更改栅格间距，可在按“回车”键确认后立刻输入新的角度并确认。

步骤 03　在绘图区单击鼠标左键，确定网格的起点 O。

步骤 04　移动光标至目标点 A（移动距离为网格长度），单击鼠标左键确定网格长度；或者在“度量值框”中输入“网格长度（OA）”并按“回车”键确认。

步骤 05　再次移动光标至目标点 B（移动距离为网格宽度），单击鼠标左键确定网格宽度；或者在“度量值框”中输入“网格宽度（AB）”并按“回车”键确认，即可绘制出平面矩形网格（自动群组）。

△ 提示

① 栅格间距为单个单元格边长，一般不宜过小，如果创建地形曲面，建议范围在 1~5m。

②“网格长度（OA）”和“网格宽度（AB）”的长度一般为栅格间距的倍数，例如栅格间距为3m，长度和宽度可设置30m、33m等3的倍数。

5.3.5.3　曲面起伏

曲面起伏：对平面网格进行上下起伏拉扯形成曲面，或者对曲面进行上下起伏来调整曲面的形状，图标为“ ”。

操作方法

步骤 01　使用“选择”工具（快捷键“Q”），双击鼠标左键进入 5.3.5.2 小节“根据网格创建”的平面网格群组。

步骤 02　单击“沙箱”工具栏中“曲面起伏”工具的图标“ ”。

步骤 03　在“度量值框”中输入“起伏半径”并按“回车”键确认。

如需更改起伏半径，可在按“回车”键确认后立刻输入新的半径并确认。

步骤 04　在起伏区域上单击鼠标左键，并上下移动光标即可进行“曲面起伏”。

步骤 05　在目标高度再次单击鼠标左键，即可完成“曲面起伏”。

或者在“度量值框”中输入“起伏高度”并按“回车”键确认，如图 5-95 所示。

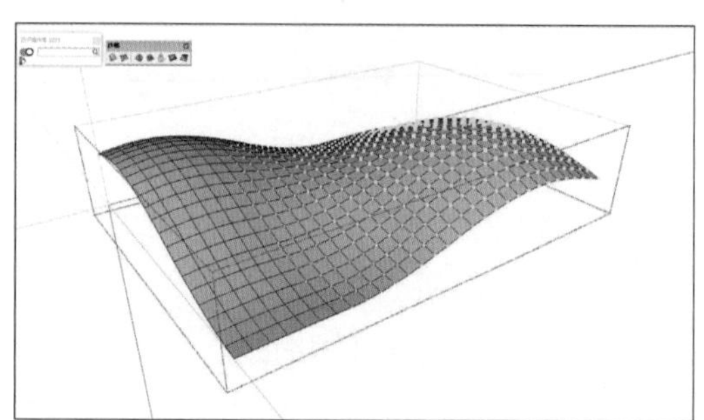

图5-95　曲面起伏

△ 提示

①“曲面起伏”工具只能在竖直方向上进行网格的起伏。

②“曲面起伏”工具对“组”无效，可以炸开模型或进入组内部使用该工具。

③ 起伏半径不宜小于栅格间距，不宜大于平面或曲面网格的整体尺寸（两个长度）。

5.3.5.4　曲面平整

曲面平整：在曲面上推拉出平面，图标为“ ”。

操作方法

步骤 01　在“曲面 A”以外创建一个“平面 B”（“平面 B”不能垂直），将“平面 B”移动至

"曲面A"的正上方（或正下方）。

步骤02 使用"选择"工具（快捷键"Q"），选择"平面B"。

步骤03 单击"沙箱"工具栏中"曲面平整"工具的图标"⬛"。

步骤04 单击"曲面A"，即可将"平面B"投射到"曲面A"上。

步骤05 上下移动光标至目标高度，再次单击鼠标左键，即可完成"曲面平整"，如图5-96所示。

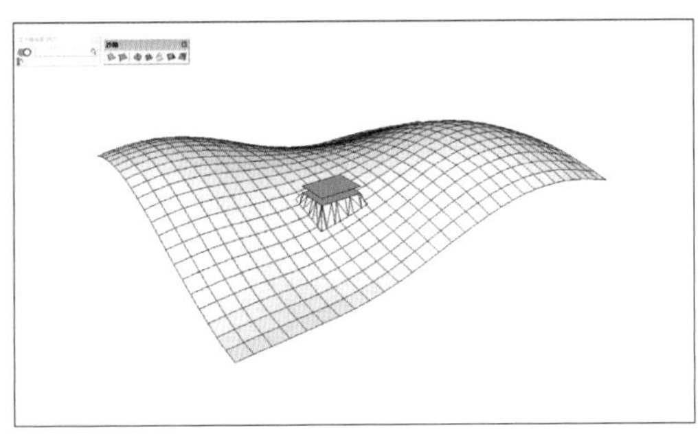

图5-96 曲面平整

△ 提示

①"曲面A"可以被群组，也可以是未群组的裸露模型。

②"平面B"可以被群组，也可以是未群组的裸露模型。

③"曲面平整"工具只能在竖直方向上投射"平面B"。

④ 在顶视图调整"平面B"和"曲面A"的位置关系较为简单精准。

5.3.5.5 曲面投射

曲面投射：将曲面外的曲线投射到曲面上，形成贴合曲面表面的投射曲线，图标为"⬛"。

操作方法

步骤01 在"曲面A"以外创建一条"曲线L"，将"曲线L"移动至"曲面A"的正上方（或正下方）。

步骤02 使用"选择"工具（快捷键"Q"），选择"曲线L"。

步骤03 单击"沙箱"工具栏中"曲面投射"工具的图标"⬛"。

步骤04 单击"曲面A"，即可将"曲线L"投射到"曲面A"上，如图5-97所示。

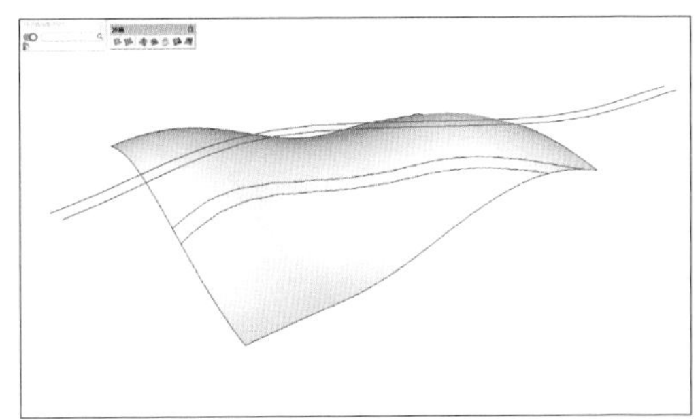

图5-97 曲面投射

△ 提示

①"曲面A"可以被群组，也可以是未群组的裸露模型。

②"曲线 L"可以被群组，也可以是未群组的裸露模型。

③"曲面投射"工具只能在竖直方向上投射"曲线 L"。

④ 在顶视图调整"曲线 L"和"曲面A"的位置关系较为简单精准。

⑤ 在"曲面投射"之前，最好保证"曲面A"被完美柔化，以便于选择"投射曲线"。

5.3.5.6 添加细部

添加细部：将三角形平面分割成更多更小的三角形，使曲面变得更加精细，即对面进行细分，图标为"⬛"。可分为自动添加细部或手动添加细部。

操作方法

①**自动添加细部：**将三角形三条边上的中点两两相连，把三角形分割为四个更小的三角形。

步骤01 使用"选择"工具（快捷键"Q"），选择需要添加细部的三角面。

步骤02 单击"沙箱"工具栏中"添加细

部”工具的图标“ ”，即可完成“添加细部”。

② **手动添加细部：**手动添加一个点，并连接周围所有面的顶点，以此将三角形分割成更小的三角形。

步骤 01 单击“沙箱”工具栏中“添加细部”工具的图标“ ”。

步骤 02 在三角面的“边线”或“面”上单击鼠标左键，即可添加一个点，并连接周围 所有面的顶点，以此将三角形分割成更小的三角形。

在三角面的“顶点”上单击鼠标左键，不会添加新的点。

步骤 03 上下移动光标调整“点”的位置，再次单击鼠标左键，即可完成“添加细部”。

△ 提示

① 为曲面添加细部时，曲面网格处于未被柔化的状态下，更容易观察细分情况。

② 曲面被柔化后，可能从外观上无法区分三角面和矩形平面，区分方法为：

a. 连续三击鼠标左键选择整个曲面，如果出现虚线对角线，则该面为两个三角面组成的四边面；

b. 如果没有虚线对角线，则该面为矩形平面，对于矩形平面无法使用“添加细部”工具。

5.3.5.7 对调角线

对调角线：将四边面的一条对角线（AC）转换成另一条对角线（BD），图标为“ ”。

操作方法

步骤 01 单击“沙箱”工具栏中“对调角线”工具的图标“ ”。

步骤 02 单击需要“对调角线”的四边面的一条对角线（AC），即可将该对角线（AC）转换成另一条对角线（BD）。

△ 提示

将曲面网格全部取消柔化，更方便使用“对调角线”工具。

5.4 实体

SketchUp 中的“实体”——由若干平面组成的一个或多个封闭空间且只有一层群组的物体。

要同时满足以下三个条件：若干平面组成封闭的三维几何体（没有裂缝缺口）；只有一层群组（群组内部没有其他群组）；群组内没有多余的线或面（没有线或面相互交叉）。

本节内容包含基本实体、路径跟随、实体工具等。

5.4.1 基本实体

基本实体：快速创建一些常见的基本几何体，例如长方体、圆柱、圆锥、圆环、圆管、多棱柱、四棱锥、半球、球体等，工具栏为“ ”。

操作方法

步骤 01 在坯子插件库搜索框中输入“基本形体工具条”指令，单击“基本形体工具条”字样，即可弹出“基本形体工具条”的工具栏“ ”。

步骤 02 单击需要创建的几何体的图标，并在绘图区单击鼠标左键即可放置几何体（组件）。

△ 提示

“基本形体工具条”工具栏中的图标“ ”为“单位设置”，可调整几何体的基本单位。

5.4.2 路径跟随

路径跟随：将一个截平面沿着一条路径运

动（跟随），从而形成体块，快捷键为“K”（自定义），图标为“◐”。可用于快速绘制中心轴对称的几何体。

△ 提示

截平面需要与路径垂直。

操作方法

方法01 “面跟随线运动”（自动）。

步骤01 使用“选择”工具（快捷键“Q”），选择路径线条。

步骤02 执行“路径跟随”工具的快捷键“K”或单击“路径跟随”工具的图标“◐”。

步骤03 单击截平面即可生成几何体，如图5-98和图5-99所示。

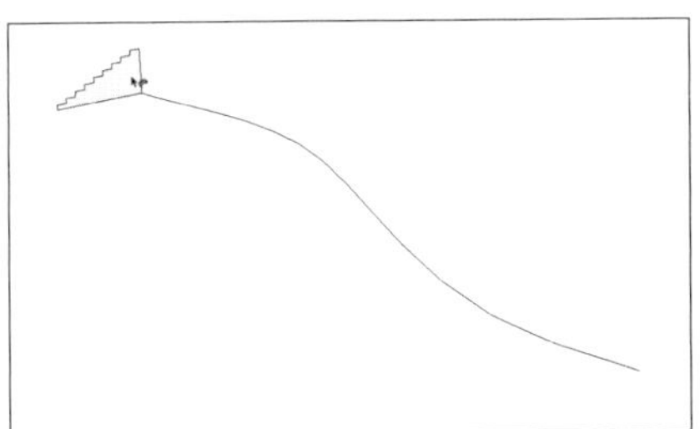

图5-98 路径跟随前状态

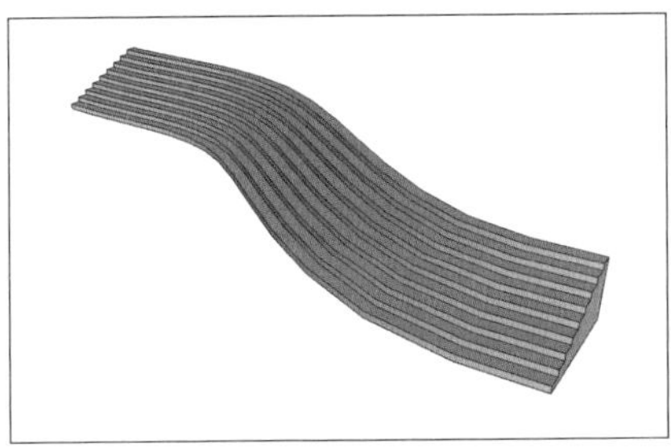

图5-99 路径跟随后状态

方法02 “面跟随线运动”（手动）。

步骤01 执行“路径跟随”工具的快捷键“K”或单击“路径跟随”工具的图标“◐”。

步骤02 单击截平面，截平面会跟随光标移动，如图5-101所示。

步骤03 沿着路径移动光标至目标点，再次单击鼠标左键，即可完成路径跟随，如图5-102所示。

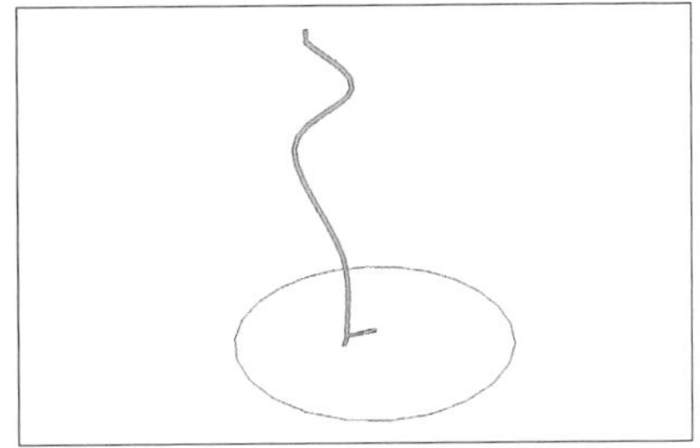

图5-100 路径跟随前状态

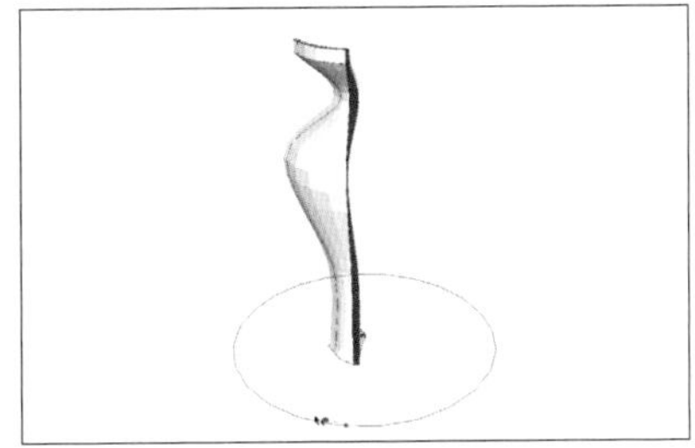

图5-101 路径跟随过程状态

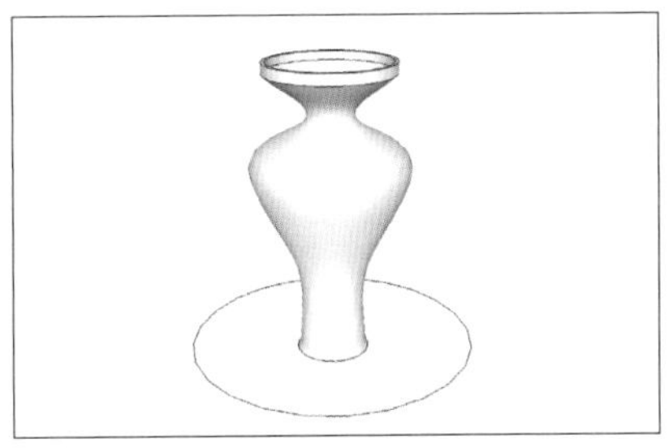

图5-102 路径跟随后状态

方法03 “面跟随面运动”（如图5-103所示，截平面为A，路径平面为B）“截平面A”跟随“路径平面B”运动，实质上是“截平面A”跟随“路径平面B的边线”运动。

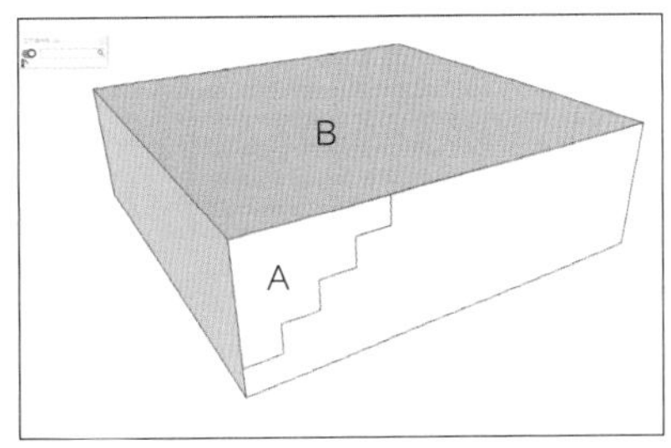

图5-103 选择路径平面

步骤01 使用“选择”工具（快捷键“Q”），选择“路径平面B”。

步骤02 执行“路径跟随”工具的快捷键“K”或单击“路径跟随”工具的图标“◐”。

步骤 03　单击“截平面A”即可完成路径跟随，如图5-104和图5-105所示。

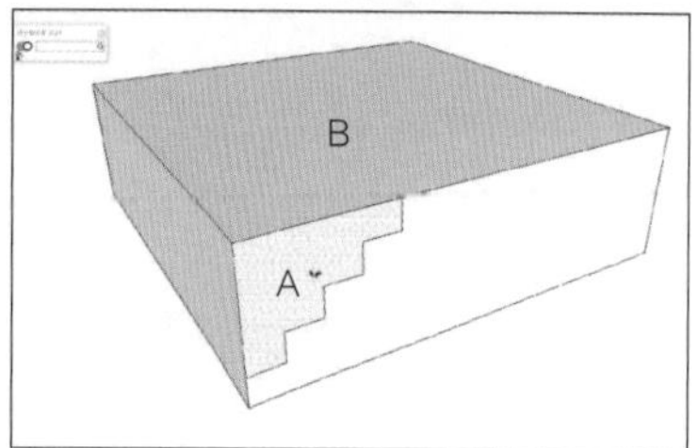

图5-104　选择截平面

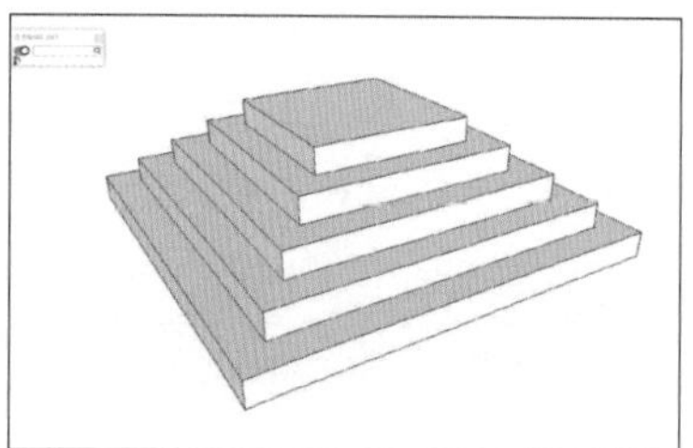

图5-105　完成路径跟随

5.4.3　实体工具

“实体工具”的主要功能为运用布尔运算法则将多个实体进行联合、相交、减去、剪辑、拆分等，从而产生新的几何体。

△ 提示

① “实体工具”只能编辑实体，实体要同时满足5.4节开篇所述的三个条件：若干平面组成封闭的三维几何体（没有裂缝缺口）；只有一层群组（群组内部没有其他群组）；群组内没有多余的线或面（没有线或面相互交叉）。

② 判断物体是否为实体：选中物体，在“默认面板>图元信息”中，显示“实体组”则表示该物体为实体；反之不是。

5.4.3.1　实体外壳

实体外壳：将所有选定实体合并为一个实体，并删除内部所有图元，生成的新几何体仍然为实体，图标为“”。

操作方法　如图5-106和图5-107（X射线模式）所示，“实体A”内部有一个球面，“实体A”的正方体面和球面都与“实体B”相交。

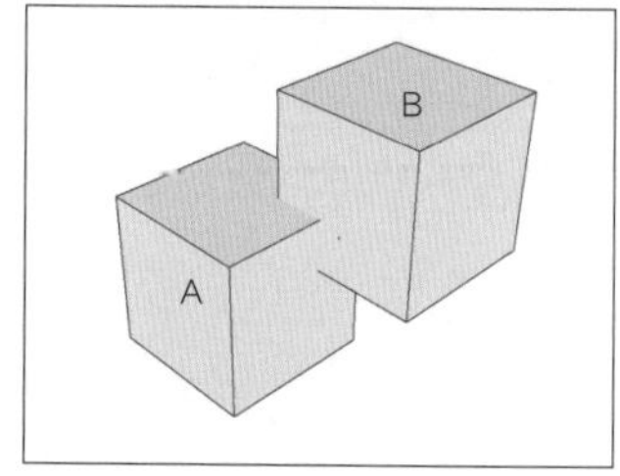

图5-106　两个实体组

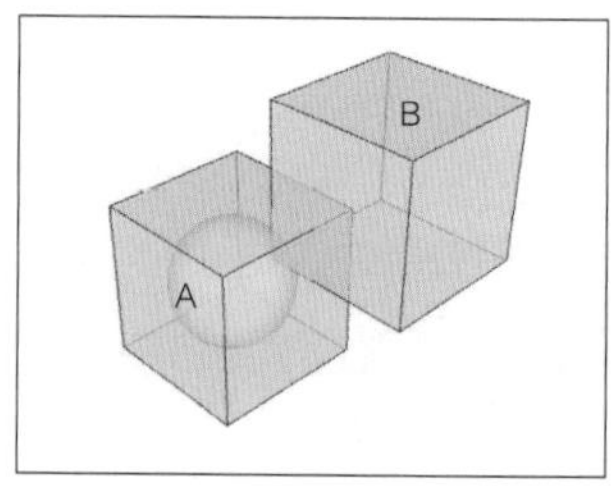

图5-107　两个实体组（X射线模式）

步骤 01　使用“选择”工具（快捷键“Q”），选择需要“实体外壳”的多个实体。

步骤 02　单击“实体工具”工具栏中“实体外壳”工具的图标“”，即可完成实体外壳。

如图5-108和图5-109所示，“实体外壳”仅保留外壳，“实体A”内部图元被删除。

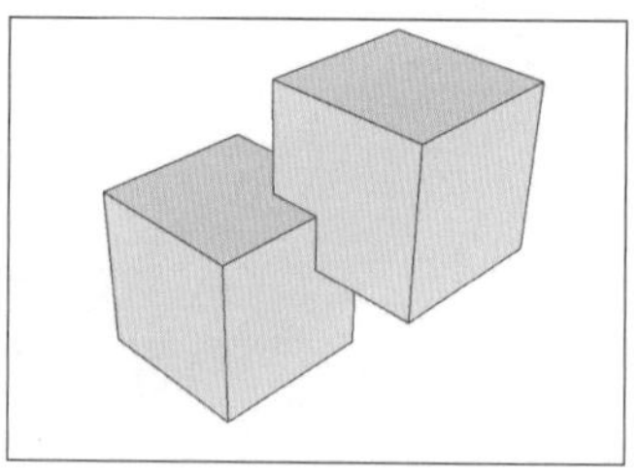

图5-108　“实体外壳”结果

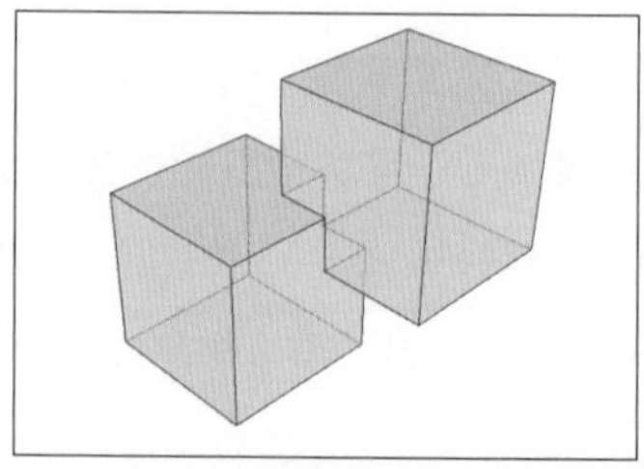

图5-109　“实体外壳”结果（X射线模式）

5.4.3.2　联合

联合：将所有选定实体合并为一个几何体，

并保留内部空隙，图标为“![icon]”。

如果生成的新几何体内部图元有缺口，则新几何体不是实体。

如果生成的新几何体内部图元没有缺口，则新几何体是实体。

操作方法　如图5-106和图5-107（X射线模式）所示，“实体A”内部有一个球面，“实体A”的正方体面和球面都与“实体B”相交。

步骤 01　使用“选择”工具（快捷键“Q”），选择需要“联合”的多个实体。

步骤 02　单击“实体工具”工具栏中“联合”工具的图标“![icon]”，即可完成联合。

如图5-110和图5-111所示，“联合”不仅保留外壳，也保留内部图元。

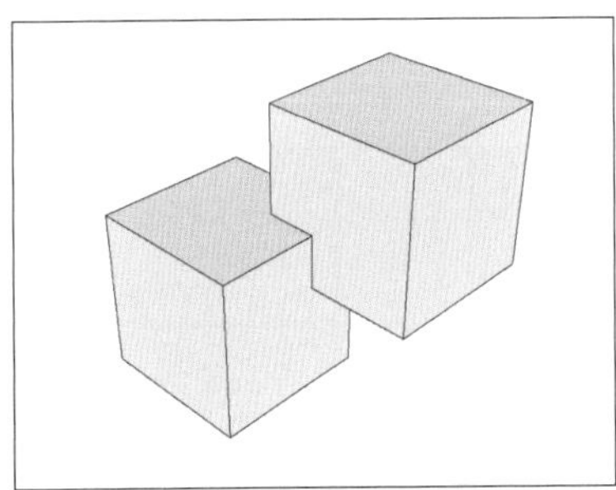

图5-110　“联合”结果

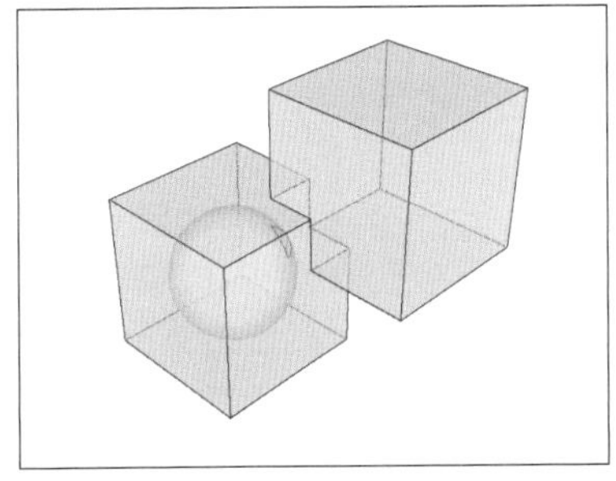

图5-111　“联合”结果（X射线模式）

5.4.3.3　相交

相交：将所有选定实体相交，并且只保留相交的部分，图标为“![icon]”。

操作方法　如图5-112和图5-113（X射线模式）所示，“实体A”与“实体B”相交。

步骤 01　使用“选择”工具（快捷键“Q”），选择需要“相交”的多个实体。

步骤 02　单击“实体工具”工具栏中“相交”工具的图标“![icon]”，即可完成相交，如图5-114所示。

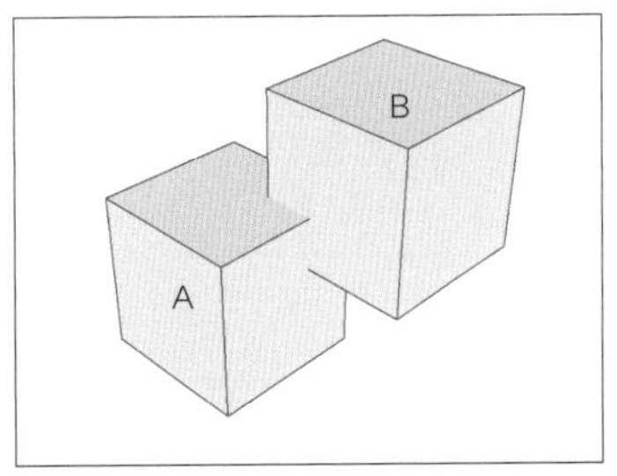

图5-112　两个实体组

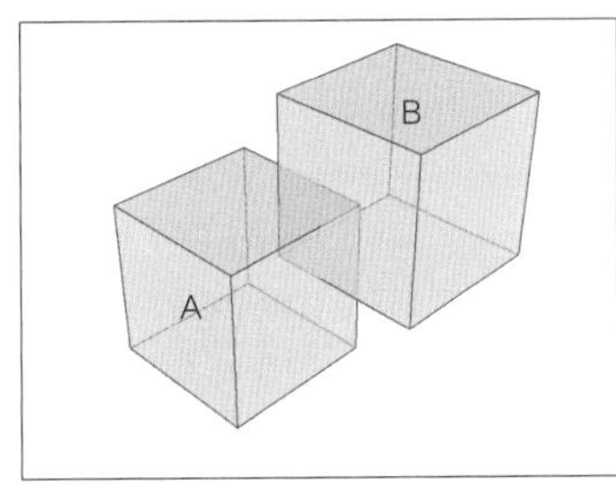

图5-113　两个实体组（X射线模式）

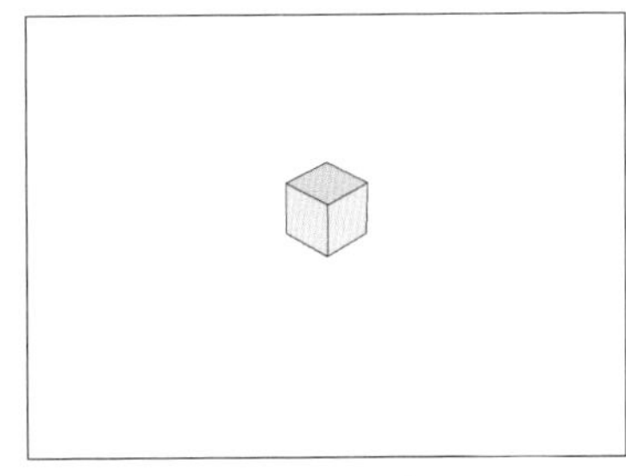

图5-114　“相交”结果

5.4.3.4　减去

减去：将第二个实体减去第一个实体，即删除第一个实体、两个实体相交的部分，只保留第二个实体剩下的部分，图标为“![icon]”。

操作方法　如图5-115和图5-116（X射线模式）所示，“实体A”与“实体B”相交。

步骤 01　单击“实体工具”工具栏中“相交”工具的图标“![icon]”。

步骤 02　单击第一个实体（“实体B”）。

步骤 03　单击第二个实体（“实体A”），即可将“实体A”减去“实体B”，如图5-117所示。

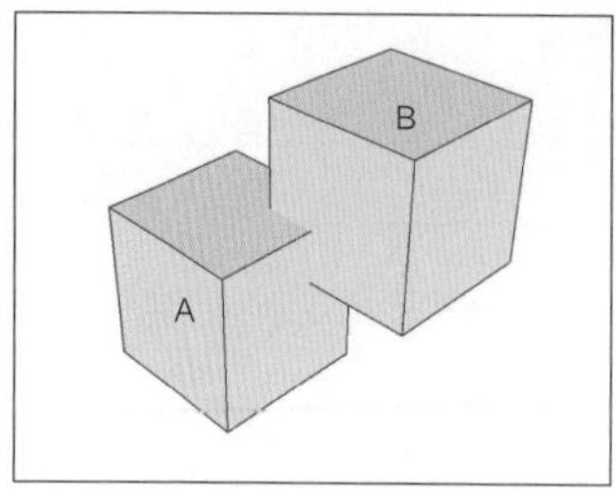

图5-115　两个实体组

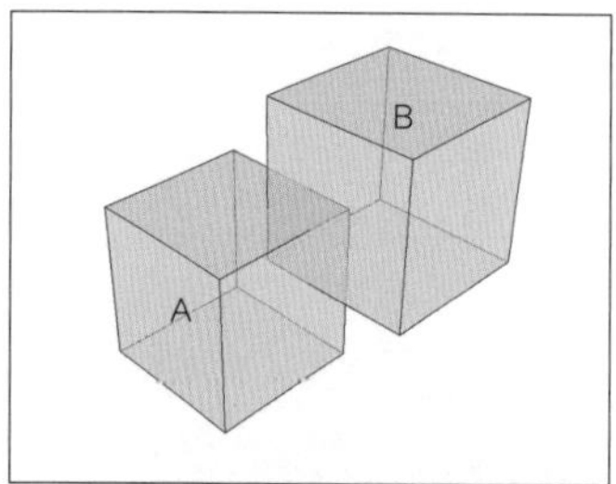

图5-116　两个实体组（X射线模式）

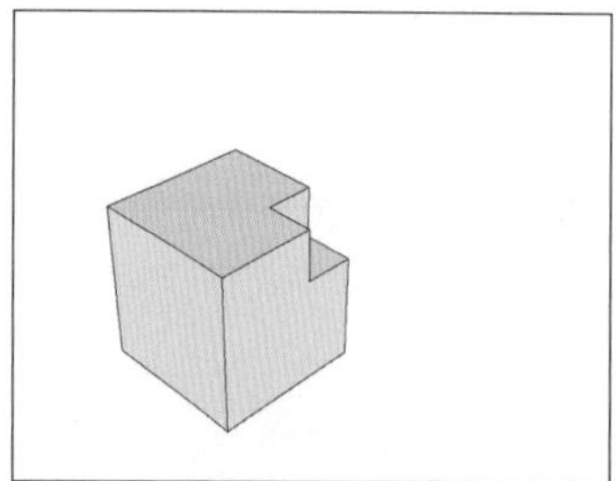

图5-117　“实体A减去实体B”结果

5.4.3.5　剪辑

剪辑：从第二个实体中减去两个实体相交的部分，只删除两个实体相交的部分，第一个实体不变，且保留第二个实体剩下的部分，图标为“ ”。

操作方法　如图5-118所示，“实体A”与“实体B”相交。

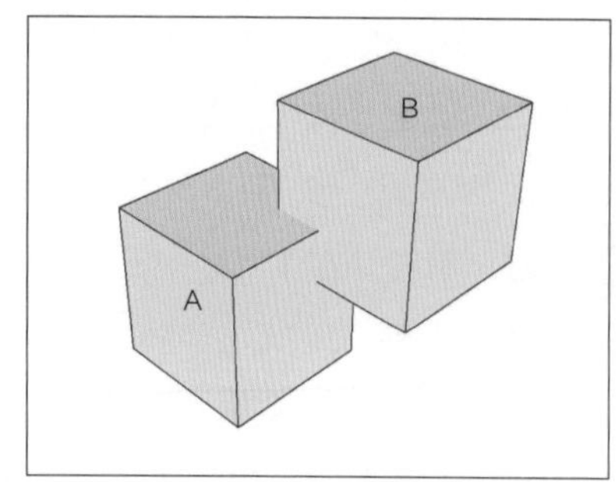

图5-118　两个实体组

步骤 01　单击“实体工具”工具栏中“剪辑”工具的图标“ ”。

步骤 02　单击第一个实体（“实体B”）。

步骤 03　单击第二个实体（“实体A”），即可从“实体A”中减去两个实体相交的部分，如图5-119和图5-120（移动“实体B”，便于观察）所示。

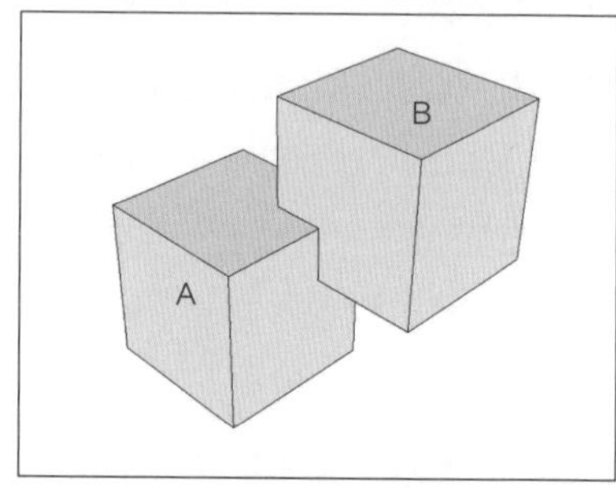

图5-119　“剪辑”结果

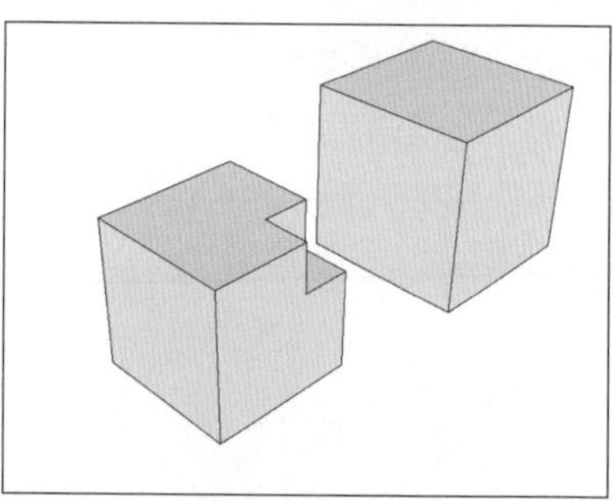

图5-120　移动实体B，以便于观察

5.4.3.6　拆分

拆分：将所有选定实体相交，并且将所有部分保留（独立群组），图标为“ ”。

操作方法　如图5-121所示，“实体A”与“实体B”相交。

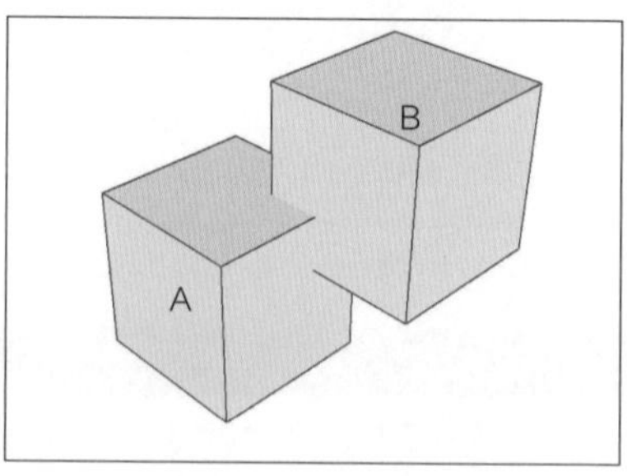

图5-121　两个实体组

步骤 01　使用“选择”工具（快捷键“Q”），选择需要“拆分”的多个实体。

步骤 02　单击“实体工具”工具栏中“拆分”工具的图标“ ”，即可完成拆分，如图

5-122和图5-123（移动“实体A”和“实体B”，便于观察）所示。

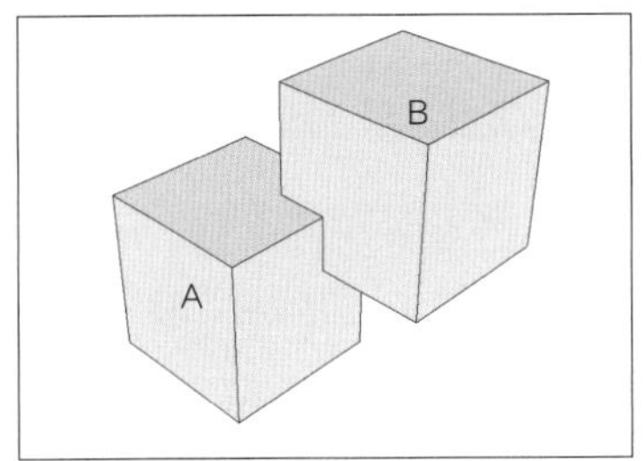

图5-122 “拆分”结果

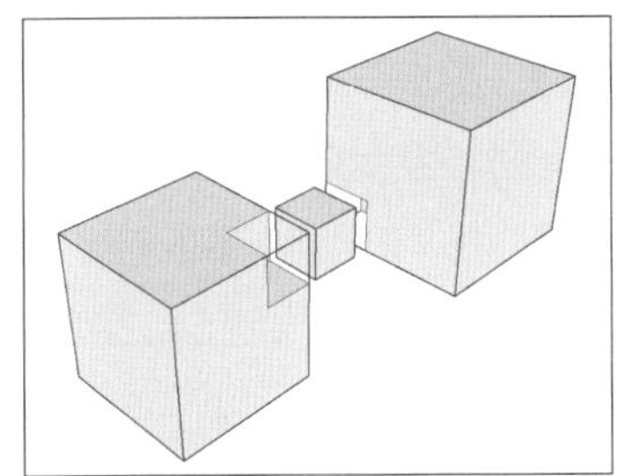

图5-123　移动实体A和实体B，以便于观察

5.4.4　模型交错

模型交错： 在多个面或多个群组相交的部分产生相交线。

操作方法　如图5-124所示，“圆管”与“方柱”相交。

步骤 01　使用“选择”工具（快捷键“Q”），选择需要“模型交错”的多个面或多个群组。

步骤 02　执行“鼠标右键>模型交错>模型交错/只对选择对象交错”指令，即可生成两个物体的相交线，如图5-125和图5-126（移动相交线，便于观察）所示。

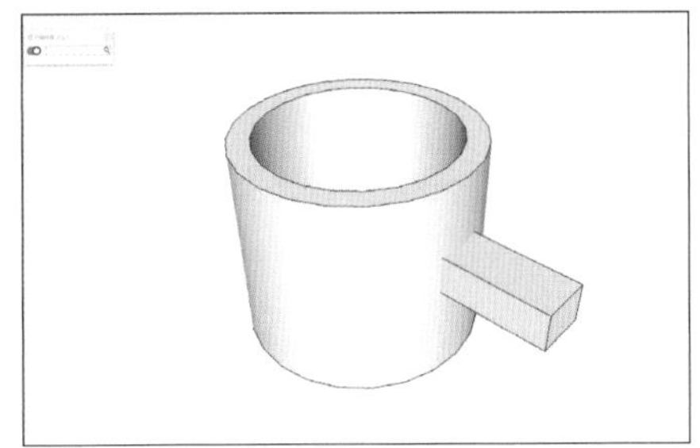

图5-124　模型交错前状态

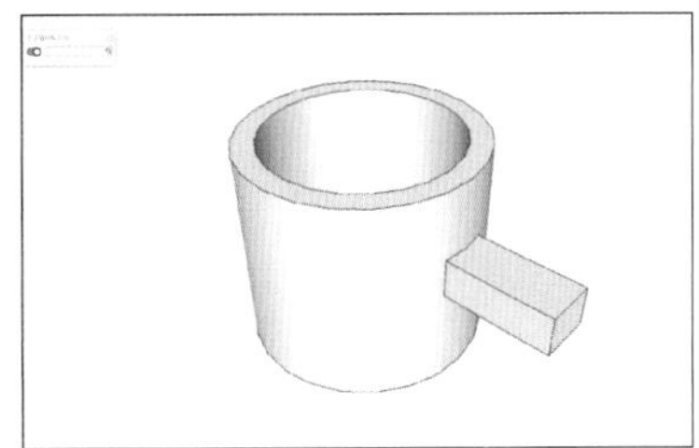

图5-125　模型交错后状态

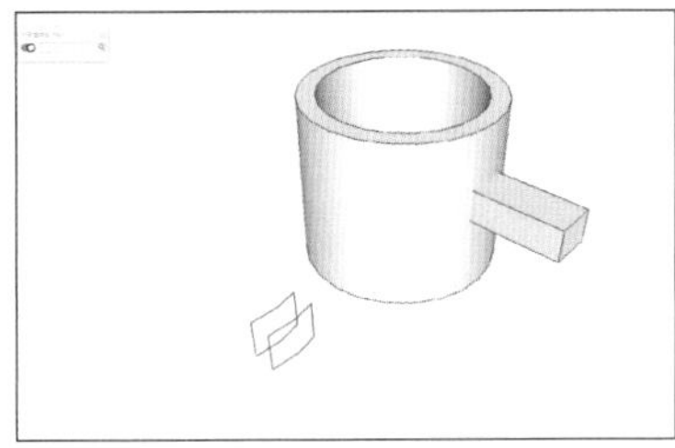

图5-126　模型交错示意

△ 提示

① 非实体组也可以使用“模型交错”。

② 群组之间“模型交错”更方便提取出相交线；未群组的面之间“模型交错”更方便分割模型。

③ 选中一个或多个物体，执行“鼠标右键>模型交错>模型交错”指令，会对相交的所有物体进行“模型交错”。

④ 选中一个或多个物体，执行“鼠标右键>模型交错>只对选择对象交错”指令，只会对所选物体进行“模型交错”。

5.4.5　三维倒角

三维倒角： 对平面之间的夹角进行倒角，工具栏为“ ”，从左至右依次是“圆角”“尖角”“斜切”。

操作方法

步骤 01　使用“选择”工具（快捷键“Q”），选择需要“三维倒角”的多个相连的面。

步骤 02　在坯子插件库搜索框中输入“三维倒角”指令，单击“Fredo三维倒角”字样，弹出“三维倒角”工具栏，单击任意类型的工具图标，即可打开“参数栏”。

步骤 03 在“三维倒角”参数栏中点击“撤销”(倒角半径)与“Seg”(分段数)下方数字框，分别输入“倒角半径/距离”与“分段数”(“斜切”没有“Seg”数字框，不需要输入)。

步骤 04 在工作区空白处，单击鼠标左键两次，即可完成“三维倒角”，如图5-127~图5-129所示。

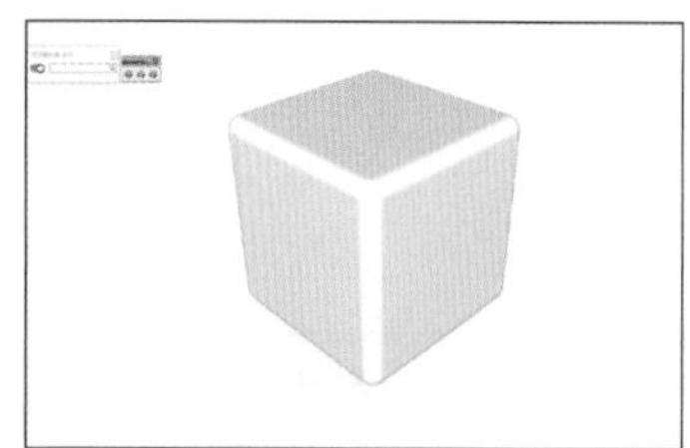

图5-127 正方体面倒“圆角”

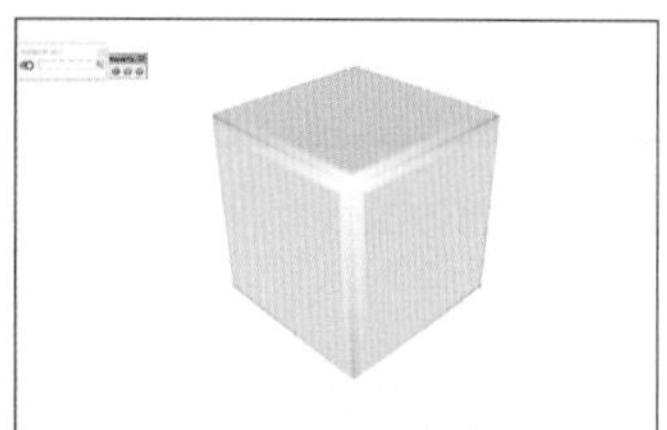

图5-128 正方体面倒“尖角”

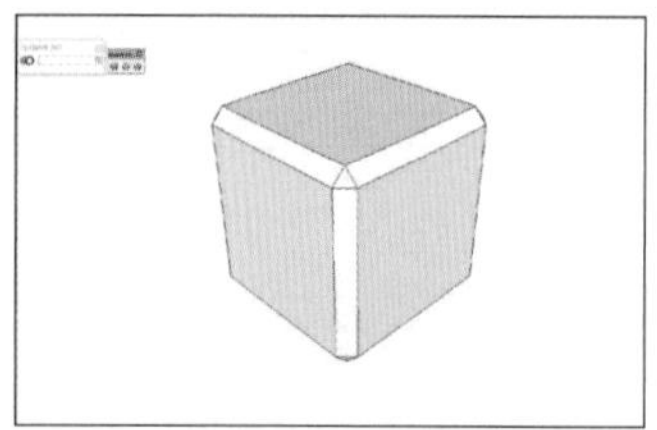

图5-129 正方体面倒“斜切”

> △ 提示
>
> ①“三维倒角”无法编辑群组，可以炸开模型或者进入群组内部。
>
> ②“Seg”指“Segment”，意为“分段数”。“圆角”与“尖角”的参数栏可以设置“Seg”，因为“圆角”与“尖角”都是圆弧切角，而“斜切”是直线切角，无需设置“Seg”。
>
> ③“撤销”意为“车削”，表示倒角半径，此处为翻译错误。
>
> ④“三维倒角”的参数栏中有很多其他参数，除“撤销”与“Seg”以外，其他参数无较大意义。

5.4.6 切片工具

切片机：将实体按厚度或间距切割为若干面或几何体(组件)，图标为“”。

操作方法

步骤 01 使用“选择”工具(快捷键“Q”)，选择需要切割的实体。

步骤 02 在坯子插件库搜索框中输入“切片机”指令，单击“切片机”工具的图标“”。

步骤 03 在“切片机”参数面板中分别输入参数与选项，单击“好”，如图5-130所示。

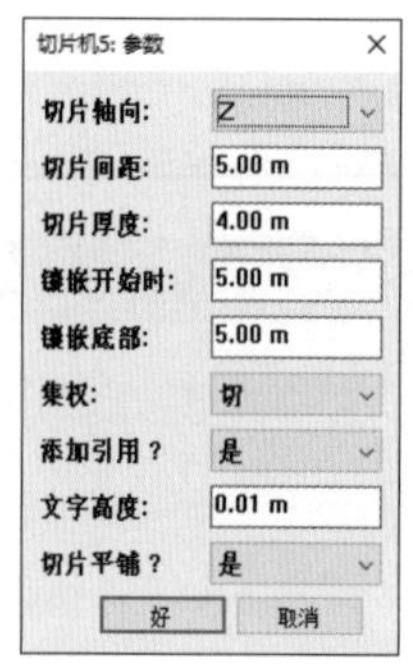

图5-130 切片机参数面板

“切片机”参数如下所示。

“切片轴向”——“切片机”切割的方向。

其中，X、Y、Z为三个坐标轴单向切割；XY、XZ、YZ为三个坐标轴双向重叠切割；A为角度切割；AZ为角度加Z坐标轴单向重叠切割；R为旋转切割；RZ为旋转加Z坐标轴单向重叠切割。

“切片间距”——切片之间的间距，实际间距值要去除掉切片本身的厚度，本质上指的是切片厚度中心点之间的距离。

“切片厚度”——每个切片的实际厚度。

“镶嵌开始时”——从该数值位置开始切割，同时该位置以内的部分被切除掉。

“镶嵌底部”——从该数值位置结束切割，

同时该位置以外的部分被切除掉。

“集权”——当选项为“切”时，开始切片与结束切片的位置以实体本身尺寸为准。当选项为“间距”时，开始切片与结束切片的位置会自动调节为实际“切片间距”。

“添加引用”——在每个切片上生成引用编号。“X001”代表着“切片轴向”为X轴的第一个切片。

“文字高度”——引用编号的字体高度。

“切片平铺”——“切片机”切割完成后在工作区生成以平铺形式的所有切片，方便后期激光切割或3D打印。

△ 提示

① 当“切片间距”参数为“0”时，可设置“切片空格”参数。“切片空格”意为生成间距的数量，例如“切片空格”参数为“5”，切片结果中就会有5个间距。

② 当“切片轴向”为双向切割时，需要设置两次“切片机”参数作为两个方向切割的参数。

③ 当“切片轴向”为双向切割时，在第二个方向切割参数中会多出三个选项，分别为“切片开槽”“切片公差”与“切片过切”。当“切片开槽”意为“是”时，两个方向的切片会相互开槽；“切片公差”意为开槽错开的左右间距；“切片过切”意为开槽错开的上下间距。

④ 当“切片厚度”参数为“0”时，切片则没有厚度，仅为平面。

⑤ 当“切割轴向”的选项中X、Y、Z三个轴切割的结果分别为红、绿、蓝三个颜色（RGB）。

5.4.7 实体检测

实体检测：检查“非实体”几何体（群组）的问题，如缺口、多余的线和面、多层群组等，并修复所有问题，使之成为实体。

操作方法

步骤 01 使用“选择”工具（快捷键“Q”），选择需要检测的几何体群组。

步骤 02 在坯子插件库搜索框中输入“实体检测”指令，单击“实体检测”字样。

步骤 03 弹出对话框“The form has been ‘interested’”，点击“是”。

步骤 04 弹出对话框“有 × × 多余的边，删除它们？”，点击“是”。

步骤 05 弹出对话框“选择的群组现在是‘实体’”，点击“确定”，即可将“非实体”群组修复为实体，如图5-131和图5-132所示。

△ 提示

“实体检测”时，“非实体”的缺口必须为平面缺口，否则将修复失败。

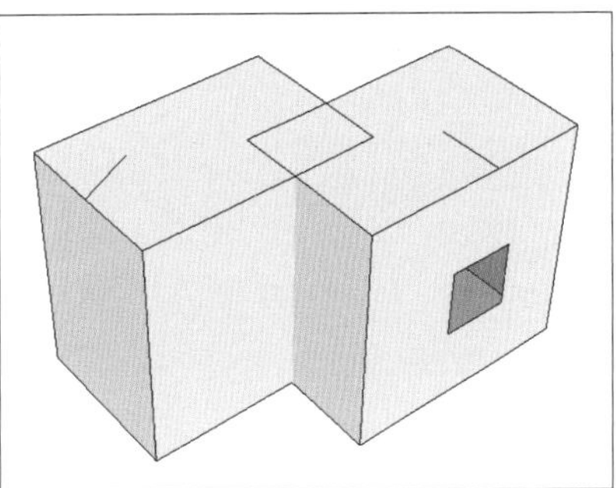

图5-131　实体检测修复前

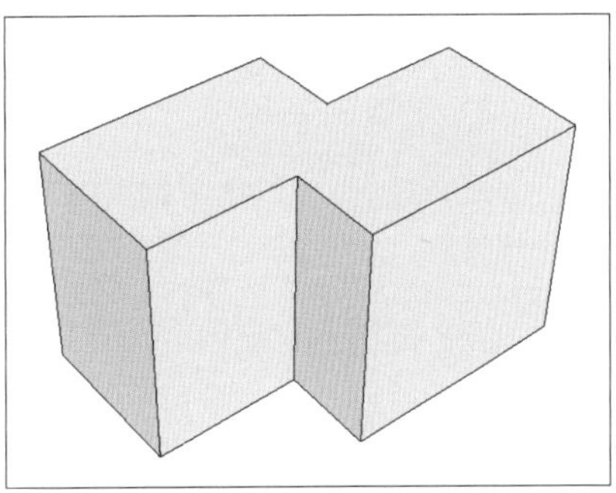

图5-132　实体检测修复后

第 6 章　建筑施工与面板

6.1　轴

6.2　测量

6.3　标注

6.4　图元信息

6.5　材质

6.6　样式

6.7　标记

6.8　场景

6.9　阴影

6.10　照片匹配

6.1 轴

“轴”，即模型空间坐标轴，主要用于帮助定位模型，判断绘图区的X轴/Y轴/Z轴方向，同时作为与其他软件联动时的模型插入点位置。本节包含与绘图区坐标轴调整相关的工具、指令等内容。

6.1.1 移动轴

移动轴：工具可以重 新定义新的坐标轴及位置，图标为“ ⁎ ”。

操作方法

步骤 01 在“大工具集”工具栏中单击“轴”工具的图标“ ⁎ ”，光标自动切换为坐标轴样式，如图6-1所示。

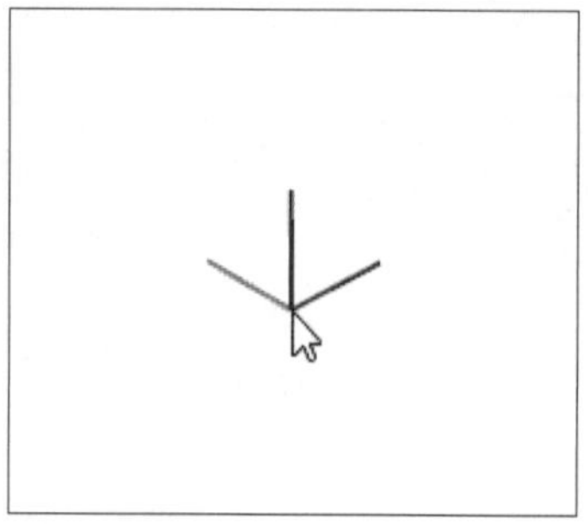

图6-1 执行“轴”指令

步骤 02 在绘图区单击鼠标左键以确定轴的原点。

步骤 03 移动光标，单击鼠标左键确定新坐标轴的红轴正半轴，如图6-2所示。

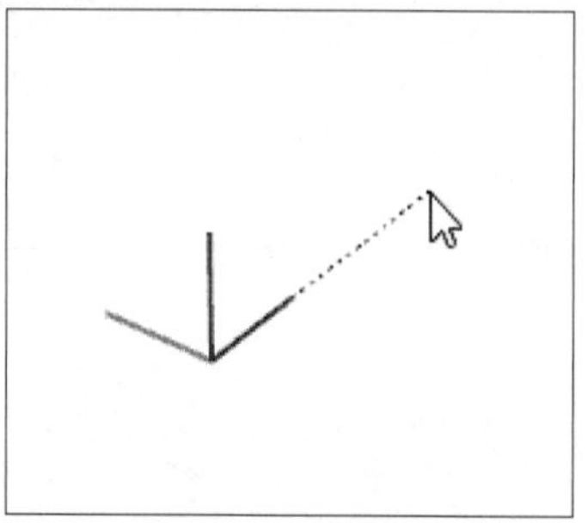

图6-2 确定新坐标轴原点及红轴

步骤 04 再次移动光标，单击鼠标左键确定新坐标轴的绿轴正半轴，蓝轴会自动确定，如图6-3所示。

步骤 05 在 步骤 03 和 步骤 04 中，执行快捷键“Alt”键，可以切换当前待放置的轴。

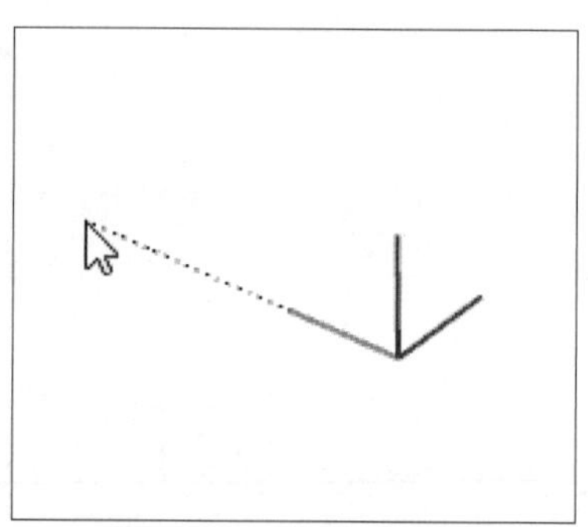

图6-3 确定新坐标轴绿轴

△ 提示

① 轴色与轴的对应关系为：RGB——XYZ；红色轴（R轴）——X轴；绿色轴（G轴）——Y轴；蓝色轴（B轴）——Z轴。

② 调整绘图轴的方向时，请保持Z轴（蓝色轴）始终朝上。

③“移动轴”工具仅从视觉上将坐标轴移至其他地方，实际上并不改变模型坐标原点。

6.1.2 移至原点

移至原点：将被选中图元移动到原点。

操作方法

步骤 01 使用“选择”工具（快捷键“Q”），选择需要移动的图元。

步骤 02 执行“鼠标右键>移至原点”指令，如图6-4所示，有三种移动方式。

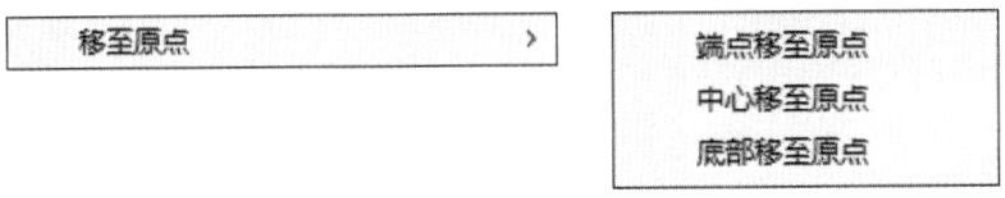

移至原点 >

端点移至原点
中心移至原点
底部移至原点

图6-4 移至原点选项

①“端点移至原点”是指将图元的端点移动至原点，如图6-5所示。

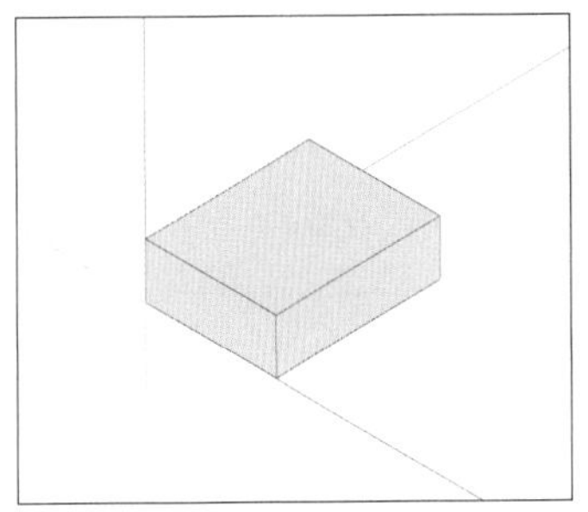

图6-5 端点移至原点

②“中心移至原点”是指将图元的中心点移动至原点，如图6-6所示。

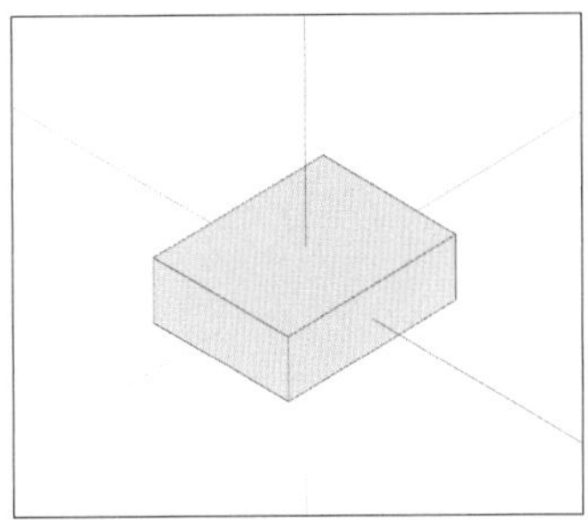

图6-6 中心移至原点

③“底部移至原点”是指将图元底部中心点移动至原点，如图6-7所示。

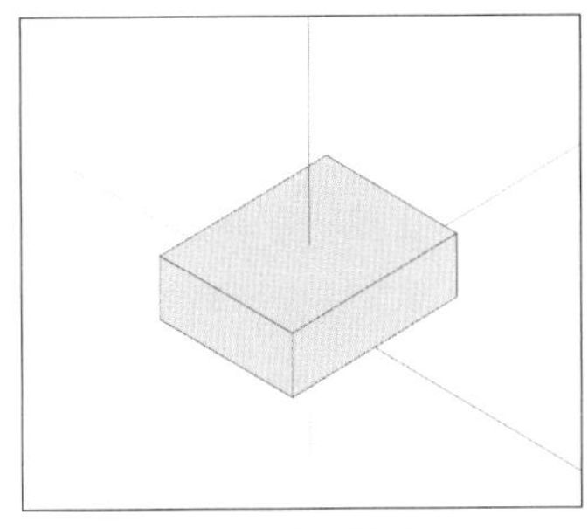

图6-7 底部移至原点

6.2 测量

“测量”，即测量图元长度、角度等数据，可以协助细化建模尺度，从而实现精确建模。本节主要包含“卷尺”和“量角器”两个工具。

6.2.1 卷尺

“卷尺”工具，可以测量距离、创建参考线和参考点或者调整模型大小（比例不变），快捷键为“J”（自定义），图标为“ ”。本小节包含“卷尺创建参考点”“卷尺创建参考线”“测量距离”“参照缩放”四个功能。

6.2.1.1 卷尺创建参考点

卷尺创建参考点：在模型中已有的点（顶点、端点、交点等）上引出一个参考点，参考点不能凭空创建，且参考点与原点之间有一条虚线。

操作方法

步骤 01 执行“卷尺”工具快捷键“J”或者在“大工具集”工具栏中单击“卷尺”工具的图标“ ”，默认进入创建参考模式，此时卷尺光标旁边会出现一个黑色小加号，光标为“ ”。

步骤 02 在模型中的顶点、端点、交点等位置上单击鼠标左键，即可引出一个参考点，如图6-8所示。

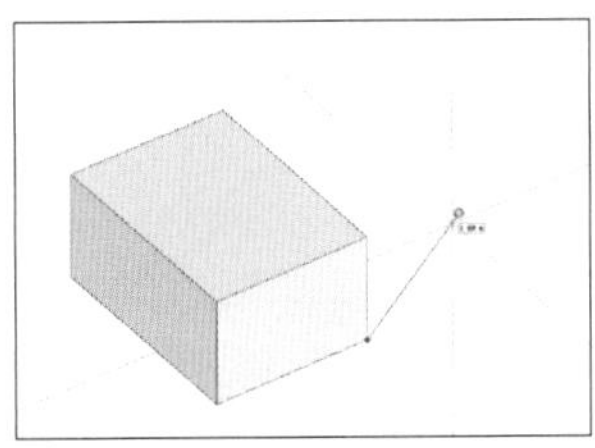

图6-8 引出参考点

步骤 03 移动光标至目标点，再次单击鼠标左键即可创建参考点，如图6-9所示。

或者在“度量值框”中输入移动距离，按“回车”键确认即可在固定距离处创建出参考点。

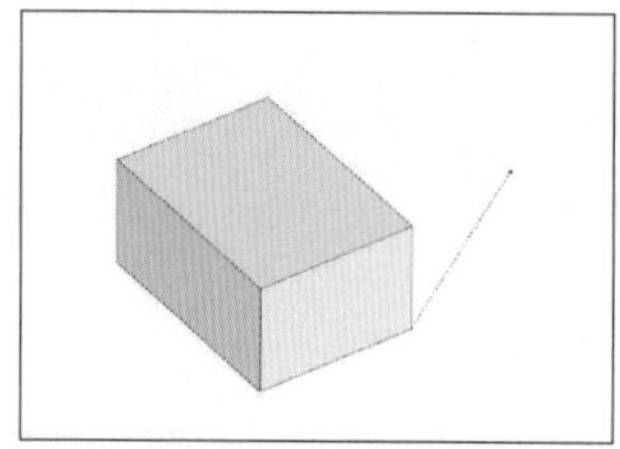

图6-9　创建参考点后

6.2.1.2　卷尺创建参考线

卷尺创建参考线：在模型中已有的线（边线、坐标轴、参考线等）上引出一条参考线，该方法不能凭空创建参考线，参考线为虚线。

操作方法

步骤 01　执行“卷尺”工具快捷键“J”或者在“大工具集”工具栏中单击“卷尺”工具的图标“ ”，默认进入创建参考模式，此时卷尺光标旁边会出现一个黑色小加号，光标为“ ”。

步骤 02　在模型中的边线、坐标轴、参考线等位置上单击鼠标左键，即可引出一条参考线，如图6-10所示。

步骤 03　移动光标至目标点，再次单击鼠标左键即可创建参考线，如图6-11所示；或者在“度量值框”中输入移动距离，按“回车”键确认即可在固定距离处创建出参考线。

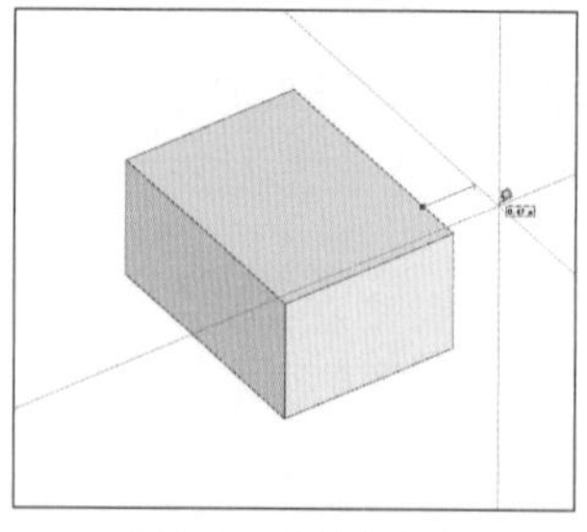

图6-10　引出参考线

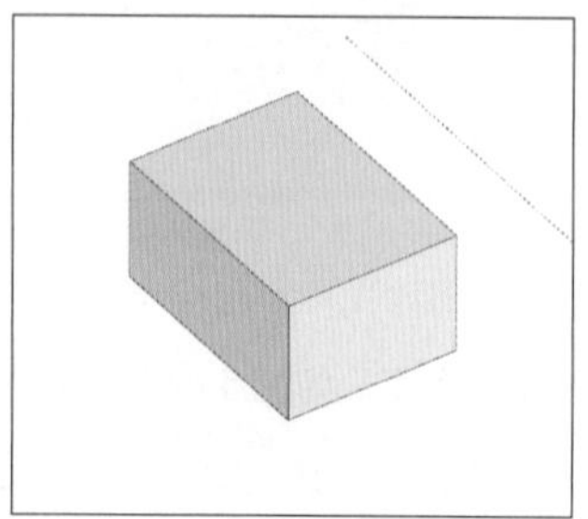

图6-11　创建参考线后

6.2.1.3　测量距离

测量距离：测量直线的长度或者空间中两点之间的距离。

操作方法

步骤 01　执行“卷尺”工具快捷键“J”或者在“大工具集”工具栏中单击“卷尺”工具的图标“ ”，默认进入创建参考模式，此时卷尺光标旁边会出现一个黑色小加号，光标为“ ”。

步骤 02　执行快捷键“Ctrl”键，关闭创建参考模式，进入测量模式（图6-12）。

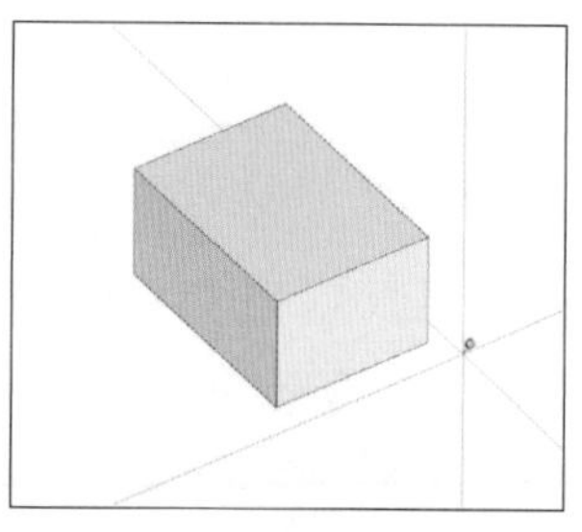

图6-12　卷尺测量模式

步骤 03　在测量起点单击鼠标左键，将光标移至测量终点，如图6-13所示。

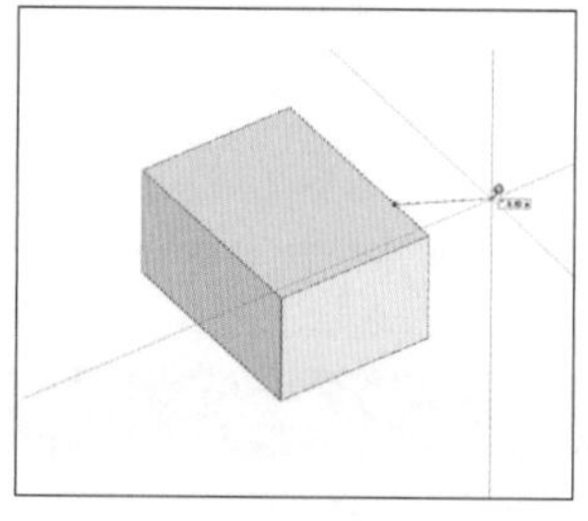

图6-13　单击鼠标左键开始测量

步骤 04　在测量终点再次单击鼠标，即可完成测量，测量结果显示在“度量值框”，如图6-14所示。

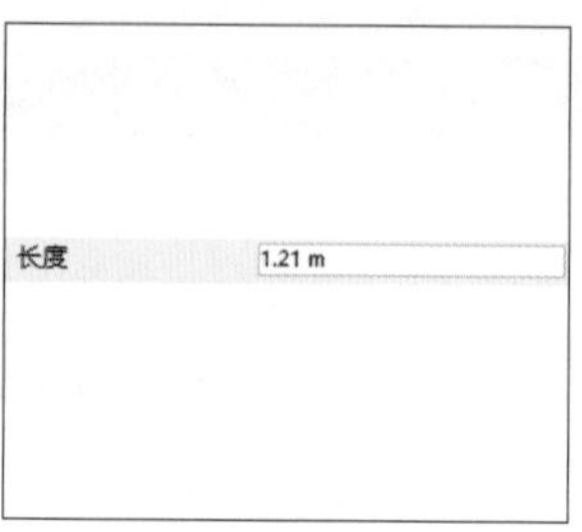

图6-14　测量结果显示

△ 提示

① 使用卷尺进行测量时，如果移动方向与坐标轴平行，引线会呈现出相应的颜色。

② 测量时可以使用“上/左/右”方向键锁定“蓝轴/绿轴/红轴”。

6.2.1.4　卷尺缩放

有关“卷尺缩放”功能，详见本书4.6.6小节。

6.2.2　量角器

“量角器”工具，可以测量角度、创建参考线，快捷键为“P”（自定义，“P”为“Protrator”），光标为“ ”，本小节包含“量角器创建参考线”和“量角器测量角度”两个功能。

6.2.2.1　量角器创建参考线

量角器创建参考线：确定一条基准线并旋转一定角度创建一条参考线，该方法可以凭空创建参考线。

操作方法　如图6-15所示，以边OA为基准，在边OB上创建参考线。

步骤01　执行“量角器”工具快捷键“P”或者在“大工具集”工具栏中单击“量角器”工具的图标“ ”，光标变成量角器，默认进入创建参考模式。

步骤02　在绘图区（点O）单击鼠标左键，确定参考线的旋转中心点。

步骤03　移动光标，在旋转角的起始边（点A）上单击鼠标左键，则边OA为旋转基准线，如图6-16所示。

步骤04　移动光标，参考线随之旋转，在旋转角的终止边（点B）上单击鼠标左键，即可在边OB上创建参考线，如图6-17所示；或者在“度量值框”中输入∠AOB的度数并按“回车”键确认，即可在边OB上创建出参考线。

如需更改旋转角度，可在按“回车”键确认后立即输入新的旋转角度并确认。

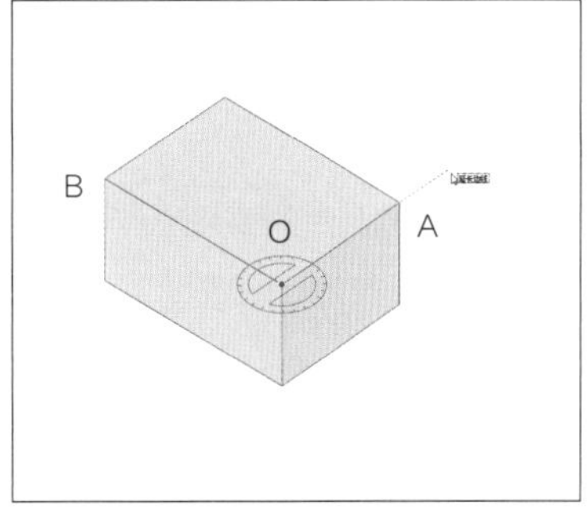

图6-15　确定测量顶点

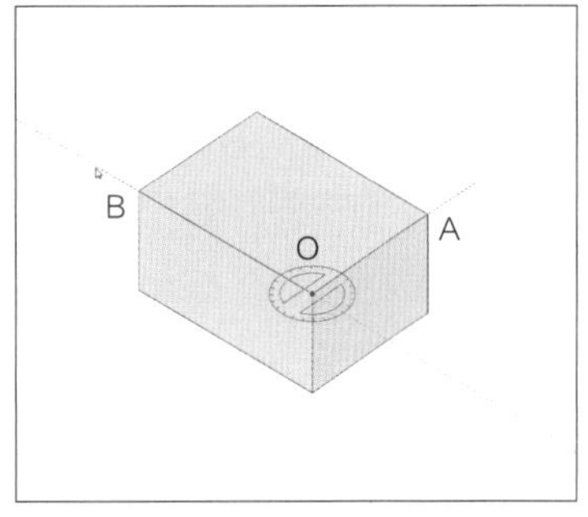

图6-16　确定待测角起始边

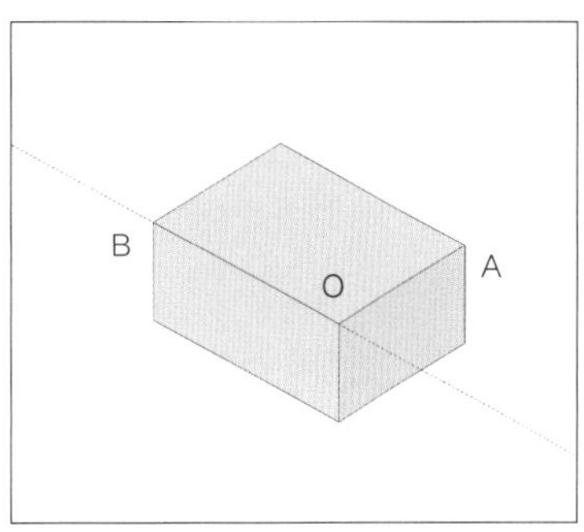

图6-17　完成参考线创建

△ 提示

在 **步骤02** 确定中心点之前，可以使用“上/左/右”方向键，将量角器平面锁定至“蓝轴/绿轴/红轴”。

6.2.2.2　量角器测量角度

测量角度：测量两个图元之间的夹角度数。

操作方法　测量∠AOB的角度。

步骤01　执行“量角器”工具快捷键“P”

或者在“大工具集”工具栏中单击“量角器”工具的图标“ ”，光标变成量角器，默认进入创建参考模式。

步骤 02 执行快捷键“Ctrl”，关闭创建参考模式，进入测量模式。

步骤 03 在待测角的顶点（点O）处单击鼠标左键。

步骤 04 在待测角的起始边上单击一点（点A）。

步骤 05 在待测角的终止边上单击一点（点B），即可完成测量，测量结果显示在“度量值框”。

△ 提示

在 步骤 03 确定中心点之前，可以使用“上/左/右”方向键，将量角器平面锁定至“蓝轴/绿轴/红轴”。

6.3 标注

“标注”，即用长度、文字等信息对模型进行标记和注解。本节主要介绍“尺寸标注”“直径 / 半径标注”“文字标注”三个工具。“标注样式”可在菜单栏“窗口”的“模型信息”中修改。

6.3.1 尺寸标注

6.3.1.1 尺寸标注方法

尺寸标注：在任意两点间绘制尺寸线，并标注出长度值，图标为“ ”。“尺寸标注”工具有“两点标注”和“快速标注”两种方法。

操作方法

① **两点标注：**如图6-18所示，标注线段AB的长度。

步骤 01 在“大工具集”工具栏中单击“尺寸标注”工具的图标“ ”。

步骤 02 单击标注起点（点A）；移动光标，单击标注终点（点B），如图6-18所示。

步骤 03 沿着线段AB的垂直方向移动光标，拉出尺寸标注，如图6-19所示。

步骤 04 单击鼠标左键放置尺寸标注，即可完成尺寸标注，如图6-20所示。

如需修改标注位置，可使用“移动”工具（快捷键“W”），移动标注的位置（“移动”工具详见本书4.3节）。

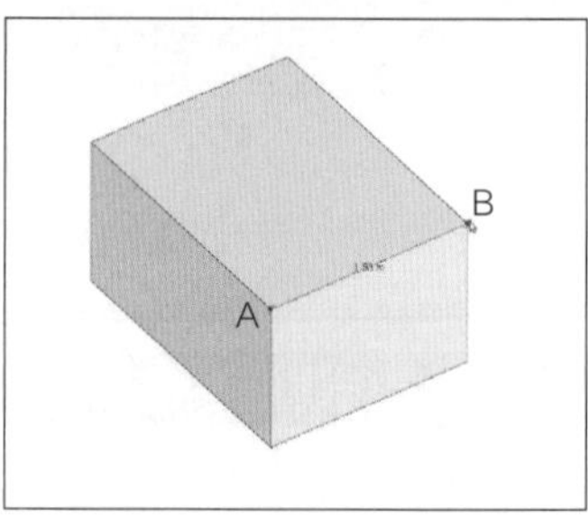

图6-18 确定标注起点和终点

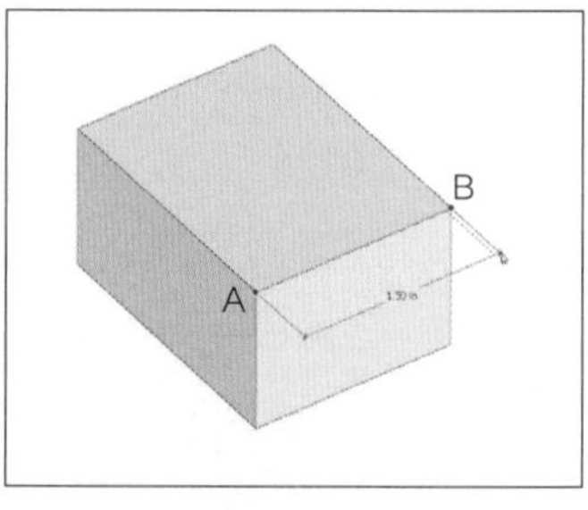

图6-19 确定尺寸标注方向

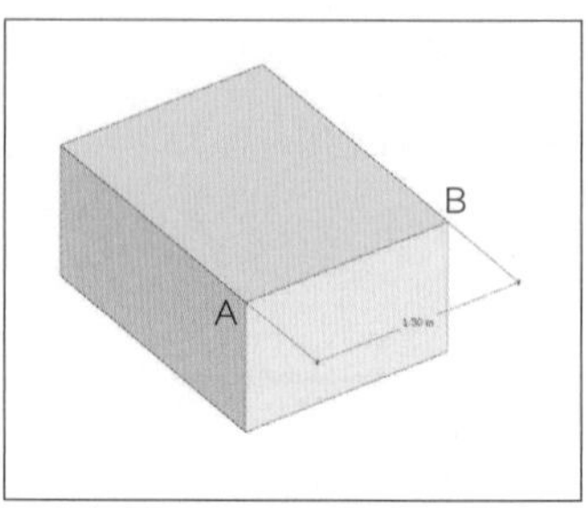

图6-20 完成尺寸标注

② **快速标注**

如图6-21所示，标注线段AB的长度。

步骤 01　在“大工具集”工具栏中单击“尺寸标注”工具的图标“ ”。

步骤 02　在待标注直线（AB）上（除端点与中点外的任意位置），单击鼠标左键选中线段（AB），如图6-21所示。

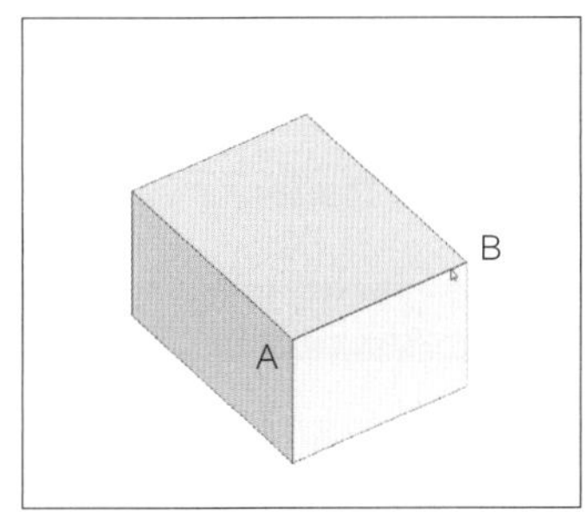

图6-21　确定待标注直线

步骤 03　沿着线段AB的垂直方向移动光标，拉出尺寸标注，如图6-22所示。

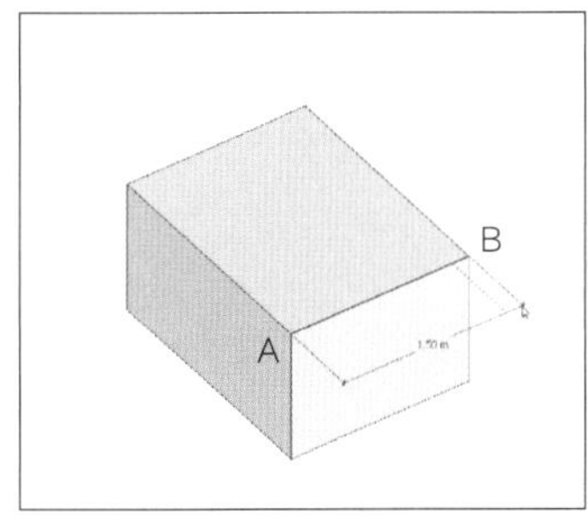

图6-22 确定尺寸标注方向

步骤 04　单击鼠标左键放置尺寸标注，即可完成尺寸标注，如图6-23所示。

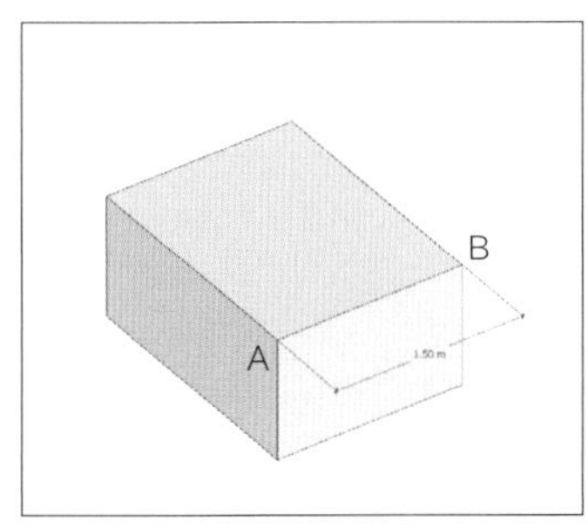

图6-23　完成尺寸标注

如需修改标注位置，可使用“移动”工具（快捷键“W”），移动标注的位置（“移动”工具详见本书4.3节）。

△ 提示

①“两点标注”只能标注“顶点、端点、中点、交点”等“点”之间的距离，即“两点标注”的起点和终点只能选择“点”。

②“快速标注”只能标注未群组的裸露线条，可以炸开模型或者进入组内使用。

③ 如果直线AB与坐标轴都不平行，则尺寸标注的方向可以垂直“直线AB”或者“坐标轴”，两者的尺寸不相同，如图6-24和图6-25所示。

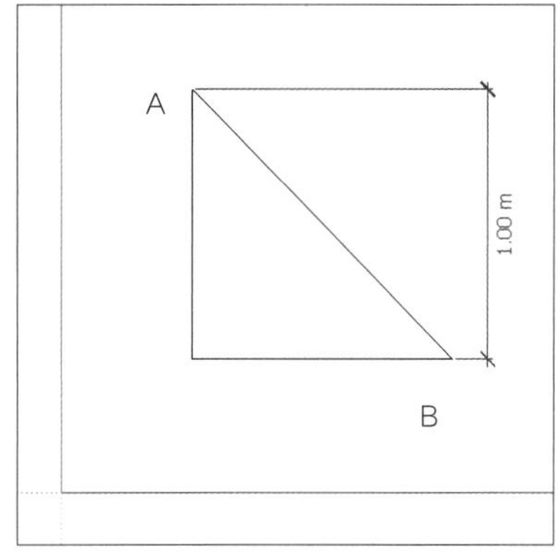

图6-24　尺寸标注垂直于坐标轴

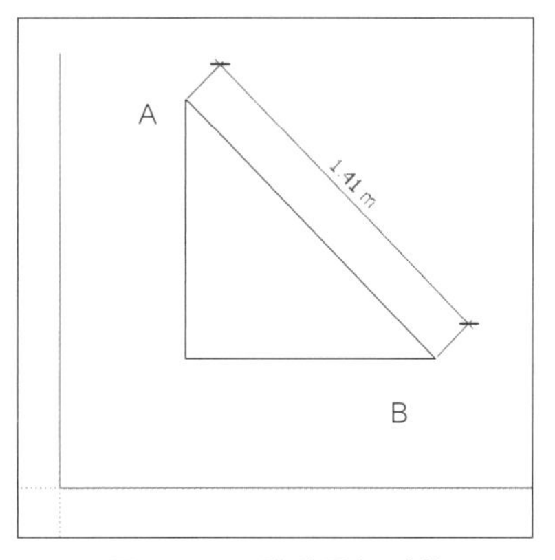

图6-25　尺寸标注垂直于直线

6.3.1.2　标注样式

标注样式：对尺寸标注的字体、字号、尺寸线等样式进行修改。

操作方法　执行“菜单栏>窗口>模型信息>尺寸”指令，即可打开“标注样式”的参数面板，如图6-26所示。

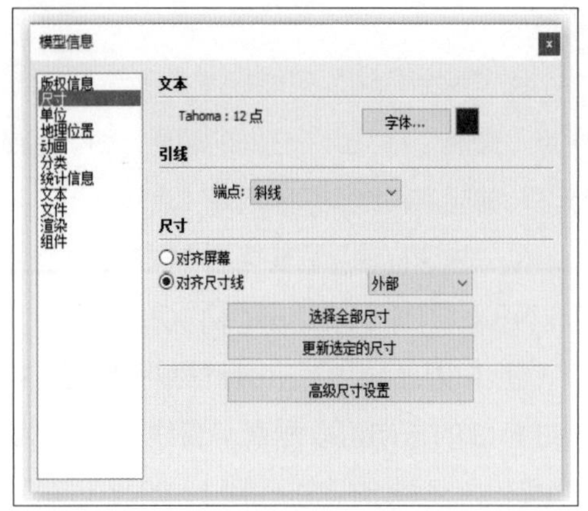

图6-26　尺寸标注样式设置

其中：

“文本”——设置尺寸标注文本字体；

“字体”——设置尺寸标注字体样式；

“字体颜色”——设置尺寸标注字体颜色；

“引线”——设置引线样式；

“端点”——设置引线的端点样式，有“无”“斜线”“点”“闭合箭头”“开放箭头”五种样式；

“尺寸”——设置标注的尺寸；

“对齐屏幕”——尺寸标注会随着视角改变，始终正垂直于视角；

“对齐尺寸线”——尺寸标注平行于标注平面，不会随着视角转动发生改变，有“上部”“中部”“外部”三种样式；

“选择全部尺寸”——快速选择所有的尺寸；

“更新选定的尺寸”——将对“尺寸”参数的修改应用于被选中的尺寸；

“高级尺寸设置”——对尺寸进行更多设置，如图6-27所示；

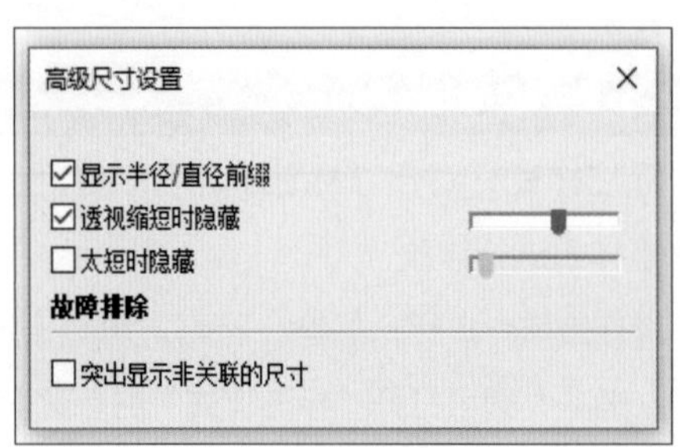

图6-27　高级尺寸设置

“显示半径/直径前缀”——可显示/隐藏半径或直径标注的前缀；

“透视缩短时隐藏”——在屏幕上显示长度低于阈值的尺寸将被自动隐藏；

“太短时隐藏”——当尺寸实际长度低于阈值时将被隐藏；

“突出显示非关联的尺寸”——当尺寸不跟随模型发生变动时会被高亮提示。

6.3.2　直径/半径标注

直径/半径标注：标注圆、圆弧的直径或半径的大小。

操作方法

步骤 01　在“大工具集”工具栏中单击“尺寸标注”工具的图标“ ”。

步骤 02　在圆或圆弧上，单击鼠标左键选中该圆或圆弧，如图6-28所示。

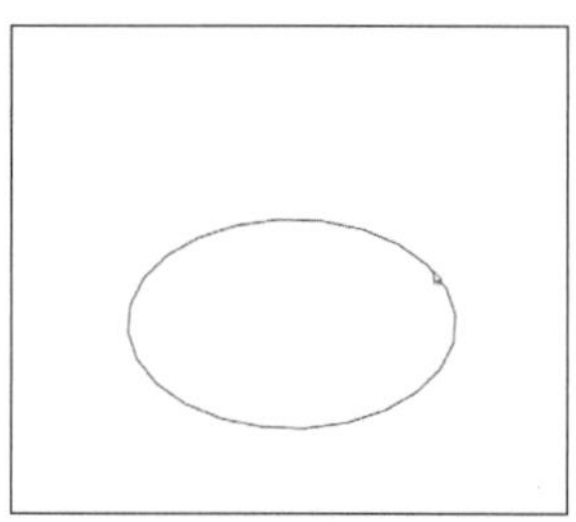

图6-28　确定待标注圆弧

步骤 03　移动光标，单击鼠标左键放置直径/半径标注，即可完成标注，如图6-29所示。

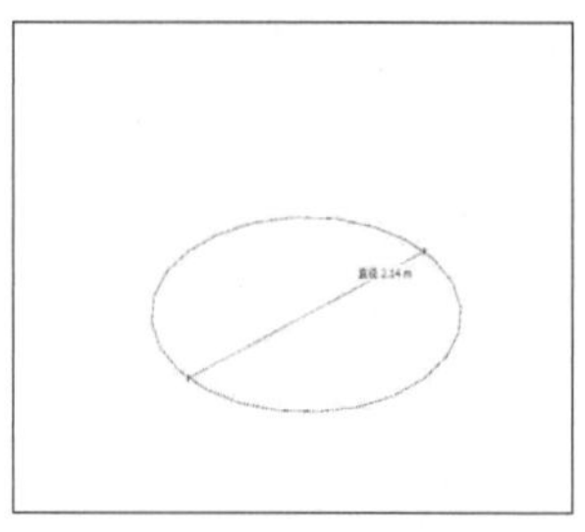

图6-29　完成直径/半径标注

如需修改标注位置，可使用“移动”工具（快捷键“W”），移动标注的位置（“移动”工具详见本书4.3节）。

△ 提示

使用“选择”工具（快捷键“Q”），在标注上单击鼠标右键，执行“类型>直径/半径”，可以切换为“直径标注”或“半径标注”，如图6-30所示。

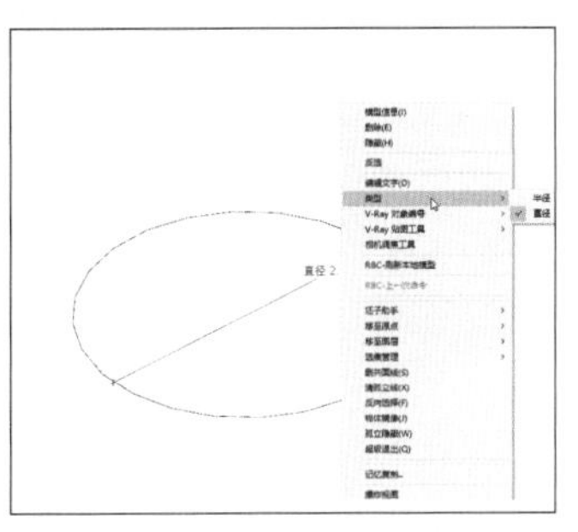

图6-30　直径/半径标注切换

6.3.3　文字标注

“文字标注”工具可用文字对模型进行注解。本小节包含“屏幕文字标注”“引注文字标注”“三维文字标注”三个功能。

6.3.3.1　屏幕文字标注

屏幕文字标注：始终固定在屏幕上某个点的文字标注，图标为“ ”。

操作方法

步骤 01　在“大工具集”工具栏中单击“文字”工具的图标“ ”，出现带有文本提示箭头的光标，如图6-31所示。

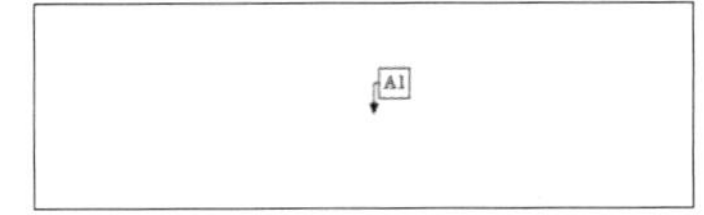

图6-31　执行“屏幕文字”命令

步骤 02　在绘图区空白处单击鼠标左键，放置文本框，并输入文本，如图6-32所示。

图6-32　放置文本框

步骤 03　在文本框外单击鼠标左键，或执行两次“回车”键，即可完成屏幕文字标注，如图6-33所示。

图6-33　完成屏幕文字标注

如需修改标注位置，可使用“移动”工具（快捷键“W”），移动标注的位置（“移动”工具详见本书4.3节）。

△ 提示

① 双击屏幕文字，即可修改“屏幕文字标注”的内容。

② 执行“菜单栏>窗口>模型信息>文本”指令，即可对屏幕文字的字体、大小、颜色等样式进行修改，如图6-34所示，其中：

a.“字体”——设置屏幕文字字体样式；

b.“颜色”——设置屏幕文字的字体颜色；

c.“选择全部屏幕文字”——快速选择所有的屏幕文字。

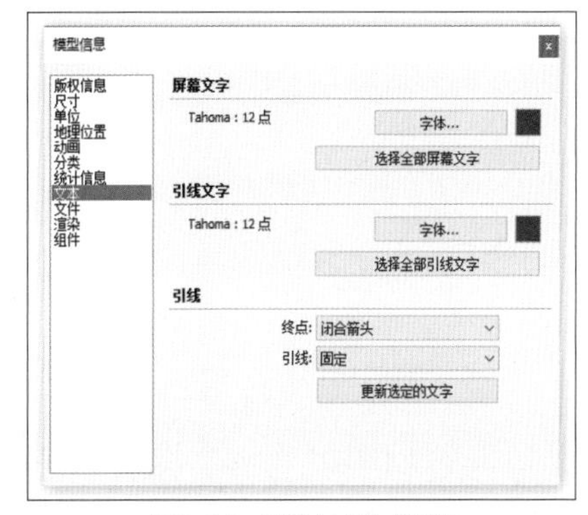

图6-34　屏幕文字样式设置

6.3.3.2　引注文字标注

引线文字标注：带有箭头（引线）的文字标注，箭头指向标注点，且引注文字标注会跟随视角转动，始终朝向用户，图标为“ ”。

操作方法

步骤 01　在“大工具集”工具栏中单击“文字”工具的图标“ ”，出现带有文本提示箭头的光标。

步骤 02 在待标注的图元上单击鼠标左键，移动光标即可拉出引线和文字标注，文字内容为当前图元的坐标、长度、面积等信息。

① 标注“点”图元——显示该点的三维坐标，以坐标轴原点为（0,0,0），如图6-35所示。

如果标注“点”在“组”内，则以该“组”的轴原点为（0,0,0）。

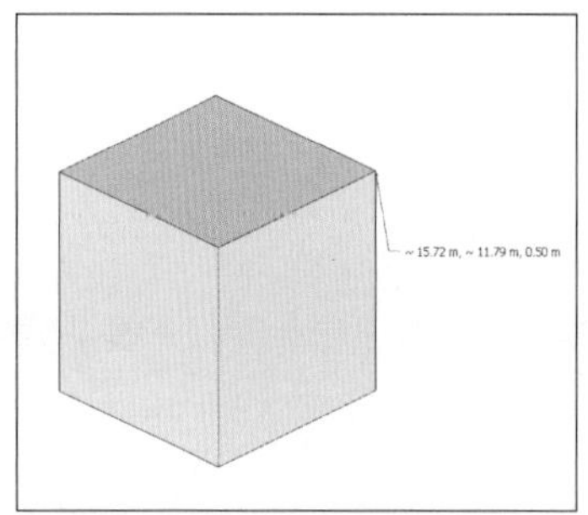

图6-35　点图元信息

② 标注“线”图元——显示该线的长度，如图6-36所示。

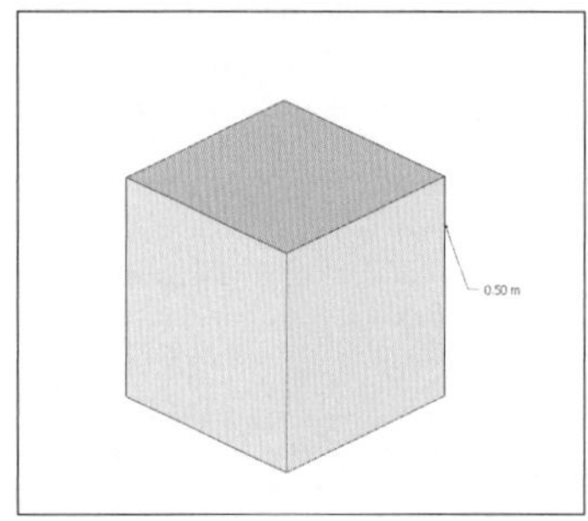

图6-36　线图元信息

③ 标注“面”图元——显示该面的面积，如图6-37所示。

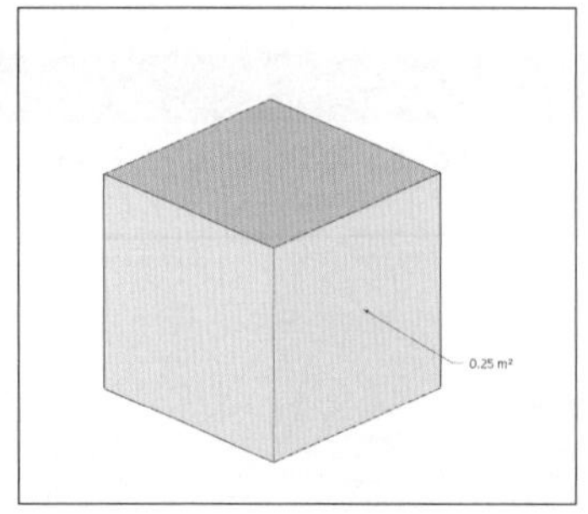

图6-37　面图元信息

步骤 03 在绘图区空白处单击鼠标左键，即可放置文本框。

如需更改文字标注的默认信息，可在放置文本框后，输入新的文字标注，如图6-38和图6-39所示。

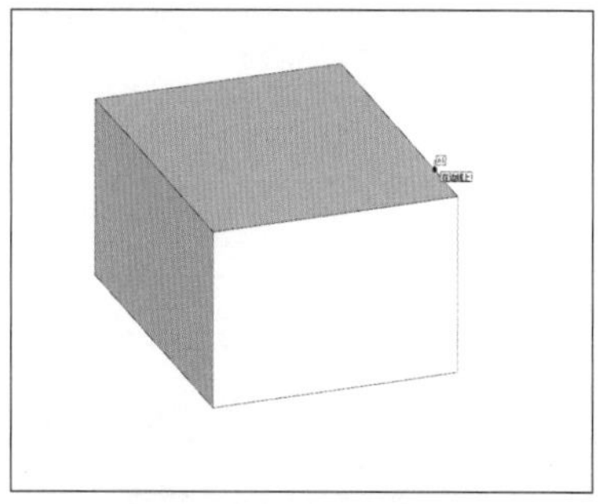

图6-38　单击待标注图元

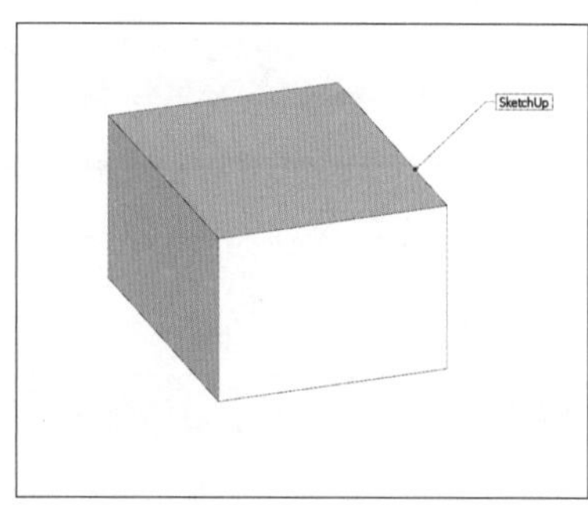

图6-39　放置文本框并键入文字

步骤 04 在文本框外单击鼠标左键，或执行两次“回车”键，即可完成屏幕文字标注，如图6-40所示。

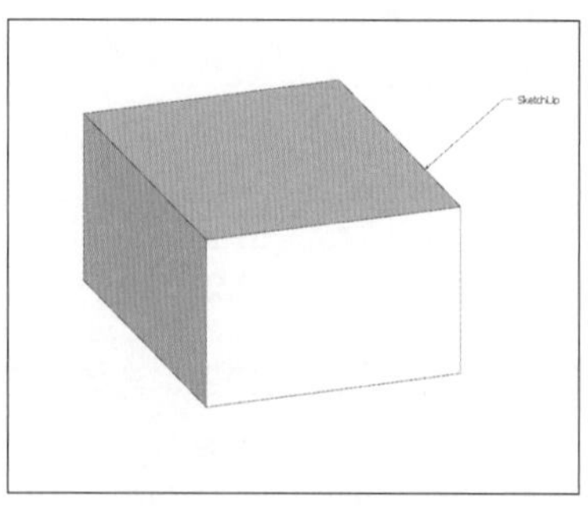

图6-40　完成引注文字标注

如需修改标注位置，可使用“移动”工具（快捷键“W”），移动标注的位置（“移动”工具详见本书4.3节）。

△ 提示

① 双击引线文字，即可修改“引线文字标注”的内容。

② 执行“菜单栏>窗口>模型信息>文本”指令，即可对引线文字和引线的样式进行修改，如图6-34所示，内容如下。

引线文字

“字体”——设置引线文字字体样式。

“颜色”——设置引线文字的字体颜色。

“选择全部引线文字”——快速选择所有的引线文字。

引线“终点”——引线末端的样式，有“无”“点”“闭合箭头”“开放箭头”四种样式。

“引线样式”——可调整引线与视角的关系，有“基于视角调整”和“固定”两种样式。

①“基于视角调整”——引线方向会随着视角的变化同步发生改变。

②“固定”——引线方向不会随着视角变化而发生改变。

“更新选定的文字”——将对“屏幕文字、引线文字、引线参数”的修改应用于被选中的文字。

6.3.3.3 三维文字标注

三维文字标注：创建文字形状的线框、二维或三维模型，图标为“”。

操作方法

步骤 01 在“大工具集”工具栏中单击“三维文字”工具的图标“”，在绘图区单击鼠标左键，弹出“放置三维文本”的对话框，如图6-41所示。

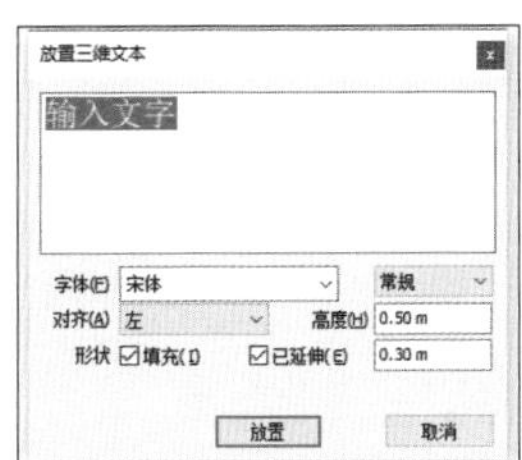

图6-41 “放置三维文本”对话框

步骤 02 在文本输入区中输入文本。

步骤 03 在参数设置区对字体、大小等进行设定，内容如下。

①“字体”——设置三维文字的字体样式。

②“对齐”——设置三维文字的放置捕捉点：

a.“左”——光标位于三维文字“组”的左下角点，如图6-42所示；

图6-42 左对齐

b.“中”——光标位于三维文字“组”的下边缘中点，如图6-43所示；

图6-43 中对齐

c.“右”——光标位于三维文字“组”的右下角点，如图6-44所示。

图6-44 右对齐

③“高度”——设置三维文字字高，即字体大小。

④“形状”栏的“填充”——设置生成的文本是否封面，若不勾选则只会生成文字形状线框，如图6-45所示。

⑤“形状”栏的“已延伸”——设置生成的

文本是否具有厚度，以及厚度的值，如图6-46和图6-47所示。

步骤 04　设置完成后，单击“放置”按钮，在绘图区任意位置单击鼠标左键放置三维文本，即可完成三维文本的创建。

图6-45　无填充

图6-46　有填充、无延伸

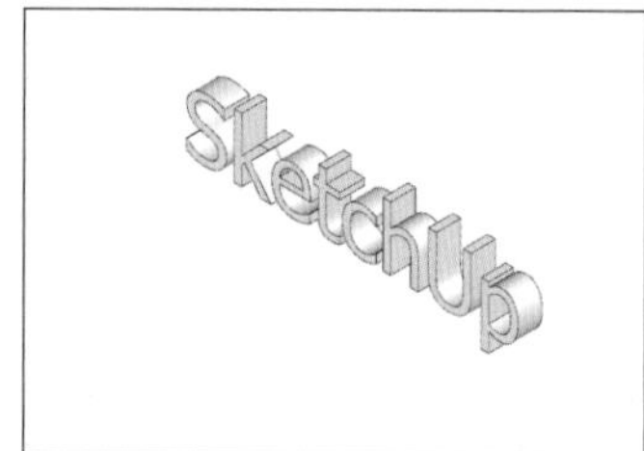

图6-47　有填充、有延伸

6.4　图元信息

图元信息面板：用于查看图元基础属性的面板区，通过“图元信息面板”还可以对部分图元属性进行修改与调整。

操作方法

步骤 01　打开“默认面板”，点击“图元信息”栏，即可展开“图元信息”面板，如图6-48和图6-49所示。

图6-48　展开“默认面板”

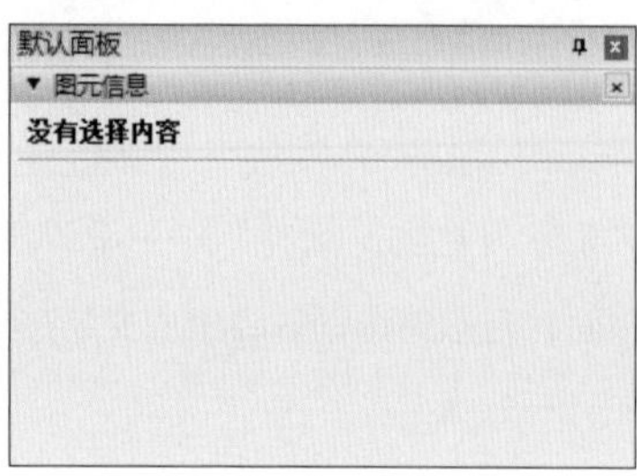

图6-49　展开“图元信息”

步骤 02　使用“选择”工具（快捷键“Q”），选择模型中的各类图元，即可显示该图元的相关内容信息。

△ 提示

同时选中多个同类型图元，则面板数据叠加；同时选中多个不同类型图元，则只显示共同参数。

6.4.1　“点”图元

“点”图元：选择“点”图元，“图元信息”如图6-50所示，内容如下。

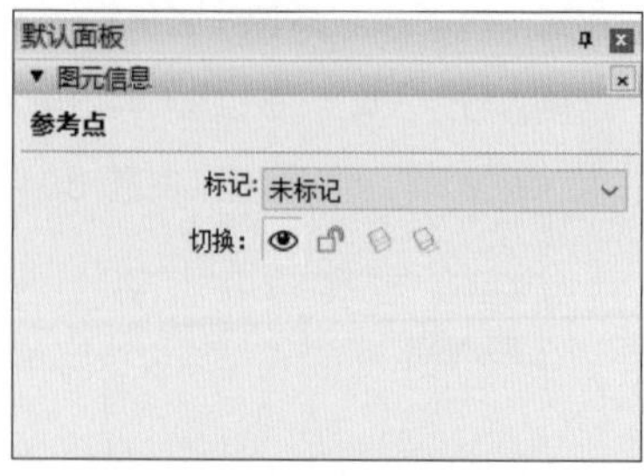

图6-50　“点”图元信息

① 图元类型——参考点。

② 标记——即图层，点开“标记”列表，

即可修改当前图元的图层（“标记”内容详见本书6.7节）。

③ 切换——切换当前图元在模型中的状态；“隐藏/撤销隐藏”——控制当前图元的可见性（“隐藏/撤销隐藏”详见本书4.1.4小节）。

6.4.2　“线”图元

“直线”图元：选择“直线”图元，“图元信息”如图6-51所示，内容如下。

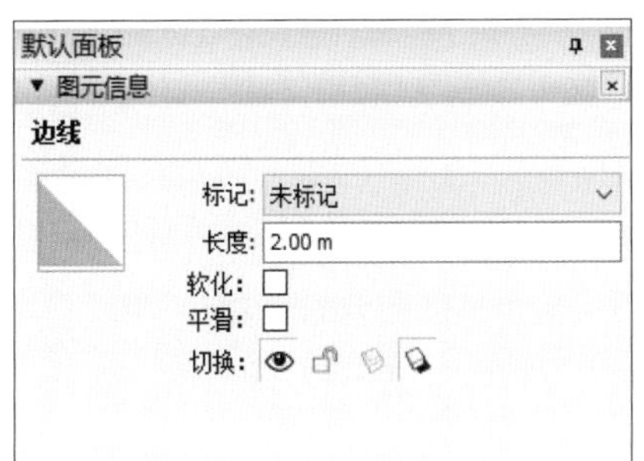

图6-51　“直线”图元信息

① 图元类型——边线。

② 标记——即图层，点开“标记”列表，即可修改当前图元的图层（“标记”内容详见本书6.7小节）。

③ 长度——直线的长度。

不与其他图元直接接触的“孤立直线”，可以修改长度（数值框为白色）；否则不能修改（数值框为浅灰色）。

④ 软化——即柔化，是否柔化当前图元（“柔化”内容详见本书4.11节）。

⑤ 平滑——是否平滑当前图元（“平滑”内容详见本书4.11节）。

⑥ 切换——切换当前图元在模型中的状态。

a.“隐藏/撤销隐藏”——控制当前图元的可见性（“隐藏/撤销隐藏”详见本书4.1.4节）。

b.“投射/不投射阴影”——控制当前图元是否会产生阴影，线无法产生阴影（“阴影”内容详见本书6.9节）。

“曲线”图元：选择“曲线”图元，“图元信息”如图6-52所示，内容如下。

① 图元类型——曲线。

② 标记——同“直线”图元。

③ 段——曲线的段数，不能修改。

④ 切换——同“直线”图元。

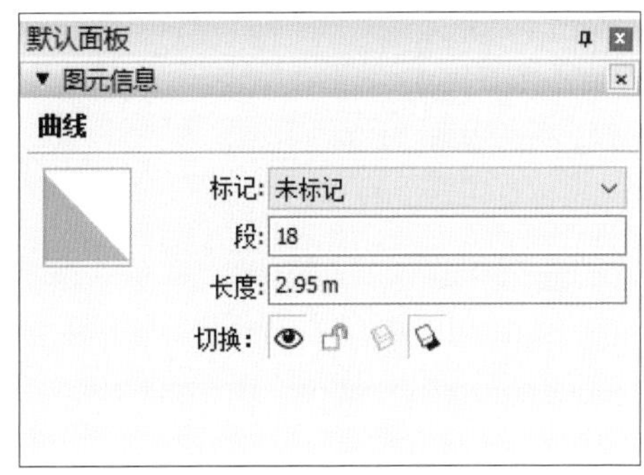

图6-52　“曲线”图元信息

“圆弧”图元：选择“圆弧”图元，“图元信息”如图6-53所示，内容如下。

图6-53　“圆弧”图元信息

① 图元类型——圆弧。

② 标记——同“直线”图元。

③ 半径——圆弧的半径，可以修改。

④ 段——圆弧的段数，可以修改。

⑤ 圆弧长度——圆弧的长度，不能修改。

⑥ 切换——同“直线”图元。

“圆”图元：选择“圆”图元，“图元信息”如图6-54所示，内容如下。

① 图元类型——圆。

② 标记——同“直线”图元。

③ 半径——圆的半径，可以修改。

④ 段——圆的段数，可以修改。

⑤ 圆周——圆的周长，不能修改。

⑥ 切换——同“直线”图元。

图6-54 “圆”图元信息

“参考线”图元：选择“参考线”图元，“图元信息”如图6-55所示，内容如下。

① 图元类型——导向。

② 标记——同“直线”图元。

③ 切换——同“直线”图元。

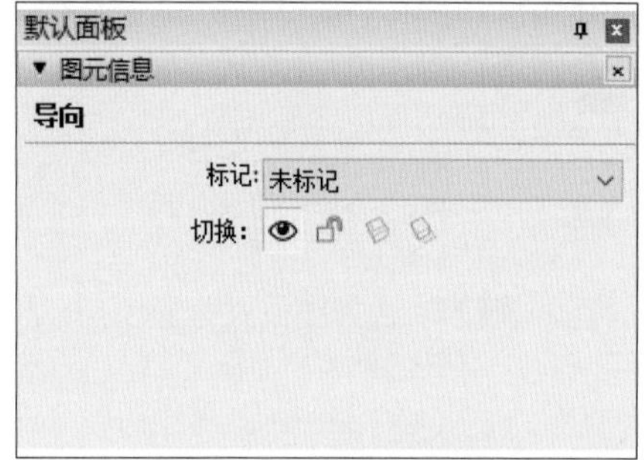

图6-55 “参考线”图元信息

6.4.3 “面”图元

“平面”图元：选择“平面”图元，“图元信息”如图6-56所示，内容如下。

图6-56 “平面”图元信息

① 图元类型——平面。

② 材质——上方材质框表示正面材质；下方材质框表示反面材质；单击材质框即可修改材质（“材质”内容详见本书6.5小节）。

③ 标记——即图层，点开“标记”列表，即可修改当前图元的图层（“标记”内容详见本书6.7小节）。

④ 面——平面的面积，不能修改。

⑤ 切换——切换当前图元在模型中的状态。

a.“隐藏/撤销隐藏”——控制当前图元的可见性（“隐藏/撤销隐藏”详见本书4.1.4小节）。

b.“接收/不接收阴影”——控制当前图元上是否会显示其他图元的阴影（“阴影”内容详见本书6.9节），如图6-58和图6-59所示。

c.“投射/不投射阴影”——控制当前图元是否会产生阴影，如图6-60和图6-61所示。

“曲面”图元：选择“曲面”图元，“图元信息”如图6-57所示，内容如下。

图6-57 “曲面”图元信息

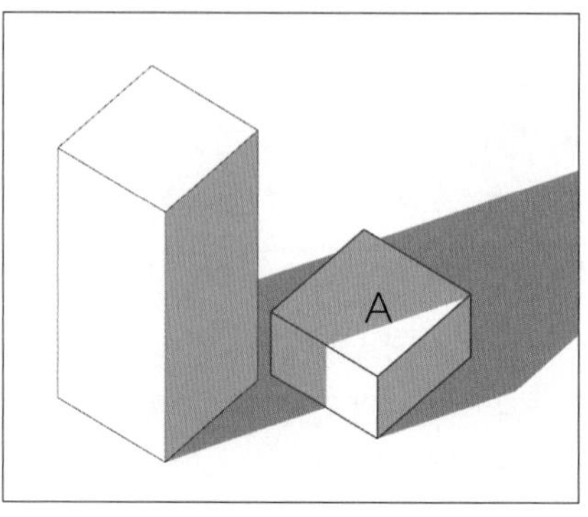

图6-58 “面A”接收阴影

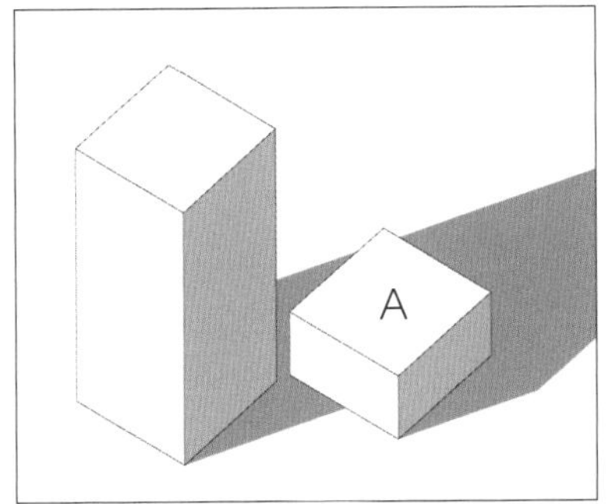

图6-59 “面A”不接收阴影

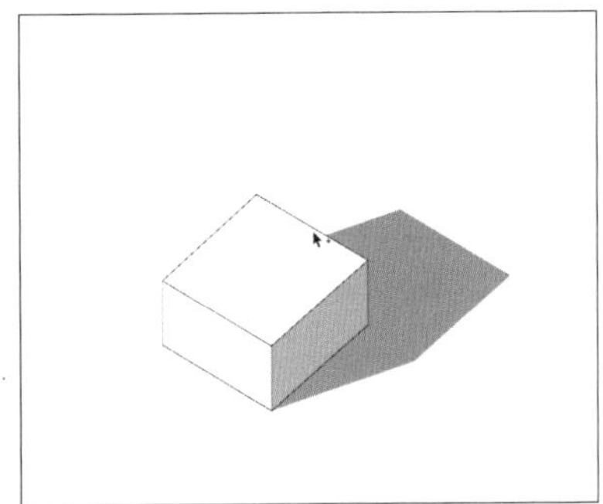
图6-60 “面”投射阴影

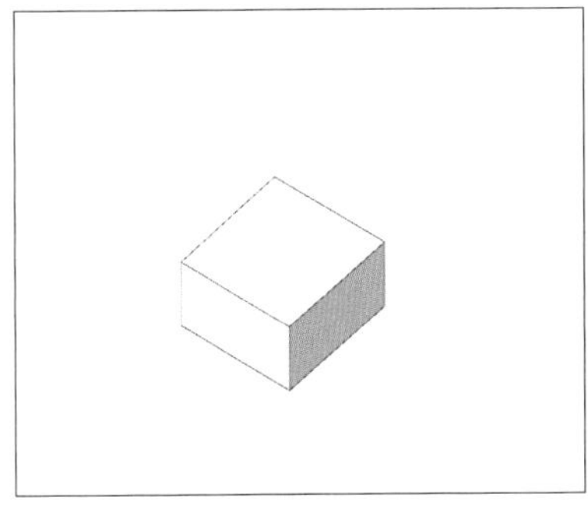
图6-61 “面”不投射阴影

① 图元类型——表面。

② 材质、标记、面积、切换——同“平面”图元。

“剖切面”图元：选择“剖切面”图元，“图元信息”如图6-62所示，内容如下。

① 图元类型——剖切面。

② 标记——同“平面”图元。

③ 名称——当前剖切面的名称，可以修改。

④ 符号——当前剖切面的剖切符号，可以修改。

⑤ 切换——同“平面”图元。

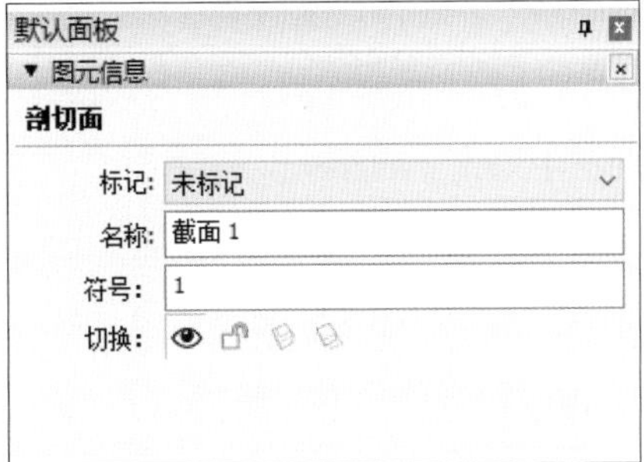

图6-62 “剖切面”图元信息

6.4.4 “组”图元

“群组”图元：选择“群组”图元，“图元信息”如图6-63所示，内容如下。

图6-63 “群组”图元信息

① 图元类型——组。

② 材质——当前“群组”外壳的材质（“材质”内容详见本书6.5节）。

③ 标记——即图层，点开“标记”列表，即可修改当前图元的图层（“标记”内容详见本书6.7节）。

④ 实例——当前群组的名称，可以修改。

⑤ 切换——切换当前图元在模型中的状态。

a.“隐藏/撤销隐藏”——控制当前图元的可见性（“隐藏/撤销隐藏”详见本书4.1.4小节）。

b.“锁定/解锁”——控制当前图元是否被锁定（“锁定/取消锁定”详见本书4.1.5小节）。

c.“接收/不接收阴影”——控制当前图元上是否会显示其他图元的阴影（“阴影”内容详

见本书6.9节），如图6-58和图6-59所示。

d.“投射/不投射阴影”——控制当前图元是否会产生阴影，如图6-60和图6-61所示。

“实体组”图元：选择“实体组”图元，“图元信息”如图6-64所示，内容如下。

图6-64 “实体组”图元信息

① 图元类型——实体组。

② 材质、标记、实例、切换——同“群组”图元。

③ 体积——当前实体组的体积，不能修改。

“组件”图元：选择“组件”图元，“图元信息”如图6-65所示，内容如下。

① 图元类型——组件。

② 材质、标记、切换——同“群组”图元。

③ 实例——当前“组件”的个体名称，可以修改，修改后仅影响自身名称。

④ 定义——当前“组件”的名称，可以修改，修改后影响“组件”的所有个体。

⑤ 高级属性——仅作为信息标注，无较大意义。

“实体组件”图元：选择“实体组件”图元，“图元信息”如图6-66所示，内容如下。

① 图元类型——实体组件。

② 材质、标记、切换——同“群组”图元。

③ 实例、定义、高级属性——同“组件”图元。

④ 体积——当前实体组件的体积，不能修改。

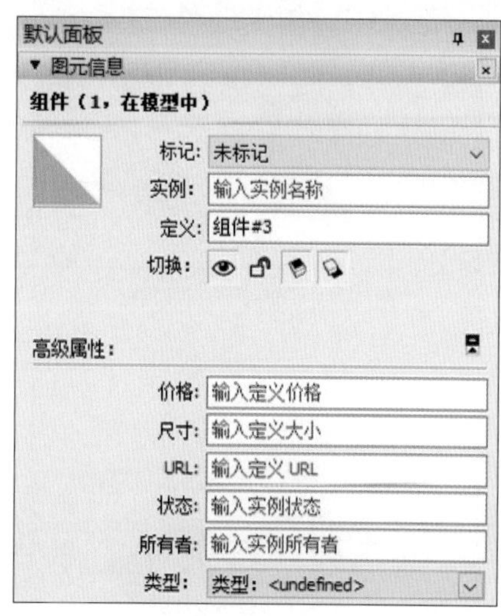

图6-65 “组件”图元信息

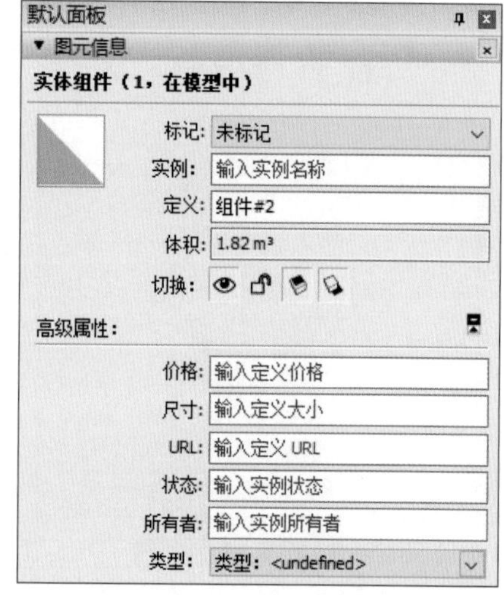

图6-66 “实体组件”图元信息

△ 提示

在“图元信息”面板中修改“组”的图层（标记），只能修改“组外壳”的图层，“组”内物体不会同步修改，一般情况下不建议使用该方法修改图层（“标记”内容详见本书6.7节）。

6.5　材质

“材质”，材料的质地，在SketchUp中指图元的颜色、纹理、贴图等，快捷键为“M”(自定义，“M”为“Material”)，光标为“🎨”。本节包括材质面板、添加材质、修改材质等内容。

6.5.1　材质面板

6.5.1.1　选择面板

打开“默认面板”，点击“材质”栏，即可展开“材质”面板，如图6-67所示，内容如下。

图6-67　展开“材质”面板

① 当前颜色——显示当前油漆桶的材质。

单击①，光标即变为“🎨”，在绘图区单击“面”即可添加当前材质。

② 材质名称——显示当前油漆桶中材质的名称。

③ 显示辅助选择窗口——开启后，会存在两个选择面板。

④ 创建材质——创建一个新的材质。

⑤ 将绘图材质设置为预设——即“空白”，没有材质。图标“◣”表示无材质。

⑥ 样本颜料——吸取模型空间中某个材质。

⑦ 选择面板——选择材质。

⑧ 编辑面板——对材质进行编辑。

⑨ 后视图——返回上一次打开的材质列表。

⑩ 前进——与⑨相反，返回下一次打开的材质列表。

⑪ 在模型中——显示模型空间中所有的材质。

⑫ 材质库——单击列表可选择SketchUp软件预设的材质库。

单击选择某个材质，光标即变为“🎨”，在绘图区单击“面”即可添加当前材质。

⑬ 详细信息——单击⑪显示当前模型中的所有材质，并单击“⑬详细信息”，如图6-68所示，其中：

a. 打开和创建材质库——打开或者创建一个新的材质库；

b. 集合另存为——将当前模型中所有材质，存储为一个集合(材质库)；

c. 将集合添加到个人收藏——将当前集合添加到个人收藏；

d. 从个人收藏移去集合——将个人收藏中的某个集合删除；

e. 清除未使用项目——删除没有在模型中使用的材质；

f. 删除全部——删除模型中所有材质；

g. 小缩览图/中缩览图/大缩览图/超大缩览图/列表视图——以不同大小的图标或文字列表显示材质；

h. 刷新——刷新材质列表。

图6-68　详细信息

6.5.1.2 编辑面板

单击“材质面板”中的“编辑”按钮，即可打开材质“编辑面板”。

以“材质库>木质纹>深色木地板”为例，“编辑面板”如图6-69和图6-70所示，内容如下。

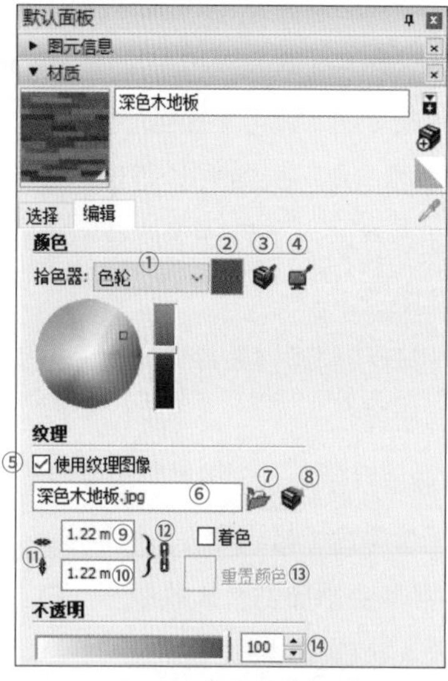

图6-69 材质编辑面板

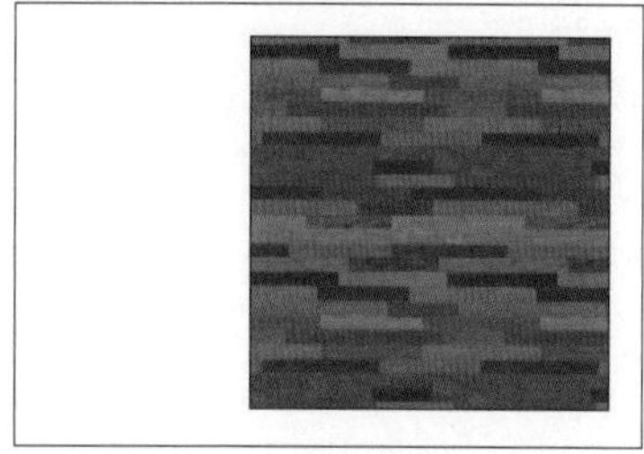

图6-70 “深色木地板”材质

① 拾色器——调整材质的颜色，有“色轮”“HSL”“HSB”“RGB”四种方式。

如图6-71所示，调整色轮中滑块位置，即可调整“深色木地板”的颜色。

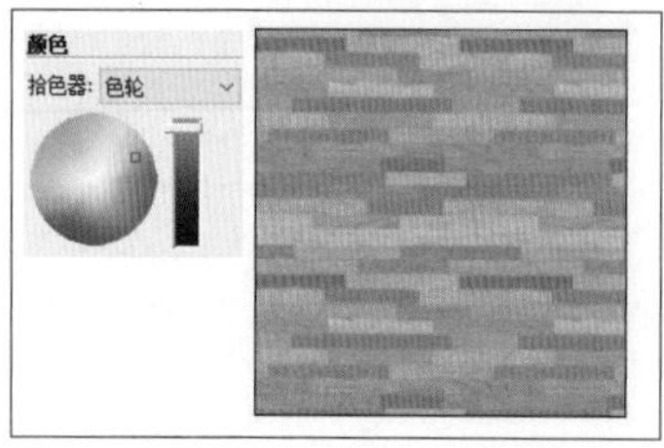

图6-71 “拾色器”调色

② 还原颜色更改——将“①拾色器”对材质颜色的修改还原为初始颜色。

③ 匹配模型中对象的颜色——调整材质的颜色，使之与模型中另一个颜色相互匹配。

如图6-72所示，模型中有一个蓝色平面，单击③，并单击模型中的蓝色平面，即调整“深色木地板”的颜色，使之与蓝色相匹配，如图6-73所示。

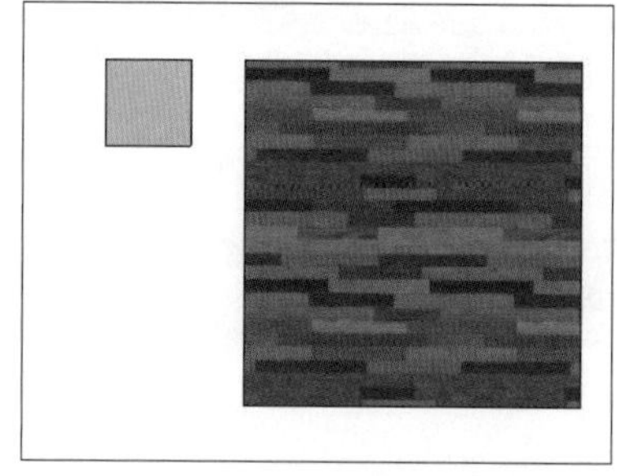

图6-72 “深色木地板”材质

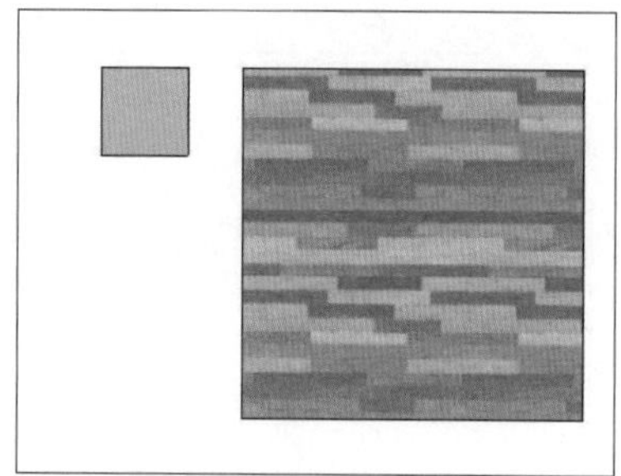

图6-73 材质匹配“蓝色”

④ 匹配屏幕上的颜色——调整材质的颜色，使之与计算机屏幕上的另一个颜色相互匹配。

> △ 提示
>
> 上文①、③、④对材质颜色的修改，在渲染时无效，因此一般不使用①、③、④对材质颜色进行修改。

⑤ 使用为纹理图像——取消勾选，则去掉材质纹理，只留下材质的相似颜色，如图6-74所示。

⑥ 材质名称——当前材质的名称。

⑦ 浏览材质图像文件——浏览并添加计算机中其他图像文件，以替换当前材质。

⑧ 在外部编辑器中编辑图像——用其他软

件打开当前材质，编辑并保存图像，即可修改 SketchUp 中的材质。

图6-74　去掉纹理图像

△ 提示

外部编辑器一般选择PhotoShop，并且外部编辑器对材质的修改是不可逆的，渲染时有效。

设置“PhotoShop”为外部图像编辑器的方法：执行“菜单栏>窗口>系统设置>应用程序”指令，“选择”计算机上“PhotoShop”的软件图标，并单击“好”即可。

⑨ 材质宽度——修改材质纹理图像的宽度值，如图6-75所示。

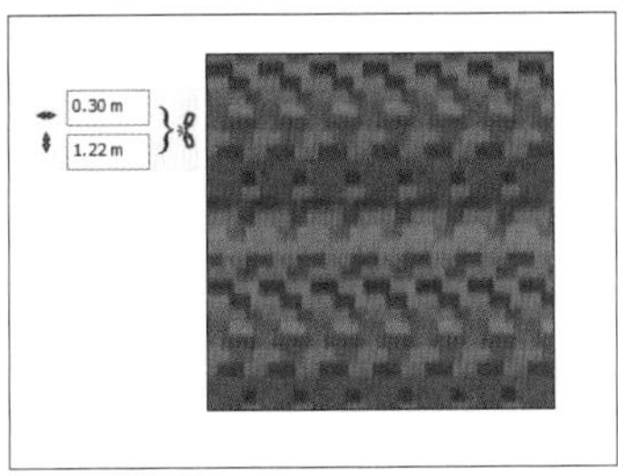

图6-75　修改纹理宽度

⑩ 材质高度——修改材质纹理图像的高度值，如图6-76所示。

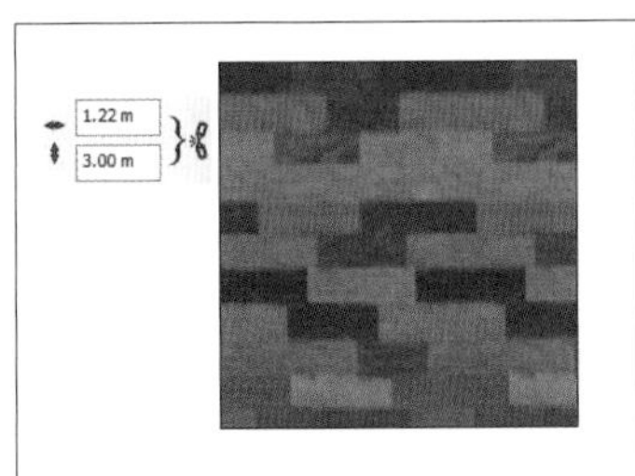

图6-76　修改纹理高度

⑪ 还原宽度/高度更改——将材质的高度和宽度还原为初始值。

⑫ 锁定/解除锁定图像高宽比——锁定状态下，材质纹理图像的宽度和高度等比变化，如图6-77所示。

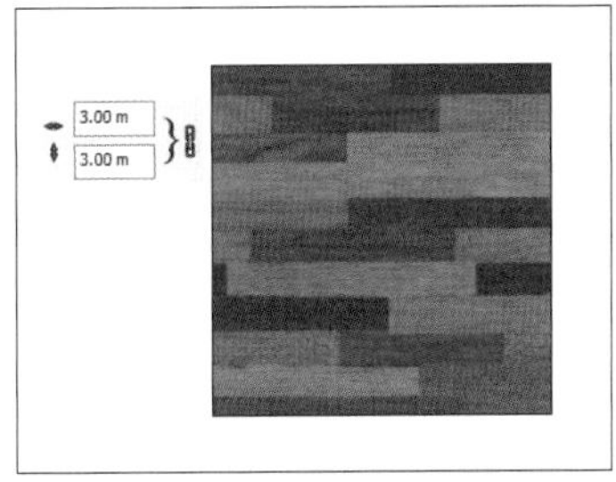

图6-77　纹理高宽度等比变化

⑬ 重置颜色——同②，将“①拾色器”对材质颜色的修改重置为初始颜色。

⑭ 不透明度——材质的不透明度，如图6-78和图6-79所示。

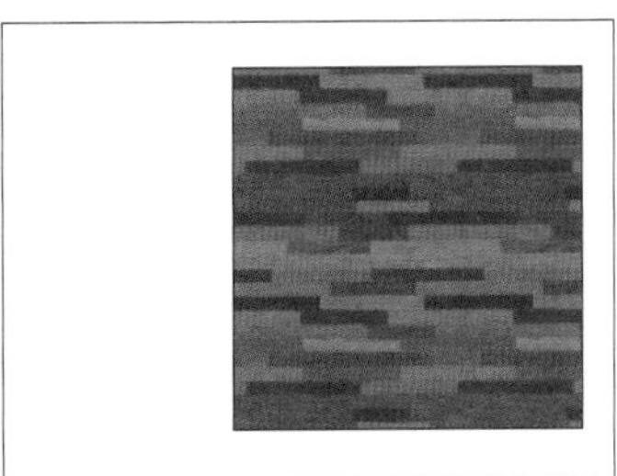

图6-78　不透明度100

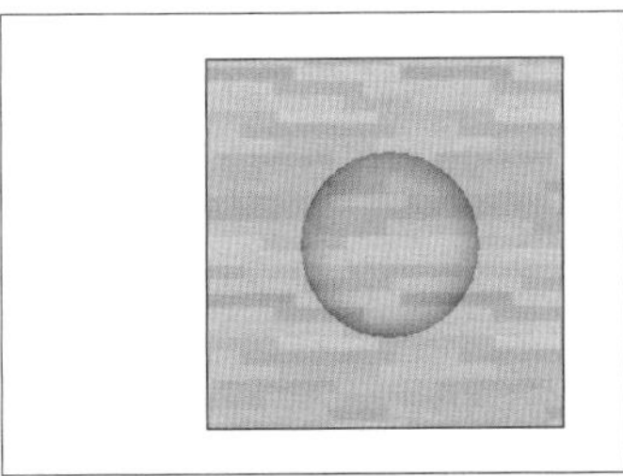

图6-79　不透明度50

6.5.2　添加材质

必须给模型的正面添加材质。

“油漆桶”和“吸管”工具操作方法如下。

① 执行快捷键“M”即可切换至“油漆桶”工具，光标变成“”，即可添加油漆桶中的材质。

② 使用“油漆桶”时，按住“Alt”键，临时切换为“吸管”工具，光标变为“🖊”；在“材质A”上单击鼠标左键，即可将“材质A”吸取到油漆桶中，即“材质A”变为当前材质。

6.5.2.1 添加预设材质

添加预设材质：添加SketchUp“材质库”中的材质，或者添加绘图区中已有的材质。

操作方法

方法 01　添加SketchUp“材质库”中的材质。

步骤 01　在SketchUp“材质库”中选择一个材质，光标变成“🪣”。

步骤 02　单击绘图区中的平面，即可添加油漆桶中的材质。

方法 02　添加绘图区中已有的材质。

步骤 01　使用“油漆桶”工具（快捷键“M”），按住“Alt”键切换至“吸管”工具。

步骤 02　在“材质A”上单击鼠标左键，将“材质A”吸取到油漆桶中。

步骤 03　松开“Alt”键切换至“油漆桶”工具，单击绘图区中的平面，即可添加“材质A”。

△ 提示

① 使用油漆桶 工具时：

a. 按住“Shift”键，可以一次性给所有具有相同材质的面添加“油漆桶”中的材质；

b. 按住“Ctrl”键，可以一次性给所有相连的，且具有相同材质的面添加“油漆桶”中的材质。

② SketchUp“材质库”中的材质较为粗糙，一般仅使用“材质库”中的颜色；如需使用高清材质，需添加外部材质贴图。

6.5.2.2 添加平面材质

添加平面材质：给平面添加材质贴图。

操作方法　给平面添加材质贴图，有两种常用的方法。

方法 01　“导入”纹理图像。

步骤 01　执行“导入”的快捷键“Alt键加+”，弹出“导入”窗口，如图6-80所示。

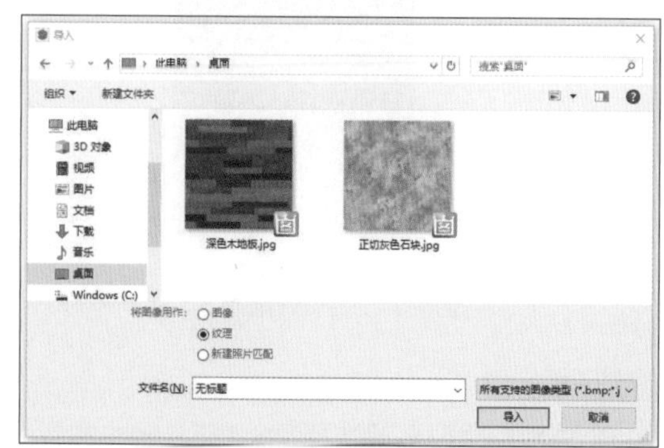

图6-80　导入图片

步骤 02　在右下角“文件类型”中选择“所有支持的图像类型”，“将图像用作”选择“纹理”，选择一个图片，并点击“导入”，即可将图片作为“材质纹理”导入到SketchUp中（“照片匹配”详见本书6.10小节）。

步骤 03　图片吸附在光标上，且自动贴合平面，在平面上单击鼠标左键确定第一点，如图6-81所示。

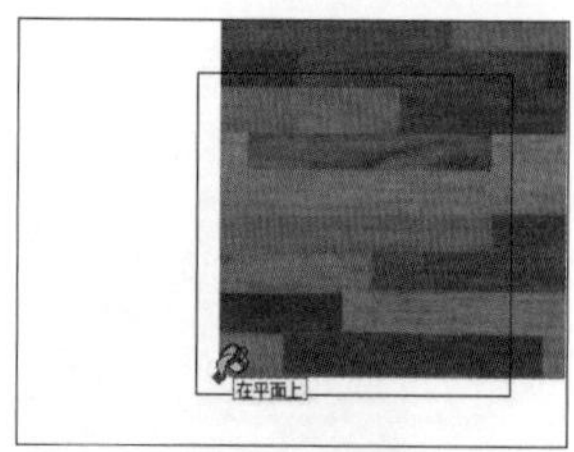

图6-81　单击第一个点

步骤 04　移动光标至图片大小适当时，在平面上单击鼠标左键确定第二点，如图6-82所示。

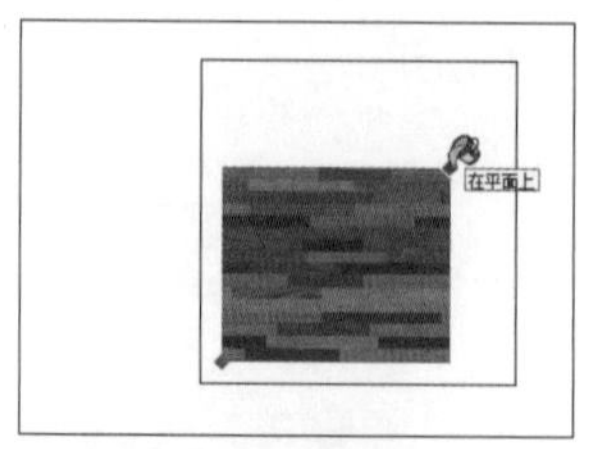

图6-82　单击第二个点

材质纹理自动填满整个平面，如图6-83所示，即可完成“添加平面材质贴图”。

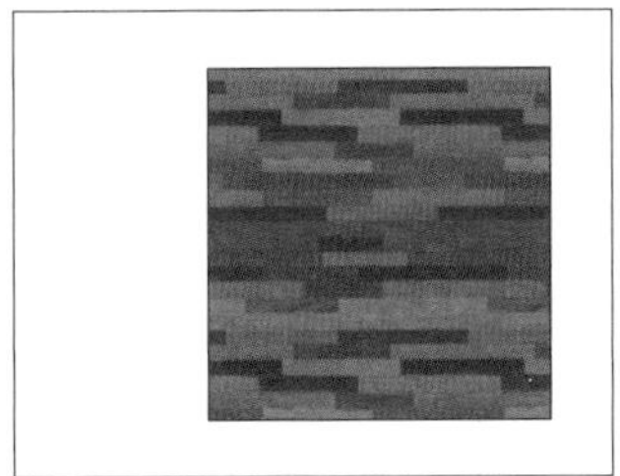
图6-83　自动添加材质

> △ 提示
>
> “Alt键加+”导入纹理图像，不能给“组”内的平面添加材质，可以进入“组”内再添加材质。

方法 02　“颜色”替换为材质。

步骤 01　在SketchUp“材质库”中选择一个“颜色A”，并添加给平面，如图6-84所示。

图6-84　添加一个颜色

步骤 02　使用“吸管”工具吸取“颜色A”，使“颜色A”为当前材质。

步骤 03　在材质“编辑面板”中选择“浏览材质图像文件”(图6-69中⑦)，弹出“选择图像”窗口，如图6-85所示。

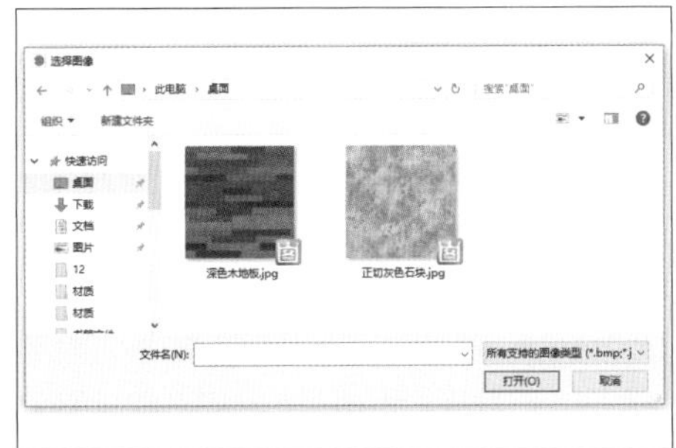
图6-85　浏览材质图像文件

步骤 04　选择一个图片，并点击“打开”，即可将图片作为“材质纹理”替换“颜色A”，如图6-86所示。

如需更改“图片”，可再次选择“浏览材质图像文件”，选择其他图片即可替换。

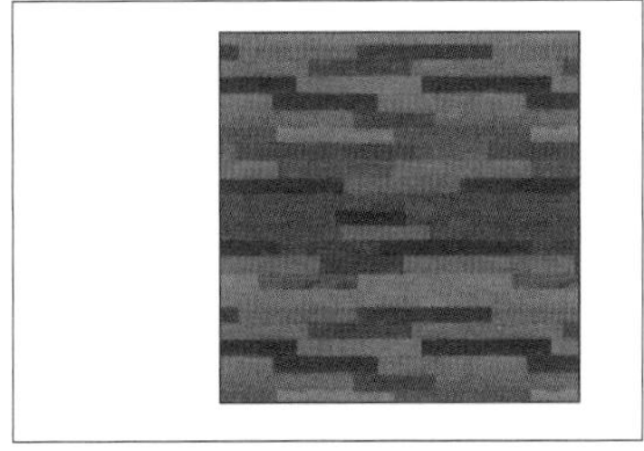
图6-86　完成添加材质

> △ 提示
>
> **方法 01** 与 **方法 02** 对比。
>
> **方法 01**　可以在添加材质贴图的阶段，直观地看出材质贴图的大小，但是每次只能给一个平面添加材质贴图。
>
> **方法 02**　可以同时给所有具有相同颜色的平面添加材质贴图，但是不能确定材质贴图的大小。

6.5.2.3　添加曲面材质

添加曲面材质：给曲面添加材质贴图。

操作方法　给曲面添加材质贴图，需要带“投影”的材质贴图，有两种常用的方法。

方法 01　“平面材质贴图”加“投影”。

步骤 01　给一个“平面α”添加“材质贴图A”。

步骤 02　使用“选择”工具(快捷键“Q”)，选择“平面α”，执行“右键>材质”，如图6-87所示；勾选“投影”，则“材质贴图A”转变为带“投影”的“材质贴图B”。

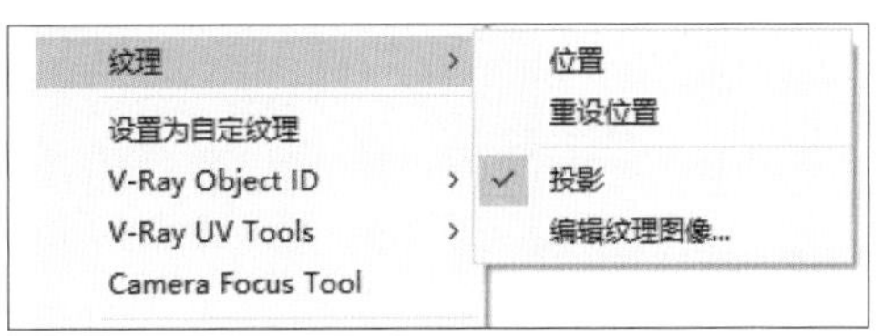

图6-87　设置纹理“投影”

△ 提示

没有“投影”的材质，添加到平面上，无任何异常；添加到曲面上，会出现材质错乱，如图6-88所示。

有“投影”的材质，添加到平面上，非水平面的材质会发生错乱；添加到曲面上，无任何异常，如图 6-89 所示。

因此，平面贴图应选择“无投影”模式，曲面贴图应选择“投影”模式。

图6-88 无“投影”贴图

图6-89 有“投影”贴图

步骤 03 使用“吸管”工具吸取带“投影”的“材质贴图 B”，切换至“油漆桶”工具，单击绘图区的曲面，即可给曲面添加材质贴图。

△ 提示

曲面在添加材质之前，应尽量柔化。

如果曲面没有柔化，可全选曲面，再使用“油漆桶”工具添加材质。

方法 02 “导入”图像。

步骤 01 执行“导入”的快捷键“Alt键加+”，弹出“导入”窗口，如图6-80所示。

步骤 02 在右下角“文件类型”中选择“所有支持的图像类型”，“将图像用作”选择“图像”，选择一个图片，并点击“导入”，即可将图片导入SketchUp中（导入“纹理”详见本书6.5.2.1小节；导入“照片”详见本书6.10小节）。

步骤 03 导入SketchUp中的“图片”是一个特殊的“组”，需要炸开模型，才能进行编辑。

使用“选择”工具（快捷键“Q”），选中图片并执行“右键>炸开模型”，即可将图片炸开。

步骤 04 使用“吸管”工具吸取图片的材质贴图，切换至“油漆桶”工具，单击绘图区的曲面，即可给曲面添加材质贴图。

△ 提示

导入SketchUp中的“图片”炸开后，图片的材质贴图默认带有“投影”，可直接吸取材质贴图并添加给曲面。

6.5.2.4 特殊曲面材质

SketchUV：意为特殊曲面材质。给特殊类型的曲面添加材质，例如球面、圆柱侧面、曲面等，需要用SketchUV插件，图标为“■”。

操作方法 如图6-90所示，给“球面”添加贴图。

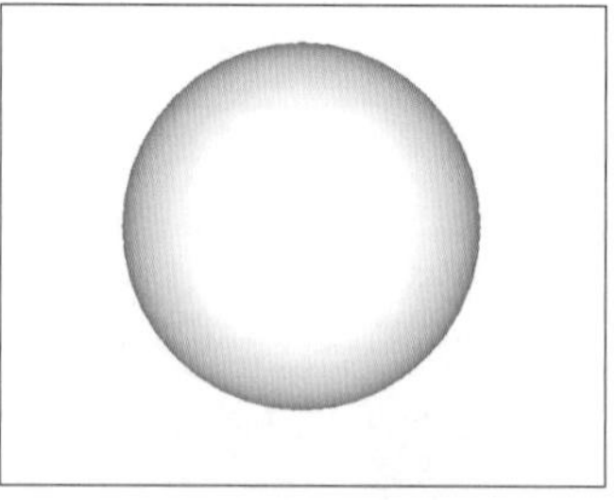

图6-90 “球面”

步骤 01 在SketchUp“材质库”中选择一个“颜色A”，并添加给球面，如图6-91所示。

步骤 02 在材质“编辑面板”中选择“浏览材质图像文件”，将“颜色A”替换为材质贴图，如图 6-92 所示，材质贴图出现错乱。

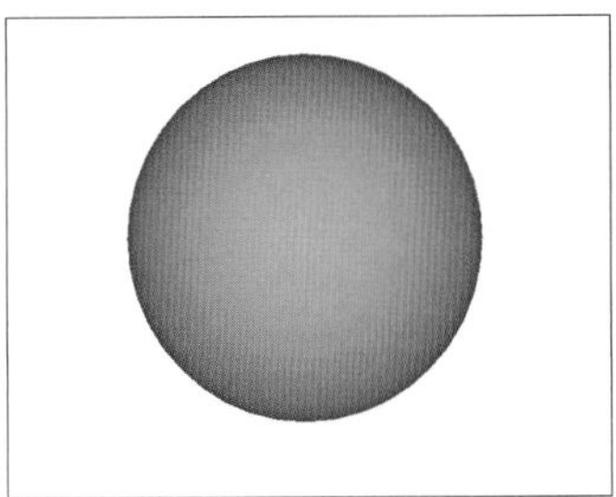

图6-91　添加颜色

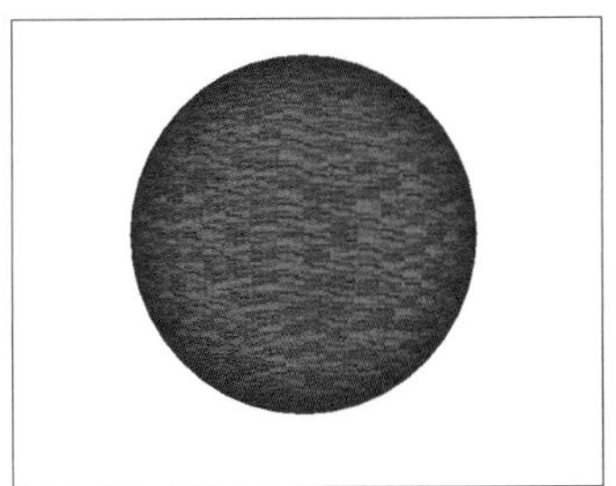

图6-92　添加材质贴图（前视图无透视）

步骤 03　执行快捷键“F”切换至“前视图”，并执行快捷键“V”取消透视，如图6-92所示（切换至其他标准视图均可以，“标准视图”详见本书3.1.7小节）。

步骤 04　使用“选择”工具（快捷键“Q”），选中“球面”。

步骤 05　单击SketchUV工具的图标“”，在球面中心位置（尽量靠近中心，在其他地方也可以）单击鼠标左键，确定一个小红框，如图6-93所示。

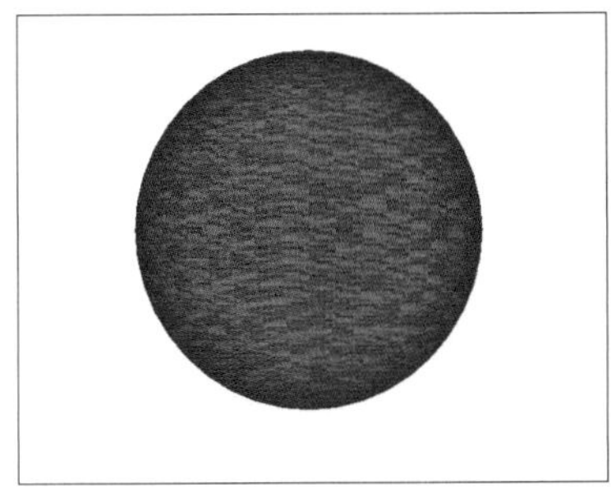

图6-93　单击确定红色小框

步骤 06　在小红框中单击鼠标右键，弹出“面”的类型，如图6-94所示，选择“球面”，即可自动修复材质贴图，如图6-95所示。

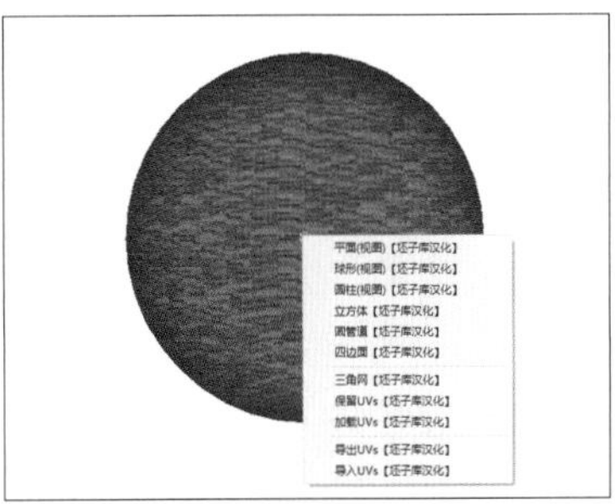

图6-94　选择面的类型

图6-95　完成添加材质

△ 提示

①必须给正面添加贴图，否则SketchUV插件无效。

②SketchUV插件不能在“组”外添加贴图，可以进入“组”内部使用该工具。

③给“曲面”和“圆柱”添加材质时，**步骤 06** 中“面”的类型选择“平面”和“圆柱”。

6.5.2.5　群组添加材质

群组添加材质：给“组”外壳添加“材质A”。群组内所有无材质的面均显示“材质A”，移到“组”外则恢复无材质；炸开模型后，“材质A”自动添加给“组”内无材质的面。

有其他材质的面，不受“组”外壳材质的影响。

操作方法

方法 01　添加 SketchUp“材质库”中的材质。

步骤 01　在 SketchUp“材质库”中选择一个材质，光标变成“”。

步骤 02　单击绘图区中的“组”，即可添加油漆桶中的材质。

方法 02　添加绘图区中已有的材质。

步骤 01　使用“油漆桶”工具（快捷键“M”），按住“Alt”键切换至“吸管”工具。

步骤 02　在“材质A”上单击鼠标左键，将“材质A”吸取到油漆桶中。

步骤 03　松开“Alt”键切换至“油漆桶”工具，单击绘图区中的“组”，即可添加“材质A”。

△ 提示

①“组”外壳上的材质，无法调整纹理位置，因此一般不建议给“组”外壳添加材质（“修改材质”详见本书6.5.3小节）。

②给“组件”外壳添加材质，其他“组件”个体不会同时发生变化。

6.5.3　修改材质

修改材质，即修改材质纹理贴图的位置、尺寸、角度、比例、透视、颜色等，本小节仅介绍修改纹理贴图的位置、尺寸、角度、透视，颜色修改详见本书6.5.1.2小节。

6.5.3.1　修改平面材质

纹理位置工具：无法修改“曲面”材质贴图。

步骤 01　使用“选择”工具（快捷键“Q”），选择需要修改材质贴图的平面（同时选中面的边线，则无效）。

步骤 02　执行“右键>纹理>位置”指令，即可进入“纹理位置工具”，如图6-96所示。

步骤 03　将光标移动至纹理图像上，按住鼠标左键，光标变成“抓手”，即可移动材质位置。

步骤 04　材质纹理上有4颗“纹理图钉”，其中：

① 红色纹理图钉——拖动红色纹理图钉，可以“移动”纹理图像，如图6-97所示；

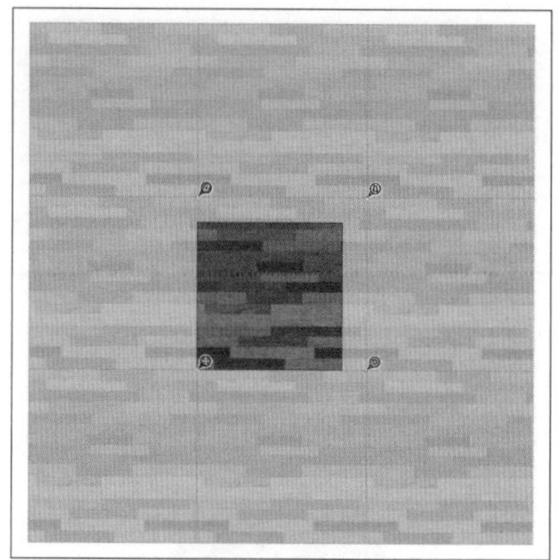

图6-96　进入“纹理位置工具”

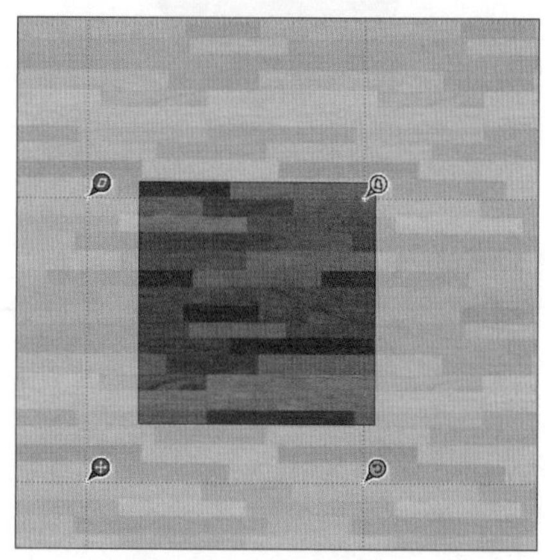

图6-97　拖动“红色图钉”

② 绿色纹理图钉——拖动绿色纹理图钉，可以“旋转、等比缩放”纹理图像，如图6-98所示；

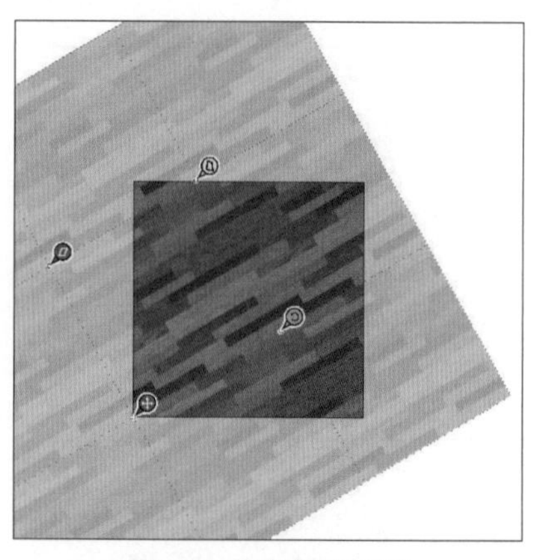

图6-98　拖动“绿色图钉”

③ 黄色纹理图钉——拖动红色纹理图钉，可以调整纹理图像的“透视”，如图6-99所示；

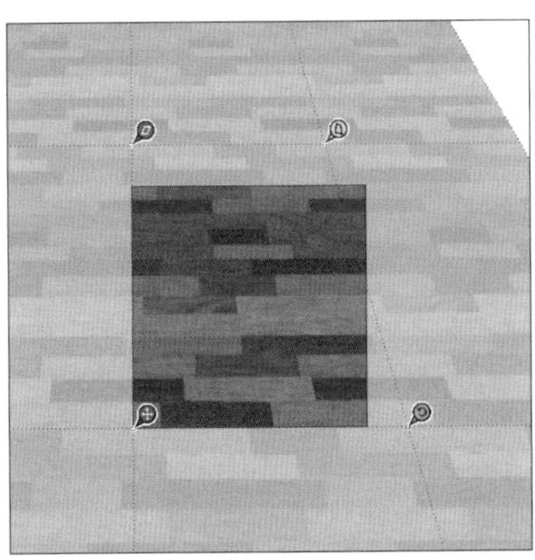

图6-99　拖动“黄色图钉”

④ 蓝色纹理图钉——拖动蓝色纹理图钉，可以“单轴缩放”纹理图像，如图6-100所示，或者调整纹理图像的“斜切”，如图6-101所示。

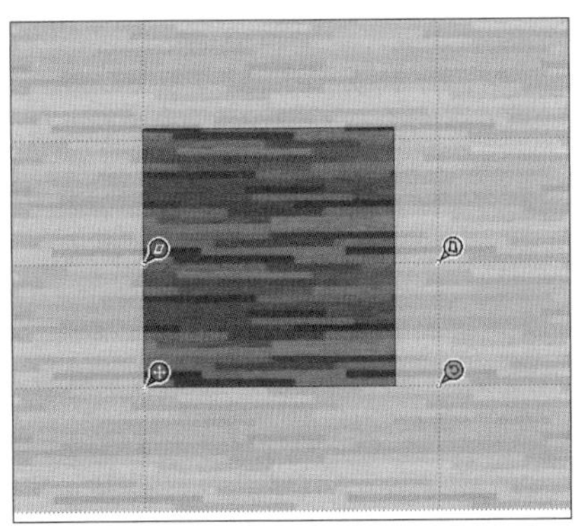

图6-100　向下拖动“蓝色图钉”

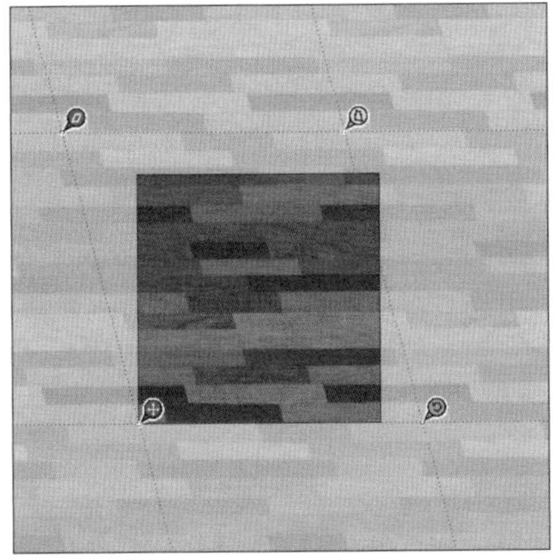

图6-101　向左拖动“蓝色图钉”

△ 提示

① 单击“纹理图钉”，图钉变为白色，可以抬起图钉，并将图钉放置到其他位置（不改变纹理），如图6-102和图6-103所示。

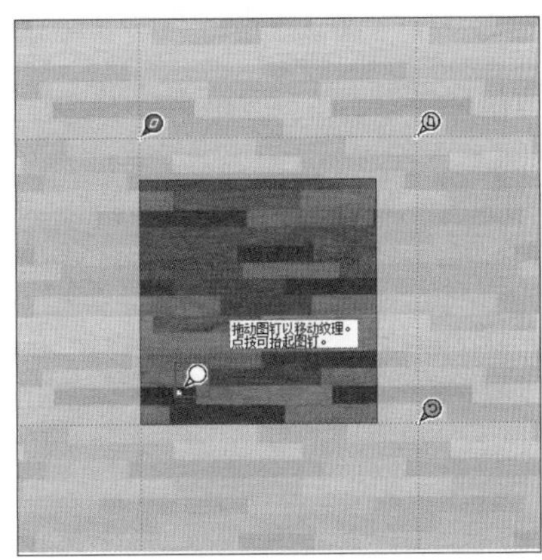

图6-102　单击“红色图钉”

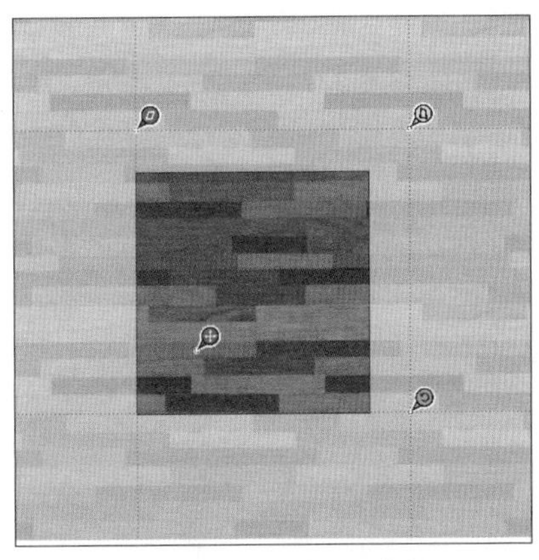

图6-103　移动“红色图钉”位置

② 按住“Shift”键，图钉全部转变为白色“自由图钉”，可以自由移动四个图钉的位置，但同时改变纹理的位置、尺寸、比例、透视等，如图6-104所示。

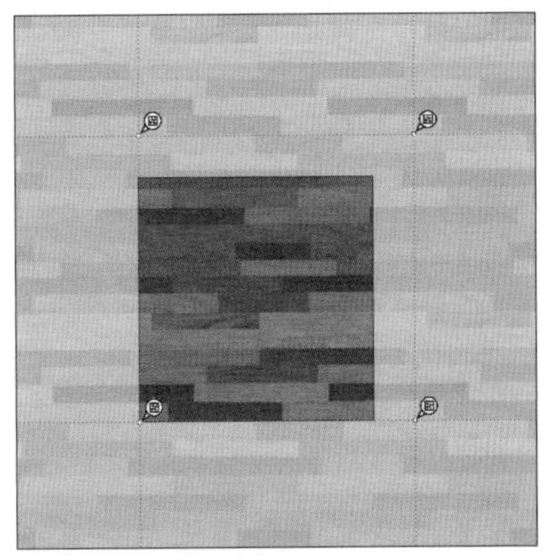

图6-104　自由图钉

③ 拖动“纹理图钉”时，图钉会自动捕捉至“对齐”位置，按住“Ctrl”键”，可以暂时关闭“自动捕捉”。

步骤 05 材质纹理调整后，点击“Esc”键，可以退出“纹理位置工具”，但是不保存对材质纹理的修改。

材质纹理调整后，在绘图区空白处单击鼠标左键，即可退出“纹理位置工具”，并且保存对材质纹理的修改。

或者在“材质纹理”上单击鼠标右键，如图6-105所示，内容如下。

① 完成——确认完成对“材质纹理”的调整，并退出“纹理修改工具”。

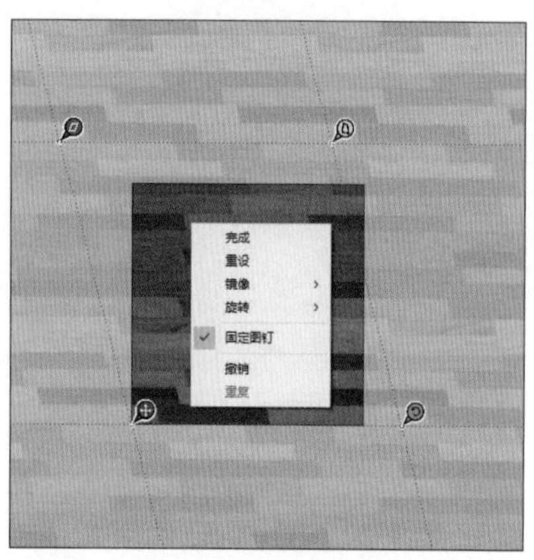

图6-105 右击选项

② 重设——取消刚才对“材质纹理”的调整，并重新开始调整。

③ 镜像：

a. “左/右”镜像，即“材质纹理”左右翻转；

b. “上/下”镜像，即“材质纹理”上下翻转。

④ 旋转：

a. “90”——“材质纹理”逆时针旋转90°；

b. “180”——“材质纹理”逆时针旋转180°；

c. “270”——“材质纹理”逆时针旋转270°。

⑤ 固定图钉——取消固定图钉，四个纹理图钉转变为“自由图钉”，同按住“Shift”键。

⑥ 撤销——取消上一步对“材质纹理”的调整。

⑦ 重复——重复上一步对“材质纹理”的调整。

△ 提示

如图6-106所示，在平面材质上执行“右键>纹理”指令，其他选项为：

① 重设位置——修改材质纹理后，恢复成默认状态，以重新对材质纹理进行修改；

② 投影——将材质设置为“投影”模式，详见本书6.5.2.3小节；

③ 编辑纹理图像——在外部编辑器中编辑图像，详见本书6.5.1.2小节⑧。

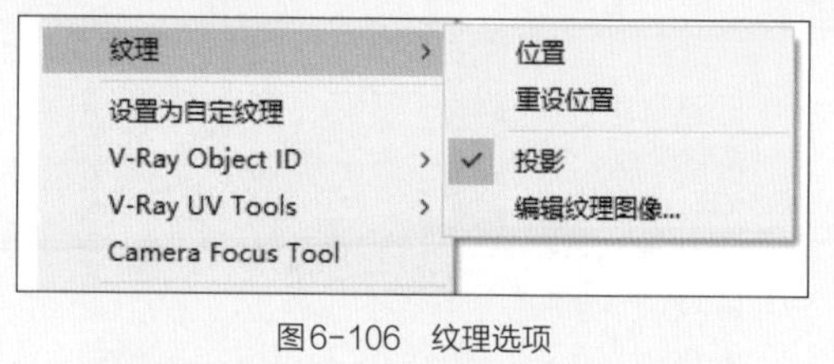

图6-106 纹理选项

材质编辑面板：

步骤 01 使用“吸管”工具吸取需要修改尺寸的材质纹理；

步骤 02 在材质“编辑”面板中修改图像的“高度”和“宽度”值即可（详见本书6.5.1.2小节图6-69中的⑨~⑫）。

△ 提示

① “纹理位置工具”可以修改材质纹理的“位置、尺寸、角度、比例、透视”等；“材质编辑面板”只能修改材质纹理的“尺寸”。

② “纹理位置工具”只能修改“平面”的材质纹理，并且每次只能修改一个平面；“材质编辑面板”可以修改“平面、曲面、组”的材质纹理，并且可以同时修改所有的同一纹理的尺寸。

6.5.3.2 修改“组”材质

材质编辑面板：

步骤 01 使用“吸管”工具吸取需要修改尺

寸的材质纹理；

步骤02 在材质“编辑”面板中修改图像的“高度”和“宽度”值即可（详见本书6.5.1.2小节图6-69中的⑨~⑫）。

纹理位置工具：“组”无法使用“纹理位置”工具，需要先将“组”外壳的材质添加给组内平面。

方法01 吸取“组”材质并添加给“组”内平面。

步骤01 使用“油漆桶”工具（快捷键“M”），按住“Alt”键切换至“吸管”工具，吸取“组”外壳的材质纹理。

步骤02 进入“组”内部，切换至“油漆桶”工具，单击“组”内的面，即可给平面添加材质。

步骤03 修改平面的材质纹理即可（“修改平面材质”详见本书6.5.3.1小节）。

方法02 设置为自定纹理。

步骤01 使用“选择”工具（快捷键“Q”），进入“组”内部，并选择“组”内平面。

步骤02 执行“右键>设置为自定纹理”，弹出“纹理尺寸”窗口，如图6-107所示。

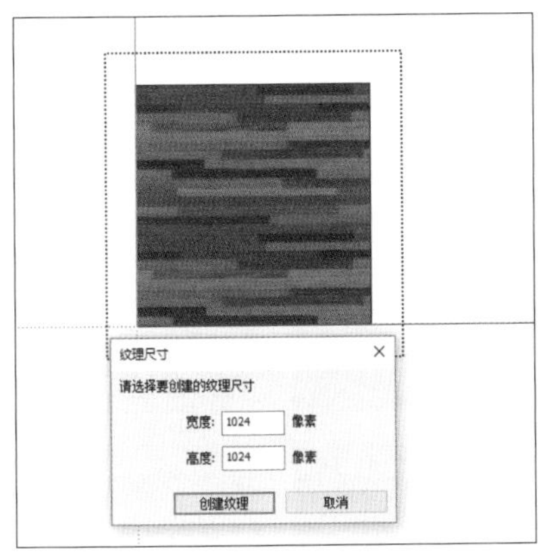

图6-107　设置为自定纹理

根据需要设置纹理的“高度”和“宽度”即可将“组”材质添加给“组”内平面。

多余部分会被裁剪去除，并且材质贴图会留下剪切缝，不利于贴图的拼贴，如图6-108所示。

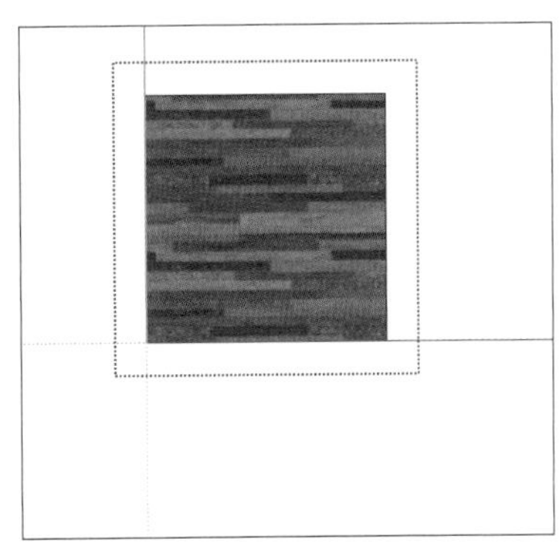

图6-108　裁剪材质贴图

步骤03 修改平面的材质纹理即可（“修改平面材质”详见本书6.5.3.1小节）。

如图6-109所示，由于剪切缝的存在，修改材质贴图后会出现明显的拼贴缝隙。

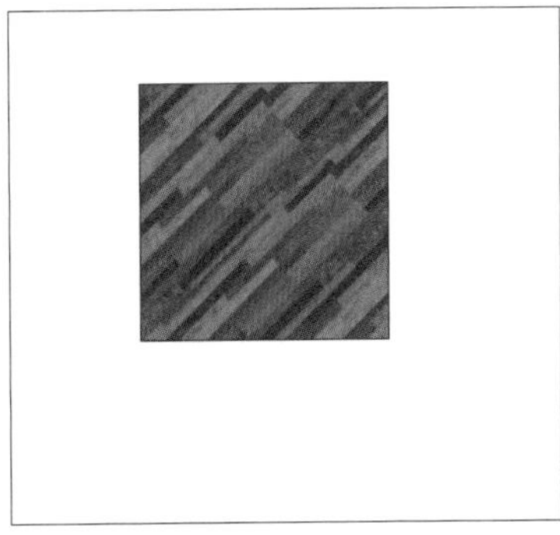

图6-109　修改材质贴图后

> △ 提示
>
> 由于剪切缝的存在，一般不建议使用**方法03**修改“组”外壳的材质贴图。

6.5.4　删除材质

删除材质：删除模型表面的材质。

操作方法

方法01 删除单个平面的材质。

步骤01 单击“材质面板”中“预设材质”（无材质）的图标“◣”（图6-67）。

步骤02 单击需要删除材质的“面”即可。

方法02 删除多个平面的材质。

步骤01 使用“选择”工具（快捷键“Q”），选中需要删除材质的所有“面”。

步骤 02　单击“材质面板”中“预设材质”（无材质）的图标“ ”（图6-67）。

步骤 03　单击需要删除材质的“面”，即可删除所有被选中的“面”的材质。

方法 03　删除一种材质。

步骤 01　在“材质面板”的“材质库”中，选择需要删除的“材质”，并单击鼠标右键，如图6-110所示。

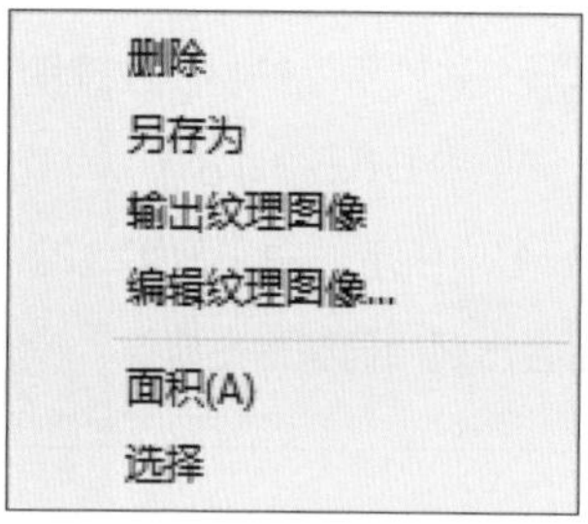

删除
另存为
输出纹理图像
编辑纹理图像...
面积(A)
选择

图6-110　选中材质并右击选项

步骤 02　选择“删除”，弹出对话框“此材质正在使用中，是否用预设材质将其替换掉？”，点击“是”即可删除该材质，即删除模型中所有使用该材质的物体材质。

△ 提示

图6-110中选项分别为：

① 删除——删除本材质；

② 另存为——将本材质保存到计算机中（“材质文件”类型为“skm”）；

③ 输出纹理图像——将本材质保存成为图片（“图片”类型为“jpg、png、tif”）；

④ 编辑纹理图像——在外部编辑器中编辑本材质，详见本书6.5.1.2小节⑧；

⑤ 面积——统计模型中所有使用本材质的“面”的面积（包括“组”内的面）；

⑥ 选择——选中模型中所有使用本材质的“面”。

方法 04　删除所有材质。

步骤 01　单击“材质面板”中“在模型中”的图标“ ”（图6-67中⑪），打开模型中所有材质的列表。

步骤 02　单击“材质面板”中“详细信息”的图标“ ”（图6-67中⑬），选择“删除全部”选项，即可删除模型中所有的材质。

6.5.5　材质替换

材质：将“材质A”全部替换为“材质B”，图标为“ ”。

操作方法　如图6-111所示，将“材质A”替换为“材质B”。

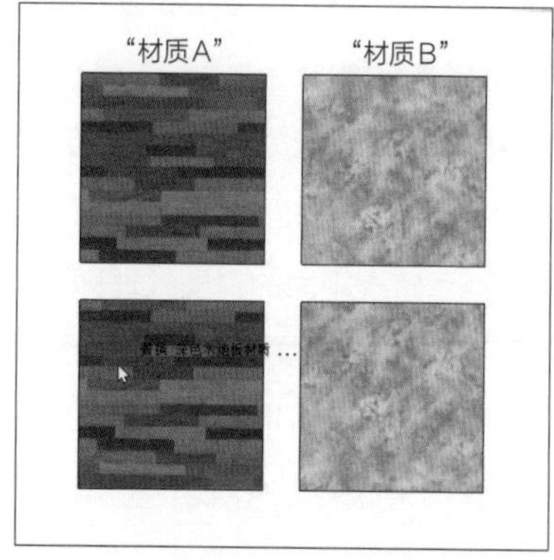

图6-111　选择“材质A”

步骤 01　在坯子插件库搜索框中输入“材质替换”指令，单击“材质替换”工具的图标“ ”。

步骤 02　鼠标左键单击“材质A”，选择“待替换材质”，如图6-112所示。

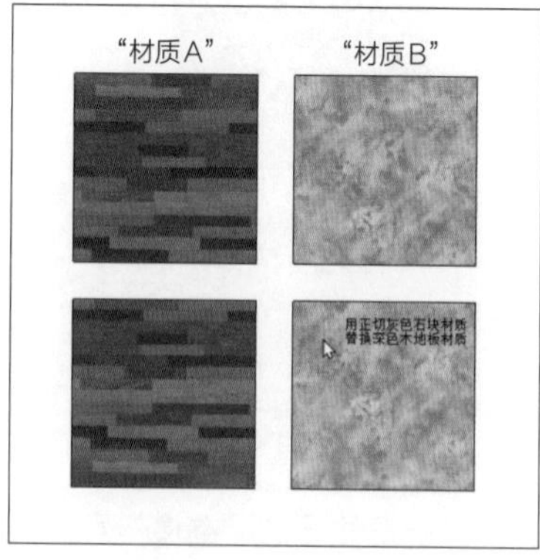

图6-112　选择“材质B”

步骤 03　鼠标左键单击“材质B”，选择“替换用材质”，如图6-113所示，即可将“材质A”全部替换为“材质B”，如图6-113所示。

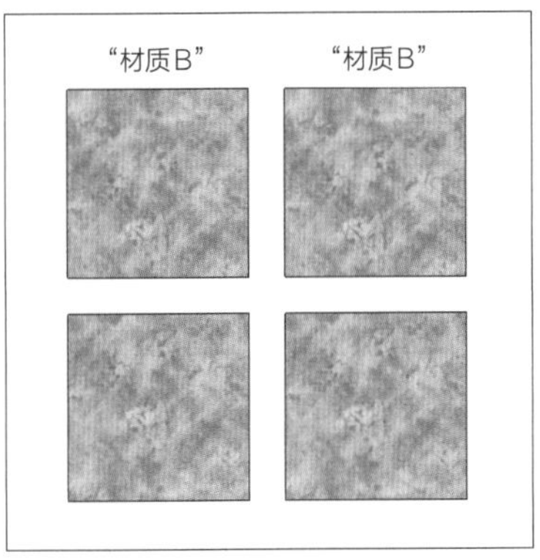

图6-113 "材质A"替换为"材质B"

△ 提示

如果需要替换的材质量较大，"材质替换"会需要一些时间计算并替换材质，建议在使用"材质替换"前保存文件，"材质替换"过程中耐心等待即可。

6.6 样式

"样式"面板可以调整模型显示风格。本节包括"风格选择""边线设置""平面设置""背景设置""水印设置"五个部分。

打开"默认面板"，点击"样式"栏，即可展开"样式"面板，如图6-114所示。

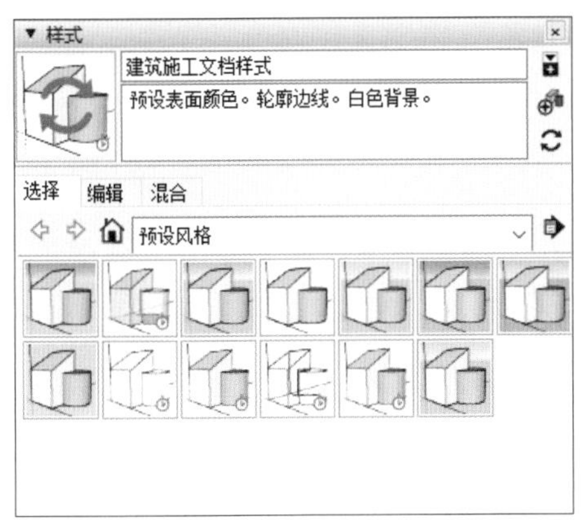

图6-114 "样式"面板

6.6.1 风格选择

风格：用不同的风格显示绘图区的模型，可以应用预设或导入的显示模式。

操作方法

步骤 01 打开"选择"面板，在右侧列表中选择一个"样式集"，如图6-115所示。

步骤 02 鼠标左键单击选择所需的风格样式即可。

△ 提示

默认风格样式为"预设风格>建筑施工文档样式"。

图6-115 风格"样式集"

6.6.2 边线设置

边线设置：控制模型边线的显示与关闭、边线显示的样式、参数等，图标为" "。

操作方法　打开"编辑"面板，单击"边线设置"的图标" "，如图6-116所示。

"边线设置"参数如下。

① 边线：物体的边缘线、边框线。

SketchUp中的"边线"默认勾选，如图6-117所示；取消勾选，则无法显示物体的边缘线或者边框线，如图6-118所示。

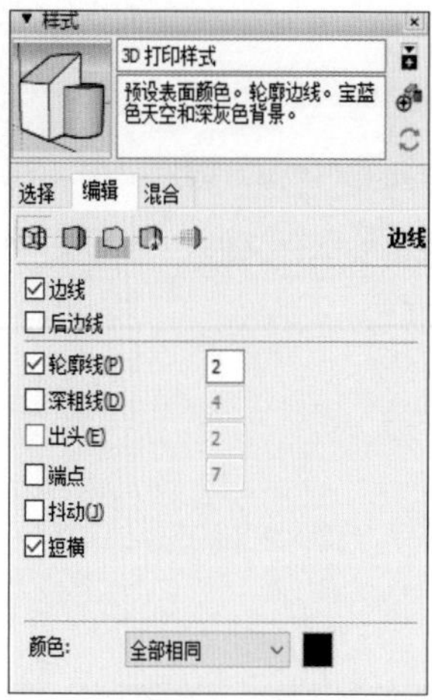

图6-116　边线设置

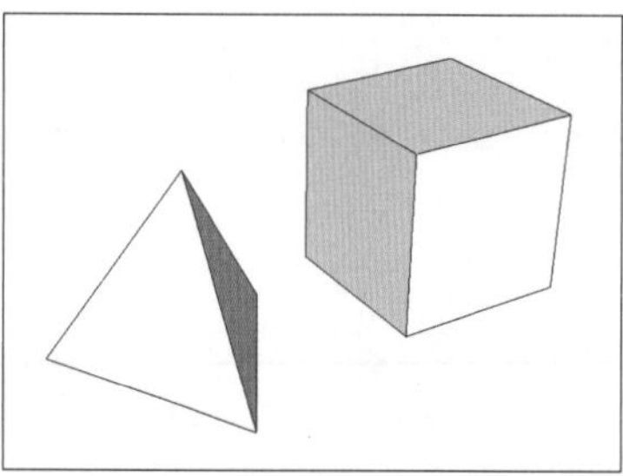

图6-117　显示边线

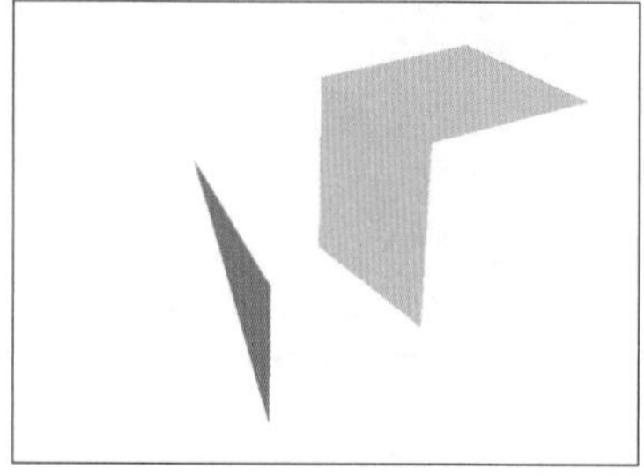

图6-118　关闭显示边线

② 后边线：被物体遮挡的边缘线、边框线，快捷键为“F6”。

SketchUp中“后边线”默认关闭；勾选，则后边线用虚线表示，如图6-119所示。

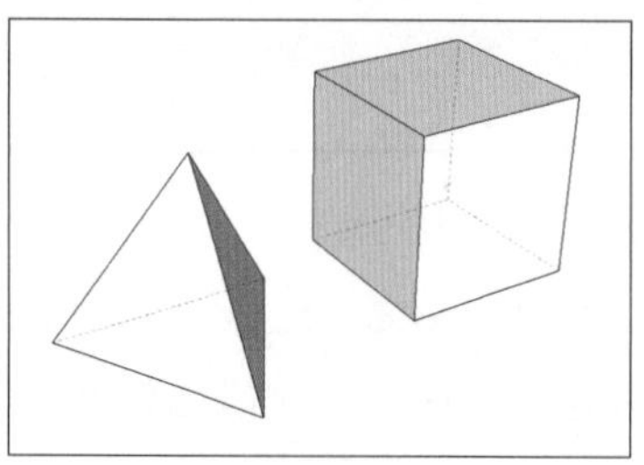

图6-119　显示后边线

操作方法　执行“后边线”的快捷键“F6”，即可显示后边线，如图6-119所示。

如果需要关闭显示后边线，再次执行“后边线”的快捷键“F6”，或者取消勾选“后边线”，即可关闭显示后边线。

③ 轮廓线：又叫“外部线条”，是物体的外边缘界线，如图6-120所示。每个物体的外形轮廓都不同，即使是同一个物体，从不同角度看，也有不同的轮廓形状。

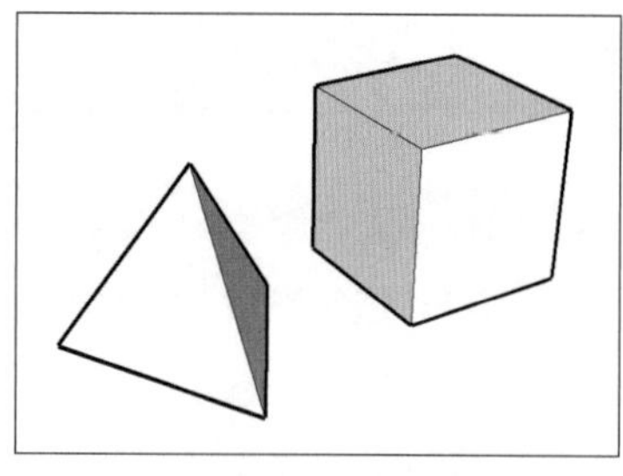

图6-120　显示轮廓线

④ 深粗线：把物体的边线加粗，并且距离用户视角越近的线条越粗，如图6-121所示。

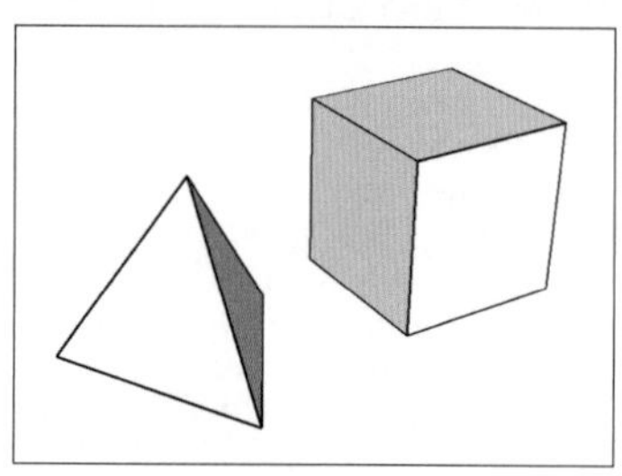

图6-121　显示深粗线

⑤ 出头：边线超出端点（仅为视觉效果，实际上不改变边线长度），如图6-122所示。

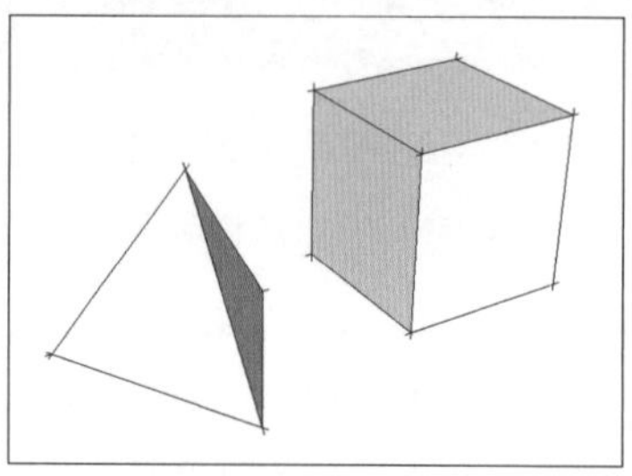

图6-122　显示边线出头

⑥ 端点：把边线的端点标识出来，如图6-123所示。

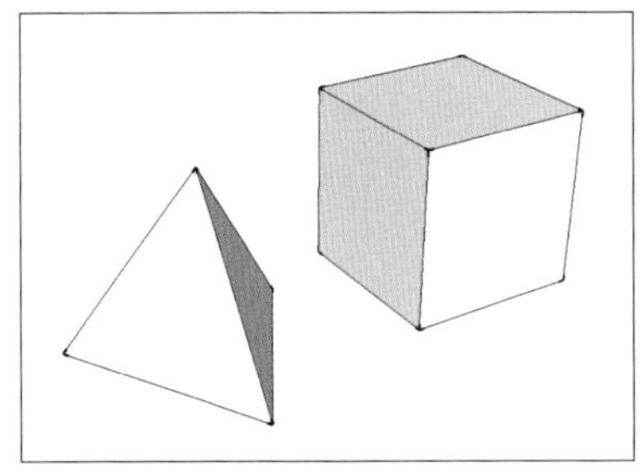
图6-123 显示端点

⑦ 抖动：模拟手绘线条的抖动效果，线条重复且随机扭曲（仅为视觉效果，实际上不改变边线），如图6-124所示。

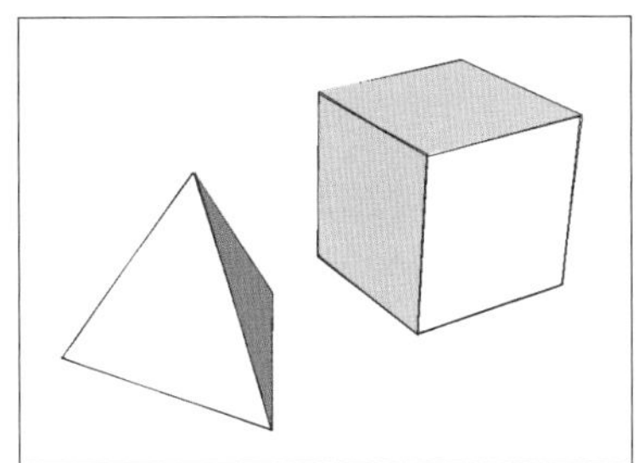
图6-124 显示抖动

⑧ 短横：显示“标记”（图层）的边线样式；取消勾选，则不显示“标记”（图层）的边线样式（“标记”内容详见本书6.7小节）。

⑨ 颜色：模型线条的显示颜色。

“全部相同”——所有线条保持同样色彩，如图6-125所示，所有线条的颜色为红色。

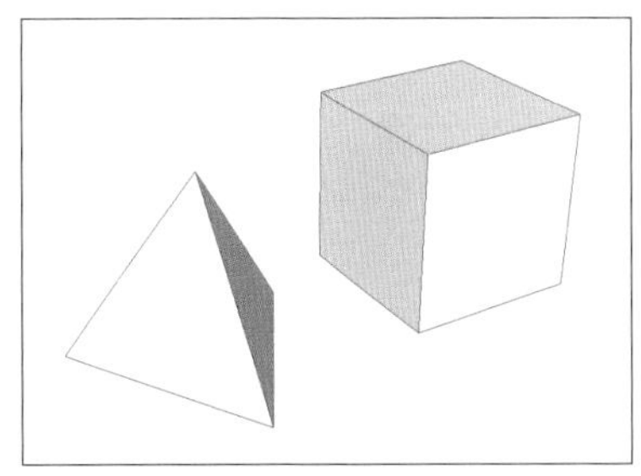
图6-125 边线统一为红色

“按材质”——相同材质的线条会显示相同色彩。

“按轴线”——位于同轴线的线条会显示相同色彩。

△ 提示

为降低计算机运行软件的负荷，一般建议只勾选“边线”。

6.6.3 平面设置

平面设置：控制模型表面的显示样式，图标为“ ”。

操作方法 打开“编辑”面板，单击“平面设置”的图标“ ”，如图6-126所示。

“平面设置”参数如下。

① 正面颜色：模型表面无材质时，正面的颜色。

图6-126 平面设置

② 背面颜色：模型表面无材质时，反面的颜色。

③ 线框模式：只显示模型中的边，“线框显示”模式无法显示模型的表面，如图6-127所示。

操作方法 执行“线框显示”模式的快捷键“F3”（自定义）或者单击“线框显示”模式的图标“ ”，即可启用“线框显示”模式，如图6-127所示。

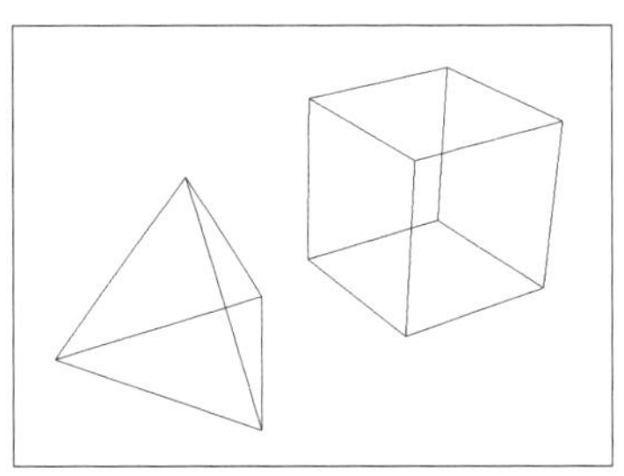
图6-127 线框显示

如果需要关闭“线框显示”模式，可以执行“贴图”模式的快捷键“F4”（自定义）或者单击“贴图”模式的图标“ ”，切换到默认的“贴图”模式。

④ 隐藏线模式：即“消隐”模式，隐藏模型中所有背面的边和平面颜色，并且“消隐”模式不显示模型平面的明暗关系，如图6-128所示。

操作方法 执行“消隐”模式的快捷键“F2”（自定义）或者单击“消隐”模式的图标“ ”，即可启用“消隐”模式，如图6-128所示。

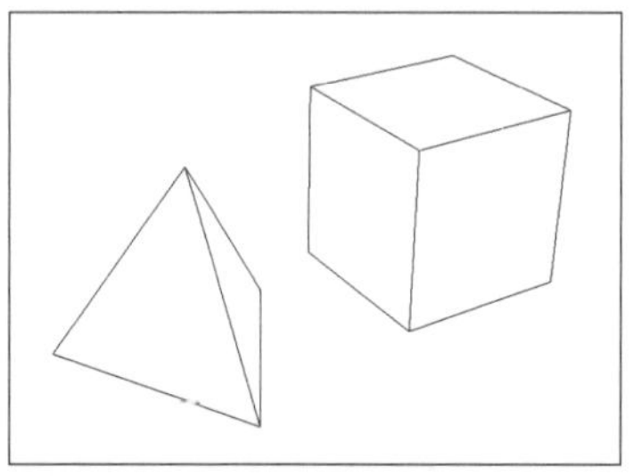

图6-128 消隐模式

如果需要关闭“消隐”模式，可以执行“贴图”模式的快捷键“F4”（自定义）或者单击“贴图”模式的图标“ ”，切换到默认的“贴图”模式。

⑤ 阴影模式：即“着色”模式，显示带纯色表面的模型，“着色显示”模式可以显示出贴图的主体颜色，不显示纹理，如图6-129所示。

操作方法 执行“着色显示”模式的快捷键“Ctrl键+Alt键+C”（自定义）或者单击“着色显示”模式的图标“ ”，即可启用“着色显示”模式，如图6-129所示。

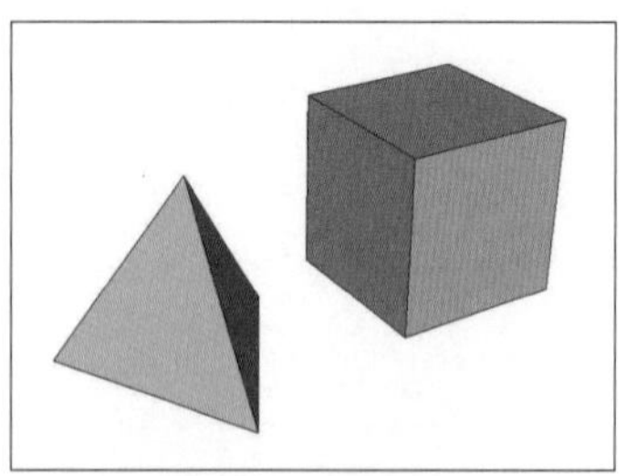

图6-129 着色显示

如果需要关闭“着色显示”模式，可以执行“贴图”模式的快捷键“F4”（自定义）或者单击“贴图”模式的图标“ ”，切换到默认的“贴图”模式。

⑥ 使用纹理：即“贴图”模式，显示带有纹理面的模型。SketchUp中的“表面类型”默认为“贴图”模式，“贴图”模式可以显示模型表面的颜色、纹理等，如图6-130所示。

操作方法 执行“贴图”模式的快捷键“F4”（自定义）或者单击“贴图”模式的图标“ ”，即可启用“贴图”模式，如图6-130所示。

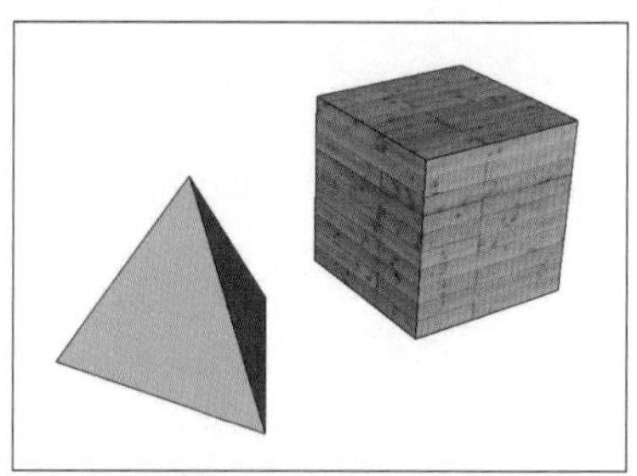

图6-130 贴图模式

⑦ 使用相同选项显示有着色的内容：即“单色”模式，显示只带正面和背面颜色的模型，“单色显示”模式不显示贴图的颜色和纹理，但是显示模型平面的明暗关系，如图6-131所示。

操作方法 执行“单色显示”模式的快捷键“F5”（自定义）或者单击“单色显示”模式的图标“ ”，即可启用“单色显示”模式，如图6-131所示。

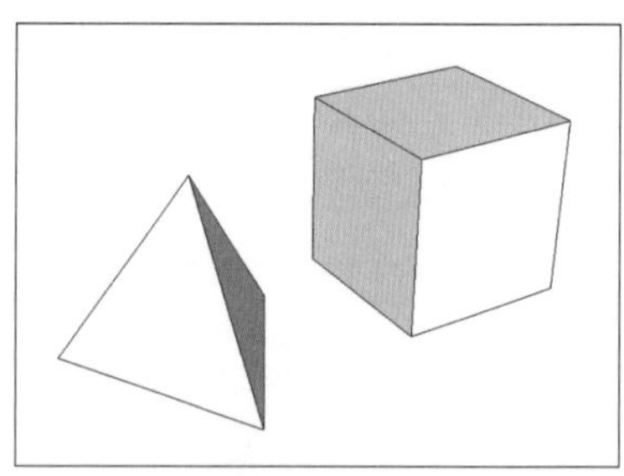

图6-131 单色显示

如果需要关闭“单色显示”模式，可以执行“贴图”模式的快捷键“F4”（自定义）或者单击“贴图”模式的图标“ ”，切换到默认的“贴图”模式。

⑧ X射线透视模式：显示带全透明表面的模型，如图6-132所示。

操作方法 执行“X射线透视模式”的快捷键“Ctrl键+Alt键+X”（自定义）或者单击“X射线

透视模式”的图标“ ”，即可启用“X射线透视模式”，如图6-133所示。

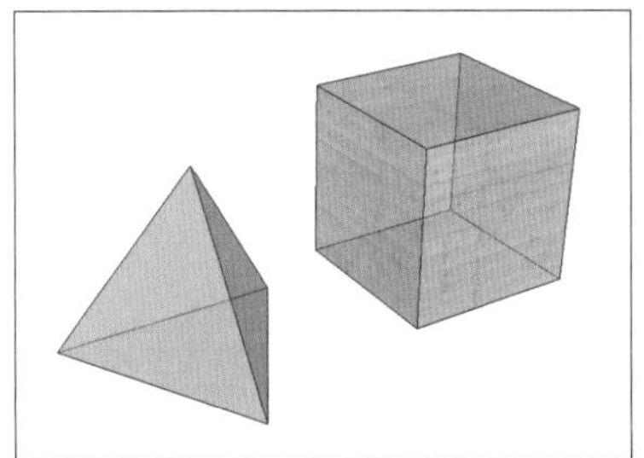

图6-132 X射线透视模式

如果需要关闭“X射线透视模式”，再次执行“X射线透视模式”的快捷键“Ctrl键+Alt键+X”（自定义）或者单击“X射线透视模式”的图标“ ”，即可关闭“X射线透视模式”模式。

6.6.4 背景设置

背景设置：调整绘图区背景的显示样式，图标为“ ”。

操作方法 打开“编辑”面板，单击“背景设置”的图标“ ”，如图6-133所示。

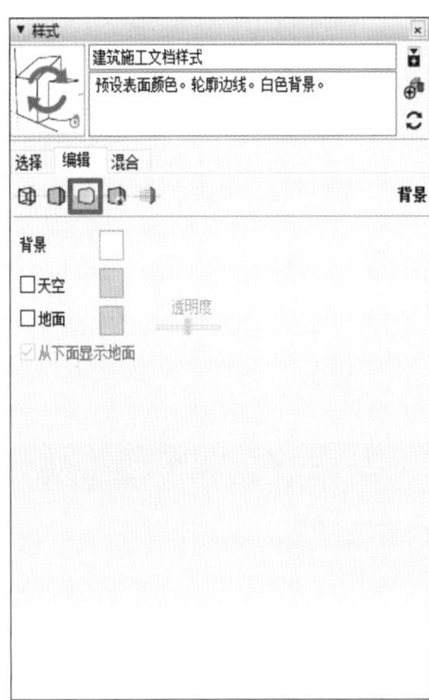

图6-133 “背景设置”面板

“背景设置”参数如下。

① 背景：调整整体背景的颜色，如图6-134所示。

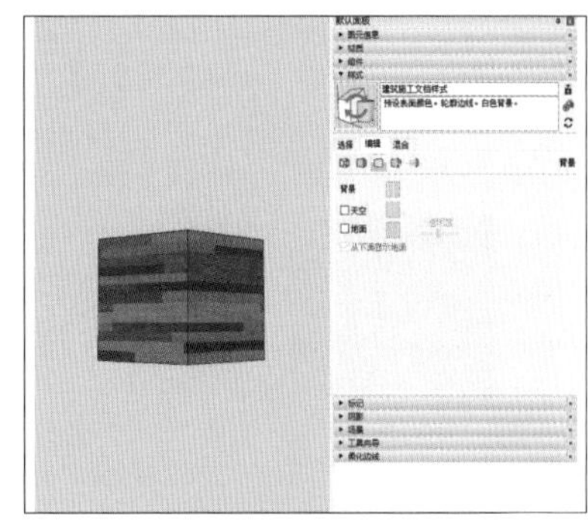

图6-134 “背景”选项

② 天空：勾选后，可调整绘图区天空部分的颜色，如图6-135所示。

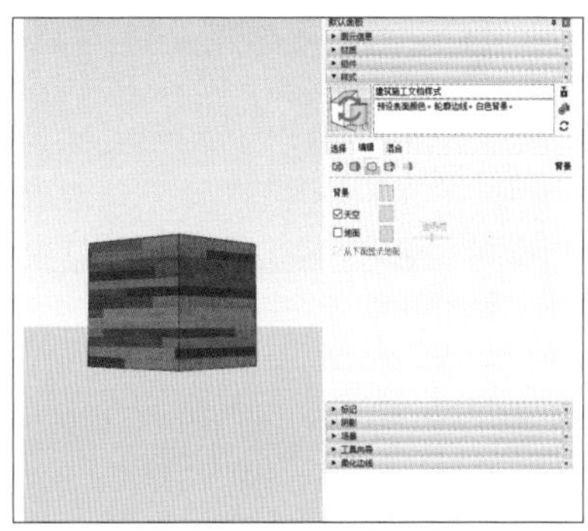

图6-135 “天空”选项

③ 地面：勾选后，可调整绘图区地面部分的颜色，如图6-136所示。

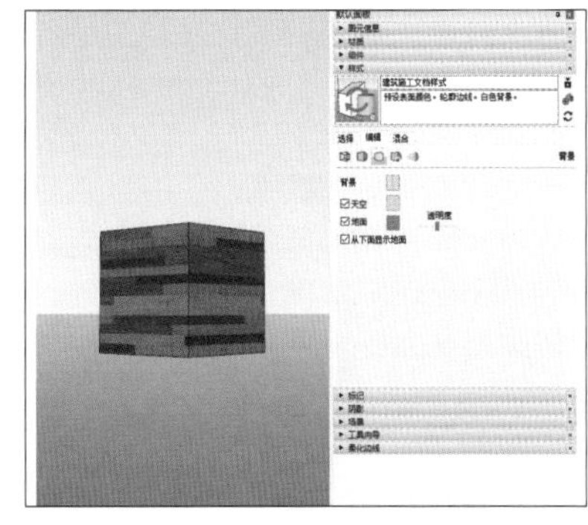

图6-136 “地面”选项

“地面透明度”可设置默认地面平面的透明程度，即能否透过地面看到地面下方的模型，如图6-137和图6-138所示。

④ 从下面显示地面：勾选后，当视角低于地平线时仍可以显示地平面，如图6-139和图6-140所示。

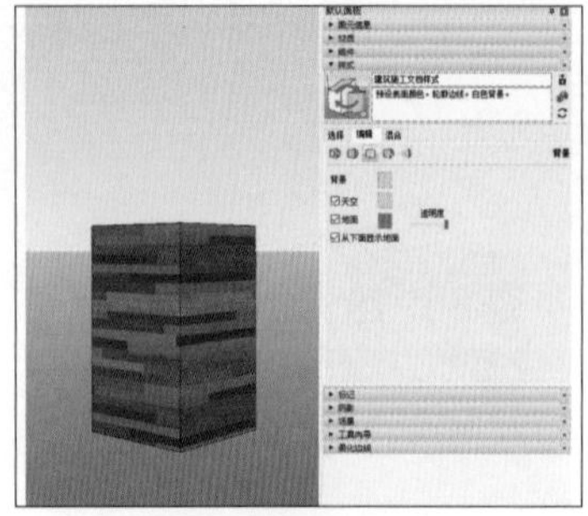
图6-137 “地面”透明度100%

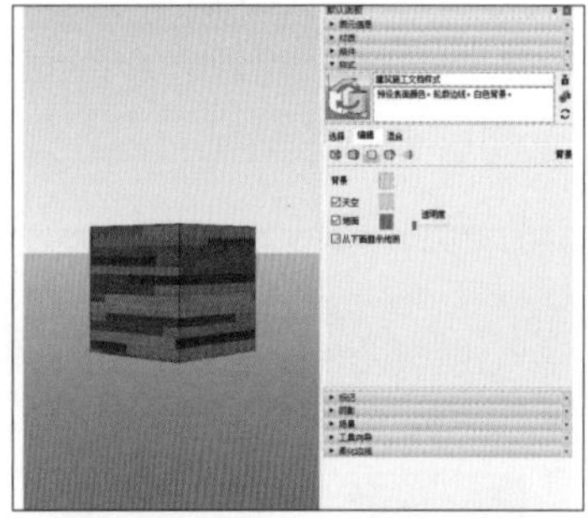
图6-138 “地面”透明度0%

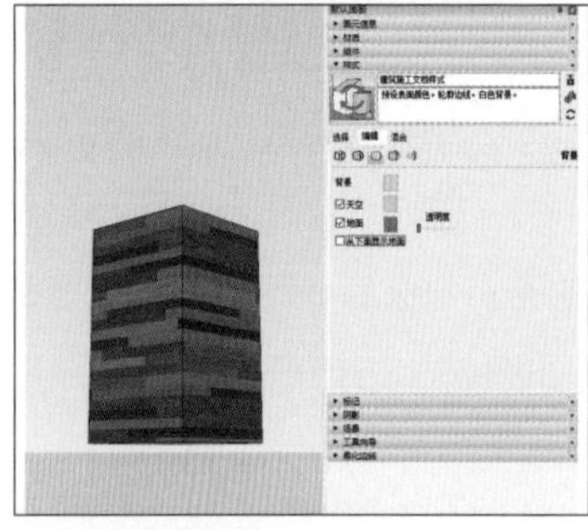
图6-139 “从下面显示地面”关闭

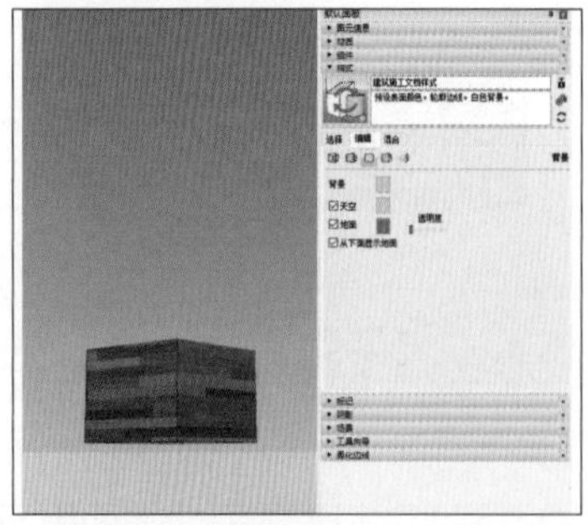
图6-140 “从下面显示地面”开启

6.6.5 水印设置

水印设置：为绘图区添加水印，图标为“”。

操作方法 打开“编辑”面板，单击“水印设置”的图标“”，如图6-141所示。

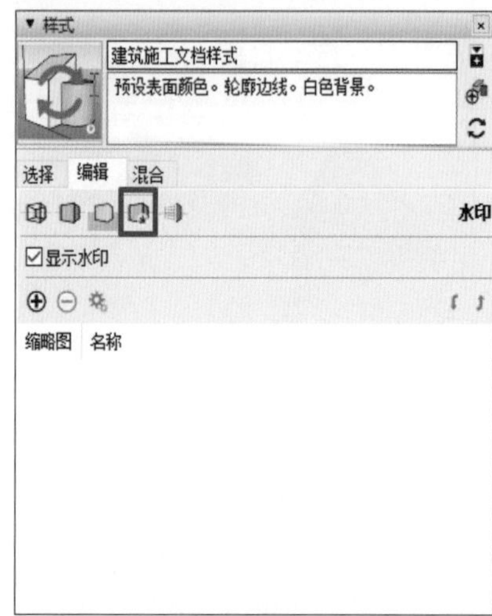

图6-141 “水印设置”面板

步骤 01 用鼠标左键单击“+”按钮添加水印图片，弹出“选择水印”窗口，如图6-142所示。

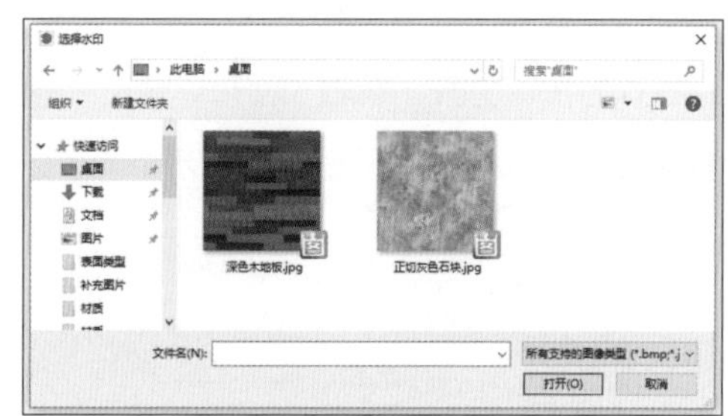

图6-142 “选择水印”面板

步骤 02 选择所需的图片，点击“打开”。

步骤 03 弹出“创建水印”对话框，如图6-143所示，其中：

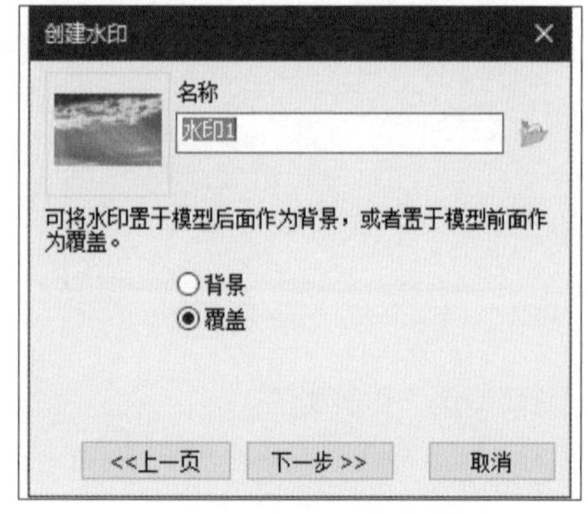

图6-143 设置“背景”或“覆盖”

①“背景模式”——水印图片位于绘图区的模型背部，被模型遮挡，如图6-144所示；

②“覆盖模式”——水印图片位于绘图区的模型前部，遮挡模型，如图6-145所示。

步骤04　以“覆盖模式”为例：选择“覆盖”并单击“下一步”，弹出“创建蒙版”对话框，如图6-146所示，内容如下。

图6-144　“背景模式”

图6-145　“覆盖模式”

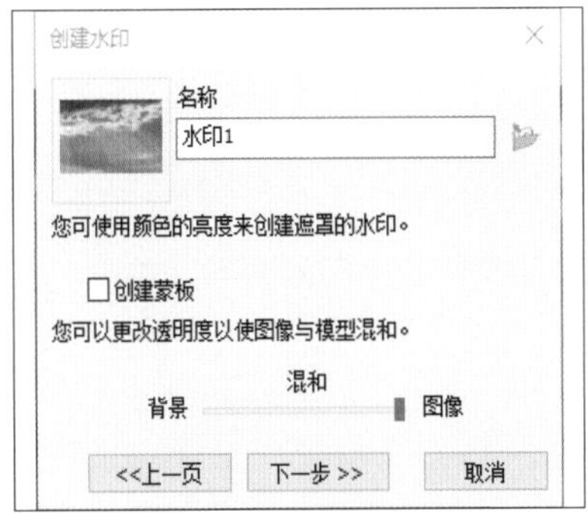

图6-146　“创建蒙版”

①“创建蒙版”——勾选后，水印图片只在有模型的部分显示，如图6-147和图6-148所示。

图6-147　“创建蒙版”勾选前

图6-148　“创建蒙版”勾选后

②“混合”——控制水印显示的透明度，滑杆右滑，水印图片透明度降低。

步骤05　以不勾选“创建蒙版”为例：

不勾选“创建蒙版”并单击“下一步”，弹出“如何显示水印？”对话框，如图6-149所示，内容如下。

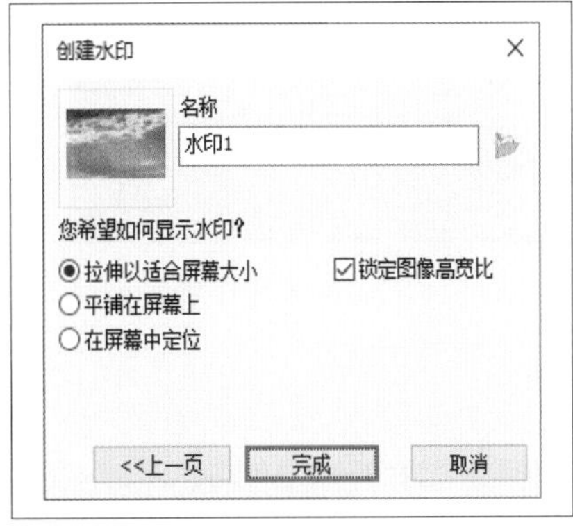

图6-149　“如何显示水印”

①“拉伸以适合屏幕大小”——将水印图片放大至图片的长边充满绘图区，如图6-150所示。

图6-150　拉伸以适合屏幕大小

②“锁定图像高宽比”——勾选后水印会保持原图比例，取消勾选，如图6-151所示。

图6-151　关闭“锁定图像高宽比”

③“平铺在屏幕上”——水印图片等比例拼接，铺满整个绘图区，如图6-152所示。

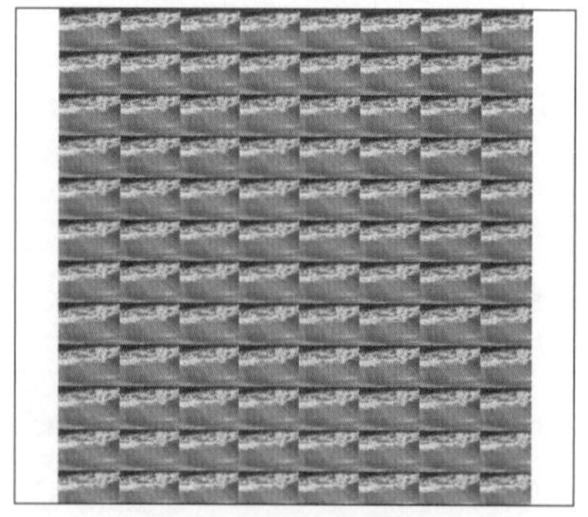

图6-152　平铺在屏幕上

④“在屏幕中定位”——水印图片在屏幕指定位置出现，如图6-153和图6-154所示。

图6-153　“在屏幕中定位”

图6-154　在屏幕中定位

a．“9个圆圈”——选择图片在屏幕中的位置；

b．“比例”——设置图片的大小，滑杆右滑，图片变大。

步骤 06　调整完成后，单击“完成”，即可完成水印的添加，水印列表中加入当前水印。

> △ 提示
>
> ①如需关闭水印，取消勾选“显示水印”即可。
>
> ②如需删除水印，单击“⊖”即可删除水印。
>
> ③如需修改水印的参数，单击“编辑水印设置”即可。

6.7　标记

“标记”，即图层，主要是用于合理归类模型，将同一类模型放到同一个图层上，通过“图层”的“开和关”来控制该图层上所有模型的“显示与不显示”。本节包括“标记面板”“添加/删除标记”“添加/删除标记文件夹”等内容。

6.7.1　标记面板

打开“默认面板”，点击“标记”栏，即可展开“标记”面板，如图6-155所示，内容如下。

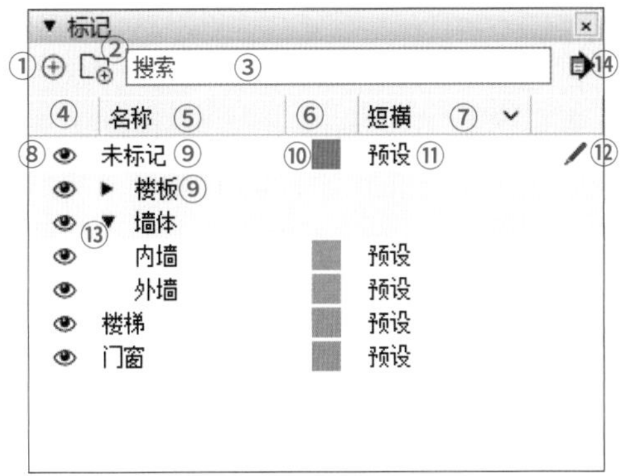

图6-155 “标记”面板

① 新建“标记”——新建一个空白图层。

② 新建“标记文件夹”——新建一个空白的文件夹，用于归类图层。

③ 搜索栏——搜索“标记”或“标记文件夹”的名称，以快速定位。

④ 按照“显示状态”排序——根据各个标记的“显示”或“不显示”的状态，对标记进行排序。

⑤ 按照“标记名称”排序——根据各个标记的“名称”，对标记进行排序。

⑥ 按照“标记颜色”排序——根据各个标记的“颜色”，对标记进行排序。

⑦ 按照“标记的边线样式（短横）”排序——根据各个标记的“边线样式”，对标记进行排序。

⑧“标记”或“标记文件夹”开关。

a.“标记”小眼睛打开，表示打开标记，显示该图层中的模型；“标记”小眼睛关闭，表示关闭标记，不显示该图层中的模型。

b.“标记文件夹”小眼睛打开，表示打开标记文件夹，显示该文件夹中的图层；“标记文件夹”小眼睛关闭，表示关闭标记文件夹，即关闭该文件中所有的图层。

⑨“标记”或“标记文件夹”名称。

a.在“标记”或“标记文件夹”名称上双击鼠标左键，即可修改名称。

b.在“标记”或“标记文件夹”名称上单击鼠标左键，即可选中该图层。

c.按住“Ctrl”键，可以加选或者减选“标记”或“标记文件夹”。

d.按住“Shift”键，可以连续选中不相隔的“标记”或“标记文件夹”。

⑩ 标记颜色——新建“标记”时，随机分配一个颜色；单击色块即可修改“标记颜色”。

⑪ 短横——即标记的边线样式，默认的标记边线样式为“实线”；单击“预设”即可修改“标记的边线样式”。

△ 提示

修改标记的边线样式后，需要在“默认面板>样式>编辑>边线设置”中勾选“短横”，标记的“边线样式”才能正常显示。

⑫ 铅笔头——表示正在编辑“铅笔头”所在的图层；在绘图区新建的图元，均位于当前图层。

在“标记”的右侧空白处单击鼠标左键，即可将“铅笔头”切换至该图层。

⑬ 折叠按钮——“展开”或者“折叠”标记文件夹。

小三角向下，表示展开状态；小三角向右，表示折叠状态。

带有“折叠按钮”的是“标记文件夹”；没有“折叠按钮”的是“图层”。

⑭ 详细信息——单击“详细信息”或者在“标记”上单击鼠标右键，如图6-156所示，其中：

a.全部展开——展开所有“标记文件夹”；

b. 全部折叠——折叠所有“标记文件夹”；

c. 全选——选择所有“标记”和“标记文件夹”；

d. 删除标记——删除被选中的“标记”；

e. 删除标记文件夹——删除被选中的“标记文件夹”；

f. 清除——删除所有未使用的标记，即标记中没有任何图元；

g. 颜色随标记——将模型的面用标记颜色显示（使用“材质”工具时，该功能失效）。

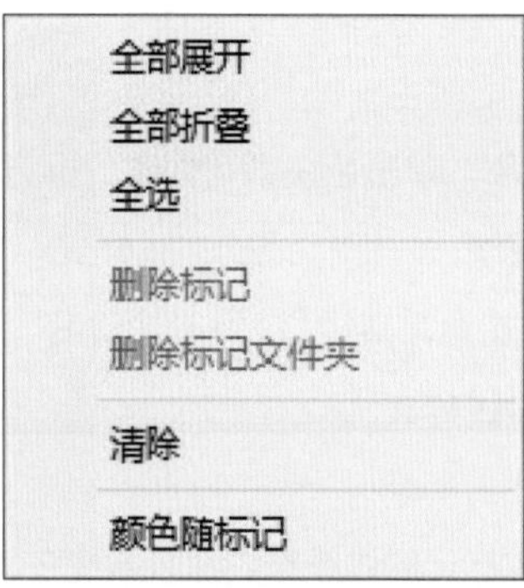

图6-156 “详细信息”

△ 提示

① 第一个“未标记”图层是默认图层，不能删除，也不能修改图层名称。

② 按住“标记”并拖动到“标记文件夹”上，即可将标记放入该文件夹。

6.7.2 添加 / 删除标记

6.7.2.1 添加标记

添加标记：新建一个空白图层。

操作方法

步骤 01 点击“标记面板”的“⊕”（图6-155 中的①），即可添加一个新的空白图层。

步骤 02 输入标记名称，按“回车”键确认即可添加完成。

6.7.2.2 删除标记

删除标记：删除一个或多个被选中的图层。

操作方法

步骤 01 选择需要删除的“标记”：

① 在“标记”名称上单击鼠标左键，即可选中该图层；

② 按住“Ctrl”键，可以加选或者减选“标记”；

③ 按住“Shift”键，可以连续选中不相隔的“标记”。

步骤 02 在“标记”上单击鼠标右键，选择“删除标记”，即可删除被选中的图层。

△ 提示

① 第一个“未标记”图层是默认图层，不能删除，也不能修改图层名称。

② 如果待删除的图层上有图元存在，在删除该图层时，会弹出“删除包含图元的标记”，如图6-157所示，其中：

a.“分配另一个标记”——将被删除的图层上的图元移动到另一个图层中；

b.“删除图元”——将被删除的图层上的图元从模型中删除；

c.“取消”——不删除该图层。

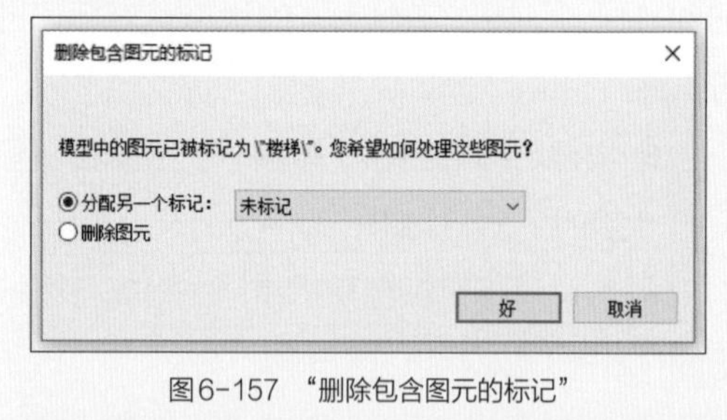

图6-157 “删除包含图元的标记”

6.7.3 添加 / 删除标记文件夹

6.7.3.1 添加标记文件夹

添加标记文件夹：新建一个空白的文件夹，用来归类图层。

操作方法

步骤 01 点击“标记面板”的“添加标记文件夹”按钮（图6-155 中的②），即可添加一个新的空白文件夹。

步骤 02　输入文件夹名称，按“回车”键确认即可添加完成。

6.7.3.2　删除标记文件夹

删除标记：删除一个被选中的标记文件夹。

操作方法

步骤 01　选择需要删除的“标记文件夹”。

在“标记文件夹”名称上单击鼠标左键，即可选中该文件夹。

步骤 02　在“标记文件夹”上单击鼠标右键，选择“删除标记文件夹”，即可删除被选中的文件夹。

△ 提示

① 不能同时删除两个及以上的“标记文件夹”。

② 如果“标记文件夹”中的图层上存在图元，则该文件夹不能被删除。

6.7.4　标记编辑

6.7.4.1　打开 / 关闭

打开 / 关闭标记：显示 / 不显示该图层中的模型。

操作方法　单击“标记”前的小眼睛控制“标记”的打开和关闭（图6-155中的⑧）。

“标记”小眼睛打开，表示打开标记，显示该图层中的模型；“标记”小眼睛关闭，表示关闭标记，不显示该图层中的模型。

打开 / 关闭标记：显示 / 不显示该文件夹中的图层。

操作方法　单击“标记文件夹”前的小眼睛控制“标记文件夹”的打开和关闭（图6-155中的⑧）。

“标记文件夹”小眼睛打开，表示打开标记文件夹，显示该文件夹中的图层；“标记文件夹”小眼睛关闭，表示关闭标记文件夹，即关闭该文件中所有的图层。

6.7.4.2　重命名

重命名“标记”和“标记文件夹”：修改“标记”和“标记文件夹”的名称。

操作方法　在“标记”或“标记文件夹”名称上双击鼠标左键，即可修改名称，输入新的名称并按“回车”键确认即可完成重命名。

△ 提示

第一个“未标记”图层是默认图层，不能删除，也不能修改图层名称。

6.7.4.3　标记归类

标记归类：将一个或多个“标记”放入“标记文件夹”中。

操作方法

步骤 01　选择需要归类的“标记”：

① 在“标记”名称上单击鼠标左键，即可选中该图层；

② 按住“Ctrl”键，可以加选或者减选“标记”；

③ 按住“Shift”键，可以连续选中不相隔的“标记”。

步骤 02　用鼠标左键按住“标记”并拖动到“标记文件夹”上，即可将标记放入该文件夹；用鼠标左键按住“标记”并拖动到“标记文件夹”外，即可将标记移出该文件夹。

6.7.4.4　设置当前标记

设置当前标记：“铅笔头”所在的标记，即为当前标记，表示该图层正在被编辑，新建的图元均位于当前标记。

操作方法　在“标记”的右侧空白处（“铅笔”工具列）单击鼠标左键，即可将“铅笔头”切换至该标记。

6.7.5　切换标记

切换标记：将图元移动到其他标记上。

操作方法

方法 01 “右击”菜单。

步骤 01 使用“选择”工具（快捷键“Q”），选择需要切换标记的模型。

步骤 02 在模型上执行“鼠标右键>移至图层”，选择目标图层，即可完成“切换标记”，如图6-158所示。

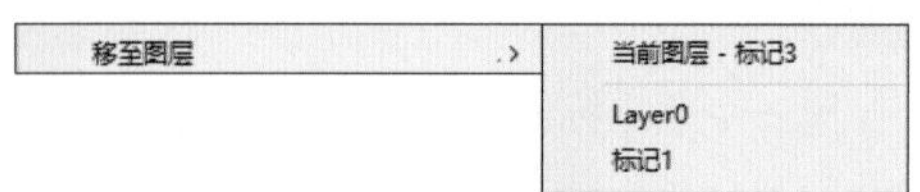

图6-158 “移至图层”选项

方法 02 “标记”工具栏。

步骤 01 用鼠标右键单击工具栏，打开“标记”工具栏，如图6-159和图6-160所示。

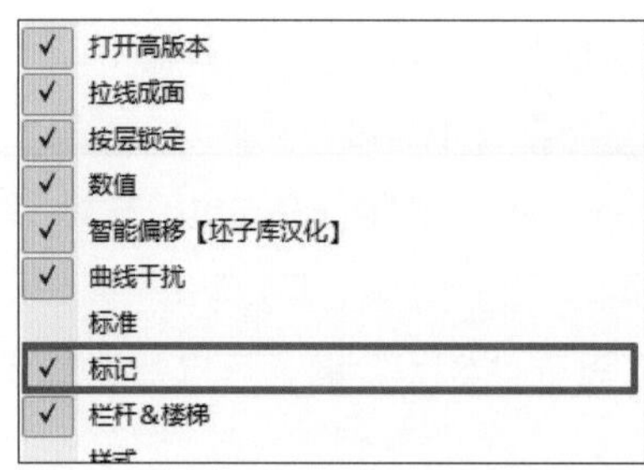

图6-159 勾选“标记工具栏”

步骤 02 使用“选择”工具（快捷键“Q”），选择需要切换标记的模型。

步骤 03 点开“标记工具栏”的列表，选择目标图层，即可完成“切换标记”，如图6-160所示。

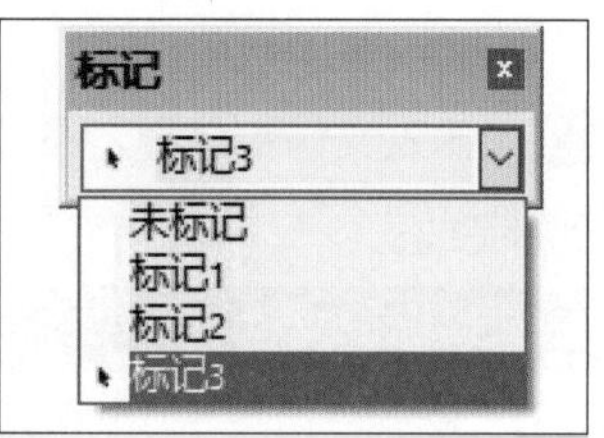

图6-160 标记工具栏

方法 03 “图元信息”面板。

步骤 01 打开“默认面板”中的“图元信息”面板。

步骤 02 使用“选择”工具（快捷键“Q”），选择需要切换标记的模型。

步骤 03 在“图元信息”面板中的“标记”列表，选择目标图层，即可完成“切换标记”（“图元信息”内容详见本书6.4节）。

> △ 提示
>
> 切换“组”的标记时：
>
> **方法 01** 通过“右击”菜单栏切换“组”的标记较为彻底，可以同时修改“组外壳”和“组内图元”的图层；
>
> **方法 02**“标记工具栏”和 **方法 03**“图元信息”面板，切换“组”的标记时，只修改“组外壳”的图层，“组内图元”的图层不变，容易出现模型错误。
>
> 因此建议使用 **方法 01** ，对“组”的标记进行切换。

6.8 场景

“场景”，可以保存不同的相机视角与风格样式，并通过场景标签快速回到已保存的场景。

本节包括“场景面板”“添加场景”“删除场景”“场景”“更新场景”等内容。

6.8.1 场景面板

打开“默认面板”，点击“场景”栏，即可展开“场景”面板，如图6-161所示，内容如下。

① **更新场景**——当场景的属性发生了变化，例如相机的位置、阴影的设置、隐藏的对象等，“更新场景”可以将场景修改为当前状态。

② **添加场景**——添加一个新的场景，将模型空间当前的状态保存。

③ **删除场景**——删除一个或多个场景。

④ **场景下移**——将被选中的场景在场景列

表中向下移动。

⑤ **场景上移**——将被选中的场景在场景列表中向上移动。

⑥ **查看选项**——以不同大小的“缩览图”或“列表”查看场景列表中的场景。

⑦ **隐藏详细信息**——是否打开场景的详细信息面板，即图6-161中的⑩。

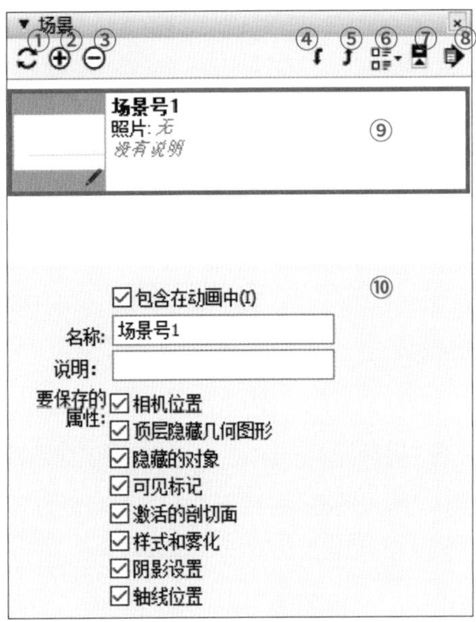

图6-161 “场景”面板

⑧ **菜单**——如图6-162所示：

a.“添加场景”——同②；

b.“更新场景”——同①；

c.“重命名场景”——修改场景的名称；

d.“删除场景”——同③；

e.“使用场景缩览图”——在场景列表中是否显示场景的缩览图；

f.“更新场景缩览图”——将场景列表中的场景缩览图修改为最新状态；

g.“添加有匹配照片的场景”——即“新建照片匹配场景”，详见本书6.10节；

h.“修改此场景的匹配照片”——即修改“照片匹配场景”的图片，详见本书6.10节。

图6-162 “菜单”

⑨ **场景列表**：

a.单击鼠标左键——选中某个场景；

b.双击鼠标左键——在模型空间中切换至当前场景；

c.单击鼠标右键——同⑧；

d.按住“Ctrl”键，可以加选“场景”；

e.按住“Shift”键，可以连续选中不相隔的“场景”。

⑩ **场景的详细信息**：

a.“包含在动画中”——该场景是否会被“场景动画”记录，“场景动画”详见本书6.8.6小节；

b.“名称”——该场景的名称；

c.“说明”——对该场景的详细描述及备注；

d.“相机位置”——该场景是否记录“创建场景”时相机的位置（视角）；

e.“隐藏的几何图形与对象”——该场景是否记录“创建场景”时被隐藏的几何图形与对象的隐藏和显示状态；

f.“可见标记”——该场景是否记录“创建场景”时图层的可见性；

g.“激活的剖切面”——该场景是否记录“创建场景”时剖切面的可见性；

h.“样式和雾化”——该场景是否记录“创建场景”时模型的样式和雾化；

i.“阴影设置”——该场景是否记录“创建场景”时阴影的状态；

j.“轴线位置”——该场景是否记录“创建场景”时轴线的位置。

△ 提示

“勾选”要保存的属性，则场景会记录并保存“创建场景”时，模型的相关设置及状态。切换至该场景，则呈现出“创建场景”时模型的相关设置及状态。

“不勾选”要保存的属性，则场景不会保存“创建场景”时，模型的相关设置及状态，只显示当前模型的相关设置及状态。

部分“插件”对上述“属性”的修改，不会被场景记录，如“太阳北极”对阴影进行调整，不会被场景记录。

6.8.2 添加场景

添加场景：添加一个新的场景，将模型空间当前的状态保存。

操作方法

方法 01 “场景”面板添加场景。

点击“场景面板”的“⊕”（图6-161中的②），即可添加一个新的场景。

方法 02 “场景标签栏”。

添加场景“场景标签栏”位于绘图区左上角，如图6-163所示。

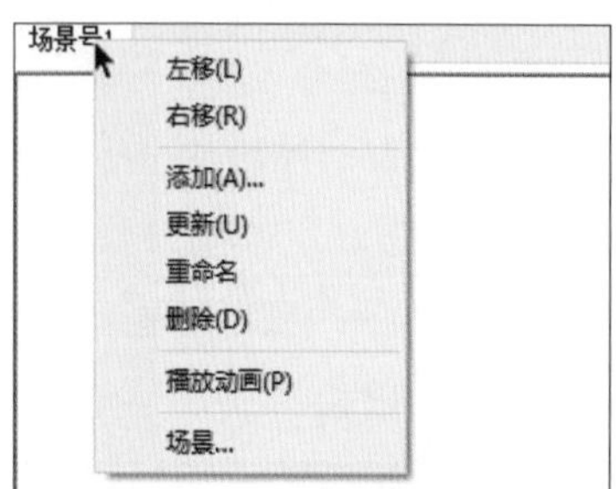

图6-163 右击“场景标签栏”

鼠标右键单击“场景标签栏”中的某个“场景标签”，选择“添加”，即可在该场景右侧添加一个新的场景。

△ 提示

模型中至少有一个场景时，才会显示出“场景标签栏”。

方法 03 “场景列表”添加场景。

步骤 01 在场景列表中，单击鼠标左键选择某个场景。

步骤 02 单击鼠标右键，选择“添加场景”，即可在场景下方添加一个新的场景。

如果当前模型的风格样式与原场景不一致，在“添加场景”时会弹出“警告-场景和风格”对话框，如图6-164所示。

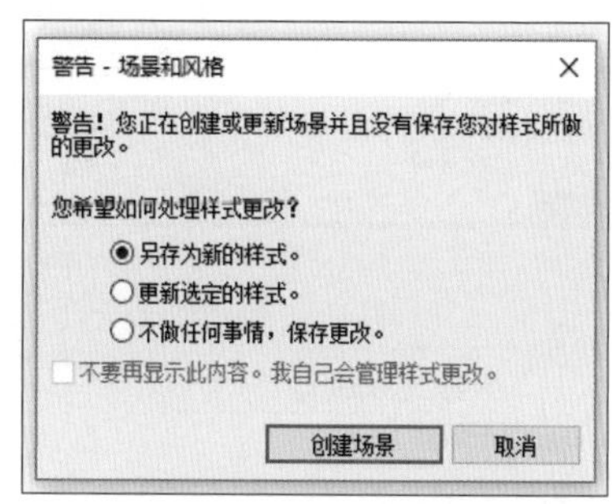

图6-164 “警告-场景和风格”

①“另存为新的样式”——将当前显示样式应用于“新建场景”中，不影响“原有场景”。

②“更新选定的样式”——将当前显示样式应用于“新建场景”中，并且应用于“原有场景”。

③“不做任何事情，保存更改”——将“原有场景”的显示样式应用于“新建场景”。

6.8.3 删除场景

删除场景：删除一个或多个场景。

操作方法

方法 01 “场景”面板删除场景。

步骤 01 在场景列表中，单击鼠标左键选择待删除的场景。

步骤 02 点击“场景面板”的“⊖”（图6-161中的③）。

步骤 03 弹出“您要删除场景X吗？”对话框，点击“是”即可删除被选中的场景。

方法 02 “场景标签栏”添加场景。

步骤 01 鼠标右键单击“场景标签栏”中待

删除的“场景标签”，选择“删除”。

步骤 02 弹出“您要删除场景X吗？”对话框，点击“是”即可删除该场景。

方法 03 “场景列表”添加场景。

步骤 01 在场景列表中，单击鼠标左键选择待删除的场景。

步骤 02 单击鼠标右键，选择“删除场景”。

步骤 03 弹出“您要删除场景X吗？”对话框，点击“是”即可删除被选中的场景。

6.8.4 移动场景

移动场景：调整场景在“场景列表”中的“上下”顺序，或者在“场景标签栏”中的“左右”顺序，上下（左右）顺序仅影响“动画”播放时的顺序。

操作方法

方法 01 “场景”面板移动场景。

步骤 01 在场景列表中，单击鼠标左键选择需要调整顺序的场景。

步骤 02 点击“场景面板”的“场景上移/下移”图标“⬆⬇”，即可调整该场景的顺序。

方法 02 “场景标签栏”添加场景。

步骤 01 用鼠标右键单击“场景标签栏”中需要调整顺序“场景标签”。

步骤 02 选择“左移/右移”，即可调整该场景的顺序。

6.8.5 更新场景

更新场景：当场景的属性发生了变化，例如相机的位置、阴影的设置、隐藏的对象等，“更新场景”可以将场景修改为当前状态。

操作方法

方法 01 “场景”面板更新场景。

步骤 01 在场景列表中，单击鼠标左键选择待更新的场景。

步骤 02 点击“场景面板”的“更新场景”图标“⟳”（图6-161中的①）。

步骤 03 弹出“更新场景”对话框，勾选需要更新的场景，并点击“更新”即可。

方法 02 “场景列表”添加场景。

步骤 01 在场景列表中，单击鼠标左键选择待更新的场景。

步骤 02 单击鼠标右键，选择“更新场景”。

步骤 03 弹出“更新场景”对话框，勾选需要更新的场景，并点击“更新”即可。

方法 03 “场景标签栏”更新场景。

步骤 01 用鼠标右键单击“场景标签栏”中待更新的“场景标签”。

步骤 02 选择“更新”，即可更新该场景。

6.8.6 动画

动画：当存在两个及以上场景时，可以自动切换各个场景形成连续的动画，并将动画导出为视频或图片。

6.8.6.1 动画设置

动画设置：设置场景之间切换的过渡时间和在每个场景暂停的时间。

操作方法 执行“菜单栏>窗口>模型信息>动画”指令，即可打开“动画”的设置面板，如图6-165所示。

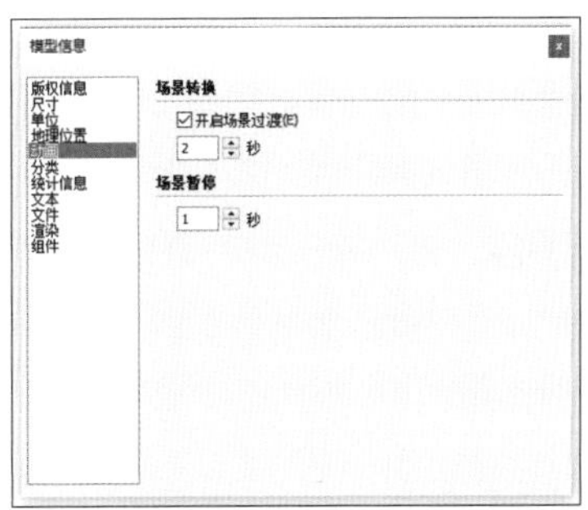

图6-165 “动画”设置

①“开启场景过渡”——两个场景切换的过场动画，开启后会由一个场景平滑过渡到下一个场景。

②“场景过渡时间”——两个场景转换的过场动画时长。

③“场景暂停”——在每个场景中停留的时长。

6.8.6.2 播放动画

播放动画：播放场景之间切换的动画。

操作方法

步骤 01 用鼠标右键单击“场景标签栏”中的“场景标签”，选择“播放动画”，如图6-166所示。

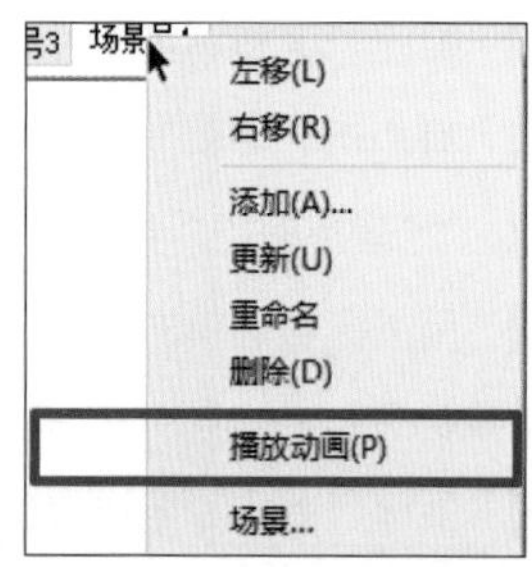

图6-166 右击“场景标签栏”

步骤 02 场景开始自动“从左到右”循环切换，同时弹出“动画”控制面板，如图6-167所示：

图6-167 动画控制面板

①“暂停/播放”——暂停播放/开始播放动画；

②“停止”——取消播放动画。

6.8.6.3 导出动画

导出动画：将动画 导出为视频或图片。

操作方法

步骤 01 执行“文件>导出>动画”菜单指令，弹出“输出动画”窗口，如图6-168所示。

步骤 02 在“输出动画”窗口单击“选项”，即可弹出“输出选项”面板，如图6-168所示：

①“分辨率”——指输出动画的清晰度；

②“图像长宽比”——指输出动画的视频画面比例；

③“宽度”——指输出图像的画面宽度；

④“高度”——指输出图像的画面高度；

⑤“直线比例乘数”——指输出图像的整体线宽；

⑥“帧速率”——指输出图像的输出动画帧率；

⑦“循环至开始场景”——当最后一个场景播放完毕后会自动回到第一个场景；

⑧“抗锯齿渲染”——勾选后，输出图像中边缘线条将会优化，提升边缘平滑度，减少图面边缘锯齿；

⑨“始终提示动画选项”——勾选后，导出动画时会自动弹出“输出选项”面板进行设置。

步骤 03 在“输出动画”窗口中选择“文件保存位置”“保存类型”并设置“文件名”，设置完成后单击“导出”即可将动画导出到计算机上（图6-169）。

可以将动画导出保存为“视频”（mp4）或“图片”（jpg、png、tif）等。

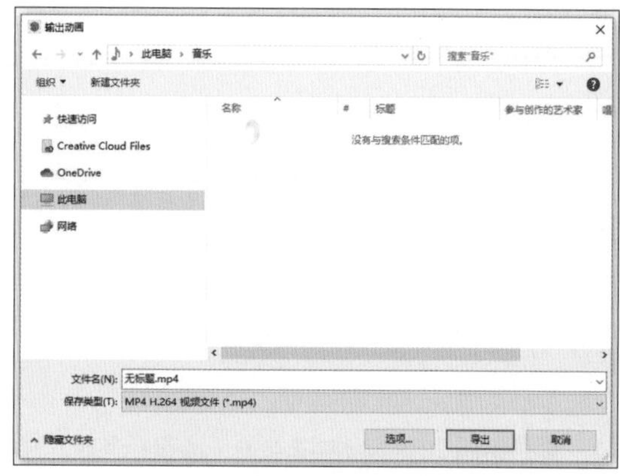

图6-168 “输出动画”窗口

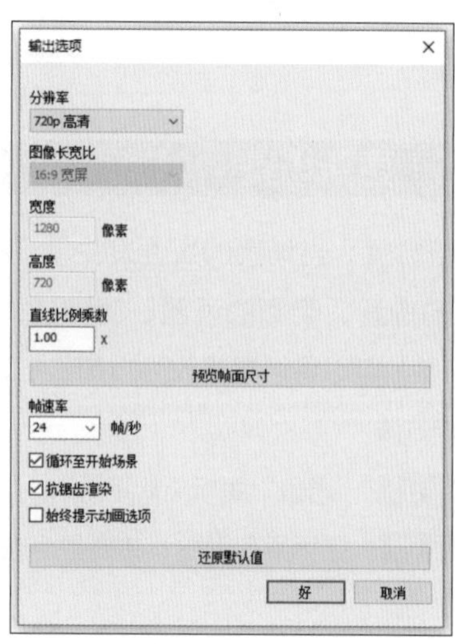

图6-169 “输出选项”面板

6.8.7 场景导入/导出

场景导入/导出：跨文件复制场景，即跨文件复制相机视角。

在模型中创建一个真实的“相机”，复制该“相机”到其他模型，即可复制相机视角。

操作方法

步骤 01 创建一个“场景A”，并切换到“场景A”。

步骤 02 执行“工具>高级镜头工具>创建相机”菜单指令，弹出“相机名称”对话框，如图6-170所示。

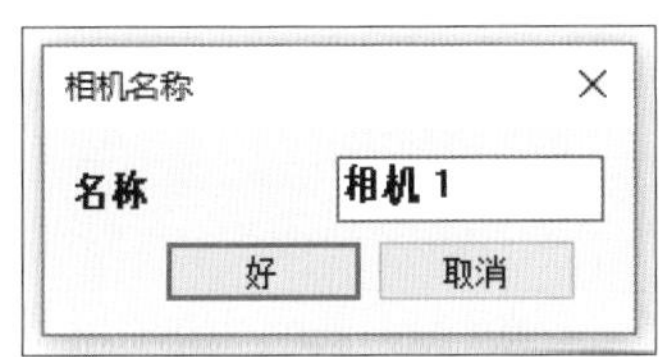

图6-170　高级镜头创建面板

步骤 03 输入“相机名称”并单击“好”，即可在模型中创建一个真实的“相机B”，并进入“相机B”的视角，同时“场景标签栏”出现“相机标签”，如图6-171所示。

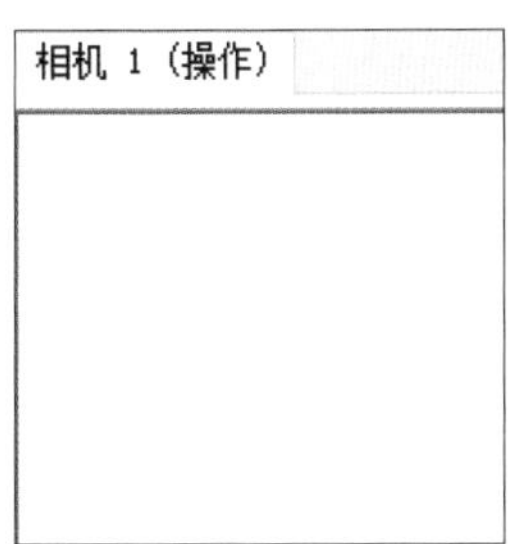

图6-171　高级镜头场景标签

“相机B”的视角与“场景A”完全相同。

步骤 04 立刻执行“选择”工具的快捷键“Q”，退出高级镜头工具。

步骤 05 按住鼠标中键转动视角，即可看到模型中真实的“相机B”的模型，如图6-172所示。

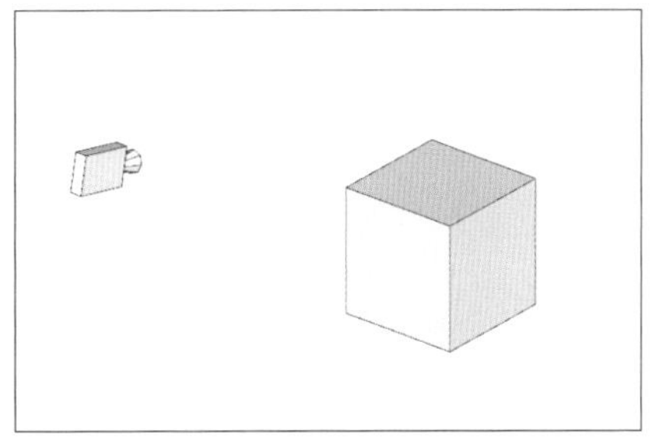

图6-172　“高级镜头工具”模型

步骤 06 使用“选择”工具（快捷键“Q”），选择“相机B”的模型，执行快捷键“Ctrl键+C”复制“相机B”的模型。

步骤 07 打开一个新的SketchUp文件，执行快捷键“Ctrl键+Shift键+V”原位粘贴，即可在新文件中创建一个完全一样的“相机B”模型。

步骤 08 使用“选择”工具（快捷键“Q”），选择新文件中“相机B”的模型，执行“右键>仔细查看相机”指令，即可进入“相机B”的视角。

步骤 09 立刻新建一个“场景A”，则“场景A”与“场景A”完全相同，即可完成场景的导入和导出。

6.9 阴影

“阴影”，即太阳照射到模型上，在地面或者平面上形成的影子。本节包括“阴影面板”“阴影开关”“阴影方位”“阴影设置”“快速调试阴影”等内容。

6.9.1 阴影面板

打开“默认面板”，点击“阴影”栏，即可展开“阴影”面板，如图6-173所示。

在SketchUp工具栏上单击鼠标右键，勾选“阴影”，即可打开“阴影”工具栏，如图

6-174所示，内容如下。

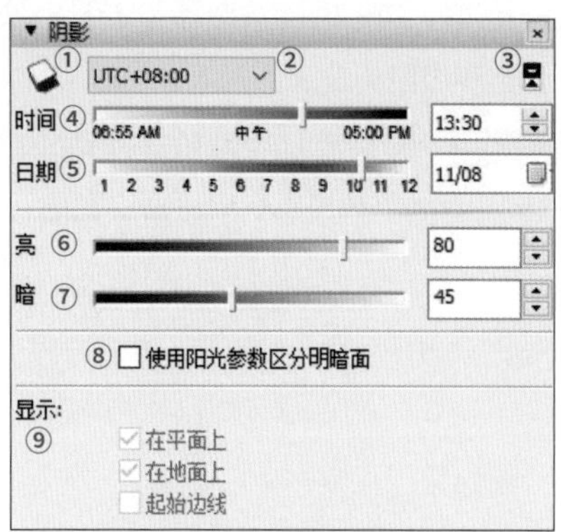

图6-173 “阴影面板”

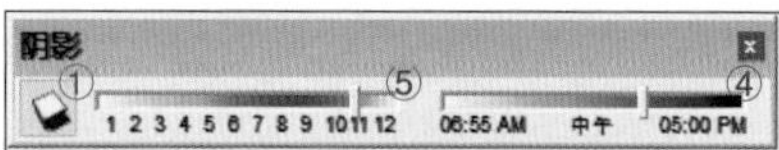

图6-174 “阴影”工具栏

① 阴影开关——控制阴影的开和关。

② 时区——模型所处地理位置的时区，时区不同，同一日期同一时间的阴影不同。

③ 详细信息——是否打开阴影的详细信息面板，即图6-173中的⑥~⑨。

④ 时间——模型当前场景在一天中的时间，时间不同，太阳位置不同，阴影方位也不同。

⑤ 日期——模型当前场景在一年中的日期，日期不同，太阳高度不同，阴影长度也不同。

⑥ 亮——向光面的亮度。

⑦ 暗——背光面的亮度。

⑧ 使用阳光参数区分明暗面——是否使用阳光参数区分明暗面。

勾选，则“向阳面”始终较亮，“背阳面”始终较暗。

⑨ 显示:

a.“在平面上”——阴影是否能投射到模型平面上。

b.“在地面上”——阴影是否能投射到默认地面上。

6.9.2 阴影开关

阴影开关：控制阴影的开和关。

操作方法 在“阴影工具栏”或“阴影面板”中，单击阴影开关的图标“”，即可打开或关闭阴影，如图6-175和图6-176所示。

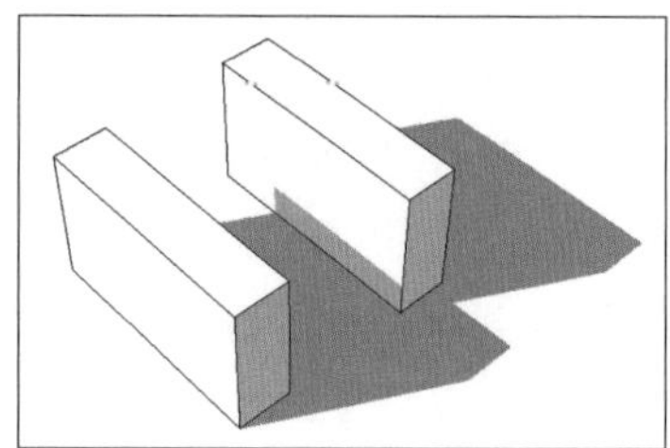

图6-175 阴影“打开”

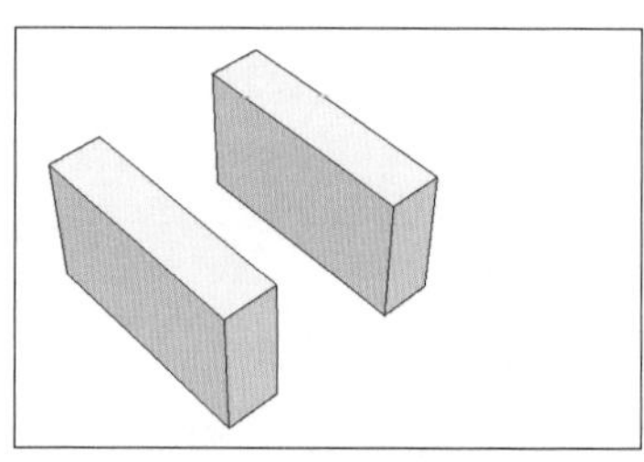

图6-176 阴影“关闭”

△ 提示

如果模型量较大，开启“阴影”后，需要软件计算全部模型的阴影信息，容易使软件卡顿，因此一般不建议在建模时开启阴影。

6.9.3 阴影方位

阴影方位：通过时区、时间、日期等参数调整太阳高度、太阳方位，从而影响阴影的长度和方向。

6.9.3.1 时区

时区：模型所处地理位置的时区，时区不同，同一日期同一时间的阴影不同。

操作方法 在“阴影面板”中，单击“时区”列表（图6-173中的②），选择所需的时区即可。

6.9.3.2 时间

时间：模型当前场景在一天中的时间，时间不同，太阳位置不同，阴影方位也不同。

操作方法

方法 01 在“阴影面板”或“阴影工具栏”

中，用鼠标左键拖动蓝色的“时间滑杆”，即可调整时间。

方法 02 在“阴影面板”中，用鼠标左键单击“时间文本框”，输入具体时间。

方法 03 在“阴影面板”中，用鼠标左键单击“时间文本框”右侧的“上/下”按钮，即可调整时间。

6.9.3.3 日期

日期：模型当前场景在一年中的日期，日期不同，太阳高度不同，阴影长度也不同。

操作方法

方法 01 在“阴影面板”或“阴影工具栏”中，用鼠标左键拖动红色的“日期滑杆”，即可调整日期。

方法 02 在“阴影面板”中，用鼠标左键单击“日期文本框”，输入具体日期。

方法 03 在“阴影面板”中，用鼠标左键单击“日期文本框”右侧的“日期”按钮，选择具体日期。

6.9.3.4 太阳北极

太阳北极：修改模型中“正北方”的方向，在不改变“时区、日期、时间”等参数的情况下，实现“阴影方向”的360°变化。

操作方法

步骤 01 在“阴影工具栏”或“阴影面板”中，单击阴影开关的图标“ ”，打开阴影。

步骤 02 在坯子插件库搜索框中输入“太阳北极”指令，单击“太阳北极”工具的图标“ ”，光标变为“十字圆盘”样式，如图6-177所示。

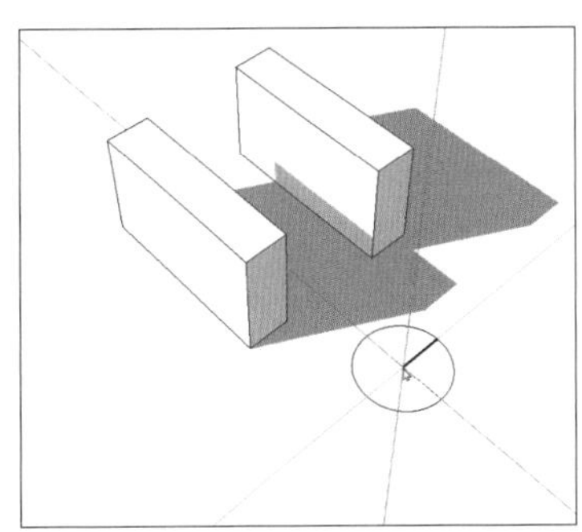

图6-177 太阳北极

步骤 03 在绘图区单击鼠标左键，放置“十字圆盘”并固定中心点，进入旋转模式。

步骤 04 移动光标，即旋转“正北方”的方向，则阴影方向随之转动，阴影方向可360°转动，如图6-178所示。

步骤 05 将阴影旋转至合适方位，单击鼠标左键即可确定阴影的方向。

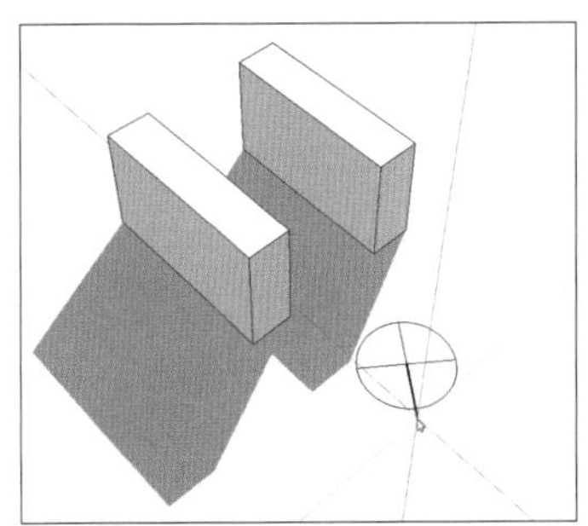

图6-178 修改“正北”方向

6.9.4 阴影设置

6.9.4.1 “亮暗面”亮度

亮暗面亮度：向光面、背光面和阴影的亮度。

操作方法

①“亮面”（向光面）：图6-173中的⑥。

方法 01 在“阴影面板”中，用鼠标左键拖动“亮”右侧的“滑杆”，即可调整向光面的亮度值。

方法 02 在“阴影面板”中，用鼠标左键单击“亮”右侧“文本框”，输入具体亮度值。

方法 03 在“阴影面板”中，用鼠标左键单击“亮”右侧的“上/下”按钮，即可调整亮度值。

②“暗面”（背光面和阴影）：图6-173中的⑦。

方法 01 在“阴影面板”中，用鼠标左键拖动“暗”右侧的“滑杆”，即可调整背光面和阴影的亮度值。

方法 02 在“阴影面板”中，用鼠标左键单击“暗”右侧“文本框”，输入具体亮度值。

方法 03 在“阴影面板”中，用鼠标左键单击“暗”右侧的“上/下”按钮，即可调整亮度值。

如图6-179所示，“亮面”亮度值80，“暗面”

亮度值45。

如图6-180所示，“亮面”亮度值100，“暗面”亮度值0。

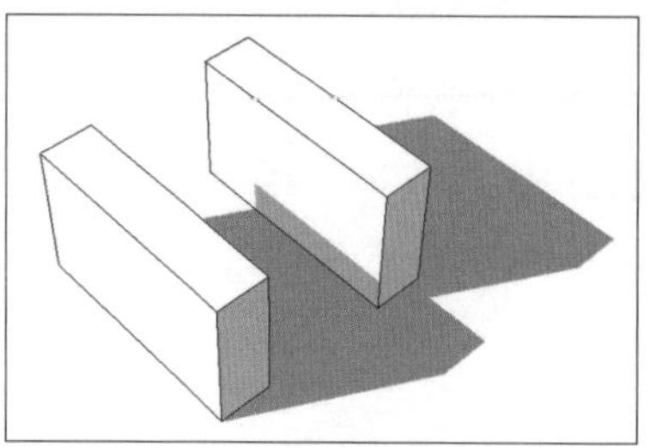

图6-179 “亮80，暗45”

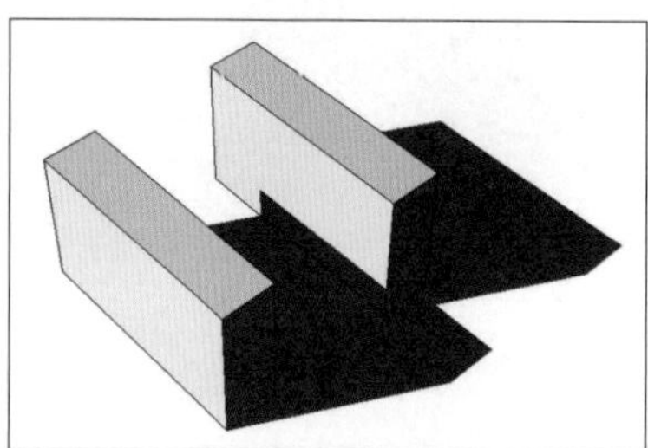

图6-180 “亮100，暗0”

△ 提示

只有当“阴影开启”或者勾选“使用阳光参数区分明暗面”时，对“亮暗面”亮度的调整才会在模型中显示出来。

6.9.4.2 “明暗面”区分

“明暗面”区分：在阴影关闭的状态下，区分“亮面”和“暗面”的方法。

操作方法 图6-173中的⑧，“使用阳光参数区分明暗面”。

① 阴影关闭，不勾选“使用阳光参数区分明暗面”(即默认状态)。

正对着相机视角的面较亮，其他面较暗，如图6-181所示。转动视角，则面的亮度随之发生变化。

② 阴影关闭，勾选“使用阳光参数区分明暗面”。

向光面始终较亮，背光面始终较暗，且面的亮度不会随着视角的变化而变化，如图6-182所示。

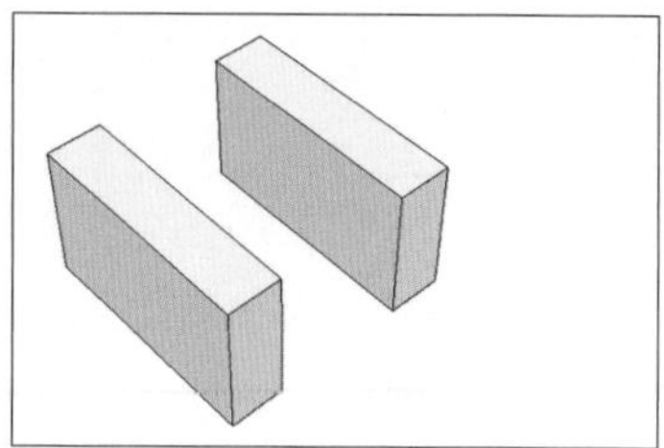

图6-181 不使用阳光参数区分明暗面

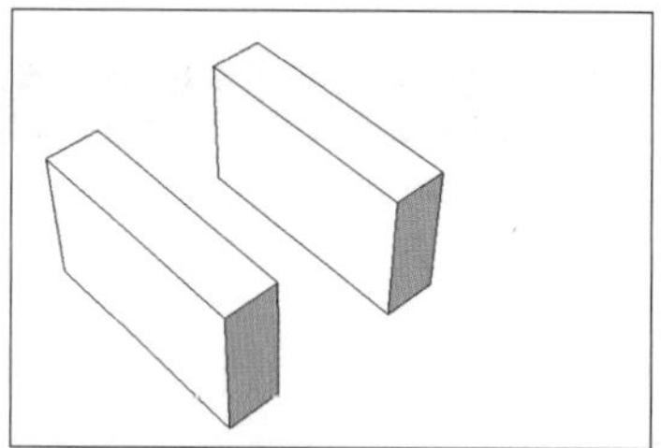

图6-182 使用阳光参数区分明暗面

6.9.4.3 阴影显示

阴影显示：控制阴影是否能够投射模型到平面或默认地面上。

操作方法 图6-173中的⑨。

① 同时勾选“在平面上”和“在地面上”。

在模型平面上和默认地面上，均能显示出阴影，如图6-183所示。

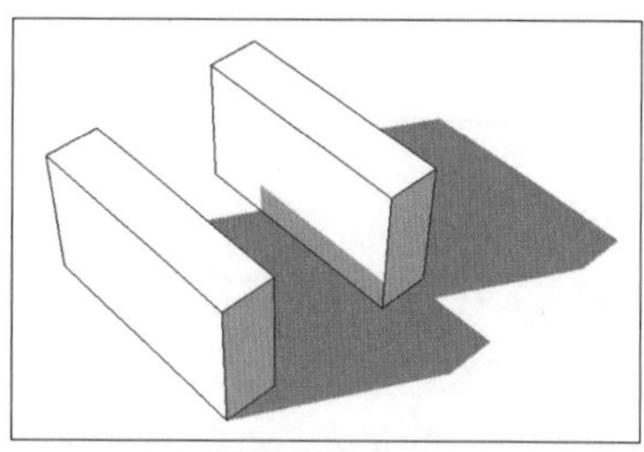

图6-183 “在平面上，在地面上”

② 不勾选“在平面上”，勾选“在地面上”。

在模型平面上不显示阴影，在默认地面上显示阴影，如图6-184所示。

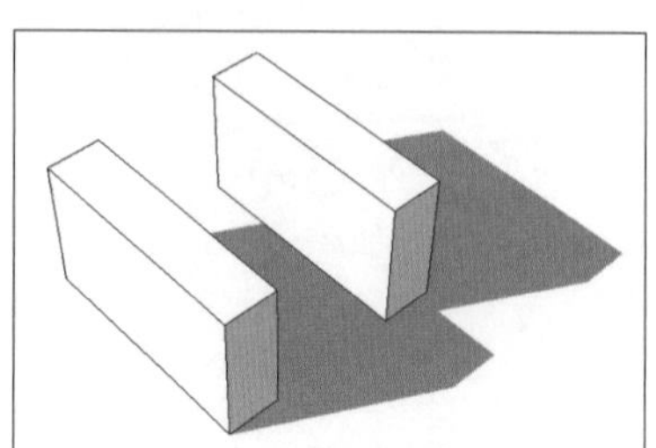

图6-184 “在地面上”

③ 勾选“在平面上”，不勾选“在地面上”。

在模型平面上显示阴影，在默认地面上不显示阴影，如图6-185所示。用户需手动创建一个地面模型，即可在地面上显示阴影。

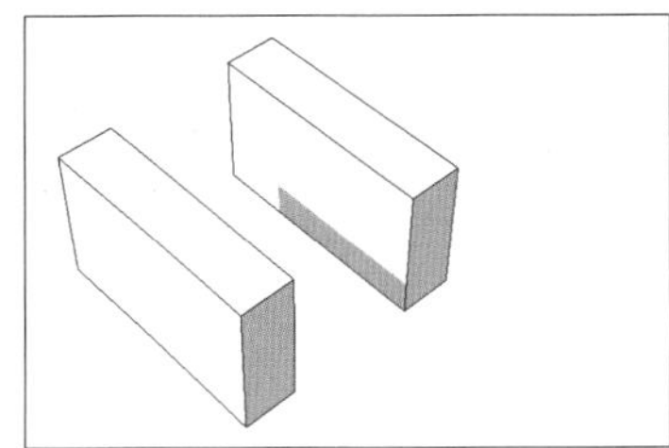

图6-185 “在平面上”

△ 提示

“在平面上”和“在地面上”不能同时取消勾选。

6.9.5　快速调试阴影

快速调试阴影：如果模型量较大，开启“阴影”后，需要计算所有模型的阴影信息，容易使软件卡顿，导致阴影方位的调整变得十分困难。因此，可以进入简单几何体的“组”内部，通过观察“局部模型”的阴影来调整阴影的方位，较为方便快捷。

操作方法

① 精确调整阴影位置：“阴影”开启时（如图6-186所示，在“组”外显示全部模型的阴影）。

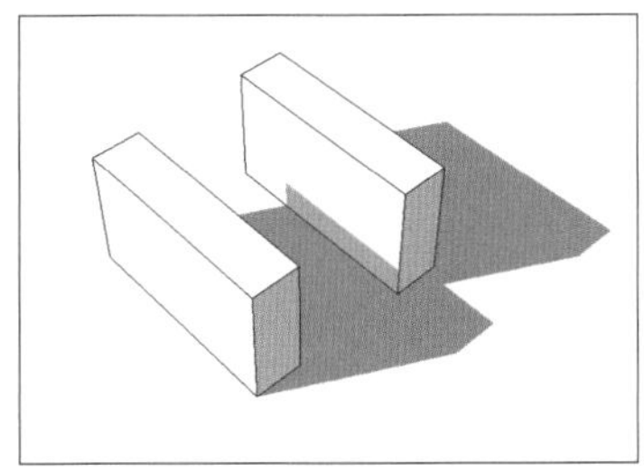

图6-186　显示全部阴影

步骤 01　执行“视图 > 组件编辑”菜单指令，勾选“隐藏剩余模型”和“隐藏类似的组件”（“隐藏剩余模型”和“隐藏类似的组件”详见本书4.1.7.3和4.1.7.4小节）。

步骤 02　使用“选择”工具（快捷键“Q”），进入一个简单模型的“组”，如图6-187所示，仅显示简单几何体的阴影，软件计算较快。

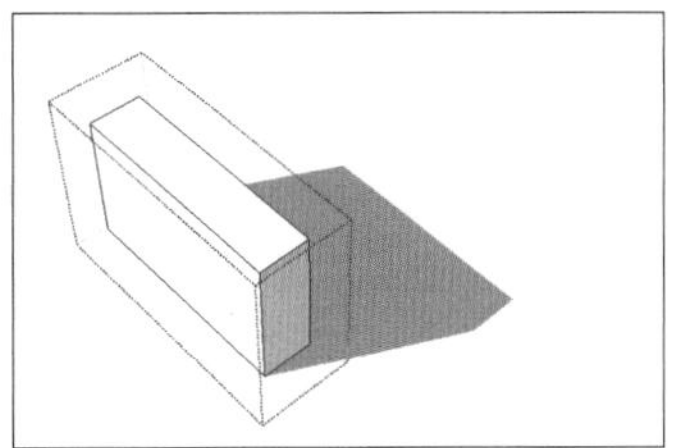

图6-187　隐藏剩余模型

如果不勾选“隐藏剩余模型”和“隐藏类似的组件”，进入“组”内部，仍然显示全部模型及阴影，如图6-188所示。

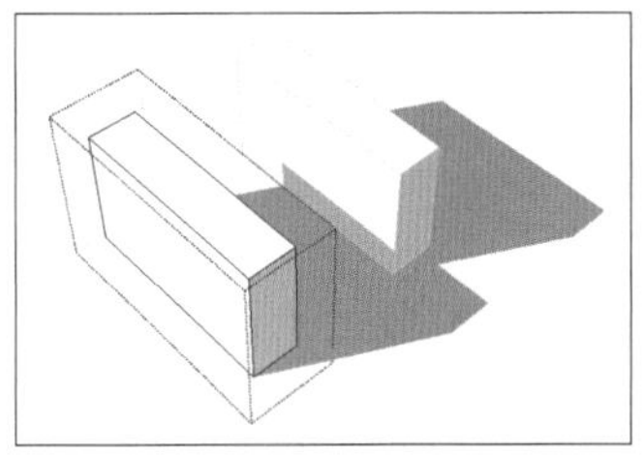

图6-188　不隐藏剩余模型

步骤 03　在“组”内部，调整阴影的方位，如图6-189所示。

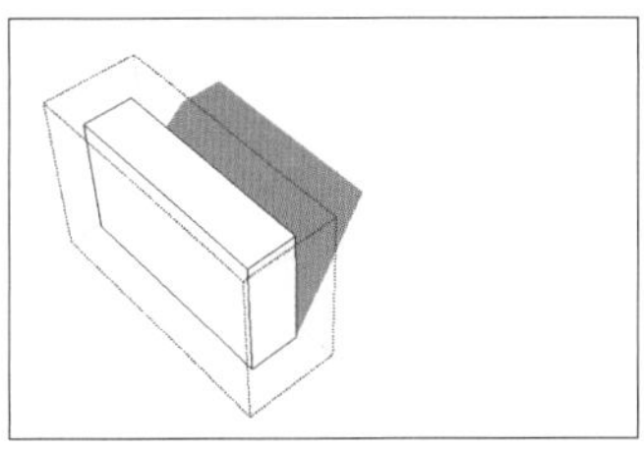

图6-189　调整局部阴影

步骤 04　执行快捷键“Esc”键，退出“组”，则全部模型的阴影同步发生变化，如图6-190所示。

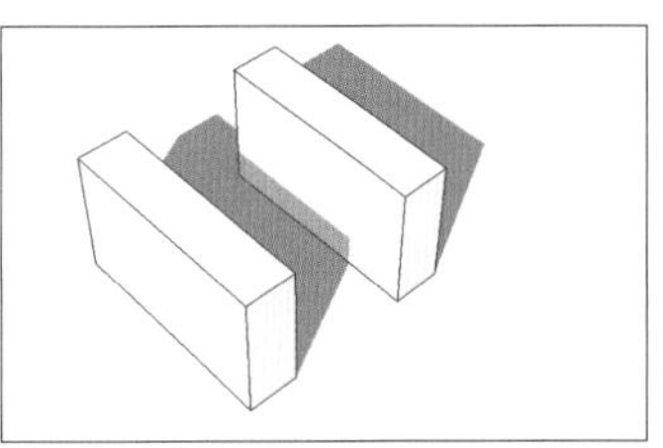

图6-190　退出群组，阴影同步调整

② 粗略调整阴影方向：“阴影”关闭时。

步骤 01 在“阴影面板”中勾选“使用阳光参数区分明暗面”，则向光面较亮，背光面较暗，如图6-182所示（“使用阳光参数区分明暗面”详见本书6.9.4.2小节）。

步骤 02 使用“太阳北极”工具，通过观察亮暗面的变化（背光面与阴影方位一致），调整阴影的方位。

6.10 照片匹配

照片匹配：将SketchUp模型和真实场景的照片匹配在一起，可以借助照片创建真实的模型或者将照片纹理投射到已有模型上。

6.10.1 照片匹配面板

打开“默认面板”，点击“照片匹配”栏，即可展开“照片匹配”面板，如图6-191所示，内容如下。

图6-191 “照片匹配”面板

① 新建照片匹配——创建一个照片匹配视图。

② 编辑照片匹配——修改已有照片匹配的相关参数。

③ 模型——是否显示照片匹配场景中的模型。

④ 照片点工具——在图片上选择一个点，创建一条参考线经过该点和相机。

⑤ 从照片投影纹理——将照片纹理投射到模型上。

⑥ 栅格——栅格样式：

a. “开”——打开栅格；

b. “自动”——自动调节栅格；

c. “样式”——根据不同的空间类型，选择对应的栅格类型；

d. “平面”——是否开启“红轴/绿轴”“红轴/蓝轴”“绿轴/蓝轴”平面的栅格；

e. “间距”——栅格网间距。

⑦ 完成——完成照片匹配的创建。

6.10.2 照片匹配方法

操作方法

步骤 01 导入匹配图片。

在“照片匹配面板”中，单击“新建照片匹配”工具的图标“⊕”（图6-191中的①），打开“选择背景图片文件”窗口，如图6-192所示，选择所需图片，点击“打开”。

图6-192 “新建照片匹配”

或者执行“导入”工具的快捷键“Alt键加+”，打开“导入”窗口，如图6-193所示，“将图像用作”勾选“新建照片匹配”，选择所需图片，点击“导入”。

步骤 02 绘图区样式。

导入“图片”后，绘图区将如图6-194所示，内容如下。

图6-193 “导入”

① 场景标签——匹配的照片的相机视图。如果离开当前场景，匹配的照片会消失，可以单击该“场景标签”返回照片的视图。

② 匹配相机视图——当相机处于匹配照片视图时，可以在绘图区左上角看到“匹配照片”。

③ 消失点条——一共两条绿色和两条红色条，两端带有虚线和方形夹点。单击并拖动夹点可以将透视线与照片中的元素对齐。

④ 地平线——黄色地平线和模型中的地平线对齐。调整消失条时，地平线会自动调整。

⑤ 轴条——红色、绿色和蓝色代表红轴、绿轴和蓝轴。调整消失条时，轴条会自动调整。拖动轴条可以调整栅格网大小，以粗略缩放照片。

⑥ 轴原点——红轴、绿轴和蓝轴相交的地方。拖动轴原点可以设置定位原点。

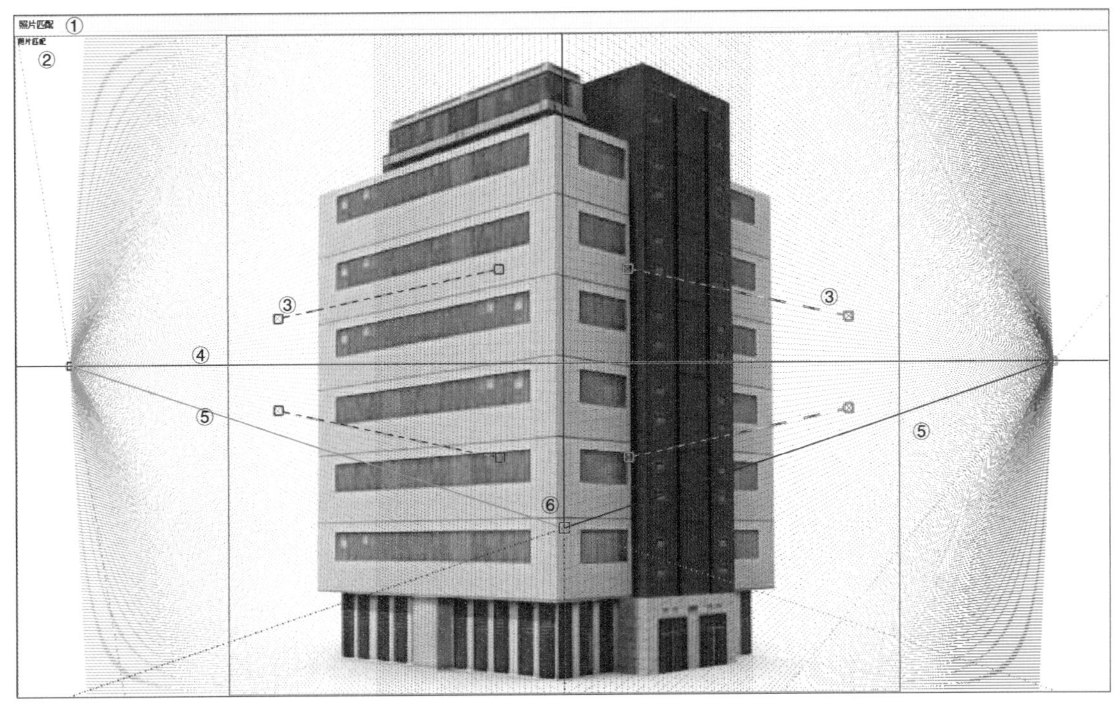

图6-194 调整照片匹配场景

步骤 03 移动“轴原点”。

拖动“轴原点”(图6-194中的⑥)至墙壁与地面相交的拐角处，如图6-195所示。

步骤 04 移动“消失条”。

拖动四条“消失条”的夹点(图6-194中的③)，使消失条分别和照片中的透视线重合，如图6-196所示。

图6-195 调整“轴原点”

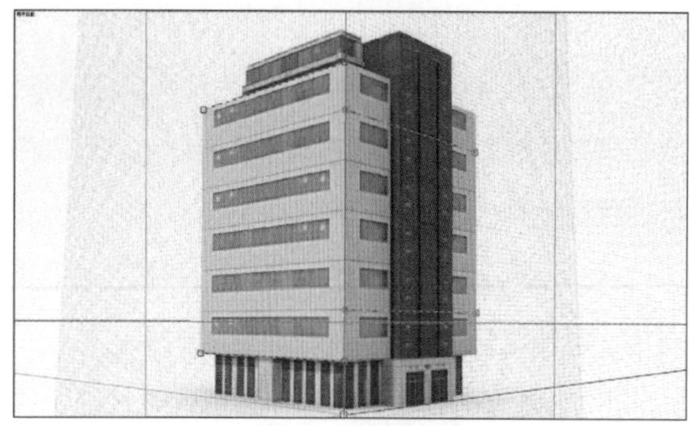

图6-196 调整“消失条”

步骤 05 完成“照片匹配”场景。

在“照片匹配”面板，单击“完成”即可完成“照片匹配”场景的创建，如图6-197所示。

如需修改“照片匹配”的透视，可单击“编辑照片匹配”（图6-191中的②）重新调整。

图6-197 完成“照片匹配”场景

步骤 06 根据“照片匹配”场景建模。

根据匹配的“照片”中的结构、比例等要素进行建模，建模过程中可随时单击“照片匹配”场景标签，返回“照片匹配”场景中。

步骤 07 从“照片投影纹理”。

建模完成后，在“照片匹配”面板中单击“从照片投影纹理”。

弹出对话框“是否覆盖现有材质”，点击“是”。

弹出对话框“要部分剪辑可见平面吗？”，点击“是”，即可将照片纹理投射到模型表面，如图6-198所示。

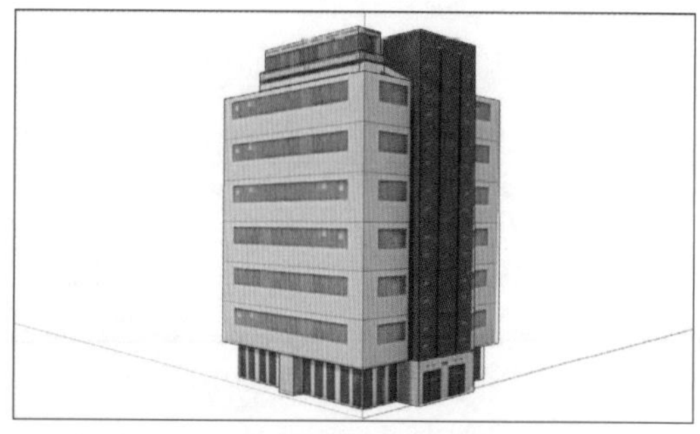

图6-198 将照片纹理投射到表面

步骤 08 以建筑实际尺寸缩放模型。

根据已有的建筑尺寸，对模型进行缩放，即可完成“照片匹配”及模型的建造。

第 7 章　总结与建模实操

7.1　CAD 导入修复专题

7.2　建模提速专题

7.3　建筑 / 室内建模实操

7.4　景观 / 规划建模实操

7.1 CAD 导入修复专题

在整个SketchUp创建模型的工作流程中，CAD图纸对于模型的尺寸把控至关重要。如果想将CAD图纸在SketchUp中完美封面并且进行后续的模型创建，则需要通过一系列的CAD修复操作才可以弥补SketchUp软件本身存在的缺陷。本节将全面介绍如何通过有效方法快速解决CAD图纸导入SketchUp后出现的所有问题。

CAD导入修复专题的内容包括Z轴压平、比例校正、查找线头、闭合所有边线开口、快速封面、清孤立线、合理群组等。

7.1.1 Z轴压平

CAD图纸封面必须满足两个先决条件，即所有图形“完全闭合”且“共面（处于同一平面）”。

CAD导入SketchUp后第一步需使用“Z轴压平”工具，将CAD图纸的所有图形保持在同一平面上。

Z轴压平：三维模型沿Z轴方向压成平面，保持三维模型Z方向的量度统一为“0”，通俗来说就是将一个物体拍扁。

操作方法

步骤01 使用“选择”工具（快捷键“Q”），选择需要“Z轴压平”的CAD图形，如图7-1所示。

步骤02 执行“Z轴压平”工具的快捷键“Ctrl键+0”（自定义），或者单击坯子助手工具栏中“Z轴压平”工具的图标“ ”，即可完成“Z轴压平”，如图7-2所示。

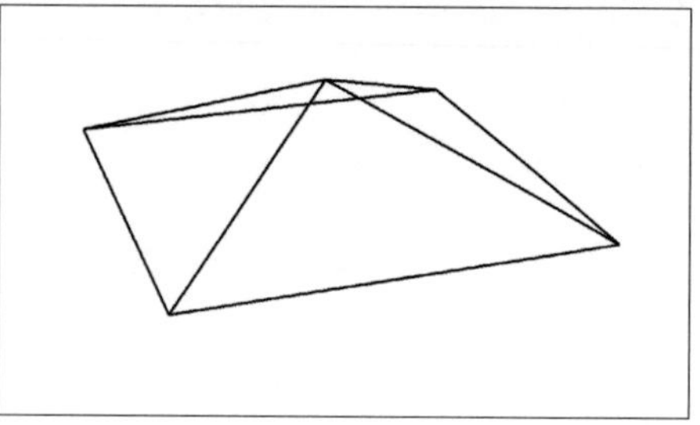

图7-1 Z轴压平前状态

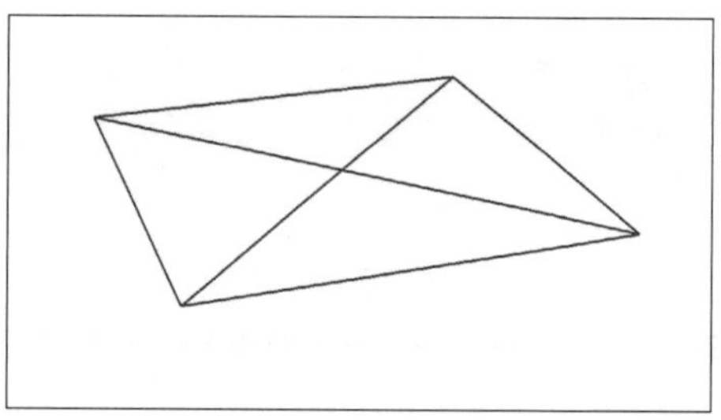

图7-2 Z轴压平后状态

7.1.2 比例校正

比例校正：CAD图纸导入SketchUp，有时会出现比例偏差，需使用“卷尺”工具对CAD图纸进行比例校正。

操作方法

步骤01 执行“卷尺”工具快捷键“J”。

步骤02 在CAD图形中随机测量一条线段的长度，判断是否存在偏差；如果存在，则直接输入该直线的实际长度值并执行“回车”键完成比例校正。

△ 提示

在 步骤02 中执行“回车”键后会弹出“您要调整模型的大小吗？”选项窗口，意为校正整个模型的比例大小。如果需要校正局部模型的比例大小，需要先将局部物体创建群组，然后进入组内使用“卷尺”工具进行比例校正。

7.1.3　查找线头

CAD 图纸封面必须满足的两个先决条件中“完全闭合”是最困难的部分，因为大多数的CAD 图纸由于绘制得不规范会产生大量未闭合缺口，如果需要将这些缺口完全封闭，应该先知道整个CAD 图形中的缺口数量以及最大缺口的尺寸大小。

查找线头：可快速查看CAD 图形中未闭合缺口或线头的数量以及缺口的尺寸大小。

操作方法

步骤 01　执行“查找线头”工具的快捷键“Alt键+0”(自定义)，或者单击坯子助手工具栏中“查找线头”工具的图标“ ”，缺口或线头处用蓝色圆圈标识，如图7-3所示。

步骤 02　肉眼粗略查看缺口最大的线头位置，鼠标光标放置在蓝色圆圈上，观察左上角显示的“最近连线”获取距离，得出一个CAD 图形中最大缺口的范围值。

> △ 提示
>
> 在 **步骤 02** 中得出的最大缺口的范围值主要用于7.1.4小节的“闭合所有边线开口”，如果要完成“闭合所有边线开口”就必须获取整个CAD 图形中最大缺口的尺寸大小。

7.1.4　闭合所有边线开口

闭合所有边线开口：自动连接容差范围内的缺口，且自动删除容差范围内的线头。

操作方法

步骤 01　在坯子插件库搜索框中输入“边界工具”指令，单击“边界工具”字样，再次单击弹出的工具栏中“闭合所有边线开口”工具的图标“ ”。

步骤 02　在弹出窗口中“容差”选项框内输入7.1.3小节获取的最大缺口的尺寸数值，“删除端头线段”选项框保持“Yes”选项，单击“好”即可完成闭合，如图7-4所示。

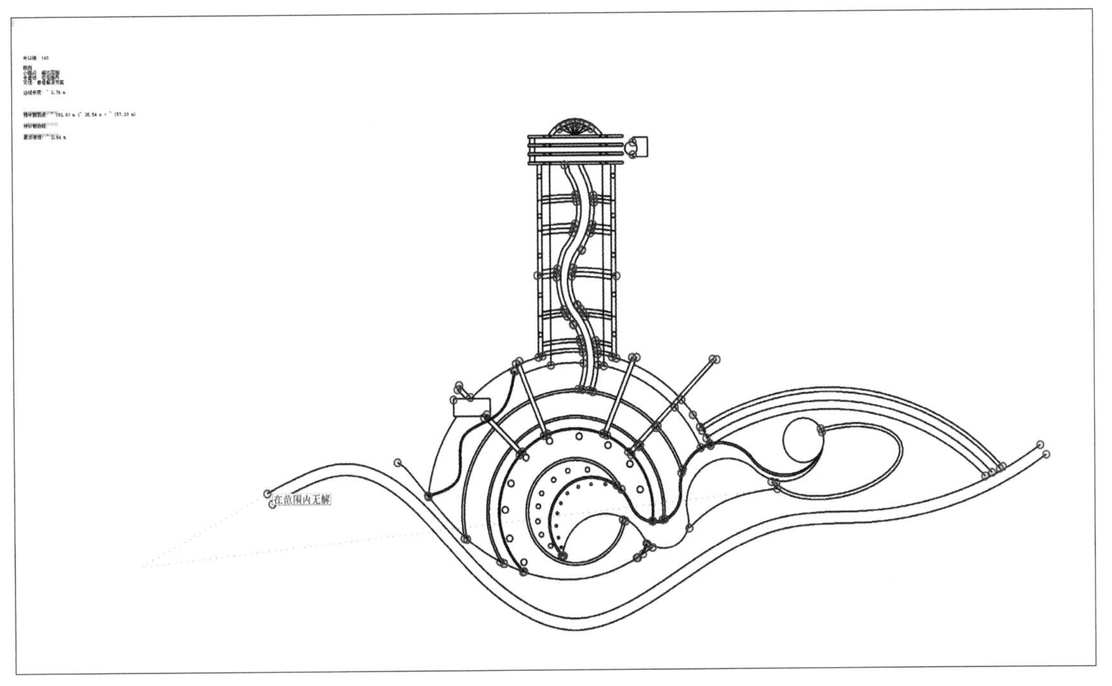

图7-3　查找线头

△ 提示

在 步骤 02 中输入的“容差”可在获取的最大缺口的尺寸数值基础上稍微调大，调大30%左右。例如7.1.3小节获取的最大缺口的尺寸数值为30mm，则“容差”可输入40mm。

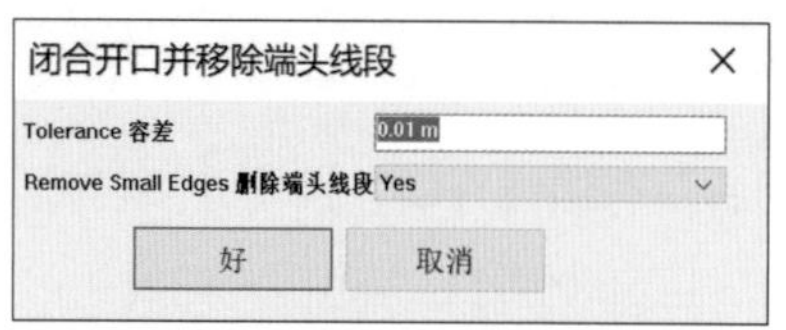

图7-4　闭合所有边线开口选项

7.1.5　快速封面

快速封面： 自动将“完全闭合”且“共面（处于同一平面）”的线条封面。

操作方法　执行“快速封面”工具的快捷键“I”（自定义），或者点击坯子助手工具栏中“快速封面”工具的图标“ ”，如图7-5所示。

△ 提示

如果出现个别平面“快速封面”失败的情况，建议提取出“快速封面”失败的曲线，复制到空白处重新执行“快速封面”工具快捷键“I”，封面成功后将平面移回原位置；如果仍然封面失败，可重新检查是否满足“完全闭合”或“共面（处于同一平面）”两个先决条件。

7.1.6　清孤立线

清孤立线： 删除没有构成平面的线，即孤立线。

操作方法

步骤 01　执行“全部选择”工具的快捷键“Ctrl键+A”，选择所有的CAD图形。

步骤 02　在CAD图形上执行“右键>清孤立线”，并单击“确定”即可完成清除，如图7-6和图7-7所示。

7.1.7　合理群组 / 批量推拉

在完成清理工作后，需要将平面根据不同材质进行分类并创建群组，以方便后续的模型管理与体块推拉。如果不先进行分类并创建群

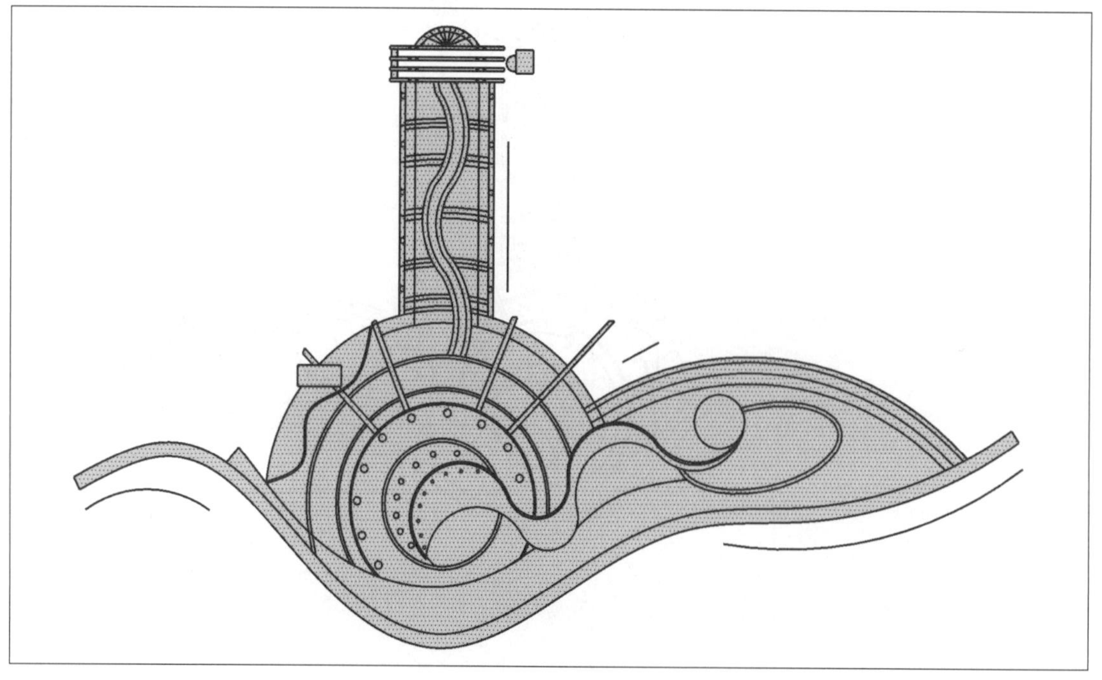

图7-5　快速封面

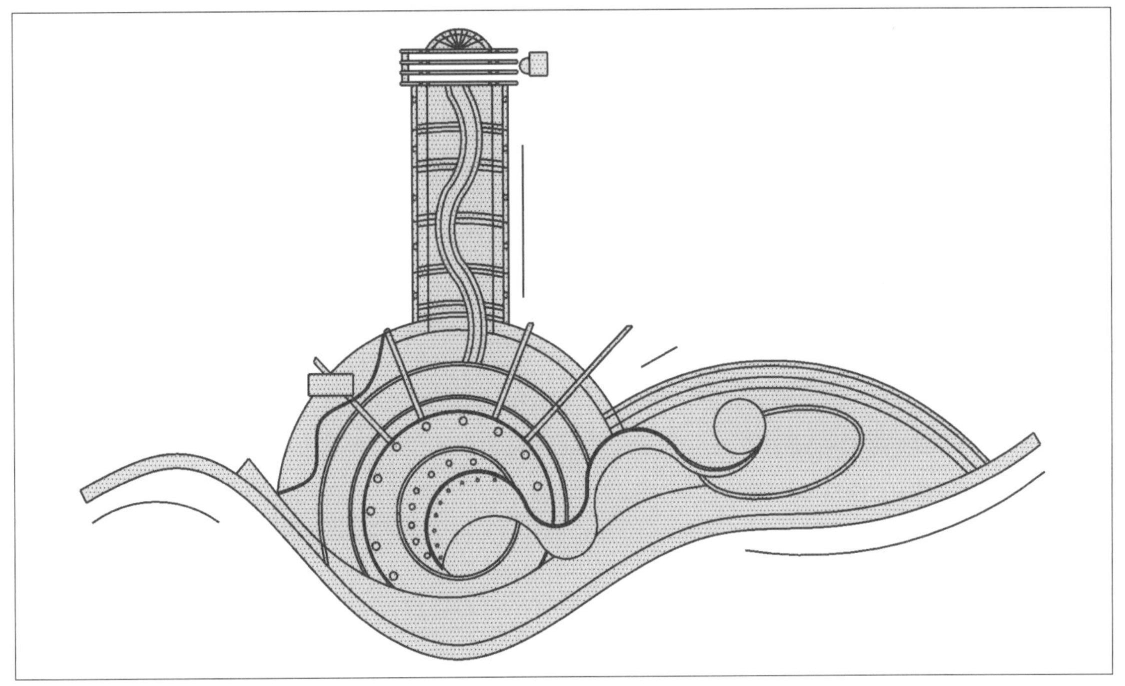

图7-6　清孤立线前状态

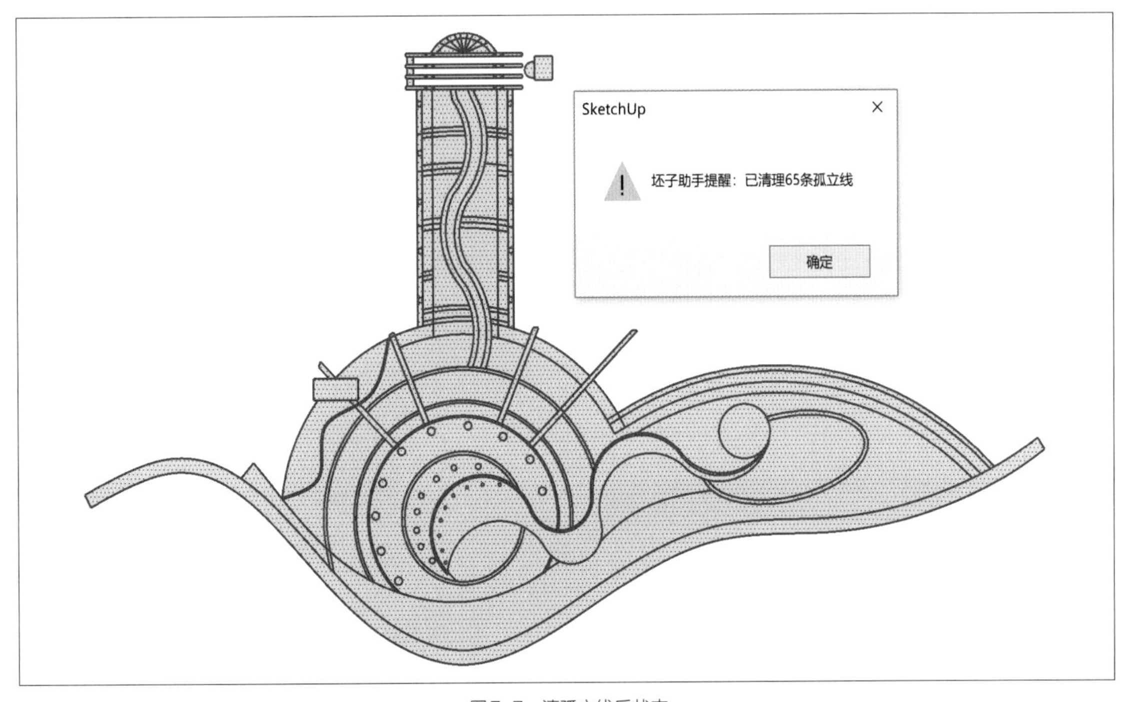

图7-7　清孤立线后状态

组，而是先将所有的平面完成体块推拉，后续的创建群组工作将会变得异常困难、繁杂。因此，需要先合理创建群组，再进行批量推拉。

操作方法

步骤 01　使用"选择"工具（快捷键"Q"），选择具有相同材质的平面，如图7-8所示。

步骤 02　执行"创建群组"工具的快捷键"G"创建为群组，并进入该群组。

步骤 03　全选群组内所有平面，执行"批量推拉"工具的快捷键"Alt键+空格"（自定义）或者单击坯子助手工具栏中“批量推拉”工具的图标“⊗”。

步骤 04 输入“批量推拉”厚度值并执行“回车”键确定推拉高度，如图7-9所示。

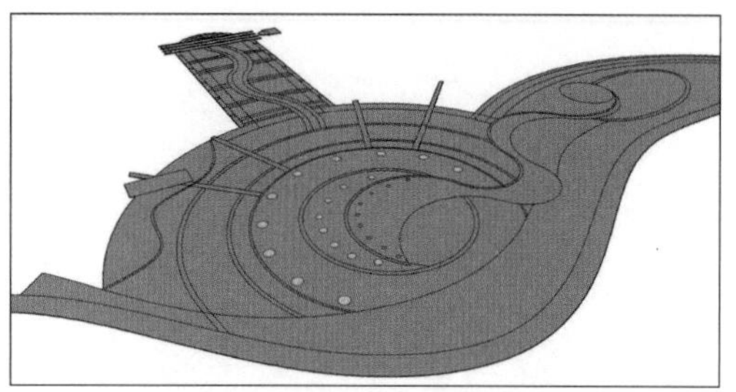

图7-8 选择相同材质的平面

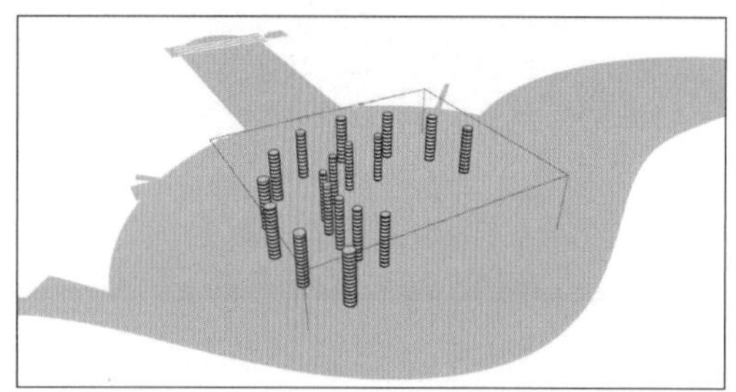

图7-9 批量推拉

△ 提示

本小节强调的是在CAD修复工作完成后，后续建模工作流程的重要性。工作流程混乱会导致用户做大量无用功，所以在日常模型创建的工作中，先构思再动手，理清思路尤为关键。

7.1.8 封面经验综述

CAD 导入修复过程中会遇到一些封面非常困难的平面曲线，本质上是没有满足封面的两个先决条件，即“完全闭合”与“共面（处于同一平面）”。“共面”难题较为棘手，一般使用以下三种方法即可解决，“模型交错封面”“曲面投射封面”与“拉线成面并模型交错封面”。

7.1.8.1 模型交错封面

模型交错封面：将无法成面的曲线与新建的平面“模型交错”后再封面。

操作方法

步骤 01 使用“矩形”工具（快捷键“B”），绘制一个能覆盖封面曲线的矩形，如图7-10所示。

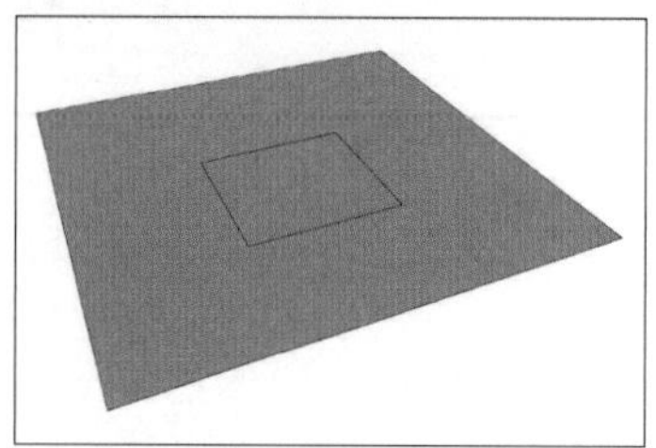

图7-10 模型交错前状态

步骤 02 使用“选择”工具（快捷键“Q”），选择需要模型交错的曲线和 步骤 01 创建的矩形面。

步骤 03 执行“右键 > 模型交错 > 模型交错”指令，即可将原曲线封面，如图7-11和图7-12所示。

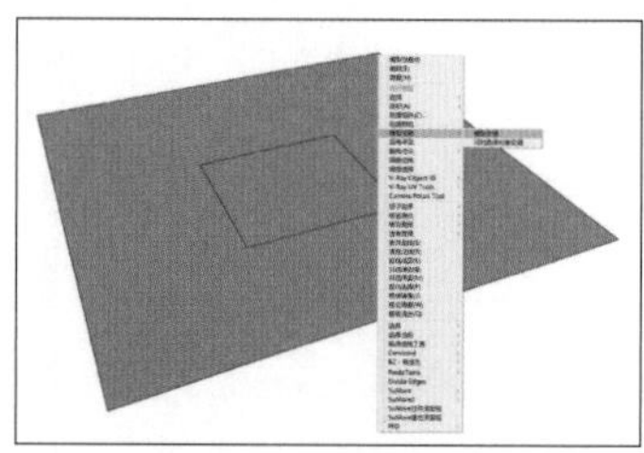

图7-11 模型交错

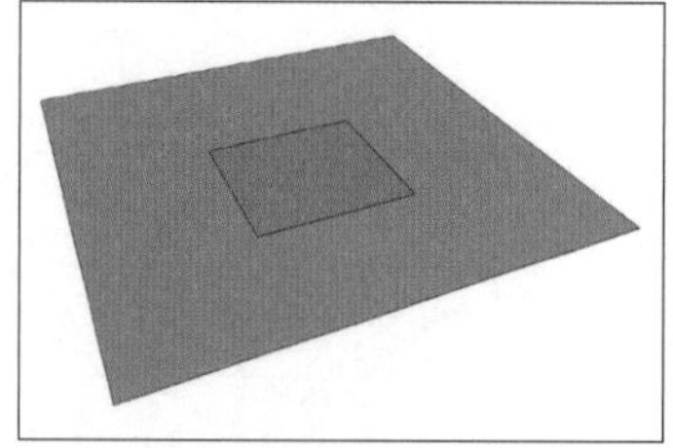

图7-12 模型交错后状态

步骤 04 保留所需平面，将其余图元删除即可。

△ 提示

SketchUp软件存在模型“绝对公差”，小于0.001mm的误差软件不做处理。曲线存在微小高差而导致无法封面，使用“模型交错”即可将曲线与平面粘连，从而消除高差并封面。

7.1.8.2　曲面投射封面

曲面投射封面：将无法成面的曲线投射到新建的平面上进行封面。

操作方法

步骤 01　使用“矩形”工具（快捷键“B”），绘制一个能覆盖封面曲线的矩形。

步骤 02　使用“选择”工具（快捷键“Q”），选择需要曲面投射的曲线。

步骤 03　单击沙箱工具栏中的“曲面投射”工具，图标为“ ”，并单击步骤 01创建的矩形面，即可得到所需平面。

步骤 04　保留所需平面，将其余图元删除即可。

△ 提示

> SketchUp软件存在模型“绝对公差”，小于0.001mm的误差软件不做处理。曲线存在微小高差而导致无法封面，使用“曲面投射”将曲线投射到平面上，平面内的曲线即可封面。

7.1.8.3　拉线成面并模型交错封面

拉线成面并模型交错封面：将无法成面的曲线上下“拉线成面”以穿过新建的平面，使用“模型交错”提取相接线并封面。

操作方法

步骤 01　使用“矩形”工具（快捷键“B”），绘制一个能覆盖封面曲线的矩形。

步骤 02　使用“选择”工具（快捷键“Q”），选择需要拉线成面的曲线。

步骤 03　单击坯子助手工具栏中的“拉线成面”工具，图标为“ ”。

步骤 04　鼠标沿着蓝轴方向向上移动，单击鼠标左键确定终点。

步骤 05　重复 步骤 02 与 步骤 03 。

步骤 06　鼠标沿着蓝轴方向向下移动，单击鼠标左键确定终点，如图7-13所示。

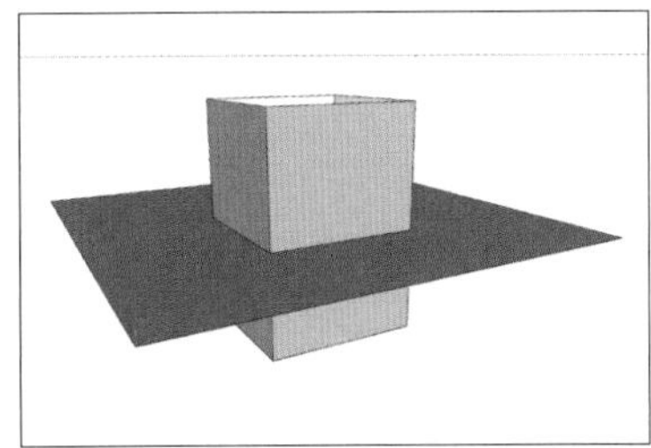

图7-13　拉线成面

步骤 07　使用“选择”工具（快捷键“Q”），选择以上步骤创建的所有图元。

步骤 08　执行“右键＞模型交错＞模型交错”指令，如图7-14所示。

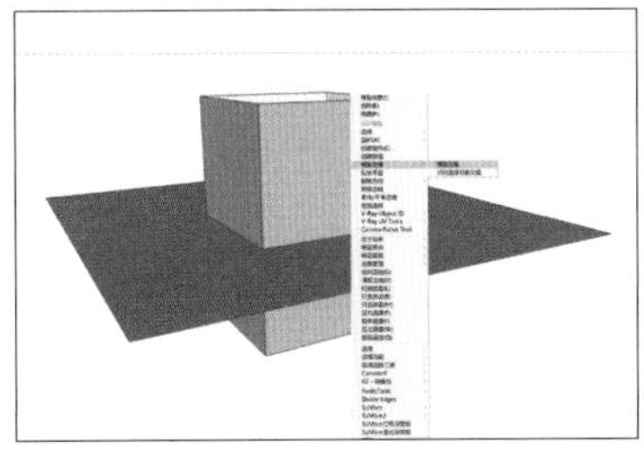

图7-14　模型交错

步骤 09　保留所需平面，将其余图元删除即可，如图7-15所示。

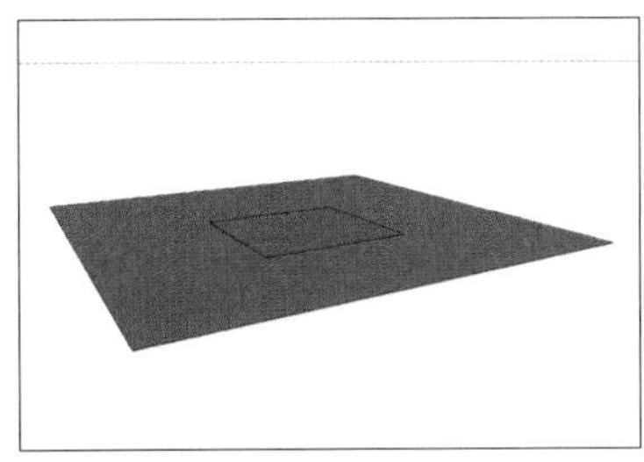

图7-15　删除多余图元

△ 提示

> 拉线成面并模型交错封面，可以解决所有棘手的无法封面问题。

7.2 建模提速专题

由于SketchUp软件自身的特性，当模型量较大时，软件会出现过于卡顿的问题。

SketchUp软件本身在计算机系统中仅占据 800MB内存，与Autodesk 3ds Max等三维建模软件相差十倍之多。除此之外，还有其他诸多原因导致软件卡顿，因此在建模工作中，科学有效地降低软件卡顿、提高建模效率是十分必要的。具体分为以下四个部分：软件设置、边线类型/表面类型/组件编辑、模型瘦身和建模工作流程。

7.2.1 软件设置

在SketchUp设置中，以下5个设置选项与软件运行速度密切相关（全部“基础设置”内容详见本书1.4节）。

△ 提示

① “OpenGL设置”——“0×多级采样消除锯齿”。

倍数越低，模型的图像显示越粗糙，软件运行速度越快，但是图像显示不影响模型的实际精度。

② “专业图形卡加载SketchUp软件”。

使用专业的独立显卡来运行软件，速度远超集成显卡的速度。

③ “自动保存时间”——“25min保存一次”。

SketchUp模型越大，保存时响应时间越长，例如一个500MB大小的模型保存一次的时间在15s以上。在用户拥有良好的建模、保存习惯的基础上，提高自动保存时间以降低自动保存的频率，可减少建模过程中的突然卡顿。

④ “场景过渡”——“关闭”。

取消场景之间切换的转场动画。

⑤ “轮廓线”——“关闭”。

降低SketchUp显示的负荷，可提高转动模型的流畅度。

7.2.2 边线类型/表面类型/组件编辑

在创建模型过程中，可根据不同情况灵活地设置边线类型、表面类型与组件编辑来缓解由于模型过于复杂导致的软件卡顿问题（详见本书3.2.3、3.2.4、4.1.7小节）。

① 当模型中贴图数量过多或贴图分辨率过大时——切换至“单色显示”模式。

执行“单色显示”模式的快捷键“F5”（自定义），或者执行“视图>表面类型>单色显示”菜单指令，即可启用“单色显示”模式。

如需关闭“单色显示”模式，可执行“贴图”模式的快捷键“F4”（自定义）切换到默认的“贴图”模式。

② 当模型中曲面数量过多时——切换至“线框显示”模式。

执行“线框显示”模式的快捷键“F3”（自定义），或者执行“视图>表面类型>线框显示”菜单指令，即可启用“线框显示”模式。

如需关闭“单色显示”模式，可执行“贴图”模式的快捷键“F4”（自定义）切换到默认的“贴图”模式。

③ 当模型中曲面数量过多时——切换至无“边线”模式。

执行“视图>边线类型”菜单指令，取消勾选“边线”，即可关闭边线显示；反之，勾选“边线”即可显示物体边线。

④ 当模型中群组或组件数量过多时——隐藏剩余模型/隐藏类似的组件执行“视图>组件编辑”菜单指令，勾选“隐藏剩余模型”和

“隐藏类似的组件”可降低SketchUp显示的负荷，提高软件运行的速度。

7.2.3 模型瘦身

SketchUp软件的卡顿问题往往是因为模型量巨大导致的，因此模型瘦身（降低模型大小）十分关键。模型瘦身常见的方法有6种，分别为：合理创建群组或组件、合理控制曲线段数与曲面面数、合理控制纹理贴图数量与大小、清理废线、清理未使用项与制作代理物体。

7.2.3.1 合理创建群组或组件

“合理创建群组或组件”可有效降低模型文件大小。如图7-16和图7-17所示，图7-16中有100个长方体群组，模型大小为89.6kB；图7-17中有100个同样大小的长方体（不群组），模型大小为113kB。并且随着模型越来越大，模型大小的差距会以指数倍增加。因此，合理创建群组或组件十分重要。

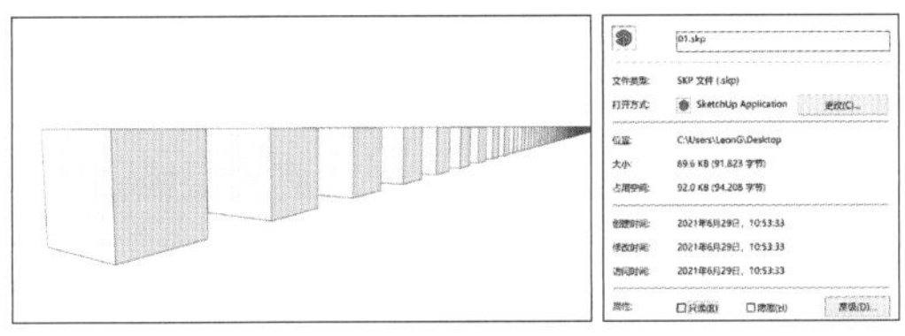

图7-16　100个长方体群组（89.6kB）

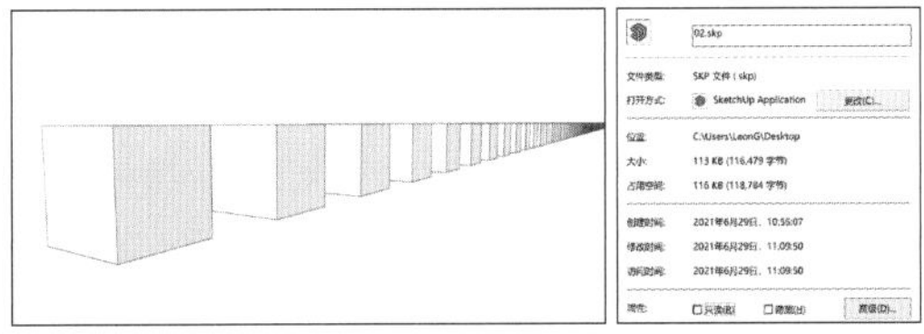

图7-17　100个长方体不群组（113kB）

7.2.3.2 合理控制曲线段数与曲面面数

曲线的段数或曲面的面数越多，模型越精细，模型量就越大。如图7-18所示，左侧圆柱截面是45段的圆，右侧圆柱截面是150段的圆，两个圆柱模型的大小相差三倍，但在视觉效果上差别不大。因此在建模过程中，曲线段数和曲面面数不是越多越好，在不影响观察的基础上选择合适的数量即可，“合理控制曲线段数与曲面面数”可有效降低模型文件大小。

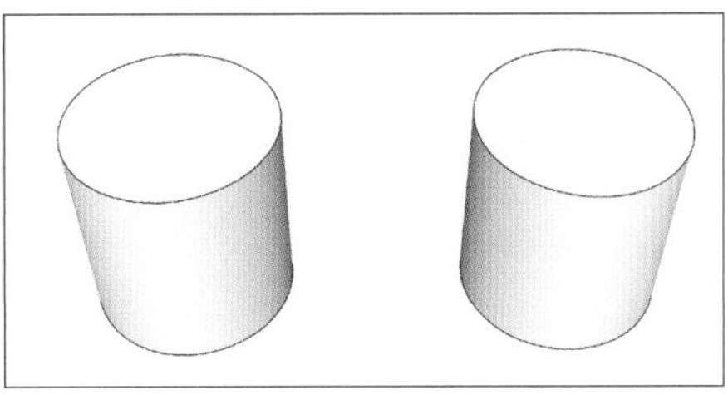

图7-18　精度不同的两个圆柱体

7.2.3.3 合理控制纹理贴图数量与大小

在 SketchUp 中，所有纹理贴图都是内嵌在模型文件中的，纹理贴图数量越多，贴图越大，模型文件就越大。因此，“合理控制纹理贴图数量与大小”十分重要。

在创建模型过程中，添加纹理贴图前一般需要查看贴图大小，当贴图过大时应借助图片压缩器进行合理压缩（笔者推荐图片压缩器——“TinyPNG”）。纹理贴图的大小一般控制在300kB左右即可，特殊需要的贴图大小可控制在3MB左右。贴图数量按照用户需求控制，原则上优先使用颜色代替贴图，优先使用无缝贴图代替有缝贴图。

7.2.3.4 清理废线

“清理废线”一般指清理模型中两类废线，即孤立线与共面线。

在模型创建完毕后，全选所有模型，执行“右键>清孤立线”与“右键>删共面线”指令清理废线，可降低一定量的模型大小。

7.2.3.5 清理未使用项

“清理未使用项”，指清理SketchUp中的缓存信息。

例如给一个平面添加一张混凝土纹理贴图后，重新添加一张木纹纹理贴图，原混凝土贴图没有被删除，而是被替换为缓存信息。因此对模型反复修改会产生大量缓存信息，分别有组件、材质、图层、样式、文本、标注、剖面、参考等。

操作方法 执行“模型清理”工具的快捷键“Alt键+C”（自定义），或者单击“坯子助手”工具栏中的“模型清理”工具，图标为“ ”，单击“好”，如图7-19所示，即可清理未使用项。“模型清理”可降低大量模型大小。

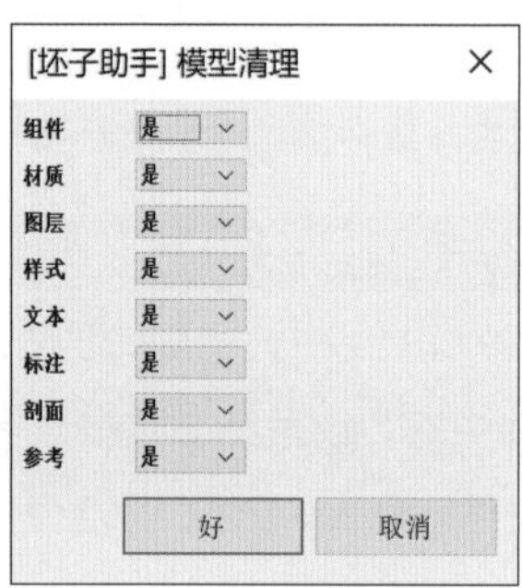

图7-19 清理未使用项

7.2.3.6 制作代理物体

“制作代理物体”一般情况下需要搭配渲染器一起使用，主要原理为用简单几何体代替复杂模型呈现在软件中，但几何体的渲染效果与原模型一致，这些几何体称为“代理物体”。

例如一棵树木的模型由1000个面组成，转换为代理物体后就只剩下100个面，但渲染效果无变化，如图7-20~图7-22所示。

市面上搭配SketchUp使用代理物体的渲染器有V-Ray、Enscape等，代理物体的使用可在很大程度上降低模型的大小。

图7-20 完整模型（未代理）

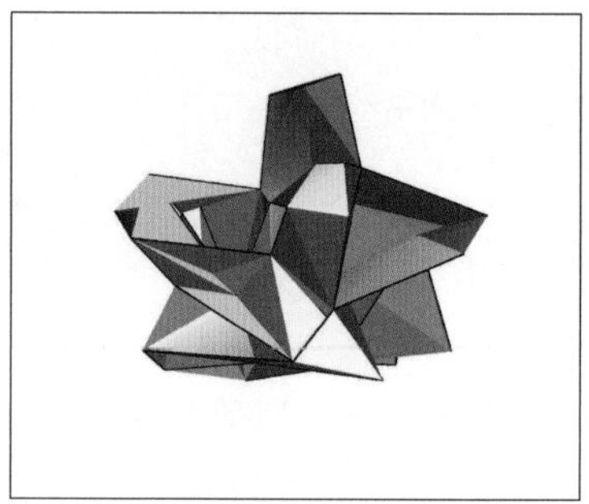

图7-21 代理模型

图7-22 代理模型渲染效果

7.2.4 建模工作流程

在创建模型过程中，软件设置、样式、模型瘦身固然是建模提速的“制胜法宝”，但养成良好的建模习惯，采用合理的建模工作流程是更为重要的基石。

7.2.4.1 构思建模方案

在创建模型之前构思建模方案可以达到事倍功半的效果，通常情况下很多用户会忽略这一点，而用户们的工作效率差异往往就是在这个起跑线拉开的。构思建模方案本质上就是搭建系统框架，只要有了思维框架，后续的建模都是做填充工作。

构思建模方案应该分为三个阶段：

① 根据设计任务书预判设计结果，分析设计结果中整体模型复杂度分布情况；

② 根据预判的模型复杂度分布情况安排详细建模计划；

③ 根据安排好的详细建模计划做好前期准备工作。

7.2.4.2　绘制完善的平立剖图纸

提前绘制详细的平立剖图纸可以在后续的建模工作中更快，且更加精确地控制模型尺度，很多用户经常忽略这一环节，导致在建模时反复推敲尺寸，因此浪费大量时间。通常正确的准备工作应该在建模前提前绘制好模型的平面图（各层平面）、四个方向的立面图以及尽可能全面的剖面图。

7.2.4.3　创建完善的图层

提前创建完善的图层（标记）可在后续的建模工作中更加便捷地管理模型。图层的意义就是管理，对模型的分类与控制模型的局部可见性是它的核心价值，但往往很多用户觉得建模时创建图层远不如绘制CAD图纸时创建的图层重要，这是错误的观念。CAD二维图纸因为图形重叠复杂，因此需要创建图层进行管理，而SketchUp三维模型同样复杂多样，更加需要图层管理。

一般情况下，图层类别可根据专业需求和实际情况进行创建，例如建筑设计可参照外墙、内墙、梁体、柱体、楼板、楼梯、门窗、外立面、其他构件等；景观设计可参照小品、构筑物、植物、道路、水体等；室内设计可参照墙体、门窗、地面、天花、灯具、家具、家电等。

7.2.4.4　借助平立剖图纸创建草模

借助7.2.4.2小节中详细的平立剖图纸创建草模，在创建之前需要将平立剖图纸按照准确的空间关系摆放好位置，这样在创建草模的过程中效率会大幅提升。草模阶段的模型不宜过于精细，满足基本需求即可，在确定设计方案后可继续细化模型。

7.2.4.5　根据构图镜头细化草模

在绝对确定设计方案后，用户应该根据设计任务书要求或者实际需求决定最终设计效果图数量，并分别对模型进行构图。如果需要5张效果图，则用户可在模型中添加5个场景作为最终效果图展示的角度。添加完场景后才可按照镜头对模型进行细化，这种方法避免了细化无用角度的模型。大多数情况下，很多用户往往会忽略这一点，认为细化草模就是细化整个模型，这实际上浪费了大量的精力与时间，因此根据所需的构图镜头细化草模是深化模型细部效率最高的途径。

7.2.4.6　统一为模型添加纹理贴图

在整体模型创建完成后再去为模型添加纹理贴图应该是最为科学的步骤，原因有两个。

① 纹理贴图应该进行统一筹备再统一添加。如果筹备挑选与添加工作交叉进行，将会浪费大量时间。

② 创建模型与添加纹理贴图同时进行，纹理贴图本身就占据模型大小，前文指出模型越大，软件运转速度越慢，所以增加模型大小的工作放置在后期更为合理，这样在建模初期，软件处于低压轻量化的状态，更利于快速创建模型。

7.2.4.7　收尾阶段添加复杂模型

在创建模型过程中，经常需要导入其他模型。例如景观设计专业需要添加大量的植物，室内专业需要添加大量的软装等，这些模型一般情况来源于模型库或网络下载，并非用户亲自创建，而这些模型多数情况下占据模型将近或超过一半的空间大小。因此通常情况这些外部模型的导入工作同样应该放置在创建模型后期较为合理，并且需要善用图层，在模型过于复杂、模型量大的情况下，要根据需求开启/关闭图层可见性以减轻软件运转的负荷。

7.2.4.8　清理模型

在创建模型的最后环节需要清理建模过程中产生的模型垃圾，例如前文中提到的孤立线、共面线、未使用项的缓存信息等（清理垃圾详见本书7.2.3.4和7.2.3.5小节）。

7.3 建筑 / 室内建模实操

本书的建筑/室内建模实操以“Pitaro家具陈设馆”为例，如图7-23~图7-27所示。

SketchUp建模思路和技巧不计其数，本节在编写过程中，仅提供部分建模思路和技巧，供读者参考。另外，本节建模过程中，将绿轴正方向视为“正北方”、绿轴反方向视为“正南方”、红轴正方向视为“正东方”、红轴反方向视为“正西方”、蓝轴正方向视为“正上方”、蓝轴反方向视为“正下方”。

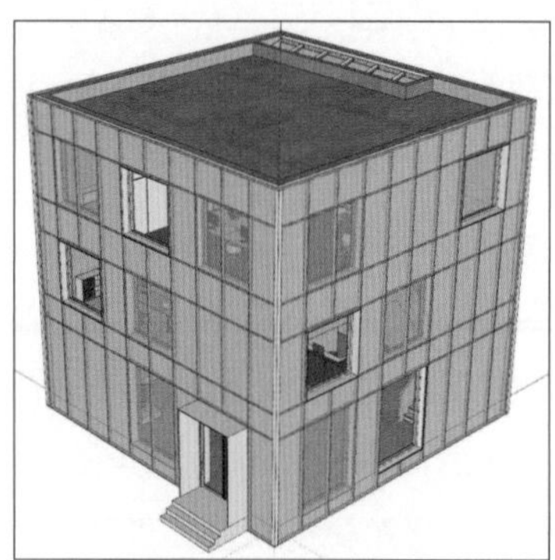

图7-23　西南方向

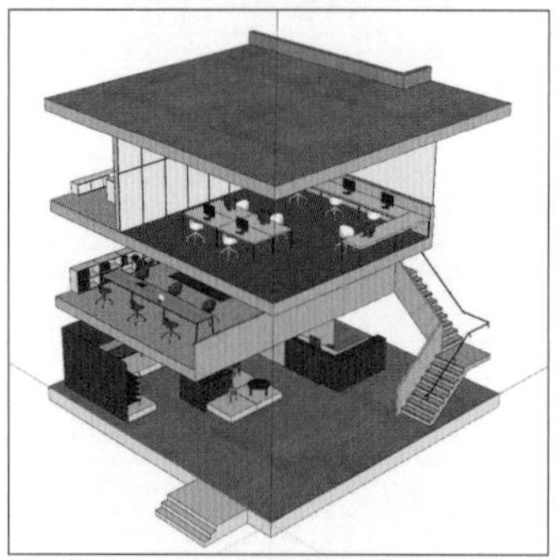

图7-24　西南方向（无墙体）

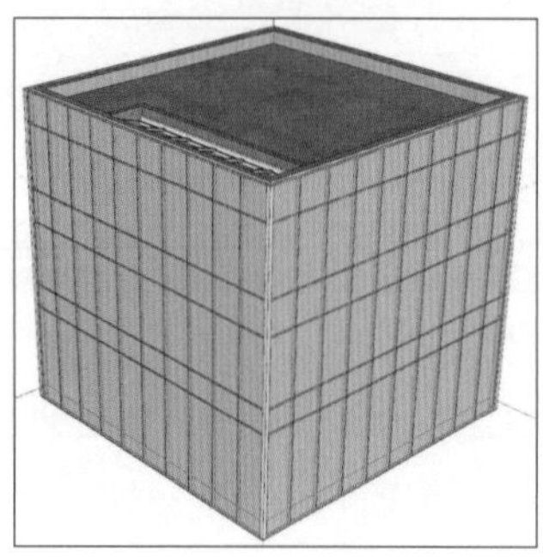

图7-25　东北方向

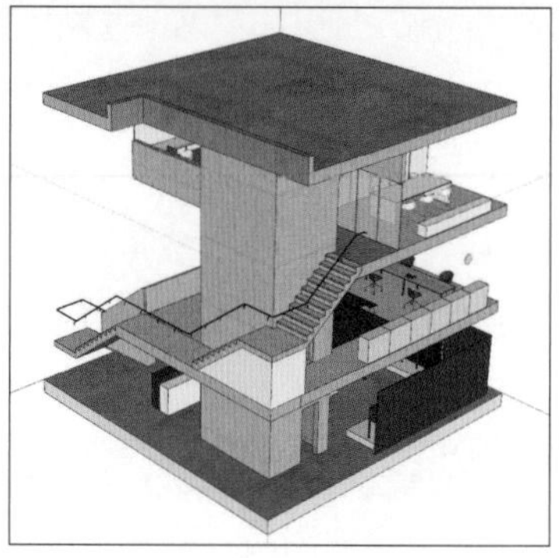

图7-26　东北方向（无墙体）

（a）Pitaro家具陈设馆CAD（简化版）.dwg

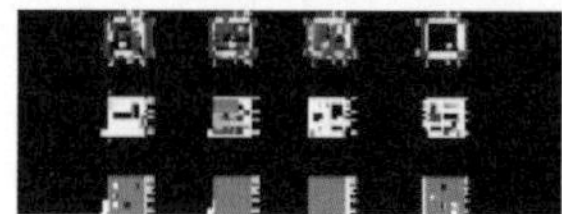

（b）Pitaro家具陈设馆CAD（简化版）.dwg

（c）Pitaro家具陈设馆模型.skp

图7-27　建模素材

7.3.1　导入并修复 CAD

7.3.1.1　新建 SketchUp 文件

① **新建文件：**创建一个全新的SketchUp文件。

② **保存文件：**保存文件（快捷键“Ctrl键+S”），命名为“Pitaro家具陈设馆”。

7.3.1.2　导入并修复 CAD

① **导入CAD文件：**切换至顶视图，导入文件“Pitaro家具陈设馆CAD（简化版）”（快捷键“Alt键加+”），如图7-28所示，一共12张CAD图纸（共1个群组）。

△ 提示

为了便于读者观察，笔者将“墙体”“楼板”“外立面钢架”分别用材质颜色“0099浅钢青色”“0048浅秋黄色”“0015橙红”表示。读者在操作过程中可不用填充颜色。

同样地，为了方便读者观察，笔者在图纸中用英文字母标识出关键点（关键点只是方便图纸对齐，并非真实剖切位置）。读者在操作过程中可不用字母标识（如图7-28所示，点“A、B、C、D”是墙体体块的顶点，点“E、F、G、H”是外立面框架的顶点）。

② **修复CAD文件：**

步骤 01　选中CAD图纸（共1个群组），炸开模型；

步骤 02　选中所有图元，Z轴压平；

步骤 03　使用卷尺工具（快捷键“J”），校正比例（一层平面图中，外墙厚度为0.37m）。

7.3.2　CAD 整理

7.3.2.1　CAD 划分图层

① **CAD分别群组：**将12张CAD图纸，分别各自群组（共12个群组）。

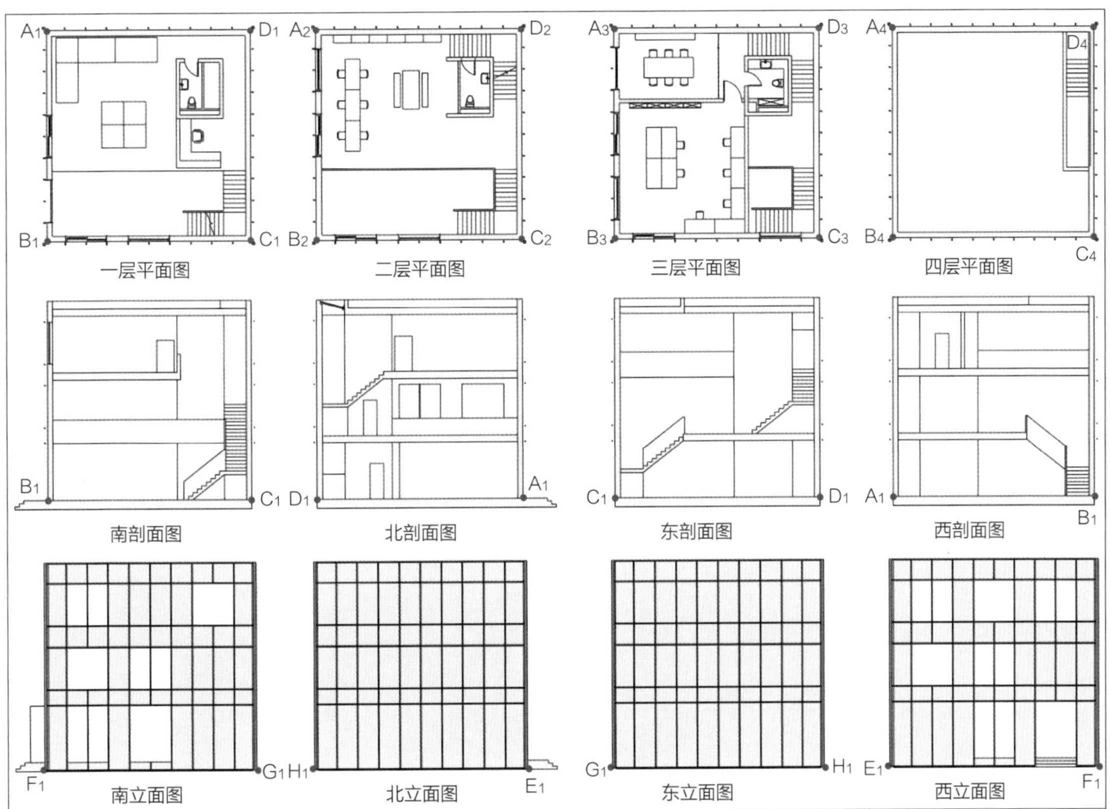

图7-28　Pitaro家具陈设馆CAD（简化版）

② CAD划分图层：

步骤 01　在“标记”面板中新建12个图层，分别命名为“01一层平面图”“02二层平面图”“03三层平面图”“04四层平面图”“05南剖面图”“06北剖面图”“07东剖面图”“08西剖面图”“09南立面图”“10北立面图”“11东立面图”“12西立面图”。

步骤 02　选中“一层平面图”群组，执行“右键>移至图层>01一层平面图”的指令，将群组“一层平面图”移动至图层“01一层平面图”；同样，将其余11张图纸，分别移动至相对应的图层中。

7.3.2.2　CAD图纸定位

① **CAD图纸旋转：** 将4张剖面图和4张立面图，各自进行一次或多次旋转，使其朝向正确，如图7-29所示。

② **移动剖面图：** 将4张剖面图，各自进行移动，使其在空间中相互对应。

操作方法　以“一层平面图”为基准（保持“一层平面图”位置不变），移动4张剖面图，使其与“一层平面图”结构对应。

如图7-28中的字母标识所示，分别移动4张剖面图，将4张剖面图中的点“A_1、B_1、C_1、D_1”和一层平面图中的点“A_1、B_1、C_1、D_1”重合，即可将剖面图移动至对应位置，如图7-30~图7-34所示。

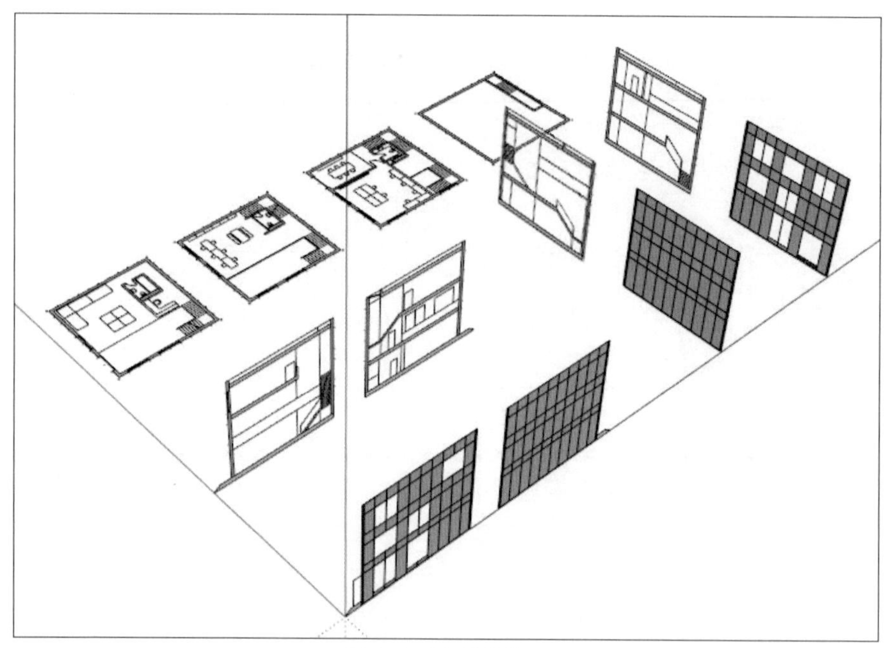

图7-29　图纸旋转结果

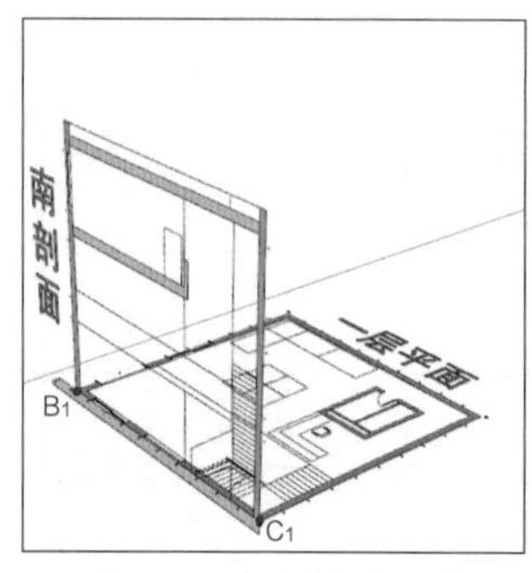

图7-30　移动“南剖面图”

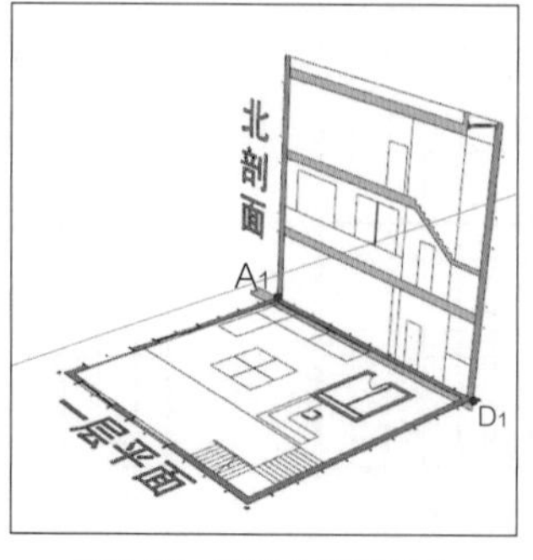

图7-31　移动“北剖面图”

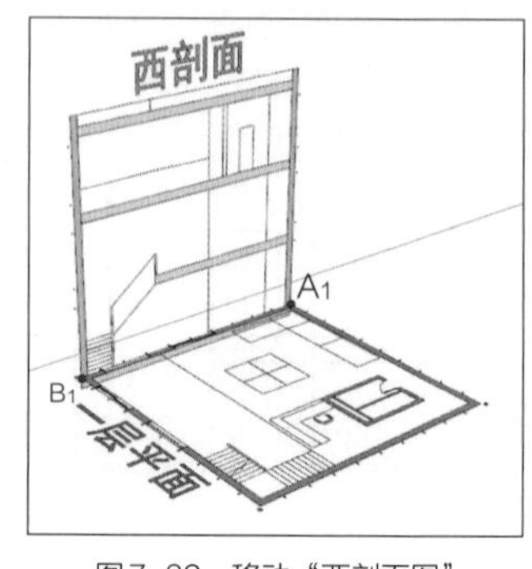

图7-32　移动“西剖面图”

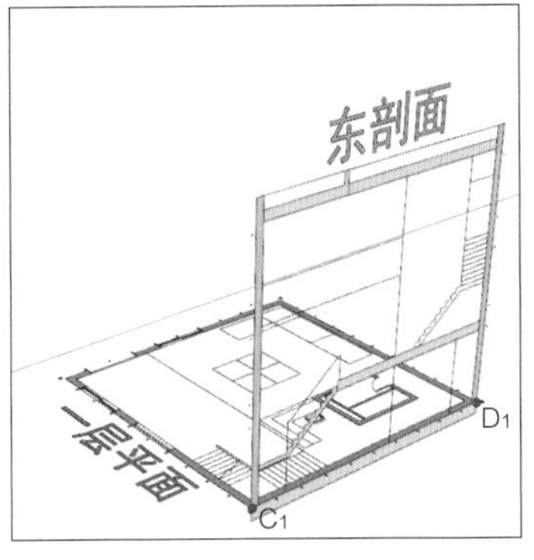

图7-33　移动“东剖面图”

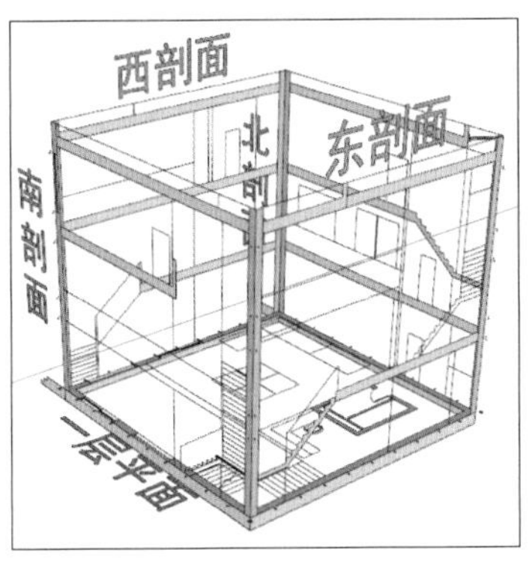

图7-34　剖面图移动完成

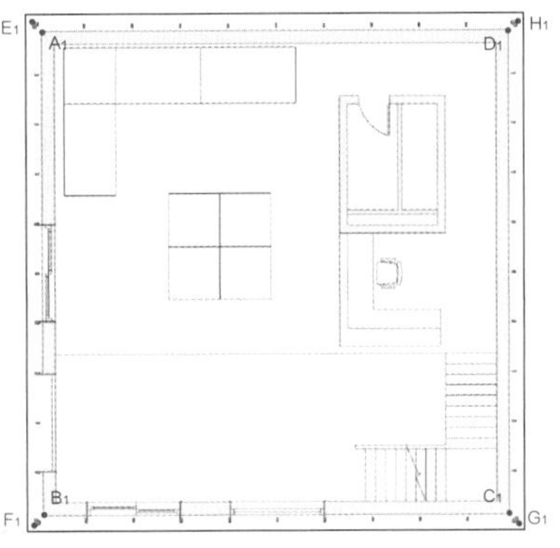

图7-35　“一层平面图”详图

③ **移动立面图：**将4张立面图，各自进行移动，使其在空间中相互对应。

操作方法

步骤 01　关闭所有剖面图所在的图层，即关闭图层“05南剖面图”“06北剖面图”“07东剖面图”“08西剖面图”。

步骤 02　以“一层平面图”为基准（保持“一层平面图”位置不变），移动4张立面图，使其与“一层平面图”结构对应（如图7-35所示，是“一层平面图”详图，方便观察字母标识点的位置）。

如图7-28中的字母标识所示，分别移动4张立面图，将4张立面图中的点“E_1、F_1、G_1、H_1”和一层平面图中的点“E_1、F_1、G_1、H_1”重合，如图7-36~图7-40所示。

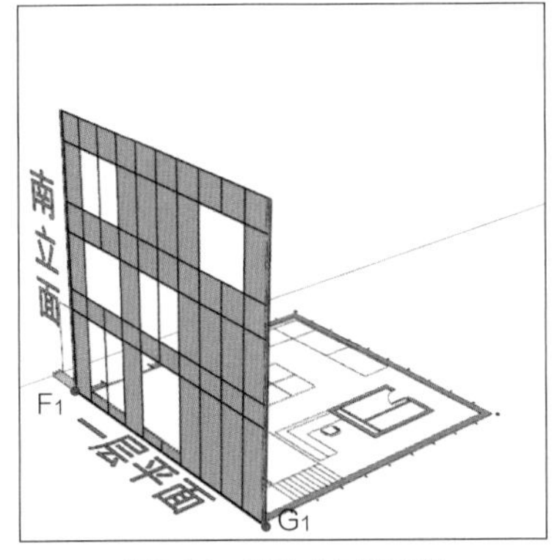

图7-36　移动“南立面图”

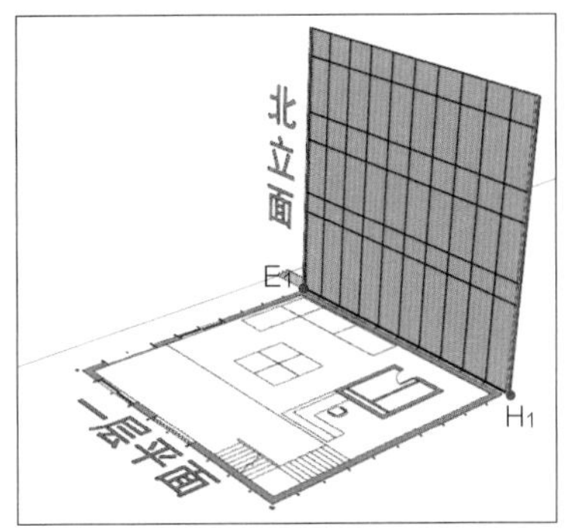

图7-37　移动“北立面图”

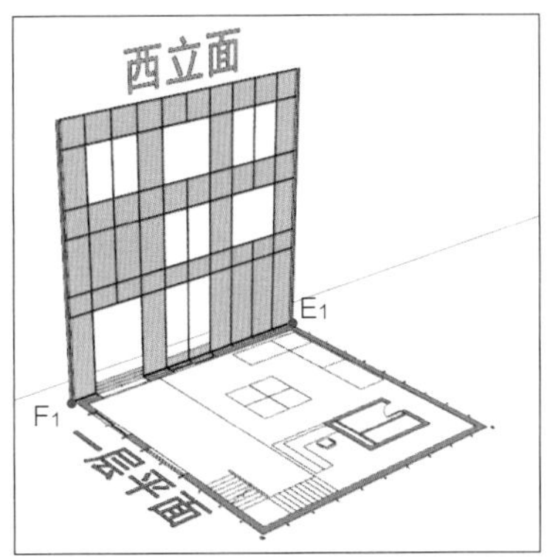

图7-38　移动“西立面图”

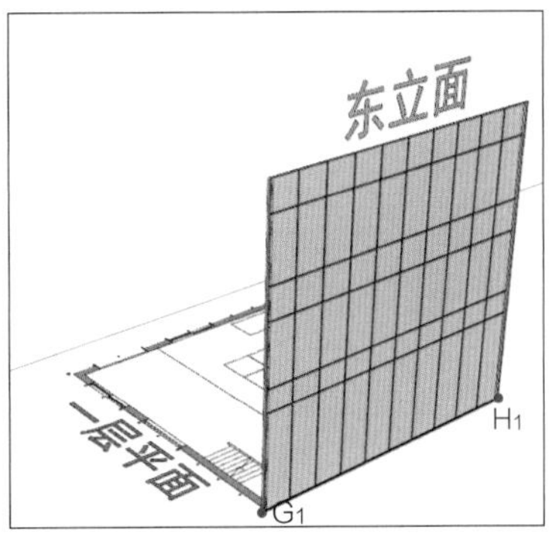

图7-39　移动“东立面图”

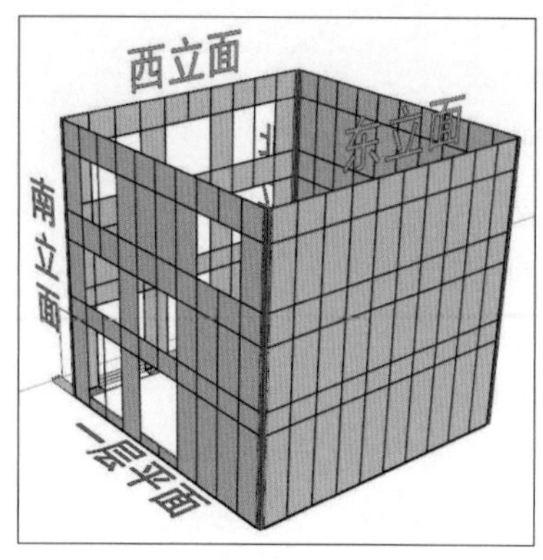

图7-40　立面图移动完成

步骤 03　同时选中4张立面图，向“正下方”移动0.55m，即可将立面图移动至对应位置，如图7-41所示。

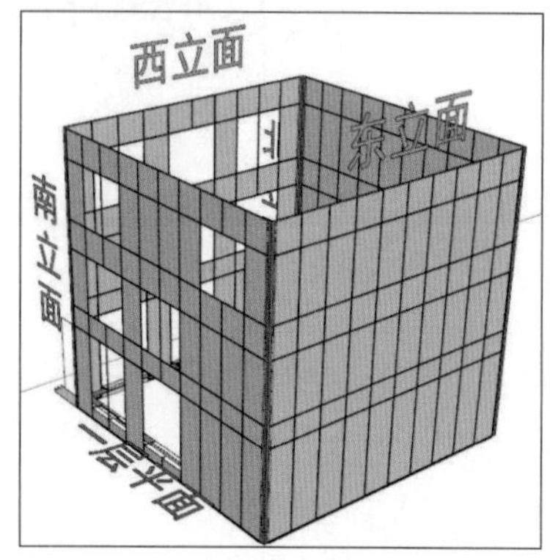

图7-41　立面图整体下移0.55m

步骤 04　为了方便观察立面图和剖面图，因此将“南立面图”“北立面图”“西立面图”“东立面图”分别向“正南方”“正北方”“正西方”“正东方”移动10m，如图7-42所示。

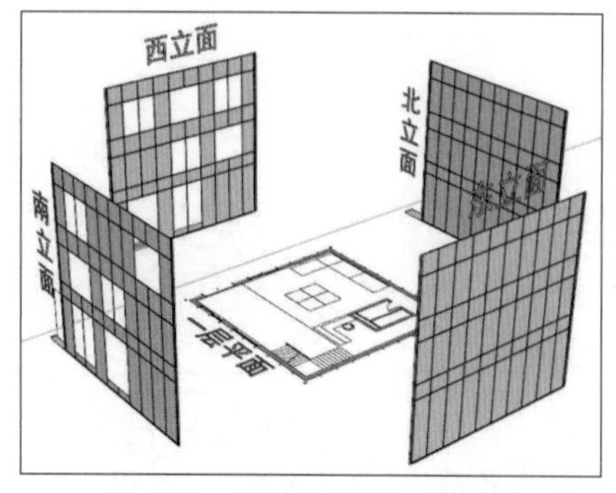

图7-42　立面图分别向外移动10m

④ **移动平面图：**将其他3张平面图，各自进行移动，使4张平面图在空间中相互对应。

操作方法

步骤 01　关闭所有立面图所在的图层，打开图层“06北剖面图”，关闭其他3个剖面图所在图层。

步骤 02　以“一层平面图”和“北剖面图”为基准，移动其他3张平面图，使它们的结构相互对应（如图7-43所示，是“北剖面图”详图，方便观察字母标识点的位置）。

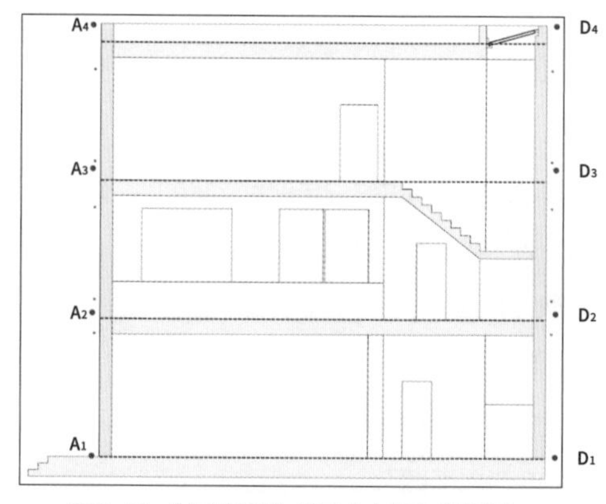

图7-43　“北剖面图”详图（由南向北观察）

如图7-28中的字母标识所示，分别移动其他3张平面图，将平面图中的点“A_2、D_2、A_3、D_3、A_4、D_4”和北剖面图中的点“A_2、D_2、A_3、D_3、A_4、D_4”重合，如图7-44~图7-47所示。

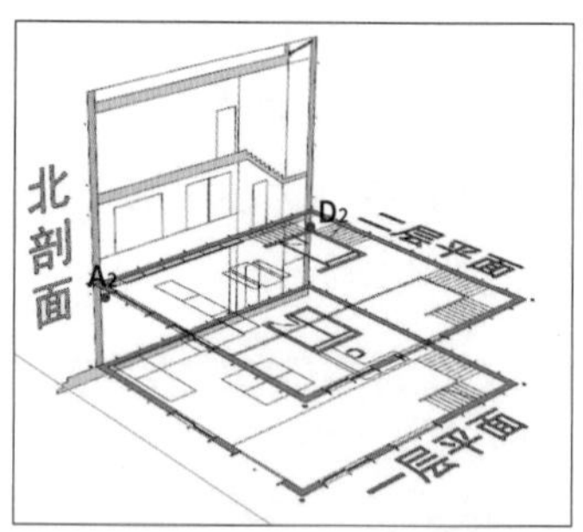

图7-44　移动“二层平面图”

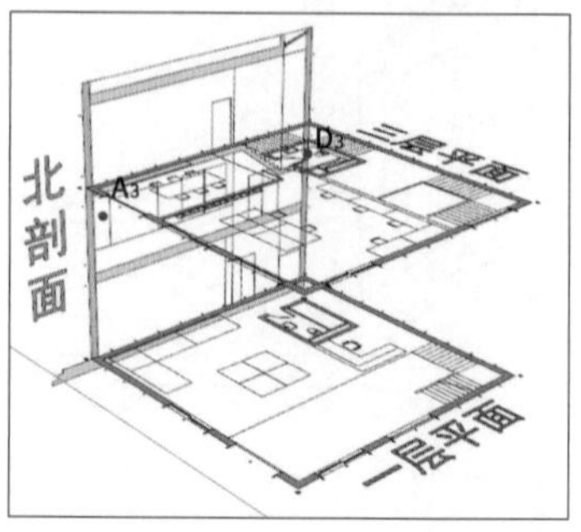

图7-45　移动“三层平面图”

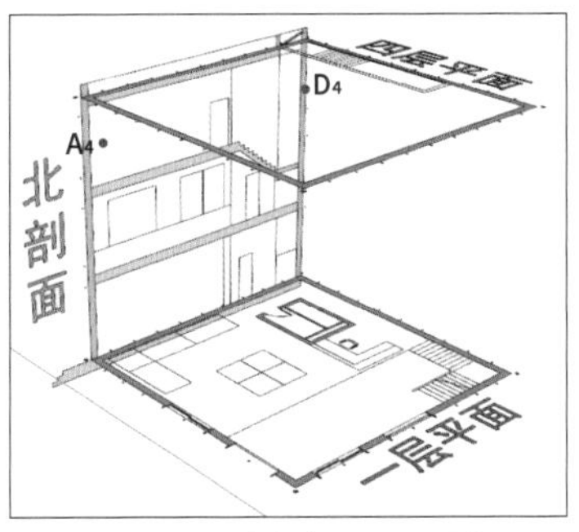

图7-46　移动“四层平面图”

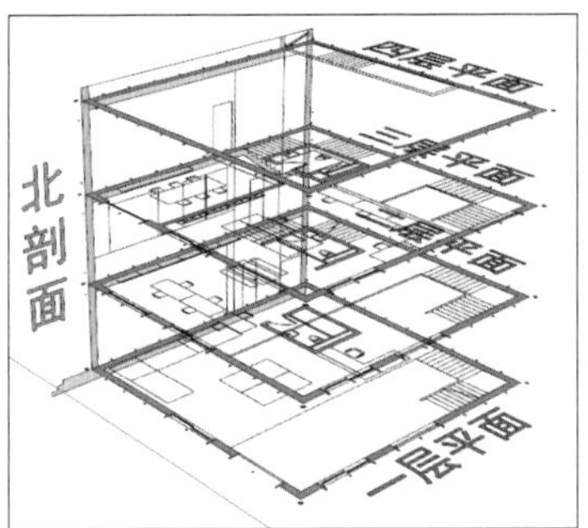

图7-47　平面图移动完成

⑤移动图纸至原点：

步骤 01　打开所有图层，如图7-48所示；

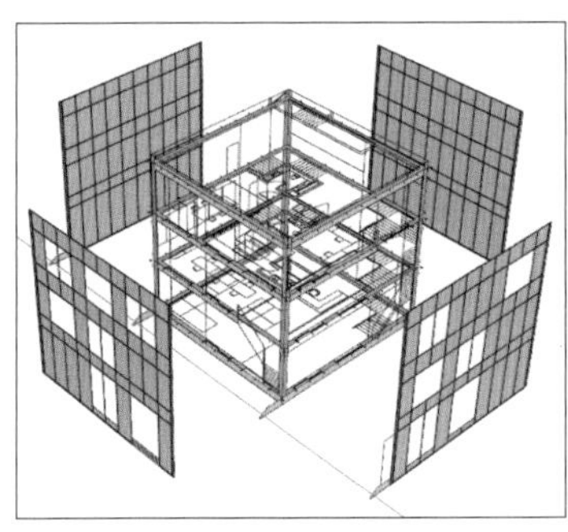

图7-48　显示所有图层

步骤 02　选中所有图纸，移动至坐标原点，如图7-49所示；

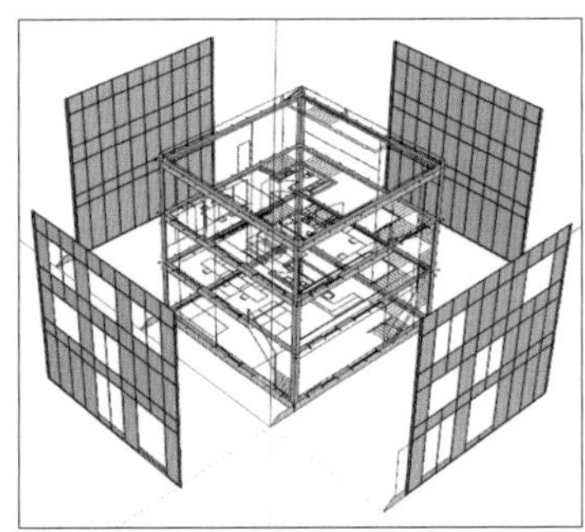

图7-49　移动至原点

步骤 03　锁定（快捷键“Ctrl键+L”）所有图纸。

7.3.3　绘制楼板

① **新建“13楼板”图层：**在“标记”面板中新建“13楼板”图层，并且将“铅笔头”图标切换至“13楼板”图层，使图层“13楼板”处于编辑状态。

② **关闭部分图层：**打开图层“01一层平面图”“06北剖面图”“13楼板”，关闭其他图层。

③ **绘制一层楼板：**

步骤 01　以“一层平面图”为基准，绘制矩形平面（a_1），如图7-50所示；

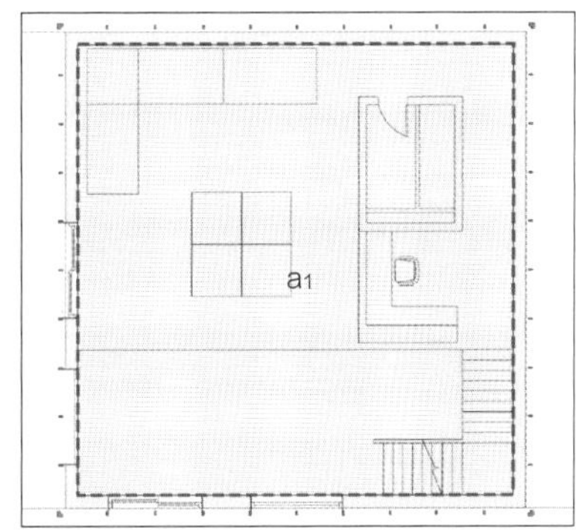

图7-50　绘制一层楼板平面（a1）

步骤 02　将矩形平面（a_1）向下推拉（0.6m），或者向下推拉捕捉到“北剖面图”一层楼板的下边线，如图7-51所示；

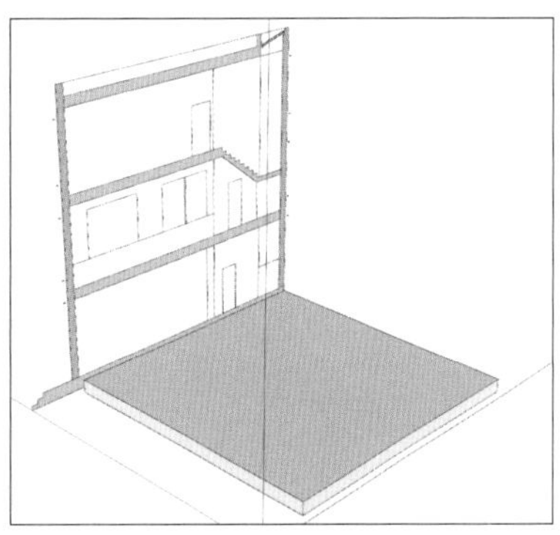

图7-51 （a1）向下推拉

步骤 03　全选一层楼板，添加材质（指定色彩0048浅秋黄色），群组，如图7-52所示。

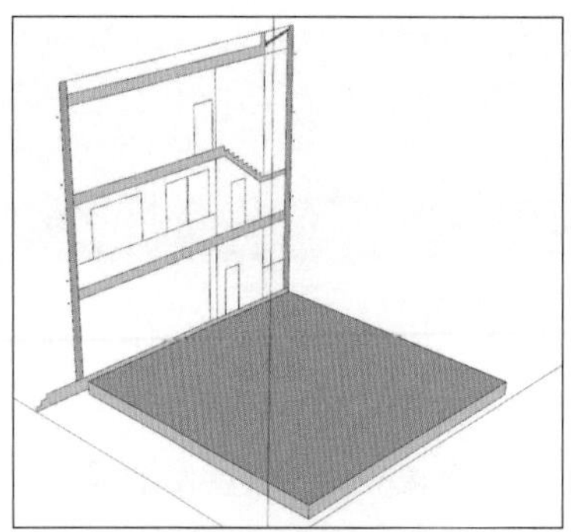

图7-52　添加材质并群组

④ **绘制二层楼板：**

步骤 01　打开图层“02二层平面图”“06北剖面图”“13楼板”，关闭其他图层（一层楼板暂时隐藏）；

步骤 02　以“二层平面图”为基准，绘制矩形平面（a_2），如图7-53所示；

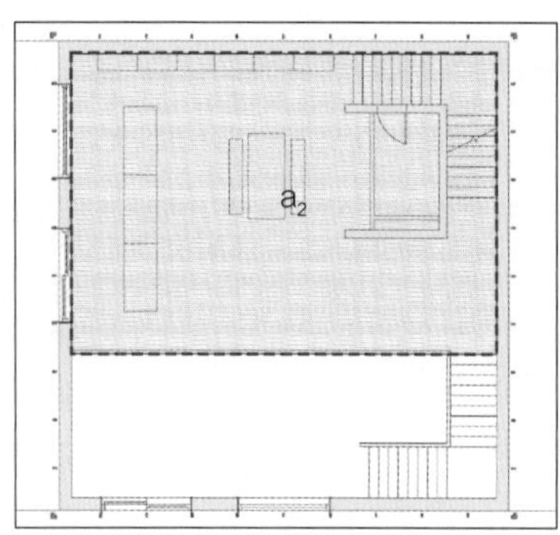

图7-53　绘制二层楼板平面（a_2）

步骤 03　将矩形平面（a_2）向下推拉（0.46m），或者向下推拉捕捉到“北剖面图”二层楼板的下边线，如图7-54所示；

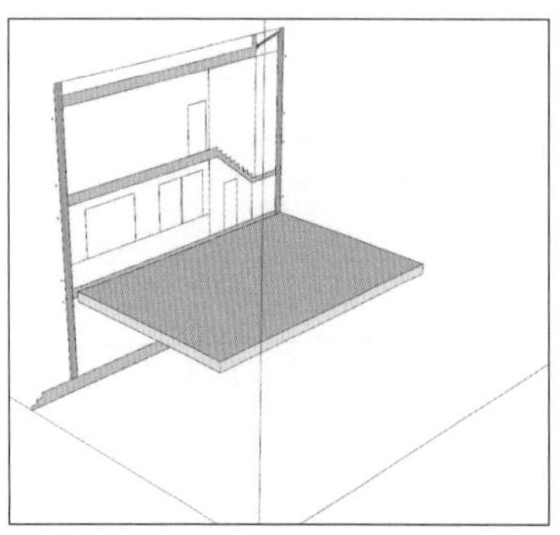

图7-54 （a_2）向下推拉

步骤 04　全选二层楼板，添加材质（指定色彩0048浅秋黄色），群组，如图7-55所示。

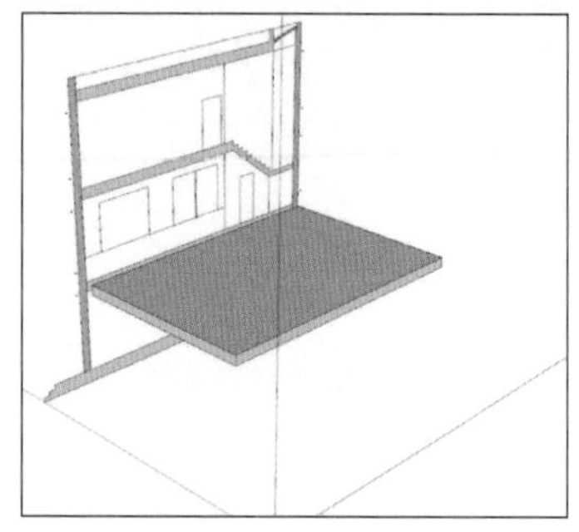

图7-55　添加材质并群组

⑤ **绘制三层楼板：**

步骤 01　打开图层“03三层平面图”“06北剖面图”“13楼板”，关闭其他图层（一层、二层楼板暂时隐藏）；

步骤 02　以“三层平面图”为基准，绘制平面（a_3），如图7-56所示；

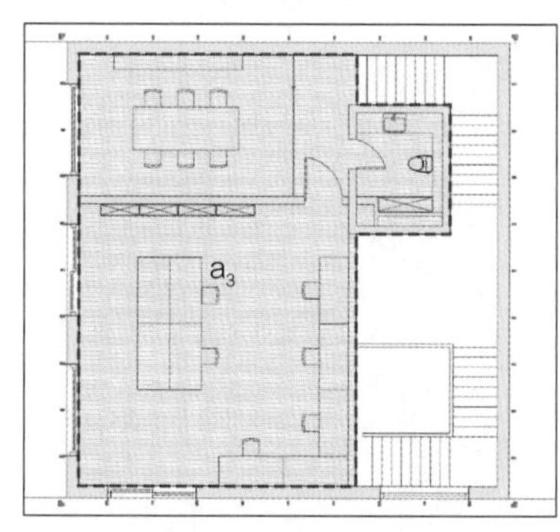

图7-56　绘制三层楼板平面（a_3）

步骤 03　将平面（a_3）向下推拉（0.46m），或者向下推拉捕捉到“北剖面图”三层楼板的下边线，如图7-57所示；

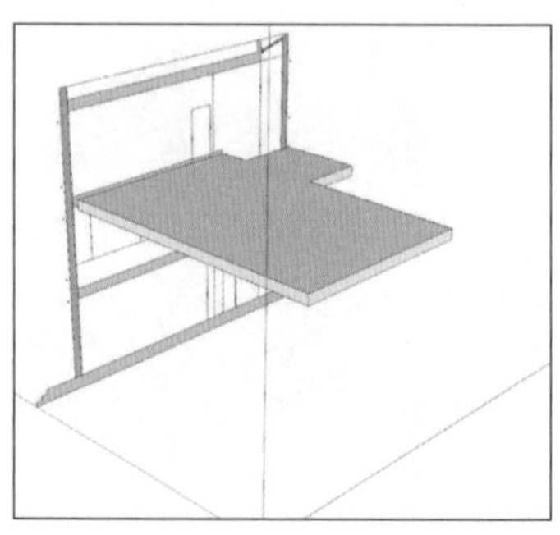

图7-57 （a_3）向下推拉

步骤 04 全选三层楼板，添加材质（指定色彩0048浅秋黄色），群组，如图7-58所示。

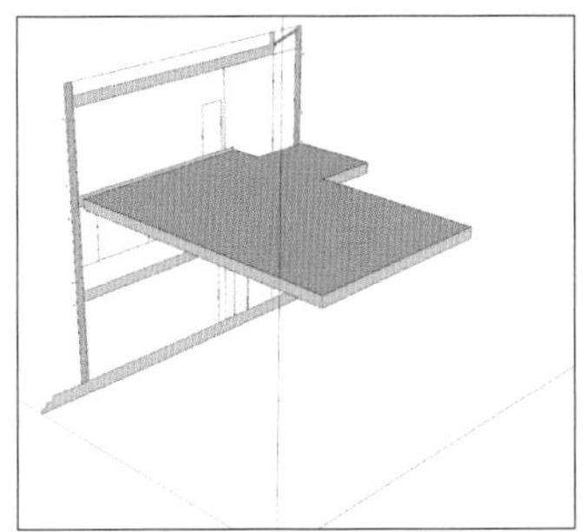

图7-58　添加材质并群组

⑥ **绘制四层楼板：**

步骤 01 打开图层“04四层平面图”“06北剖面图”“13楼板”，关闭其他图层（一层、二层、三层楼板暂时隐藏）；

步骤 02 以“四层平面图”为基准，绘制平面（a_4），如图7-59所示；

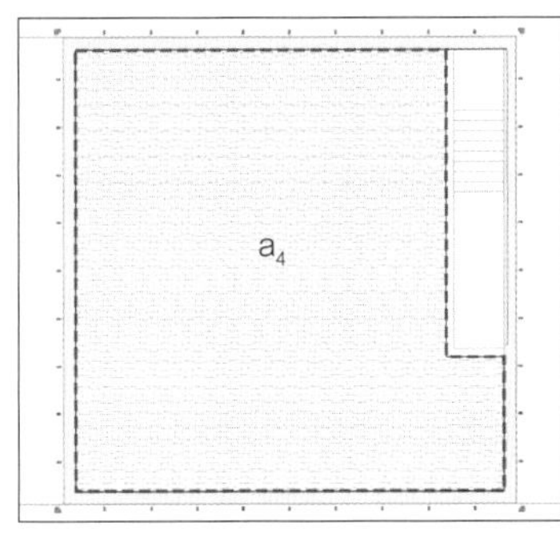

图7-59　绘制四层楼板平面（a_4）

步骤 03 将平面（a_4）向下推拉（0.46m），或者向下推拉捕捉到“北剖面图”四层楼板的下边线；

步骤 04 全选四层楼板，添加材质（指定色彩0048浅秋黄色），群组，如图7-60所示。

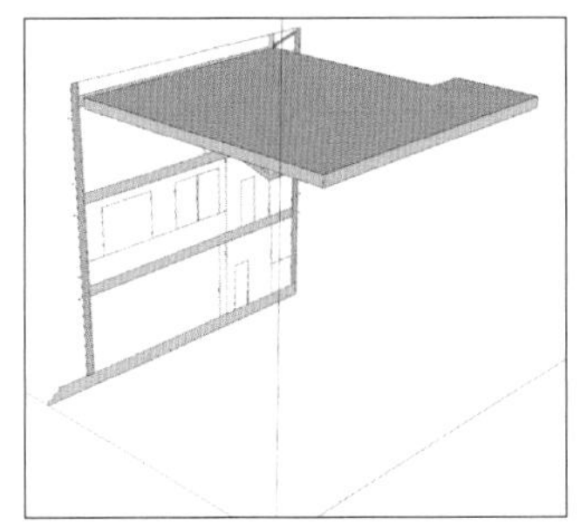

图7-60　添加材质并群组

⑦ **显示所有楼板：** 显示所有被隐藏的楼板，如图7-61所示。

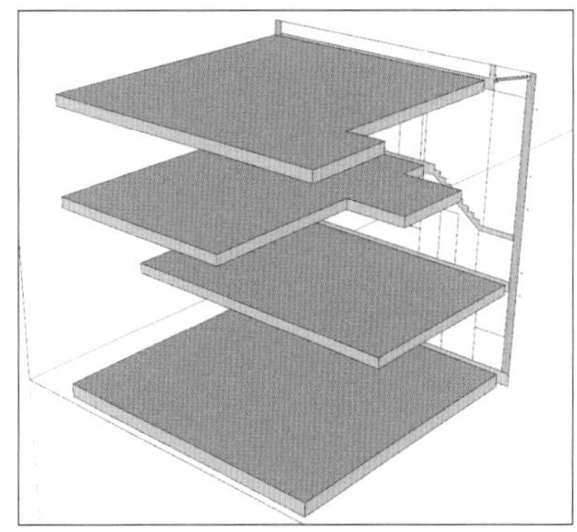

图7-61　显示所有楼板

7.3.4　绘制墙体

① **新建“14墙体”图层：** 在“标记”面板中新建“14墙体”图层，并且将“铅笔头”图标切换至“14墙体”图层，使图层“14墙体”处于编辑状态。

② **关闭部分图层：** 打开图层“01一层平面图”“06北剖面图”“14墙体”，关闭其他图层。

③ **绘制外墙：** 步骤如下。

步骤 01 以“一层平面图”为基准，绘制4条参考线（卷尺工具），参考线分别位于4道外墙的中线，如图7-62所示。

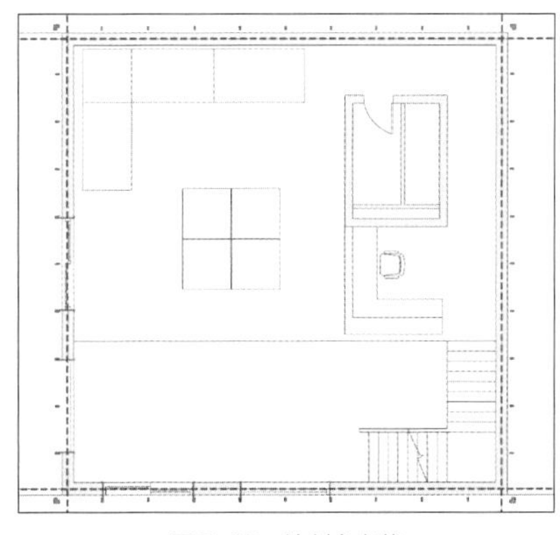

图7-62　绘制参考线

步骤 02 使用“绘制墙体”工具，图标为“![icon]”，沿着4条参考线绘制墙体（墙体厚度0.37m），形成外墙平面（b_1），如图7-63所示。

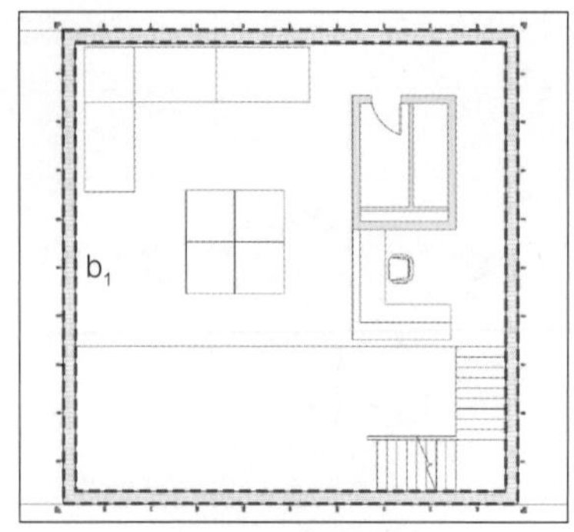

图7-63　绘制墙体平面（b_1）

步骤 03　将平面（b_1）向上推拉（12.97m），或者向上推拉捕捉到“北剖面图”外墙的最高点；将平面（b_1）向下推拉（0.46m），或者向下推拉捕捉到“北剖面图”一层楼板的下边线。

步骤 04　删除参考线，全选外墙，添加材质（指定色彩0099浅钢青色），群组，如图7-64所示。

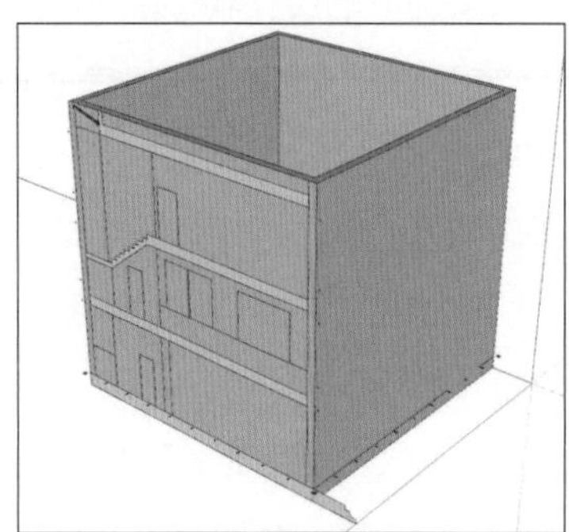
图7-64　墙体群组

④ **绘制一层内墙：**步骤如下。

步骤 01　隐藏外墙。

步骤 02　以“一层平面图”为基准，绘制“一层内墙”的边线，形成“一层内墙”的平面（b_2），如图7-65所示。

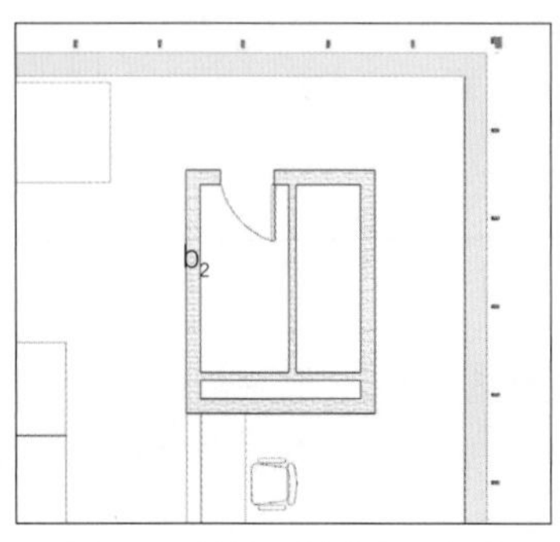

图7-65　绘制一层内墙平面（b_2）

步骤 03　将平面（b_2）向上推拉（3.68m），或者向上推拉捕捉到“北剖面图”二层楼板的下边线，如图7-66所示。

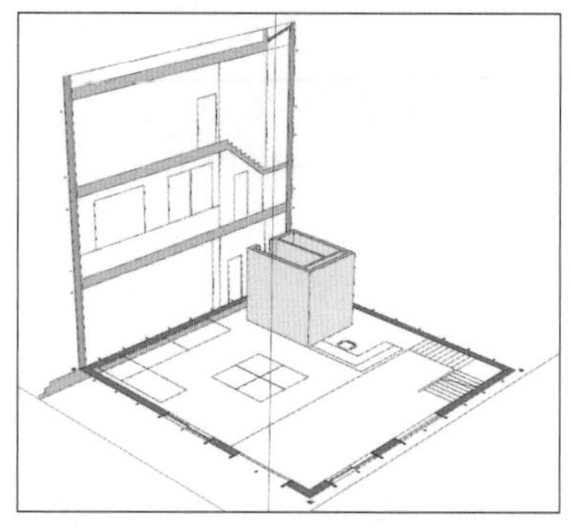
图7-66　b_2向上推拉

步骤 04　绘制门洞：

a. 如图7-67所示，将门洞下边的一根边线，向上移动复制（2.4m），得到平面（b_3）；

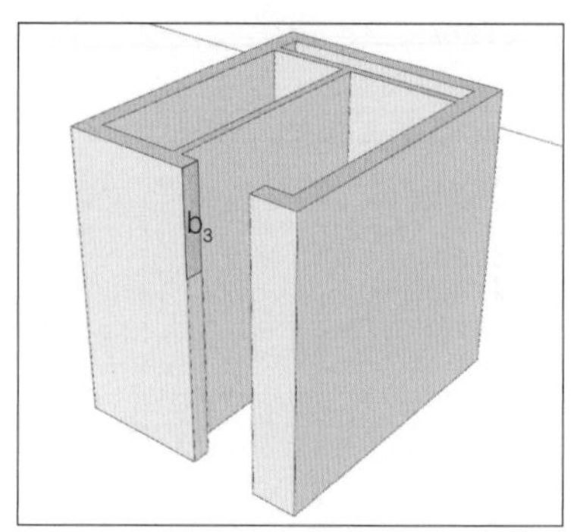

图7-67　复制门洞下边线

b. 如图7-68所示，将平面（b_3）向正面方向推拉（0.9m）；

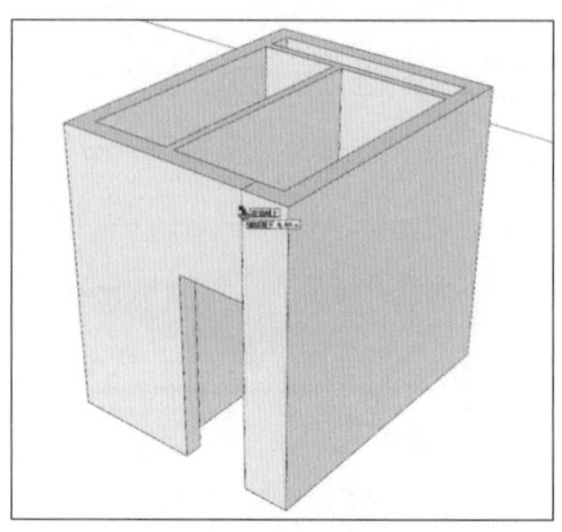
图7-68　（b_3）正面推拉

c. 如图7-69所示，全选“一层内墙”，删除共面线，即可完成门洞的绘制。

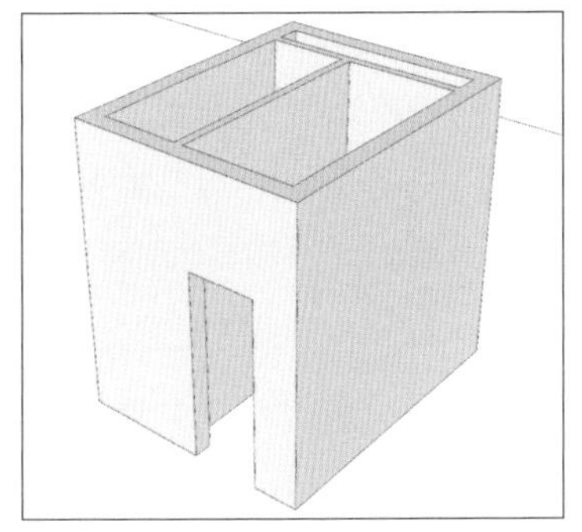

图7-69 删共面线

步骤 05 全选“一层内墙”，添加材质（指定色彩0099浅钢青色），群组，即可绘制完成“一层内墙”，如图7-70所示。

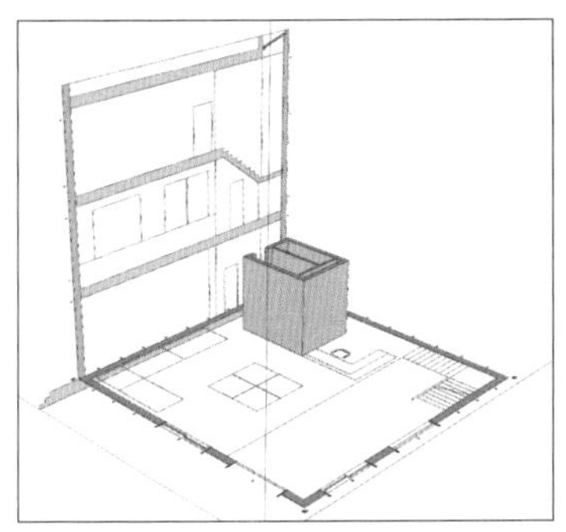

图7-70 添加材质并群组

△ 提示

如何绘制“一层内墙”的边线，笔者提供两种方法，供读者参考。

方法 01 使用“直线”工具，捕捉“一层平面图”的内墙边线，依次描出即可。

方法 02

步骤 01 选中“一层平面图”，仅取消锁定“一层平面图”。

步骤 02 进入群组“一层平面图”，复制“一层内墙”的边线，退出群组，原位粘贴复制的边线。

步骤 03 锁定“一层平面图”，将所有粘贴的内墙边线，移动至“14墙体”图层。

步骤 04 选中所有粘贴的内墙边线，修复直线，封面，删除多余的线和面。

⑤ **绘制二层内墙：**步骤如下。

步骤 01 隐藏外墙、一层内墙。

步骤 02 打开图层“02二层平面图”“06北剖面图”“14墙体”，关闭其他图层。

步骤 03 以“二层平面图”为基准，绘制“二层内墙”的边线，形成“二层内墙”的平面（b_4），如图7-71所示。

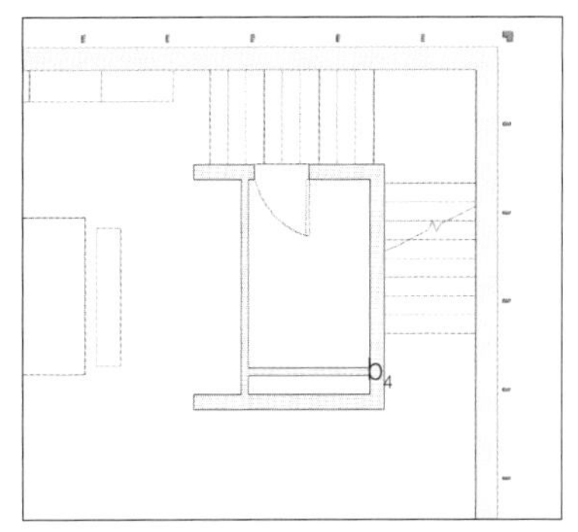

图7-71 绘制二层内墙平面（b_4）

步骤 04 将平面（b_4）向上推拉（3.68m），或者向上推拉捕捉到“北剖面图”三层楼板的下边线，如图7-72所示。

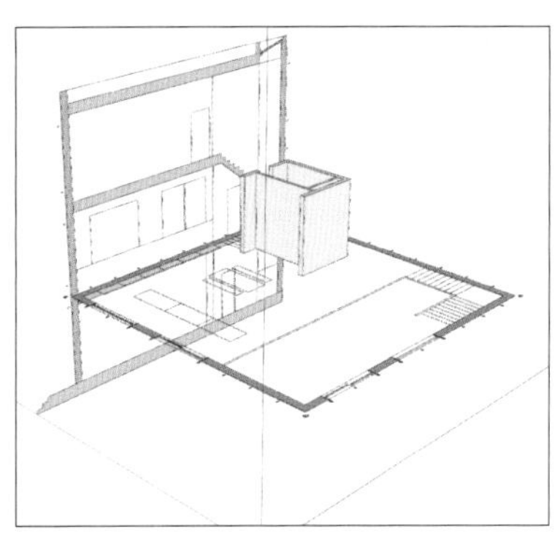

图7-72 （b_4）向上推拉

步骤 05 绘制门洞：

a. 如图7-73所示，将门洞下边的一根边线向上移动复制（2.4m），得到平面（b_5）；

b. 如图7-74所示，将平面（b_5）向正面方向推拉（0.9m）；

c. 如图7-75所示，全选“二层内墙”，删除共面线，即可完成门洞的绘制。

步骤 06 全选“二层内墙”，添加材质（指定色彩0099浅钢青色），群组，即可绘制完成

“二层内墙”，如图7-76所示。

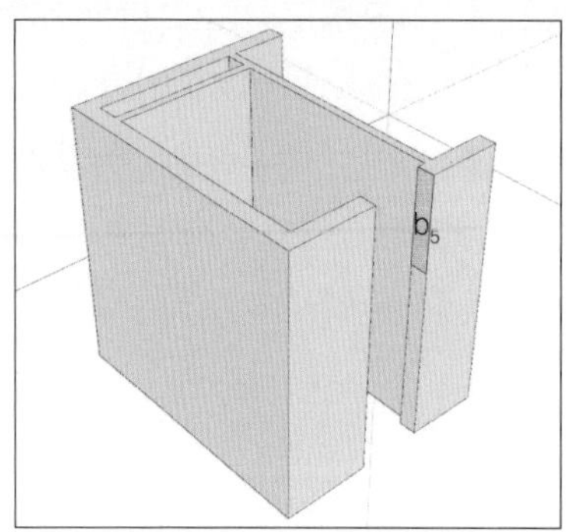

图7-73 复制门洞下边线

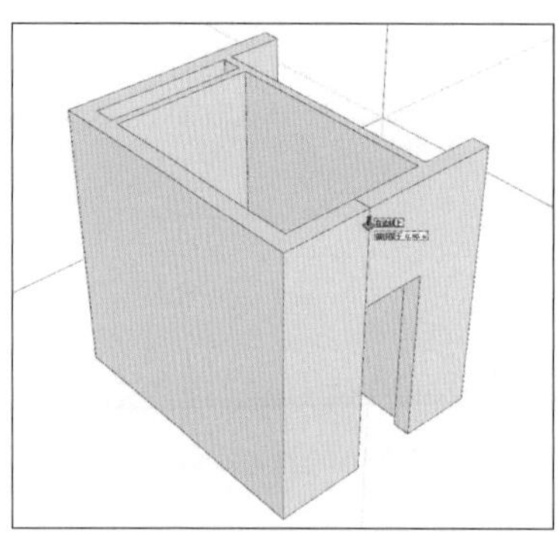

图7-74 （b_5）正面推拉

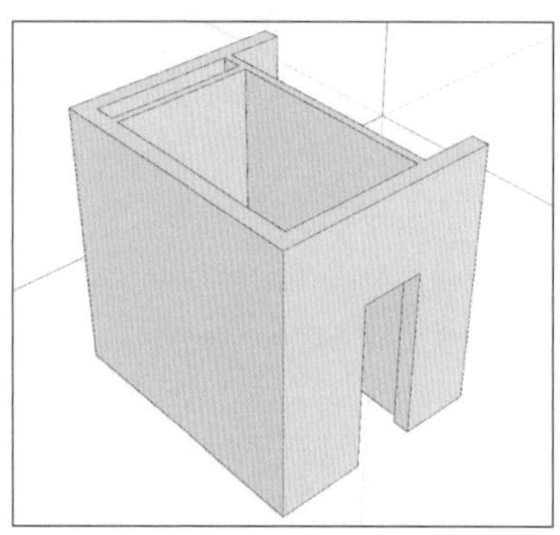

图7-75 删共面线

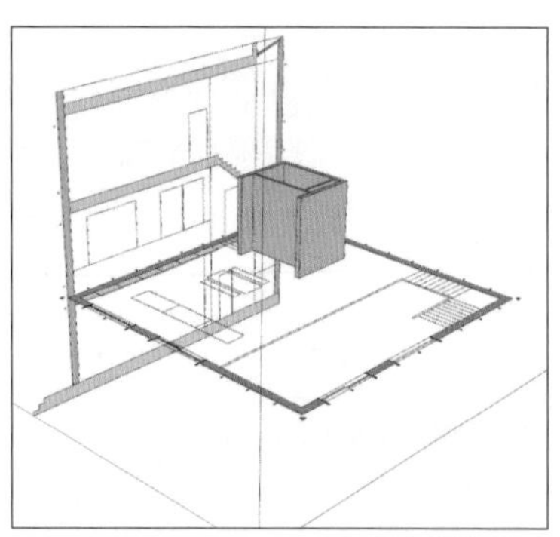

图7-76 添加材质并群组

⑥ **绘制三层内墙**：步骤如下。

步骤 01 隐藏外墙、一层内墙、二层内墙。

步骤 02 打开图层“03三层平面图”“06北剖面图”“14墙体”，关闭其他图层。

步骤 03 以“三层平面图”为基准，绘制“三层内墙”的边线，形成“三层内墙”的平面（b_6、b_7），如图7-77所示。

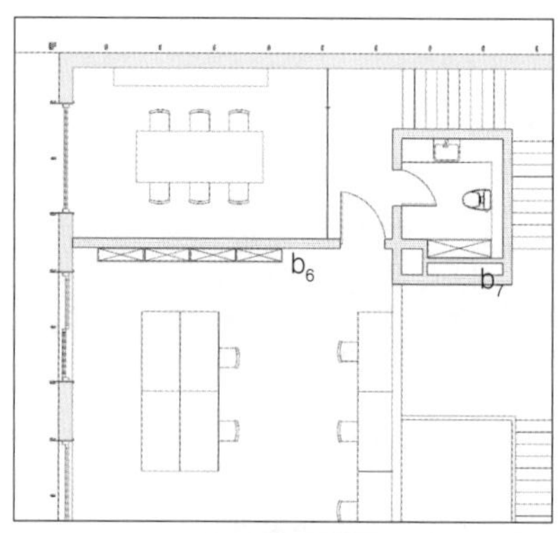

图7-77 绘制三层内墙平面（b_6、b_7）

步骤 04 将平面（b_6、b_7）向上推拉（3.68m），或者向上推拉捕捉到“北剖面图”四层楼板的下边线，如图7-78所示。

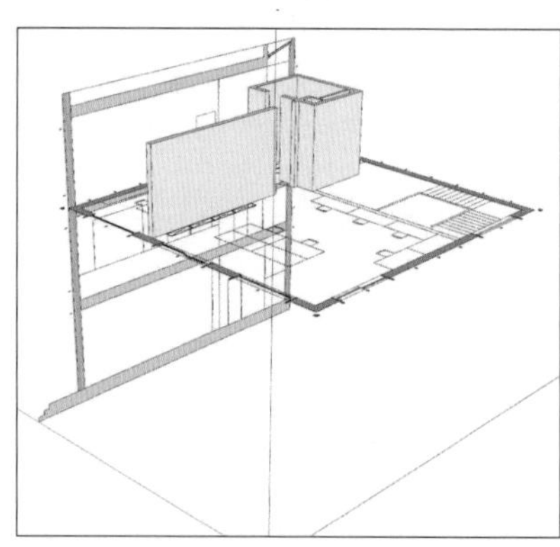

图7-78 （b_6、b_7）向上推拉

步骤 05 绘制门洞：

a.如图7-79所示，将两个门洞下边的一根边线各自向上移动复制（2.4m），得到平面（b_8、b_9）；

b.如图7-80所示，将平面（b_8、b_9）各自向正面方向推拉（0.9m）；

c.如图7-81所示，全选“三层内墙”，删除共面线，即可完成门洞的绘制。

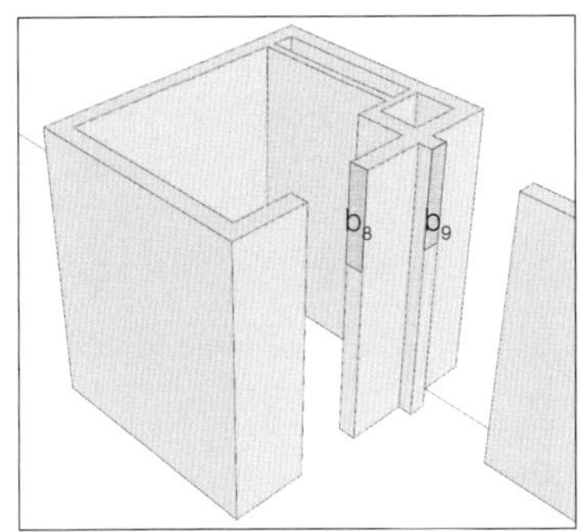

图7-79　复制门洞下边线

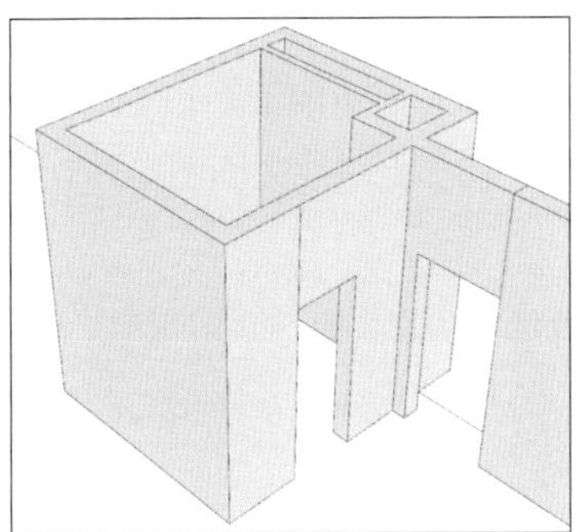
图7-80　(b_8、b_9)正面推拉

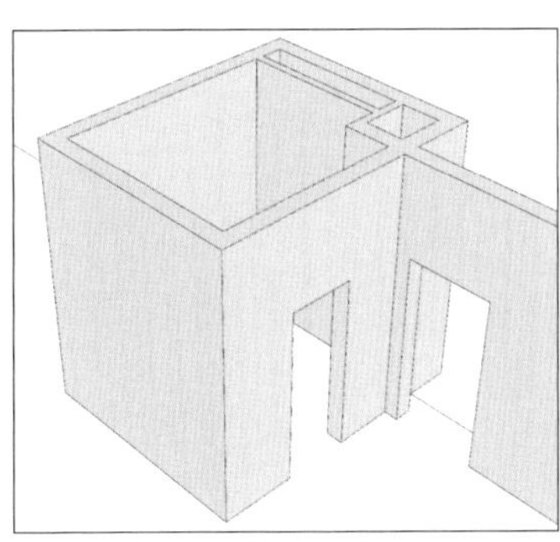
图7-81　删共面线

步骤06　全选“三层内墙”，添加材质(指定色彩0099浅钢青色)，群组，即可绘制完成“三层内墙”，如图7-82所示。

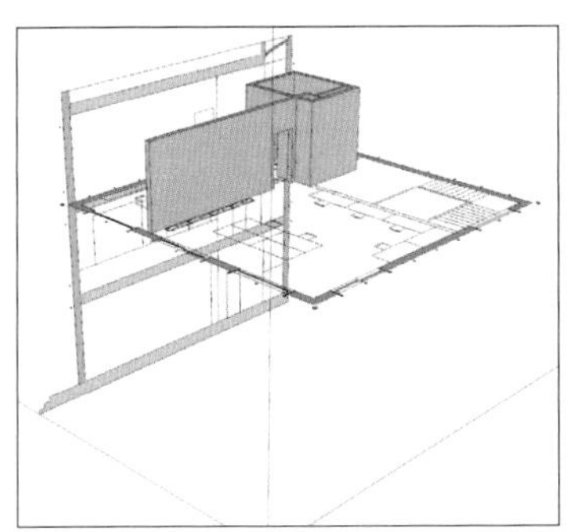
图7-82　添加材质并群组

⑦ **显示所有墙体：**显示所有被隐藏的墙体，如图7-83所示。

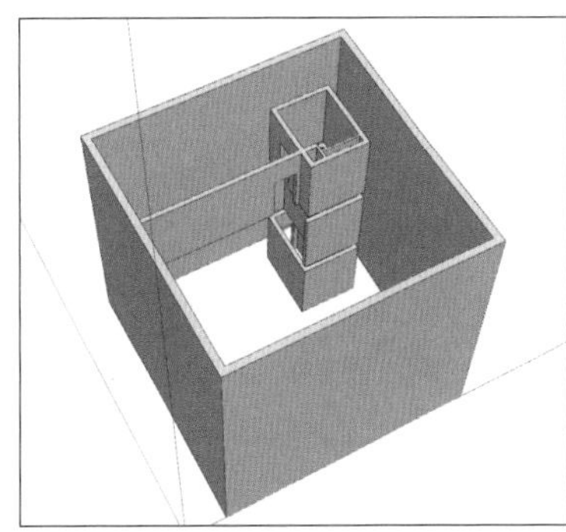
图7-83　显示所有墙体

⑧ **显示所有楼板：**

a.显示所有被隐藏的楼板，如图7-84所示(开启后边线)；

b.隐藏外墙，如图7-85所示。

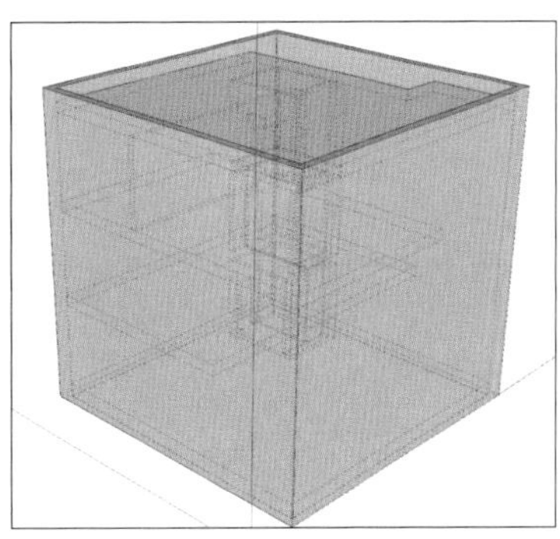
图7-84　显示所有楼板(开启后边线)

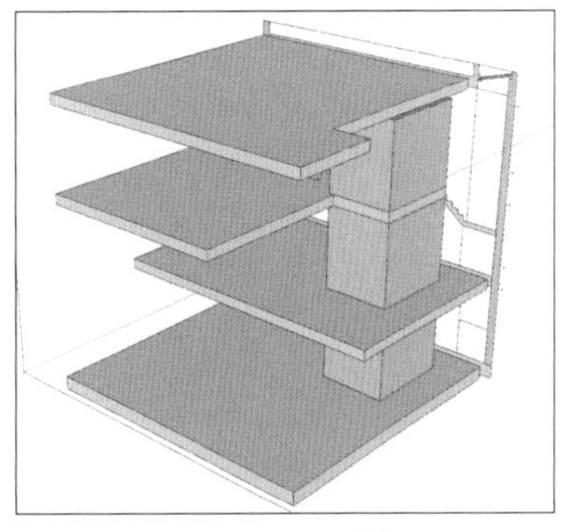
图7-85　隐藏外墙

7.3.5　绘制外立面钢架

① **新建“15外立面钢架”图层：**在“标记”面板中新建“15外立面钢架”图层，并且

将“铅笔头”图标切换至“15外立面钢架”图层，使图层“15外立面钢架”处于编辑状态。

② **关闭部分图层：**打开图层“01一层平面图”“10北立面图”“15外立面钢架”，关闭其他图层。

③ **绘制竖向钢架：**步骤如下。

步骤 01 如图7-86所示，以“一层平面图”为基准，绘制“L形钢架”和“矩形钢架”的边线，形成“L形钢架”的平面（c_1）和“矩形钢架”的平面（c_2）。

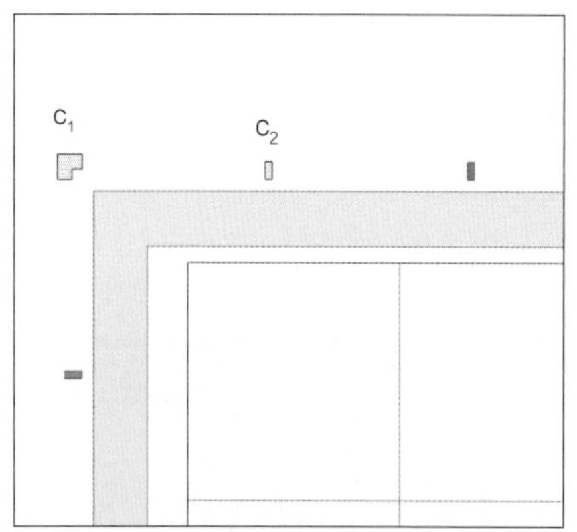

图7-86 绘制竖向钢架平面（c_1、c_2）

步骤 02 将平面（c_1）和平面（c_2）分别创建成组件，并且通过“移动复制”和“旋转复制”，得到所有的竖向钢架平面，如图7-87所示。

图7-87 复制得到所有竖向钢架平面

步骤 03 进入平面（c_1）的组件：

a. 将平面（c_1）向上推拉（12.97m），或者向上推拉捕捉到“北立面图”外立面钢架最高点；

b. 将平面（c_1）向下推拉（0.55m），或者向下推拉捕捉到“北立面图”外立面钢架最低点；

c. 全选“L形钢架”，添加材质（指定色彩0015橙红），退出组件，即可绘制完成所有的“L形钢架”。

步骤 04 进入平面（c_2）的组件：

a. 将平面（c_2）向上推拉（12.97m），或者向上推拉捕捉到“北立面图”外立面钢架最高点；

b. 将平面（c_2）向下推拉（0.55m），或者向下推拉捕捉到“北立面图”外立面钢架最低点；

c. 全选“矩形钢架”，添加材质（指定色彩0015橙红），退出组件，即可绘制完成所有的“矩形钢架”。

如图7-88所示，所有“竖向钢架”绘制完成。

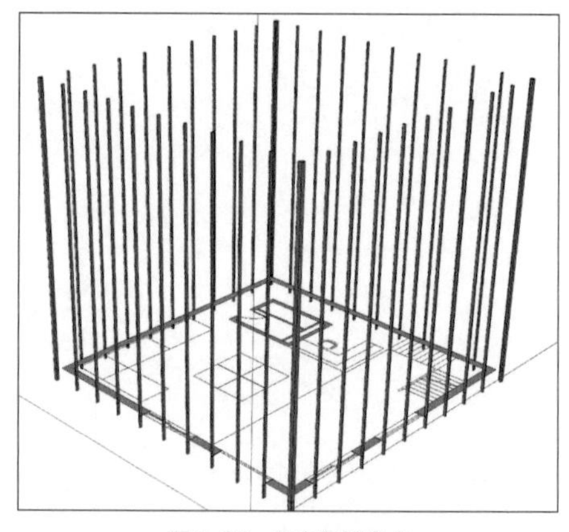

图7-88 竖向钢架完成

④ **绘制横向钢架：** 横向钢架一共7层，其中第1和第7层结构尺寸相同，第2~6层结构尺寸相同。

步骤 01 隐藏所有竖向钢架。

步骤 02 以“一层平面图”为基准，绘制矩形平面（c_3），如图7-89所示。

步骤 03 将矩形平面（c_3）向外偏移（0.1m），得到回形平面（c_4），为第1或第7层钢架的平面，如图7-90所示。

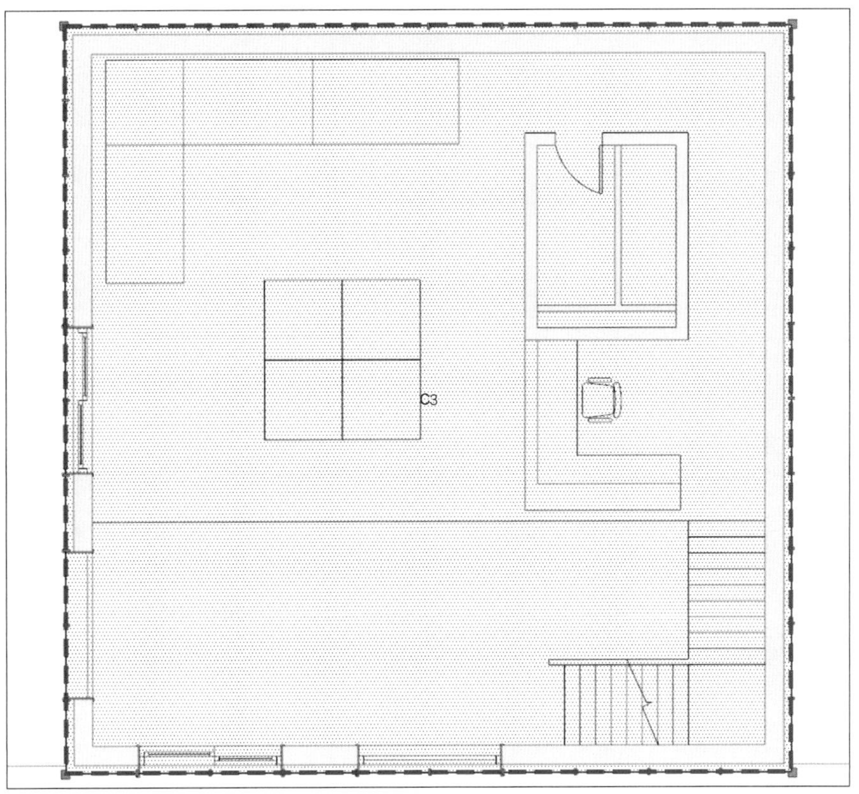

图7-89　绘制矩形平面（c_3）

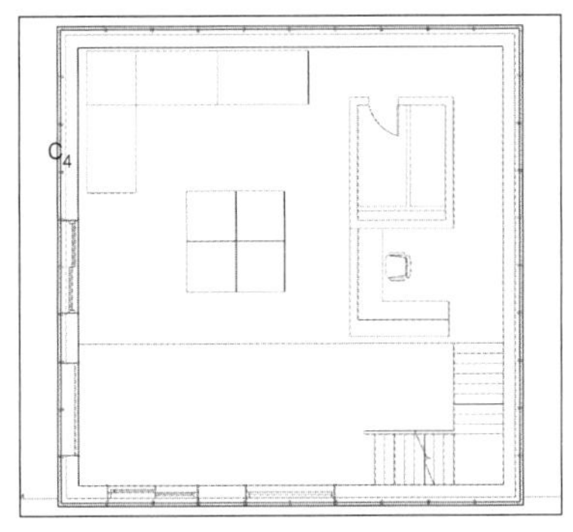

图7-90　第1层钢架平面（c_4）

步骤 04　将平面（c_4）创建为组件，进入组件，将平面（c4）向上推拉（0.05m），全选"第1层钢架"，添加材质（指定色彩0015橙红），退出组件。

将"第1层钢架"向上移动，与"北立面图"第1层钢架高度对齐，如图7-91所示。

步骤 05　将"第1层钢架"向下移动复制，得到"第7层钢架"，并且与"北立面图"第7层钢架高度对齐，如图7-92所示。

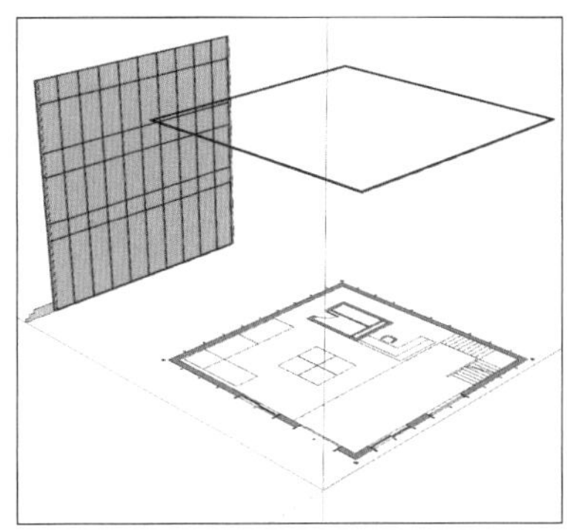

图7-91　第1层钢架

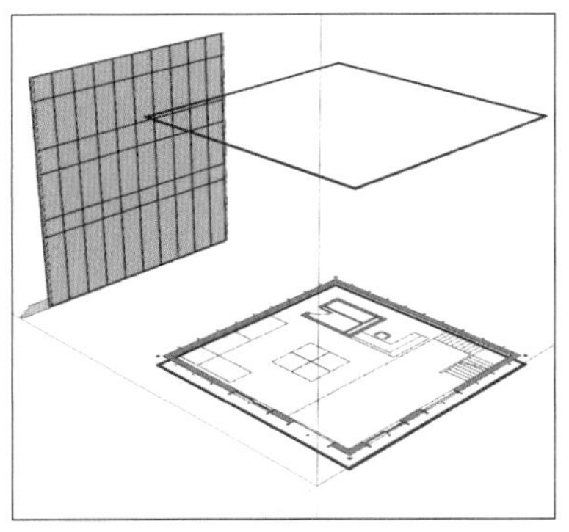

图7-92　移动复制得到第7层钢架

步骤 06　将矩形平面（c_3）向外偏移（0.05m），得到回形平面（c_5），为第2~6层钢架的平面，如图7-93所示。

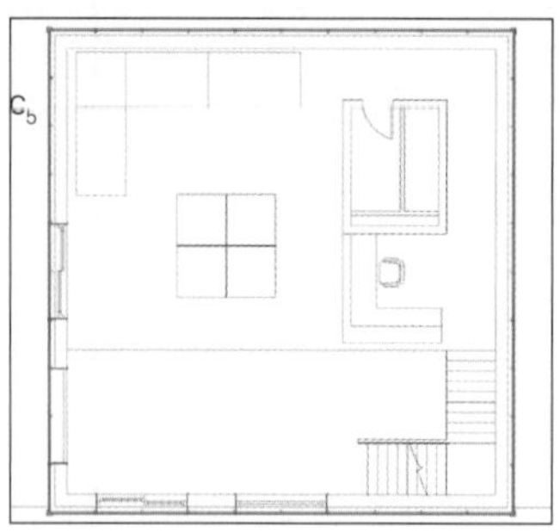

图7-93　第2层钢架平面（c_5）

步骤 07　将平面（c_5）创建为组件，进入组件，将平面（c_5）向上推拉（0.05m），全选“第2层钢架”，添加材质（指定色彩0015橙红），退出组件。

将“第2层钢架”向上移动，与“北立面图”第2层钢架高度对齐，如图7-94所示。

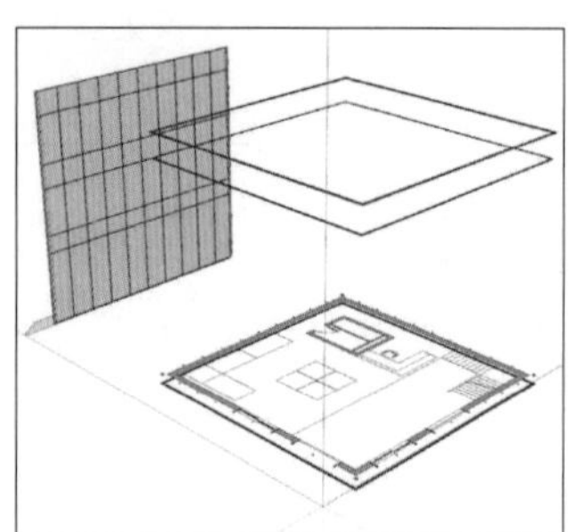

图7-94　第2层钢架

步骤 08　将“第2层钢架”向下移动复制，依此得到“第3~5层和第6层钢架”，并且分别与“北立面图”第3~5层和第6层钢架高度对齐，如图7-95所示。

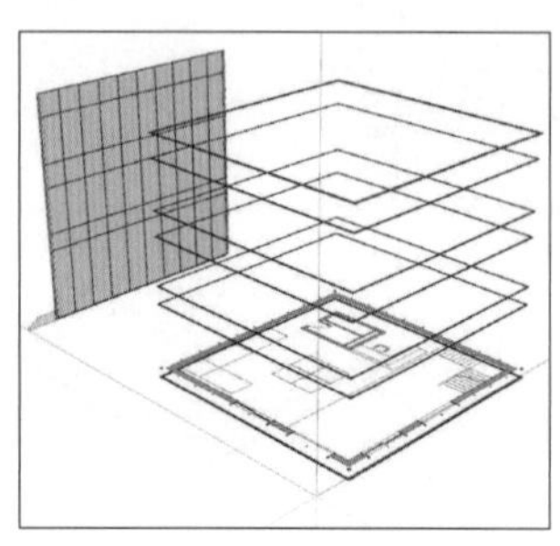

图7-95　移动复制得到各层钢架

⑤ **合并所有钢架：**

步骤 01　显示所有钢架，如图7-96所示；

步骤 02　选中所有钢架群组，使用“实体外壳”工具，图标为“ ”，可以将所有钢架群组合并为一个实体群组，并且删除多余图元，如图7-97所示。

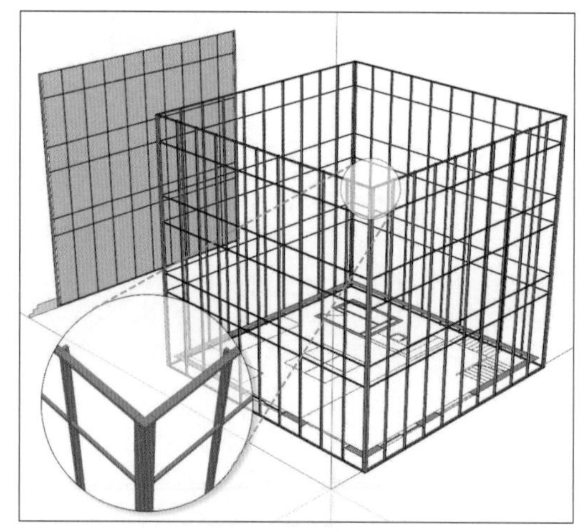

图7-96　显示所有框架

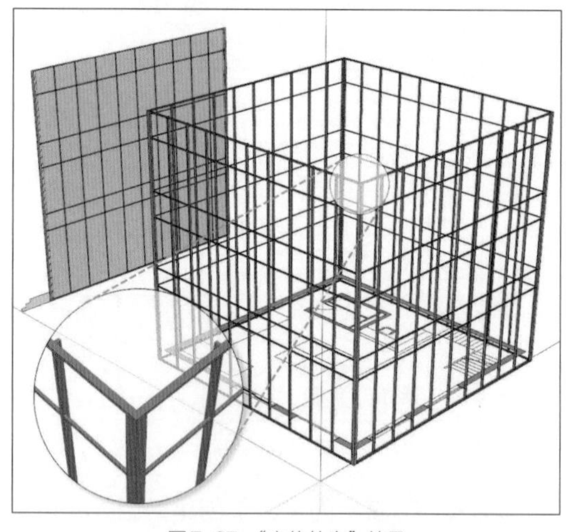

图7-97　“实体外壳”结果

7.3.6　绘制穿孔板

① **新建“16穿孔板”图层：**在“标记”面板中新建“16穿孔板”图层，并且将“铅笔头”图标切换至“16穿孔板”图层，使图层“16穿孔板”处于编辑状态。

② **关闭部分图层：**打开图层“01一层平

面图”“10北立面图”“16穿孔板”，关闭其他图层。

③ 穿孔板：步骤如下。

步骤 01 以“一层平面图”为基准，绘制矩形平面（c_3），如图7-89所示。

步骤 02 将矩形平面（c_3）向外偏移（0.05m），删除面（c_3），得到矩形平面（d_1），如图7-98所示。

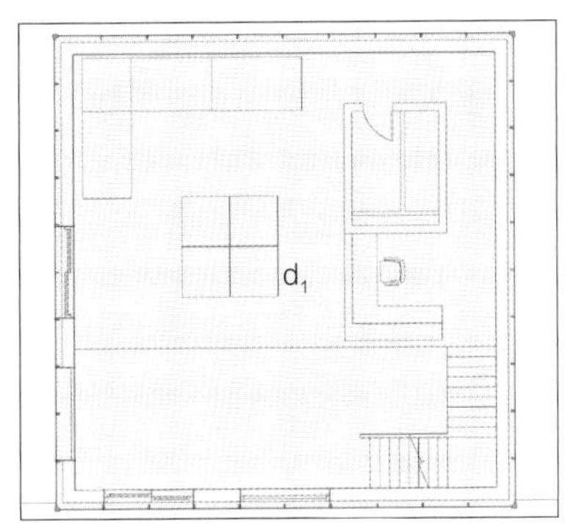

图7-98　矩形平面（d_1）

步骤 03

a.将平面（d_1）向上推拉（12.92m），或者向上推拉捕捉到“北立面图”第1层钢架下边线；

b.将平面（d_1）向下推拉（0.50m），或者向下推拉捕捉到“北立面图”第7层钢架上边线；

c.推拉得到的体块，删除上下两个矩形平面，侧面四个面即为穿孔板，如图7-99所示。

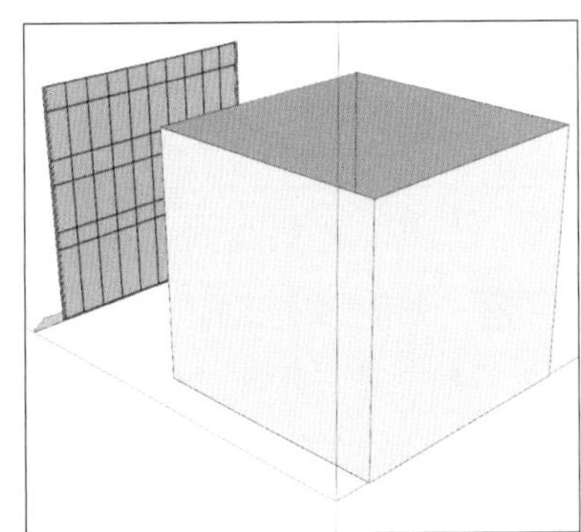

图7-99　推拉并删除上下平面

步骤 04 全选“穿孔板”的四个面，添加材质（指定色彩0135深灰，颜色不透明度30%），群组，即可绘制完成“穿孔板”，如图7-100所示。

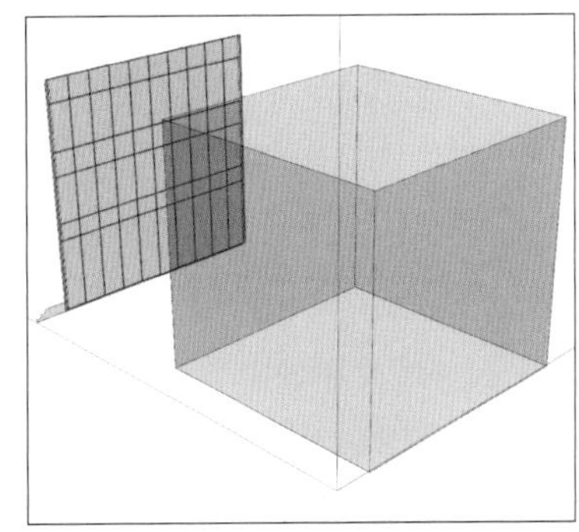

图7-100　添加材质并群组

7.3.7　绘制门窗

7.3.7.1　绘制门窗洞

绘制门窗之前，需要在“墙体”“外立面钢架”和“穿孔板”上裁剪出相应的门窗洞口。

① **新建“17门窗”图层：**在“标记”面板中新建“17门窗”图层，并且将“铅笔头”图标切换至“17门窗”图层，使图层“17门窗”处于编辑状态。

② **关闭部分图层：**打开图层“09南立面图”“12西立面图”“14墙体”“17门窗”，关闭其他图层。

③ **绘制裁剪门窗洞所需的体块：**

步骤 01 以“西立面图”为基准，沿着立面图的门窗，绘制7个矩形平面，如图7-101和图7-102所示；

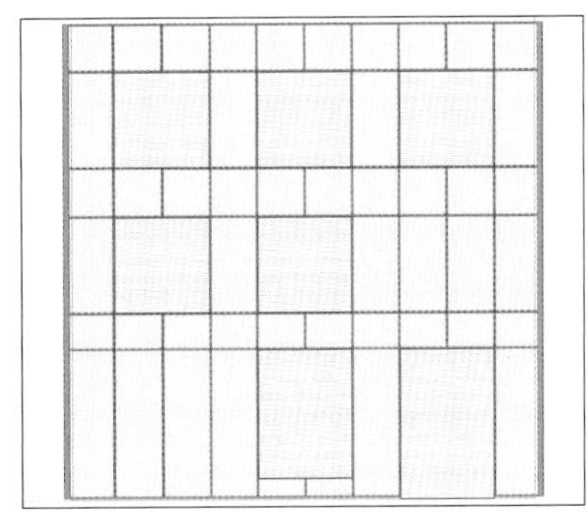

图7-101　西立面门窗洞平面

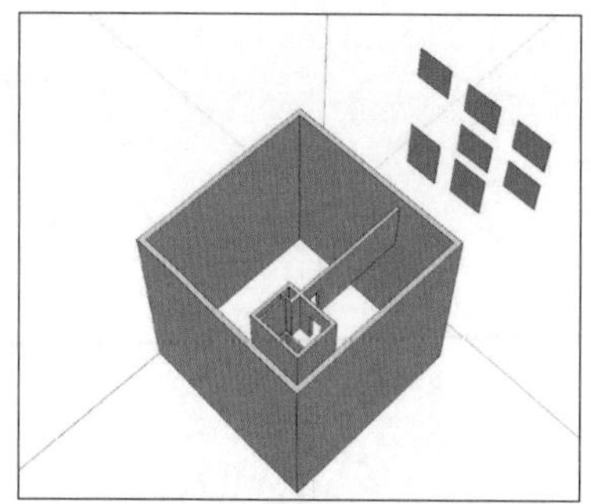

图7-102　西立面门窗洞平面

步骤 02　将7个平面向“红轴正方向”批量推拉（10.7m），图标为“❀”，使7个体块刚好穿透西侧外墙，全选7个体块并群组（实体组A），如图7-103所示；

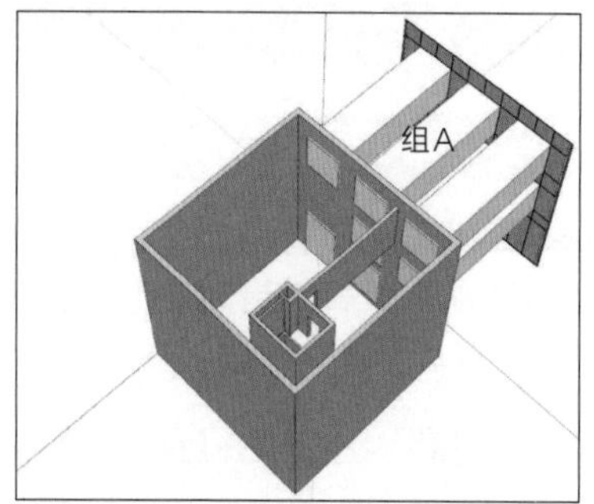

图7-103　推拉成体块并群组

步骤 03　同样地，以“南立面图”为基准，沿着立面图的窗户，绘制6个矩形平面，如图7-104和图7-105所示；

步骤 04　将6个平面向“绿轴正方向”批量推拉（10.7m），图标为“❀”，使6个体块刚好穿透南侧外墙，全选6个体块并群组（实体组B），如图7-106所示。

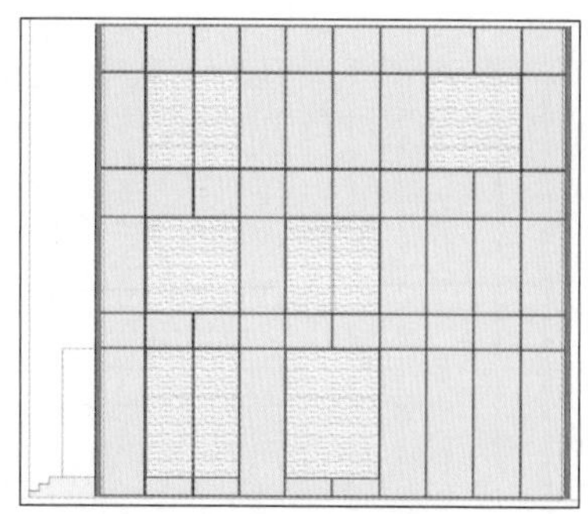

图7-104　南立面门窗洞平面（一）

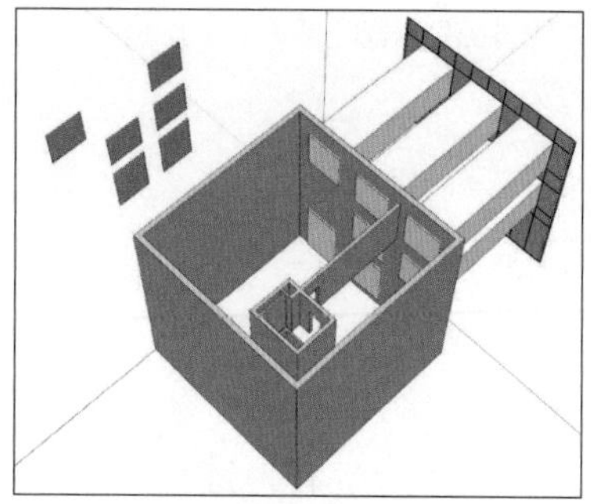

图7-105　南立面门窗洞平面

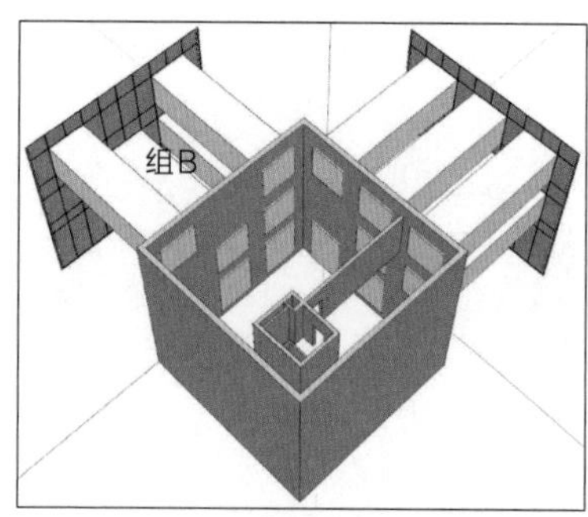

图7-106　推拉成体块并群组

④ 在“墙体”中裁剪门窗洞：

步骤 01　将“实体组A”和“实体组B”向“红轴正方向”移动复制（30m），复制作为备份，用来进行其他裁剪，如图7-107所示；

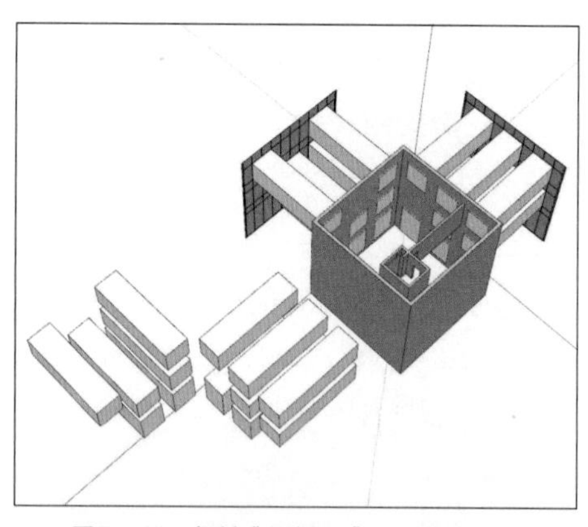

图7-107　复制“实体组A”和“实体组B”

步骤 02　使用“实体工具”中的“减去”工具，图标为“⧉”，使“外墙”群组减去“实体组A”，即可得到西侧墙体的门窗洞，如图7-108所示；

步骤 03　使用“实体工具”中的“减去”工具，图标为“⧉”，使“外墙”群组减去“实体组B”，即可得到南侧墙体的门窗洞，如图7-109所示；

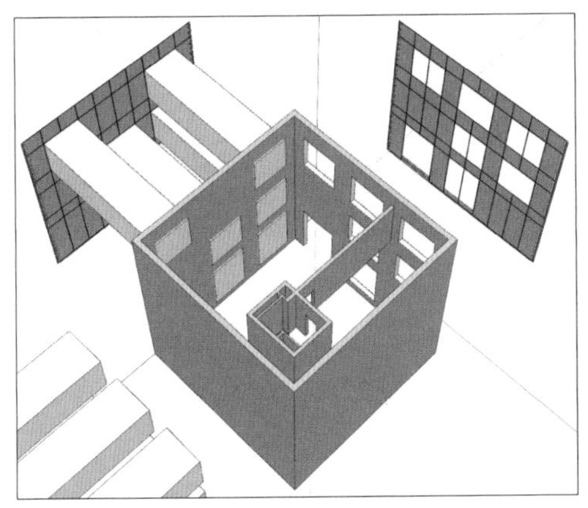
图7-108　“墙体”群组减去“实体组A”

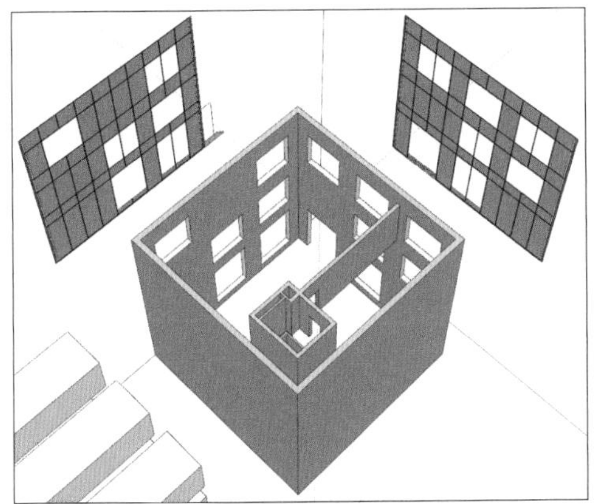
图7-109　“墙体”群组减去“实体组B”

步骤 04　使用“减去”工具得到窗洞后【外墙的部分材质（颜色）和图元会出现错乱】，需进入“外墙”群组，全选外墙，移动至“14墙体”图层，并且重新添加材质（指定色彩0099浅钢青色），退出群组，即可完成外墙的门窗洞的绘制，如图7-110所示。

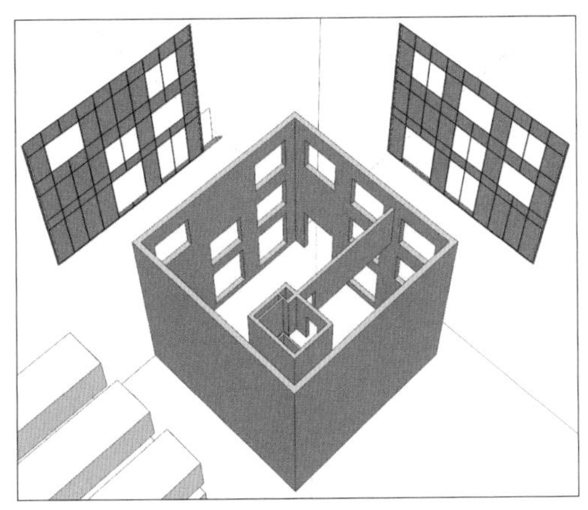
图7-110　外墙重新添加材质

⑤ 在“外立面钢架”中裁剪门窗洞：

步骤 01　关闭图层“14墙体”，打开图层“15外立面钢架”；

步骤 02　将复制得到的“实体组A”和“实体组B”向“红轴负方向”移动复制（30m），用来裁剪外立面钢架，如图7-111所示；

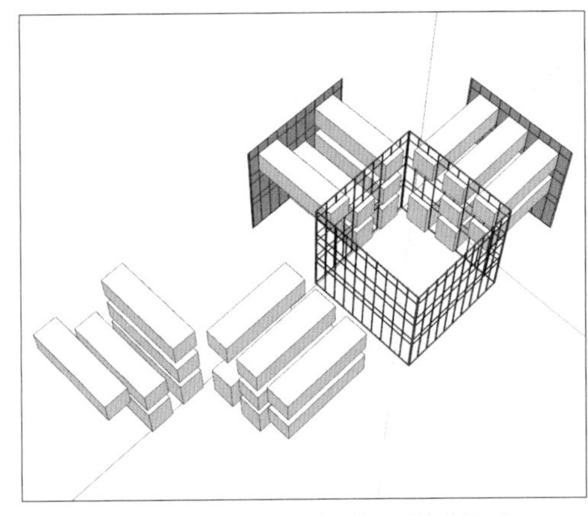
图7-111　复制“实体组A”和“实体组B”

步骤 03　分别进入两个实体组，删除多余的方柱（钢架的部分位置不需要开洞），如图7-112所示；

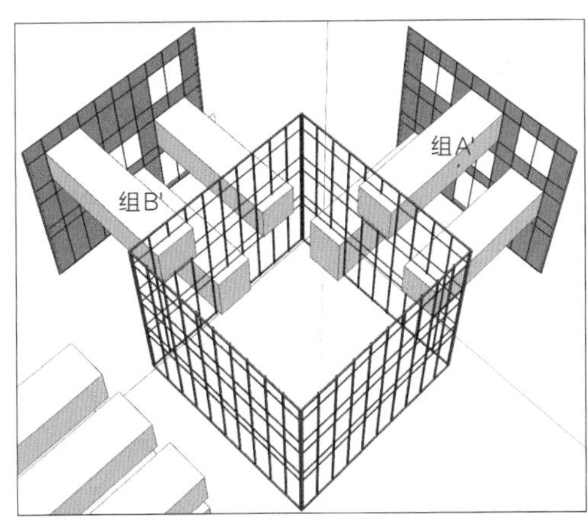

图7-112　删除部分方柱

步骤 04　使用“实体工具”中的“减去”工具，图标为“■”，使“外立面钢架”群组减去“实体组A'”和“实体组B'”，即可得到外立面钢架的门窗洞，如图7-113所示；

步骤 05　使用“减去”工具得到窗洞后[钢架的部分材质（颜色）和图元会出现错乱]，需进入“外立面钢架”群组，全选钢架，移动至“15

外立面钢架”图层，并且重新添加材质（指定色彩0015橙红），退出群组，即可完成外立面钢架的门窗洞的绘制，如图7-114所示。

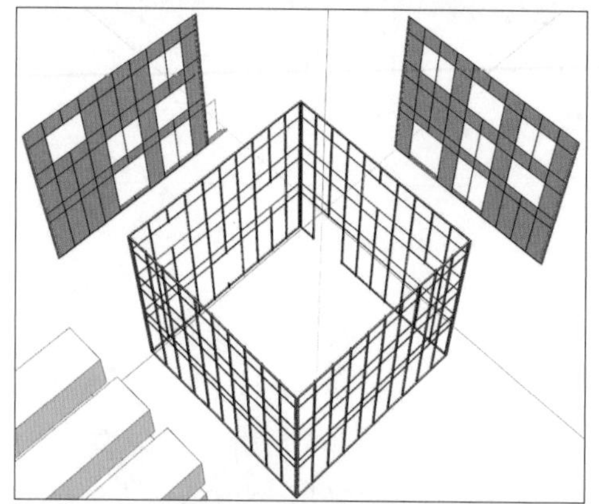

图7-113 “外立面钢架”群组减去“实体组A'”和“实体组B'”

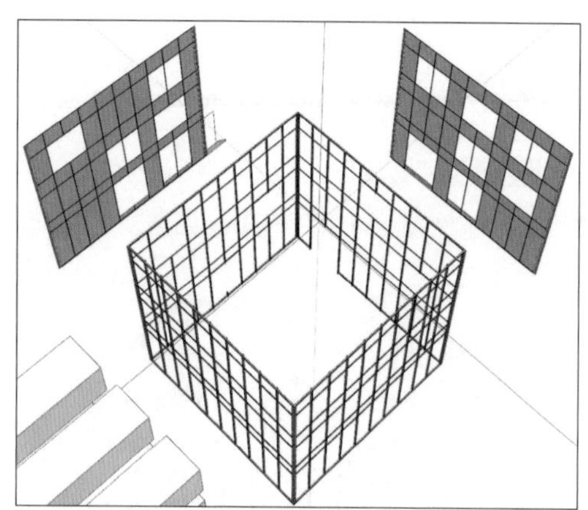

图7-114 钢架重新添加材质

⑥ 在“穿孔板”中裁剪门窗洞：

步骤 01 关闭图层“15外立面钢架”，打开图层“16穿孔板”；

步骤 02 将复制得到的“实体组A”和“实体组B”向“红轴负方向”移动（30m），用来裁剪穿孔板，如图7-115所示；

步骤 03 分别进入两个实体组，删除多余的方柱（穿孔板的部分位置不需要开洞），如图7-116所示；

步骤 04 炸开群组“穿孔板”，同时选中“穿孔板的四个面”和“两个实体群组”，如图7-117所示；

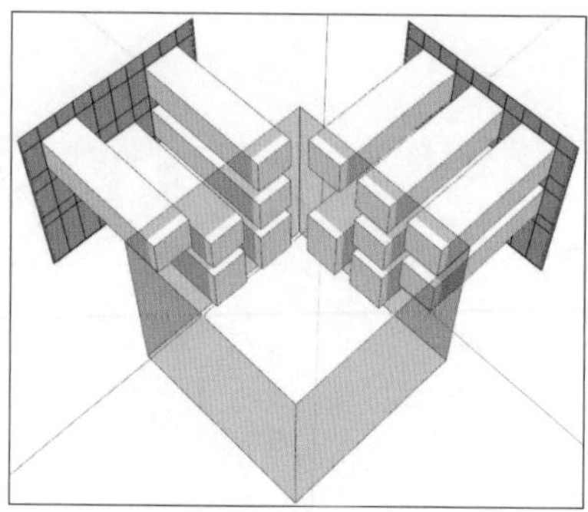

图7-115 移动“实体组A”和“实体组B”

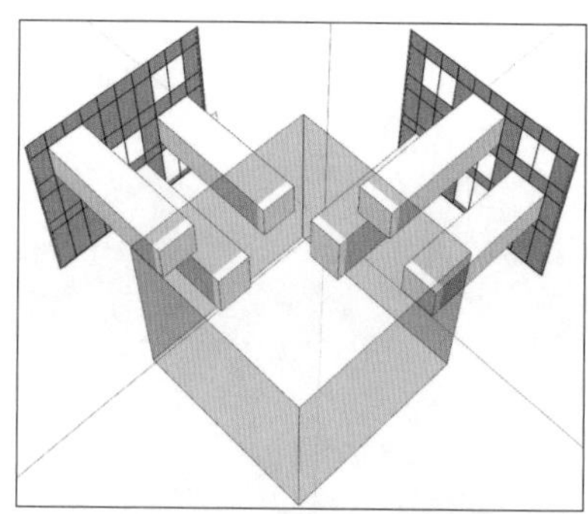

图7-116 删除部分方柱

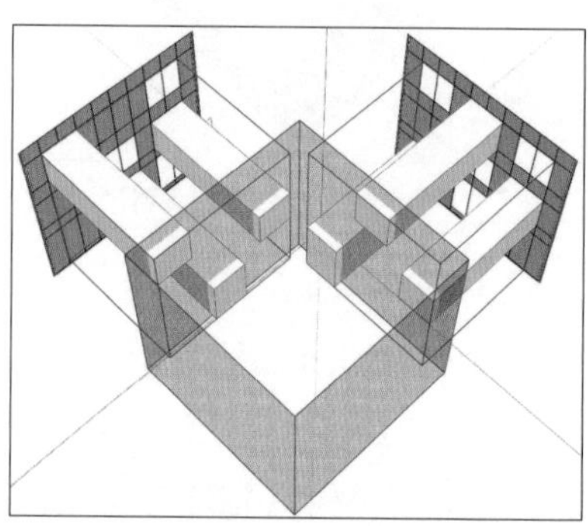

图7-117 炸开“穿孔板”群组

步骤 05 使用“模型交错”工具，使穿孔板的四个面和两个实体群组分别交错，生成相接线，如图7-118所示；

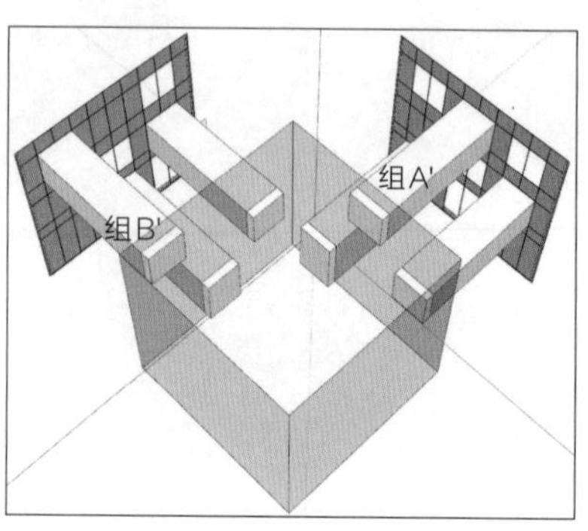

图7-118 模型交错

步骤 06 删除“实体组 A’”和“实体组 B’”，如图7-119所示；

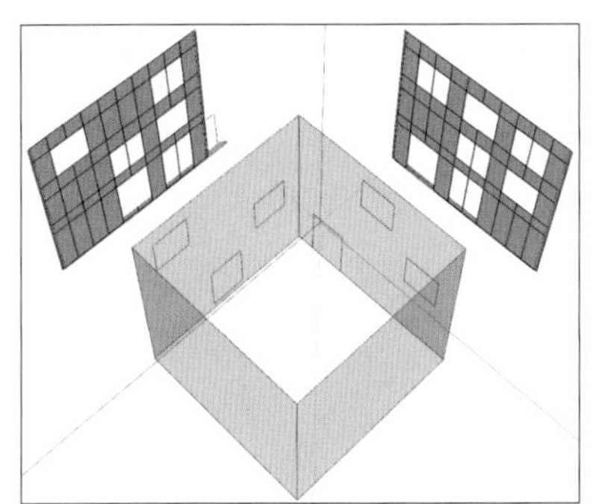

图7-119 删除“实体组A'”和“实体组B'”

步骤 07 删除穿孔板四个面上的门窗洞口面，并将穿孔板重新群组，如图7-120所示。

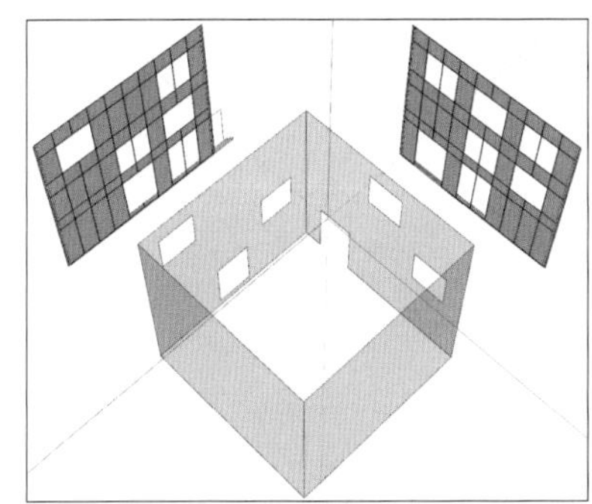

图7-120 删除洞口平面并群组

7.3.7.2 绘制立面窗户

① 以南立面左上角的“窗户①”为例：步骤如下。

步骤 01 打开图层“14 墙体”和“17 门窗”，关闭其他图层。

步骤 02 如图7-121所示，以南侧外墙左上角的窗洞为基准，绘制矩形平面（e_1）；将平面（e_1）向绿轴正方向移动（0.185m），移动至墙体中间，如图7-122所示。

步骤 03 将平面（e_1）向内偏移（0.03m），再次向内偏移（0.08m），得到窗套平面（e_2）、窗框平面（e_3）、玻璃平面（e_4），依次将平面（e_2）、（e_3）、（e_4）群组，如图7-123所示。

步骤 04 窗套：

a. 进入窗套平面（e_2）的群组，将平面（e_2）向北推拉（0.185m），推拉至南侧外墙的内边缘；

b. 将平面（e_2）向南推拉（0.335m），使窗套凸出南侧外墙的外边缘（0.15m）；

c. 全选“窗套”，添加材质（指定色彩 0130淡灰），退出群组，即可完成窗套绘制，如图7-124所示。

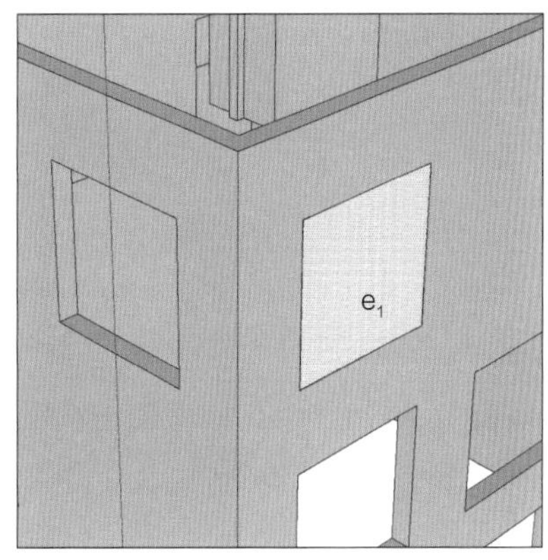

图7-121 绘制矩形平面（e_1）

图7-122 移动平面（e_1）

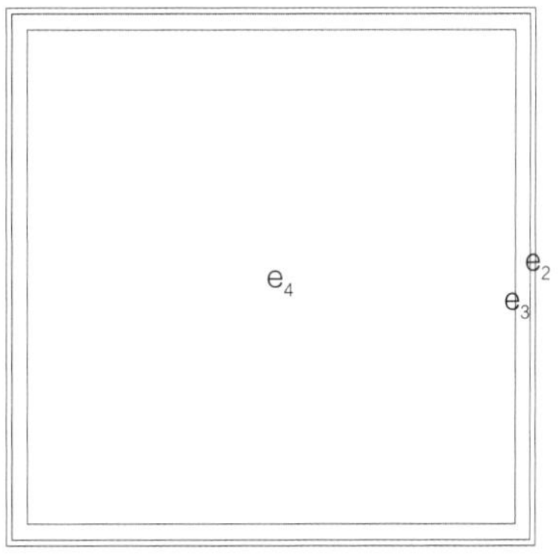

图7-123 偏移（e_1）得到（e_2）~（e_4）

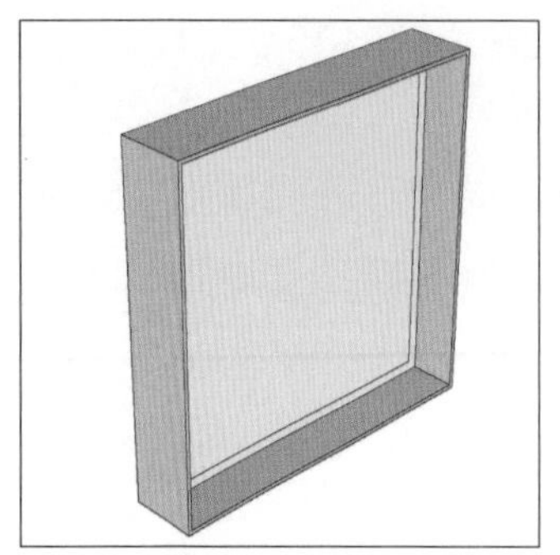

图7-124 推拉窗套平面（e_2）并添加颜色

步骤 05 窗框：

a. 进入窗框平面（e_3）的群组，将平面（e_3）向北推拉（0.04m）；

b. 将平面（e_3）向南推拉（0.04m）；

c. 全选“窗框”，添加材质（指定色彩0129烟白），退出群组，即可完成窗框绘制，如图7-125所示。

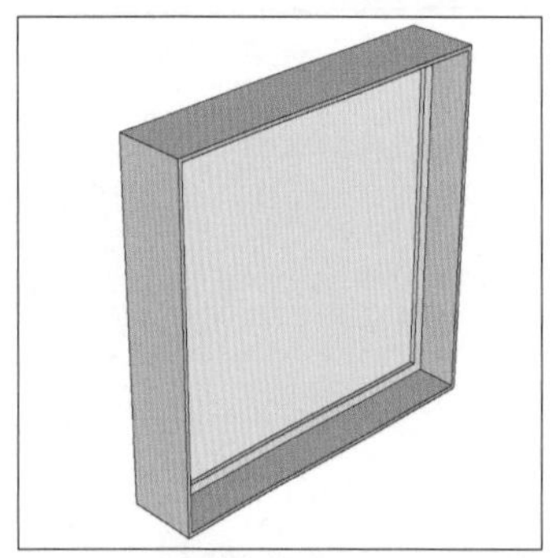

图7-125 推拉窗框平面（e_3）并添加颜色

步骤 06 玻璃：进入玻璃平面（e4）的群组，选择“玻璃”，添加材质（指定色彩0093浅蓝，颜色不透明度30%），退出群组，即可完成玻璃绘制，如图7-126所示。

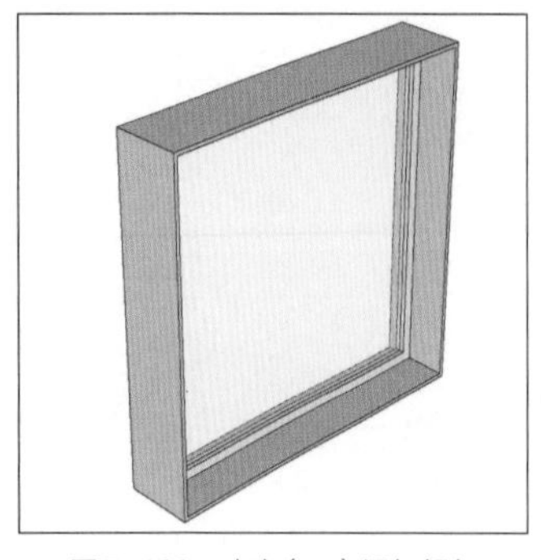

图7-126 玻璃（e_4）添加颜色

步骤 07 同时选中群组“窗套”“窗框”和“玻璃”，创建为组件，即可完成“窗户①”的绘制，如图7-127所示。

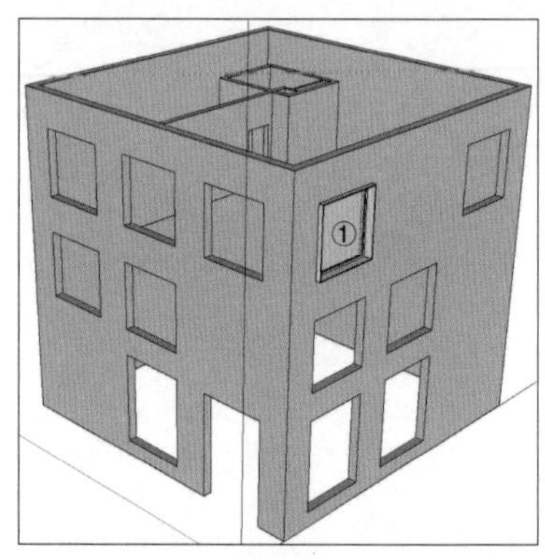

图7-127 “窗户①”创建组件

② 其他窗户：

a. “窗户①”经过旋转、复制，可得到“窗户②~④、⑦~⑪”，如图7-128所示；

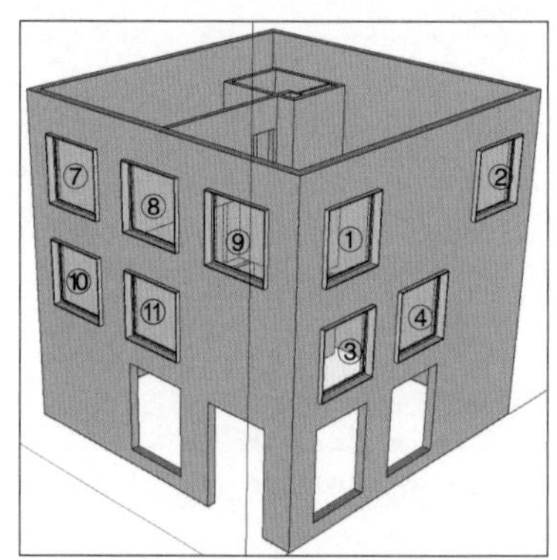

图7-128 复制“窗户①”

b. “窗户⑤、⑥、⑫”尺寸相同，与“窗户①”的绘制方法相同，如图7-129所示。

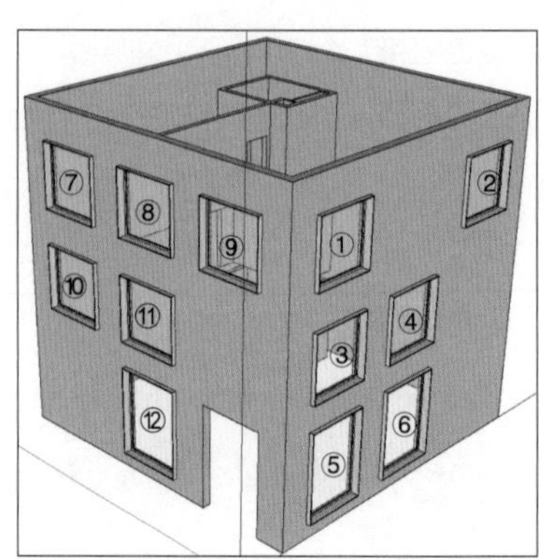

图7-129 绘制“窗户⑤、⑥、⑫”

7.3.7.3 绘制天窗

① **完善天窗洞口：**步骤如下。

步骤 01　打开图层“13楼板”“14墙体”和“17门窗”，关闭其他图层；将“铅笔头”图标切换至“13楼板”图层，使图层“13楼板”处于编辑状态。

步骤 02　如图7-130所示，进入“四层楼板”群组，选中天窗洞口的2条边线；向洞口反方向偏移（0.24m），得到“L形”平面（e_5），如图7-131所示。

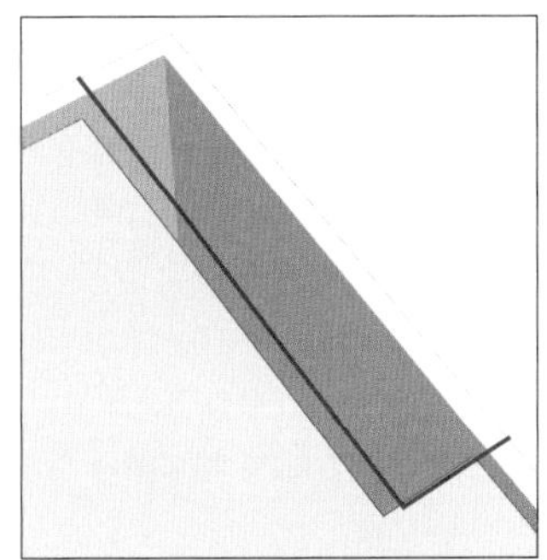

图7-130　选择洞口边线

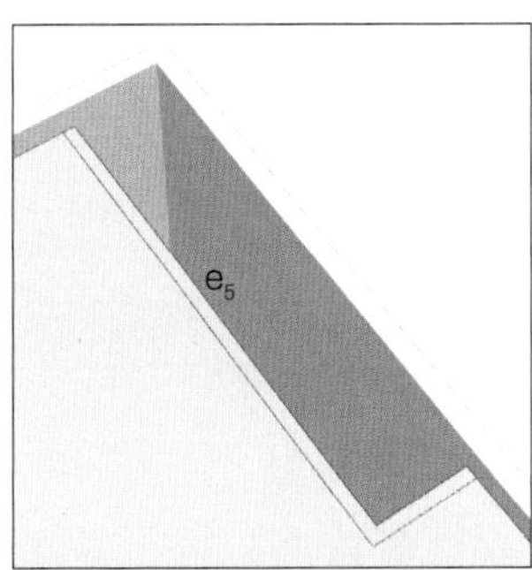

图7-131　偏移边线得到平面（e5）

步骤 03　将平面（e_5）向上推拉（0.55m）至外墙最高点，退出群组，如图7-132所示。

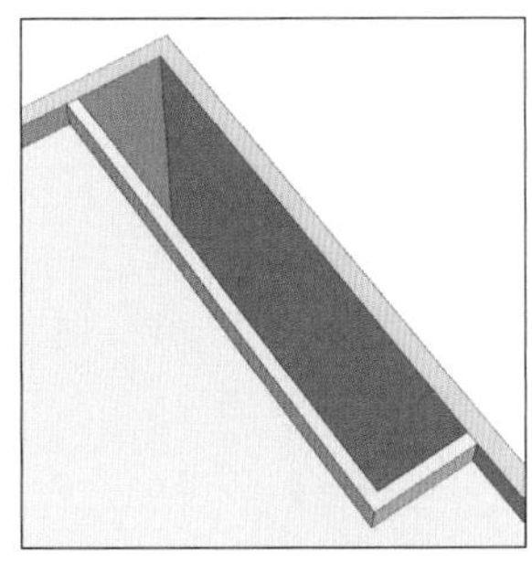

图7-132　推拉平面（e5）

② **绘制天窗：**步骤如下。

步骤 01　将“铅笔头”图标切换至“17门窗”图层，使图层“17门窗”处于编辑状态。

步骤 02　玻璃框：如图7-133所示，在“天窗洞口”西侧的楼板中下方（位置适当即可），绘制一个“工字形”平面（e_6）。

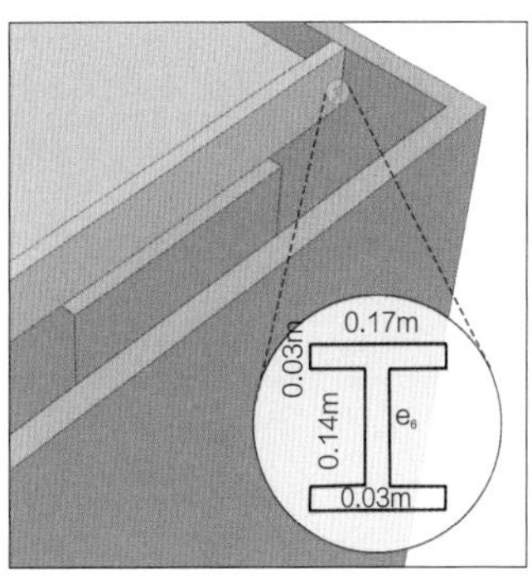

图7-133　绘制“工字形”平面（e_6）

步骤 03　将平面（e_6）向东推拉（1.74m）至东侧外墙的内边缘，如图7-134所示（平面e_6与平面e_6’相对应）；选择平面（e_6’），向上移动（0.42m），如图7-135所示。

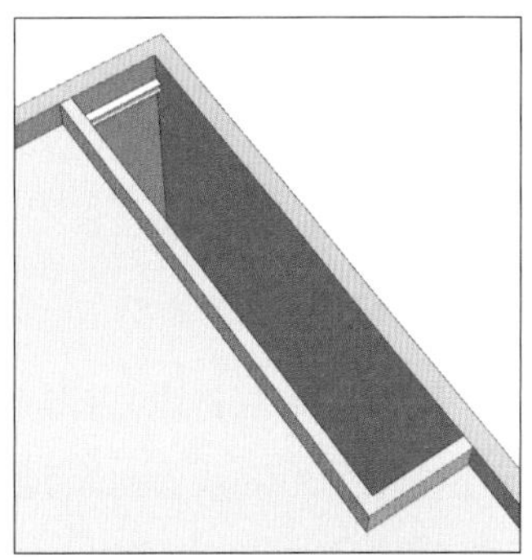

图7-134　向东推拉平面（e_6）

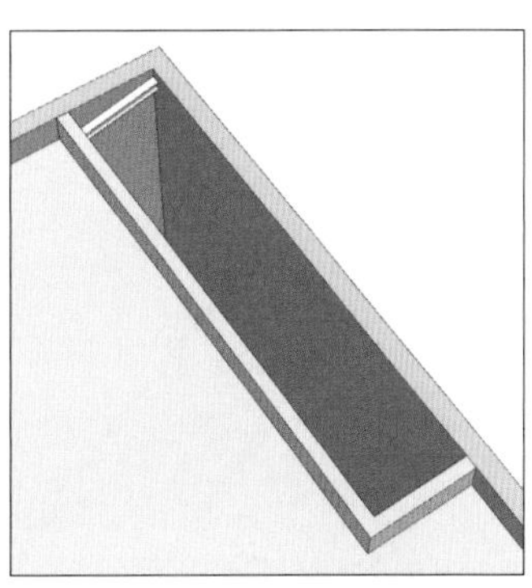

图7-135　向上移动平面（e_6'）

步骤 04 全选该“玻璃框”，添加材质（指定色彩0129烟白），将该玻璃框创建为组件。

步骤 05 将“玻璃框”组件向南移动复制6份，使7个玻璃框充满天窗洞口，如图7-136所示。

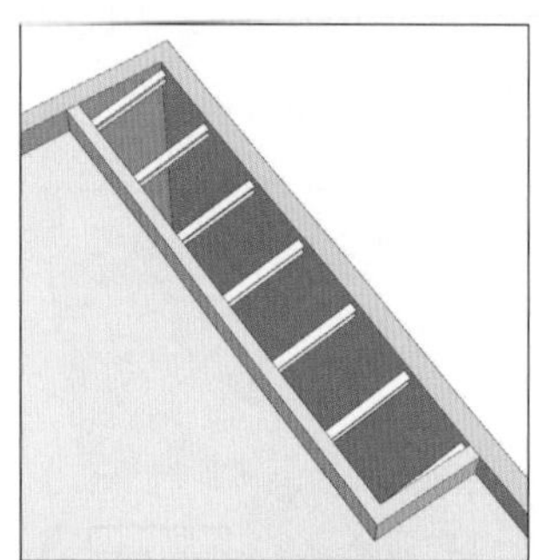

图7-136 移动复制“玻璃框”组件

步骤 06 玻璃：

a. 以玻璃框为基准，绘制一片玻璃（贴合“玻璃框”上表面），如图7-137所示；

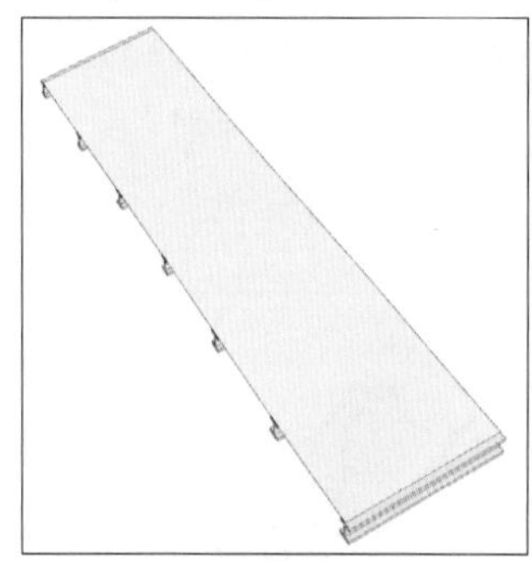

图7-137 绘制玻璃

b. 选择“玻璃”，添加材质（指定色彩0093浅蓝，颜色不透明度30%），并将玻璃群组；

c. 将“玻璃”群组向下移动（0.1m）至“玻璃框”中点（竖直方向），如图7-138所示；

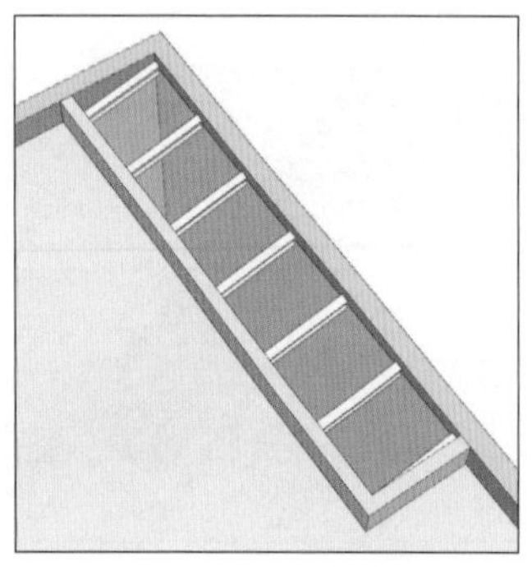

图7-138 添加材质并群组

d. 选中“玻璃”群组和7个“玻璃框”组件，创建为群组，即可完成“天窗”的绘制。

7.3.7.4 绘制门

① **绘制入口台阶：**

步骤 01 打开图层“05南剖面图”，并且将“铅笔头”图标切换至“13楼板”图层，使图层“13楼板”处于编辑状态；

步骤 02 如图7-139所示，以“南剖面图”为基准，绘制台阶平面（f_1）；

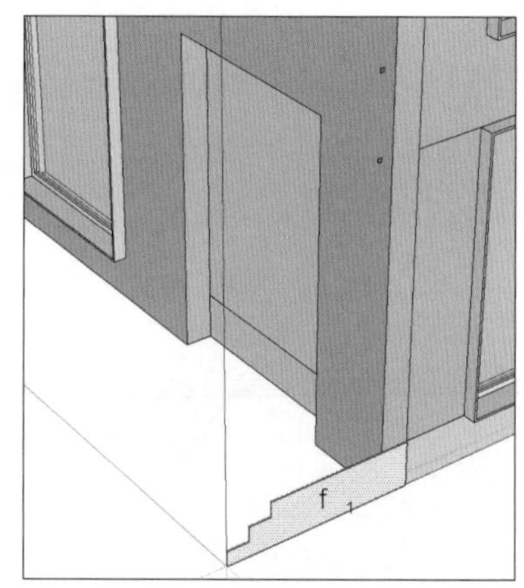

图7-139 绘制台阶平面（f_1）

步骤 03 将平面（f_1）向红轴正方向推拉，推拉至门洞北侧边缘，如图7-140所示；

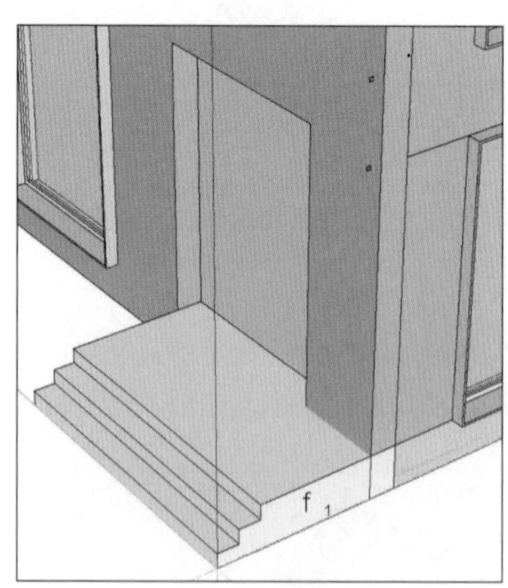

图7-140 推拉平面（f_1）

步骤 04 将平面（f_1）向红轴正方向推拉，推拉至门洞南侧边缘；

步骤 05 全选台阶，添加材质（指定色彩0048浅秋黄色），将台阶群组，如图7-141所示。

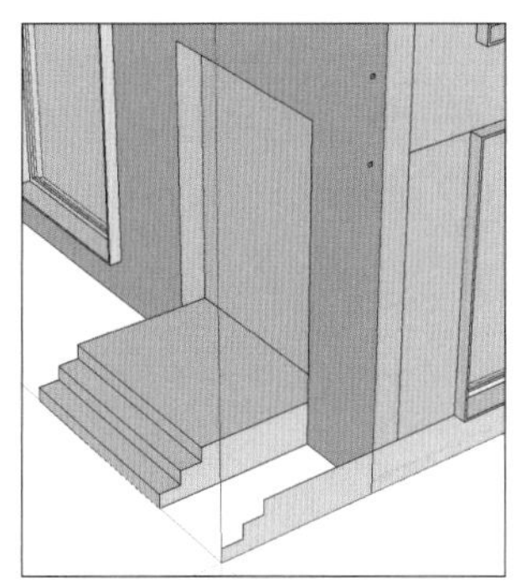

图7-141　推拉（f_1）同时添加材质并群组

② **绘制门：**步骤如下。

步骤 01　打开图层“09南立面图”，并且将“铅笔头”图标切换至“17门窗”图层，使图层“17门窗”处于编辑状态。

步骤 02　如图7-142所示，以门洞为基准，绘制矩形平面（f_2）；将平面（f_2）向内偏移（0.03m）两次，得到门套平面（f_3）、门框平面（f_4）、玻璃门平面（f_5），依次将平面（f_3）~（f_5）群组，如图7-143所示。

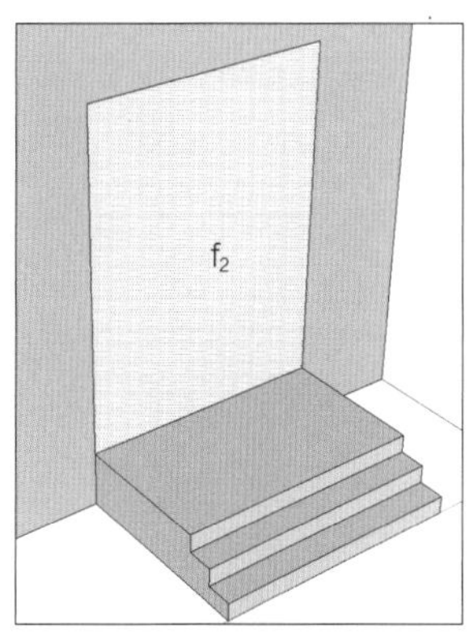

图7-142　绘制矩形平面（f_2）

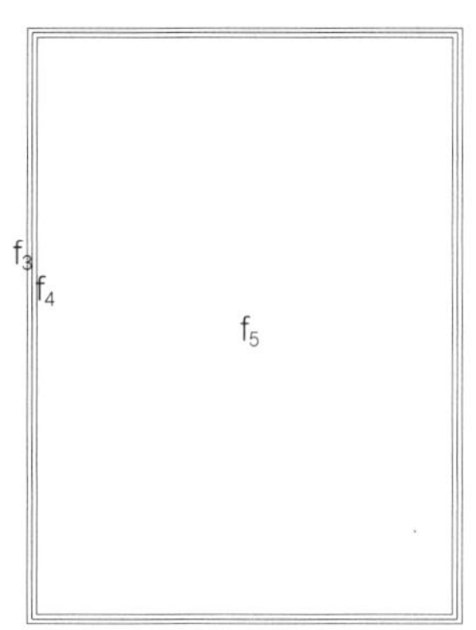

图7-143　偏移平面（f_2）

步骤 03　门套：

a.进入门套平面（f_3）的群组，将平面（f_3）向东推拉（0.37m），推拉至西侧外墙的内边缘；

b.将平面（f_3）向西推拉（1.21m），推拉至“南立面图”门套的最西端；

c.全选“门套”，添加材质（指定色彩0130淡灰），退出群组，即可完成门套绘制，如图7-144所示。

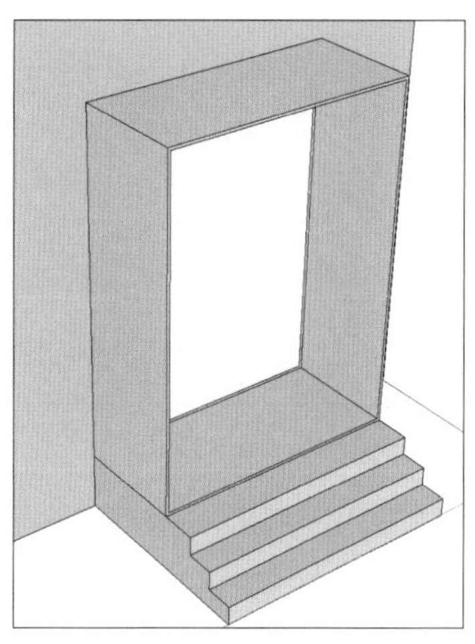

图7-144　绘制窗套

步骤 04　门框：

a.进入门框平面（f_4）的群组，将平面（f_4）向西推拉（0.08m）；

b.将平面（f_4）向东推拉（0.08m）；

c.全选“门框”，添加材质（指定色彩0130淡灰），退出群组，即可完成门框绘制，如图7-145所示。

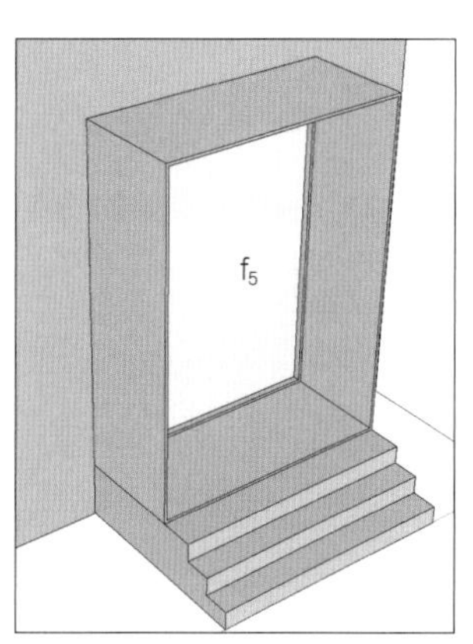

图7-145　绘制门框

步骤 05　玻璃门：

a.如图7-146所示，以平面（f_5）为基准，绘制2个相同矩形（f_6），使3个矩形之间的所有间距均为0.01m；

图7-146　绘制矩形平面（f_6）

b.如图7-147所示，删除平面（f_5）和右侧的平面（f_6），将左侧的平面（f_6）群组。

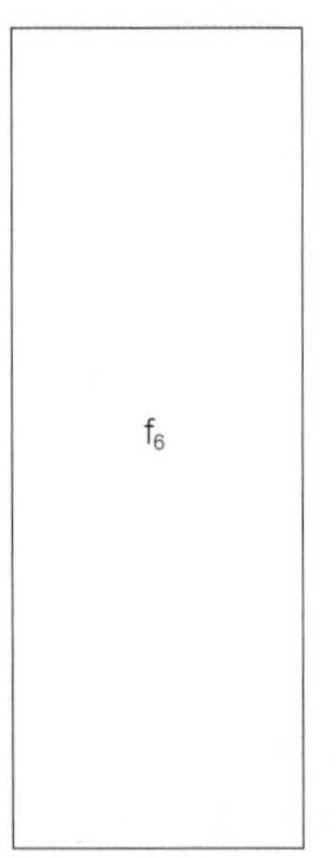

图7-147　删除平面（f_5和右侧的f_6）

步骤 06　玻璃框：

a.进入平面（f_6）的群组，将平面（f_6）向内偏移（0.08m），得到玻璃框平面（f_7）、玻璃平面（f_8），依次将平面（f_7）和平面（f_8）群组，如图7-148所示；

b.进入玻璃框平面（f_7）的群组，将平面（f_7）向东推拉（0.02m）；

c.将平面（f_7）向西推拉（0.02m）；

d.全选“玻璃框”，添加材质（指定色彩0129烟白），退出群组，即可完成玻璃框绘制，如图7-149所示（门套暂时隐藏，以便于观察）。

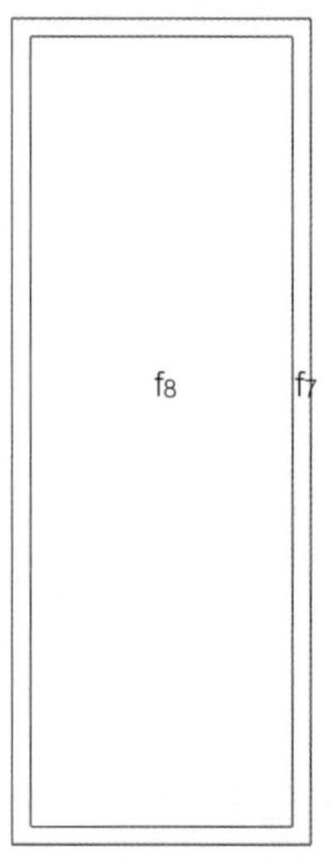

图7-148　偏移平面（f_6）

图7-149　绘制玻璃框

步骤 07　玻璃：进入玻璃平面（f_8）的群组，选择“玻璃”，添加材质（指定色彩0093浅蓝，颜色不透明度30%），退出群组，即可完成玻璃绘制，如图7-150所示（门套暂时隐藏，以便于观察）。

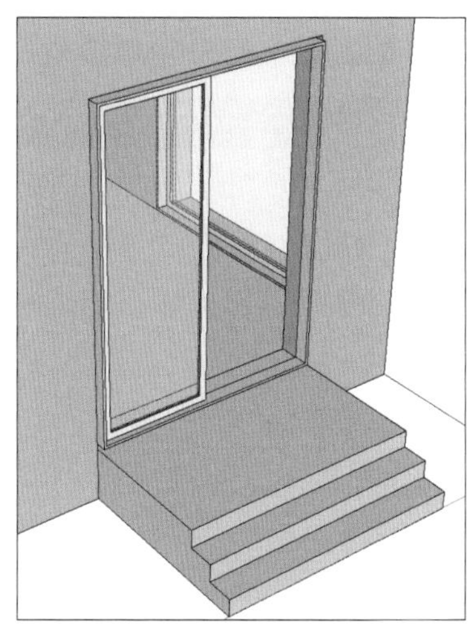

图7-150　绘制玻璃

步骤 08　门把手：

a.如图 7-151 所示，在与门垂直的面上，绘制“C 形”多段线，线段长度分别是“0.03m、3.44m、0.03m”，“C 形”多段线与南侧玻璃框居中对齐；

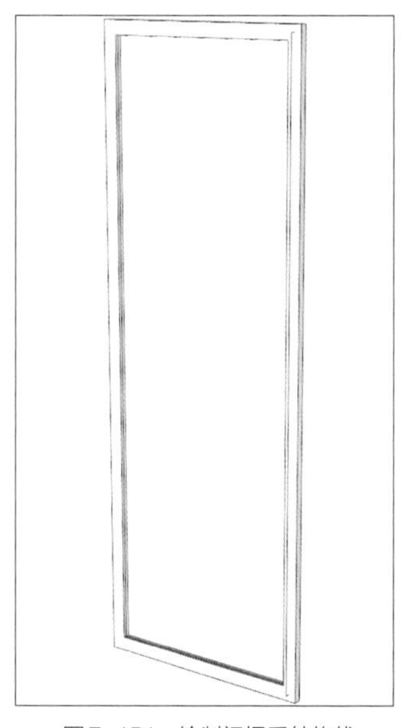

图7-151　绘制门把手结构线

b.使用“平面圆角”工具，图标为“⟨”，将 2 个直角转换为圆角（半径 0.02m），如图 7-152 所示；

c.选中“平面圆角”后的所有线条，使用“焊接线条”工具，图标为“⟨”，将线条焊接为曲线；

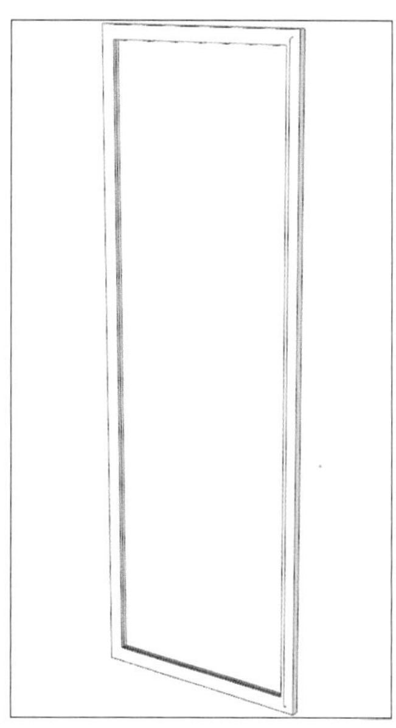

图7-152　方角转圆角

d.使用“线转柱体”工具，图标为“⌣”，将曲线转换为方柱（边长 0.03m）；

e.全选“门把手”，添加材质（指定色彩 0129 烟白），退出群组，即可完成门把手绘制，如图 7-153 所示（门套暂时隐藏，以便于观察）。

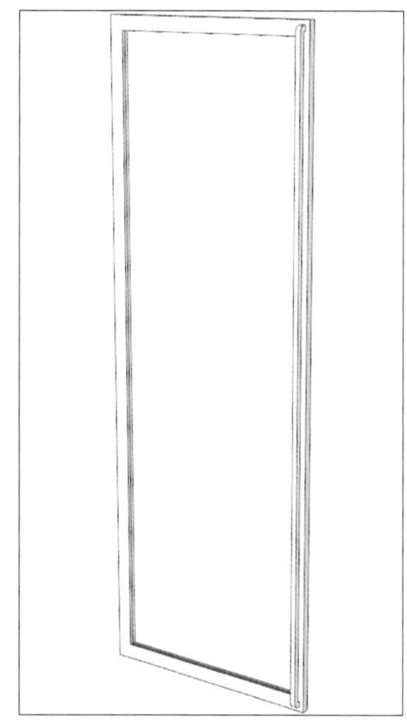

图7-153　“线转柱体”

步骤 09　另一半门：

a.选中“玻璃门”群组和“门把手”群组，

创建为组件；

b.如图7-154所示，以台阶中线所在的平面为对称面，使用“物体镜像”工具，图标为“▲”，将门组件镜像，得到另一半门，如图7-155所示；

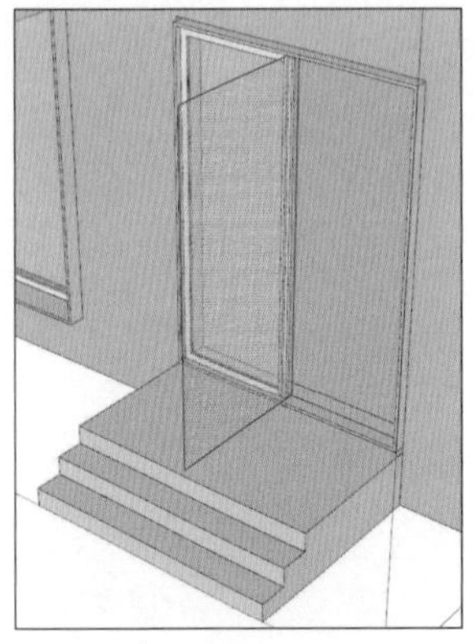

图7-154 对称面（无需绘制）

图7-155 将门镜像

c.显示所有隐藏物体，将“门套”群组、“门框”群组、两个“门”组件创建为群组，即可完成门的绘制，如图7-156所示。

图7-156 “门”绘制完成

7.3.8 绘制楼梯

7.3.8.1 绘制台阶

① **新建图层：**在“标记”面板中新建“18楼梯”图层，并且将“铅笔头”图标切换至“18楼梯”图层，使图层“18楼梯”处于编辑状态。

② **关闭部分图层：**打开图层“01一层平面图”“05南剖面图”“07东剖面图”“13楼板”“18楼梯”，关闭其他图层。

③ **一层楼梯台阶：**步骤如下。

步骤01 前半段台阶：

a.以“南剖面图”为基准，绘制台阶剖面（g_1），如图7-157所示；

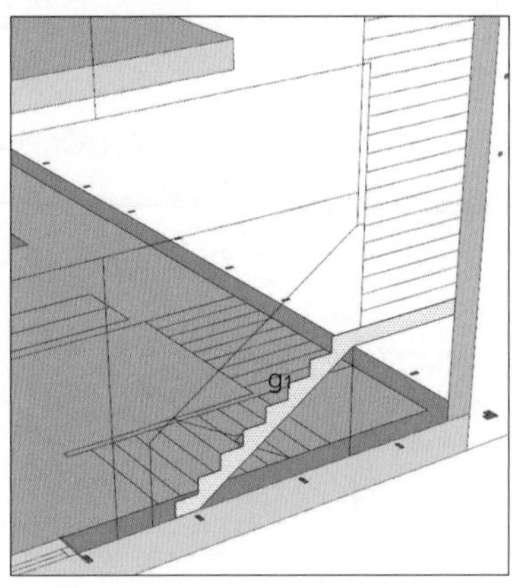

图7-157 （南剖面）绘制台阶剖面（g_1）

b.将剖面（g_1）向北推拉（1.87m）至“一层平面图”中“前半段台阶”的北边缘，如图7-158所示；

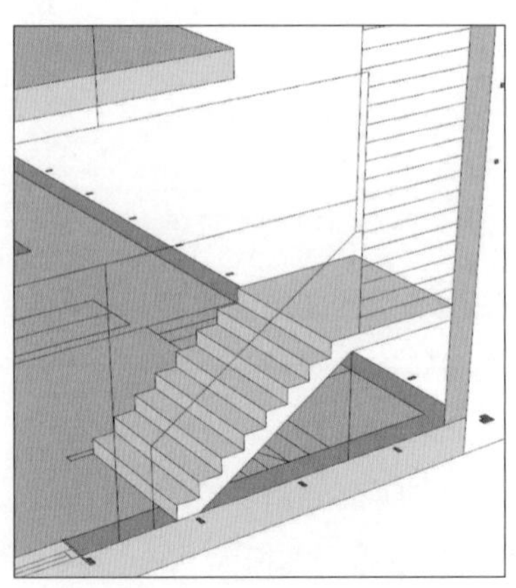

图7-158 向北推拉剖面（g_1）

c. 将剖面（g_1）向北推拉（0.37m）至“一层平面图”中“前半段台阶”的南边缘；

d. 全选“前半段台阶”，添加材质（指定色彩0036实木色），将前半段台阶群组，如图7-159所示。

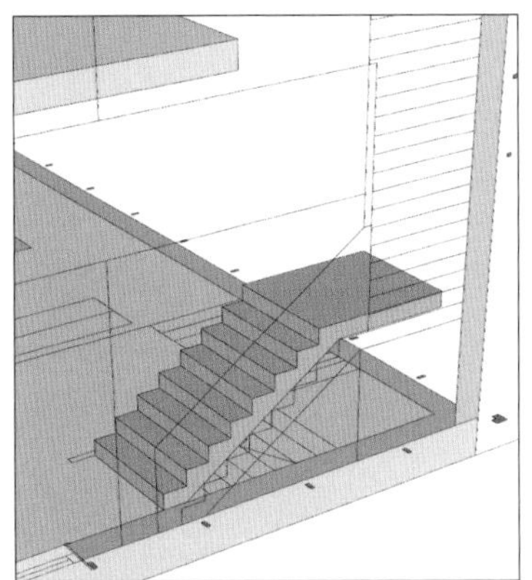

图7-159　添加材质并群组

步骤 02　后半段台阶：

a. 以“东剖面图”为基准，绘制台阶剖面（g_2），如图7-160所示；

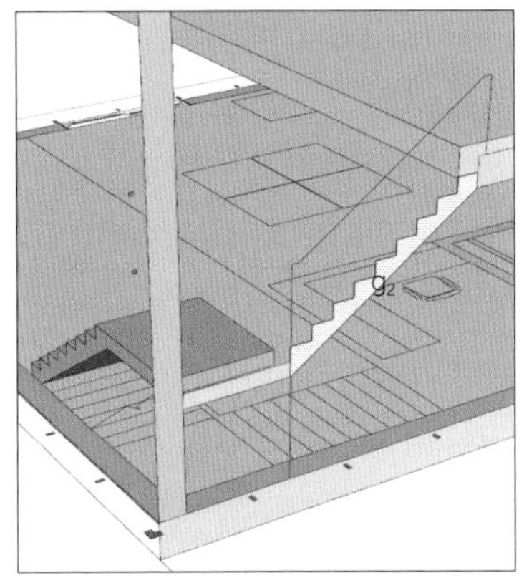

图7-160　（东剖面）绘制台阶剖面（g_2）

b. 将剖面（g_2）向西推拉（1.87m）至“一层平面图”中“前半段台阶”的西边缘，如图7-161所示；

c. 将剖面（g_2）向西推拉（0.37m）至“一层平面图”中“前半段台阶”的东边缘；

d. 全选“后半段台阶”，添加材质（指定色彩0036实木色），将后半段台阶群组，如图7-162所示，即可完成一层楼梯台阶的绘制。

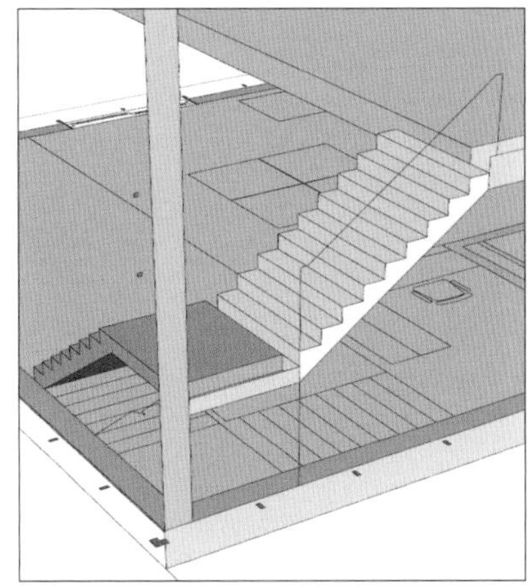

图7-161　向西推拉剖面（g_2）

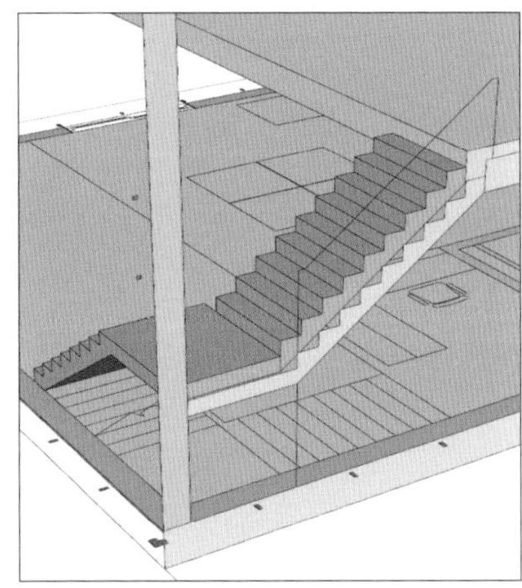

图7-162　添加材质并群组

④ 二层楼梯台阶：步骤如下。

步骤 01　打开图层“02二层平面图”“06北剖面图”“07东剖面图”“13楼板”“18楼梯”，关闭其他图层。

步骤 02　前半段台阶：

a. 以“东剖面图”为基准，绘制台阶剖面（g_3），如图7-163所示；

b. 将剖面（g_3）向西推拉（1.87m）至“二层平面图”中“前半段台阶”的西边缘，如图7-164所示；

c. 将剖面（g_3）向西推拉（0.37m）至“二层平面图”中“前半段台阶”的东边缘；

d. 全选“前半段台阶”，添加材质（指定色彩0036实木色），将前半段台阶群组，如图7-165所示。

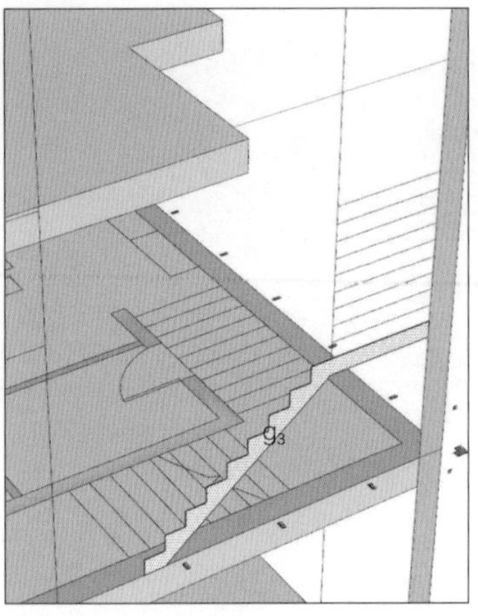

图7-163 （东剖面）绘制台阶剖面（g_3）

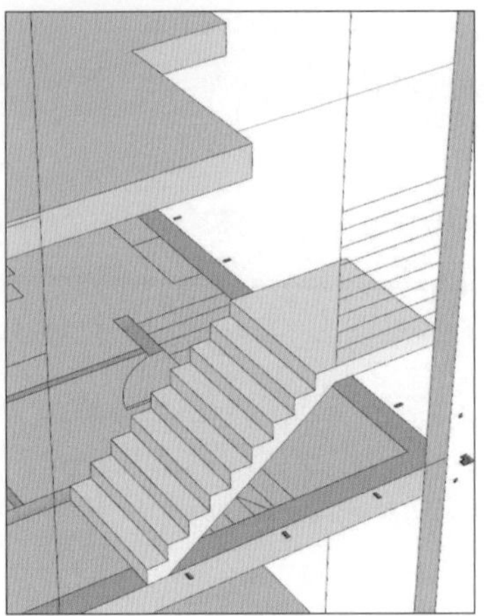
图7-164 向西推拉剖面（g_3）

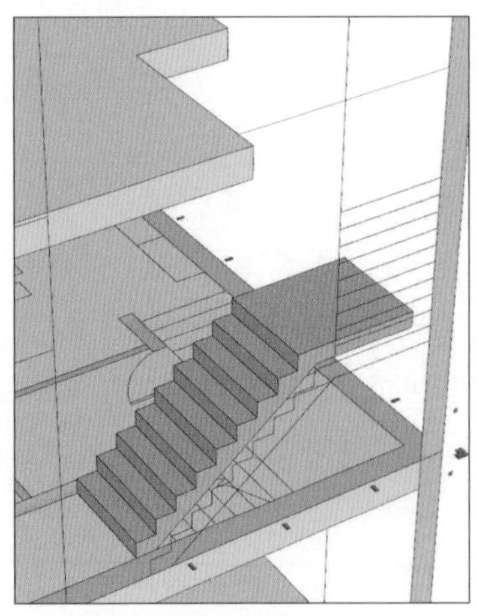
图7-165 添加材质并群组

步骤 03 后半段台阶：

a.以“北剖面图”为基准，绘制台阶剖面（g_4），如图7-166所示；

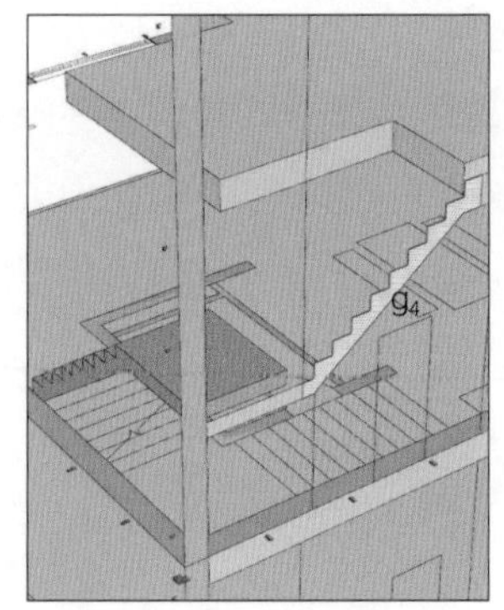

图7-166 （北剖面）绘制台阶剖面（g_4）

b.将剖面（g_4）向南推拉（1.87m）至“二层平面图”中“后半段台阶”的南边缘，如图7-167所示；

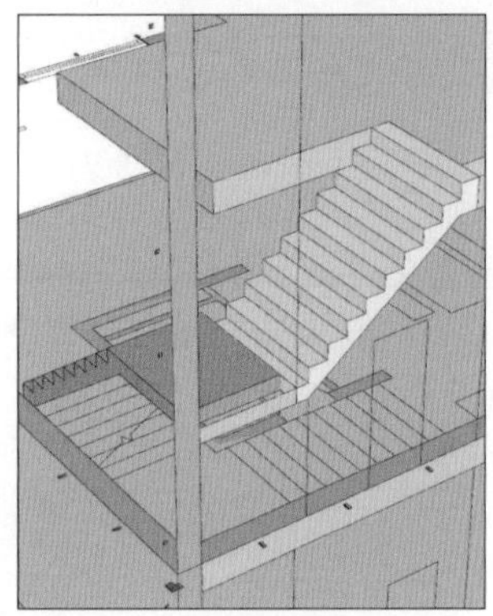
图7-167 向南推拉剖面（g_4）

c.将剖面（g_4）向南推拉（0.37m）至“二层平面图”中“后半段台阶”的北边缘；

d.全选“后半段台阶”，添加材质（指定色彩0036实木色），将后半段台阶群组，如图7-168所示，即可完成二层楼梯台阶的绘制。

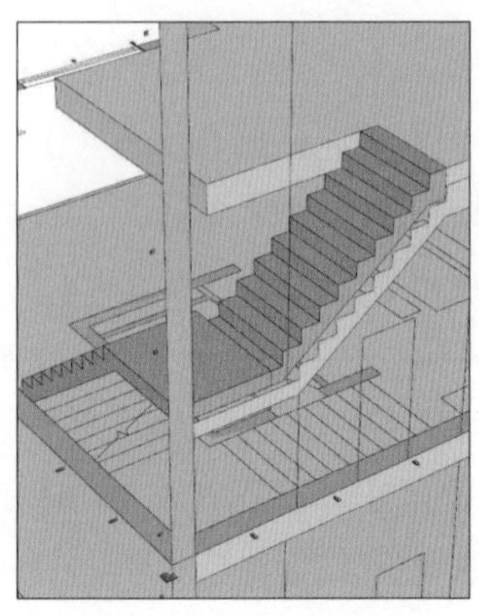
图7-168 添加材质并群组

7.3.8.2　绘制扶手

① **一层楼梯实体扶手：** 步骤如下。

步骤01　打开图层“01一层平面图”和“18楼梯”，关闭其他图层。

步骤02　绘制结构线：如图7-169和图7-170所示，以“一层楼梯台阶”为基准，绘制3条扶手的结构边线。

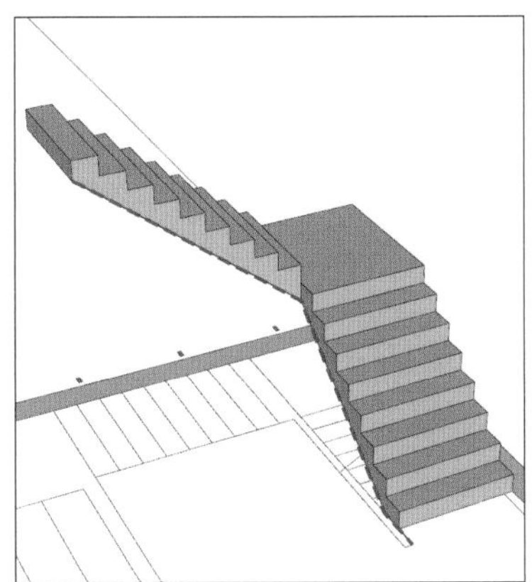

图7-169　绘制结构线

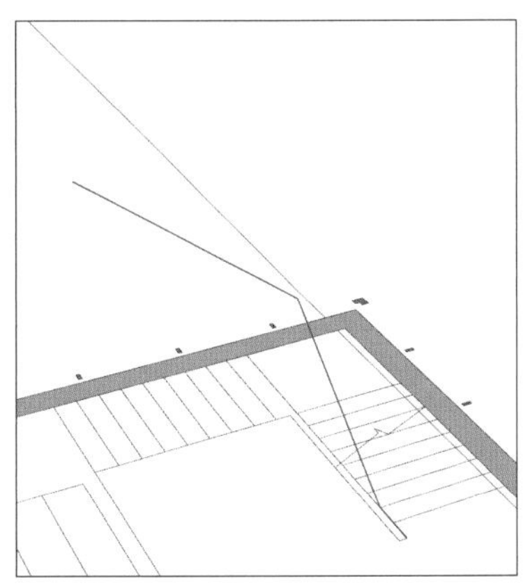

图7-170　三条结构线

步骤03　拉线成面：

a.选中3条结构线，使用“拉线成面”工具，图标为“ ”，将结构线向正上方拉伸（1.5m），如图7-171所示；

b.删除多余的线和面，如图7-172所示。

步骤04　推拉：

a.如图7-173所示，将平面（g_5）向北推拉0.1m（无法推拉可按“Ctrl”键使用“重复推拉”）；

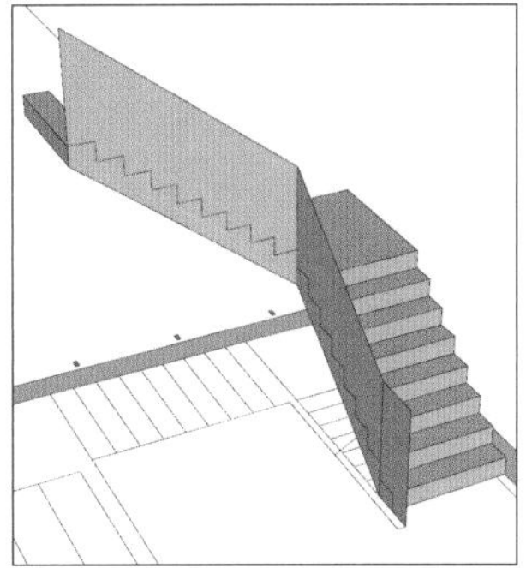

图7-171　拉线成面

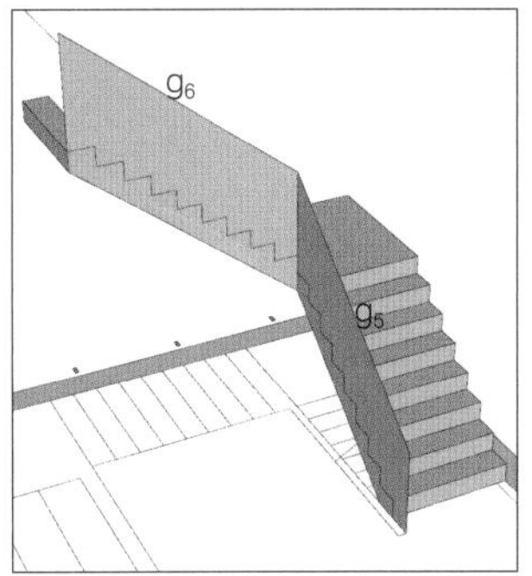

图7-172　删掉多余的线和面

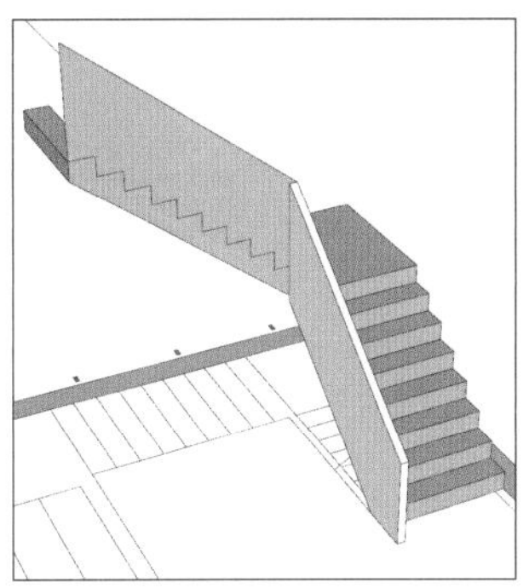

图7-173　推拉平面（g_5）

b.如图7-174所示，将平面（g_6）向西推拉0.1m（无法推拉可按“Ctrl”键使用“重复推拉”）。

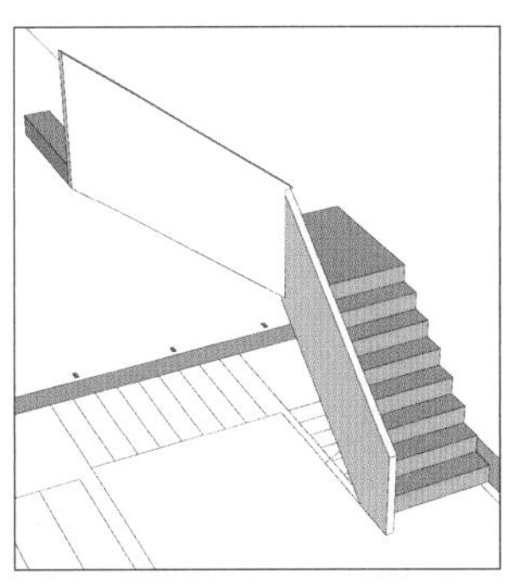

图7-174　推拉平面（g_6）

步骤 05　修复模型错误:

a. 如图7-175所示，扶手转角处有模型错误，扶手平面有反面朝向相机;

图7-175　扶手转角错误

b. 使用“翻转平面”工具，使所有正面朝向相机;

c. 如图7-176所示，绘制辅助线（l_1），将平面（g_7）向上移动，使（l_1）与（l_2）重合，如图7-177所示;

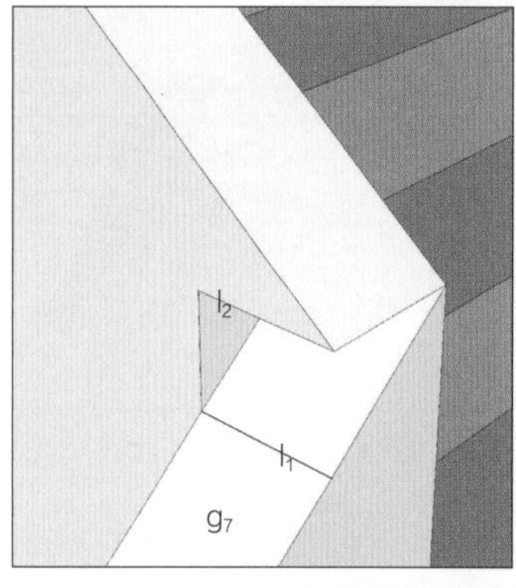

图7-176　绘制直线（l_1）

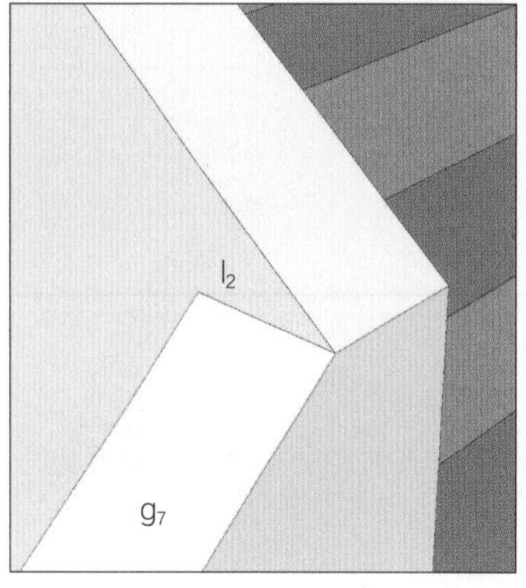

图7-177　移动平面（g_7）

d. 如图7-178所示，绘制辅助线（l_3）和（l_4），将平面（g_8）向下移动，使（l_4）与（l_2）高度相同，如图7-179所示。

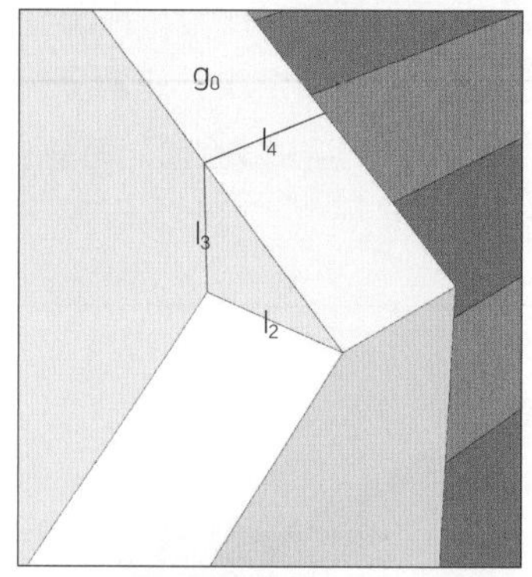

图7-178　绘制直线（l_3）和（l_4）

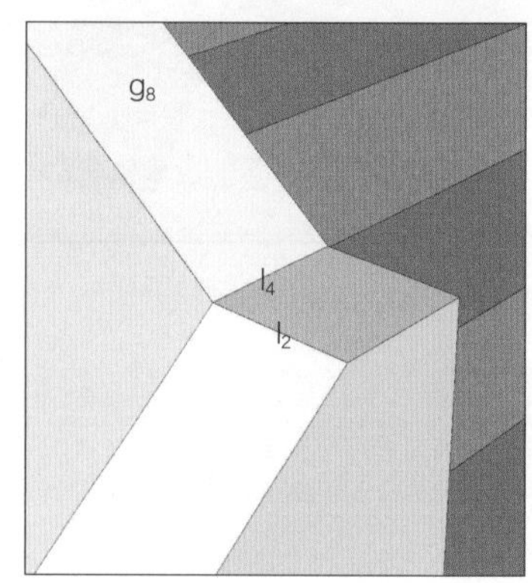

图7-179　移动平面（g_8）

步骤 06　添加材质，并群组:

a. 全选“一层楼梯扶手”，添加材质（指定色彩0132浅灰），将楼梯扶手群组;

b. 选中“扶手群组”和2个“台阶群组”，再次群组，即可完成一层楼梯的绘制，如图7-180所示。

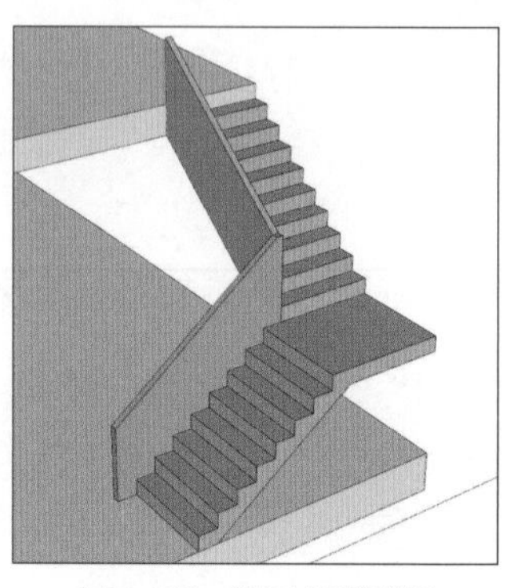

图7-180　添加材质并群组

② **二层靠墙金属扶手：**步骤如下。

步骤 01 打开图层“13 楼板”和“18 楼梯”，关闭其他图层。

步骤 02 绘制结构线：

a. 如图 7-181 所示，以一层楼梯台阶为基准，绘制直线 AB（0.3m）、直线 BC、直线 CD；

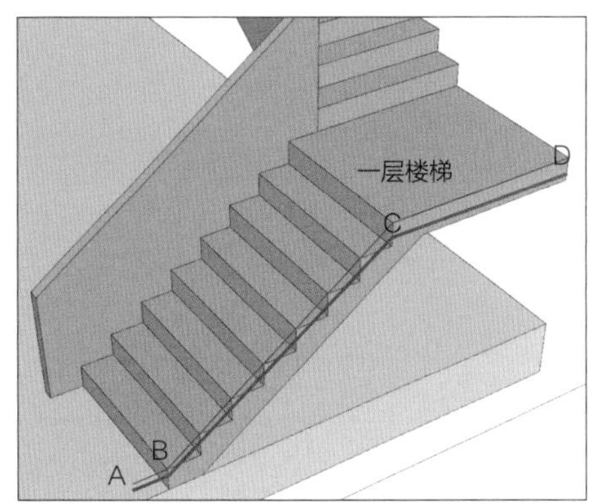

图7-181 绘制结构线AB、BC、CD

b. 如图 7-182 所示，以一层楼梯台阶为基准，绘制直线 DE（E 点距离台阶 0.3m，等于台阶踏面宽度）、直线 EF；

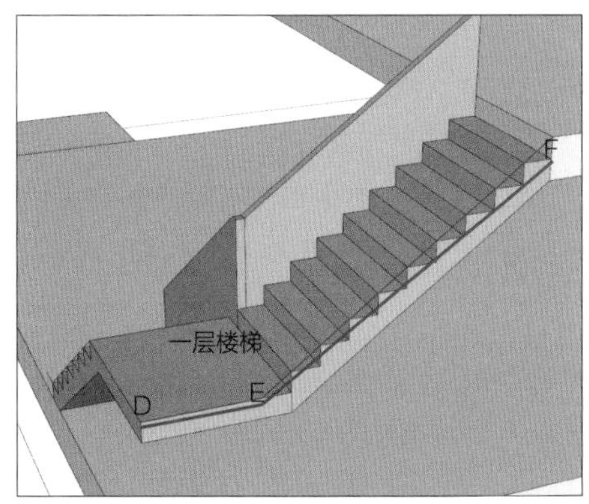

图7-182 绘制结构线DE、EF

c. 如图 7-183 所示，以二层楼板和二层楼梯台阶为基准，绘制直线 FG（G 点距离台阶 0.3m，等于台阶踏面宽度）、直线 GH、直线 HI；

d. 如图 7-184 所示，以二层楼梯台阶为基准，绘制直线 IJ（J 点距离台阶 0.3m，等于台阶踏面宽度）、直线 JK、直线 KL（0.3m）；

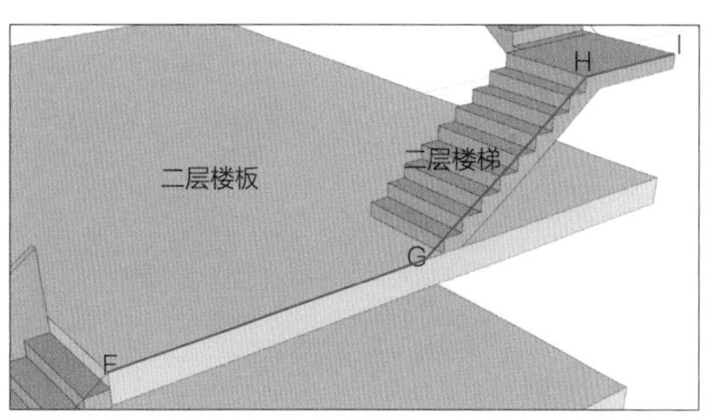

图7-183 绘制结构线FG、GH、HI

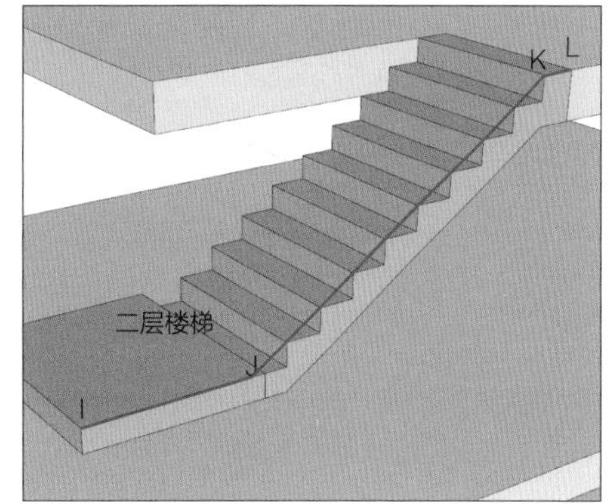

图7-184 绘制结构线IJ、JK、KL

e. 金属扶手结构线绘制完成，如图 7-185 所示。

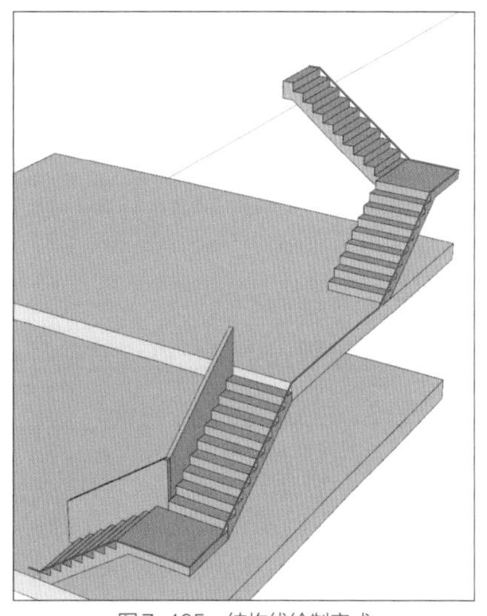

图7-185 结构线绘制完成

步骤 03 移动结构线：

a. 将“直线 AB、BC、CD”向北移动（0.1m），将“直线 DE、EF、FG、GH、HI”向西移动（0.1m），将“直线 IJ、JK、KL”向南移动（0.1m），如图 7-186 所示；

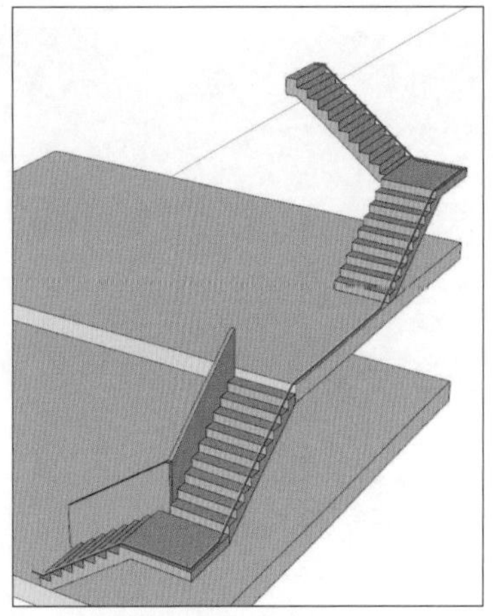

图7-186　移动结构线

b.全选结构线，向上移动（0.9m），如图7-187所示。

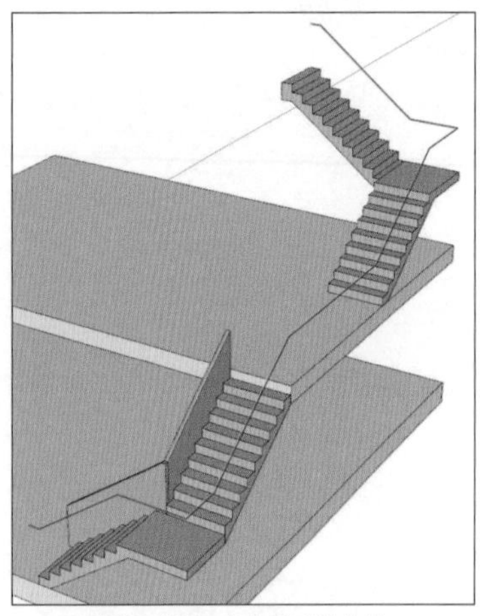

图7-187　向上移动结构线

步骤 04　平面圆角：

a.全选结构线，使用“修复直线”工具，图标为“ ”，修复被分段的直线；

b.使用“平面圆角”工具，图标为“ ”，将各个直线之间的夹角转换为圆角（半径0.1m），如图7-188所示。

步骤 05　线转柱体：

a.全选结构线，使用“焊接线条”工具，图标为“ ”，将结构线焊接为一条曲线；

b.使用“线转柱体”工具，图标为“ ”，将曲线转换为圆柱（直径0.06m），如图7-189所示；

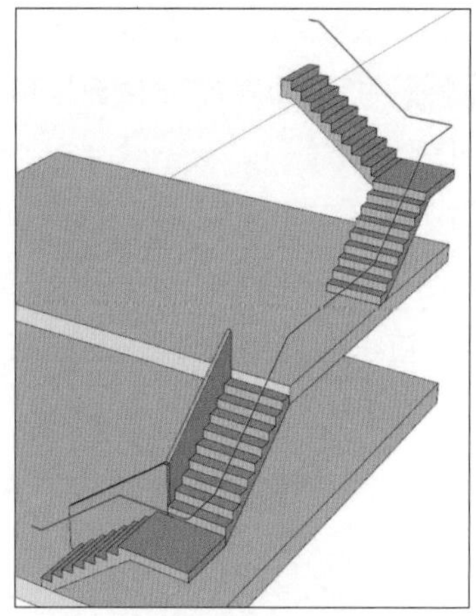

图7-188　平面圆角

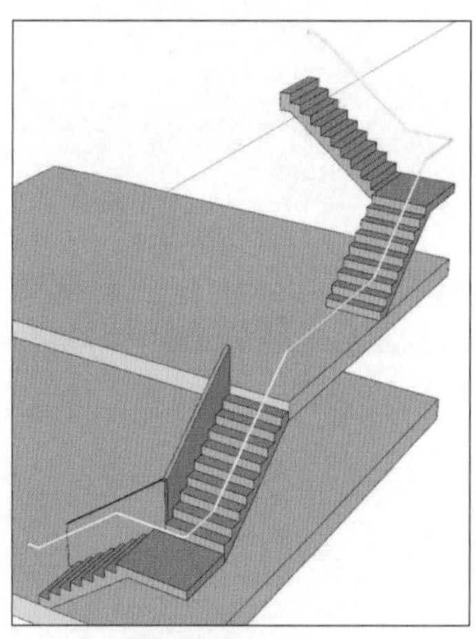

图7-189　线转柱体

c.进入“金属扶手”群组，全选“金属扶手”，添加材质（指定色彩0134暗灰），退出群组，即可完成金属扶手的绘制，如图7-190所示。

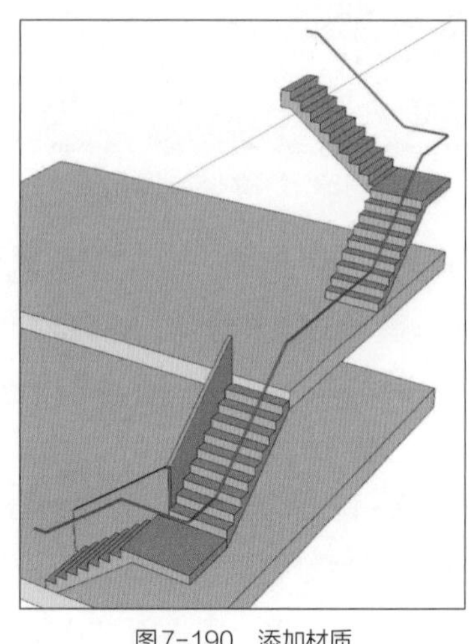

图7-190　添加材质

③ 金属扶手支架：

步骤 01　如图7-191所示，绘制支架剖面（尺寸如图），支架厚度（0.005m）；

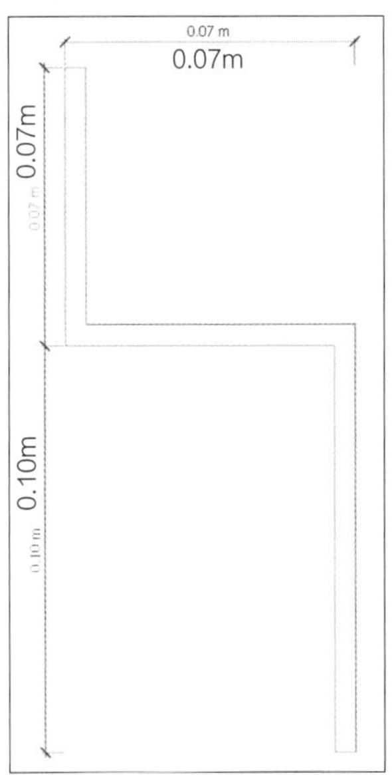

图7-191　绘制剖面

步骤 02　使用“平面圆角”工具，图标为“⦣”，将支架的方角转换为圆角（半径0.02m），如图7-192所示；

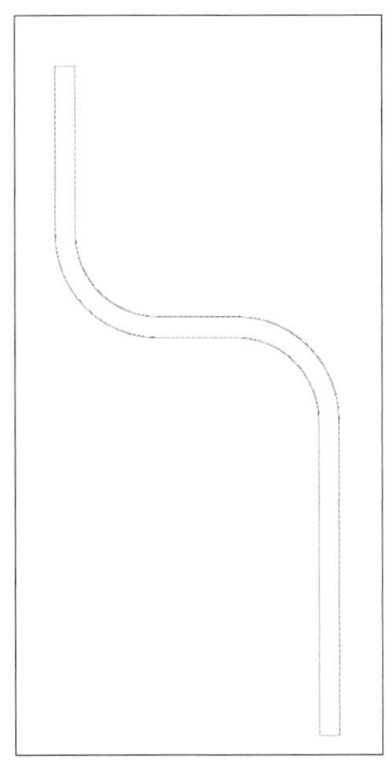

图7-192　平面圆角

步骤 03　将剖面推拉（0.03m），如图7-193所示；

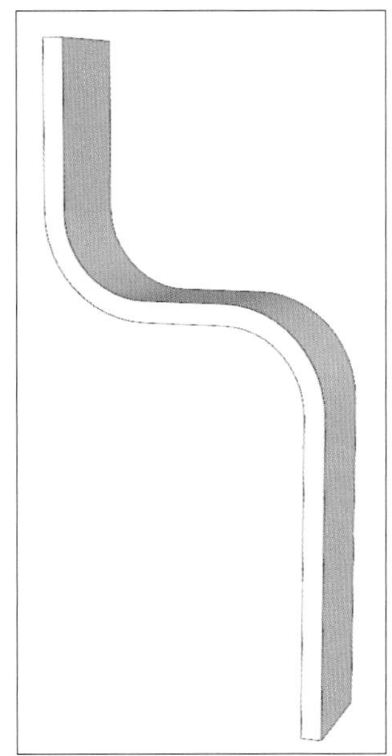

图7-193　推拉厚度

步骤 04　绘制两个“圆柱形螺钉”（直径0.01m，厚度0.005m），如图7-194所示；

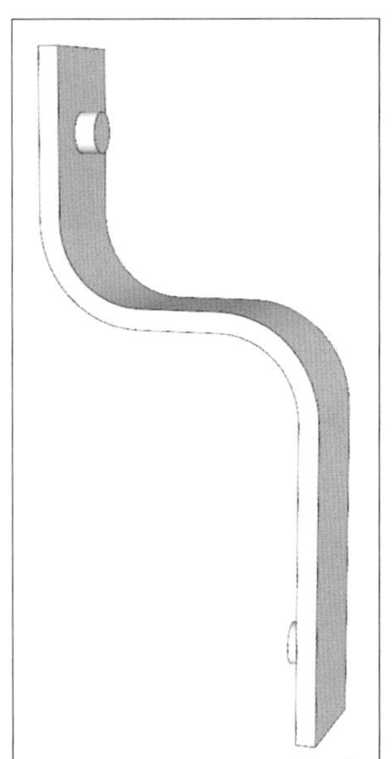

图7-194　绘制螺钉

步骤 05　全选“支架”，添加材质（指定色彩0135深灰），并将“支架”创建为组件；

步骤 06　将支架进行移动、复制，使其与金属扶手相贴合（位置适当即可），选中所有支架和金属扶手，创建为群组，即可完成“金属扶手”的绘制，如图7-195所示。

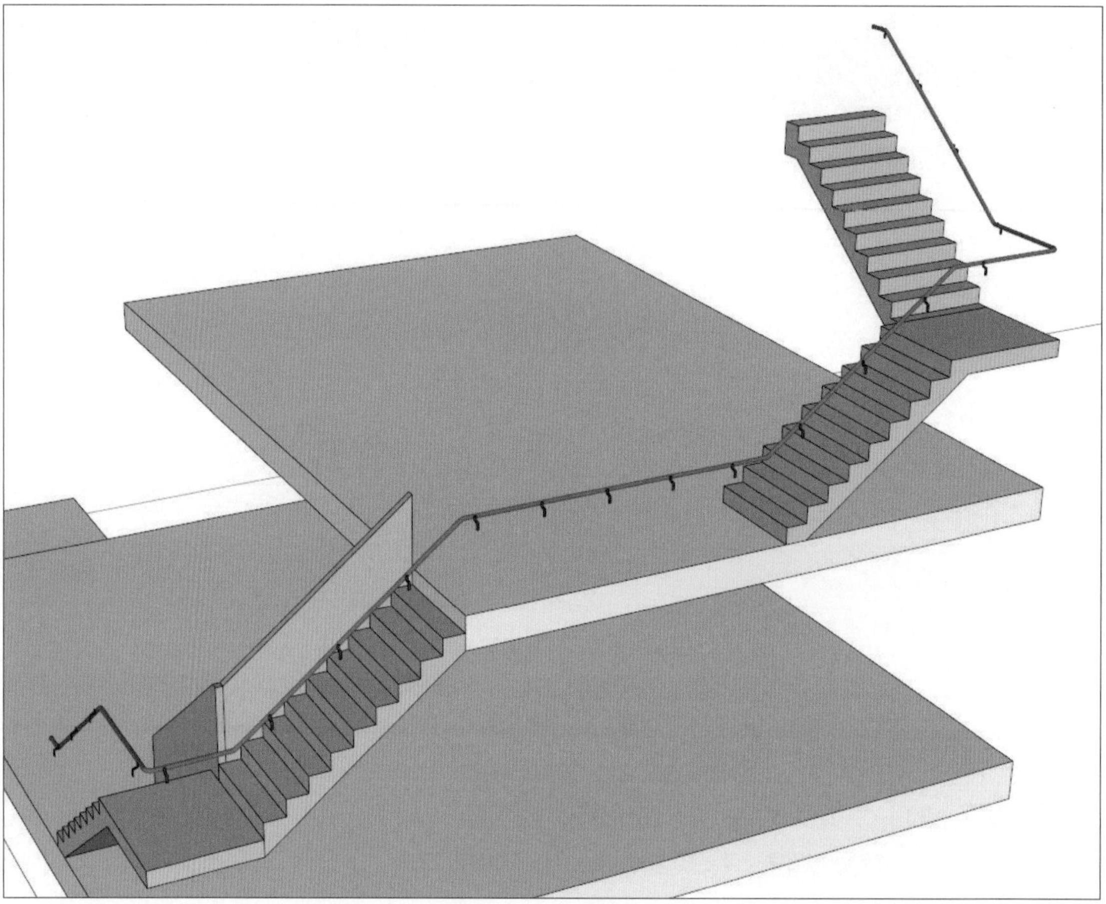

图7-195 楼梯绘制完成

7.3.9 其他

因篇幅有限，对于案例“Pitaro家具陈设馆”，本书仅介绍模型的建造过程（建模结果如图7-196和图7-197所示），室内家具可以直接复制成品模型。

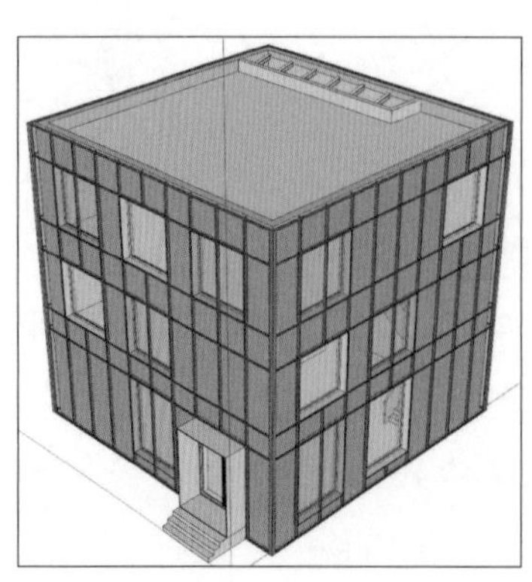

图7-196 西南方向

如图7-196所示，打开图层“13楼板”“14墙体”“15外立面钢架”“16穿孔板”“17门窗”“18楼梯”，关闭其他图层。

如图7-197所示，打开图层“13楼板”“17门窗”“18楼梯”，关闭其他图层。

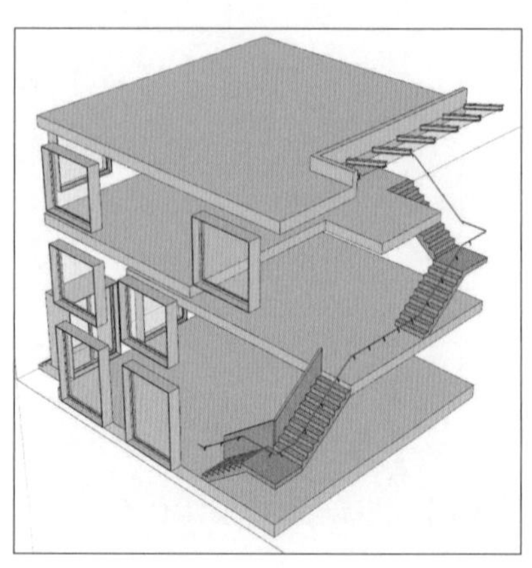

图7-197 东南方向（无墙体、钢架、穿孔板）

7.4　景观/规划建模实操

本书的景观/规划建模实操以“西哈莱姆公园”为例，如图7-198~图7-200所示。

SketchUp建模思路和技巧不计其数，本节在介绍过程中，仅提供部分建模思路和技巧，供读者参考。另外，本节建模过程中，将绿轴正方向视为“正北方”、绿轴反方向视为“正南方”、红轴正方向视为“正东方”、红轴反方向视为“正西方”、蓝轴正方向视为“正上方”、蓝轴反方向视为“正下方”。

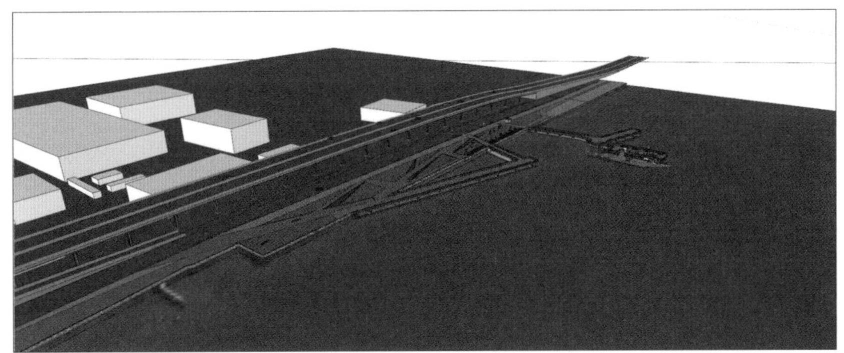

图7-198　正西方向

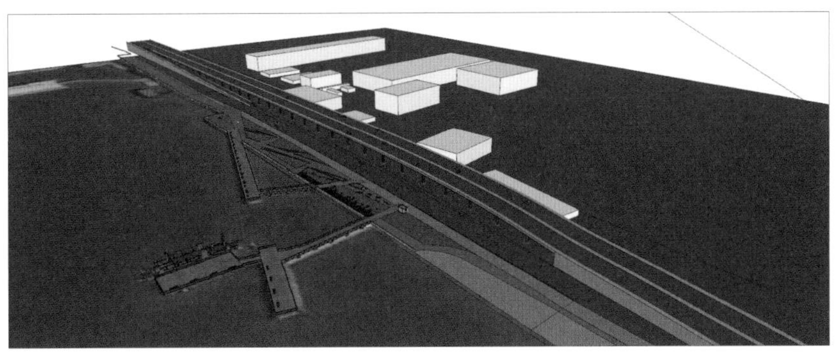

图7-199　正南方向

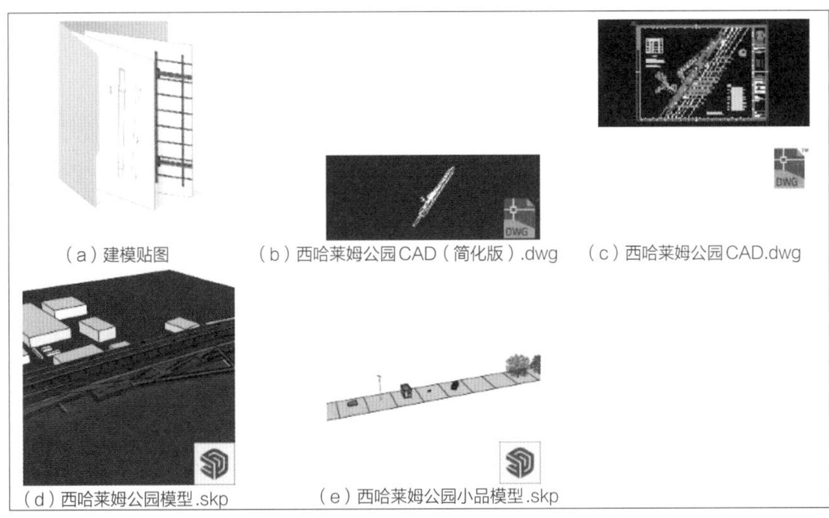

（a）建模贴图　（b）西哈莱姆公园CAD（简化版）.dwg　（c）西哈莱姆公园CAD.dwg

（d）西哈莱姆公园模型.skp　（e）西哈莱姆公园小品模型.skp

图7-200　建模素材

7.4.1 导入并修复 CAD

7.4.1.1 新建 SketchUp 文件

① **新建文件：**创建一个全新的SketchUp文件。

② **保存文件：**保存文件（快捷键“Ctrl键+S”），命名为“西哈莱姆公园”。

7.4.1.2 导入并修复 CAD

① **导入CAD文件：**切换至顶视图，导入文件“西哈莱姆公园CAD（简化版）”（快捷键“Alt键加+”），如图7-201所示，一共一张CAD图纸。

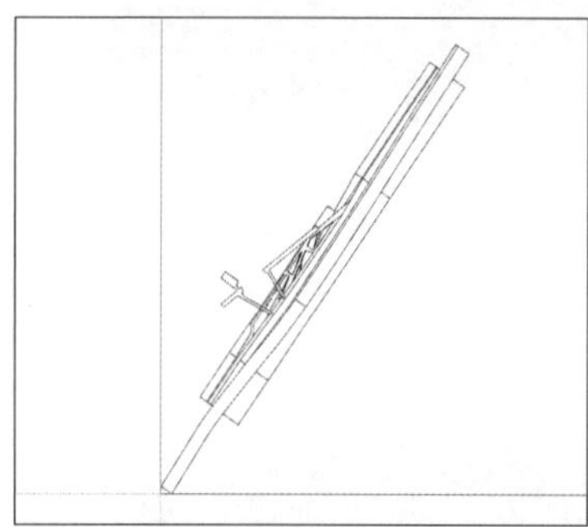

图7-201 西哈莱姆公园CAD（简化版）

② **修复CAD文件：**

步骤 01 选中CAD图纸（共一个群组），双击鼠标左键进入群组；

步骤 02 选中所有图元，Z轴压平；

步骤 03 执行“卷尺”工具快捷键“J”，校正比例（高架道路宽度为25m）；

步骤 04 执行“一键封面”工具快捷键“I”，完成模型封面，如图7-202所示；

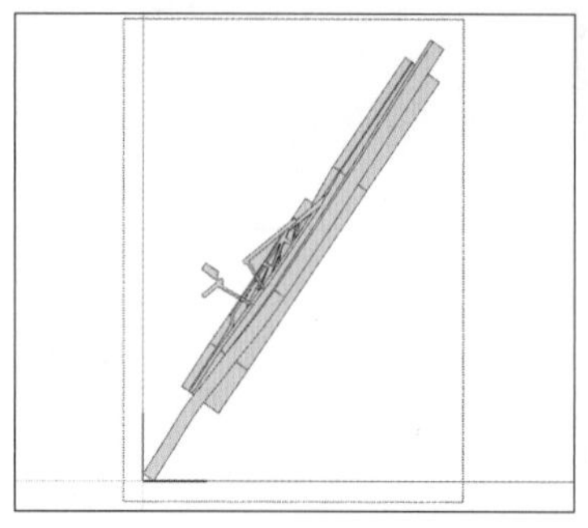

图7-202 一键封面

步骤 05 选中所有图元，单击鼠标右键，执行“反转平面”指令，如图7-203所示；

步骤 06 执行快捷键“Esc”退出群组；

步骤 07 选中CAD图纸（共一个群组），炸开模型，如图7-204所示。

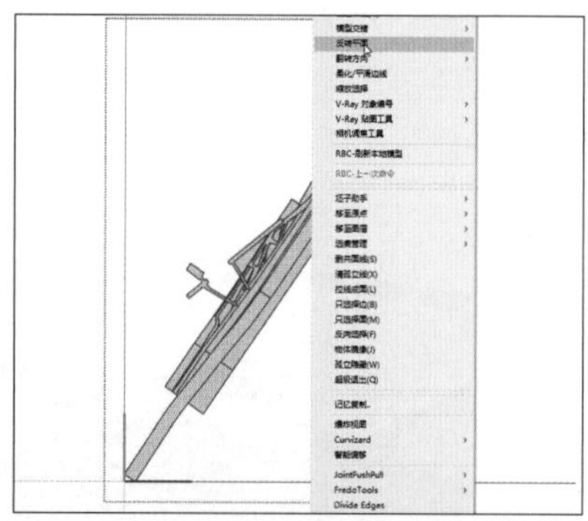

图7-203 反转平面

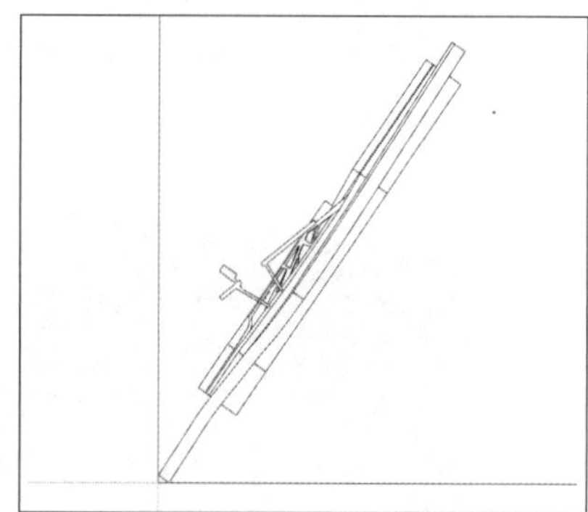

图7-204 炸开模型

△ 提示

先封面再炸开群组，可以在一定程度上降低炸开群组后封面出错的概率。

7.4.2 区分地块

7.4.2.1 地块划分群组

根据地块属性不同，按照同种材质地块群组原则，对封面得到的平面分别群组。

为了便于读者观察，笔者将各地块用材质颜色进行标识，如图7-205~图7-214所示，对应关系如下：

①“车行道路”——M07 深灰色；

②“人行道路”——M03 浅灰色；

③“草地”——G08 深绿色；

④“景观道路”——B04 橙色；

⑤“码头道路”——M05 中灰色；

⑥“空地广场”——M00 白色；

⑦“景观花坛”——C08 棕色；

⑧“景观铺装”——E04 黄色；

⑨“岸边铺装”——L03 粉色；

⑩“其他”——L16 暗朱红色。

以上标识是为了方便读者在操作时辨识地块属性，读者在操作过程中可不用填充颜色。

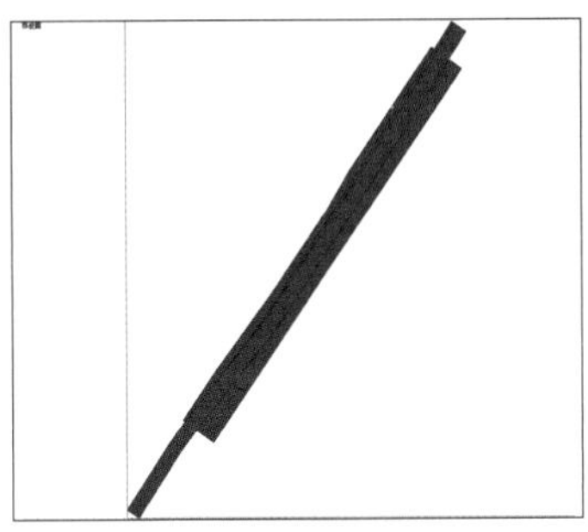

图7-205　车行道路

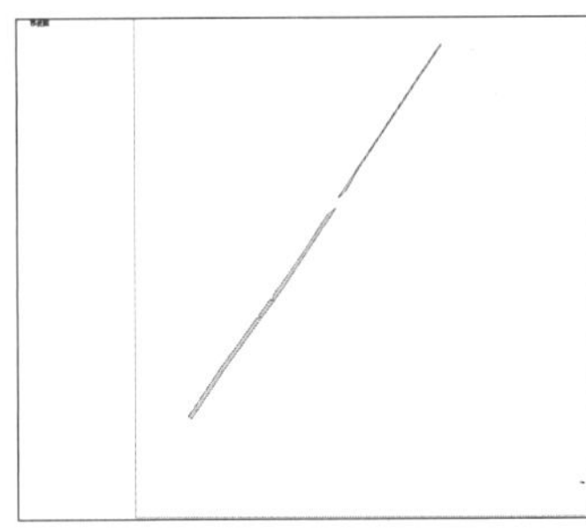

图7-206　人行道路

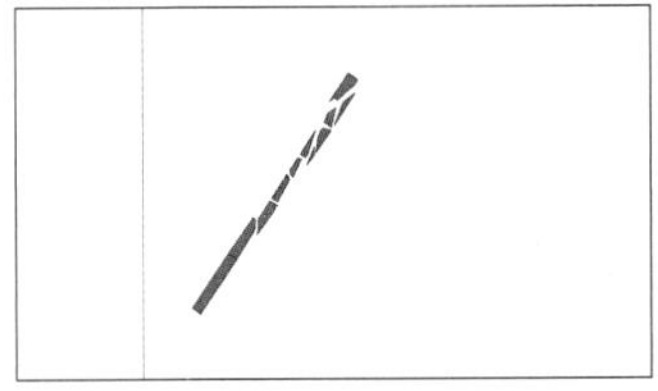

图7-207　草地

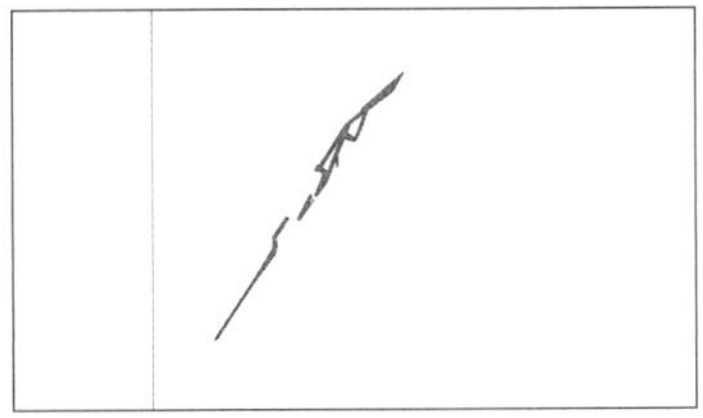

图7-208　景观道路

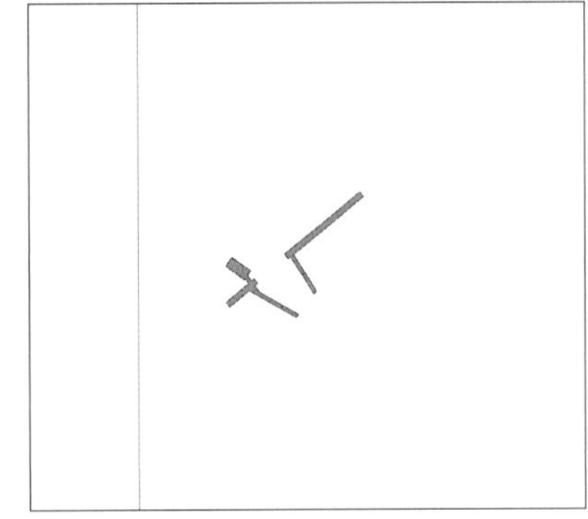

图7-209　码头道路

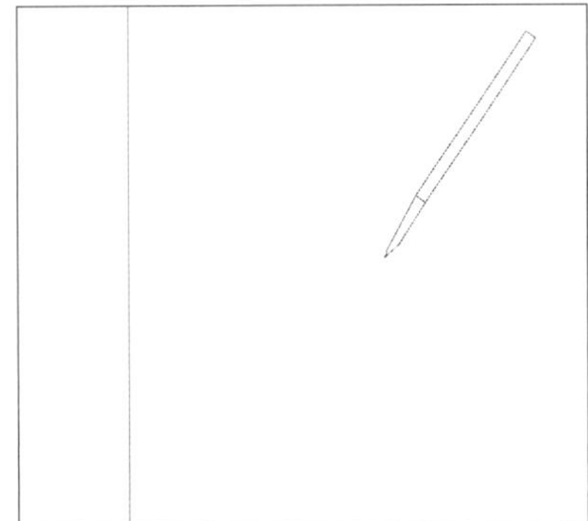

图7-210　空地广场

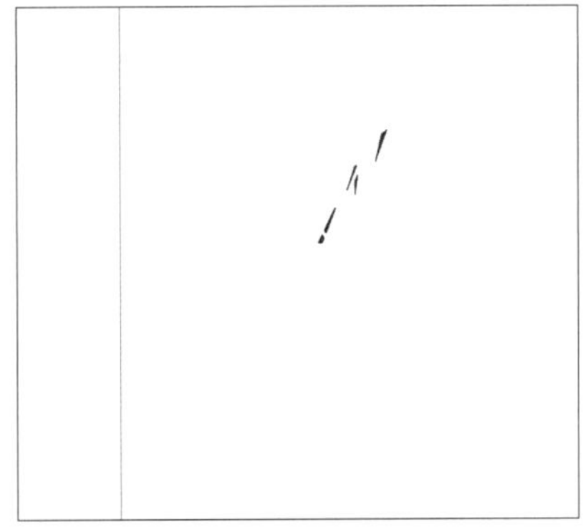

图7-211　景观花坛

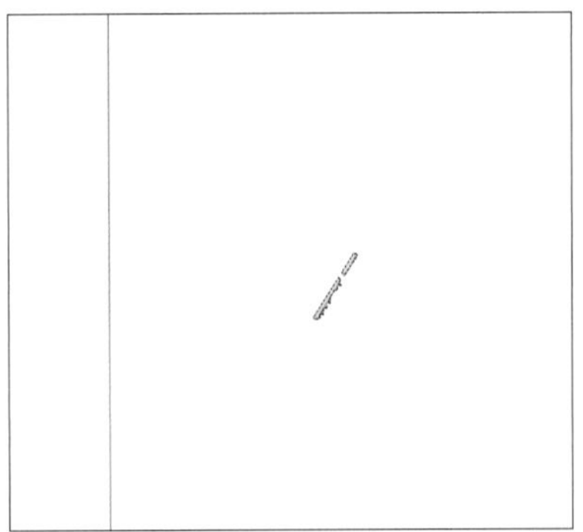

图7-212　景观铺装

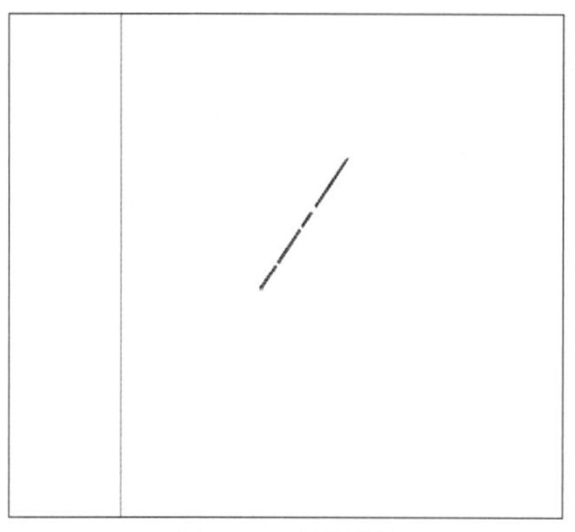

图7-213　岸边铺装

图7-214　其他

7.4.2.2　地块划分图层

步骤 01　在“标记”面板中新建10个图层，分别命名为“01车行道路”“02人行道路”“03草地”“04景观道路”“05码头道路”“06空地广场”“07景观花坛”“08景观铺装”“09岸边铺装”“10其他”。

步骤 02　选中“车行道路”群组，执行“右键>移至图层>01车行道路”的指令，将群组“车行道路”移动至图层“01车行道路”；同样地，将其余9个群组，分别移动至相对应的图层中。

7.4.3　绘制绿化

7.4.3.1　绘制景观花坛

步骤 01　在“标记”面板中关闭其他图层，将“铅笔头”图标切换至“07景观花坛”图层，使图层“07景观花坛”处于编辑状态，如图7-215所示。

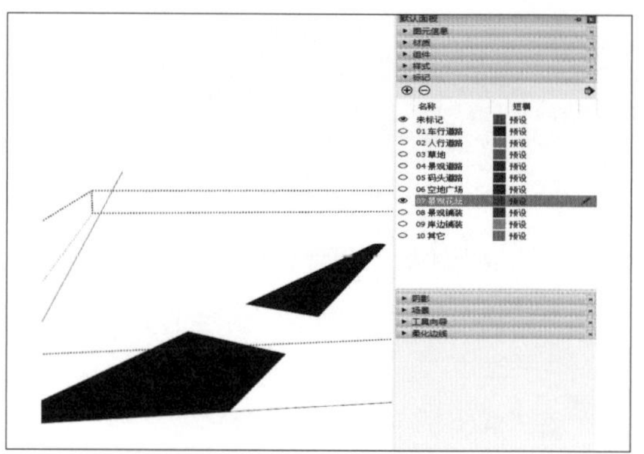

图7-215　切换当前图层
（图中的其它应为其他，后同）

步骤 02　双击鼠标左键，进入“景观花坛”群组，将花坛外侧平面向上推拉（0.5m），如图7-216所示。

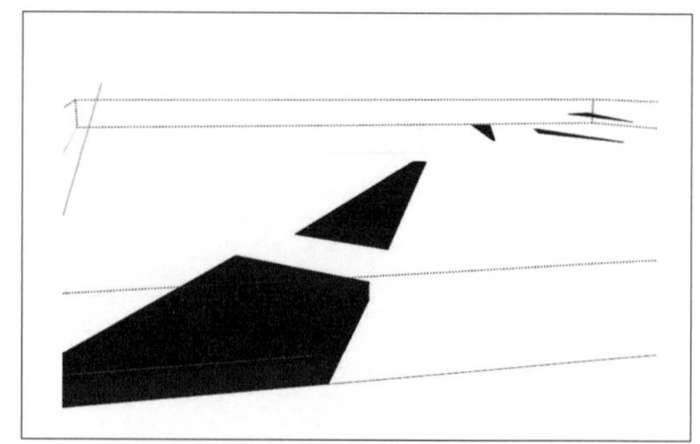

图7-216　外侧平面向上推拉0.5m

步骤 03　将花坛内侧平面向上推拉（0.3m），如图7-217所示。

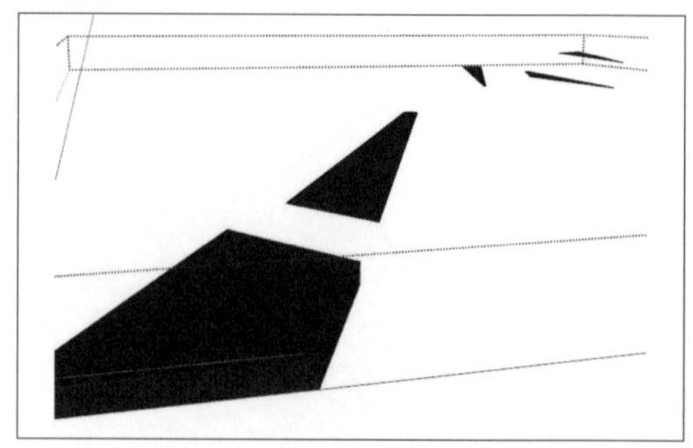

图7-217　内侧平面向上推拉0.3m

步骤 04　重复步骤 02和步骤 03，完成景观花坛模型建立，如图7-218所示。

步骤 05　选中所有景观花坛，添加材质（指定色彩C08棕色），添加材质贴图“草垛.JPG”。

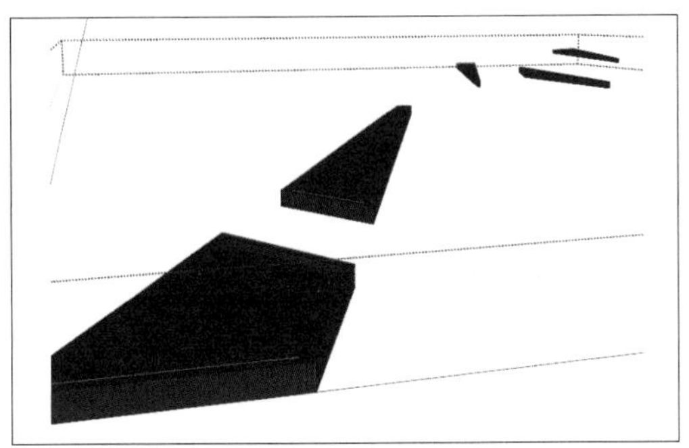
图7-218　重复完成建模

步骤 06　调整贴图大小为3m×3m，执行快捷键“Esc”退出群组，完成景观花坛的绘制，如图7-219所示。

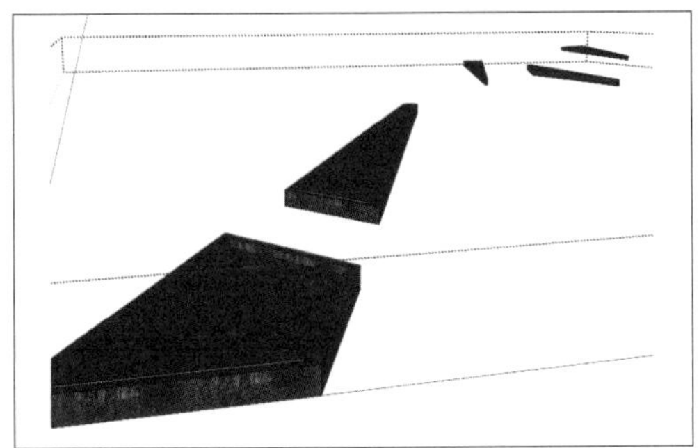
图7-219　添加材质

△ 提示

先推拉外侧较高的花坛平面（0.5m），再推拉内侧较低的花坛平面（0.3m），否则较高的平面在推拉时会受到距离限制，无法完成推拉，如图7-220所示。

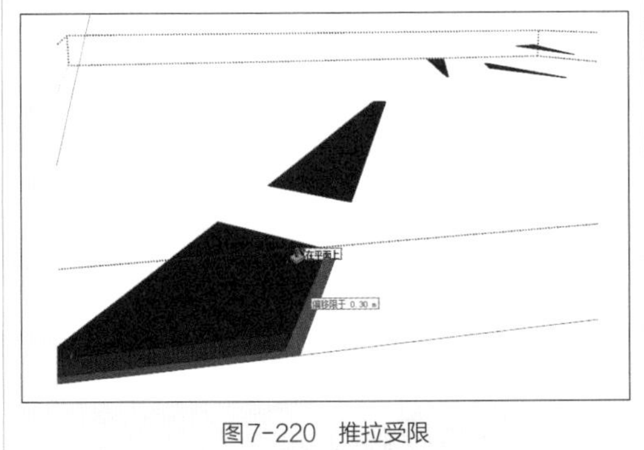
图7-220　推拉受限

7.4.3.2　绘制花坛边界

步骤 01　在“标记”面板中将“铅笔头”图标切换至“10其他”图层，使图层“10其他”处于编辑状态，如图7-221所示。

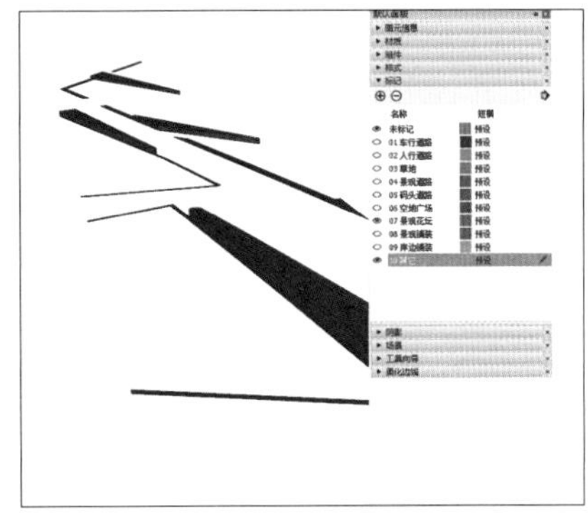
图7-221　切换当前图层

步骤 02　双击鼠标左键，进入“花坛边界”群组，将花坛边界混凝土向上推拉（0.8m），如图7-222所示。

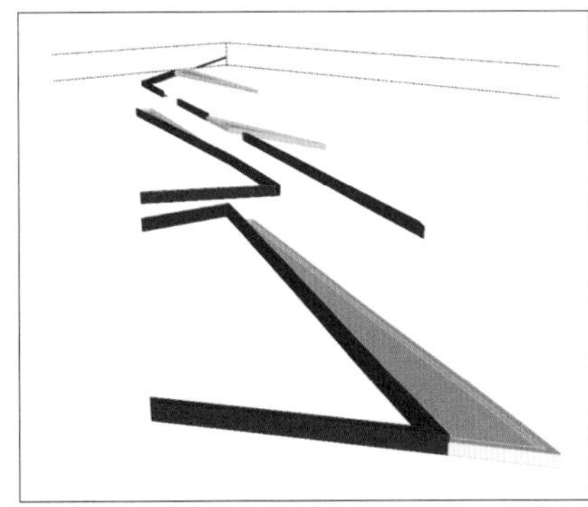
图7-222　向上推拉0.8m

步骤 03　单击鼠标左键选中花坛南侧边界混凝土的边线，执行“移动”工具快捷键“W”，鼠标左键单击边线作为移动起点，执行“上”方向键锁定Z轴方向，向正下方移动，与地面界对齐，如图7-223所示。

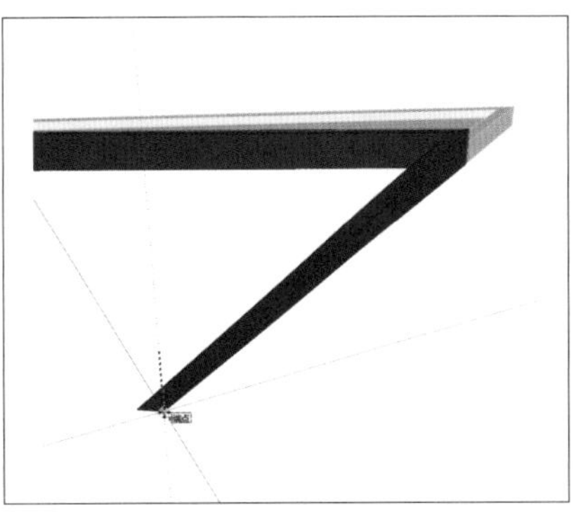
图7-223　移动边线至地面

步骤 04　重复步骤 02和步骤 03，将花坛边界全部调整完毕，如图7-224所示。

图7-224　完成建模

步骤 05　选中所有花坛边界，添加材质（指定色彩L16暗朱红色），添加材质贴图“草坪边缘-混凝土.JPG”。

步骤 06　调整贴图大小为3m×3m，按“Esc”键退出群组，完成花坛边界的绘制，如图7-225所示。

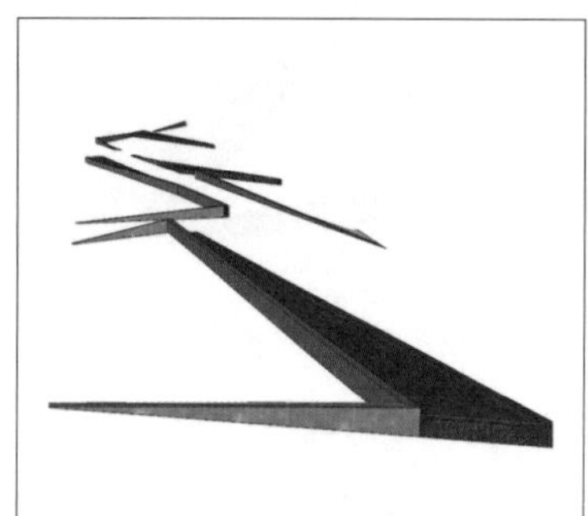

图7-225　添加材质

7.4.3.3　绘制草地

步骤 01　在“标记”面板中将“铅笔头”图标切换至“03草地”图层，使“03草地”图层处于编辑状态，如图7-226所示。

步骤 02　双击鼠标左键，进入“草地”群组，将草地向上推拉（0.4m），如图7-227所示。

步骤 03　单击鼠标左键选中草地与地面相邻的边线①，执行“移动”工具快捷键“W”，用鼠标左键单击边线作为移动起点，执行上方向键锁定Z轴方向，向正下方移动，与地面对齐形成斜坡，如图7-228所示。

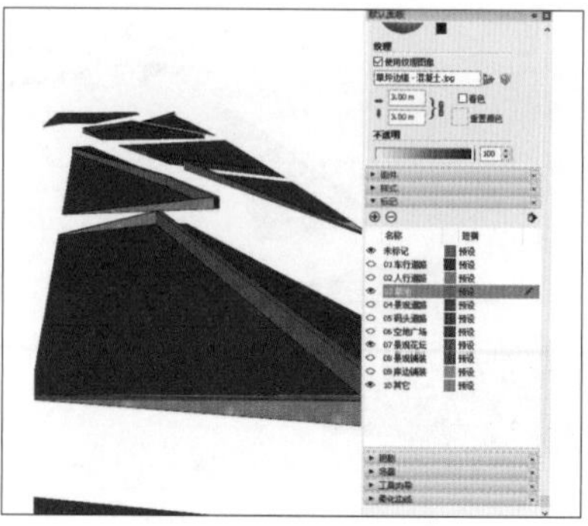

图7-226　切换当前图层

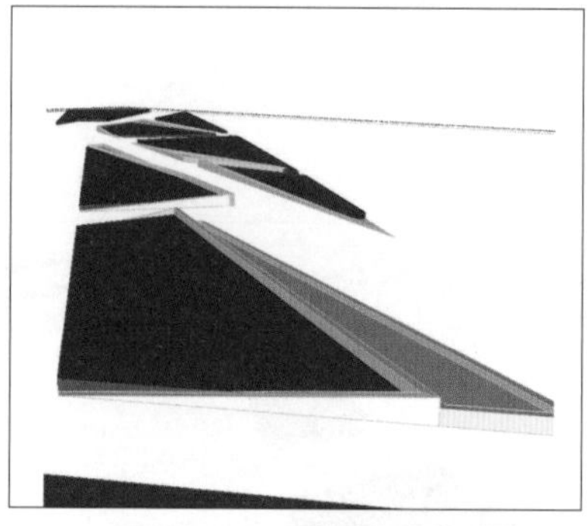

图7-227　向上推拉0.4m

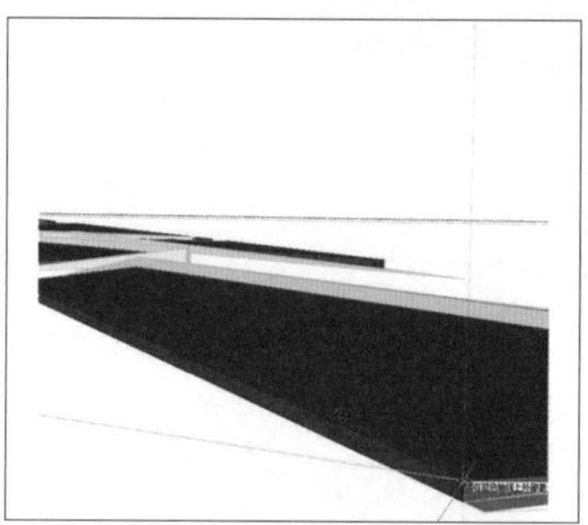

图7-228　移动边线至地面

步骤 04　重复步骤 02和步骤 03，将草地全部调整完毕，如图7-229所示。

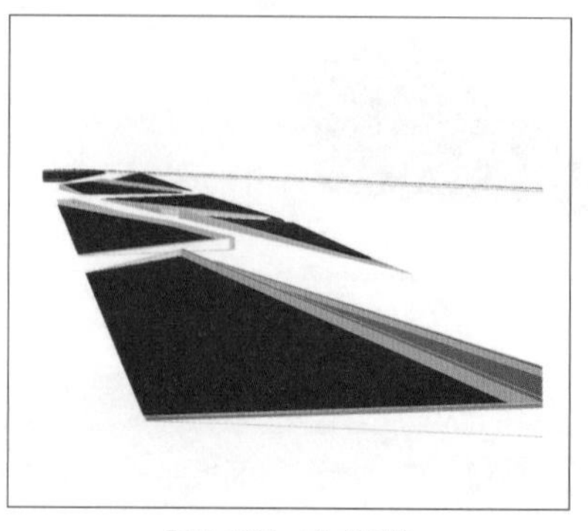

图7-229　完成建模

步骤 05　选中所有草地，添加材质（指定色彩G08深绿色），添加材质贴图“草地.JPG”。

步骤 06　调整贴图大小为3m×3m，执行快捷键“Esc”退出群组，完成草地的绘制，如图7-230所示。

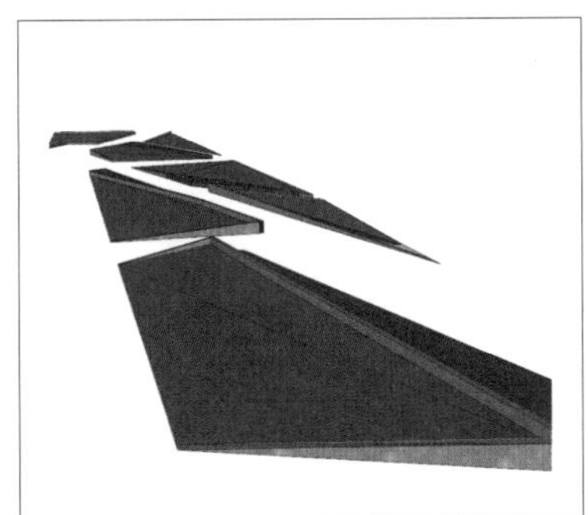

图7-230　添加材质

7.4.4　岸线建模

7.4.4.1　湖岸建模

① 草地岸线：

双击鼠标左键，进入“草地”群组，将沿岸的草地平面向下推拉（2m），执行快捷键“Esc”键退出群组。

② 空地广场岸线：

步骤 01　在“标记”面板中打开所有图层，将“铅笔头”图标切换至“06空地广场”图层，使“06空地广场”图层处于编辑状态，如图7-231所示；

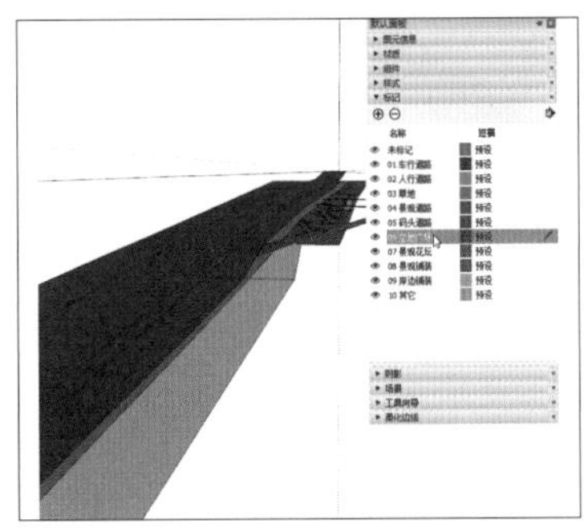

图7-231　切换当前图层

步骤 02　双击鼠标左键，进入“空地广场”群组，将平面向下推拉（2m），如图7-232所示；

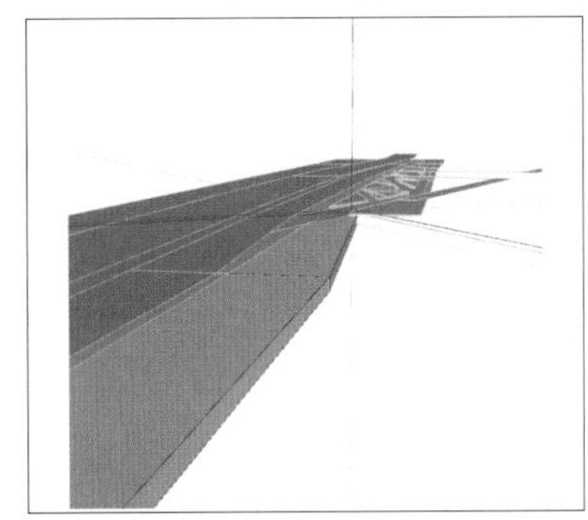

图7-232　向下推拉2m

步骤 03　全选空地广场，添加材质（指定色彩M00白色），添加材质贴图“边缘铺装.JPG”，执行快捷键“Esc”键退出群组。

步骤 04　调整贴图大小为5m×5m，执行快捷键“Esc”键退出群组，完成空地广场的绘制，如图7-233所示。

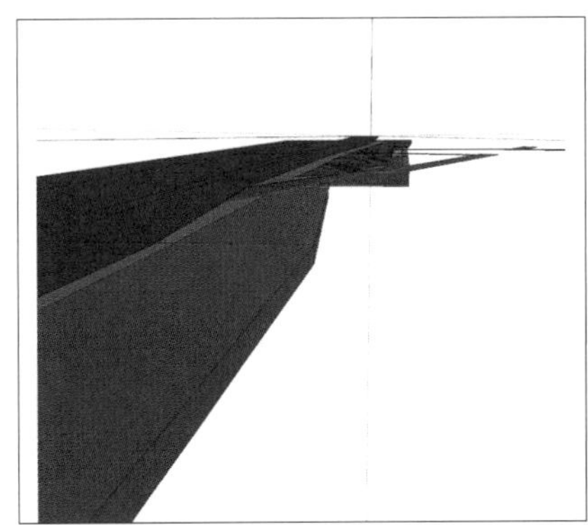

图7-233　添加材质

△ 提示

若先给“空地”添加材质再推拉模型，推拉生成的模型不会显示已有材质，需重新赋予，如图7-234和图7-235所示。

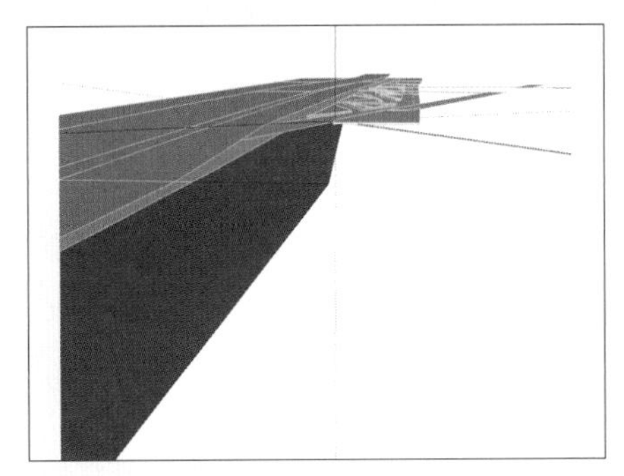

图7-234　先赋予材质

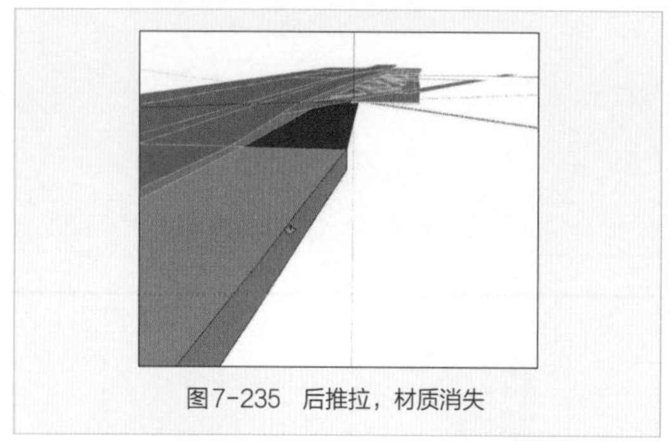
图7-235　后推拉，材质消失

③ **岸边铺装：**

步骤 01　在“标记”面板中打开所有图层，将“铅笔头”图标切换至“09岸边铺装”图层，使“09岸边铺装”图层处于编辑状态，如图7-236所示；

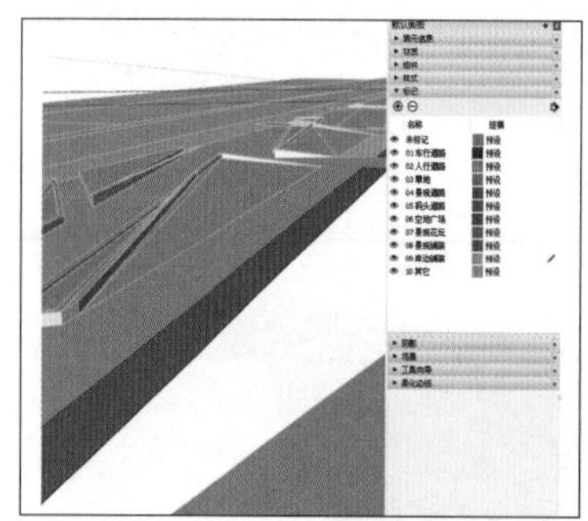
图7-236　切换当前图层

步骤 02　双击鼠标左键，进入“岸边铺装”群组，将平面向下推拉（2m），如图7-237所示；

图7-237　向下推拉2m

步骤 03　全选岸边铺装，添加材质（指定色彩L03粉色），添加材质贴图“边缘铺装.JPG”；

步骤 04　调整贴图大小为5m×5m，执行快捷键“Esc”退出群组，完成岸边铺装的绘制，如图7-238所示。

图7-238　添加材质

④ **景观道路：**

步骤 01　在“标记”面板中打开所有图层，将“铅笔头”图标切换至“04景观道路”图层，使“04景观道路”图层处于编辑状态，如图7-239所示；

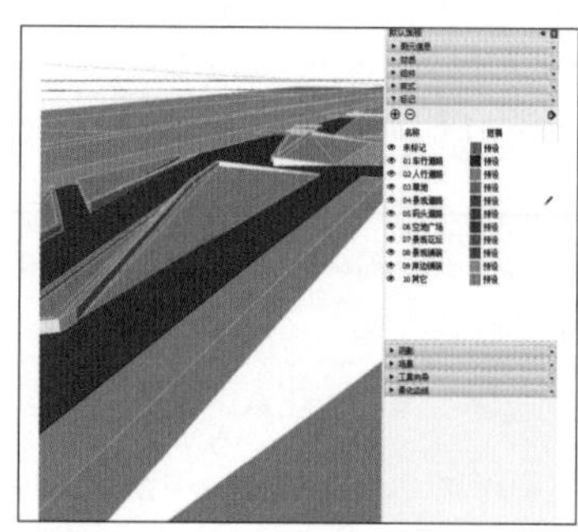
图7-239　切换当前图层

步骤 02　双击鼠标左键，进入“景观道路”群组，将平面向下推拉（2m），如图7-240所示；

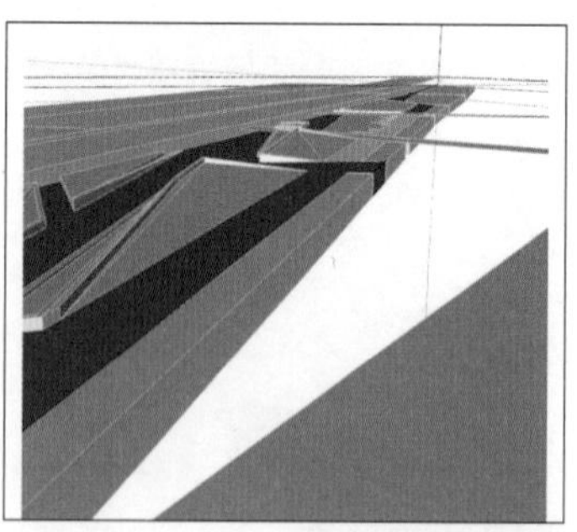
图7-240　向下推拉2m

步骤 03　全选景观道路，添加材质（指定色彩B04橙色），添加材质贴图“铺装.JPG”；

步骤 04　调整贴图大小为10m×10m，执行快捷键“Esc”退出群组，完成景观道路的绘制，如图7-241所示。

图7-241　添加材质

⑤ **码头道路：**

步骤 01　在“标记”面板中打开所有图层，将“铅笔头”图标切换至“05码头道路”图层，使“05码头道路”图层处于编辑状态，如图7-242所示；

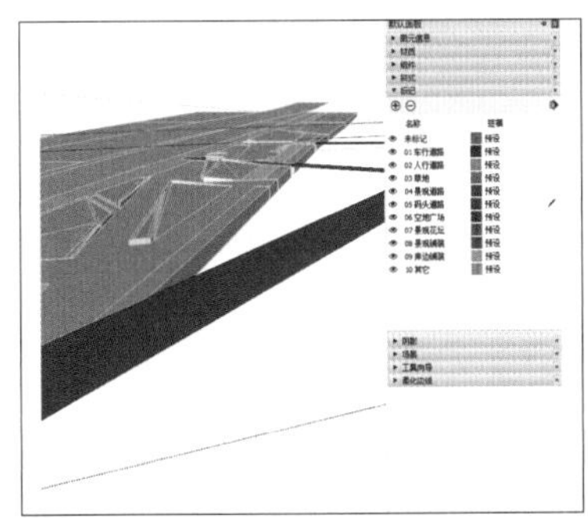
图7-242　切换当前图层

步骤 02　双击鼠标左键，进入“码头道路”群组，执行直线工具快捷键“A”，将码头道路划分为岸上部分和水上部分，如图7-243所示；

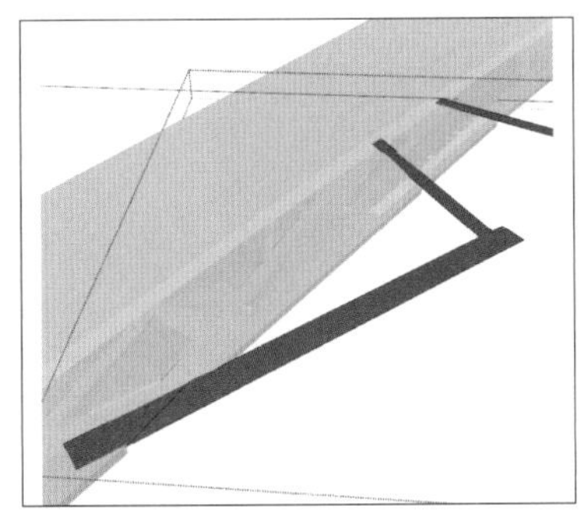
图7-243　分割平面

步骤 03　将岸上部分平面向下推拉（2m），将水上部分平面向下推拉（0.5m），如图7-244所示；

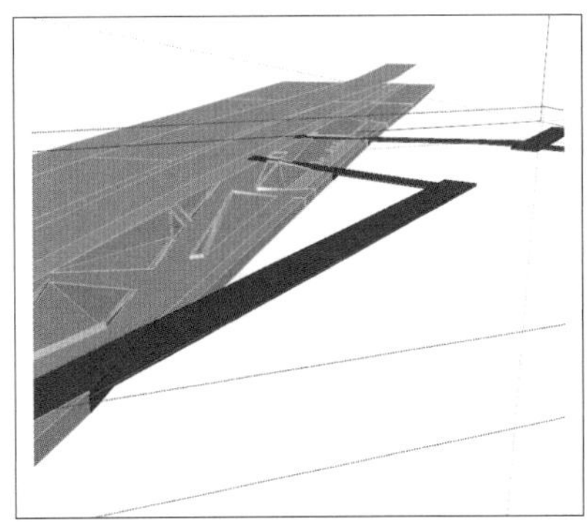
图7-244　向下推拉2m和0.5m

步骤 04　全选码头道路，添加材质（指定色彩M05中灰色），添加材质贴图“码头-混凝土.JPG”；

步骤 05　调整贴图大小为5m×5m，执行快捷键“Esc”退出群组，完成码头道路的绘制，如图7-245所示。

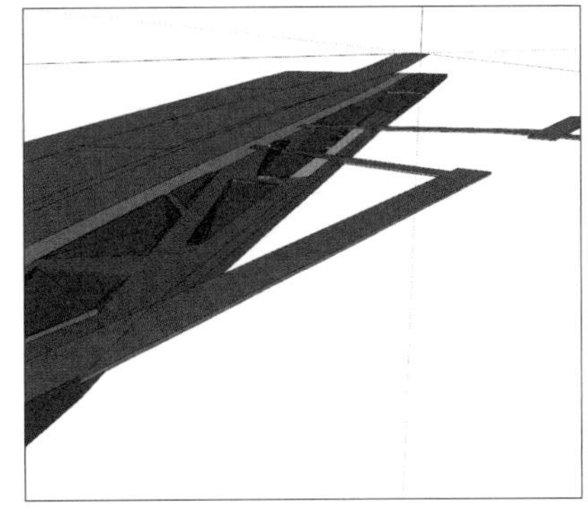
图7-245　添加材质

7.4.4.2　岸线其余材质

① **人行道路材质：**

步骤 01　在“标记”面板中打开所有图层，将“铅笔头”图标切换至“02人行道路”图层，使“02人行道路”图层处于编辑状态，如图7-246所示；

步骤 02　双击鼠标左键进入“人行道路”群组，全选人行道路，添加材质（指定色彩M03浅灰色），添加材质贴图“走道-混凝土.JPG”；

步骤 03　调整贴图大小为5m×5m，执行快捷键“Esc”退出群组，完成人行道路的绘制，如图7-247所示。

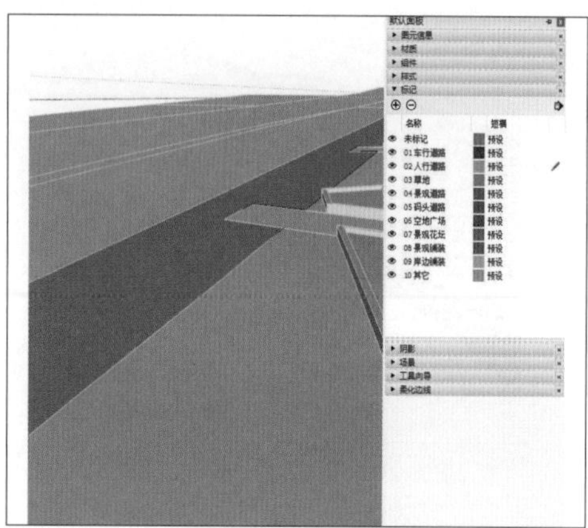

图7-246　切换当前图层

图7-247　添加材质

② 景观铺装材质：

步骤 01　在“标记”面板中打开所有图层，将“铅笔头”图标切换至“08景观铺装”图层，使“08景观铺装”图层处于编辑状态，如图7-248所示；

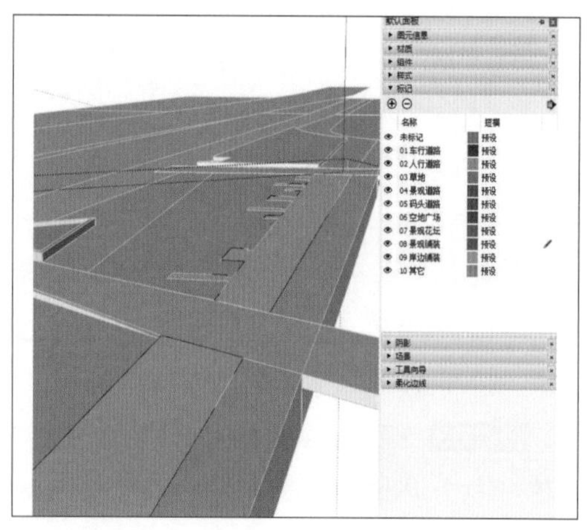

图7-248　切换当前图层

步骤 02　双击鼠标左键进入“景观铺装”群组，全选景观铺装，添加材质（指定色彩E04黄色），添加材质贴图“瓷砖.JPG”；

步骤 03　调整贴图大小为5m×3.5m，执行快捷键“Esc”退出群组，完成景观铺装的绘制，如图7-249所示。

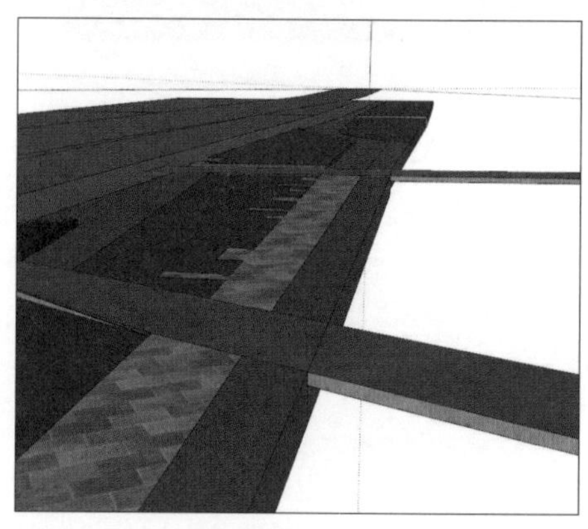

图7-249　添加材质

7.4.4.3　扶手栏杆建模

① 岸线栏杆柱子建模：

步骤 01　在“标记”面板中新建图层“11扶手栏杆”，将“铅笔头”图标切换至“11扶手栏杆”图层，使“11扶手栏杆”图层处于编辑状态，如图7-250所示；

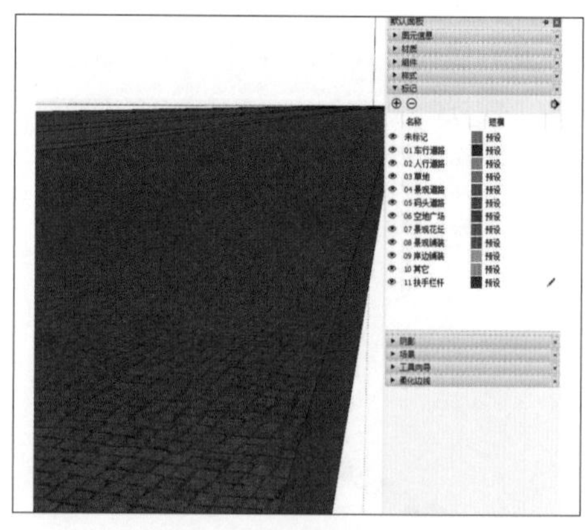

图7-250　切换当前图层

步骤 02　执行圆工具快捷键“C”，绘制半径为0.05m的圆，如图7-251所示；

步骤 03　执行推拉工具快捷键“空格”，向上推拉0.15m，执行快捷键“Ctrl”进入重复推拉模式，继续向上推拉0.01m，得到圆面（a），如图7-252所示；

图7-251　绘制半径为0.05m的圆

图7-252　二次推拉得到圆面（a）

步骤04　选中圆面（a），执行缩放工具快捷键“R”，按住快捷键“Ctrl”沿对角线中心缩放1.15倍，得到圆面（b），如图7-253所示；

图7-253　缩放1.15倍得到圆面（b）

步骤05　选中圆面（b），执行推拉工具快捷键“空格”，向上推拉0.01m，执行快捷键“Ctrl”进入重复推拉模式，继续向上推拉0.01m，得到圆面（c），如图7-254所示；

图7-254　二次推拉得到圆面（c）

步骤06　选中圆面（c），执行缩放工具快捷键“R”，按住快捷键“Ctrl”沿对角线中心缩放0.85倍，得到圆面（d），如图7-255所示；

图7-255　缩放0.85倍得到圆面（d）

步骤07　选中圆面（d），执行推拉工具快捷键“空格”，向上推拉0.8m，执行快捷键“Ctrl”进入重复推拉模式，继续向上推拉0.01m，得到圆面（e），如图7-256所示；

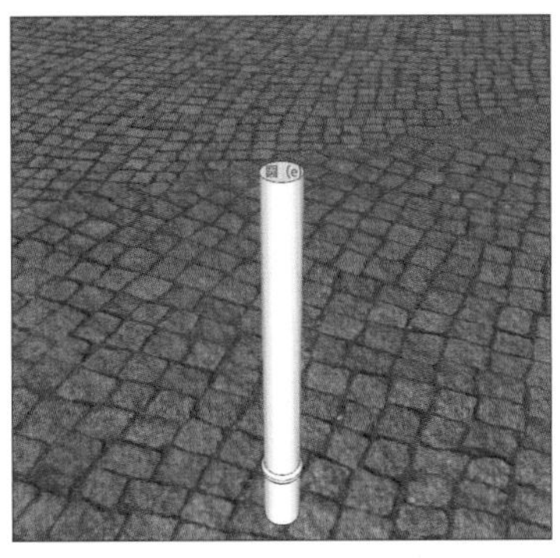

图7-256　推拉0.8m得到圆面（e）

步骤08　重复**步骤04**、**步骤05**和**步骤06**，得到圆面（f），如图7-257所示；

图7-257　重复得到圆面（f）

步骤 09　选中圆面（f），执行推拉工具快捷键“空格”，向上推拉0.15m，如图7-258所示。

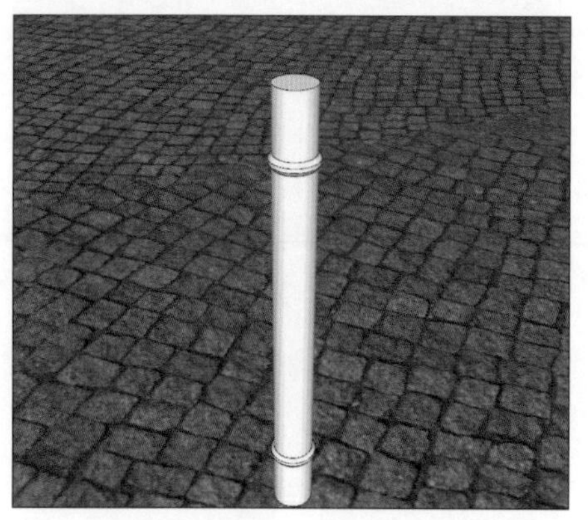

图7-258　推拉0.15m

步骤 10　全选柱子，执行快捷键“Ctrl键+G”创建组件，重新“设置组件轴”至底部圆心处，完成岸线栏杆柱子建模，如图7-259所示。

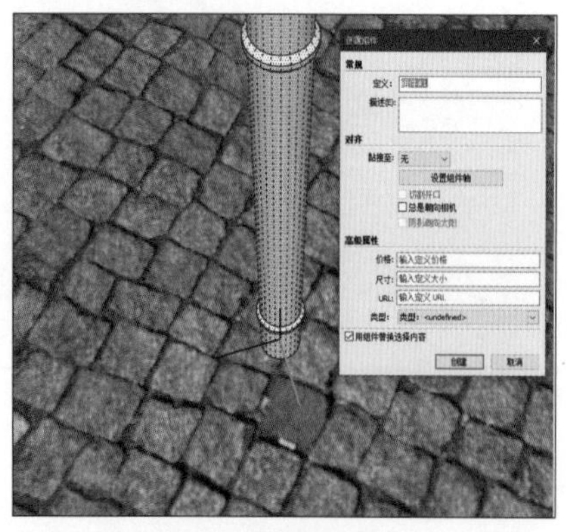

图7-259　创建组件

② **岸线栏杆扶手建模：**步骤如下。

步骤 01　执行直线工具快捷键“A”，沿着除码头道路之外的岸线绘制扶手线，如图7-260所示。

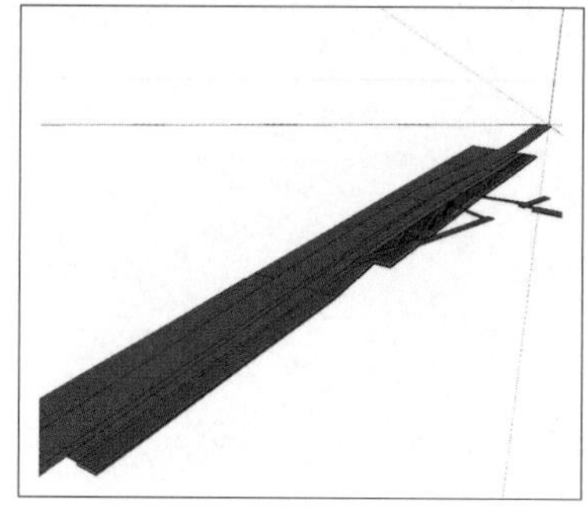

图7-260　绘制扶手线

步骤 02　选中绘制的扶手线和已建成的岸线栏杆柱子模型，执行群组快捷键“G”创建群组，用鼠标左键双击进入群组，全选扶手线后执行“焊接线条”指令，完成路径线焊接，如图7-261所示。

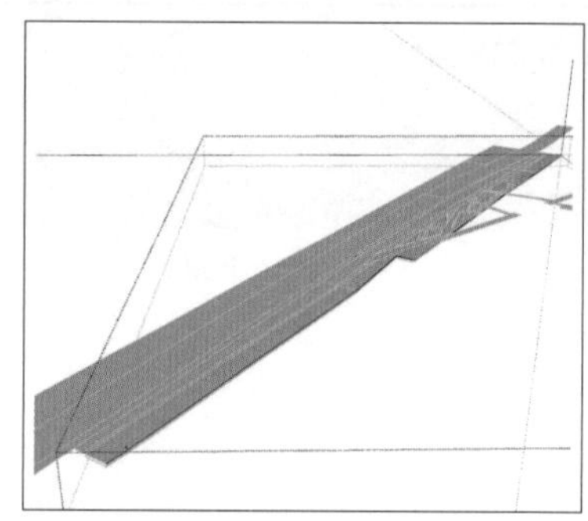

图7-261　创建群组

步骤 03　选中扶手线，执行偏移工具快捷键“O”，向内偏移0.1m，无法偏移的单根扶手线需执行移动工具快捷键“W”，向岸方向移动0.1m，如图7-262所示。

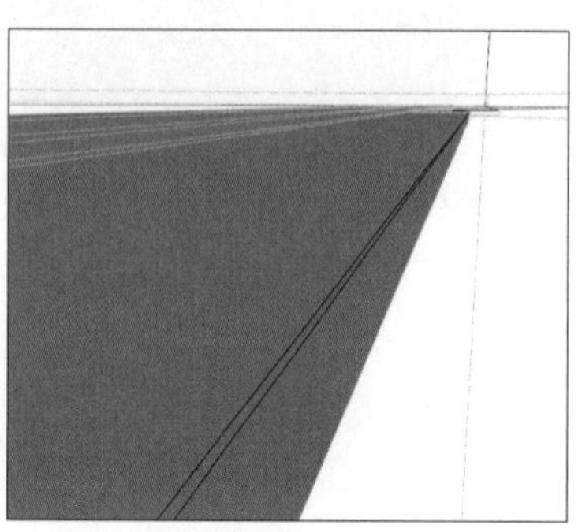

图7-262　偏移0.1m

步骤04 选中偏移后的扶手线，执行群组工具快捷键“G”，创建单层栏杆扶手群组，如图7-263所示。

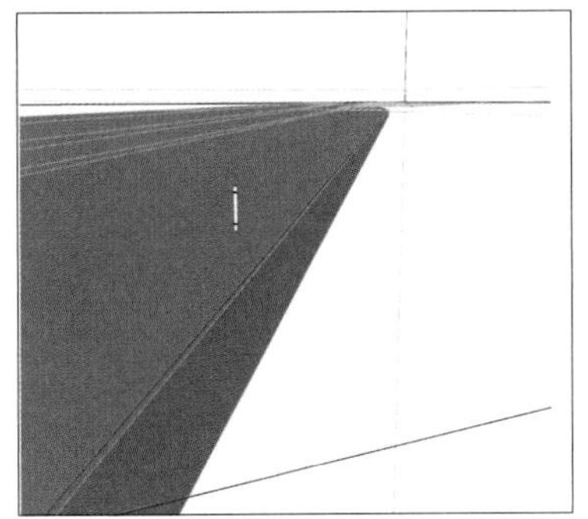

图7-263 创建单层群组

步骤05 选中单层栏杆扶手群组，向上移动复制0.2m得到扶手线（a），如图7-264所示。

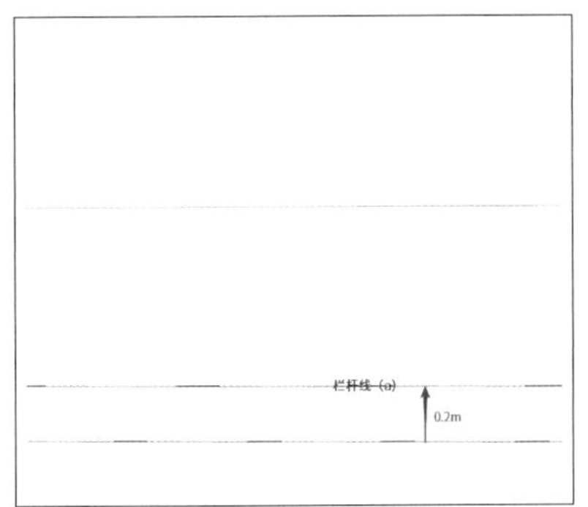

图7-264 移动复制得到扶手线（a）

步骤06 选中扶手线（a），向上移动复制0.1m得出扶手线（b），此时键入“7*”，额外移动复制出6组扶手线（c）~（h），如图7-265所示。

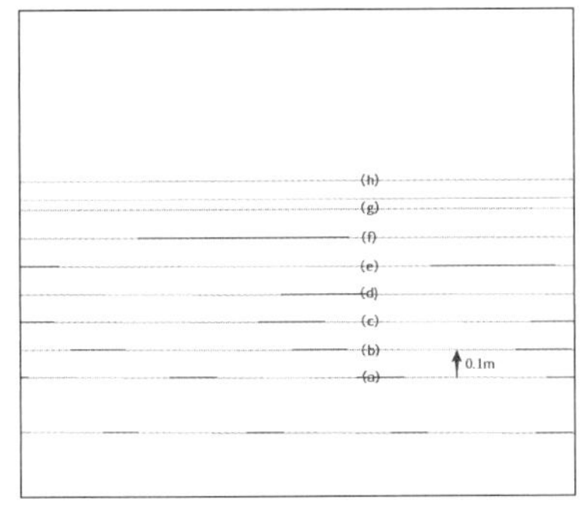

图7-265 得到扶手线（b）~（h）

步骤07 选中扶手线（h）向上移动复制0.05m得到扶手线（i），如图7-266所示。

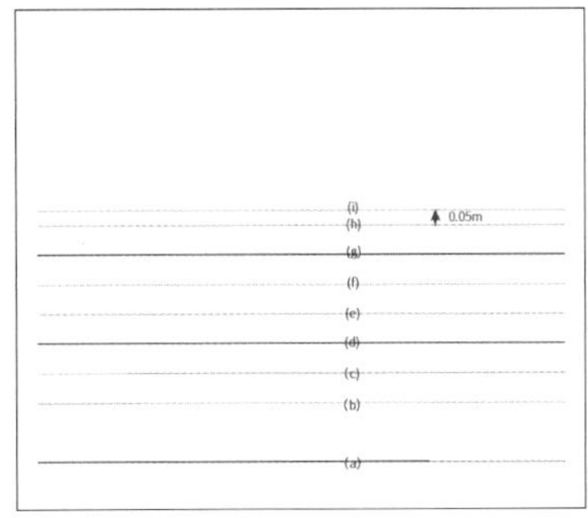

图7-266 得到扶手线（i）

步骤08 选中扶手线（i）向上移动复制0.1m，得到扶手线（j），如图7-267所示。

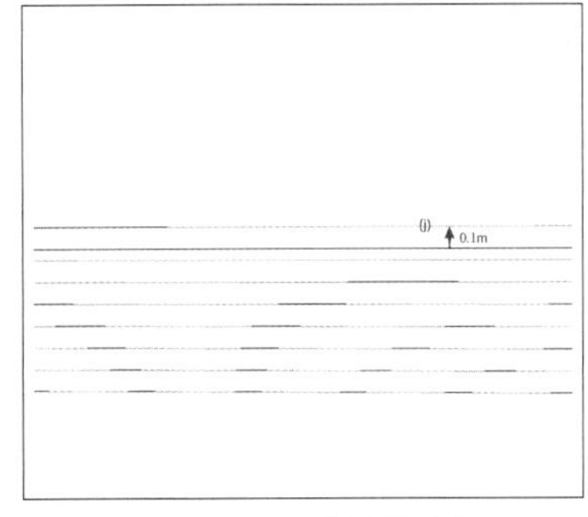

图7-267 到扶手线（j）

步骤09 选中扶手线（j）向上移动复制0.26m，得到扶手线（k），如图7-268所示。

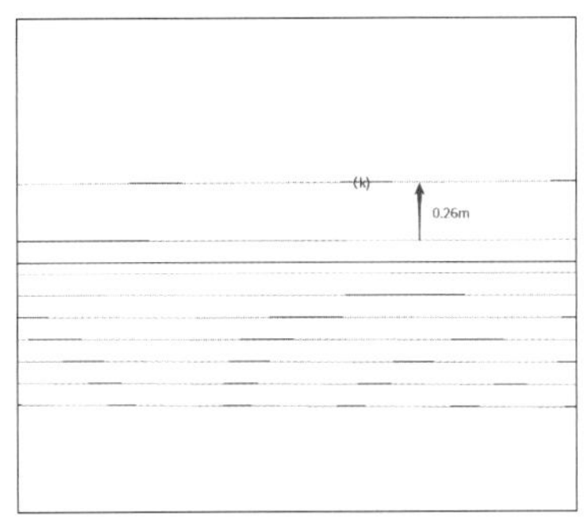

图7-268 得到扶手线（k）

步骤10 分别进入各扶手线群组，执行“线转柱体”指令，如图7-269所示。

各扶手柱体参数如下。

① 扶手线（a）~（h）：直径0.01m的圆柱。

② 扶手线（i）：直径0.02m的圆柱。

③ 扶手线（j）：直径0.04m的方柱。

④ 扶手线（k）：直径0.09m的方柱。

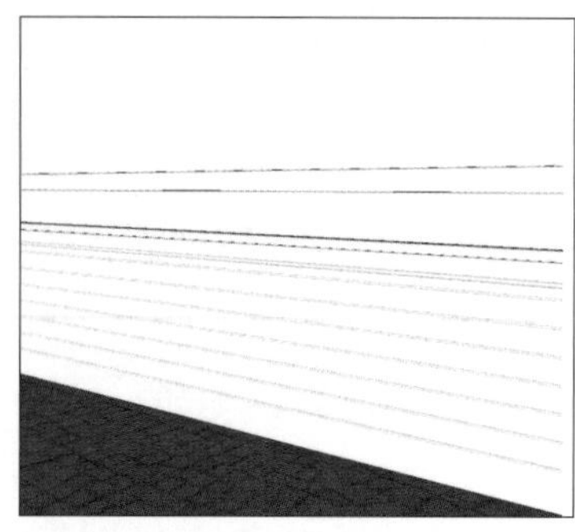
图7-269　线转柱体

步骤 11　分别进入各扶手柱体群组，选中扶手柱体，添加材质（指定色彩M01浅白色），添加材质贴图“柱子.JPG”。

③ **岸线栏杆组合：**

步骤 01　选中上一步中 步骤 03 得到的扶手线，点击鼠标右键，选择“炸开模型”，如图7-270所示；

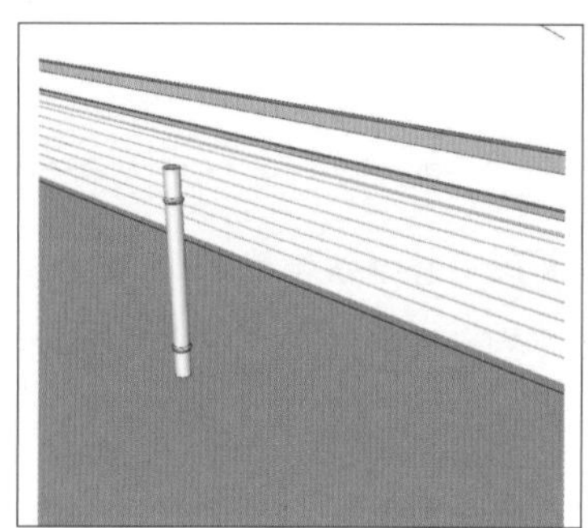
图7-270　炸开模型

步骤 02　分别选中炸开得到的多根扶手线，分别执行“路径阵列”指令，设置阵列间距为2m，单击岸线栏杆柱子组件，如图7-271所示；

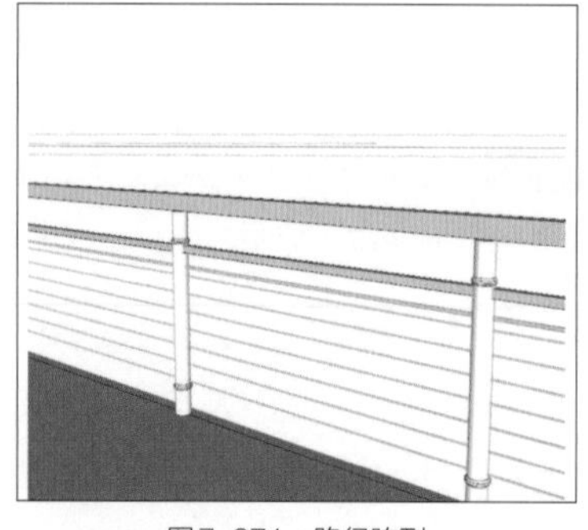
图7-271　路径阵列

步骤 03　调整扶手两端相交情况，微调栏杆柱子位置与扶手长度；

步骤 04　用鼠标左键双击进入栏杆柱子组件，全选柱子，执行材质快捷键“M”，添加栏杆扶手材质；

步骤 05　执行快捷键“Esc”键，退出群组，建成效果如图7-272所示。

△ 提示

若在路径阵列时无法阵列出栏杆柱子，可删掉原扶手线重新绘制即可阵列。

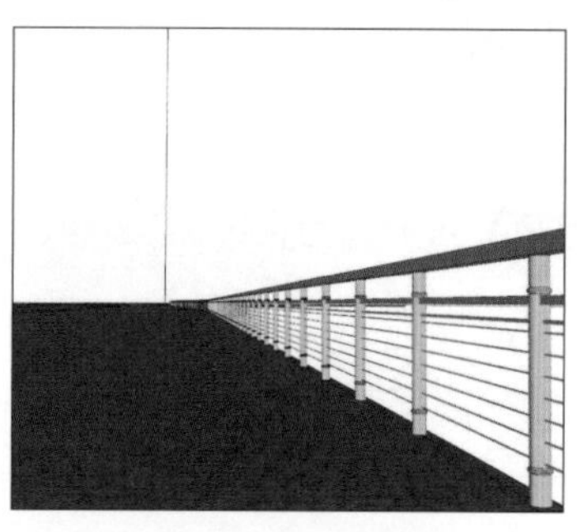
图7-272　栏杆绘制完成

④ **码头栏杆柱子建模：**

步骤 01　执行矩形工具快捷键“B”，绘制0.2m×0.2m的矩形（a），如图7-273所示；

图7-273　绘制矩形（a）

步骤 02　执行推拉工具快捷键“空格”，向上推拉0.02m，执行群组快捷键“G”创建群组，得到长方体（A），如图7-274所示；

步骤 03　执行矩形工具快捷键“B”，绘制0.02m×0.02m的矩形（b），如图7-275所示；

步骤 04　执行推拉工具快捷键“空格”，向上推拉0.02m，执行群组快捷键“G”创建群组，得到长方体（B），如图7-276所示；

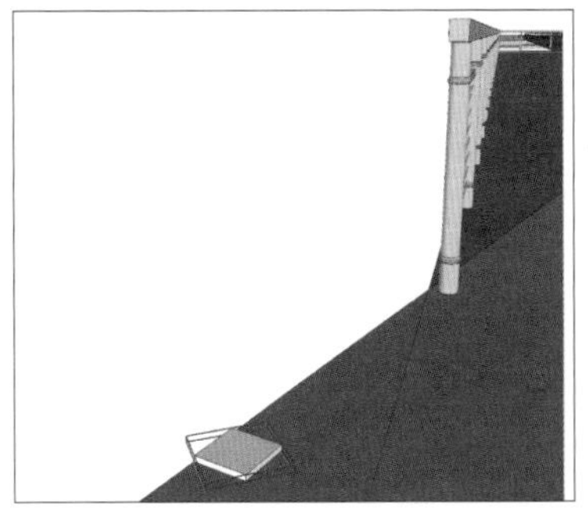
图7-274　绘制长方体（A）

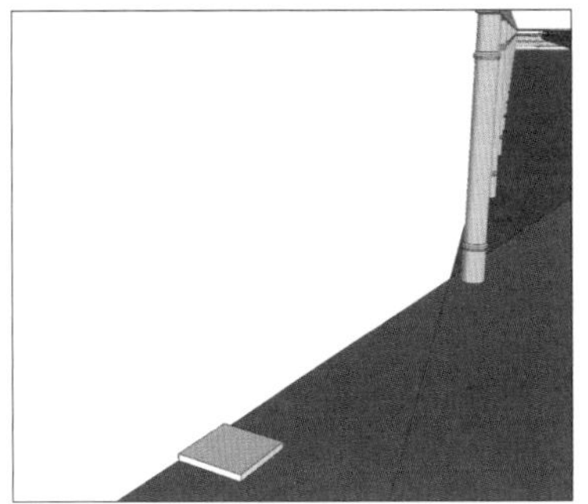
图7-275　绘制矩形（b）

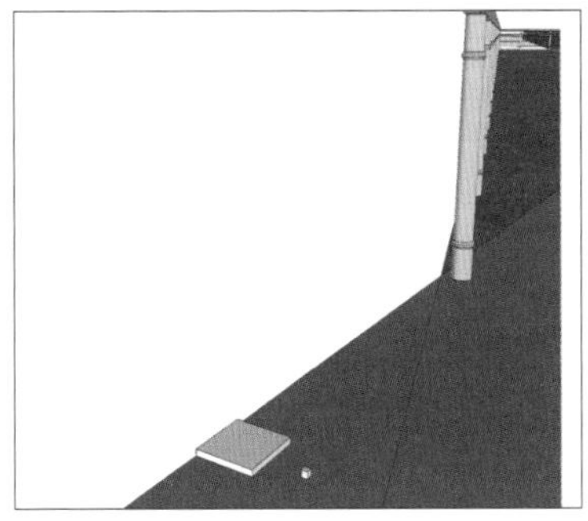
图7-276　绘制长方体（B）

步骤 05　执行移动工具快捷键“W”，将长方体（B）移动至长方体（A）四个角落中任意一角落，如图7-277所示；

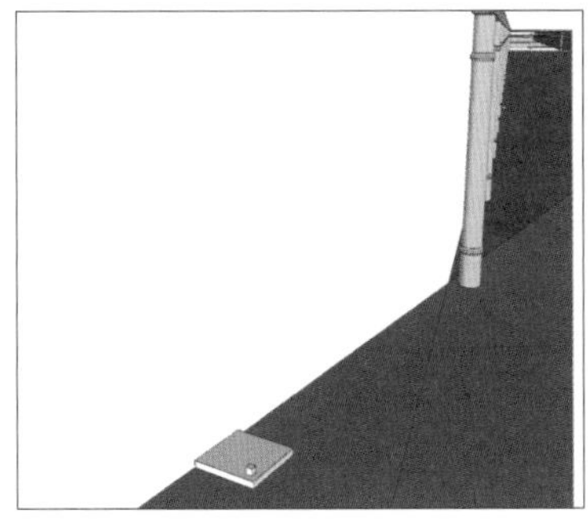
图7-277　移动长方体（b）

步骤 06　选中长方体（b），执行物体镜像工具，将长方体（b）镜像至其他三个角落，如图7-278所示；

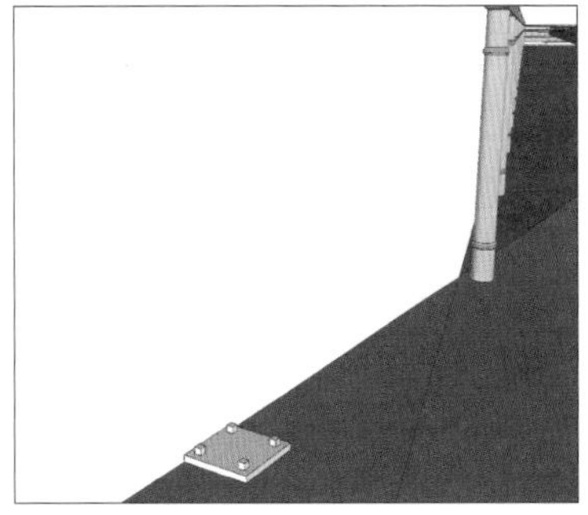
图7-278　镜像

步骤 07　双击鼠标左键进入长方体（A），选中顶面，执行偏移快捷键“O”，向内偏移0.06m，得到矩形（c），如图7-279所示；

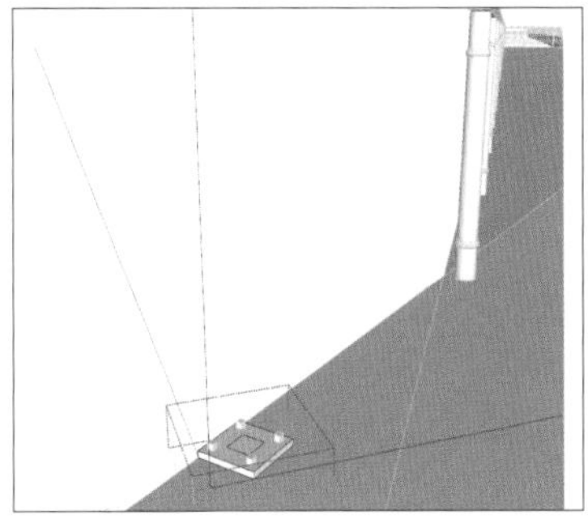
图7-279　偏移0.06m

步骤 08　选中矩形（c），向上推拉1.15m；

步骤 09　全选栏杆柱子，添加栏杆扶手材质，选中所有柱子构件，执行组件快捷键“Ctrl键+G”创建组件，“设置组件轴”至底面中心点，完成栏杆柱子建模，如图7-280所示。

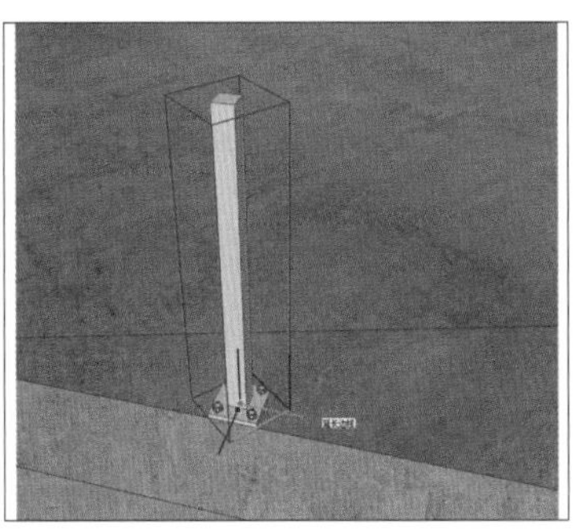
图7-280　完成建模

⑤ **码头栏杆扶手建模：**步骤如下。

步骤 01 执行直线工具快捷键“A”，沿码头岸线绘制扶手线，如图7-281所示。

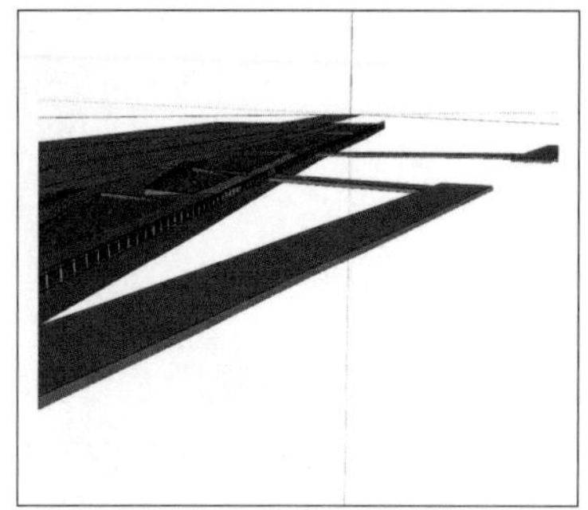

图7-281 绘制扶手线

步骤 02 选中绘制的扶手线和已建成的码头栏杆柱子模型，执行群组快捷键“G”创建群组，用鼠标左键双击进入群组，全选扶手线后执行焊接线条工具，完成路径线焊接，如图7-282所示。

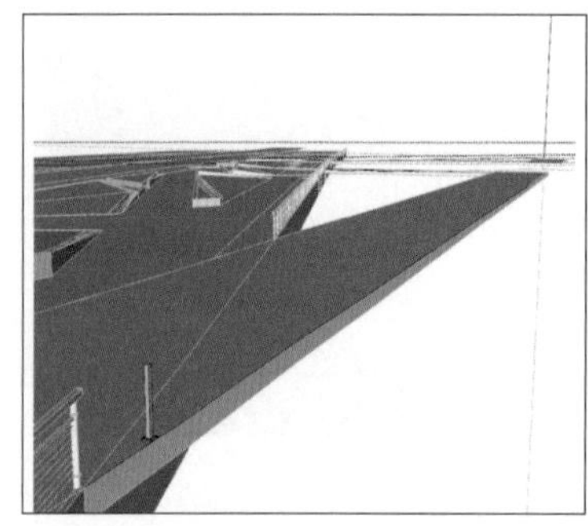

图7-282 创建群组

步骤 03 选中扶手线，执行偏移工具快捷键“O”，向内偏移0.1m，无法偏移的单根扶手线需执行移动工具快捷键“W”，向内移动0.1m，如图7-283所示。

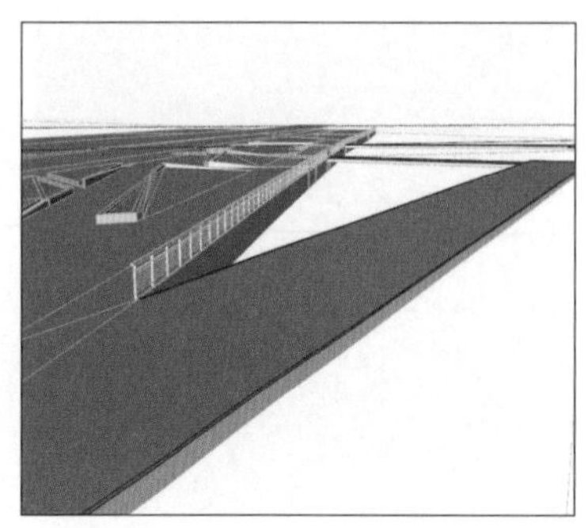

图7-283 偏移扶手线

步骤 04 选中偏移后的扶手线，执行群组工具快捷键“G”，创建单层栏杆扶手群组，如图7-284所示。

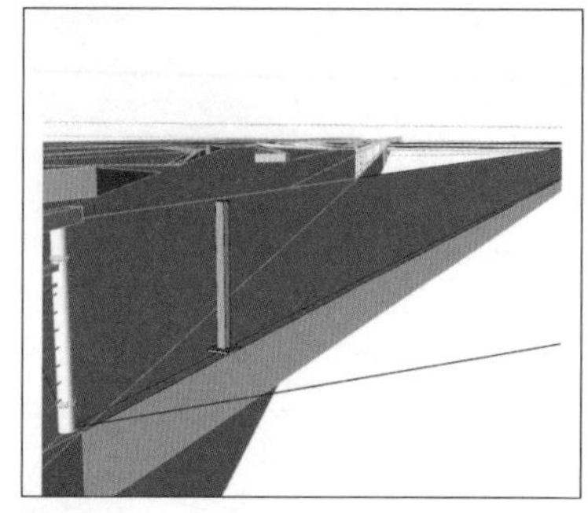

图7-284 创建单层栏杆扶手群组

步骤 05 选中单层栏杆扶手群组，向上移动复制0.2m得到扶手线（a），如图7-285所示。

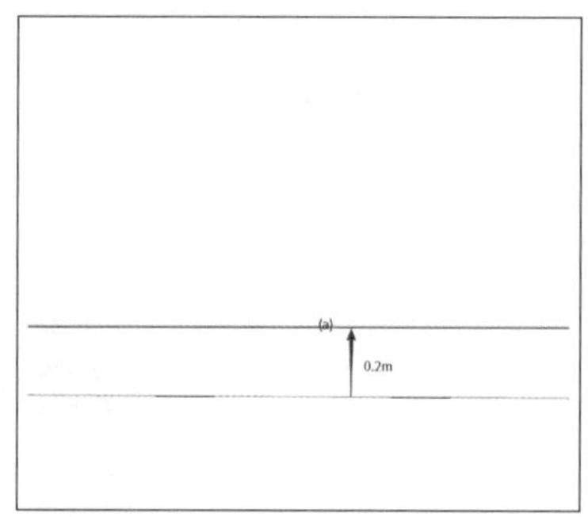

图7-285 绘制扶手线（a）

步骤 06 选中扶手线（a），向上移动复制0.6m得出扶手线（b），如图7-286所示。

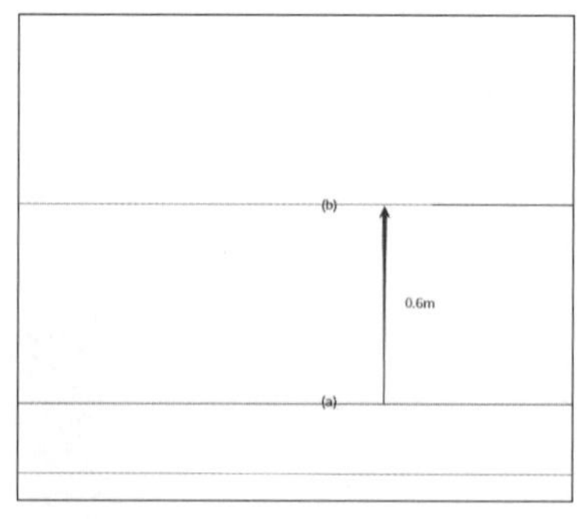

图7-286 绘制扶手线（b）

步骤 07 选中扶手线（b），向上移动复制0.1m得到扶手线（c），如图7-287所示。

步骤 08 选中扶手线（c），向上移动复制0.26m得到扶手线（d），如图7-288所示。

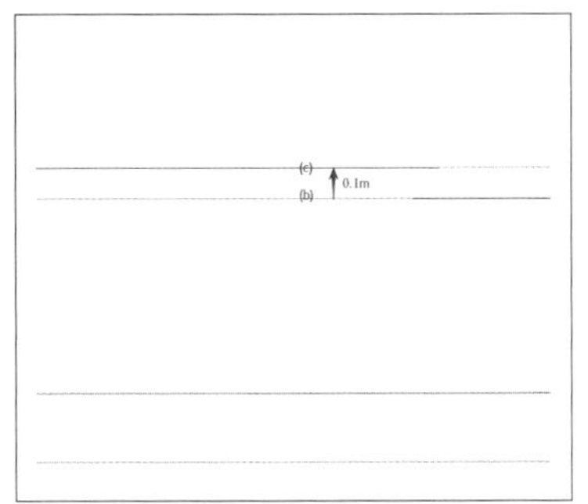

图7-287　绘制扶手线（c）

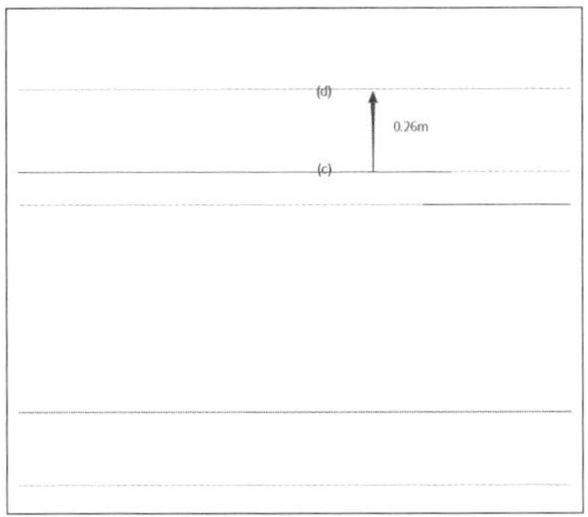

图7-288　绘制扶手线（d）

步骤 09　选中扶手线（a），执行拉线成面工具，向上拉至扶手线（b）位置，绘制出栏杆金属网面。选中金属网面，执行群组快捷键“G”，添加材质（指定色彩M09黑色），添加材质贴图“铁丝网.JPG”，如图7-289所示。

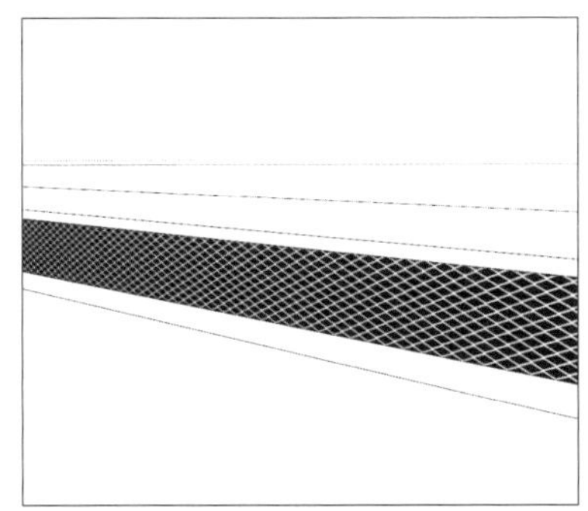
图7-289　绘制金属网面

步骤 10　用鼠标左键双击进入金属网面群组，双击金属网面选中面及其边线，按住快捷键“Shift”减选金属网面，执行快捷键“Ctrl键+C”复制该金属网面的边线。

步骤 11　执行快捷键“Esc”键退出其群组，执行原位粘贴“Ctrl键+Shift键+V”，执行群组快捷键“G”。

步骤 12　分别进入各扶手线群组，执行线转柱体工具，如图7-290所示。

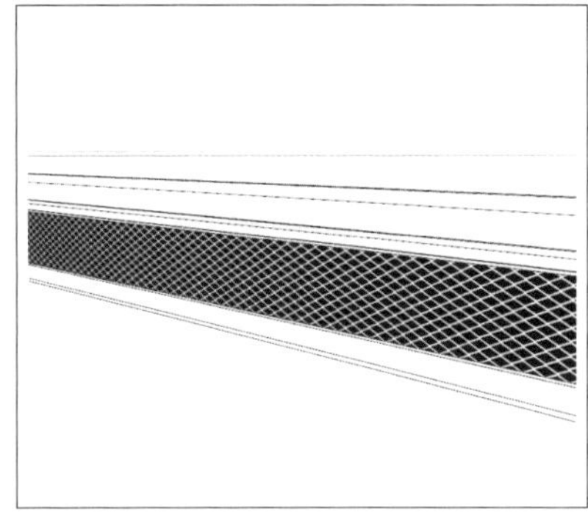
图7-290　线转柱体

各扶手柱体参数如下。

① 扶手线（金属网面边缘）：直径0.02m的方柱。

② 扶手线（c）：直径0.04m的方柱。

③ 扶手线（d）：直径0.09m的方柱。

步骤 13　分别进入各扶手柱体群组，全选扶手柱体，添加栏杆扶手材质。

⑥ 码头栏杆组合：

步骤 01　选中上一步中 **步骤 03** 得到的扶手线，点击鼠标右键，选择“炸开模型”，如图7-291所示；

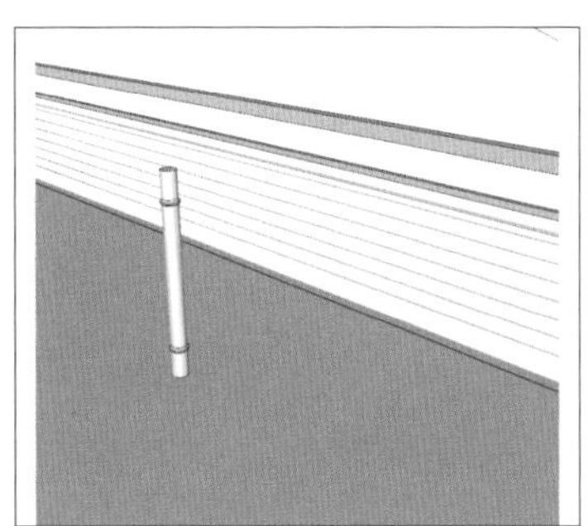
图7-291　炸开模型

步骤 02　分别选中炸开得到的多根扶手线，分别执行“路径阵列”指令，设置阵列间距为2m，单击码头栏杆柱子组件，如图7-292所示；

步骤 03　调整扶手两端相交情况，微调栏杆柱子位置与扶手长度；

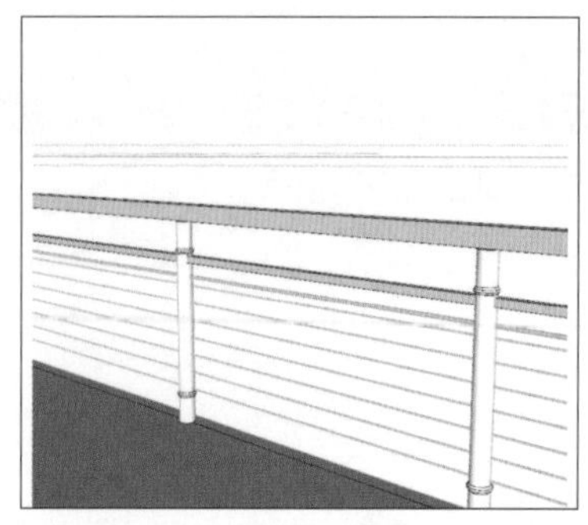

图7-292　路径阵列

步骤 04　执行快捷键“Esc”键，退出群组，建成效果如图7-293所示。

图7-293　栏杆创建完成

7.4.5　绘制车行道路

7.4.5.1　绘制高架路面

① 绘制高架桥顶视图模型：

步骤 01　在“标记”面板中关闭其他图层，将“铅笔头”图标切换至“01车行道路”图层，使图层“01车行道路”处于编辑状态，如图7-294所示；

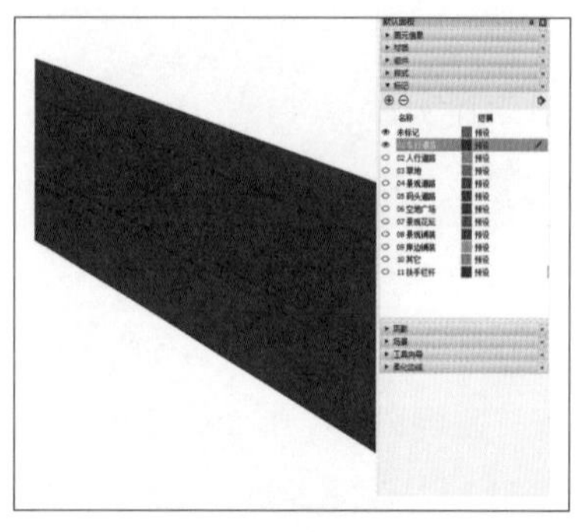

图7-294　切换图层

步骤 02　双击鼠标左键，进入“车行道路”群组，选中如图7-295所示两个平面，执行复制快捷键“Ctrl键+C”，执行快捷键“Esc”键退出群组，执行原位粘贴快捷键“Ctrl键+Shift键+V”，执行移动工具快捷键“W”将其沿红轴正方向移动300m，如图7-296所示。

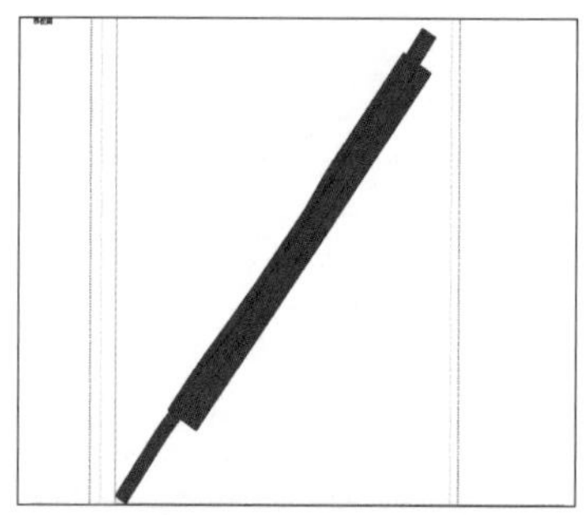

图7-295　选中平面复制粘贴

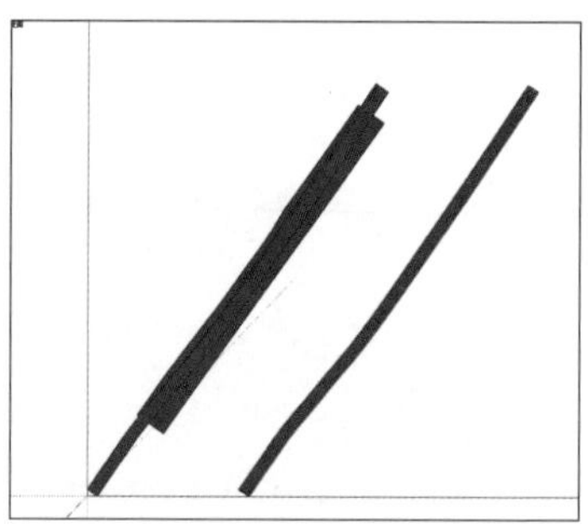

图7-296　基础平面

步骤 03　将两个平面向上推拉（10m），并创建群组，完成顶视图模型，如图7-297所示。

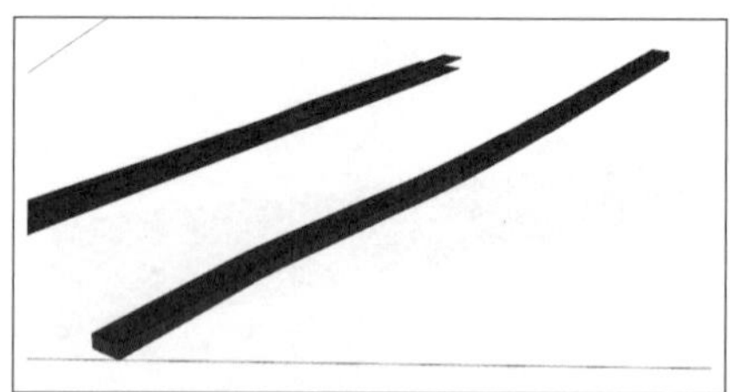

图7-297　顶视图模型

② 绘制高架桥侧视图模型：

步骤 01　执行直线工具快捷键“A”，沿车行道路方向画一条长度为1100m的直线，如图7-298所示；

步骤 02　执行拉线成面工具，沿垂直车行道路方向拉出宽度为150m的平面，如图7-299所示；

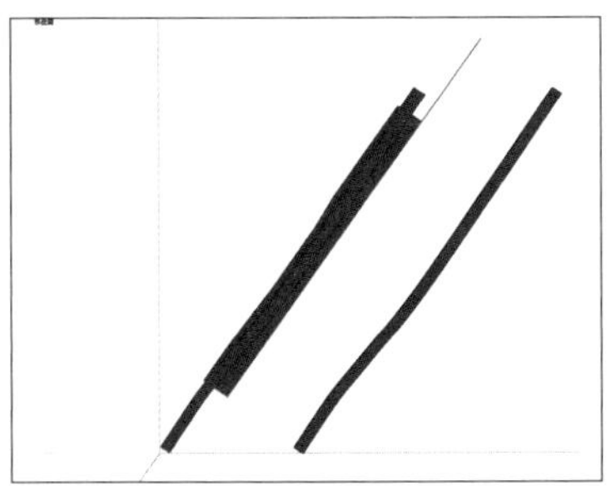
图7-298　绘制直线

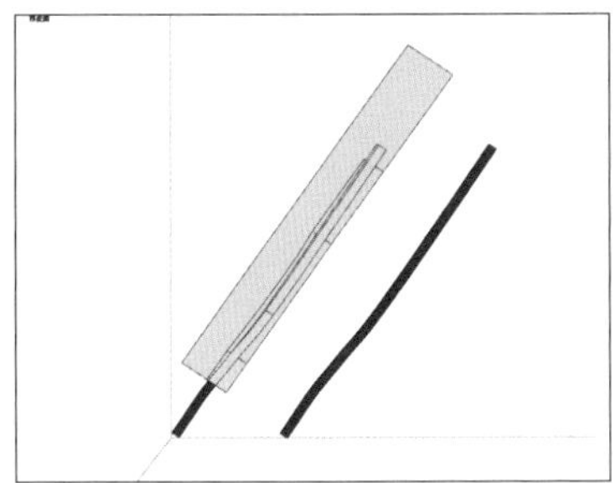
图7-299　拉线成面

步骤03　执行移动工具快捷键“W”，将平面移动至与车行道路南端对齐，确保平面完全覆盖道路部分，如图7-300所示；

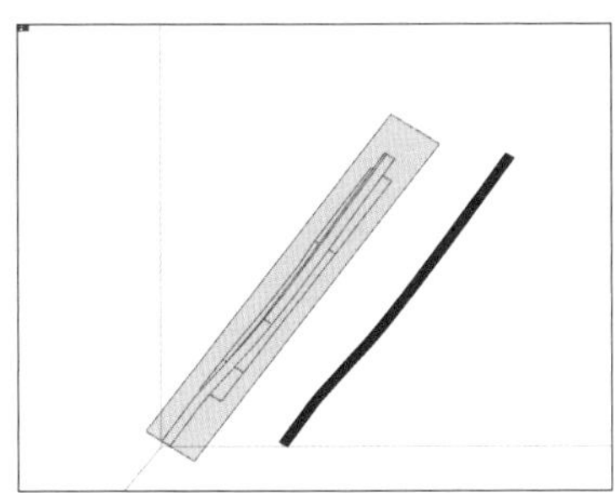
图7-300　移动

步骤04　执行直线工具快捷键“A”，按照如图7-301所示的位置划分出高架起坡线和终止线；

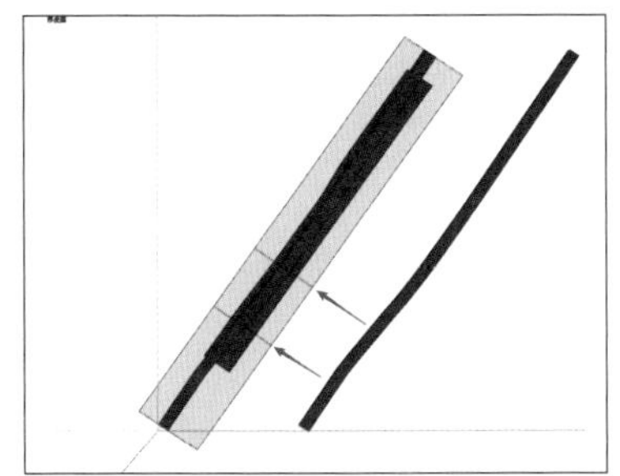
图7-301　划分起坡线与终止线

步骤05　执行移动工具快捷键“W”，将平面向正东方移动600m；

步骤06　执行滑动翻面工具快捷键“Y”，将平面反转为正面，再将平面向上推拉10m厚度，由南到北分为①~③三个体块，全选模型，执行群组快捷键“G”创建群组，如图7-302所示；

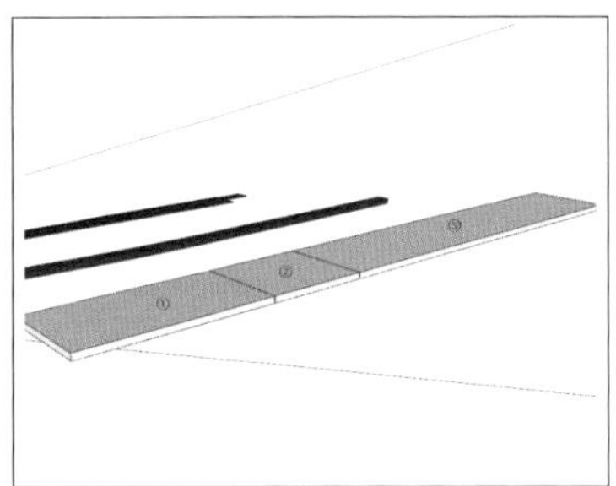
图7-302　推拉体块

步骤07　双击鼠标左键进入群组，执行直线工具快捷键“A”，在体块①侧面由底侧向体块①和②的分界线的中点绘制直线，如图7-303所示；

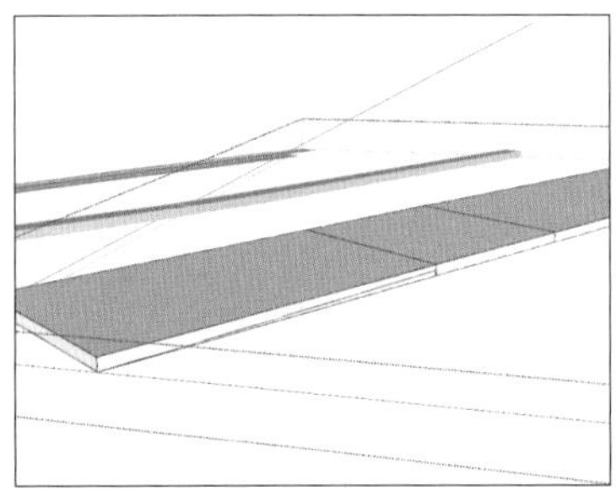
图7-303　体块①分割线

步骤08　执行圆弧工具，在体块②侧面画出从体块①坡度终点至体块③顶部的圆弧，如图7-304所示。

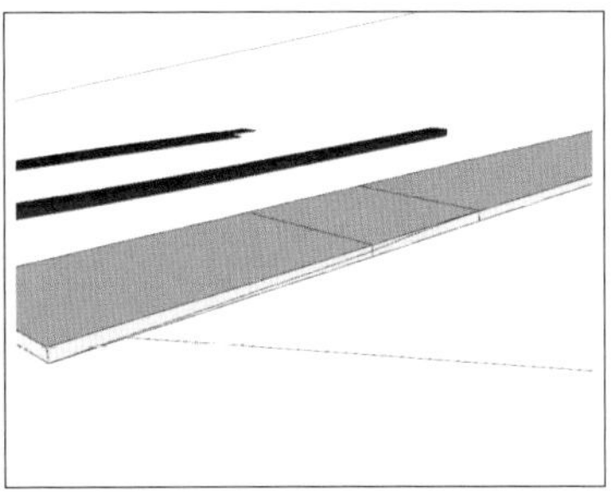
图7-304　体块②分割线

步骤09　将体块①和②顶部通过推拉工具消除，将体块③底面向上推拉9m，执行快捷键

"Esc"键退出群组，完成侧视图模型建模，如图7-305所示。

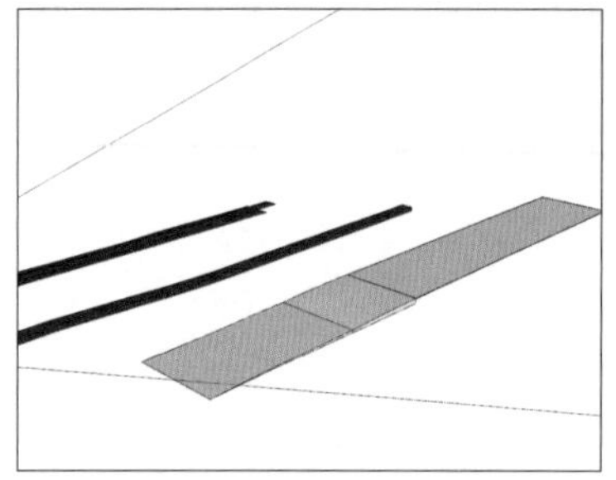

图7-305　消除体块完成建模

③ 模型交错绘制高架路面：

步骤 01 执行移动工具快捷键"W"，将侧视图模型移动至与顶视图模型对齐，如图7-306所示；

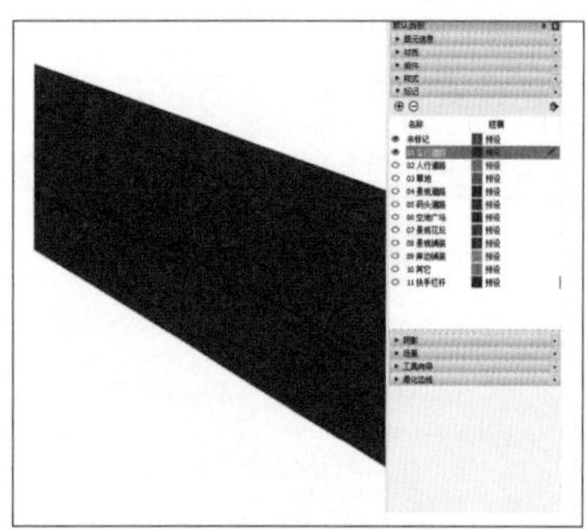

图7-306　对齐模型

步骤 02 选中顶视图模型和侧视图模型，点击鼠标右键，执行"炸开模型"功能，如图7-307所示；

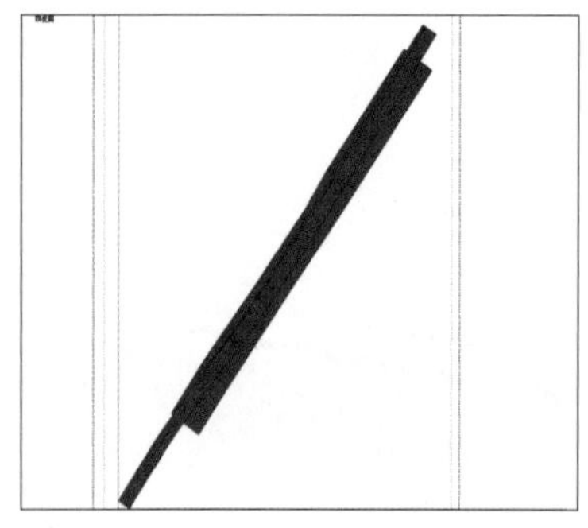

图7-307　炸开模型

步骤 03 全选两个模型，点击鼠标右键，执行"模型交错"功能；

步骤 04 删除未相交部分模型，选中剩余部分模型，添加材质（指定色彩M07深灰色），添加材质贴图"马路.JPG"，贴图大小调整为5m×5m，执行群组快捷键"G"创建群组，高架路面模型绘制完成，如图7-308所示；

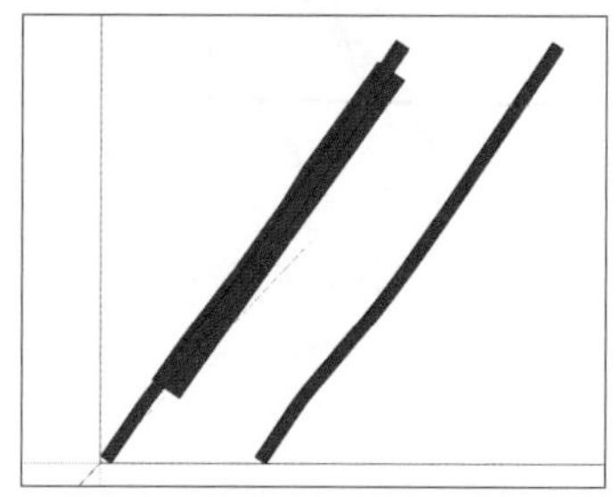

图7-308　赋予材质

步骤 05 执行移动工具快捷键"W"，将高架路面模型向西移动300m使其回到原位置，如图7-309所示。

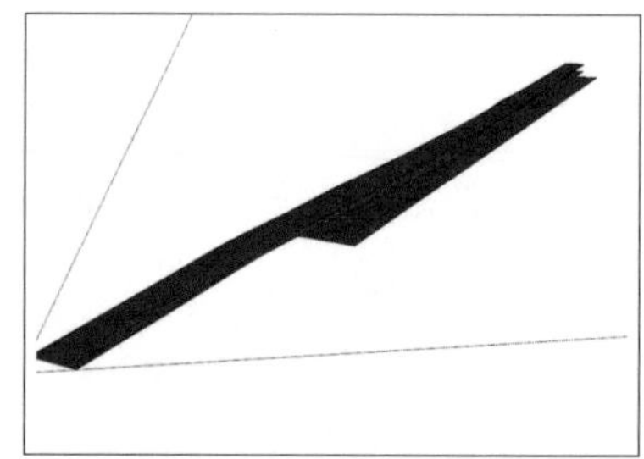

图7-309　完成高架路面建模

7.4.5.2　绘制高架基础

① 绘制单榀桁架梁： 步骤如下。

步骤 01 绘制基础矩形平面：执行顶视图快捷键"T"，执行矩形工具快捷键"B"，绘制长4m、宽1.5m的矩形（a）、长16m、宽1.5m的矩形（b），执行移动工具快捷键"W"，执行快捷键"Ctrl"进入移动复制模式，将矩形（a）移动复制到矩形（b）的两端，如图7-310所示。

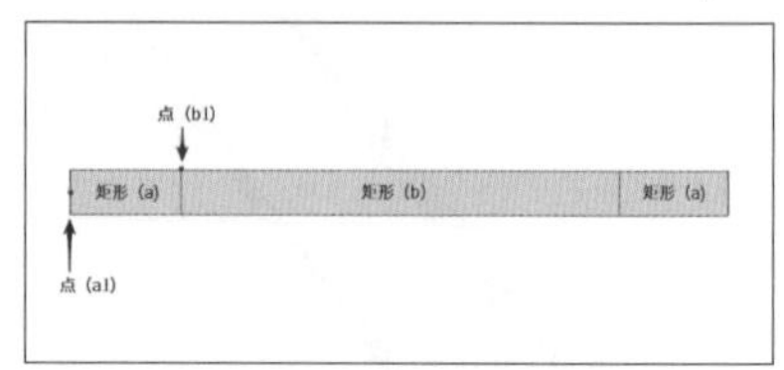

图7-310　绘制基础矩形平面

步骤 02 绘制桁架梁底部形状：执行圆弧工具，在矩形（a）外部短边中点（点a_1）到内侧短边端点（点 b_1）绘制圆弧，选中切割出的凸面，执行删除快捷键“D”将其删除，剩余部分如图7-311所示。

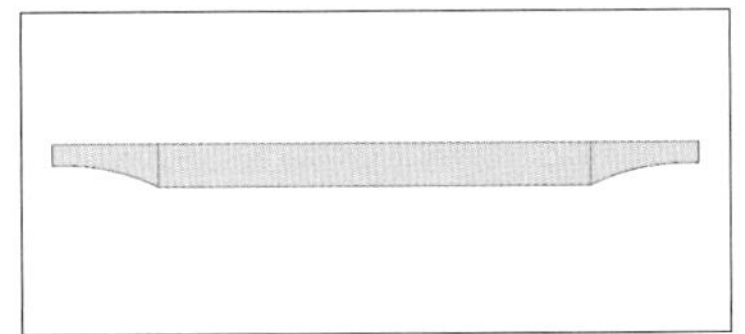

图7-311　绘制桁架梁底部形状

步骤 03　执行橡皮擦工具快捷键“S”，擦除共面线。

步骤 04　绘制梁底加强肋板：选中桁架面的底部两端圆弧线及一段直线，执行移动工具快捷键“W”，执行快捷键“Ctrl”键进入移动复制模式，将底部边缘向上部移动复制0.05m，得到底部加强肋板的截面，如图7-312所示。

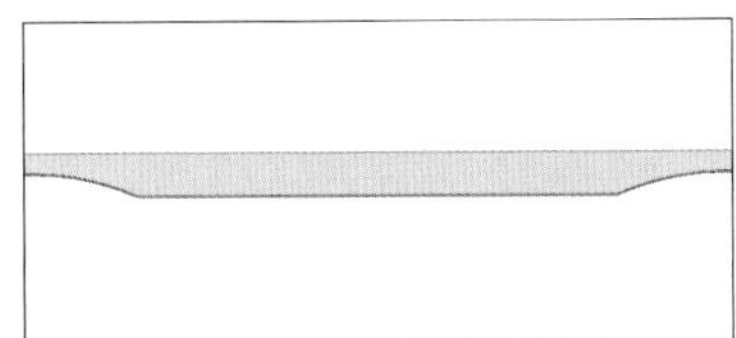

图7-312　绘制梁底加强肋板

步骤 05　推拉厚度并旋转桁架梁：选中加强肋截面，向两侧各推拉0.4m，再选中桁架截面，向两侧各推拉0.05m。执行旋转工具快捷键“E”，通过方向键锁定旋转方向，将其旋转90°至竖向放置，执行群组快捷键“G”创建群组，如图7-313所示。

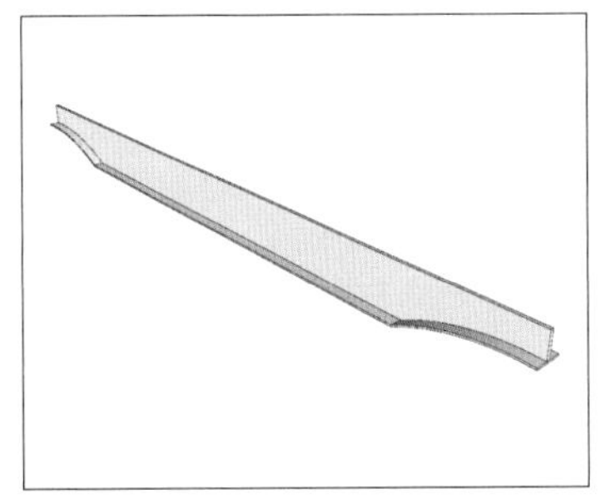

图7-313　旋转桁架梁

步骤 06　绘制竖向加强肋板：执行矩形工具快捷键“B”，绘制0.03m×0.4m的矩形，并将其推拉出1.45m高度，选中加强肋板，执行群组快捷键“G”创建群组，如图7-314所示。

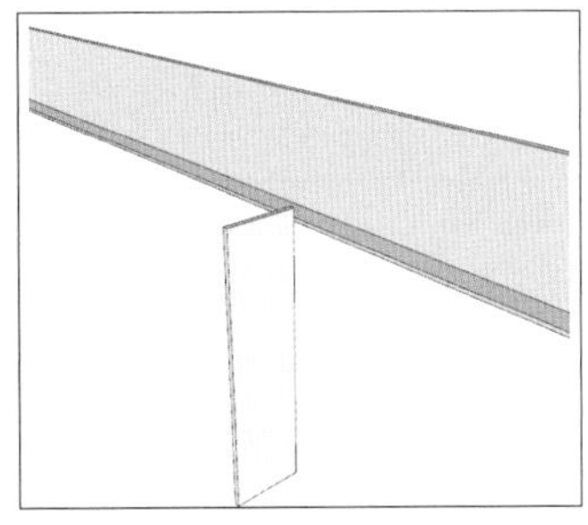

图7-314　绘制竖向加强肋板

步骤 07　移动复制竖向加强肋板：执行移动工具快捷键“W”，将加强肋移动至桁架（点 b_1）位置，执行快捷键“Ctrl”进入移动复制模式，将加强肋板移动复制至（点 b_2）位置处，输入“12/”等距插入11条加强肋，如图7-315所示。

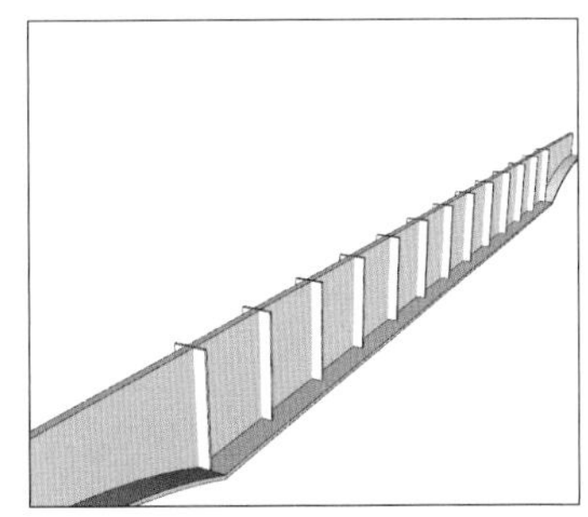

图7-315　移动复制竖向加强肋板

步骤 08　完成桁架梁建模：执行移动工具快捷键“W”，执行快捷键“Ctrl”进入移动复制模式，将（点 b_1）处加强肋板移动复制至桁架端点，键入“3/”等距插入2条加强肋，执行缩放工具快捷键“R”将其与底部加强肋板对齐。另一端重复此操作，选择所有单榀桁架梁构件，执行群组快捷键“G”创建群组，如图7-316所示。

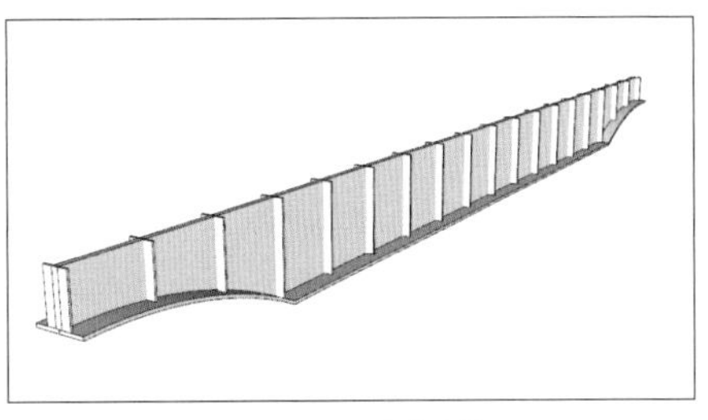

图7-316　完成建模

② 绘制单榀桁架柱：步骤如下。

步骤 01 绘制矩形底座平面：执行矩形工具快捷键“B”，绘制1.8m×1.8m的矩形，将其向上推拉（1m），如图7-317所示。

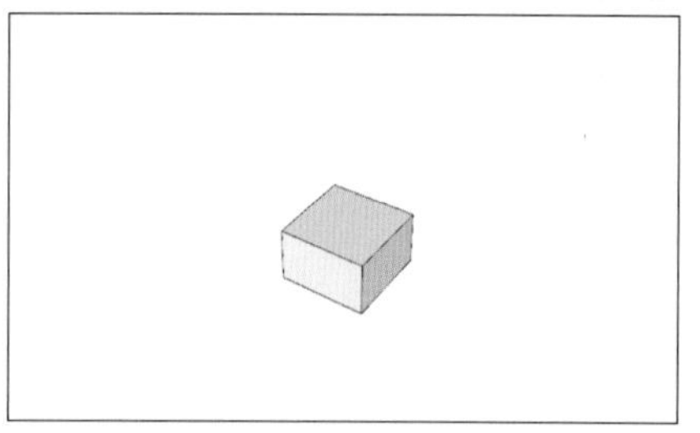

图7-317 绘制矩形底座平面

步骤 02 绘制柱子底座体块：选中顶部平面，执行缩放工具快捷键“R”，执行快捷键“Ctrl”，向内中心缩放0.9，如图7-318所示。

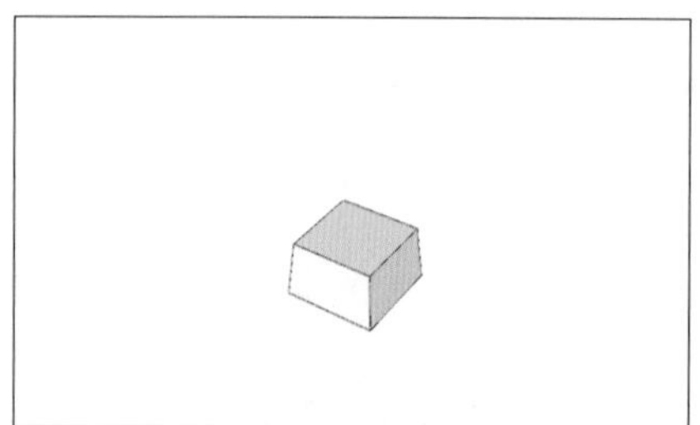

图7-318 绘制柱子底座体块

步骤 03 完成柱子底座建模：选中柱子底座体块模型，执行“Round Corner圆角”工具，设置圆角半径为0.1m，全选底座模型，执行群组快捷键“G”创建群组，如图7-319所示。

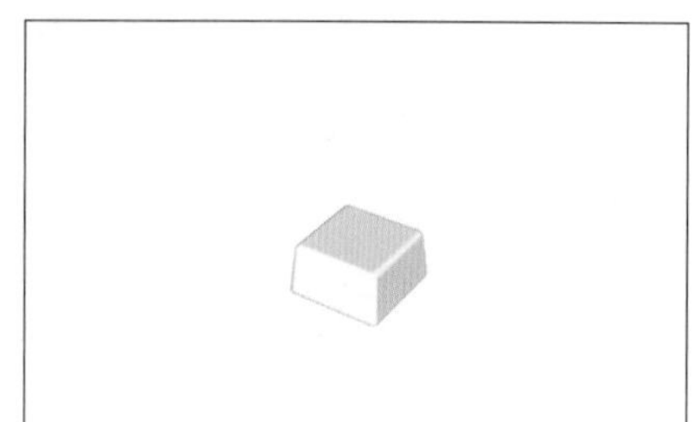

图7-319 完成柱子底座建模

步骤 04 绘制工字柱截面：执行矩形工具快捷键“B”，绘制两个1m×0.1m的矩形和一个0.3m×0.8m的矩形，摆成工字形截面，如图7-320所示。

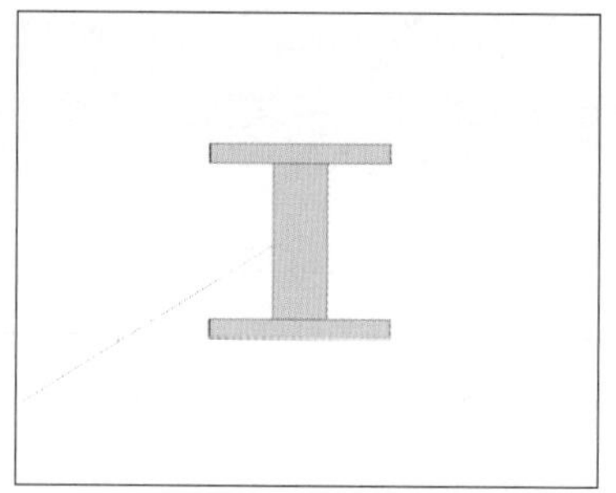

图7-320 绘制工字柱截面

步骤 05 推拉工字柱高度：执行橡皮擦工具快捷键“S”，擦除共面线，并向上推拉(9.2m)，全选工字柱，执行群组快捷键“G”创建群组，如图7-321所示。

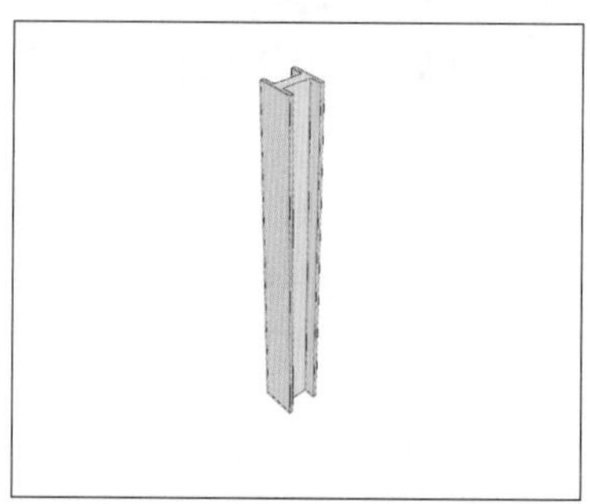

图7-321 推拉工字柱高度

步骤 06 合并底座与工字柱：执行顶视图快捷键“T”，执行平行透视快捷键“V”，执行移动工具快捷键“W”，将工字柱中心移动至底座中心，选中柱子整体，执行群组工具快捷键“G”创建群组，如图7-322所示。

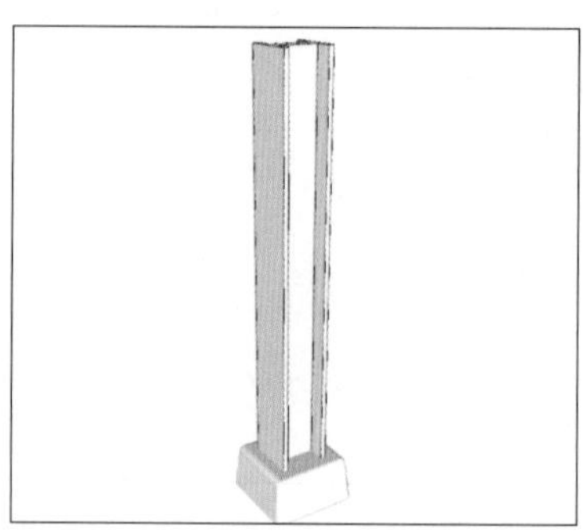

图7-322 合并底座与工字柱

步骤 07 完成单榀桁架模型：执行移动工具快捷键“W”，移动复制柱子至与桁架梁两侧对齐，如图7-323所示。

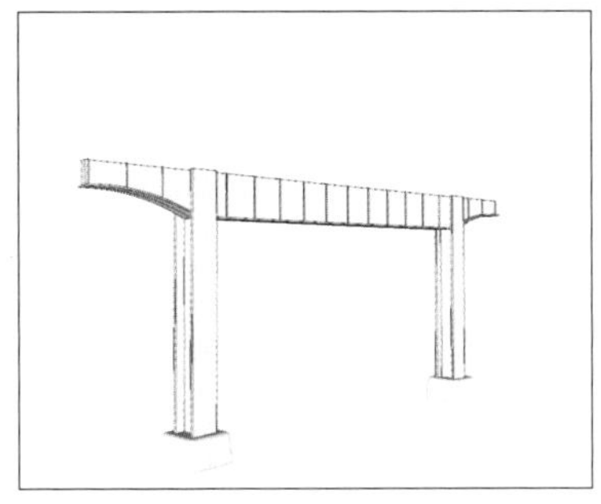

图7-323　完成单榀桁架模型

步骤 08　赋予桁架材质并创建组件：选中单榀桁架，添加材质（指定色彩A06朱红色），添加材质贴图“桥梁.JPG”，调整贴图大小为5m×5m。选中柱子底座，添加材质（指定色彩E04黄色），添加材质贴图“铁锈.JPG”。选中单品桁架全部构件，执行组件快捷键“Ctrl键+G”创建组件，如图7-324所示。

图7-324　添加桁架材质并创建组件

③ **绘制纵向桁架单元：**步骤如下。

步骤 01　绘制纵向桁架梁基础平面：执行矩形工具快捷键“B”，绘制2.2m×20m的矩形，执行圆弧工具，以同侧角点作为起点与终点绘制半径为0.8m的圆弧，选中删除被切部分平面，剩余部分如图7-325所示。

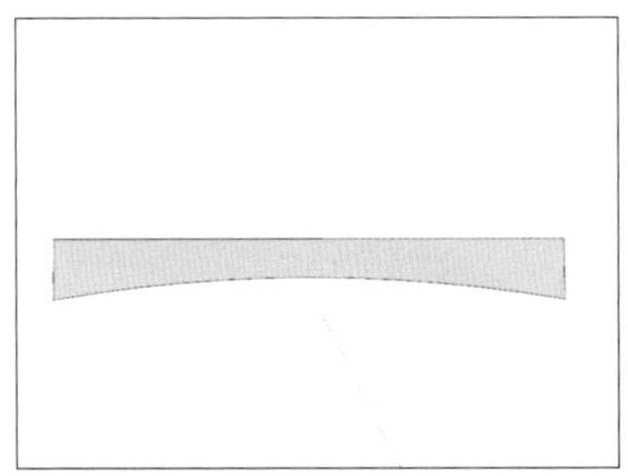

图7-325　绘制纵向桁架梁基础平面

步骤 02　完成绘制纵向桁架梁模型：选中圆弧边线，执行移动工具快捷键“W”，执行快捷键“Ctrl”，向上移动复制0.1m，得到桁架梁加强肋截面。将加强肋平面各向两侧推拉（0.4m），将桁架梁截面各向两侧推拉（0.05m），执行旋转工具快捷键“E”，将其竖向放置并创建群组，为其添加桥梁材质，如图7-326所示。

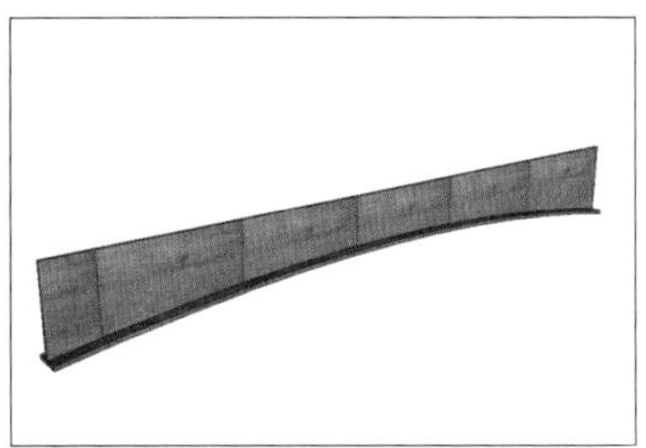

图7-326　纵向桁架梁模型

步骤 03　移动复制纵向桁架梁：选中纵向桁架梁，执行移动工具快捷键“W”，将其与两根柱子对齐放置，如图7-327所示。

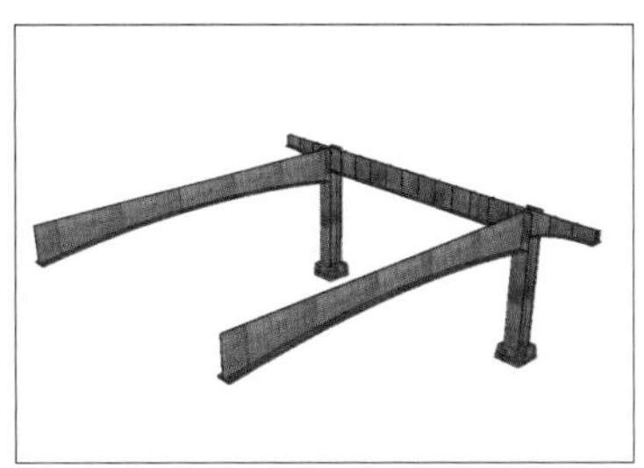

图7-327　移动复制纵向桁架梁

步骤 04　移动复制横向桁架梁：用鼠标左键双击进入单品桁架群组，选中横向桁架梁，执行复制工具快捷键“Ctrl键+C”，执行快捷键“Esc”退出群组，执行原位粘贴快捷键“Ctrl键+Shift键+V”，执行移动工具快捷键“W”，将其沿纵向移动复制两组，如图7-328所示。

图7-328　移动复制横向桁架梁

步骤 05 绘制纵向辅助梁截面：执行矩形工具快捷键“B”，绘制0.3m×0.03m矩形与0.2m×0.02m矩形，并摆成“T”字形截面，如图7-329所示。

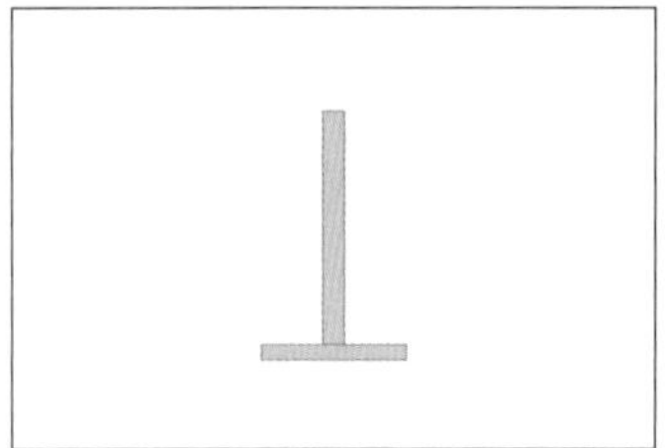

图7-329 绘制纵向辅助梁截面

步骤 06 绘制纵向辅助梁模型：执行橡皮擦工具快捷键“S”擦除共面线，并沿截面方向推拉（20.55m），选中纵向辅助梁，添加桥梁材质，执行群组快捷键“G”创建群组，执行旋转工具快捷键“E”将其沿纵向放置，如图7-330所示。

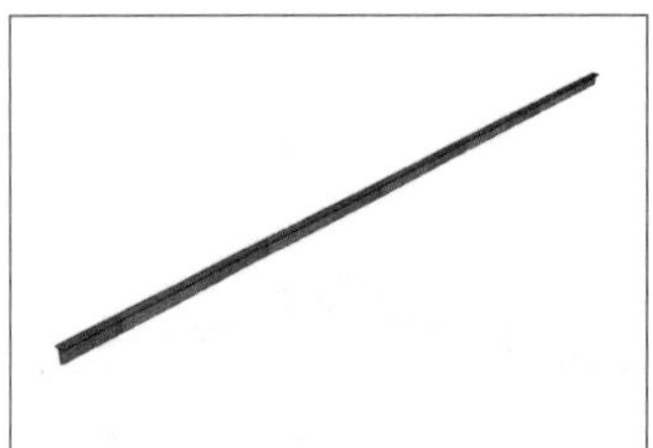

图7-330 绘制纵向辅助梁模型

步骤 07 移动复制纵向辅助梁：选中纵向辅助梁，执行移动工具快捷键“W”，将其放置于横向桁架一端，执行快捷键“Ctrl”，移动复制到横向桁架另一端，键入“7/”额外插入6根辅助梁，如图7-331所示。

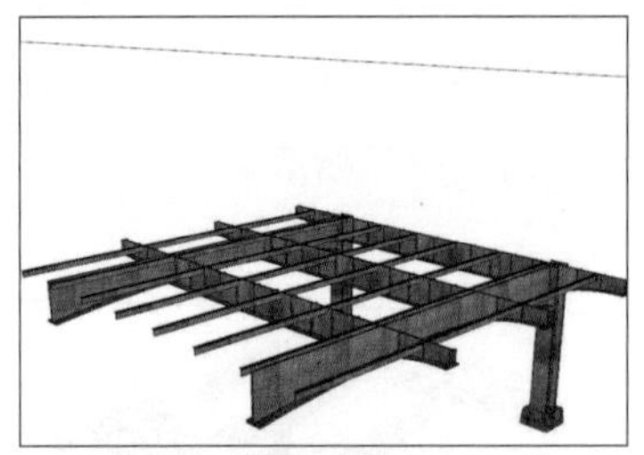

图7-331 移动复制纵向辅助梁

步骤 08 创建组件：选中桁架单元所有构件，执行组件快捷键“Ctrl键+G”创建组件。

④ **阵列桁架单元：**步骤如下。

步骤 01 绘制阵列路径线：执行直线工具快捷键“A”，描绘高架路面架空部分单侧边线，“焊接线条”后选中边线与桁架单元进行群组，如图7-332所示。

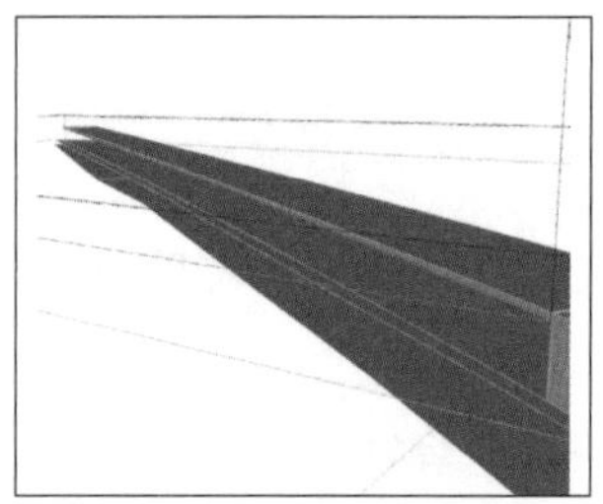

图7-332 绘制阵列路径线

步骤 02 阵列桁架单元：选中路径，执行路径阵列工具，设置阵列间距为20m，用鼠标左键单击桁架单元完成阵列，删除原单元模型，如图7-333所示。

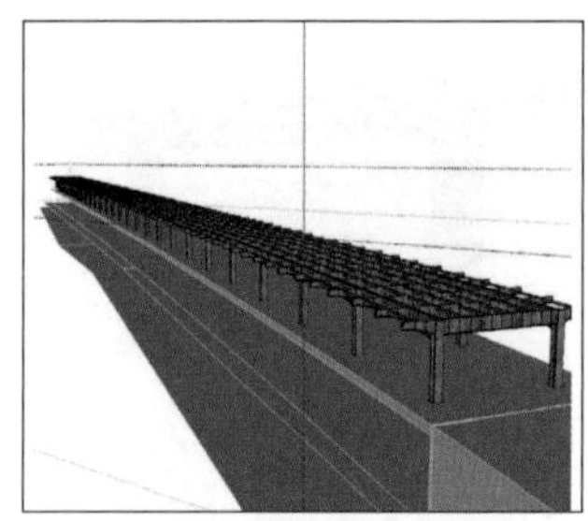

图7-333 阵列桁架单元

步骤 03 移动桁架至路面：执行移动工具快捷键“W”，将桁架向下移动至地面上，如图7-334所示。

△ 提示

若阵列时桁架单元方向错误，则需重新设定组件轴方向，将红轴与绿轴方向互换即可。

图7-334 移动桁架至路面

⑤ **绘制高架路缘石：**步骤如下。

步骤 01　绘制路缘石截面：执行矩形工具快捷键“B”，绘制 1m × 0.3m、0.7m × 0.4m 矩形，并排布为“凸”字形，执行圆弧工具，在上部各个直角部位进行圆角处理，如图 7-335 所示。

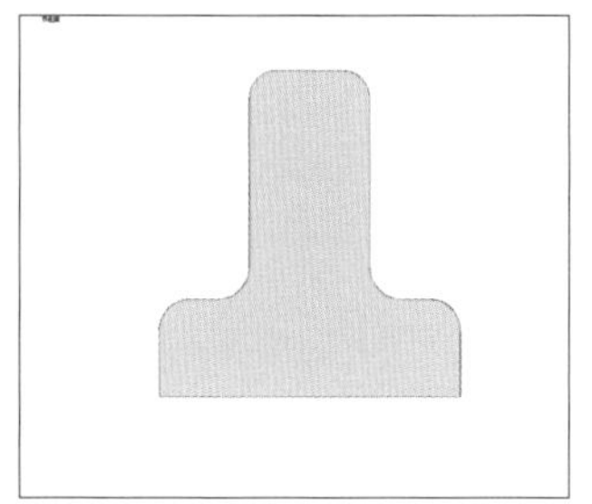

图 7-335　绘制路缘石截面

步骤 02　放置路缘石截面：执行直线工具快捷键“A”，描绘完整高架路面单侧边线并“焊接线条”。选中路缘石截面，执行“路径垂面”指令，用鼠标左键单击边线任意位置放置路缘石截面。执行移动工具快捷键“W”进行截面调整，将截面底部中点与边线起始点对齐，并将截面群组炸开，如图 7-336 所示。

步骤 03　完成路缘石建模：选中路面单侧边线，执行“路径跟随”指令，点击路缘石截面生成路缘石。全选路缘石，添加柱子材质，执行群组快捷键“G”创建群组，执行移动工具快捷键“W”，移动复制至与两侧路面边线及中线对齐，完成路缘石建模，如图 7-337 所示。

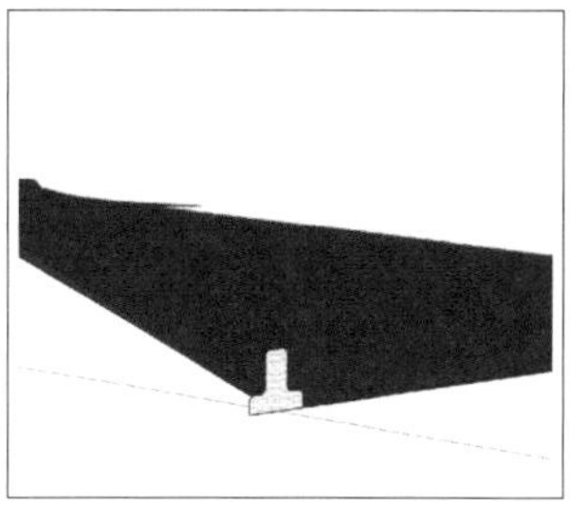

图 7-336　放置路缘石截面

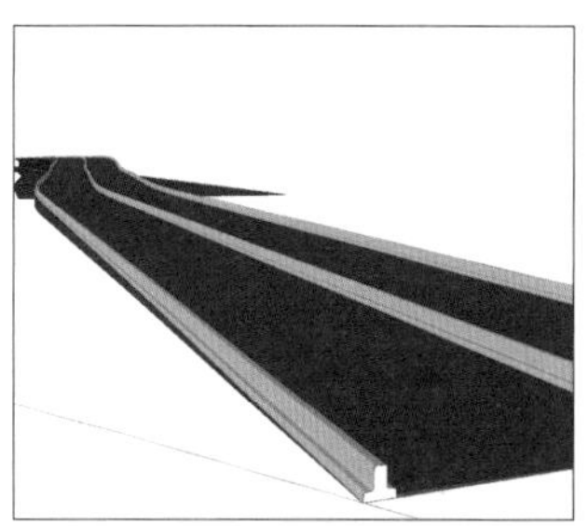

图 7-337　移动复制路缘石

7.4.6　细节完善

步骤 01　在“标记”面板中打开所有图层，新建图层“12 小品”，将“铅笔头”图标切换至“12 小品”图层，使“12 小品”图层处于编辑状态。

步骤 02　打开文件“西哈莱姆公园小品模型 .skp”，将文件中小品模型复制粘贴至文件对应位置中，进行细节补充完善，最终效果如图 7-338 所示。

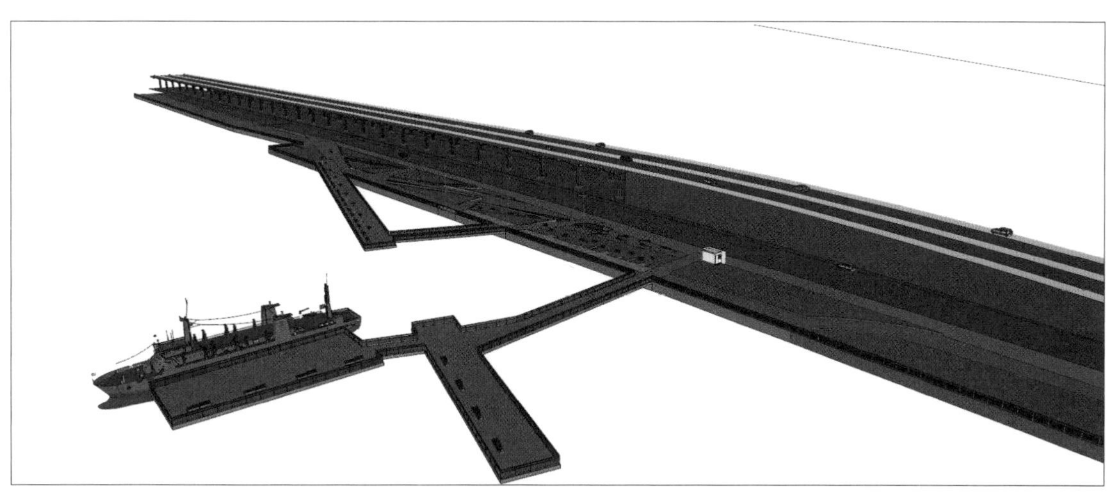

图 7-338　最终效果

附录　SketchUp自定义快捷键一览表

软件入门（必背）

选择	移动	旋转	缩放	推/拉	直线	矩形
Q	W	E	R	空格	A	B（Box）
圆	删除	群组	隐藏	撤销隐藏	顶视图	前视图
C（Circle）	D（Delete）	G（Group）	H（Hide）	X（XianShi）	T（Top）	F（Front）
左视图	透视显示	缩放范围	新建	打开	保存	另存为
L（Left）	V	Z（Zoom）	Ctrl 键 +N（New）	Ctrl 键 +O（Open）	Ctrl 键 +S（Save）	Ctrl 键 +Shift 键 +S
还原	导入	导出二维图形	导出三维图形	搜索		
F12	Alt 键 +=	Ctrl 键 +Alt 键 +S	Alt 键 +S	Shift 键 +S（Search）		

相机与视图菜单

环绕视察	平移	重力悬浮	缩放视窗	缩放视野	缩放窗口	缩放选择
滚轮	Shift 键 + 滚轮	Ctrl 键 + 滚轮	滚轮	Alt 键 +A	Ctrl 键 +W（Window）	N
缩放范围	透视显示/平行投影		两点透视	上/下一视角	顶/底视图	前/后视图
Z（Zoom）	V		Alt 键 +V	Ctrl 键 +Alt 键 +Z/Y	T/Alt 键 +T	F/Alt 键 +F
左/右视图	消隐	线框显示	贴图	单色显示	X 射线透视模式	着色显示
L/Alt 键 +L	F2	F3	F4	F5	Ctrl 键 +Alt 键 +X（X-Rray）	Ctrl 键 +Alt 键 +C（Color）

编辑

撤销/重复	复制	粘贴	定点粘贴	剪切	删除	删除参考线
Ctrl键+Z/Y	Ctrl键+C（Copy）	Ctrl键+V	Ctrl键+Shift键+V	Ctrl键+X	D（Delete）	Alt键+D
清孤立线	隐藏	隐藏其他	撤销隐藏	全部取消隐藏	锁定	取消锁定
Alt键+X	H（Hide）	Ctrl键+H	X（XianShi）	Ctrl键+Alt键+Shif键+X	Ctrl键+L（Lock）	Ctrl键+Alt键+L
创建群组	退出群组	超级退出	创建组件	炸开模型	隐藏剩余模型	选择
G（Group）	Esc（Escape）	Ctrl键+Q	Ctrl键+G	Ctrl键+Alt键+G	Alt键+G	Q
全选	全部不选	反选	移动	旋转	缩放	橡皮擦
Ctrl键+A（All）	Ctrl键+T	Ctrl键+I（Invert）	W	E	R	S（ShanChu）
镜像	推/拉	批量推拉	拉线成面	偏移	多面偏移	
Ctrl键+M（Mirror）	空格	Alt键+空格	Shift键+空格	O（Offset）	Alt键+O	

点、线、面与实体

直线	矩形	三点矩形	多边形	圆	两点圆弧	曲线	圆角	模型切割	佐罗切割
A	B（Box）	Ctrl键+B	Alt键+P（Polygon）	C（Circle）	Shift键+A（Arc）	U（cUrve）	Ctrl键+F（Fillet）	Alt键+B（Break）	Shift键+Z（Zorror）

建筑施工与面板

卷尺	量角器	文字	三维文字	路径跟随	材质	添加场景	上/下一场景
J（Juan）	P（Protractor）	Ctrl键+Alt键+T（Text）	Ctrl键+Alt键+Shift键+T	K	M（Material）	Shift键+C（Camera）	Pg Up/Pg Dn

CAD 修复

Z 轴压平	修复直线	焊接线条	查找线头	绘制墙体	快速封面	划动翻面	自动翻面	模型清理
Ctrl 键 +0	Ctrl 键 +1	Ctrl 键 +2	Alt 键 +0	Alt 键 +1	I	Y	Ctrl 键 +Alt 键 +Shift 键 +Y	Alt 键 +C（Clean）